U0915870

中 国 国 家 标 准 汇 编

487

GB 25908～25927

（2010 年制定）

中国标准出版社　编

中国质检出版社
中国标准出版社
北　京

图书在版编目（CIP）数据

中国国家标准汇编：2010 年制定. 487：GB 25908～25927/
中国标准出版社编. —北京：中国标准出版社，2012
ISBN 978-7-5066-6499-8

Ⅰ. ①中…　Ⅱ. ①中…　Ⅲ. ①国家标准-汇编-中国-2010
Ⅳ. ①T-652.1

中国版本图书馆 CIP 数据核字(2011)第 187819 号

中国质检出版社
中国标准出版社 出版发行
北京市朝阳区和平里西街甲 2 号(100013)
北京市西城区三里河北街 16 号(100045)

网址：www.spc.net.cn
总编室：(010)64275323　发行中心：(010)51780235
读者服务部：(010)68523946
中国标准出版社秦皇岛印刷厂印刷
各地新华书店经销

*

开本 880×1230　1/16　印张 36.25　字数 976 千字
2012 年 1 月第一版　2012 年 1 月第一次印刷

*

定价 220.00 元

出 版 说 明

1.《中国国家标准汇编》是一部大型综合性国家标准全集。自1983年起，按国家标准顺序号以精装本、平装本两种装帧形式陆续分册汇编出版。它在一定程度上反映了我国建国以来标准化事业发展的基本情况和主要成就，是各级标准化管理机构，工矿企事业单位，农林牧副渔系统，科研、设计、教学等部门必不可少的工具书。

2.《中国国家标准汇编》收入我国每年正式发布的全部国家标准，分为"制定"卷和"修订"卷两种编辑版本。

"制定"卷收入上一年度我国发布的、新制定的国家标准，顺延前年度标准编号分成若干分册，封面和书脊上注明"20××年制定"字样及分册号，分册号一直连续。各分册中的标准是按照标准编号顺序连续排列的，如有标准顺序号缺号的，除特殊情况注明外，暂为空号。

"修订"卷收入上一年度我国发布的、修订的国家标准，视篇幅分设若干分册，但与"制定"卷分册号无关联，仅在封面和书脊上注明"20××年修订-1，-2，-3，……"字样。"修订"卷各分册中的标准，仍按标准编号顺序排列(但不连续)；如有遗漏的，均在当年最后一分册中补齐。需提请读者注意的是，个别非顺延前年度标准编号的新制定的国家标准没有收入在"制定"卷中，而是收入在"修订"卷中。

读者配套购买《中国国家标准汇编》"制定"卷和"修订"卷则可收齐上一年度我国制定和修订的全部国家标准。

3. 由于读者需求的变化，自1996年起，《中国国家标准汇编》仅出版精装本。

4. 2010年我国制修订国家标准共2846项。本分册为"2010年制定"卷第487分册，收入国家标准GB 25908～25927的最新版本。

中国标准出版社

2011年8月

出版说明

目　　录

ICS 35.040
L 71

中华人民共和国国家标准

GB 25908—2010

信息技术 维吾尔文、哈萨克文、柯尔克孜文编码字符集 16×32点阵字型 正文白体

Information technology—
Uyghur, Kazak, Kirgiz coded character set—
16×32 dot matrix font—Tuz lean

2011-01-10 发布 2011-11-01 实施

中华人民共和国国家质量监督检验检疫总局
中国国家标准化管理委员会 发布

前　言

本标准的全部技术内容为强制性。

本标准依据GB 21669—2008《信息技术　维吾尔文、哈萨克文、柯尔克孜文编码字符集》所规定的维吾尔文、哈萨克文、柯尔克孜文名义字符、变形显现字符和共用符号，以我国现行规范的维吾尔文、哈萨克文、柯尔克孜文字形为基础，并依据现行规范维吾尔文、哈萨克文、柯尔克孜文的正字法原则，设计和规定了信息系统用维吾尔文、哈萨克文、柯尔克孜文16×32点阵正文白体（参见附录A）字型。

本标准的附录A和附录B是资料性附录，附录C是规范性附录。

本标准由全国信息技术标准化技术委员会（SAC/TC 28）提出并归口。

本标准起草单位：中国电子技术标准化研究所、新疆维吾尔自治区民族语言文字工作委员会、潍坊北大青鸟华光照排有限公司、新疆维吾尔自治区信息产业厅。

本标准起草人：代红、斯迪克·买斯依提、熊涛、佟加·庆夫、吕建春、亚森·伊明、徐志强、高峡、加米拉·沙塔尔、王利。

引 言

有关字型数据的授权转让使用事宜,字型标准数据的维护、更新及修订工作,统一由归口单位负责。

地　址:北京市东城区安定门东大街1号(北京市1101信箱)
邮　编:100007
电　话:64007689　84029173
传　真:64007681
E-mail:daihong@cesi.ac.cn

信息技术　维吾尔文、哈萨克文、柯尔克孜文编码字符集 16×32 点阵字型　正文白体

1　范围

本标准规定了 GB 21669—2008 中维吾尔文、哈萨克文、柯尔克孜文字符的 16×32 点阵正文白体字型。

本标准适用于维吾尔文、哈萨克文、柯尔克孜文信息系统，也适用于其他有关设备。

2　规范性引用文件

下列文件中的条款通过本标准的引用而成为本标准的条款。凡是注日期的引用文件，其随后所有的修改单(不包括勘误的内容)或修订版均不适用于本标准，然而，鼓励根据本标准达成协议的各方研究是否可使用这些文件的最新版本。凡是不注日期的引用文件，其最新版本适用于本标准。

GB 21669—2008　信息技术　维吾尔文、哈萨克文、柯尔克孜文编码字符集

GB 13000　信息技术　通用多八位编码字符集(UCS)(GB 13000—2010，ISO/IEC 10646:2003，IDT)

3　术语和定义

下列术语和定义适用于本标准。

3.1

字形　glyph

一种可辨认的抽象的图形符号，它不依赖于任何特定的设计。

3.2

字型　font

具有同一基本设计的字形图像的集合，如：正文白体。

3.3

点阵字型　dot matrix font

以点的集合来表现图形字符的型(形)。

3.4

字型宽度　font width

点阵图形字符的有效宽度。

3.5

字序　character order

图形字符在集合中按一定规则排列的次序。

4　图形字符

4.1　字符数

本标准根据 GB 21669—2008 的规定，提供了维吾尔文、哈萨克文、柯尔克孜文图形字符 190 个，其中：

维吾尔文、哈萨克文、柯尔克孜文名义字符 42 个；

维吾尔文、哈萨克文、柯尔克孜文变形显现字符 143 个；

维吾尔文、哈萨克文、柯尔克孜文共用数字、标点符号、特殊符号 5 个。

4.2　字符字序

本标准提供的 190 个维吾尔文、哈萨克文、柯尔克孜文名义字符、变形显现字符和共用符号的字型按照 GB 13000 规定的次序排列。

5 标准数据的管理

为加强对信息交换用产品用维吾尔文、哈萨克文、柯尔克孜文字型与字模标准数据的管理，保证本标准在贯彻执行中数据的一致性和正确性，有关字型数据的授权转让使用事宜，字型标准数据的维护、更新及修订工作，统一由归口单位负责。

6 点阵字型的表示方法

6.1 栅格

栅格由若干条等距离的垂直线与水平线相交叉而形成。

本标准规定的是16×32点阵字型，其栅格是横向16格，纵向32格。每个方格的中心定为点的中心位置。

栅格仅对构成点阵的各点进行定位，16×32点阵栅格图如图1所示。

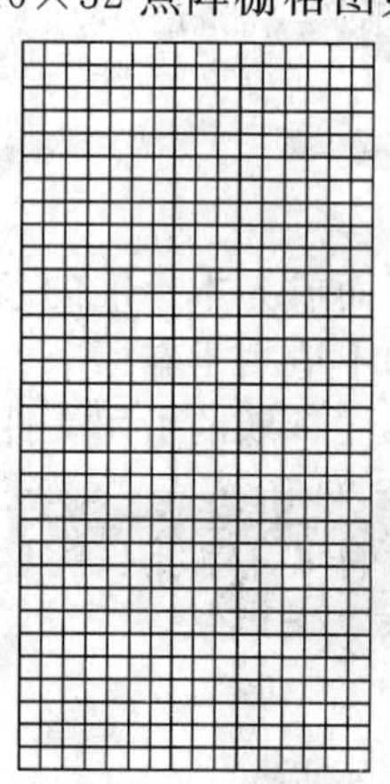

图1 16×32点阵栅格图

6.2 点

点是构成点阵字型的最小单位，以圆形表示，它是位于各方格内的黑色区域。

6.3 点阵字样

维吾尔文、哈萨克文、柯尔克孜文图形字符点阵字型的字样，由置于栅格内的若干个点的集合来表示。维吾尔文、哈萨克文、柯尔克孜文“ئ”的16×32点阵字样如图2所示。

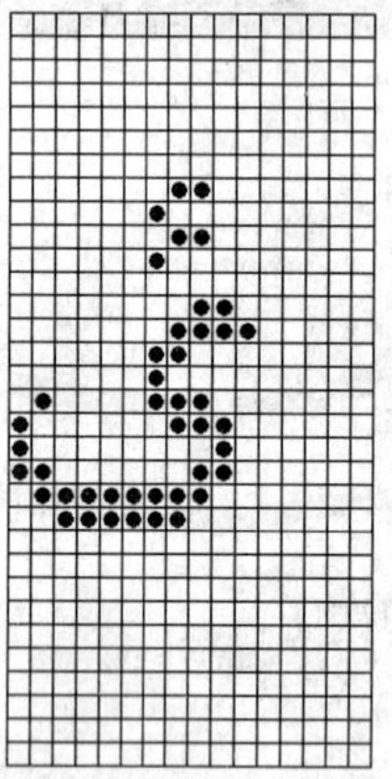

图2 16×32点阵字母“ئ”的字样

6.4 字型宽度信息

维吾尔文、哈萨克文、柯尔克孜文是不等宽字体，每个字符都有各自特定的宽度，其宽度由字型宽度信息表来表示，见附录B。

7 点阵字型

7.1 字型数据

维吾尔文、哈萨克文、柯尔克孜文16×32点阵字型数据的表示，见附录C。

7.2 点阵字型表

本标准提供的GB 21669—2008中190个维吾尔文、哈萨克文、柯尔克孜文图形字符的16×32点阵正文白体字型见表1。

表1 维吾尔文、哈萨克文、柯尔克孜文字型表

060C	061B	061F	0626	0627	0628	062A	062C	062D	062E	062F	0631	0632	0633	0634	0639
،	؛	؟	ئ	ا	ب	ت	ج	ح	خ	د	ر	ز	س	ش	ع
063A	0640	0641	0642	0643	0644	0645	0646	0648	0649	064A	066A	0674	0675	0676	0677
غ	ـ	ف	ق	ك	ل	م	ن	و	ى	ي	٪	ٴ	ٵ	ٶ	ٷ
0678	067E	0686	0698	06AD	06AF	06BE	06C5	06C6	06C7	06C8	06C9	06CB	06D0	06D5	FB56
ٸ	پ	چ	ژ	ڭ	گ	ھ	ۅ	ۆ	ۇ	ۈ	ۉ	ۋ	ې	ە	ﭖ
FB57	FB58	FB59	FB7A	FB7B	FB7C	FB7D	FB8A	FB8B	FB92	FB93	FB94	FB95	FBAA	FBAB	FBAC
ﭗ	ﭘ	ﭙ	ﭺ	ﭻ	ﭼ	ﭽ	ﮊ	ﮋ	ﮒ	ﮓ	ﮔ	ﮕ	ﮪ	ﮫ	ﮬ
FBAD	FBD3	FBD4	FBD5	FBD6	FBD7	FBD8	FBD9	FBDA	FBDB	FBDC	FBDD	FBDE	FBDF	FBE0	FBE1
ﮭ	ﯓ	ﯔ	ﯕ	ﯖ	ﯗ	ﯘ	ﯙ	ﯚ	ﯛ	ﯜ	ﯝ	ﯞ	ﯟ	ﯠ	ﯡ
FBE2	FBE3	FBE4	FBE5	FBE6	FBE7	FBE8	FBE9	FBEA	FBEB	FBEC	FBED	FBEE	FBEF	FBF0	FBF1
ﯢ	ﯣ	ﯤ	ﯥ	ﯦ	ﯧ	ﯨ	ﯩ	ﯪ	ﯫ	ﯬ	ﯭ	ﯮ	ﯯ	ﯰ	ﯱ
FBF2	FBF3	FBF4	FBF5	FBF6	FBF7	FBF8	FBF9	FBFA	FBFB	FE89	FE8A	FE8B	FE8C	FE8D	FE8E
ﯲ	ﯳ	ﯴ	ﯵ	ﯶ	ﯷ	ﯸ	ﯹ	ﯺ	ﯻ	ﺉ	ﺊ	ﺋ	ﺌ	ﺍ	ﺎ
FE8F	FE90	FE91	FE92	FE95	FE96	FE97	FE98	FE9D	FE9E	FE9F	FEA0	FEA1	FEA2	FEA3	FEA4
ﺏ	ﺐ	ﺑ	ﺒ	ﺕ	ﺖ	ﺗ	ﺘ	ﺝ	ﺞ	ﺟ	ﺠ	ﺡ	ﺢ	ﺣ	ﺤ
FEA5	FEA6	FEA7	FEA8	FEA9	FEAA	FEAD	FEAE	FEAF	FEB0	FEB1	FEB2	FEB3	FEB4	FEB5	FEB6
ﺥ	ﺦ	ﺧ	ﺨ	ﺩ	ﺪ	ﺭ	ﺮ	ﺯ	ﺰ	ﺱ	ﺲ	ﺳ	ﺴ	ﺵ	ﺶ
FEB7	FEB8	FEC9	FECA	FECB	FECC	FECD	FECE	FECF	FED0	FED1	FED2	FED3	FED4	FED5	FED6
ﺷ	ﺸ	ﻉ	ﻊ	ﻋ	ﻌ	ﻍ	ﻎ	ﻏ	ﻐ	ﻑ	ﻒ	ﻓ	ﻔ	ﻕ	ﻖ
FED7	FED8	FED9	FEDA	FEDB	FEDC	FEDD	FEDE	FEDF	FEE0	FEE1	FEE2	FEE3	FEE4	FEE5	FEE6
ﻗ	ﻘ	ﻙ	ﻚ	ﻛ	ﻜ	ﻝ	ﻞ	ﻟ	ﻠ	ﻡ	ﻢ	ﻣ	ﻤ	ﻥ	ﻦ
FEE7	FEE8	FEE9	FEEA	FEED	FEEE	FEEF	FEF0	FEF1	FEF2	FEF3	FEF4	FEFB	FEFC		
ﻧ	ﻨ	ﻩ	ﻪ	ﻭ	ﻮ	ﻯ	ﻰ	ﻱ	ﻲ	ﻳ	ﻴ	ﻻ	ﻼ		

附 录 A
（资料性附录）
正文白体

正文白体意为直线端正的字体。维吾尔文、哈萨克文、柯尔克孜文属拼音文字类型，书写行款自右至左，所有字符均呈各自不同的宽度。正文白体是在长期使用阿拉伯文为基础的文字过程中，经反复修改完善后形成的独特字体。正文白体以横线为中心，整齐、美观，笔画刚劲、浑厚，长短适中，竖画粗度为笔粗的 2/3，呈笔直形，给人以严肃、稳重之感。

正文白体是维吾尔文、哈萨克文、柯尔克孜文的标准字体，实用价值高，使用范围广，主要用于报刊书籍的印刷，其手写体更是书法和牌匾用字的首选。

附 录 B
（资料性附录）
字型宽度信息表

维吾尔文、哈萨克文、柯尔克孜文是不等宽字体，其每个字符都有各自特定的宽度，字型宽度信息表定义了本标准中 190 个点阵图形字符的有效宽度，参见表 B.1。

表 B.1 字型宽度信息表

代码	字宽	代码	字宽	代码	字宽	代码	字宽	代码	字宽	代码	字宽
060C	3	0678	14	FBAD	9	FBF2	11	FEA5	11	FED7	7
061B	3	067E	12	FBD3	12	FBF3	13	FEA6	12	FED8	8
061F	7	0686	11	FBD4	16	FBF4	11	FEA7	11	FED9	12
0626	11	0698	7	FBD5	11	FBF5	13	FEA8	13	FEDA	16
0627	2	06AD	12	FBD6	12	FBF6	14	FEA9	8	FEDB	9
0628	12	06AF	15	FBD7	7	FBF7	16	FEAA	13	FEDC	11
062A	12	06BE	11	FBD8	9	FBF8	9	FEAD	5	FEDD	8
062C	11	06C5	7	FBD9	7	FBF9	14	FEAE	8	FEDE	12
062D	11	06C6	7	FBDA	9	FBFA	16	FEAF	5	FEDF	4
062E	11	06C7	7	FBDB	7	FBFB	9	FEB0	8	FEE0	8
062F	8	06C8	7	FBDC	9	FE89	11	FEB1	16	FEE1	9
0631	5	06C9	7	FBDD	7	FE8A	11	FEB2	16	FEE2	10
0632	5	06CB	7	FBDE	7	FE8B	6	FEB3	13	FEE3	9
0633	16	06D0	11	FBDF	9	FE8C	7	FEB4	11	FEE4	9
0634	16	06D5	7	FBE0	7	FE8D	2	FEB5	16	FEE5	11
0639	11	FB56	12	FBE1	9	FE8E	6	FEB6	16	FEE6	13
063A	11	FB57	15	FBE2	7	FE8F	12	FEB7	13	FEE7	6
0640	6	FB58	7	FBE3	9	FE90	15	FEB8	11	FEE8	7
0641	12	FB59	7	FBE4	11	FE91	6	FEC9	11	FEE9	7
0642	12	FB7A	11	FBE5	11	FE92	7	FECA	11	FEEA	9
0643	12	FB7B	12	FBE6	6	FE95	12	FECB	8	FEED	7
0644	8	FB7C	11	FBE7	7	FE96	15	FECC	10	FEEE	9
0645	9	FB7D	12	FBE8	6	FE97	7	FECD	11	FEEF	11
0646	11	FB8A	7	FBE9	7	FE98	7	FECE	11	FEF0	11
0648	7	FB8B	8	FBEA	9	FE9D	11	FECF	8	FEF1	11
0649	11	FB92	15	FBEB	12	FE9E	12	FED0	10	FEF2	11
064A	11	FB93	15	FBEC	13	FE9F	11	FED1	12	FEF3	6
066A	10	FB94	10	FBED	14	FEA0	13	FED2	14	FEF4	7
0674	3	FB95	10	FBEE	11	FEA1	11	FED3	7	FEFB	8
0675	6	FBAA	11	FBEF	13	FEA2	12	FED4	8	FEFC	11
0676	7	FBAB	9	FBF0	11	FEA3	11	FED5	12		
0677	7	FBAC	11	FBF1	13	FEA4	13	FED6	14		

附 录 C
（规范性附录）
16×32 点阵字型数据

C.1 16×32 点阵字型数据的表示

本标准中，图形字符的字型可由点阵数据来表示。每个字型的点阵数据为 16×32(横行点数×纵列点数)，共 512 个二进制位，64 个字节。

C.2 16×32 点阵字型数据的记录格式

16×32 点阵字型数据的 64 个字节排列次序是以 0 字节开始至 63 字节结束，均用十六进制表示，每行两个字节，记录格式如下：

<table>
<tr><th rowspan="2">行数</th><th colspan="16">列 数</th></tr>
<tr><th>0</th><th>1</th><th>2</th><th>3</th><th>4</th><th>5</th><th>6</th><th>7</th><th>8</th><th>9</th><th>10</th><th>11</th><th>12</th><th>13</th><th>14</th><th>15</th></tr>
<tr><td>0</td><td colspan="8">0 字节</td><td colspan="8">1 字节</td></tr>
<tr><td>1
2
⋮
30</td><td colspan="8">⋮</td><td colspan="8">⋮</td></tr>
<tr><td>31</td><td colspan="8">62 字节</td><td colspan="8">63 字节</td></tr>
</table>

C.3 16×32 点阵字型数据举例

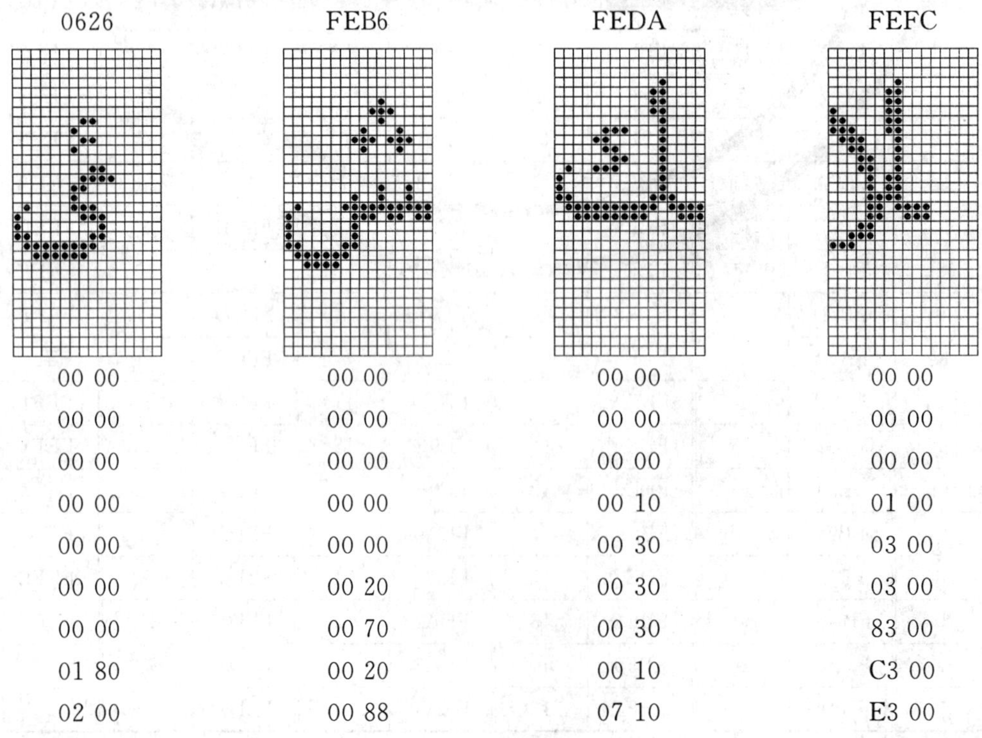

0626	FEB6	FEDA	FEFC
00 00	00 00	00 00	00 00
00 00	00 00	00 00	00 00
00 00	00 00	00 00	00 00
00 00	00 00	00 10	01 00
00 00	00 00	00 30	03 00
00 00	00 20	00 30	03 00
00 00	00 70	00 30	83 00
01 80	00 20	00 10	C3 00
02 00	00 88	07 10	E3 00

01 80
02 00
00 00
00 C0
01 E0
03 00
02 00
43 80
81 C0
80 40
C0 C0
7F 80
3F 00
00 00
00 00
00 00
00 00
00 00
00 00
00 00
00 00
00 00
00 00

01 DC
00 88
00 00
00 00
00 00
00 24
01 24
43 FF
81 DB
81 00
81 00
C3 00
7E 00
3C 00
00 00
00 00
00 00
00 00
00 00
00 00
00 00
00 00
00 00

0C 10
06 10
03 10
4E 10
80 10
80 10
C0 38
7F EF
3F C7
00 00
00 00
00 00
00 00
00 00
00 00
00 00
00 00
00 00
00 00
00 00
00 00
00 00
00 00

71 00
31 00
19 00
19 00
0B 00
0B 00
0F 00
0D E0
0C E0
18 00
38 00
E0 00
00 00
00 00
00 00
00 00
00 00
00 00
00 00
00 00
00 00
00 00
00 00

ICS 35.040
L 71

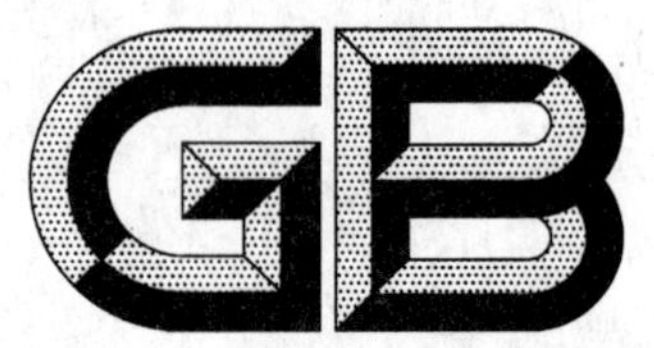

中华人民共和国国家标准

GB 25909.2—2010

信息技术 维吾尔文、哈萨克文、柯尔克孜文编码字符集 24点阵字型 第2部分：正文黑体

Information technology—Uyghur, Kazak, Kirgiz coded character set—24 dot matrix font—Part 2: Tuz bold

2011-01-10 发布 2011-11-01 实施

中华人民共和国国家质量监督检验检疫总局
中国国家标准化管理委员会 发布

前 言

本部分的全部技术内容为强制性。

GB 25909《信息技术 维吾尔文、哈萨克文、柯尔克孜文编码字符集 24点阵字型》分为如下部分：

——第1部分：正文白体；

——第2部分：正文黑体；

——第3部分：库非白体；

——第4部分：库非黑体；

——第5部分：如克白体；

——第6部分：如克黑体；

——第7部分：塔里克白体；

——第8部分：塔里克黑体；

……

本部分是GB 25909的第2部分。

本部分依据GB 21669—2008《信息技术 维吾尔文、哈萨克文、柯尔克孜文编码字符集》所规定的维吾尔文、哈萨克文、柯尔克孜文名义字符、变形显现字符和共用符号，以我国现行规范的维吾尔文、哈萨克文、柯尔克孜文字形为基础，并依据现行规范维吾尔文、哈萨克文、柯尔克孜文的正字法原则，设计和规定了信息系统用维吾尔文、哈萨克文、柯尔克孜文24点阵正文黑体（参见附录A）字型。

本部分的附录A和附录B是资料性附录，附录C是规范性附录。

本部分由全国信息技术标准化技术委员会（SAC/TC 28）提出并归口。

本部分起草单位：中国电子技术标准化研究所、新疆维吾尔自治区民族语言文字工作委员会、潍坊北大青鸟华光照排有限公司、新疆维吾尔自治区信息产业厅。

本部分起草人：熊涛、买买提艾力、代红、佟加·庆夫、高峡、亚森·伊明、吕建春、曹雷、闫冰、王颜尊。

引　言

有关字型数据的授权转让使用事宜，字型标准数据的维护、更新及修订工作，统一由归口单位负责。

地　址：北京市东城区安定门东大街1号（北京市1101信箱）
邮　编：100007
电　话：64007689　84029173
传　真：64007681
E-mail：daihong@cesi.ac.cn

信息技术　维吾尔文、哈萨克文、柯尔克孜文编码字符集 24点阵字型　第2部分：正文黑体

1　范围

GB 25909 的本部分规定了 GB 21669—2008 中维吾尔文、哈萨克文、柯尔克孜文字符的 24 点阵正文黑体字型。

本部分适用于维吾尔文、哈萨克文、柯尔克孜文信息系统，也适用于其他有关设备。

2　规范性引用文件

下列文件中的条款通过本部分的引用而成为本部分的条款。凡是注日期的引用文件，其随后所有的修改单（不包括勘误的内容）或修订版均不适用于本部分，然而，鼓励根据本部分达成协议的各方研究是否可使用这些文件的最新版本。凡是不注日期的引用文件，其最新版本适用于本部分。

GB 21669—2008　信息技术　维吾尔文、哈萨克文、柯尔克孜文编码字符集

GB 13000　信息技术　通用多八位编码字符集(UCS)(GB 13000—2010，ISO/IEC 10646：2003，IDT)

3　术语和定义

下列术语和定义适用于本部分。

3.1

字形　glyph

一种可辨认的抽象的图形符号，它不依赖于任何特定的设计。

3.2

字型　font

具有同一基本设计的字形图像的集合，如：正文黑体。

3.3

点阵字型　dot matrix font

以点的集合来表现图形字符的型(形)。

3.4

字型宽度　font width

点阵图形字符的有效宽度。

3.5

字序　character order

图形字符在集合中按一定规则排列的次序。

4　图形字符

4.1　字符数

本部分根据 GB 21669—2008 的规定，提供了维吾尔文、哈萨克文、柯尔克孜文图形字符 190 个，其中：

维吾尔文、哈萨克文、柯尔克孜文名义字符 42 个；

维吾尔文、哈萨克文、柯尔克孜文变形显现字符 143 个；

维吾尔文、哈萨克文、柯尔克孜文共用数字、标点符号、特殊符号 5 个。

4.2　字符字序

本部分提供的 190 个维吾尔文、哈萨克文、柯尔克孜文名义字符、变形显现字符和共用符号的字型

按照 GB 13000 规定的次序排列。

5 标准数据的管理

为加强对信息交换用产品用维吾尔文、哈萨克文、柯尔克孜文字型与字模标准数据的管理，保证本部分在贯彻执行中数据的一致性和正确性，有关字型数据的授权转让使用事宜，字型标准数据的维护、更新及修订工作，统一由归口单位负责。

6 点阵字型的表示方法

6.1 栅格

栅格由若干条等距离的垂直线与水平线相交叉而形成。

本部分规定的是 24 点阵字型，其栅格是横向 24 格，纵向 24 格。每个方格的中心定为点的中心位置。栅格仅对构成点阵的各点进行定位，24 点阵栅格图如图 1 所示。

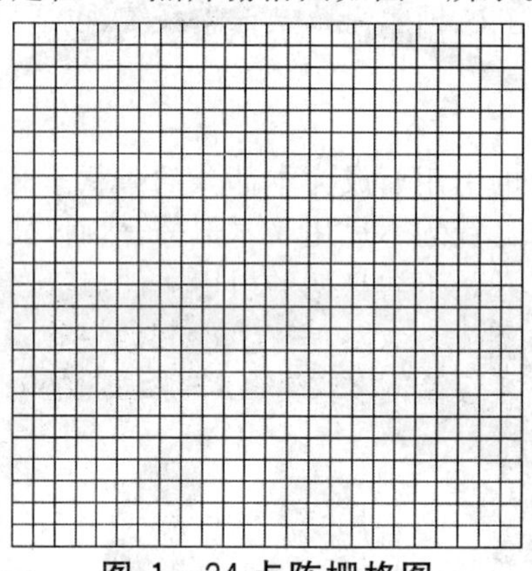

图 1　24 点阵栅格图

6.2 点

点是构成点阵字型的最小单位，以圆形表示，它是位于各方格内的黑色区域。

6.3 点阵字样

维吾尔文、哈萨克文、柯尔克孜文图形字符点阵字型的字样，由置于栅格内的若干个点的集合来表示。维吾尔文、哈萨克文、柯尔克孜文“ئ”的 24 点阵字样如图 2 所示。

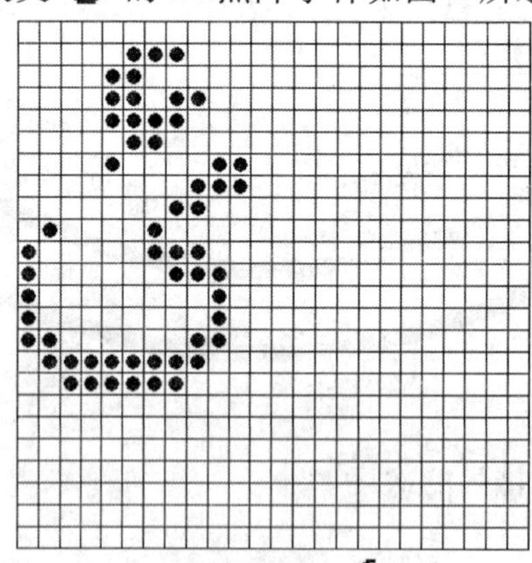

图 2　24 点阵字母“ئ”的字样

6.4 字型宽度信息

维吾尔文、哈萨克文、柯尔克孜文是不等宽字体，每个字符都有各自特定的宽度，其宽度由字型宽度信息表来表示，见附录 B。

7 点阵字型

7.1 字型数据

维吾尔文、哈萨克文、柯尔克孜文 24 点阵字型数据的表示，见附录 C。

7.2 点阵字型表

本部分提供的GB 21669—2008中190个维吾尔文、哈萨克文、柯尔克孜文图形字符的24点阵正文黑体字型见表1。

表1 维吾尔文、哈萨克文、柯尔克孜文字型表

060C ،	061B ؛	061F ؟	0626 ئ	0627 ا	0628 ب	062A ت	062C ج	062D ح	062E خ	062F د	0631 ر	0632 ز	0633 س	0634 ش	0639 ع
063A غ	0640 ـ	0641 ف	0642 ق	0643 ك	0644 ل	0645 م	0646 ن	0648 و	0649 ى	064A ي	066A ٪	0674 ٴ	0675 ٵ	0676 ٶ	0677 ٷ
0678 ٸ	067E پ	0686 چ	0698 ژ	06AD ڭ	06AF گ	06BE ھ	06C5 ۅ	06C6 ۆ	06C7 ۇ	06C8 ۈ	06C9 ۉ	06CB ۋ	06D0 ې	06D5 ە	FB56 ﭖ
FB57 ﭗ	FB58 ﭘ	FB59 ﭙ	FB7A ﭺ	FB7B ﭻ	FB7C ﭼ	FB7D ﭽ	FB8A ﮊ	FB8B ﮋ	FB92 ﮒ	FB93 ﮓ	FB94 ﮔ	FB95 ﮕ	FBAA ﮪ	FBAB ﮫ	FBAC ﮬ
FBAD ﮭ	FBD3 ﯓ	FBD4 ﯔ	FBD5 ﯕ	FBD6 ﯖ	FBD7 ﯗ	FBD8 ﯘ	FBD9 ﯙ	FBDA ﯚ	FBDB ﯛ	FBDC ﯜ	FBDD ﯝ	FBDE ﯞ	FBDF ﯟ	FBE0 ﯠ	FBE1 ﯡ
FBE2 ﯢ	FBE3 ﯣ	FBE4 ﯤ	FBE5 ﯥ	FBE6 ﯦ	FBE7 ﯧ	FBE8 ﯨ	FBE9 ﯩ	FBEA ﯪ	FBEB ﯫ	FBEC ﯬ	FBED ﯭ	FBEE ﯮ	FBEF ﯯ	FBF0 ﯰ	FBF1 ﯱ
FBF2 ﯲ	FBF3 ﯳ	FBF4 ﯴ	FBF5 ﯵ	FBF6 ﯶ	FBF7 ﯷ	FBF8 ﯸ	FBF9 ﯹ	FBFA ﯺ	FBFB ﯻ	FE89 ﺉ	FE8A ﺊ	FE8B ﺋ	FE8C ﺌ	FE8D ﺍ	FE8E ﺎ
FE8F ﺏ	FE90 ﺐ	FE91 ﺑ	FE92 ﺒ	FE95 ﺕ	FE96 ﺖ	FE97 ﺗ	FE98 ﺘ	FE9D ﺝ	FE9E ﺞ	FE9F ﺟ	FEA0 ﺠ	FEA1 ﺡ	FEA2 ﺢ	FEA3 ﺣ	FEA4 ﺤ
FEA5 ﺥ	FEA6 ﺦ	FEA7 ﺧ	FEA8 ﺨ	FEA9 ﺩ	FEAA ﺪ	FEAD ﺭ	FEAE ﺮ	FEAF ﺯ	FEB0 ﺰ	FEB1 ﺱ	FEB2 ﺲ	FEB3 ﺳ	FEB4 ﺴ	FEB5 ﺵ	FEB6 ﺶ
FEB7 ﺷ	FEB8 ﺸ	FEC9 ﻉ	FECA ﻊ	FECB ﻋ	FECC ﻌ	FECD ﻍ	FECE ﻎ	FECF ﻏ	FED0 ﻐ	FED1 ﻑ	FED2 ﻒ	FED3 ﻓ	FED4 ﻔ	FED5 ﻕ	FED6 ﻖ
FED7 ﻗ	FED8 ﻘ	FED9 ﻙ	FEDA ﻚ	FEDB ﻛ	FEDC ﻜ	FEDD ﻝ	FEDE ﻞ	FEDF ﻟ	FEE0 ﻠ	FEE1 ﻡ	FEE2 ﻢ	FEE3 ﻣ	FEE4 ﻤ	FEE5 ﻥ	FEE6 ﻦ
FEE7 ﻧ	FEE8 ﻨ	FEE9 ﻩ	FEEA ﻪ	FEED ﻭ	FEEE ﻮ	FEEF ﻯ	FEF0 ﻰ	FEF1 ﻱ	FEF2 ﻲ	FEF3 ﻳ	FEF4 ﻴ	FEFB ﻻ	FEFC ﻼ		

附 录 A
（资料性附录）
正 文 黑 体

正文黑体意为直线端正的字体。维吾尔文、哈萨克文、柯尔克孜文属拼音文字类型，书写行款自右至左，所有字符均呈各自不同的宽度。正文黑体是在长期使用阿拉伯文为基础的文字过程中，经反复修改完善后形成的独特字体。正文黑体以横线为中心，整齐、美观，笔画刚劲、浑厚，长短适中，竖画粗度为笔粗的 2/3，呈笔直形，给人以严肃、稳重之感。

正文黑体主要用于文章标题、编者按等，正文黑体与正文白体风格一致，只是在笔画的粗细、文字线条的轻重上有所不同。

附 录 B
（资料性附录）
字型宽度信息表

维吾尔文、哈萨克文、柯尔克孜文是不等宽字体，其每个字符都有各自特定的宽度，字型宽度信息表定义了本部分中190个点阵图形字符的有效宽度，见表B.1。

表 B.1 字型宽度信息表

代码	字宽	代码	字宽	代码	字宽	代码	字宽	代码	字宽	代码	字宽
060C	3	0678	17	FBAD	9	FBF2	15	FEA5	11	FED7	8
061B	3	067E	12	FBD3	13	FBF3	17	FEA6	13	FED8	8
061F	7	0686	11	FBD4	15	FBF4	15	FEA7	12	FED9	13
0626	11	0698	9	FBD5	8	FBF5	17	FEA8	13	FEDA	15
0627	4	06AD	13	FBD6	13	FBF6	17	FEA9	8	FEDB	10
0628	12	06AF	14	FBD7	7	FBF7	19	FEAA	12	FEDC	13
062A	12	06BE	12	FBD8	9	FBF8	14	FEAD	7	FEDD	11
062C	11	06C5	7	FBD9	7	FBF9	17	FEAE	11	FEDE	14
062D	11	06C6	7	FBDA	9	FBFA	19	FEAF	7	FEDF	6
062E	11	06C7	7	FBDB	7	FBFB	14	FEB0	11	FEE0	10
062F	8	06C8	7	FBDC	9	FE89	11	FEB1	18	FEE1	6
0631	7	06C9	7	FBDD	11	FE8A	12	FEB2	19	FEE2	11
0632	7	06CB	7	FBDE	7	FE8B	7	FEB3	13	FEE3	9
0633	18	06D0	11	FBDF	9	FE8C	9	FEB4	15	FEE4	10
0634	18	06D5	5	FBE0	7	FE8D	4	FEB5	18	FEE5	9
0639	11	FB56	12	FBE1	9	FE8E	7	FEB6	19	FEE6	13
063A	11	FB57	15	FBE2	7	FE8F	12	FEB7	13	FEE7	7
0640	6	FB58	7	FBE3	9	FE90	16	FEB8	15	FEE8	9
0641	10	FB59	9	FBE4	11	FE91	7	FEC9	11	FEE9	5
0642	10	FB7A	11	FBE5	12	FE92	9	FECA	12	FEEA	9
0643	13	FB7B	13	FBE6	7	FE95	12	FECB	9	FEED	7
0644	11	FB7C	12	FBE7	9	FE96	15	FECC	11	FEEE	9
0645	6	FB7D	13	FBE8	7	FE97	8	FECD	11	FEEF	11
0646	9	FB8A	9	FBE9	9	FE98	9	FECE	12	FEF0	12
0648	7	FB8B	11	FBEA	11	FE9D	11	FECF	9	FEF1	11
0649	11	FB92	14	FBEB	14	FE9E	13	FED0	11	FEF2	12
064A	11	FB93	17	FBEC	14	FE9F	12	FED1	10	FEF3	7
066A	12	FB94	10	FBED	17	FEA0	13	FED2	12	FEF4	9
0674	5	FB95	12	FBEE	14	FEA1	11	FED3	8	FEFB	10
0675	10	FBAA	12	FBEF	17	FEA2	13	FED4	8	FEFC	13
0676	9	FBAB	10	FBF0	15	FEA3	12	FED5	10		
0677	11	FBAC	11	FBF1	17	FEA4	13	FED6	12		

附 录 C
（规范性附录）
24点阵字型数据

C.1 24点阵字型数据的表示

本部分中，图形字符的字型可由点阵数据来表示。每个字型的点阵数据为24×24（横行点数×纵列点数），共576个二进制位，72个字节。

C.2 24点阵字型数据的记录格式

24点阵字型数据的72个字节排列次序是以0字节开始至71字节结束，均用十六进制表示，每行三字节，记录格式如下：

<table>
<tr><th rowspan="2">行数</th><th colspan="24">列　数</th></tr>
<tr><th>0</th><th>1</th><th>2</th><th>3</th><th>4</th><th>5</th><th>6</th><th>7</th><th>8</th><th>9</th><th>10</th><th>11</th><th>12</th><th>13</th><th>14</th><th>15</th><th>16</th><th>17</th><th>18</th><th>19</th><th>20</th><th>21</th><th>22</th><th>23</th></tr>
<tr><td>0</td><td colspan="8">0字节</td><td colspan="8">1字节</td><td colspan="8">2字节</td></tr>
<tr><td>1
2
⋮
22</td><td colspan="8"></td><td colspan="8"></td><td colspan="8"></td></tr>
<tr><td>23</td><td colspan="8">69字节</td><td colspan="8">70字节</td><td colspan="8">71字节</td></tr>
</table>

C.3 24点阵字型数据举例

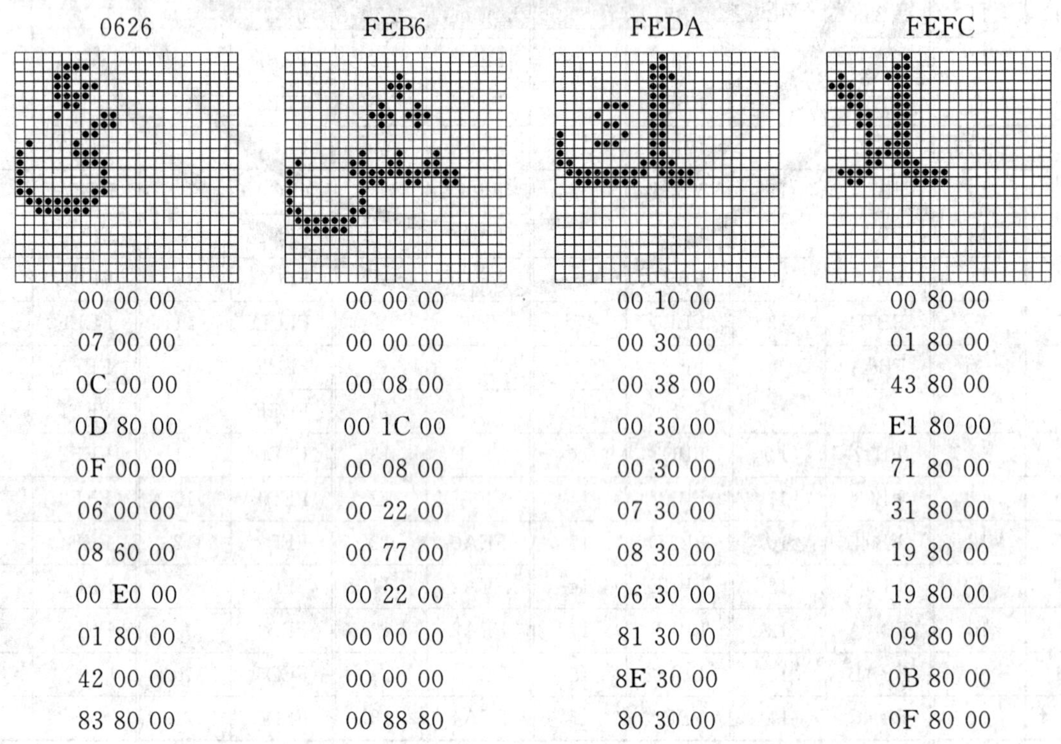

0626	FEB6	FEDA	FEFC
00 00 00	00 00 00	00 10 00	00 80 00
07 00 00	00 00 00	00 30 00	01 80 00
0C 00 00	00 08 00	00 38 00	43 80 00
0D 80 00	00 1C 00	00 30 00	E1 80 00
0F 00 00	00 08 00	00 30 00	71 80 00
06 00 00	00 22 00	07 30 00	31 80 00
08 60 00	00 77 00	08 30 00	19 80 00
00 E0 00	00 22 00	06 30 00	19 80 00
01 80 00	00 00 00	81 30 00	09 80 00
42 00 00	00 00 00	8E 30 00	0B 80 00
83 80 00	00 88 80	80 30 00	0F 80 00

81 C0 00	41 99 80	C0 78 00	0D C0 00
80 40 00	81 FF E0	7F DE 00	78 F8 00
80 40 00	80 E6 60	3F 8E 00	30 78 00
C0 C0 00	80 80 00	00 00 00	00 00 00
7F 80 00	80 80 00	00 00 00	00 00 00
3F 00 00	C1 80 00	00 00 00	00 00 00
00 00 00	7F 00 00	00 00 00	00 00 00
00 00 00	3E 00 00	00 00 00	00 00 00
00 00 00	00 00 00	00 00 00	00 00 00
00 00 00	00 00 00	00 00 00	00 00 00
00 00 00	00 00 00	00 00 00	00 00 00
00 00 00	00 00 00	00 00 00	00 00 00
00 00 00	00 00 00	00 00 00	00 00 00

ICS 35.040
L 71

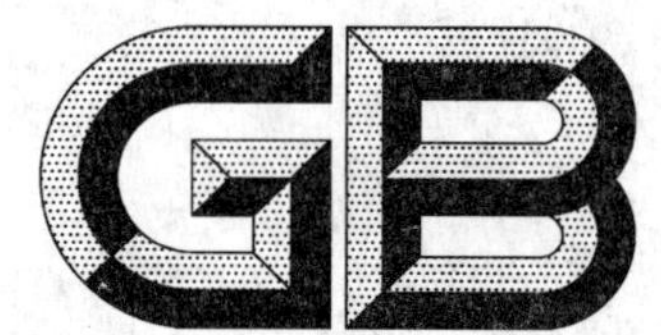

中华人民共和国国家标准

GB 25910.2—2010

信息技术 维吾尔文、哈萨克文、柯尔克孜文编码字符集 48点阵字型 第2部分：正文黑体

Information technology—Uyghur, Kazak, Kirgiz coded character set—48 dot matrix font—Part 2: Tuz bold

2011-01-10 发布 2011-11-01 实施

中华人民共和国国家质量监督检验检疫总局
中国国家标准化管理委员会 发布

前　言

本部分的全部技术内容为强制性。

GB 25910《信息技术　维吾尔文、哈萨克文、柯尔克孜文编码字符集　48 点阵字型》分为如下部分：

——第 1 部分：正文白体；

——第 2 部分：正文黑体；

——第 3 部分：库非白体；

——第 4 部分：库非黑体；

——第 5 部分：如克白体；

——第 6 部分：如克黑体；

——第 7 部分：塔里克白体；

——第 8 部分：塔里克黑体；

……

本部分是 GB 25910 的第 2 部分。

本部分依据 GB 21669—2008《信息技术　维吾尔文、哈萨克文、柯尔克孜文编码字符集》所规定的维吾尔文、哈萨克文、柯尔克孜文名义字符、变形显现字符和共用符号，以我国现行规范的维吾尔文、哈萨克文、柯尔克孜文字形为基础，并依据现行规范维吾尔文、哈萨克文、柯尔克孜文的正字法原则，设计和规定了信息系统用维吾尔文、哈萨克文、柯尔克孜文 48 点阵正文黑体(参见附录 A)字型。

本部分的附录 A 和附录 B 是资料性附录，附录 C 是规范性附录。

本部分由全国信息技术标准化技术委员会(SAC/TC 28)提出并归口。

本部分起草单位：中国电子技术标准化研究所、新疆维吾尔自治区民族语言文字工作委员会、潍坊北大青鸟华光照排有限公司、新疆维吾尔自治区信息产业厅。

本部分起草人：熊涛、佟加・庆夫、代红、买买提艾力、高峡、亚森・伊明、吕建春、曹雷、闫冰、王颜尊。

引　言

有关字型数据的授权转让使用事宜，字型标准数据的维护、更新及修订工作，统一由归口单位负责。

地　址：北京市东城区安定门东大街1号(北京市1101信箱)
邮　编：100007
电　话：64007689　84029173
传　真：64007681
E-mail：daihong@cesi.ac.cn

信息技术　维吾尔文、哈萨克文、柯尔克孜文编码字符集 48 点阵字型　第 2 部分：正文黑体

1　范围

GB 25910 的本部分规定了 GB 21669—2008 中维吾尔文、哈萨克文、柯尔克孜文字符的 48 点阵正文黑体字型。

本部分适用于维吾尔文、哈萨克文、柯尔克孜文信息系统，也适用于其他有关设备。

2　规范性引用文件

下列文件中的条款通过本部分的引用而成为本部分的条款。凡是注日期的引用文件，其随后所有的修改单(不包括勘误的内容)或修订版均不适用于本部分，然而，鼓励根据本部分达成协议的各方研究是否可使用这些文件的最新版本。凡是不注日期的引用文件，其最新版本适用于本部分。

GB 21669—2008　信息技术　维吾尔文、哈萨克文、柯尔克孜文编码字符集

GB 13000　信息技术　通用多八位编码字符集(UCS)(GB 13000—2010，ISO/IEC 10646:2003，IDT)

3　术语和定义

下列术语和定义适用于本部分。

3.1

字形　glyph

一种可辨认的抽象的图形符号，它不依赖于任何特定的设计。

3.2

字型　font

具有同一基本设计的字形图像的集合，如：正文黑体。

3.3

点阵字型　dot matrix font

以点的集合来表现图形字符的型(形)。

3.4

字型宽度　font width

点阵图形字符的有效宽度。

3.5

字序　character order

图形字符在集合中按一定规则排列的次序。

4　图形字符

4.1　字符数

本部分根据 GB 21669—2008 的规定，提供了维吾尔文、哈萨克文、柯尔克孜文图形字符 190 个，其中：

维吾尔文、哈萨克文、柯尔克孜文名义字符 42 个；

维吾尔文、哈萨克文、柯尔克孜文变形显现字符 143 个；

维吾尔文、哈萨克文、柯尔克孜文共用数字、标点符号、特殊符号 5 个。

4.2　字符字序

本部分提供的 190 个维吾尔文、哈萨克文、柯尔克孜文名义字符、变形显现字符和共用符号的字型按照 GB 13000 规定的次序排列。

5 标准数据的管理

为加强对信息交换用产品用维吾尔文、哈萨克文、柯尔克孜文字型与字模标准数据的管理，保证本部分在贯彻执行中数据的一致性和正确性，有关字型数据的授权转让使用事宜，字型标准数据的维护、更新及修订工作，统一由归口单位负责。

6 点阵字型的表示方法

6.1 栅格

栅格由若干条等距离的垂直线与水平线相交叉而形成。

本部分规定的是48点阵字型，其栅格是横向48格，纵向48格。每个方格的中心定为点的中心位置。

栅格仅对构成点阵的各点进行定位，48点阵栅格图如图1所示。

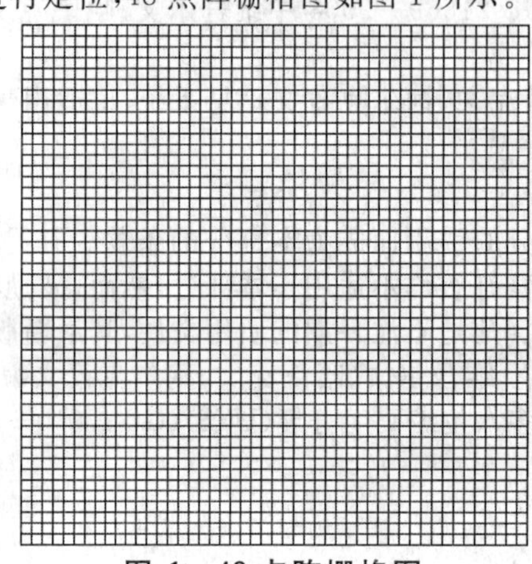

图1 48点阵栅格图

6.2 点

点是构成点阵字型的最小单位，以圆形表示，它是位于各方格内的黑色区域。

6.3 点阵字样

维吾尔文、哈萨克文、柯尔克孜文图形字符点阵字型的字样，由置于栅格内的若干个点的集合来表示。维吾尔文、哈萨克文、柯尔克孜文“ئ”的48点阵字样如图2所示。

图2 48点阵字母“ئ”的字样

6.4 字型宽度信息

维吾尔文、哈萨克文、柯尔克孜文是不等宽字体，每个字符都有各自特定的宽度，其宽度由字型宽度信息表来表示，见附录B。

7 点阵字型

7.1 字型数据

维吾尔文、哈萨克文、柯尔克孜文48点阵字型数据的表示，见附录C。

7.2 点阵字型表

本部分提供的 GB 21669—2008 中 190 个维吾尔文、哈萨克文、柯尔克孜文图形字符的 48 点阵正文黑体字型见表 1。

表 1 维吾尔文、哈萨克文、柯尔克孜文字型表

060C ،	061B ؛	061F ؟	0626 ئ	0627 ا	0628 ب	062A ت	062C ج	062D ح	062E خ	062F د	0631 ر	0632 ز	0633 س	0634 ش	0639 ع
063A غ	0640 ـ	0641 ف	0642 ق	0643 ك	0644 ل	0645 م	0646 ن	0648 و	0649 ى	064A ي	066A ٪	0674 ٴ	0675 ٵ	0676 ٶ	0677 ٷ
0678 ٸ	067E پ	0686 چ	0698 ژ	06AD ڭ	06AF گ	06BE ھ	06C5 ۅ	06C6 ۆ	06C7 ۇ	06C8 ۈ	06C9 ۉ	06CB ۋ	06D0 ې	06D5 ە	FB56 ﭖ
FB57 ﭗ	FB58 ﭘ	FB59 ﭙ	FB7A ﭺ	FB7B ﭻ	FB7C ﭼ	FB7D ﭽ	FB8A ﮊ	FB8B ﮋ	FB92 ﮒ	FB93 ﮓ	FB94 ﮔ	FB95 ﮕ	FBAA ﮪ	FBAB ﮫ	FBAC ﮬ
FBAD ﮭ	FBD3 ﯓ	FBD4 ﯔ	FBD5 ﯕ	FBD6 ﯖ	FBD7 ﯗ	FBD8 ﯘ	FBD9 ﯙ	FBDA ﯚ	FBDB ﯛ	FBDC ﯜ	FBDD ﯝ	FBDE ﯞ	FBDF ﯟ	FBE0 ﯠ	FBE1 ﯡ
FBE2 ﯢ	FBE3 ﯣ	FBE4 ﯤ	FBE5 ﯥ	FBE6 ﯦ	FBE7 ﯧ	FBE8 ﯨ	FBE9 ﯩ	FBEA ﯪ	FBEB ﯫ	FBEC ﯬ	FBED ﯭ	FBEE ﯮ	FBEF ﯯ	FBF0 ﯰ	FBF1 ﯱ
FBF2 ﯲ	FBF3 ﯳ	FBF4 ﯴ	FBF5 ﯵ	FBF6 ﯶ	FBF7 ﯷ	FBF8 ﯸ	FBF9 ﯹ	FBFA ﯺ	FBFB ﯻ	FE89 ﺉ	FE8A ﺊ	FE8B ﺋ	FE8C ﺌ	FE8D ﺍ	FE8E ﺎ
FE8F ﺏ	FE90 ﺐ	FE91 ﺑ	FE92 ﺒ	FE95 ﺕ	FE96 ﺖ	FE97 ﺗ	FE98 ﺘ	FE9D ﺝ	FE9E ﺞ	FE9F ﺟ	FEA0 ﺠ	FEA1 ﺡ	FEA2 ﺢ	FEA3 ﺣ	FEA4 ﺤ
FEA5 ﺥ	FEA6 ﺦ	FEA7 ﺧ	FEA8 ﺨ	FEA9 ﺩ	FEAA ﺪ	FEAD ﺭ	FEAE ﺮ	FEAF ﺯ	FEB0 ﺰ	FEB1 ﺱ	FEB2 ﺲ	FEB3 ﺳ	FEB4 ﺴ	FEB5 ﺵ	FEB6 ﺶ
FEB7 ﺷ	FEB8 ﺸ	FEC9 ﻉ	FECA ﻊ	FECB ﻋ	FECC ﻌ	FECD ﻍ	FECE ﻎ	FECF ﻏ	FED0 ﻐ	FED1 ﻑ	FED2 ﻒ	FED3 ﻓ	FED4 ﻔ	FED5 ﻕ	FED6 ﻖ
FED7 ﻗ	FED8 ﻘ	FED9 ﻙ	FEDA ﻚ	FEDB ﻛ	FEDC ﻜ	FEDD ﻝ	FEDE ﻞ	FEDF ﻟ	FEE0 ﻠ	FEE1 ﻡ	FEE2 ﻢ	FEE3 ﻣ	FEE4 ﻤ	FEE5 ﻥ	FEE6 ﻦ
FEE7 ﻧ	FEE8 ﻨ	FEE9 ﻩ	FEEA ﻪ	FEED ﻭ	FEEE ﻮ	FEEF ﻯ	FEF0 ﻰ	FEF1 ﻱ	FEF2 ﻲ	FEF3 ﻳ	FEF4 ﻴ	FEFB ﻻ	FEFC ﻼ		

附　录　A
（资料性附录）
正　文　黑　体

正文黑体意为直线端正的字体。维吾尔文、哈萨克文、柯尔克孜文属拼音文字类型，书写行款自右至左，所有字符均呈各自不同的宽度。正文黑体是在长期使用阿拉伯文为基础的文字过程中，经反复修改完善后形成的独特字体。正文黑体以横线为中心，整齐、美观，笔画刚劲、浑厚，长短适中，竖画粗度为笔粗的 2/3，呈笔直形，给人以严肃、稳重之感。

正文黑体主要用于文章标题、编者按等，正文黑体与正文白体风格一致，只是在笔画的粗细、文字线条的轻重上有所不同。

附 录 B
（资料性附录）
字型宽度信息表

维吾尔文、哈萨克文、柯尔克孜文是不等宽字体，其每个字符都有各自特定的宽度，字型宽度信息表定义了本部分中 190 个点阵图形字符的有效宽度，参见表 B.1。

表 B.1 字型宽度信息表

代码	字宽	代码	字宽	代码	字宽	代码	字宽	代码	字宽	代码	字宽
060C	7	0678	35	FBAD	19	FBF2	31	FEA5	25	FED7	15
061B	7	067E	25	FBD3	27	FBF3	36	FEA6	27	FED8	16
061F	14	0686	25	FBD4	32	FBF4	31	FEA7	24	FED9	27
0626	24	0698	18	FBD5	19	FBF5	37	FEA8	26	FEDA	32
0627	7	06AD	27	FBD6	28	FBF6	36	FEA9	14	FEDB	20
0628	25	06AF	29	FBD7	16	FBF7	42	FEAA	24	FEDC	28
062A	25	06BE	26	FBD8	20	FBF8	29	FEAD	16	FEDD	22
062C	25	06C5	14	FBD9	16	FBF9	35	FEAE	23	FEDE	31
062D	25	06C6	16	FBDA	20	FBFA	41	FEAF	16	FEDF	12
062E	25	06C7	16	FBDB	16	FBFB	29	FEB0	23	FEE0	20
062F	14	06C8	16	FBDC	20	FE89	24	FEB1	34	FEE1	13
0631	16	06C9	16	FBDD	22	FE8A	25	FEB2	39	FEE2	26
0632	16	06CB	16	FBDE	16	FE8B	13	FEB3	26	FEE3	20
0633	34	06D0	24	FBDF	20	FE8C	17	FEB4	31	FEE4	21
0634	34	06D5	11	FBE0	14	FE8D	7	FEB5	34	FEE5	20
0639	25	FB56	25	FBE1	19	FE8E	13	FEB6	39	FEE6	26
063A	25	FB57	33	FBE2	16	FE8F	25	FEB7	26	FEE7	13
0640	12	FB58	13	FBE3	20	FE90	33	FEB8	31	FEE8	17
0641	21	FB59	17	FBE4	24	FE91	13	FEC9	25	FEE9	12
0642	21	FB7A	25	FBE5	25	FE92	17	FECA	26	FEEA	16
0643	27	FB7B	27	FBE6	13	FE95	25	FECB	18	FEED	16
0644	22	FB7C	23	FBE7	17	FE96	33	FECC	23	FEEE	20
0645	13	FB7D	26	FBE8	13	FE97	14	FECD	25	FEEF	24
0646	20	FB8A	18	FBE9	17	FE98	17	FECE	26	FEF0	25
0648	16	FB8B	23	FBEA	22	FE9D	25	FECF	18	FEF1	24
0649	24	FB92	29	FBEB	28	FE9E	27	FED0	23	FEF2	25
064A	24	FB93	38	FBEC	28	FE9F	23	FED1	21	FEF3	13
066A	21	FB94	19	FBED	33	FEA0	26	FED2	25	FEF4	17
0674	10	FB95	28	FBEE	30	FEA1	25	FED3	15	FEFB	19
0675	17	FBAA	26	FBEF	36	FEA2	27	FED4	16	FEFC	24
0676	18	FBAB	21	FBF0	30	FEA3	23	FED5	21		
0677	22	FBAC	22	FBF1	37	FEA4	26	FED6	25		

附 录 C
（规范性附录）
48点阵字型数据

C.1 48点阵字型数据的表示

本部分中，图形字符的字型可由点阵数据来表示。每个字型的点阵数据为48×48（横行点数×纵列点数），共2 304个二进制位，288个字节。

C.2 48点阵字型数据的记录格式

48点阵字型数据的288个字节排列次序是以0字节开始至287字节结束，均用十六进制表示，每行六个字节，记录格式如下：

<table>
<tr><th rowspan="2">行数</th><th colspan="17">列　数</th></tr>
<tr><th>0</th><th>1</th><th>2</th><th>3</th><th>4</th><th>5</th><th>6</th><th>7</th><th>……</th><th>40</th><th>41</th><th>42</th><th>43</th><th>44</th><th>45</th><th>46</th><th>47</th></tr>
<tr><td>0</td><td colspan="8">0字节</td><td>……</td><td colspan="8">5字节</td></tr>
<tr><td>1
2
⋮
46</td><td colspan="8"></td><td></td><td colspan="8"></td></tr>
<tr><td>47</td><td colspan="8">282字节</td><td>……</td><td colspan="8">287字节</td></tr>
</table>

C.3 48点阵字型数据举例

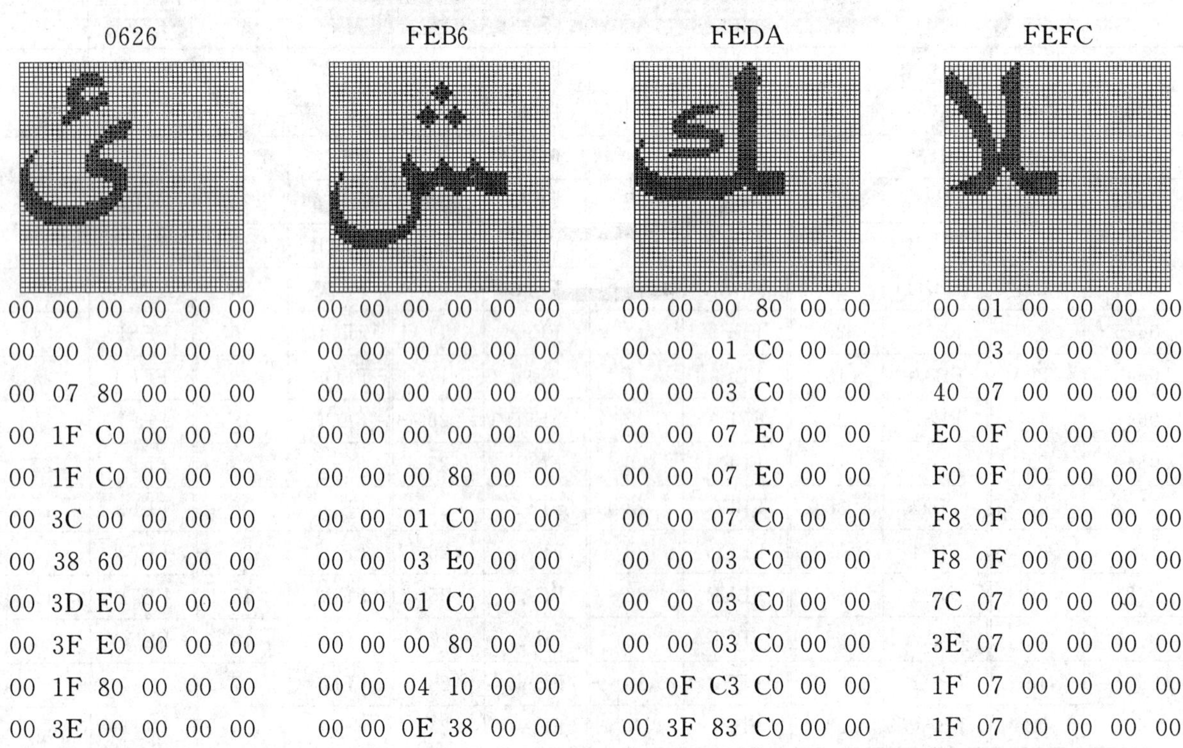

0626	FEB6	FEDA	FEFC
00 00 00 00 00 00	00 00 00 00 00 00	00 00 00 80 00 00	00 01 00 00 00 00
00 00 00 00 00 00	00 00 00 00 00 00	00 00 01 C0 00 00	00 03 00 00 00 00
00 07 80 00 00 00	00 00 00 00 00 00	00 00 03 C0 00 00	40 07 00 00 00 00
00 1F C0 00 00 00	00 00 00 00 00 00	00 00 07 E0 00 00	E0 0F 00 00 00 00
00 1F C0 00 00 00	00 00 00 80 00 00	00 00 07 E0 00 00	F0 0F 00 00 00 00
00 3C 00 00 00 00	00 00 01 C0 00 00	00 00 07 C0 00 00	F8 0F 00 00 00 00
00 38 60 00 00 00	00 00 03 E0 00 00	00 00 03 C0 00 00	F8 0F 00 00 00 00
00 3D E0 00 00 00	00 00 01 C0 00 00	00 00 03 C0 00 00	7C 07 00 00 00 00
00 3F E0 00 00 00	00 00 00 80 00 00	00 00 03 C0 00 00	3E 07 00 00 00 00
00 1F 80 00 00 00	00 00 04 10 00 00	00 0F C3 C0 00 00	1F 07 00 00 00 00
00 3E 00 00 00 00	00 00 0E 38 00 00	00 3F 83 C0 00 00	1F 07 00 00 00 00

```
00 78 00 00 00 00
00 60 07 00 00 00
00 00 1F 00 00 00
00 00 3E 00 00 00
00 00 7E 00 00 00
00 00 F0 00 00 00
00 01 C0 00 00 00
10 01 80 00 00 00
20 03 80 00 00 00
60 03 F0 00 00 00
40 03 FC 00 00 00
C0 03 FE 00 00 00
C0 01 FE 00 00 00
C0 00 3E 00 00 00
E0 00 0E 00 00 00
E0 00 0E 00 00 00
F0 00 1C 00 00 00
F8 00 7C 00 00 00
7E 03 F8 00 00 00
7F FF F0 00 00 00
3F FF E0 00 00 00
1F FF 80 00 00 00
07 FC 00 00 00 00
00 00 00 00 00 00
00 00 00 00 00 00
00 00 00 00 00 00
00 00 00 00 00 00
00 00 00 00 00 00
00 00 00 00 00 00
00 00 00 00 00 00
00 00 00 00 00 00
00 00 00 00 00 00
00 00 00 00 00 00
00 00 00 00 00 00
00 00 00 00 00 00
00 00 00 00 00 00
00 00 00 00 00 00
00 00 1F 7C 00 00
00 00 0E 38 00 00
00 00 04 10 00 00
00 00 00 00 00 00
00 00 00 00 00 00
00 00 00 00 00 00
00 00 00 00 00 00
00 00 00 00 00 00
00 00 40 00 00 00
00 00 40 81 00 00
00 00 E0 C1 80 00
00 00 F1 E3 C0 00
20 00 FF FF FE 00
20 00 7F FF FE 00
40 00 7F FF FE 00
40 00 7E 7C FE 00
C0 00 3C 18 3E 00
C0 00 30 00 00 00
C0 00 30 00 00 00
C0 00 30 00 00 00
E0 00 30 00 00 00
E0 00 70 00 00 00
F0 00 60 00 00 00
7C 01 E0 00 00 00
7F FF C0 00 00 00
3F FF 80 00 00 00
1F FE 00 00 00 00
07 F8 00 00 00 00
00 00 00 00 00 00
00 00 00 00 00 00
00 00 00 00 00 00
00 00 00 00 00 00
00 00 00 00 00 00
00 00 00 00 00 00
00 00 00 00 00 00
00 00 00 00 00 00
00 00 00 00 00 00
00 78 03 C0 00 00
00 E0 03 C0 00 00
00 FE 03 C0 00 00
00 FF C3 C0 00 00
00 7F E3 C0 00 00
40 00 E3 C0 00 00
40 00 E3 C0 00 00
80 FF C3 C0 00 00
81 FF 03 C0 00 00
C0 00 03 C0 00 00
C0 00 03 C0 00 00
E0 00 03 C0 00 00
F8 00 07 FF 00 00
FF FF FF FF 00 00
FF FF FF FF 00 00
7F FF FE FF 00 00
3F FF F8 7F 00 00
0F FF E0 00 00 00
00 00 00 00 00 00
00 00 00 00 00 00
00 00 00 00 00 00
00 00 00 00 00 00
00 00 00 00 00 00
00 00 00 00 00 00
00 00 00 00 00 00
00 00 00 00 00 00
00 00 00 00 00 00
00 00 00 00 00 00
00 00 00 00 00 00
00 00 00 00 00 00
00 00 00 00 00 00
00 00 00 00 00 00
00 00 00 00 00 00
00 00 00 00 00 00
00 00 00 00 00 00
00 00 00 00 00 00
00 00 00 00 00 00
0F 87 00 00 00 00
07 87 00 00 00 00
07 C7 00 00 00 00
03 C7 00 00 00 00
03 C7 00 00 00 00
01 EF 00 00 00 00
01 EF 00 00 00 00
00 EF 00 00 00 00
00 FF 00 00 00 00
00 FF 00 00 00 00
00 FF 00 00 00 00
00 F7 80 00 00 00
01 F3 FF 00 00 00
07 E3 FF 00 00 00
1F E1 FF 00 00 00
7F C0 FF 00 00 00
0F 80 7F 00 00 00
00 00 00 00 00 00
00 00 00 00 00 00
00 00 00 00 00 00
00 00 00 00 00 00
00 00 00 00 00 00
00 00 00 00 00 00
00 00 00 00 00 00
00 00 00 00 00 00
00 00 00 00 00 00
00 00 00 00 00 00
00 00 00 00 00 00
00 00 00 00 00 00
00 00 00 00 00 00
00 00 00 00 00 00
00 00 00 00 00 00
00 00 00 00 00 00
00 00 00 00 00 00
00 00 00 00 00 00
00 00 00 00 00 00
00 00 00 00 00 00
```

ICS 35.040
L 71

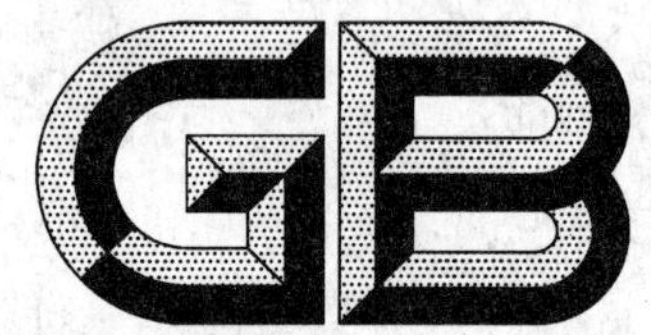

中华人民共和国国家标准

GB 25911—2010

信息技术　藏文编码字符集
24×48点阵字型　朱匝体

Information technology—Tibetan coded character set—
24×48 dot matrix font—Drutsa

2011-01-10 发布　　　　2011-11-01 实施

中华人民共和国国家质量监督检验检疫总局
中国国家标准化管理委员会　发布

前　　言

本标准的全部技术内容为强制性。

本标准依据 GB 16959—1997《信息技术　信息交换用藏文编码字符集　基本集》和 GB/T 20542—2006《信息技术　藏文编码字符集　扩充集 A》所规定的藏文及部分梵文转写藏文字符，以我国藏语地区规范的字型为基础，设计和规定了信息系统用藏文 24×48 点阵朱匝体(见附录 A)字型。

本标准的附录 A 是资料性附录，附录 B 是规范性附录。

本标准由全国信息技术标准化技术委员会(SAC/TC 28)提出并归口。

本标准起草单位：西藏大学、中国电子技术标准化研究所、西藏自治区藏语文工作委员会办公室、北京北大方正电子有限公司。

本标准起草人：欧珠、拉琼、大罗桑朗杰、代红、唐英敏、洛桑土美、常福良、熊涛、格桑多吉、陈壮、拉巴次仁、拉巴泽仁、张国荣、仁青诺布、普次仁、邓戈。

引　言

有关字型数据的授权转让使用事宜，字型标准数据的维护、更新及修订工作，统一由归口单位负责。

地址：北京市东城区安定门东大街1号(北京市1101信箱)
邮编：100007
电话：64007689　84029173
传真：64007681
E-mail：daihong@cesi.ac.cn

信息技术 藏文编码字符集 24×48点阵字型 朱匝体

1 范围

本标准规定了GB 16959—1997和GB/T 20542—2006中藏文图形字符的24×48点阵朱匝体字型。

本标准主要适用于藏文信息处理系统中的显示设备、点阵式印刷设备,也可用于其他相关设备。

2 规范性引用文件

下列文件中的条款通过本标准的引用而成为本标准的条款。凡是注日期的引用文件,其随后所有的修改单(不包括勘误的内容)或修订版均不适用于本标准,然而,鼓励根据本标准达成协议的各方研究是否可使用这些文件的最新版本。凡是不注日期的引用文件,其最新版本适用于本标准。

GB 16959—1997 信息技术 信息交换用藏文编码字符集 基本集

GB/T 20542—2006 信息技术 藏文编码字符集 扩充集A

3 术语和定义

下列术语和定义适用于本标准。

3.1

字形 glyph

一个可辨认的抽象图形符号,它不依赖于任何特定的设计。

3.2

字型 font

具有同一基本设计的字形图像的集合,如:朱匝体。

3.3

点阵字型 dot matrix font

以点的集合来表现图形字符的型(形)。

3.4

字序 character order

藏文图形字符在集合中按一定规则排列的次序。

4 标准数据的管理

为加强对电子信息技术产品使用藏文字型标准数据的管理,保证本标准在实施中数据的正确性和一致性,有关字型数据的授权转让使用事宜,字型标准数据的维护、更新及修订工作,统一由归口单位负责。

5 点阵字型的表示方法

5.1 栅格

栅格由若干条等距离的垂直线与水平线相交而形成。

本标准规定的是24×48点阵字型，其栅格是横向24格，纵向48格。每个方格的中心定为点的中心位置。

栅格仅对构成点阵的各点进行定位，栅格图如图1所示。

图1　24×48点阵栅格图

5.2　点

点是构成点阵字型的最小单位，以圆形表示，它是位于各方格内的黑色区域。

5.3　点阵字样

藏文点阵字型的字样，由位于栅格内的若干个点的集合来表示。藏文“ ”的24×48点阵字型如图2所示。

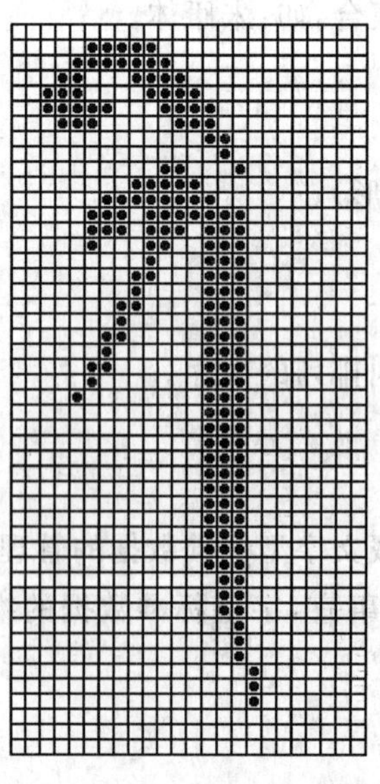

图2　24×48点阵藏文“ ”的字型

6 藏文点阵字型

6.1 字数和字序

本标准提供了 GB 16959—1997 和 GB/T 20542—2006 规定的 710 个藏文图形字符的 24×48 点阵朱匝体字型，并按照藏文编码字符集的次序排列，其中：

藏文编码字符集基本集中字符 57 个；

藏文编码字符集扩充集 A 中字符 653 个。

6.2 藏文字型数据

藏文 24×48 点阵字型数据的表示，见附录 B。

6.3 藏文点阵字型表

本标准提供的 GB 16959—1997 和 GB/T 20542—2006 规定的 710 个藏文 24×48 点阵朱匝体字型见表 1。

表 1 藏文字型表

0F00	0F08	0F0B	0F0D	0F14	0F20	0F21	0F22	0F23	0F24	0F25	0F26	0F27	0F28	0F29	0F40
0F41	0F42	0F43	0F44	0F45	0F46	0F47	0F49	0F4A	0F4B	0F4C	0F4D	0F4E	0F4F	0F50	0F51
0F52	0F53	0F54	0F55	0F56	0F57	0F58	0F59	0F5A	0F5B	0F5C	0F5D	0F5E	0F5F	0F60	0F61
0F62	0F63	0F64	0F65	0F66	0F67	0F68	0F69	0F7F	F300	F302	F303	F304	F305	F306	F308
F309	F30A	F30B	F30C	F30E	F30F	F310	F311	F312	F314	F315	F316	F317	F318	F31A	F31B
F31C	F31D	F31E	F31F	F321	F322	F323	F324	F325	F327	F328	F329	F32A	F32B	F32D	F32E
F32F	F330	F331	F333	F334	F335	F336	F337	F339	F33A	F33B	F33C	F33D	F33F	F340	F341
F342	F343	F345	F346	F347	F348	F349	F34B	F34C	F34D	F34E	F34F	F351	F352	F353	F354
F355	F357	F358	F359	F35A	F35B	F35D	F35E	F35F	F360	F361	F363	F364	F365	F366	F367
F369	F36A	F36B	F36C	F36D	F36E	F370	F371	F372	F373	F374	F375	F377	F378	F379	F37A
F37B	F37D	F37E	F37F	F380	F381	F383	F384	F385	F386	F387	F389	F38A	F38B	F38C	F38D
F38F	F390	F391	F392	F393	F395	F396	F397	F398	F399	F39B	F39C	F39D	F39E	F39F	F3A1

表 1（续）

F3A2	F3A3	F3A4	F3A5	F3A7	F3A8	F3A9	F3AA	F3AB	F3AD	F3AE	F3AF	F3B0	F3B1	F3B3	F3B4
F3B5	F3B6	F3B7	F3B9	F3BB	F3BC	F3BE	F3BF	F3C1	F3C2	F3C3	F3C9	F3CA	F3CD	F3CE	F3CF
F3D9	F3DA	F3DC	F3DD	F3DE	F3E0	F3E1	F3E3	F3E4	F3E5	F3E6	F3E7	F3E9	F3EA	F3EB	F3EC
F3ED	F3EF	F3F0	F3F1	F3F2	F3F3	F3F4	F3F6	F3F7	F3F8	F3F9	F3FA	F3FC	F3FD	F3FE	F3FF
F400	F402	F403	F404	F405	F406	F408	F409	F40A	F40B	F40C	F40E	F40F	F410	F411	F412
F414	F415	F416	F417	F418	F41A	F41B	F41C	F41D	F41E	F420	F421	F422	F423	F424	F426
F427	F428	F429	F42A	F42C	F42D	F42E	F42F	F430	F432	F433	F434	F435	F436	F438	F439
F43A	F43B	F43C	F43E	F43F	F440	F441	F442	F444	F445	F446	F447	F448	F44A	F44B	F44C
F44D	F44E	F450	F451	F452	F453	F454	F455	F457	F458	F459	F45A	F45B	F45D	F45E	F45F
F460	F461	F463	F464	F465	F466	F467	F469	F46A	F46B	F46C	F46D	F46F	F470	F471	F472
F473	F475	F476	F477	F478	F479	F47B	F47C	F47D	F47E	F47F	F481	F482	F483	F484	F485
F487	F488	F489	F48A	F48B	F48D	F48E	F48F	F490	F491	F493	F494	F495	F496	F497	F499

表 1（续）

F49A	F49B	F49C	F49D	F49F	F4A0	F4A1	F4A2	F4A3	F4A5	F4A6	F4A7	F4A8	F4A9	F4AB	F4AC
F4AD	F4AE	F4AF	F4B1	F4B2	F4B3	F4B4	F4B5	F4B7	F4B8	F4B9	F4BA	F4BB	F4BD	F4BE	F4BF
F4C0	F4C1	F4C2	F4C4	F4C5	F4C6	F4C7	F4C8	F4C9	F4CA	F4CB	F4CC	F4CD	F4CE	F4D0	F4D1
F4D2	F4D3	F4D4	F4D6	F4D7	F4D8	F4D9	F4DA	F4DC	F4DD	F4DE	F4DF	F4E0	F4E2	F4E3	F4E4
F4E5	F4E6	F4E8	F4E9	F4EA	F4EB	F4EC	F4EE	F4EF	F4F0	F4F1	F4F2	F4F4	F4F5	F4F6	F4F7
F4F8	F4FA	F4FB	F4FC	F4FD	F4FE	F500	F501	F502	F503	F504	F506	F507	F508	F509	F50A
F50C	F50D	F50E	F50F	F510	F512	F513	F514	F515	F516	F518	F519	F51A	F51B	F51C	F51E
F51F	F520	F521	F522	F524	F525	F526	F527	F528	F52A	F52B	F52C	F52D	F52E	F530	F531
F532	F533	F534	F536	F537	F538	F539	F53A	F53C	F53D	F53E	F53F	F540	F542	F543	F544
F545	F546	F547	F549	F54A	F54B	F54C	F54D	F54F	F550	F551	F552	F553	F554	F556	F557
F558	F559	F55A	F55C	F55D	F55E	F55F	F560	F562	F563	F564	F565	F566	F568	F569	F56A
F56C	F56D	F570	F571	F572	F576	F57D	F57E	F580	F581	F582	F585	F586	F588	F589	F58A

表 1（续）

F58B	F591	F594	F596	F597	F5A3	F5A4	F5A6	F5A7	F5A8	F5A9	F5AA	F5AB	F5AC	F5AD	F5AE
F5AF	F5B1	F5B2	F5B3	F5B4	F5B5	F5B6	F5B7	F5B8	F5B9	F5BA	F5BB	F5BC	F5BE	F5BF	F5C0
F5C1	F5C2	F5C3	F5C5	F5C6	F5C7	F5C8	F5C9	F5CB	F5CC	F5CD	F5CE	F5CF	F5D1	F5D2	F5D3
F5D4	F5D5	F5D7	F5D8	F5D9	F5DA	F5DB	F5DD	F5DE	F5DF	F5E0	F5E1	F5E3	F5E4	F5E5	F5E6
F5E7	F5E9	F5EA	F5EB	F5EC	F5ED	F5EE	F5F0	F5F1	F5F2	F5F3	F5F4	F5F6	F5F7	F5F8	F5F9
F5FA	F5FB	F5FC	F5FD	F5FE	F5FF	F600	F602	F603	F604	F605	F610	F62D	F65F	F660	F692
F693	F6D7	F6D8	F6DC	F6DE	F6FB	F6FC	F71D	F720	F733	F748	F762	F763	F766	F767	F780
F78E	F797	F79A	F79B	F7AF	F7C1	F7DC	F80D	F85B	F86F	F89D	F89F	F8BD	F8CA	F8CC	F8EB
F8EC	F8ED	F8EE	F8EF	F8F6	F8FF										

附　录　A
（资料性附录）
藏文朱匝体

本标准的藏文点阵字型选用的朱匝体是在丹体中朱钦和朱琼体的基础上发展起来的。大约在公元10世纪左右基本成型。该体在其后的实践中不断得到发展，先后出现了弯腿朱匝体、长腿朱匝体、短腿朱匝体等多种朱匝体，这些字体各具特色，广泛使用于书写标题、题词、牌匾或其他文字标记等方面。

本标准使用的短腿朱匝体，具有庄重、典雅、醒目、苍劲有力之特点，其产生时间虽然较晚，但由于书写灵便、富于变化，得到各方面的大力推崇，使之发展更加迅速，成为广泛使用的规范字体。

附　录　B
（规范性附录）
藏文 24×48 点阵字型数据

B.1　藏文 24×48 点阵字型数据的表示

本标准中，藏文的字型可由其点阵数据来表示。每个字型的点阵数据为 24×48（横行点数×纵列点数），共 1 152 个二进制位，144 个字节。

B.2　藏文 24×48 点阵字型数据的记录格式

藏文 24×48 点阵字型数据的 144 个字节排列次序是以 0 字节开始至 143 字节结束，均用十六进制表示，每行 3 个字节，其记录格式如下：

行数	列数																							
	0	1	2	3	4	5	6	7	8	9	10	11	12	13	14	15	16	17	18	19	20	21	22	23
0	0 字节								1 字节								2 字节							
1 2 ⋮ 46																								
47	141 字节								142 字节								143 字节							

B.3　藏文 24×48 点阵字型数据举例

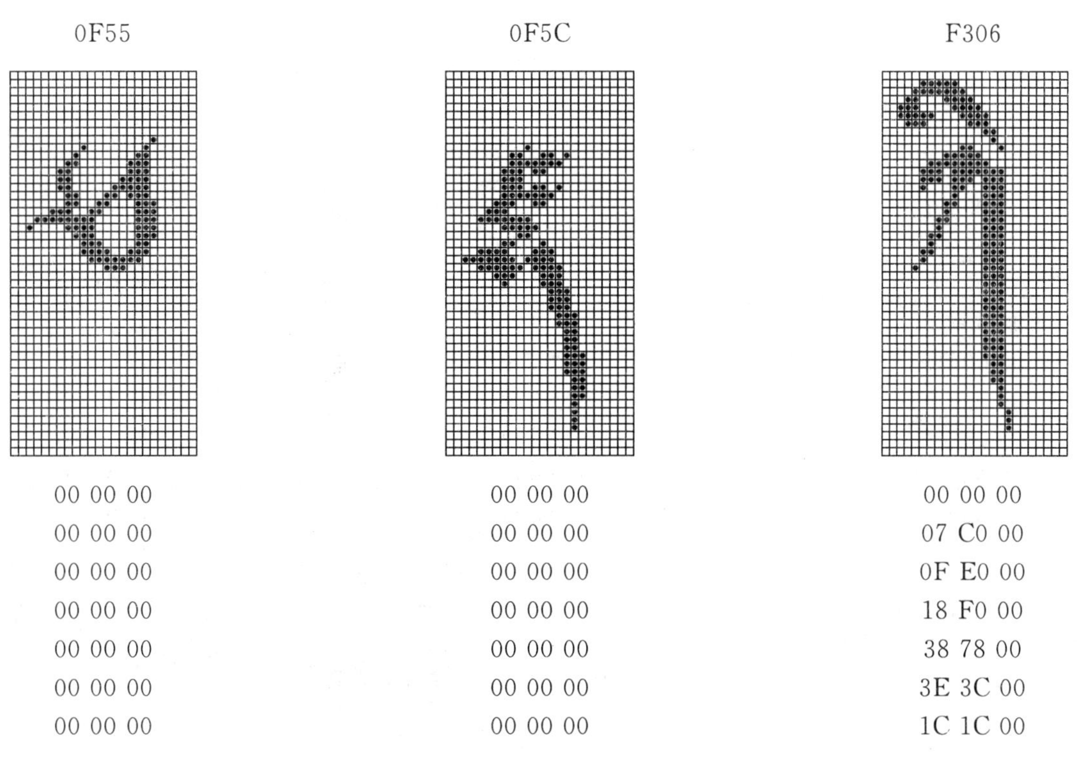

00 00 00
00 00 20
00 40 40
00 80 C0
01 81 C0
03 01 C0
03 03 C0
03 07 C0
01 8D C0
01 98 E0
07 30 E0
1F E0 E0
21 E0 E0
00 E0 E0
00 70 C0
00 79 C0
00 3F 80
00 0E 00
00 00 00
00 00 00
00 00 00
00 00 00
00 00 00
00 00 00
00 00 00
00 00 00
00 00 00
00 00 00
00 00 00
00 00 00
00 00 00
00 00 00
00 00 00
00 00 00
00 00 00
00 00 00
00 00 00
00 00 00
00 00 00
00 00 00
00 00 00

00 00 00
00 00 00
00 20 00
00 CD 00
00 FE 00
01 D8 00
01 C0 00
01 DA 00
01 FC 00
03 98 00
07 00 00
0F E0 00
01 F0 00
00 60 00
01 88 00
0F 1C 00
3F BC 00
0F DE 00
03 8E 00
01 0E 00
00 07 00
00 07 00
00 07 00
00 03 80
00 03 80
00 01 80
00 01 80
00 01 80
00 01 C0
00 01 C0
00 01 C0
00 00 C0
00 00 C0
00 00 C0
00 00 80
00 00 80
00 00 80
00 00 80
00 00 00
00 00 00
00 00 00

00 06 00
00 02 00
00 31 00
00 F8 00
03 FC 00
07 7F 00
07 77 00
04 67 00
00 47 00
00 C7 00
00 87 00
01 87 00
01 07 00
03 07 00
02 07 00
06 07 00
04 07 00
08 07 00
00 07 00
00 07 00
00 07 00
00 07 00
00 07 00
00 07 00
00 07 00
00 07 00
00 07 00
00 07 00
00 07 00
00 03 00
00 03 00
00 03 00
00 01 00
00 01 00
00 01 00
00 00 80
00 00 80
00 00 80
00 00 00
00 00 00
00 00 00

ICS 35.040
L 71

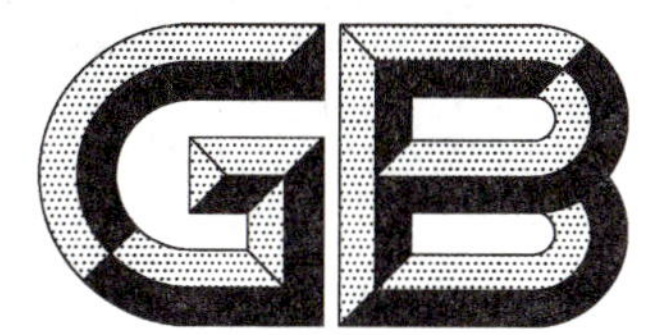

中华人民共和国国家标准

GB 25912—2010

信息技术 藏文编码字符集 24×48点阵字型 白徂体

Information technology—Tibetan coded character set—24×48 dot matrix font—Petsuk

2011-01-10 发布 2011-11-01 实施

中华人民共和国国家质量监督检验检疫总局
中国国家标准化管理委员会 发布

前　言

本标准的全部技术内容为强制性。

本标准依据GB 16959—1997《信息技术　信息交换用藏文编码字符集　基本集》和GB/T 20542—2006《信息技术　藏文编码字符集　扩充集A》所规定的藏文及部分梵文转写藏文字符，以我国藏语地区规范的字型为基础，设计和规定了信息系统用藏文24×48点阵白徂体(见附录A)字型。

本标准的附录A是资料性附录，附录B是规范性附录。

本标准由全国信息技术标准化技术委员会(SAC/TC 28)提出并归口。

本标准起草单位：西藏自治区藏语文工作委员会办公室、中国电子技术标准化研究所、西藏大学、北京北大方正电子有限公司。

本标准起草人：洛桑土美、欧珠、陈壮、拉琼、张建国、大罗桑朗杰、常福良、代红、格桑多吉、熊涛、拉巴泽仁、唐英敏、顿珠次仁、赤列坚参、普次仁、邓戈、仁青诺布。

引　　言

有关字型数据的授权转让使用事宜，字型标准数据的维护、更新及修订工作，统一由归口单位负责。

地　　址：北京市东城区安定门东大街 1 号（北京市 1101 信箱）
邮　　编：100007
电　　话：64007689　84029173
传　　真：64007681
E-mail：daihong@cesi. ac. cn

信息技术 藏文编码字符集 24×48点阵字型 白徂体

1 范围

本标准规定了GB 16959—1997和GB/T 20542—2006中藏文图形字符的24×48点阵白徂体字型。

本标准主要适用于藏文信息处理系统中的显示设备、点阵式印刷设备,也可用于其他相关设备。

2 规范性引用文件

下列文件中的条款通过本标准的引用而成为本标准的条款。凡是注日期的引用文件,其随后所有的修改单(不包括勘误的内容)或修订版均不适用于本标准,然而,鼓励根据本标准达成协议的各方研究是否可使用这些文件的最新版本。凡是不注日期的引用文件,其最新版本适用于本标准。

GB 16959—1997 信息技术 信息交换用藏文编码字符集 基本集

GB/T 20542—2006 信息技术 藏文编码字符集 扩充集A

3 术语和定义

下列术语和定义适用于本标准。

3.1

字形 glyph

一个可辨认的抽象图形符号,它不依赖于任何特定的设计。

3.2

字型 font

具有同一基本设计的字形图像的集合,如:白徂体。

3.3

点阵字型 dot matrix font

以点的集合来表现图形字符的型(形)。

3.4

字序 character order

藏文图形字符在集合中按一定规则排列的次序。

4 标准数据的管理

为加强对电子信息技术产品使用藏文字型标准数据的管理,保证本标准在实施中数据的正确性和一致性,有关字型数据的授权转让使用事宜,字型标准数据的维护、更新及修订工作,统一由归口单位负责。

5 点阵字型的表示方法

5.1 栅格

栅格由若干条等距离的垂直线与水平线相交而形成。

本标准规定的是24×48点阵字型,其栅格是横向24格,纵向48格。每个方格的中心定为点的中心位置。

栅格仅对构成点阵的各点进行定位,栅格图如图1所示。

图 1　24×48 点阵栅格图

5.2　点

点是构成点阵字型的最小单位，以圆形表示，它是位于各方格内的黑色区域。

5.3　点阵字样

藏文点阵字型的字样，由位于栅格内的若干个点的集合来表示。藏文“ཏི”的 24×48 点阵字型如图 2 所示。

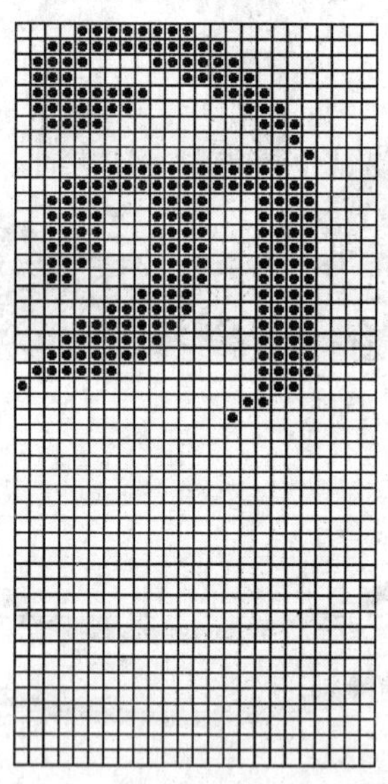

图 2　24×48 点阵藏文“ཏི”的字型

6　藏文点阵字型

6.1　字数和字序

本标准提供了 GB 16959—1997 和 GB/T 20542—2006 规定的 712 个藏文图形字符的 24×48 点阵白徂体字型，并按照藏文编码字符集的次序排列，其中：

藏文编码字符集基本集中字符 59 个；

藏文编码字符集扩充集 A 中字符 653 个。

6.2　藏文字型数据

藏文 24×48 点阵字型数据的表示，见附录 B。

6.3 藏文点阵字型表

本标准提供的 GB 16959—1997 和 GB/T 20542—2006 规定的 712 个藏文 24×48 点阵白徂体字型见表 1。

表 1 藏文字型表

0F00	0F08	0F0B	0F0D	0F14	0F20	0F21	0F22	0F23	0F24	0F25	0F26	0F27	0F28	0F29	0F40
0F41	0F42	0F43	0F44	0F45	0F46	0F47	0F49	0F4A	0F4B	0F4C	0F4D	0F4E	0F4F	0F50	0F51
0F52	0F53	0F54	0F55	0F56	0F57	0F58	0F59	0F5A	0F5B	0F5C	0F5D	0F5E	0F5F	0F60	0F61
0F62	0F63	0F64	0F65	0F66	0F67	0F68	0F69	0F7F	F300	F302	F303	F304	F305	F306	F308
F309	F30A	F30B	F30C	F30E	F30F	F310	F311	F312	F314	F315	F316	F317	F318	F31A	F31B
F31C	F31D	F31E	F31F	F321	F322	F323	F324	F325	F327	F328	F329	F32A	F32B	F32D	F32E
F32F	F330	F331	F333	F334	F335	F336	F337	F339	F33A	F33B	F33C	F33D	F33F	F340	F341
F342	F343	F345	F346	F347	F348	F349	F34B	F34C	F34D	F34E	F34F	F351	F352	F353	F354
F355	F357	F358	F359	F35A	F35B	F35D	F35E	F35F	F360	F361	F363	F364	F365	F366	F367
F369	F36A	F36B	F36C	F36D	F36E	F370	F371	F372	F373	F374	F375	F377	F378	F379	F37A
F37B	F37D	F37E	F37F	F380	F381	F383	F384	F385	F386	F387	F389	F38A	F38B	F38C	F38D
F38F	F390	F391	F392	F393	F395	F396	F397	F398	F399	F39B	F39C	F39D	F39E	F39F	F3A1

表 1（续）

F3A2	F3A3	F3A4	F3A5	F3A7	F3A8	F3A9	F3AA	F3AB	F3AD	F3AE	F3AF	F3B0	F3B1	F3B3	F3B4
F3B5	F3B6	F3B7	F3B9	F3BB	F3BC	F3BE	F3BF	F3C1	F3C2	F3C3	F3C9	F3CA	F3CD	F3CE	F3CF
F3D9	F3DA	F3DC	F3DD	F3DE	F3E0	F3E1	F3E3	F3E4	F3E5	F3E6	F3E7	F3E9	F3EA	F3EB	F3EC
F3ED	F3EF	F3F0	F3F1	F3F2	F3F3	F3F4	F3F6	F3F7	F3F8	F3F9	F3FA	F3FC	F3FD	F3FE	F3FF
F400	F402	F403	F404	F405	F406	F408	F409	F40A	F40B	F40C	F40E	F40F	F410	F411	F412
F414	F415	F416	F417	F418	F41A	F41B	F41C	F41D	F41E	F420	F421	F422	F423	F424	F426
F427	F428	F429	F42A	F42C	F42D	F42E	F42F	F430	F432	F433	F434	F435	F436	F438	F439
F43A	F43B	F43C	F43E	F43F	F440	F441	F442	F444	F445	F446	F447	F448	F44A	F44B	F44C
F44D	F44E	F450	F451	F452	F453	F454	F455	F457	F458	F459	F45A	F45B	F45D	F45E	F45F
F460	F461	F463	F464	F465	F466	F467	F469	F46A	F46B	F46C	F46D	F46F	F470	F471	F472
F473	F475	F476	F477	F478	F479	F47B	F47C	F47D	F47E	F47F	F481	F482	F483	F484	F485
F487	F488	F489	F48A	F48B	F48D	F48E	F48F	F490	F491	F493	F494	F495	F496	F497	F499

表 1（续）

F49A	F49B	F49C	F49D	F49F	F4A0	F4A1	F4A2	F4A3	F4A5	F4A6	F4A7	F4A8	F4A9	F4AB	F4AC
F4AD	F4AE	F4AF	F4B1	F4B2	F4B3	F4B4	F4B5	F4B7	F4B8	F4B9	F4BA	F4BB	F4BD	F4BE	F4BF
F4C0	F4C1	F4C2	F4C4	F4C5	F4C6	F4C7	F4C8	F4C9	F4CA	F4CB	F4CC	F4CD	F4CE	F4D0	F4D1
F4D2	F4D3	F4D4	F4D6	F4D7	F4D8	F4D9	F4DA	F4DC	F4DD	F4DE	F4DF	F4E0	F4E2	F4E3	F4E4
F4E5	F4E6	F4E8	F4E9	F4EA	F4EB	F4EC	F4EE	F4EF	F4F0	F4F1	F4F2	F4F4	F4F5	F4F6	F4F7
F4F8	F4FA	F4FB	F4FC	F4FD	F4FE	F500	F501	F502	F503	F504	F506	F507	F508	F509	F50A
F50C	F50D	F50E	F50F	F510	F512	F513	F514	F515	F516	F518	F519	F51A	F51B	F51C	F51E
F51F	F520	F521	F522	F524	F525	F526	F527	F528	F52A	F52B	F52C	F52D	F52E	F530	F531
F532	F533	F534	F536	F537	F538	F539	F53A	F53C	F53D	F53E	F53F	F540	F542	F543	F544
F545	F546	F547	F549	F54A	F54B	F54C	F54D	F54F	F550	F551	F552	F553	F554	F556	F557
F558	F559	F55A	F55C	F55D	F55E	F55F	F560	F562	F563	F564	F565	F566	F568	F569	F56A
F56C	F56D	F570	F571	F572	F576	F57D	F57E	F580	F581	F582	F585	F586	F588	F589	F58A

表 1（续）

F58B	F591	F594	F596	F597	F5A3	F5A4	F5A6	F5A7	F5A8	F5A9	F5AA	F5AB	F5AC	F5AD	F5AE
F5AF	F5B1	F5B2	F5B3	F5B4	F5B5	F5B6	F5B7	F5B8	F5B9	F5BA	F5BB	F5BC	F5BE	F5BF	F5C0
F5C1	F5C2	F5C3	F5C5	F5C6	F5C7	F5C8	F5C9	F5CB	F5CC	F5CD	F5CE	F5CF	F5D1	F5D2	F5D3
F5D4	F5D5	F5D7	F5D8	F5D9	F5DA	F5DB	F5DD	F5DE	F5DF	F5E0	F5E1	F5E3	F5E4	F5E5	F5E6
F5E7	F5E9	F5EA	F5EB	F5EC	F5ED	F5EE	F5F0	F5F1	F5F2	F5F3	F5F4	F5F6	F5F7	F5F8	F5F9
F5FA	F5FB	F5FC	F5FD	F5FE	F5FF	F600	F602	F603	F604	F605	F610	F62D	F65F	F660	F692
F693	F6D7	F6D8	F6DC	F6DE	F6FB	F6FC	F71D	F720	F733	F748	F762	F763	F766	F767	F780
F78E	F797	F79A	F79B	F7AF	F7C1	F7DC	F80D	F85B	F86F	F89D	F89F	F8BD	F8CA	F8CC	F8EB
F8EC	F8ED	F8EE	F8EF	F8F6	F8FF	F8F6	F8FF								

附 录 A
（资料性附录）
藏文白徂体

本标准的藏文点阵字型选用的白徂体是从徂体中演变而来的一种字体，约于佛教后宏期初基本成型。白徂体在长期的使用过程中得到进一步的发展，出现了“斯通体”、“斯仁体”、“扎布体”等不同风格的字体。所谓“斯通”，“斯仁”是就字顶和字腿末斜笔的长短不同而言。无论哪种白徂体，都具有匀称、秀丽、视觉效果佳等特点。

本标准使用的“斯通”白徂体，形态端庄、匀称、占用书写版面空间小，是抄录传记、史书等各种典籍的专用书体。

附 录 B
（规范性附录）
藏文 24×48 点阵字型数据

B.1 藏文 24×48 点阵字型数据的表示

本标准中，藏文的字型可由其点阵数据来表示。每个字型的点阵数据为 24×48（横行点数×纵列点数），共 1 152 个二进制位，144 个字节。

B.2 藏文 24×48 点阵字型数据的记录格式

藏文 24×48 点阵字型数据的 144 个字节排列次序是以 0 字节开始至 143 字节结束，均用十六进制表示，每行 3 个字节，其记录格式如下：

<table>
<tr><th rowspan="2">行数</th><th colspan="24">列 数</th></tr>
<tr><th>0</th><th>1</th><th>2</th><th>3</th><th>4</th><th>5</th><th>6</th><th>7</th><th>8</th><th>9</th><th>10</th><th>11</th><th>12</th><th>13</th><th>14</th><th>15</th><th>16</th><th>17</th><th>18</th><th>19</th><th>20</th><th>21</th><th>22</th><th>23</th></tr>
<tr><td>0</td><td colspan="8">0 字节</td><td colspan="8">1 字节</td><td colspan="8">2 字节</td></tr>
<tr><td>1
2
⋮
46</td><td colspan="8"></td><td colspan="8"></td><td colspan="8"></td></tr>
<tr><td>47</td><td colspan="8">141 字节</td><td colspan="8">142 字节</td><td colspan="8">143 字节</td></tr>
</table>

B.3 藏文 24×48 点阵字型数据举例

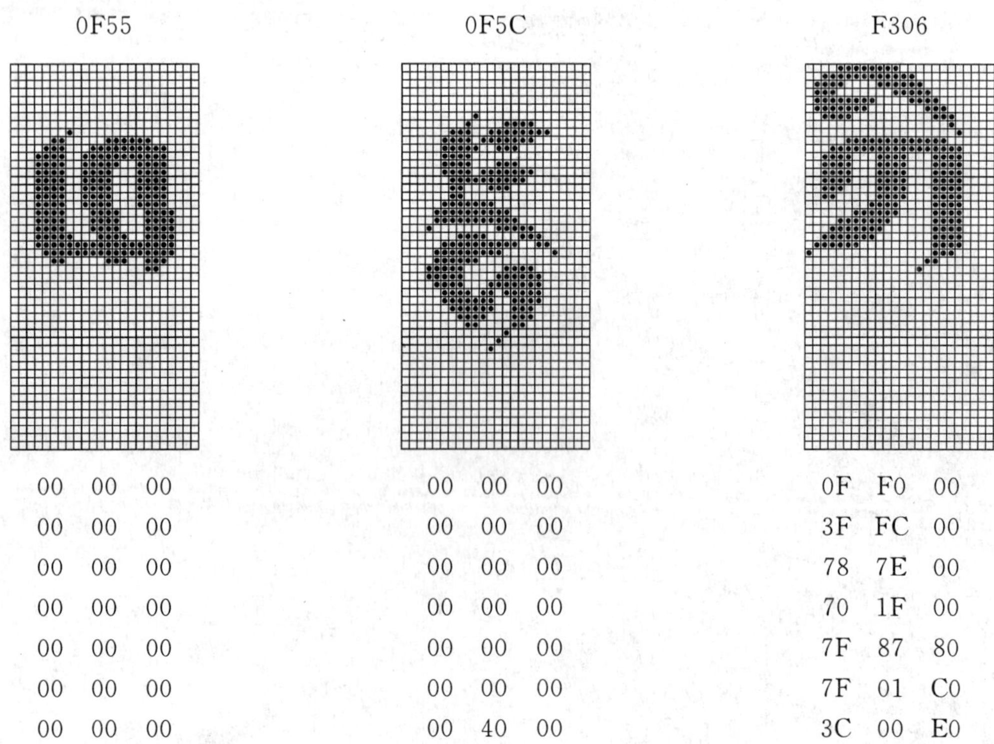

0F55			0F5C			F306		
00	00	00	00	00	00	0F	F0	00
00	00	00	00	00	00	3F	FC	00
00	00	00	00	00	00	78	7E	00
00	00	00	00	00	00	70	1F	00
00	00	00	00	00	00	7F	87	80
00	00	00	00	00	00	7F	01	C0
00	00	00	00	40	00	3C	00	E0

00	00	00	00	87	80	00	00	20
01	00	00	03	9F	E0	00	00	10
06	0F	C0	07	BF	80	07	FF	C0
0E	3F	F0	07	CE	00	1F	FF	F0
1E	7F	F0	07	80	00	3C	78	F0
1E	7C	F0	07	8E	00	3C	78	F0
1E	78	F0	07	BF	80	3C	78	F0
1E	78	F0	03	FF	00	3C	78	F0
1E	78	F0	03	1C	00	38	78	F0
1E	78	F0	03	00	00	30	78	F0
1E	78	F0	07	F0	00	00	F0	F0
1E	3C	78	0F	FC	00	03	F0	F0
1E	3C	78	0F	FE	00	0F	E0	F0
1E	3C	78	10	0F	80	1F	C0	F0
1F	1E	78	01	E1	C0	3F	80	F0
1F	FF	F8	07	FE	60	7E	00	F0
0F	FF	F8	0F	F8	10	80	00	E0
06	0E	70	0F	C0	00	00	01	80
00	00	60	1F	07	80	00	02	00
00	00	00	1F	0F	C0	00	00	00
00	00	00	0F	1F	C0	00	00	00
00	00	00	07	B7	C0	00	00	00
00	00	00	07	F3	C0	00	00	00
00	00	00	03	F3	80	00	00	00
00	00	00	01	E3	80	00	00	00
00	00	00	00	C3	00	00	00	00
00	00	00	00	04	00	00	00	00
00	00	00	00	08	00	00	00	00
00	00	00	00	10	00	00	00	00
00	00	00	00	00	00	00	00	00
00	00	00	00	00	00	00	00	00
00	00	00	00	00	00	00	00	00
00	00	00	00	00	00	00	00	00
00	00	00	00	00	00	00	00	00
00	00	00	00	00	00	00	00	00
00	00	00	00	00	00	00	00	00
00	00	00	00	00	00	00	00	00
00	00	00	00	00	00	00	00	00
00	00	00	00	00	00	00	00	00
00	00	00	00	00	00	00	00	00
00	00	00	00	00	00	00	00	00

ICS 35.040
L 71

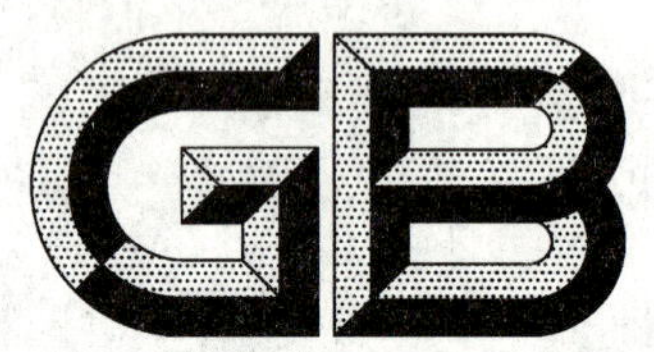

中华人民共和国国家标准

GB 25913—2010

信息技术
藏文编码字符集(扩充集B)
24×48点阵字型 吾坚琼体

Information technology—
Tibetan ideogram codedcharacter set (extension set B)—
24×48 dot matrix font—Ucen Khyungyik

2011-01-10 发布 2011-11-01 实施

中华人民共和国国家质量监督检验检疫总局
中国国家标准化管理委员会 发布

前　　言

本标准的全部技术内容为强制性。

本标准根据GB/T 22238—2008《信息技术　藏文编码字符集　扩充集B》所规定的藏文及部分梵文转写藏文字符，以我国藏语地区规范的字型为基础，设计和规定了信息系统用藏文24×48点阵吾坚琼体（见附录A）字型。

本标准的附录A是资料性附录，附录B是规范性附录。

本标准由全国信息技术标准化技术委员会（SAC/TC 28）提出并归口。

本标准起草单位：中国电子技术标准化研究所、西藏自治区藏语文工作委员会办公室、西藏大学、北京北大方正电子有限公司。

本标准起草人：高林、邓戈、拉琼、代红、欧珠、陈壮、格桑多吉、熊涛、大罗桑朗杰、洛桑土美、唐英敏、拉巴泽仁、常福良、顿珠次仁、普次仁、仁青诺布。

引　言

有关字型数据的授权转让使用事宜，字型标准数据的维护、更新及修订工作，统一由归口单位负责。

地址：北京市东城区安定门东大街1号（北京市1101信箱）
邮编：100007
电话：64007689　84029173
传真：64007681
E-mail：daihong@cesi.ac.cn

信息技术
藏文编码字符集(扩充集 B)
24×48 点阵字型　吾坚琼体

1　范围

本标准规定了 GB/T 22238—2008 中藏文图形字符的 24×48 点阵吾坚琼体字型。

本标准主要适用于藏文信息处理系统中的显示设备、点阵式印刷设备,也可用于其他相关设备。

2　规范性引用文件

下列文件中的条款通过本标准的引用而成为本标准的条款。凡是注日期的引用文件,其随后所有的修改单(不包括勘误的内容)或修订版均不适用于本标准,然而,鼓励根据本标准达成协议的各方研究是否可使用这些文件的最新版本。凡是不注日期的引用文件,其最新版本适用于本标准。

GB/T 22238—2008　信息技术　藏文编码字符集　扩充集 B

3　术语和定义

下列术语和定义适用于本标准。

3.1

字形　glyph

一个可辨认的抽象图形符号,它不依赖于任何特定的设计。

3.2

字型　font

具有同一基本设计的字形图像的集合,如:吾坚琼体。

3.3

点阵字型　dot matrix font

以点的集合来表现图形字符的型(形)。

3.4

字序　character order

藏文图形字符在集合中按一定规则排列的次序。

4　标准数据的管理

为加强对电子信息技术产品使用藏文字型标准数据的管理,保证本标准在实施中数据的正确性和一致性,有关字型数据的授权转让使用事宜,字型标准数据的维护、更新及修订工作,统一由归口单位负责。

5　点阵字型的表示方法

5.1　栅格

栅格由若干条等距离的垂直线与水平线相交而形成。

本标准规定的是 24×48 点阵字型,其栅格是横向 24 格,纵向 48 格。每个方格的中心定为点的中心位置。

栅格仅对构成点阵的各点进行定位,栅格图如图 1 所示。

图 1 24×48 点阵栅格图

5.2 点

点是构成点阵字型的最小单位，以圆形表示，它是位于各方格内的黑色区域。

5.3 点阵字样

藏文点阵字型的字样，由位于栅格内的若干个点的集合来表示。藏文“ཧཱུྃ”的 24×48 点阵字型如图 2 所示。

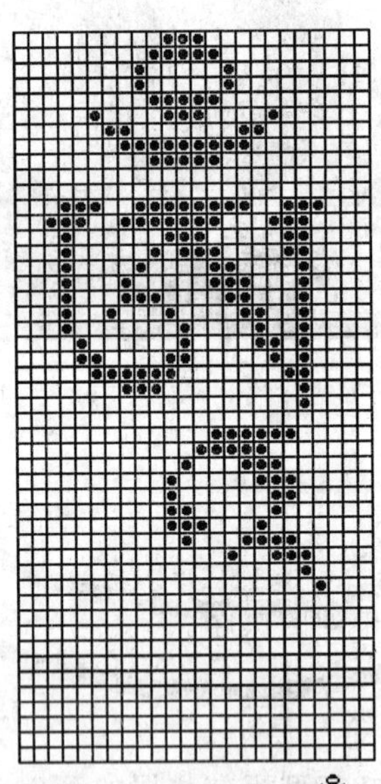

图 2 24×48 点阵藏文“ཧཱུྃ”的字型

6 藏文点阵字型

6.1 字数和字序

本标准提供了 GB/T 22238—2008 规定的 5 701 个藏文图形字符的 24×48 点阵吾坚琼体字型，并按照 GB/T 22238—2008 规定的字符次序排列。

6.2 藏文字型数据

藏文 24×48 点阵字型数据的表示，见附录 B。

6.3 藏文点阵字型表

本标准提供的 GB/T 22238—2008 规定的 5 701 个藏文 24×48 点阵吾坚琼体字型见表 1。

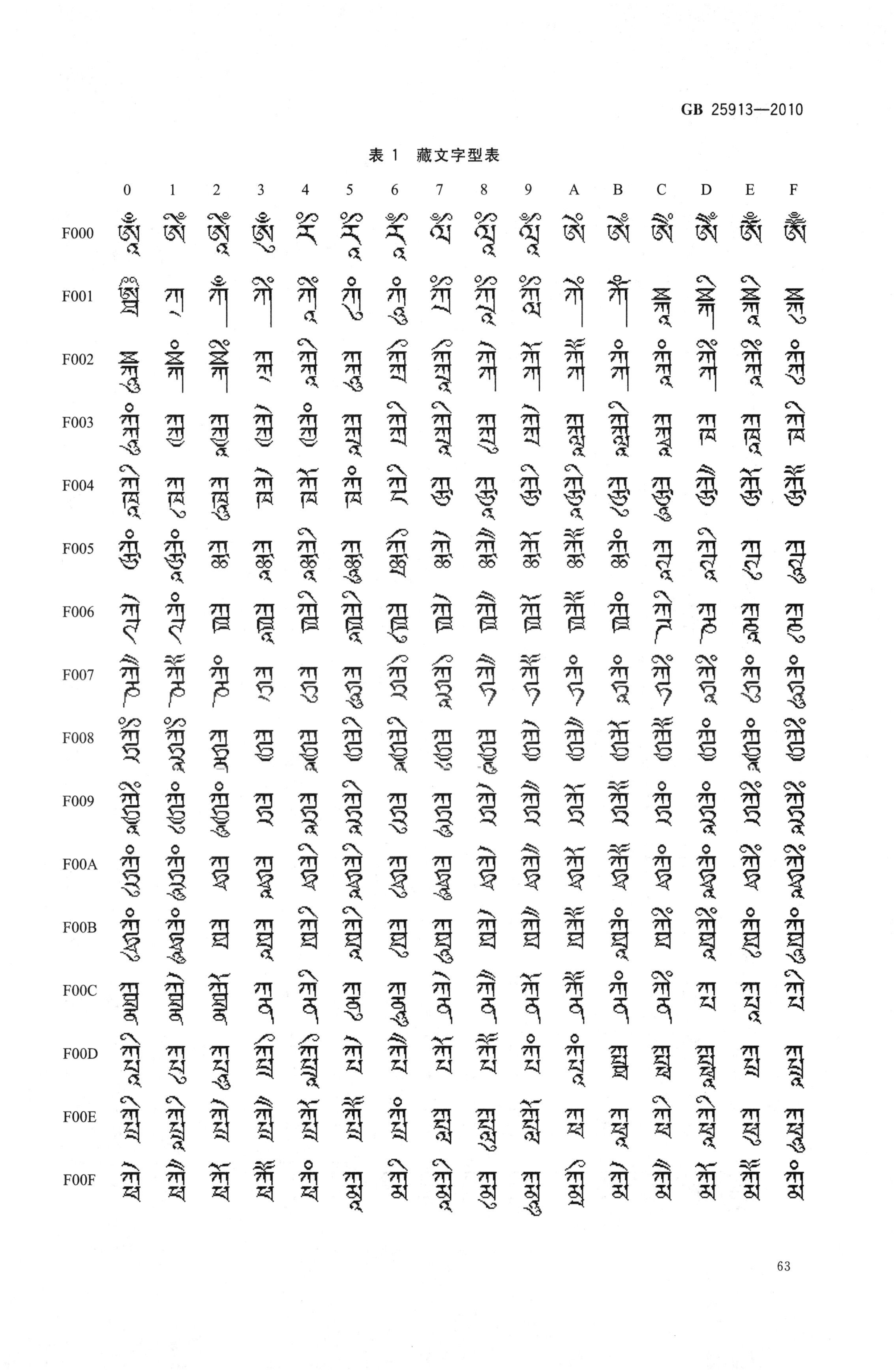

表 1　藏文字型表

	0	1	2	3	4	5	6	7	8	9	A	B	C	D	E	F
F000																
F001																
F002																
F003																
F004																
F005																
F006																
F007																
F008																
F009																
F00A																
F00B																
F00C																
F00D																
F00E																
F00F																

表 1（续）

	0	1	2	3	4	5	6	7	8	9	A	B	C	D	E	F
F010	[illegible]	[illegible]	[illegible]	[illegible]	[illegible]	[illegible]	[illegible]	[illegible]	[illegible]	[illegible]	[illegible]	[illegible]	[illegible]	[illegible]	[illegible]	[illegible]
F011	[illegible]	[illegible]	[illegible]	[illegible]	[illegible]	[illegible]	[illegible]	[illegible]	[illegible]	[illegible]	[illegible]	[illegible]	[illegible]	[illegible]	[illegible]	[illegible]
F012	[illegible]	[illegible]	[illegible]	[illegible]	[illegible]	[illegible]	[illegible]	[illegible]	[illegible]	[illegible]	[illegible]	[illegible]	[illegible]	[illegible]	[illegible]	[illegible]
F013	[illegible]	[illegible]	[illegible]	[illegible]	[illegible]	[illegible]	[illegible]	[illegible]	[illegible]	[illegible]	[illegible]	[illegible]	[illegible]	[illegible]	[illegible]	[illegible]
F014	[illegible]	[illegible]	[illegible]	[illegible]	[illegible]	[illegible]	[illegible]	[illegible]	[illegible]	[illegible]	[illegible]	[illegible]	[illegible]	[illegible]	[illegible]	[illegible]
F015	[illegible]	[illegible]	[illegible]	[illegible]	[illegible]	[illegible]	[illegible]	[illegible]	[illegible]	[illegible]	[illegible]	[illegible]	[illegible]	[illegible]	[illegible]	[illegible]
F016	[illegible]	[illegible]	[illegible]	[illegible]	[illegible]	[illegible]	[illegible]	[illegible]	[illegible]	[illegible]	[illegible]	[illegible]	[illegible]	[illegible]	[illegible]	[illegible]
F017	[illegible]	[illegible]	[illegible]	[illegible]	[illegible]	[illegible]	[illegible]	[illegible]	[illegible]	[illegible]	[illegible]	[illegible]	[illegible]	[illegible]	[illegible]	[illegible]
F018	[illegible]	[illegible]	[illegible]	[illegible]	[illegible]	[illegible]	[illegible]	[illegible]	[illegible]	[illegible]	[illegible]	[illegible]	[illegible]	[illegible]	[illegible]	[illegible]
F019	[illegible]	[illegible]	[illegible]	[illegible]	[illegible]	[illegible]	[illegible]	[illegible]	[illegible]	[illegible]	[illegible]	[illegible]	[illegible]	[illegible]	[illegible]	[illegible]
F01A	[illegible]	[illegible]	[illegible]	[illegible]	[illegible]	[illegible]	[illegible]	[illegible]	[illegible]	[illegible]	[illegible]	[illegible]	[illegible]	[illegible]	[illegible]	[illegible]
F01B	[illegible]	[illegible]	[illegible]	[illegible]	[illegible]	[illegible]	[illegible]	[illegible]	[illegible]	[illegible]	[illegible]	[illegible]	[illegible]	[illegible]	[illegible]	[illegible]
F01C	[illegible]	[illegible]	[illegible]	[illegible]	[illegible]	[illegible]	[illegible]	[illegible]	[illegible]	[illegible]	[illegible]	[illegible]	[illegible]	[illegible]	[illegible]	[illegible]
F01D	[illegible]	[illegible]	[illegible]	[illegible]	[illegible]	[illegible]	[illegible]	[illegible]	[illegible]	[illegible]	[illegible]	[illegible]	[illegible]	[illegible]	[illegible]	[illegible]
F01E	[illegible]	[illegible]	[illegible]	[illegible]	[illegible]	[illegible]	[illegible]	[illegible]	[illegible]	[illegible]	[illegible]	[illegible]	[illegible]	[illegible]	[illegible]	[illegible]
F01F	[illegible]	[illegible]	[illegible]	[illegible]	[illegible]	[illegible]	[illegible]	[illegible]	[illegible]	[illegible]	[illegible]	[illegible]	[illegible]	[illegible]	[illegible]	[illegible]

表 1（续）

	0	1	2	3	4	5	6	7	8	9	A	B	C	D	E	F
F020	[illegible]	[illegible]	[illegible]	[illegible]	[illegible]	[illegible]	[illegible]	[illegible]	[illegible]	[illegible]	[illegible]	[illegible]	[illegible]	[illegible]	[illegible]	[illegible]
F021	[illegible]	[illegible]	[illegible]	[illegible]	[illegible]	[illegible]	[illegible]	[illegible]	[illegible]	[illegible]	[illegible]	[illegible]	[illegible]	[illegible]	[illegible]	[illegible]
F022	[illegible]	[illegible]	[illegible]	[illegible]	[illegible]	[illegible]	[illegible]	[illegible]	[illegible]	[illegible]	[illegible]	[illegible]	[illegible]	[illegible]	[illegible]	[illegible]
F023	[illegible]	[illegible]	[illegible]	[illegible]	[illegible]	[illegible]	[illegible]	[illegible]	[illegible]	[illegible]	[illegible]	[illegible]	[illegible]	[illegible]	[illegible]	[illegible]
F024	[illegible]	[illegible]	[illegible]	[illegible]	[illegible]	[illegible]	[illegible]	[illegible]	[illegible]	[illegible]	[illegible]	[illegible]	[illegible]	[illegible]	[illegible]	[illegible]
F025	[illegible]	[illegible]	[illegible]	[illegible]	[illegible]	[illegible]	[illegible]	[illegible]	[illegible]	[illegible]	[illegible]	[illegible]	[illegible]	[illegible]	[illegible]	[illegible]
F026	[illegible]	[illegible]	[illegible]	[illegible]	[illegible]	[illegible]	[illegible]	[illegible]	[illegible]	[illegible]	[illegible]	[illegible]	[illegible]	[illegible]	[illegible]	[illegible]
F027	[illegible]	[illegible]	[illegible]	[illegible]	[illegible]	[illegible]	[illegible]	[illegible]	[illegible]	[illegible]	[illegible]	[illegible]	[illegible]	[illegible]	[illegible]	[illegible]
F028	[illegible]	[illegible]	[illegible]	[illegible]	[illegible]	[illegible]	[illegible]	[illegible]	[illegible]	[illegible]	[illegible]	[illegible]	[illegible]	[illegible]	[illegible]	[illegible]
F029	[illegible]	[illegible]	[illegible]	[illegible]	[illegible]	[illegible]	[illegible]	[illegible]	[illegible]	[illegible]	[illegible]	[illegible]	[illegible]	[illegible]	[illegible]	[illegible]
F02A	[illegible]	[illegible]	[illegible]	[illegible]	[illegible]	[illegible]	[illegible]	[illegible]	[illegible]	[illegible]	[illegible]	[illegible]	[illegible]	[illegible]	[illegible]	[illegible]
F02B	[illegible]	[illegible]	[illegible]	[illegible]	[illegible]	[illegible]	[illegible]	[illegible]	[illegible]	[illegible]	[illegible]	[illegible]	[illegible]	[illegible]	[illegible]	[illegible]
F02C	[illegible]	[illegible]	[illegible]	[illegible]	[illegible]	[illegible]	[illegible]	[illegible]	[illegible]	[illegible]	[illegible]	[illegible]	[illegible]	[illegible]	[illegible]	[illegible]
F02D	[illegible]	[illegible]	[illegible]	[illegible]	[illegible]	[illegible]	[illegible]	[illegible]	[illegible]	[illegible]	[illegible]	[illegible]	[illegible]	[illegible]	[illegible]	[illegible]
F02E	[illegible]	[illegible]	[illegible]	[illegible]	[illegible]	[illegible]	[illegible]	[illegible]	[illegible]	[illegible]	[illegible]	[illegible]	[illegible]	[illegible]	[illegible]	[illegible]
F02F	[illegible]	[illegible]	[illegible]	[illegible]	[illegible]	[illegible]	[illegible]	[illegible]	[illegible]	[illegible]	[illegible]	[illegible]	[illegible]	[illegible]	[illegible]	[illegible]

表 1（续）

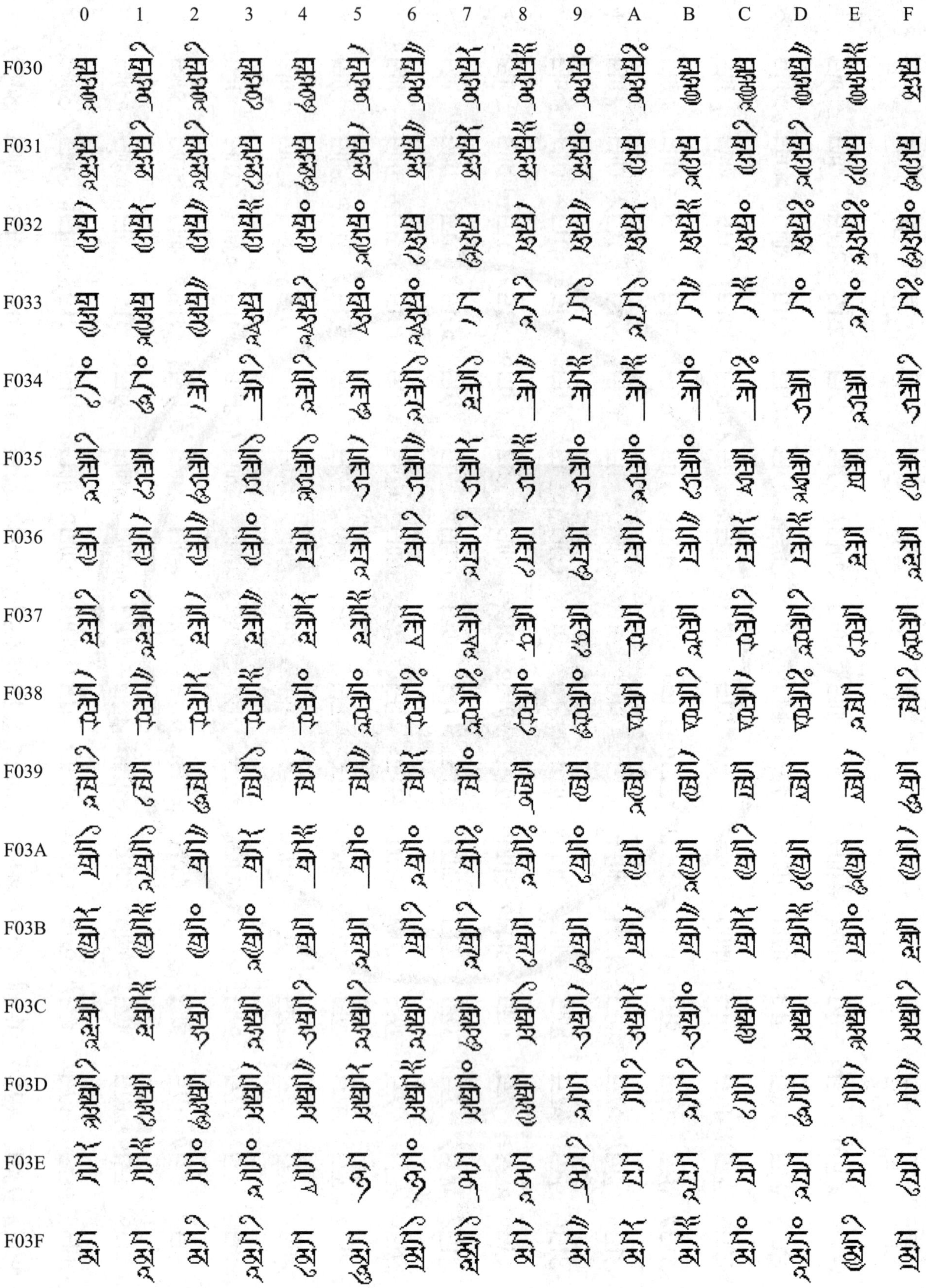

	0	1	2	3	4	5	6	7	8	9	A	B	C	D	E	F
F030	[illegible]	[illegible]	[illegible]	[illegible]	[illegible]	[illegible]	[illegible]	[illegible]	[illegible]	[illegible]	[illegible]	[illegible]	[illegible]	[illegible]	[illegible]	[illegible]
F031	[illegible]	[illegible]	[illegible]	[illegible]	[illegible]	[illegible]	[illegible]	[illegible]	[illegible]	[illegible]	[illegible]	[illegible]	[illegible]	[illegible]	[illegible]	[illegible]
F032	[illegible]	[illegible]	[illegible]	[illegible]	[illegible]	[illegible]	[illegible]	[illegible]	[illegible]	[illegible]	[illegible]	[illegible]	[illegible]	[illegible]	[illegible]	[illegible]
F033	[illegible]	[illegible]	[illegible]	[illegible]	[illegible]	[illegible]	[illegible]	[illegible]	[illegible]	[illegible]	[illegible]	[illegible]	[illegible]	[illegible]	[illegible]	[illegible]
F034	[illegible]	[illegible]	[illegible]	[illegible]	[illegible]	[illegible]	[illegible]	[illegible]	[illegible]	[illegible]	[illegible]	[illegible]	[illegible]	[illegible]	[illegible]	[illegible]
F035	[illegible]	[illegible]	[illegible]	[illegible]	[illegible]	[illegible]	[illegible]	[illegible]	[illegible]	[illegible]	[illegible]	[illegible]	[illegible]	[illegible]	[illegible]	[illegible]
F036	[illegible]	[illegible]	[illegible]	[illegible]	[illegible]	[illegible]	[illegible]	[illegible]	[illegible]	[illegible]	[illegible]	[illegible]	[illegible]	[illegible]	[illegible]	[illegible]
F037	[illegible]	[illegible]	[illegible]	[illegible]	[illegible]	[illegible]	[illegible]	[illegible]	[illegible]	[illegible]	[illegible]	[illegible]	[illegible]	[illegible]	[illegible]	[illegible]
F038	[illegible]	[illegible]	[illegible]	[illegible]	[illegible]	[illegible]	[illegible]	[illegible]	[illegible]	[illegible]	[illegible]	[illegible]	[illegible]	[illegible]	[illegible]	[illegible]
F039	[illegible]	[illegible]	[illegible]	[illegible]	[illegible]	[illegible]	[illegible]	[illegible]	[illegible]	[illegible]	[illegible]	[illegible]	[illegible]	[illegible]	[illegible]	[illegible]
F03A	[illegible]	[illegible]	[illegible]	[illegible]	[illegible]	[illegible]	[illegible]	[illegible]	[illegible]	[illegible]	[illegible]	[illegible]	[illegible]	[illegible]	[illegible]	[illegible]
F03B	[illegible]	[illegible]	[illegible]	[illegible]	[illegible]	[illegible]	[illegible]	[illegible]	[illegible]	[illegible]	[illegible]	[illegible]	[illegible]	[illegible]	[illegible]	[illegible]
F03C	[illegible]	[illegible]	[illegible]	[illegible]	[illegible]	[illegible]	[illegible]	[illegible]	[illegible]	[illegible]	[illegible]	[illegible]	[illegible]	[illegible]	[illegible]	[illegible]
F03D	[illegible]	[illegible]	[illegible]	[illegible]	[illegible]	[illegible]	[illegible]	[illegible]	[illegible]	[illegible]	[illegible]	[illegible]	[illegible]	[illegible]	[illegible]	[illegible]
F03E	[illegible]	[illegible]	[illegible]	[illegible]	[illegible]	[illegible]	[illegible]	[illegible]	[illegible]	[illegible]	[illegible]	[illegible]	[illegible]	[illegible]	[illegible]	[illegible]
F03F	[illegible]	[illegible]	[illegible]	[illegible]	[illegible]	[illegible]	[illegible]	[illegible]	[illegible]	[illegible]	[illegible]	[illegible]	[illegible]	[illegible]	[illegible]	[illegible]

表 1（续）

	0	1	2	3	4	5	6	7	8	9	A	B	C	D	E	F
F040	[illegible]	[illegible]	[illegible]	[illegible]	[illegible]	[illegible]	[illegible]	[illegible]	[illegible]	[illegible]	[illegible]	[illegible]	[illegible]	[illegible]	[illegible]	[illegible]
F041	[illegible]	[illegible]	[illegible]	[illegible]	[illegible]	[illegible]	[illegible]	[illegible]	[illegible]	[illegible]	[illegible]	[illegible]	[illegible]	[illegible]	[illegible]	[illegible]
F042	[illegible]	[illegible]	[illegible]	[illegible]	[illegible]	[illegible]	[illegible]	[illegible]	[illegible]	[illegible]	[illegible]	[illegible]	[illegible]	[illegible]	[illegible]	[illegible]
F043	[illegible]	[illegible]	[illegible]	[illegible]	[illegible]	[illegible]	[illegible]	[illegible]	[illegible]	[illegible]	[illegible]	[illegible]	[illegible]	[illegible]	[illegible]	[illegible]
F044	[illegible]	[illegible]	[illegible]	[illegible]	[illegible]	[illegible]	[illegible]	[illegible]	[illegible]	[illegible]	[illegible]	[illegible]	[illegible]	[illegible]	[illegible]	[illegible]
F045	[illegible]	[illegible]	[illegible]	[illegible]	[illegible]	[illegible]	[illegible]	[illegible]	[illegible]	[illegible]	[illegible]	[illegible]	[illegible]	[illegible]	[illegible]	[illegible]
F046	[illegible]	[illegible]	[illegible]	[illegible]	[illegible]	[illegible]	[illegible]	[illegible]	[illegible]	[illegible]	[illegible]	[illegible]	[illegible]	[illegible]	[illegible]	[illegible]
F047	[illegible]	[illegible]	[illegible]	[illegible]	[illegible]	[illegible]	[illegible]	[illegible]	[illegible]	[illegible]	[illegible]	[illegible]	[illegible]	[illegible]	[illegible]	[illegible]
F048	[illegible]	[illegible]	[illegible]	[illegible]	[illegible]	[illegible]	[illegible]	[illegible]	[illegible]	[illegible]	[illegible]	[illegible]	[illegible]	[illegible]	[illegible]	[illegible]
F049	[illegible]	[illegible]	[illegible]	[illegible]	[illegible]	[illegible]	[illegible]	[illegible]	[illegible]	[illegible]	[illegible]	[illegible]	[illegible]	[illegible]	[illegible]	[illegible]
F04A	[illegible]	[illegible]	[illegible]	[illegible]	[illegible]	[illegible]	[illegible]	[illegible]	[illegible]	[illegible]	[illegible]	[illegible]	[illegible]	[illegible]	[illegible]	[illegible]
F04B	[illegible]	[illegible]	[illegible]	[illegible]	[illegible]	[illegible]	[illegible]	[illegible]	[illegible]	[illegible]	[illegible]	[illegible]	[illegible]	[illegible]	[illegible]	[illegible]
F04C	[illegible]	[illegible]	[illegible]	[illegible]	[illegible]	[illegible]	[illegible]	[illegible]	[illegible]	[illegible]	[illegible]	[illegible]	[illegible]	[illegible]	[illegible]	[illegible]
F04D	[illegible]	[illegible]	[illegible]	[illegible]	[illegible]	[illegible]	[illegible]	[illegible]	[illegible]	[illegible]	[illegible]	[illegible]	[illegible]	[illegible]	[illegible]	[illegible]
F04E	[illegible]	[illegible]	[illegible]	[illegible]	[illegible]	[illegible]	[illegible]	[illegible]	[illegible]	[illegible]	[illegible]	[illegible]	[illegible]	[illegible]	[illegible]	[illegible]
F04F	[illegible]	[illegible]	[illegible]	[illegible]	[illegible]	[illegible]	[illegible]	[illegible]	[illegible]	[illegible]	[illegible]	[illegible]	[illegible]	[illegible]	[illegible]	[illegible]

表 1（续）

	0	1	2	3	4	5	6	7	8	9	A	B	C	D	E	F
F050	[illegible]	[illegible]	[illegible]	[illegible]	[illegible]	[illegible]	[illegible]	[illegible]	[illegible]	[illegible]	[illegible]	[illegible]	[illegible]	[illegible]	[illegible]	[illegible]
F051	[illegible]	[illegible]	[illegible]	[illegible]	[illegible]	[illegible]	[illegible]	[illegible]	[illegible]	[illegible]	[illegible]	[illegible]	[illegible]	[illegible]	[illegible]	[illegible]
F052	[illegible]	[illegible]	[illegible]	[illegible]	[illegible]	[illegible]	[illegible]	[illegible]	[illegible]	[illegible]	[illegible]	[illegible]	[illegible]	[illegible]	[illegible]	[illegible]
F053	[illegible]	[illegible]	[illegible]	[illegible]	[illegible]	[illegible]	[illegible]	[illegible]	[illegible]	[illegible]	[illegible]	[illegible]	[illegible]	[illegible]	[illegible]	[illegible]
F054	[illegible]	[illegible]	[illegible]	[illegible]	[illegible]	[illegible]	[illegible]	[illegible]	[illegible]	[illegible]	[illegible]	[illegible]	[illegible]	[illegible]	[illegible]	[illegible]
F055	[illegible]	[illegible]	[illegible]	[illegible]	[illegible]	[illegible]	[illegible]	[illegible]	[illegible]	[illegible]	[illegible]	[illegible]	[illegible]	[illegible]	[illegible]	[illegible]
F056	[illegible]	[illegible]	[illegible]	[illegible]	[illegible]	[illegible]	[illegible]	[illegible]	[illegible]	[illegible]	[illegible]	[illegible]	[illegible]	[illegible]	[illegible]	[illegible]
F057	[illegible]	[illegible]	[illegible]	[illegible]	[illegible]	[illegible]	[illegible]	[illegible]	[illegible]	[illegible]	[illegible]	[illegible]	[illegible]	[illegible]	[illegible]	[illegible]
F058	[illegible]	[illegible]	[illegible]	[illegible]	[illegible]	[illegible]	[illegible]	[illegible]	[illegible]	[illegible]	[illegible]	[illegible]	[illegible]	[illegible]	[illegible]	[illegible]
F059	[illegible]	[illegible]	[illegible]	[illegible]	[illegible]	[illegible]	[illegible]	[illegible]	[illegible]	[illegible]	[illegible]	[illegible]	[illegible]	[illegible]	[illegible]	[illegible]
F05A	[illegible]	[illegible]	[illegible]	[illegible]	[illegible]	[illegible]	[illegible]	[illegible]	[illegible]	[illegible]	[illegible]	[illegible]	[illegible]	[illegible]	[illegible]	[illegible]
F05B	[illegible]	[illegible]	[illegible]	[illegible]	[illegible]	[illegible]	[illegible]	[illegible]	[illegible]	[illegible]	[illegible]	[illegible]	[illegible]	[illegible]	[illegible]	[illegible]
F05C	[illegible]	[illegible]	[illegible]	[illegible]	[illegible]	[illegible]	[illegible]	[illegible]	[illegible]	[illegible]	[illegible]	[illegible]	[illegible]	[illegible]	[illegible]	[illegible]
F05D	[illegible]	[illegible]	[illegible]	[illegible]	[illegible]	[illegible]	[illegible]	[illegible]	[illegible]	[illegible]	[illegible]	[illegible]	[illegible]	[illegible]	[illegible]	[illegible]
F05E	[illegible]	[illegible]	[illegible]	[illegible]	[illegible]	[illegible]	[illegible]	[illegible]	[illegible]	[illegible]	[illegible]	[illegible]	[illegible]	[illegible]	[illegible]	[illegible]
F05F	[illegible]	[illegible]	[illegible]	[illegible]	[illegible]	[illegible]	[illegible]	[illegible]	[illegible]	[illegible]	[illegible]	[illegible]	[illegible]	[illegible]	[illegible]	[illegible]

表 1（续）

	0	1	2	3	4	5	6	7	8	9	A	B	C	D	E	F
F060	[illegible]	[illegible]	[illegible]	[illegible]	[illegible]	[illegible]	[illegible]	[illegible]	[illegible]	[illegible]	[illegible]	[illegible]	[illegible]	[illegible]	[illegible]	[illegible]
F061	[illegible]	[illegible]	[illegible]	[illegible]	[illegible]	[illegible]	[illegible]	[illegible]	[illegible]	[illegible]	[illegible]	[illegible]	[illegible]	[illegible]	[illegible]	[illegible]
F062	[illegible]	[illegible]	[illegible]	[illegible]	[illegible]	[illegible]	[illegible]	[illegible]	[illegible]	[illegible]	[illegible]	[illegible]	[illegible]	[illegible]	[illegible]	[illegible]
F063	[illegible]	[illegible]	[illegible]	[illegible]	[illegible]	[illegible]	[illegible]	[illegible]	[illegible]	[illegible]	[illegible]	[illegible]	[illegible]	[illegible]	[illegible]	[illegible]
F064	[illegible]	[illegible]	[illegible]	[illegible]	[illegible]	[illegible]	[illegible]	[illegible]	[illegible]	[illegible]	[illegible]	[illegible]	[illegible]	[illegible]	[illegible]	[illegible]
F065	[illegible]	[illegible]	[illegible]	[illegible]	[illegible]	[illegible]	[illegible]	[illegible]	[illegible]	[illegible]	[illegible]	[illegible]	[illegible]	[illegible]	[illegible]	[illegible]
F066	[illegible]	[illegible]	[illegible]	[illegible]	[illegible]	[illegible]	[illegible]	[illegible]	[illegible]	[illegible]	[illegible]	[illegible]	[illegible]	[illegible]	[illegible]	[illegible]
F067	[illegible]	[illegible]	[illegible]	[illegible]	[illegible]	[illegible]	[illegible]	[illegible]	[illegible]	[illegible]	[illegible]	[illegible]	[illegible]	[illegible]	[illegible]	[illegible]
F068	[illegible]	[illegible]	[illegible]	[illegible]	[illegible]	[illegible]	[illegible]	[illegible]	[illegible]	[illegible]	[illegible]	[illegible]	[illegible]	[illegible]	[illegible]	[illegible]
F069	[illegible]	[illegible]	[illegible]	[illegible]	[illegible]	[illegible]	[illegible]	[illegible]	[illegible]	[illegible]	[illegible]	[illegible]	[illegible]	[illegible]	[illegible]	[illegible]
F06A	[illegible]	[illegible]	[illegible]	[illegible]	[illegible]	[illegible]	[illegible]	[illegible]	[illegible]	[illegible]	[illegible]	[illegible]	[illegible]	[illegible]	[illegible]	[illegible]
F06B	[illegible]	[illegible]	[illegible]	[illegible]	[illegible]	[illegible]	[illegible]	[illegible]	[illegible]	[illegible]	[illegible]	[illegible]	[illegible]	[illegible]	[illegible]	[illegible]
F06C	[illegible]	[illegible]	[illegible]	[illegible]	[illegible]	[illegible]	[illegible]	[illegible]	[illegible]	[illegible]	[illegible]	[illegible]	[illegible]	[illegible]	[illegible]	[illegible]
F06D	[illegible]	[illegible]	[illegible]	[illegible]	[illegible]	[illegible]	[illegible]	[illegible]	[illegible]	[illegible]	[illegible]	[illegible]	[illegible]	[illegible]	[illegible]	[illegible]
F06E	[illegible]	[illegible]	[illegible]	[illegible]	[illegible]	[illegible]	[illegible]	[illegible]	[illegible]	[illegible]	[illegible]	[illegible]	[illegible]	[illegible]	[illegible]	[illegible]
F06F	[illegible]	[illegible]	[illegible]	[illegible]	[illegible]	[illegible]	[illegible]	[illegible]	[illegible]	[illegible]	[illegible]	[illegible]	[illegible]	[illegible]	[illegible]	[illegible]

表 1（续）

	0	1	2	3	4	5	6	7	8	9	A	B	C	D	E	F
F070	[illegible]	[illegible]	[illegible]	[illegible]	[illegible]	[illegible]	[illegible]	[illegible]	[illegible]	[illegible]	[illegible]	[illegible]	[illegible]	[illegible]	[illegible]	[illegible]
F071	[illegible]	[illegible]	[illegible]	[illegible]	[illegible]	[illegible]	[illegible]	[illegible]	[illegible]	[illegible]	[illegible]	[illegible]	[illegible]	[illegible]	[illegible]	[illegible]
F072	[illegible]	[illegible]	[illegible]	[illegible]	[illegible]	[illegible]	[illegible]	[illegible]	[illegible]	[illegible]	[illegible]	[illegible]	[illegible]	[illegible]	[illegible]	[illegible]
F073	[illegible]	[illegible]	[illegible]	[illegible]	[illegible]	[illegible]	[illegible]	[illegible]	[illegible]	[illegible]	[illegible]	[illegible]	[illegible]	[illegible]	[illegible]	[illegible]
F074	[illegible]	[illegible]	[illegible]	[illegible]	[illegible]	[illegible]	[illegible]	[illegible]	[illegible]	[illegible]	[illegible]	[illegible]	[illegible]	[illegible]	[illegible]	[illegible]
F075	[illegible]	[illegible]	[illegible]	[illegible]	[illegible]	[illegible]	[illegible]	[illegible]	[illegible]	[illegible]	[illegible]	[illegible]	[illegible]	[illegible]	[illegible]	[illegible]
F076	[illegible]	[illegible]	[illegible]	[illegible]	[illegible]	[illegible]	[illegible]	[illegible]	[illegible]	[illegible]	[illegible]	[illegible]	[illegible]	[illegible]	[illegible]	[illegible]
F077	[illegible]	[illegible]	[illegible]	[illegible]	[illegible]	[illegible]	[illegible]	[illegible]	[illegible]	[illegible]	[illegible]	[illegible]	[illegible]	[illegible]	[illegible]	[illegible]
F078	[illegible]	[illegible]	[illegible]	[illegible]	[illegible]	[illegible]	[illegible]	[illegible]	[illegible]	[illegible]	[illegible]	[illegible]	[illegible]	[illegible]	[illegible]	[illegible]
F079	[illegible]	[illegible]	[illegible]	[illegible]	[illegible]	[illegible]	[illegible]	[illegible]	[illegible]	[illegible]	[illegible]	[illegible]	[illegible]	[illegible]	[illegible]	[illegible]
F07A	[illegible]	[illegible]	[illegible]	[illegible]	[illegible]	[illegible]	[illegible]	[illegible]	[illegible]	[illegible]	[illegible]	[illegible]	[illegible]	[illegible]	[illegible]	[illegible]
F07B	[illegible]	[illegible]	[illegible]	[illegible]	[illegible]	[illegible]	[illegible]	[illegible]	[illegible]	[illegible]	[illegible]	[illegible]	[illegible]	[illegible]	[illegible]	[illegible]
F07C	[illegible]	[illegible]	[illegible]	[illegible]	[illegible]	[illegible]	[illegible]	[illegible]	[illegible]	[illegible]	[illegible]	[illegible]	[illegible]	[illegible]	[illegible]	[illegible]
F07D	[illegible]	[illegible]	[illegible]	[illegible]	[illegible]	[illegible]	[illegible]	[illegible]	[illegible]	[illegible]	[illegible]	[illegible]	[illegible]	[illegible]	[illegible]	[illegible]
F07E	[illegible]	[illegible]	[illegible]	[illegible]	[illegible]	[illegible]	[illegible]	[illegible]	[illegible]	[illegible]	[illegible]	[illegible]	[illegible]	[illegible]	[illegible]	[illegible]
F07F	[illegible]	[illegible]	[illegible]	[illegible]	[illegible]	[illegible]	[illegible]	[illegible]	[illegible]	[illegible]	[illegible]	[illegible]	[illegible]	[illegible]	[illegible]	[illegible]

表 1（续）

	0	1	2	3	4	5	6	7	8	9	A	B	C	D	E	F
F080	[illegible]	[illegible]	[illegible]	[illegible]	[illegible]	[illegible]	[illegible]	[illegible]	[illegible]	[illegible]	[illegible]	[illegible]	[illegible]	[illegible]	[illegible]	[illegible]
F081	[illegible]	[illegible]	[illegible]	[illegible]	[illegible]	[illegible]	[illegible]	[illegible]	[illegible]	[illegible]	[illegible]	[illegible]	[illegible]	[illegible]	[illegible]	[illegible]
F082	[illegible]	[illegible]	[illegible]	[illegible]	[illegible]	[illegible]	[illegible]	[illegible]	[illegible]	[illegible]	[illegible]	[illegible]	[illegible]	[illegible]	[illegible]	[illegible]
F083	[illegible]	[illegible]	[illegible]	[illegible]	[illegible]	[illegible]	[illegible]	[illegible]	[illegible]	[illegible]	[illegible]	[illegible]	[illegible]	[illegible]	[illegible]	[illegible]
F084	[illegible]	[illegible]	[illegible]	[illegible]	[illegible]	[illegible]	[illegible]	[illegible]	[illegible]	[illegible]	[illegible]	[illegible]	[illegible]	[illegible]	[illegible]	[illegible]
F085	[illegible]	[illegible]	[illegible]	[illegible]	[illegible]	[illegible]	[illegible]	[illegible]	[illegible]	[illegible]	[illegible]	[illegible]	[illegible]	[illegible]	[illegible]	[illegible]
F086	[illegible]	[illegible]	[illegible]	[illegible]	[illegible]	[illegible]	[illegible]	[illegible]	[illegible]	[illegible]	[illegible]	[illegible]	[illegible]	[illegible]	[illegible]	[illegible]
F087	[illegible]	[illegible]	[illegible]	[illegible]	[illegible]	[illegible]	[illegible]	[illegible]	[illegible]	[illegible]	[illegible]	[illegible]	[illegible]	[illegible]	[illegible]	[illegible]
F088	[illegible]	[illegible]	[illegible]	[illegible]	[illegible]	[illegible]	[illegible]	[illegible]	[illegible]	[illegible]	[illegible]	[illegible]	[illegible]	[illegible]	[illegible]	[illegible]
F089	[illegible]	[illegible]	[illegible]	[illegible]	[illegible]	[illegible]	[illegible]	[illegible]	[illegible]	[illegible]	[illegible]	[illegible]	[illegible]	[illegible]	[illegible]	[illegible]
F08A	[illegible]	[illegible]	[illegible]	[illegible]	[illegible]	[illegible]	[illegible]	[illegible]	[illegible]	[illegible]	[illegible]	[illegible]	[illegible]	[illegible]	[illegible]	[illegible]
F08B	[illegible]	[illegible]	[illegible]	[illegible]	[illegible]	[illegible]	[illegible]	[illegible]	[illegible]	[illegible]	[illegible]	[illegible]	[illegible]	[illegible]	[illegible]	[illegible]
F08C	[illegible]	[illegible]	[illegible]	[illegible]	[illegible]	[illegible]	[illegible]	[illegible]	[illegible]	[illegible]	[illegible]	[illegible]	[illegible]	[illegible]	[illegible]	[illegible]
F08D	[illegible]	[illegible]	[illegible]	[illegible]	[illegible]	[illegible]	[illegible]	[illegible]	[illegible]	[illegible]	[illegible]	[illegible]	[illegible]	[illegible]	[illegible]	[illegible]
F08E	[illegible]	[illegible]	[illegible]	[illegible]	[illegible]	[illegible]	[illegible]	[illegible]	[illegible]	[illegible]	[illegible]	[illegible]	[illegible]	[illegible]	[illegible]	[illegible]
F08F	[illegible]	[illegible]	[illegible]	[illegible]	[illegible]	[illegible]	[illegible]	[illegible]	[illegible]	[illegible]	[illegible]	[illegible]	[illegible]	[illegible]	[illegible]	[illegible]

表 1（续）

	0	1	2	3	4	5	6	7	8	9	A	B	C	D	E	F
F090	[illegible]	[illegible]	[illegible]	[illegible]	[illegible]	[illegible]	[illegible]	[illegible]	[illegible]	[illegible]	[illegible]	[illegible]	[illegible]	[illegible]	[illegible]	[illegible]
F091	[illegible]	[illegible]	[illegible]	[illegible]	[illegible]	[illegible]	[illegible]	[illegible]	[illegible]	[illegible]	[illegible]	[illegible]	[illegible]	[illegible]	[illegible]	[illegible]
F092	[illegible]	[illegible]	[illegible]	[illegible]	[illegible]	[illegible]	[illegible]	[illegible]	[illegible]	[illegible]	[illegible]	[illegible]	[illegible]	[illegible]	[illegible]	[illegible]
F093	[illegible]	[illegible]	[illegible]	[illegible]	[illegible]	[illegible]	[illegible]	[illegible]	[illegible]	[illegible]	[illegible]	[illegible]	[illegible]	[illegible]	[illegible]	[illegible]
F094	[illegible]	[illegible]	[illegible]	[illegible]	[illegible]	[illegible]	[illegible]	[illegible]	[illegible]	[illegible]	[illegible]	[illegible]	[illegible]	[illegible]	[illegible]	[illegible]
F095	[illegible]	[illegible]	[illegible]	[illegible]	[illegible]	[illegible]	[illegible]	[illegible]	[illegible]	[illegible]	[illegible]	[illegible]	[illegible]	[illegible]	[illegible]	[illegible]
F096	[illegible]	[illegible]	[illegible]	[illegible]	[illegible]	[illegible]	[illegible]	[illegible]	[illegible]	[illegible]	[illegible]	[illegible]	[illegible]	[illegible]	[illegible]	[illegible]
F097	[illegible]	[illegible]	[illegible]	[illegible]	[illegible]	[illegible]	[illegible]	[illegible]	[illegible]	[illegible]	[illegible]	[illegible]	[illegible]	[illegible]	[illegible]	[illegible]
F098	[illegible]	[illegible]	[illegible]	[illegible]	[illegible]	[illegible]	[illegible]	[illegible]	[illegible]	[illegible]	[illegible]	[illegible]	[illegible]	[illegible]	[illegible]	[illegible]
F099	[illegible]	[illegible]	[illegible]	[illegible]	[illegible]	[illegible]	[illegible]	[illegible]	[illegible]	[illegible]	[illegible]	[illegible]	[illegible]	[illegible]	[illegible]	[illegible]
F09A	[illegible]	[illegible]	[illegible]	[illegible]	[illegible]	[illegible]	[illegible]	[illegible]	[illegible]	[illegible]	[illegible]	[illegible]	[illegible]	[illegible]	[illegible]	[illegible]
F09B	[illegible]	[illegible]	[illegible]	[illegible]	[illegible]	[illegible]	[illegible]	[illegible]	[illegible]	[illegible]	[illegible]	[illegible]	[illegible]	[illegible]	[illegible]	[illegible]
F09C	[illegible]	[illegible]	[illegible]	[illegible]	[illegible]	[illegible]	[illegible]	[illegible]	[illegible]	[illegible]	[illegible]	[illegible]	[illegible]	[illegible]	[illegible]	[illegible]
F09D	[illegible]	[illegible]	[illegible]	[illegible]	[illegible]	[illegible]	[illegible]	[illegible]	[illegible]	[illegible]	[illegible]	[illegible]	[illegible]	[illegible]	[illegible]	[illegible]
F09E	[illegible]	[illegible]	[illegible]	[illegible]	[illegible]	[illegible]	[illegible]	[illegible]	[illegible]	[illegible]	[illegible]	[illegible]	[illegible]	[illegible]	[illegible]	[illegible]
F09F	[illegible]	[illegible]	[illegible]	[illegible]	[illegible]	[illegible]	[illegible]	[illegible]	[illegible]	[illegible]	[illegible]	[illegible]	[illegible]	[illegible]	[illegible]	[illegible]

表 1（续）

	0	1	2	3	4	5	6	7	8	9	A	B	C	D	E	F
F0A0	[illegible]	[illegible]	[illegible]	[illegible]	[illegible]	[illegible]	[illegible]	[illegible]	[illegible]	[illegible]	[illegible]	[illegible]	[illegible]	[illegible]	[illegible]	[illegible]
F0A1	[illegible]	[illegible]	[illegible]	[illegible]	[illegible]	[illegible]	[illegible]	[illegible]	[illegible]	[illegible]	[illegible]	[illegible]	[illegible]	[illegible]	[illegible]	[illegible]
F0A2	[illegible]	[illegible]	[illegible]	[illegible]	[illegible]	[illegible]	[illegible]	[illegible]	[illegible]	[illegible]	[illegible]	[illegible]	[illegible]	[illegible]	[illegible]	[illegible]
F0A3	[illegible]	[illegible]	[illegible]	[illegible]	[illegible]	[illegible]	[illegible]	[illegible]	[illegible]	[illegible]	[illegible]	[illegible]	[illegible]	[illegible]	[illegible]	[illegible]
F0A4	[illegible]	[illegible]	[illegible]	[illegible]	[illegible]	[illegible]	[illegible]	[illegible]	[illegible]	[illegible]	[illegible]	[illegible]	[illegible]	[illegible]	[illegible]	[illegible]
F0A5	[illegible]	[illegible]	[illegible]	[illegible]	[illegible]	[illegible]	[illegible]	[illegible]	[illegible]	[illegible]	[illegible]	[illegible]	[illegible]	[illegible]	[illegible]	[illegible]
F0A6	[illegible]	[illegible]	[illegible]	[illegible]	[illegible]	[illegible]	[illegible]	[illegible]	[illegible]	[illegible]	[illegible]	[illegible]	[illegible]	[illegible]	[illegible]	[illegible]
F0A7	[illegible]	[illegible]	[illegible]	[illegible]	[illegible]	[illegible]	[illegible]	[illegible]	[illegible]	[illegible]	[illegible]	[illegible]	[illegible]	[illegible]	[illegible]	[illegible]
F0A8	[illegible]	[illegible]	[illegible]	[illegible]	[illegible]	[illegible]	[illegible]	[illegible]	[illegible]	[illegible]	[illegible]	[illegible]	[illegible]	[illegible]	[illegible]	[illegible]
F0A9	[illegible]	[illegible]	[illegible]	[illegible]	[illegible]	[illegible]	[illegible]	[illegible]	[illegible]	[illegible]	[illegible]	[illegible]	[illegible]	[illegible]	[illegible]	[illegible]
F0AA	[illegible]	[illegible]	[illegible]	[illegible]	[illegible]	[illegible]	[illegible]	[illegible]	[illegible]	[illegible]	[illegible]	[illegible]	[illegible]	[illegible]	[illegible]	[illegible]
F0AB	[illegible]	[illegible]	[illegible]	[illegible]	[illegible]	[illegible]	[illegible]	[illegible]	[illegible]	[illegible]	[illegible]	[illegible]	[illegible]	[illegible]	[illegible]	[illegible]
F0AC	[illegible]	[illegible]	[illegible]	[illegible]	[illegible]	[illegible]	[illegible]	[illegible]	[illegible]	[illegible]	[illegible]	[illegible]	[illegible]	[illegible]	[illegible]	[illegible]
F0AD	[illegible]	[illegible]	[illegible]	[illegible]	[illegible]	[illegible]	[illegible]	[illegible]	[illegible]	[illegible]	[illegible]	[illegible]	[illegible]	[illegible]	[illegible]	[illegible]
F0AE	[illegible]	[illegible]	[illegible]	[illegible]	[illegible]	[illegible]	[illegible]	[illegible]	[illegible]	[illegible]	[illegible]	[illegible]	[illegible]	[illegible]	[illegible]	[illegible]
F0AF	[illegible]	[illegible]	[illegible]	[illegible]	[illegible]	[illegible]	[illegible]	[illegible]	[illegible]	[illegible]	[illegible]	[illegible]	[illegible]	[illegible]	[illegible]	[illegible]

表 1（续）

	0	1	2	3	4	5	6	7	8	9	A	B	C	D	E	F
F0B0	[illegible]	[illegible]	[illegible]	[illegible]	[illegible]	[illegible]	[illegible]	[illegible]	[illegible]	[illegible]	[illegible]	[illegible]	[illegible]	[illegible]	[illegible]	[illegible]
F0B1	[illegible]	[illegible]	[illegible]	[illegible]	[illegible]	[illegible]	[illegible]	[illegible]	[illegible]	[illegible]	[illegible]	[illegible]	[illegible]	[illegible]	[illegible]	[illegible]
F0B2	[illegible]	[illegible]	[illegible]	[illegible]	[illegible]	[illegible]	[illegible]	[illegible]	[illegible]	[illegible]	[illegible]	[illegible]	[illegible]	[illegible]	[illegible]	[illegible]
F0B3	[illegible]	[illegible]	[illegible]	[illegible]	[illegible]	[illegible]	[illegible]	[illegible]	[illegible]	[illegible]	[illegible]	[illegible]	[illegible]	[illegible]	[illegible]	[illegible]
F0B4	[illegible]	[illegible]	[illegible]	[illegible]	[illegible]	[illegible]	[illegible]	[illegible]	[illegible]	[illegible]	[illegible]	[illegible]	[illegible]	[illegible]	[illegible]	[illegible]
F0B5	[illegible]	[illegible]	[illegible]	[illegible]	[illegible]	[illegible]	[illegible]	[illegible]	[illegible]	[illegible]	[illegible]	[illegible]	[illegible]	[illegible]	[illegible]	[illegible]
F0B6	[illegible]	[illegible]	[illegible]	[illegible]	[illegible]	[illegible]	[illegible]	[illegible]	[illegible]	[illegible]	[illegible]	[illegible]	[illegible]	[illegible]	[illegible]	[illegible]
F0B7	[illegible]	[illegible]	[illegible]	[illegible]	[illegible]	[illegible]	[illegible]	[illegible]	[illegible]	[illegible]	[illegible]	[illegible]	[illegible]	[illegible]	[illegible]	[illegible]
F0B8	[illegible]	[illegible]	[illegible]	[illegible]	[illegible]	[illegible]	[illegible]	[illegible]	[illegible]	[illegible]	[illegible]	[illegible]	[illegible]	[illegible]	[illegible]	[illegible]
F0B9	[illegible]	[illegible]	[illegible]	[illegible]	[illegible]	[illegible]	[illegible]	[illegible]	[illegible]	[illegible]	[illegible]	[illegible]	[illegible]	[illegible]	[illegible]	[illegible]
F0BA	[illegible]	[illegible]	[illegible]	[illegible]	[illegible]	[illegible]	[illegible]	[illegible]	[illegible]	[illegible]	[illegible]	[illegible]	[illegible]	[illegible]	[illegible]	[illegible]
F0BB	[illegible]	[illegible]	[illegible]	[illegible]	[illegible]	[illegible]	[illegible]	[illegible]	[illegible]	[illegible]	[illegible]	[illegible]	[illegible]	[illegible]	[illegible]	[illegible]
F0BC	[illegible]	[illegible]	[illegible]	[illegible]	[illegible]	[illegible]	[illegible]	[illegible]	[illegible]	[illegible]	[illegible]	[illegible]	[illegible]	[illegible]	[illegible]	[illegible]
F0BD	[illegible]	[illegible]	[illegible]	[illegible]	[illegible]	[illegible]	[illegible]	[illegible]	[illegible]	[illegible]	[illegible]	[illegible]	[illegible]	[illegible]	[illegible]	[illegible]
F0BE	[illegible]	[illegible]	[illegible]	[illegible]	[illegible]	[illegible]	[illegible]	[illegible]	[illegible]	[illegible]	[illegible]	[illegible]	[illegible]	[illegible]	[illegible]	[illegible]
F0BF	[illegible]	[illegible]	[illegible]	[illegible]	[illegible]	[illegible]	[illegible]	[illegible]	[illegible]	[illegible]	[illegible]	[illegible]	[illegible]	[illegible]	[illegible]	[illegible]

表 1（续）

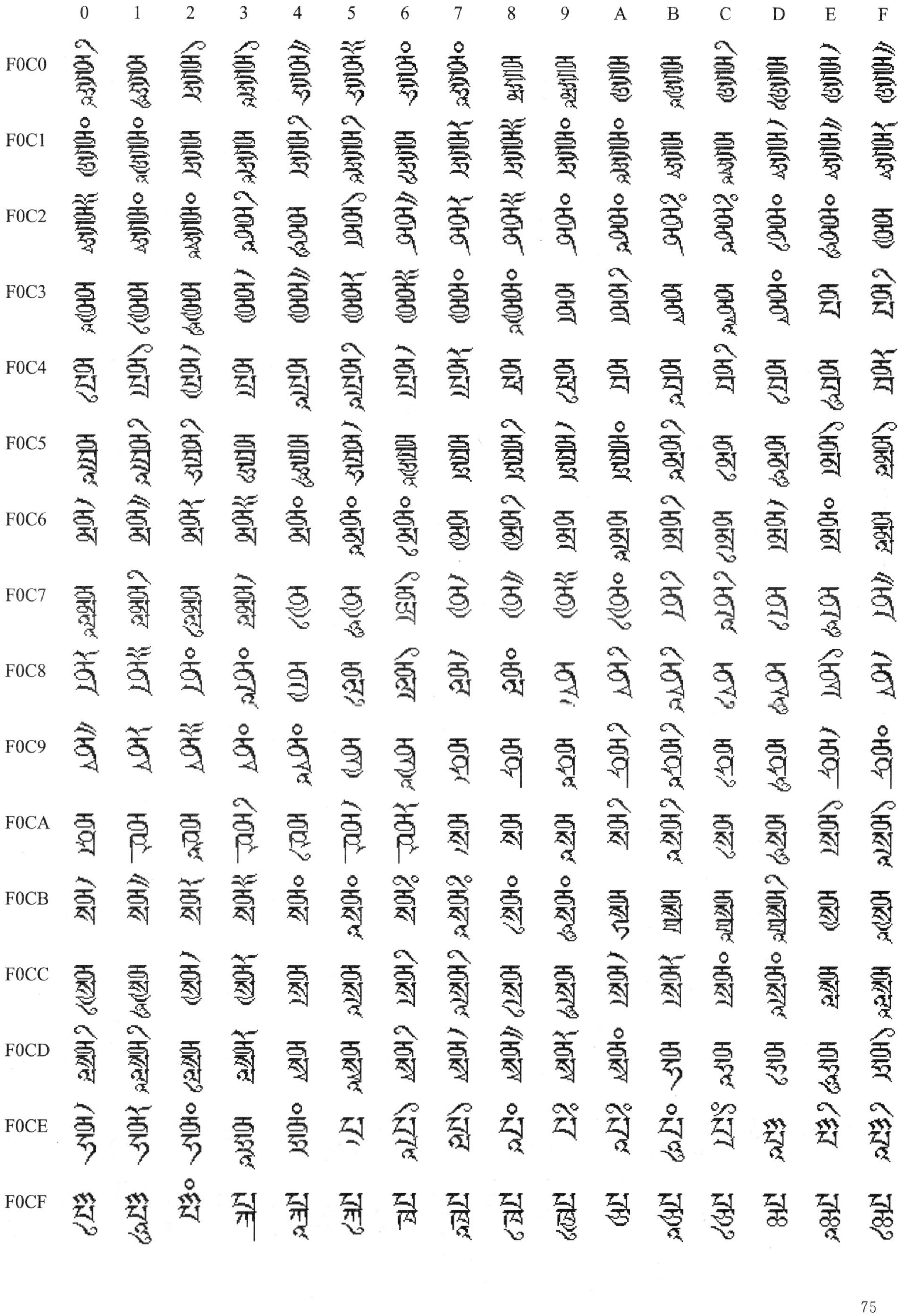

	0	1	2	3	4	5	6	7	8	9	A	B	C	D	E	F
F0C0	[illegible]	[illegible]	[illegible]	[illegible]	[illegible]	[illegible]	[illegible]	[illegible]	[illegible]	[illegible]	[illegible]	[illegible]	[illegible]	[illegible]	[illegible]	[illegible]
F0C1	[illegible]	[illegible]	[illegible]	[illegible]	[illegible]	[illegible]	[illegible]	[illegible]	[illegible]	[illegible]	[illegible]	[illegible]	[illegible]	[illegible]	[illegible]	[illegible]
F0C2	[illegible]	[illegible]	[illegible]	[illegible]	[illegible]	[illegible]	[illegible]	[illegible]	[illegible]	[illegible]	[illegible]	[illegible]	[illegible]	[illegible]	[illegible]	[illegible]
F0C3	[illegible]	[illegible]	[illegible]	[illegible]	[illegible]	[illegible]	[illegible]	[illegible]	[illegible]	[illegible]	[illegible]	[illegible]	[illegible]	[illegible]	[illegible]	[illegible]
F0C4	[illegible]	[illegible]	[illegible]	[illegible]	[illegible]	[illegible]	[illegible]	[illegible]	[illegible]	[illegible]	[illegible]	[illegible]	[illegible]	[illegible]	[illegible]	[illegible]
F0C5	[illegible]	[illegible]	[illegible]	[illegible]	[illegible]	[illegible]	[illegible]	[illegible]	[illegible]	[illegible]	[illegible]	[illegible]	[illegible]	[illegible]	[illegible]	[illegible]
F0C6	[illegible]	[illegible]	[illegible]	[illegible]	[illegible]	[illegible]	[illegible]	[illegible]	[illegible]	[illegible]	[illegible]	[illegible]	[illegible]	[illegible]	[illegible]	[illegible]
F0C7	[illegible]	[illegible]	[illegible]	[illegible]	[illegible]	[illegible]	[illegible]	[illegible]	[illegible]	[illegible]	[illegible]	[illegible]	[illegible]	[illegible]	[illegible]	[illegible]
F0C8	[illegible]	[illegible]	[illegible]	[illegible]	[illegible]	[illegible]	[illegible]	[illegible]	[illegible]	[illegible]	[illegible]	[illegible]	[illegible]	[illegible]	[illegible]	[illegible]
F0C9	[illegible]	[illegible]	[illegible]	[illegible]	[illegible]	[illegible]	[illegible]	[illegible]	[illegible]	[illegible]	[illegible]	[illegible]	[illegible]	[illegible]	[illegible]	[illegible]
F0CA	[illegible]	[illegible]	[illegible]	[illegible]	[illegible]	[illegible]	[illegible]	[illegible]	[illegible]	[illegible]	[illegible]	[illegible]	[illegible]	[illegible]	[illegible]	[illegible]
F0CB	[illegible]	[illegible]	[illegible]	[illegible]	[illegible]	[illegible]	[illegible]	[illegible]	[illegible]	[illegible]	[illegible]	[illegible]	[illegible]	[illegible]	[illegible]	[illegible]
F0CC	[illegible]	[illegible]	[illegible]	[illegible]	[illegible]	[illegible]	[illegible]	[illegible]	[illegible]	[illegible]	[illegible]	[illegible]	[illegible]	[illegible]	[illegible]	[illegible]
F0CD	[illegible]	[illegible]	[illegible]	[illegible]	[illegible]	[illegible]	[illegible]	[illegible]	[illegible]	[illegible]	[illegible]	[illegible]	[illegible]	[illegible]	[illegible]	[illegible]
F0CE	[illegible]	[illegible]	[illegible]	[illegible]	[illegible]	[illegible]	[illegible]	[illegible]	[illegible]	[illegible]	[illegible]	[illegible]	[illegible]	[illegible]	[illegible]	[illegible]
F0CF	[illegible]	[illegible]	[illegible]	[illegible]	[illegible]	[illegible]	[illegible]	[illegible]	[illegible]	[illegible]	[illegible]	[illegible]	[illegible]	[illegible]	[illegible]	[illegible]

表 1（续）

	0	1	2	3	4	5	6	7	8	9	A	B	C	D	E	F
F0D0	[illegible]	[illegible]	[illegible]	[illegible]	[illegible]	[illegible]	[illegible]	[illegible]	[illegible]	[illegible]	[illegible]	[illegible]	[illegible]	[illegible]	[illegible]	[illegible]
F0D1	[illegible]	[illegible]	[illegible]	[illegible]	[illegible]	[illegible]	[illegible]	[illegible]	[illegible]	[illegible]	[illegible]	[illegible]	[illegible]	[illegible]	[illegible]	[illegible]
F0D2	[illegible]	[illegible]	[illegible]	[illegible]	[illegible]	[illegible]	[illegible]	[illegible]	[illegible]	[illegible]	[illegible]	[illegible]	[illegible]	[illegible]	[illegible]	[illegible]
F0D3	[illegible]	[illegible]	[illegible]	[illegible]	[illegible]	[illegible]	[illegible]	[illegible]	[illegible]	[illegible]	[illegible]	[illegible]	[illegible]	[illegible]	[illegible]	[illegible]
F0D4	[illegible]	[illegible]	[illegible]	[illegible]	[illegible]	[illegible]	[illegible]	[illegible]	[illegible]	[illegible]	[illegible]	[illegible]	[illegible]	[illegible]	[illegible]	[illegible]
F0D5	[illegible]	[illegible]	[illegible]	[illegible]	[illegible]	[illegible]	[illegible]	[illegible]	[illegible]	[illegible]	[illegible]	[illegible]	[illegible]	[illegible]	[illegible]	[illegible]
F0D6	[illegible]	[illegible]	[illegible]	[illegible]	[illegible]	[illegible]	[illegible]	[illegible]	[illegible]	[illegible]	[illegible]	[illegible]	[illegible]	[illegible]	[illegible]	[illegible]
F0D7	[illegible]	[illegible]	[illegible]	[illegible]	[illegible]	[illegible]	[illegible]	[illegible]	[illegible]	[illegible]	[illegible]	[illegible]	[illegible]	[illegible]	[illegible]	[illegible]
F0D8	[illegible]	[illegible]	[illegible]	[illegible]	[illegible]	[illegible]	[illegible]	[illegible]	[illegible]	[illegible]	[illegible]	[illegible]	[illegible]	[illegible]	[illegible]	[illegible]
F0D9	[illegible]	[illegible]	[illegible]	[illegible]	[illegible]	[illegible]	[illegible]	[illegible]	[illegible]	[illegible]	[illegible]	[illegible]	[illegible]	[illegible]	[illegible]	[illegible]
F0DA	[illegible]	[illegible]	[illegible]	[illegible]	[illegible]	[illegible]	[illegible]	[illegible]	[illegible]	[illegible]	[illegible]	[illegible]	[illegible]	[illegible]	[illegible]	[illegible]
F0DB	[illegible]	[illegible]	[illegible]	[illegible]	[illegible]	[illegible]	[illegible]	[illegible]	[illegible]	[illegible]	[illegible]	[illegible]	[illegible]	[illegible]	[illegible]	[illegible]
F0DC	[illegible]	[illegible]	[illegible]	[illegible]	[illegible]	[illegible]	[illegible]	[illegible]	[illegible]	[illegible]	[illegible]	[illegible]	[illegible]	[illegible]	[illegible]	[illegible]
F0DD	[illegible]	[illegible]	[illegible]	[illegible]	[illegible]	[illegible]	[illegible]	[illegible]	[illegible]	[illegible]	[illegible]	[illegible]	[illegible]	[illegible]	[illegible]	[illegible]
F0DE	[illegible]	[illegible]	[illegible]	[illegible]	[illegible]	[illegible]	[illegible]	[illegible]	[illegible]	[illegible]	[illegible]	[illegible]	[illegible]	[illegible]	[illegible]	[illegible]
F0DF	[illegible]	[illegible]	[illegible]	[illegible]	[illegible]	[illegible]	[illegible]	[illegible]	[illegible]	[illegible]	[illegible]	[illegible]	[illegible]	[illegible]	[illegible]	[illegible]

表 1（续）

	0	1	2	3	4	5	6	7	8	9	A	B	C	D	E	F
F0E0	[illegible]	[illegible]	[illegible]	[illegible]	[illegible]	[illegible]	[illegible]	[illegible]	[illegible]	[illegible]	[illegible]	[illegible]	[illegible]	[illegible]	[illegible]	[illegible]
F0E1	[illegible]	[illegible]	[illegible]	[illegible]	[illegible]	[illegible]	[illegible]	[illegible]	[illegible]	[illegible]	[illegible]	[illegible]	[illegible]	[illegible]	[illegible]	[illegible]
F0E2	[illegible]	[illegible]	[illegible]	[illegible]	[illegible]	[illegible]	[illegible]	[illegible]	[illegible]	[illegible]	[illegible]	[illegible]	[illegible]	[illegible]	[illegible]	[illegible]
F0E3	[illegible]	[illegible]	[illegible]	[illegible]	[illegible]	[illegible]	[illegible]	[illegible]	[illegible]	[illegible]	[illegible]	[illegible]	[illegible]	[illegible]	[illegible]	[illegible]
F0E4	[illegible]	[illegible]	[illegible]	[illegible]	[illegible]	[illegible]	[illegible]	[illegible]	[illegible]	[illegible]	[illegible]	[illegible]	[illegible]	[illegible]	[illegible]	[illegible]
F0E5	[illegible]	[illegible]	[illegible]	[illegible]	[illegible]	[illegible]	[illegible]	[illegible]	[illegible]	[illegible]	[illegible]	[illegible]	[illegible]	[illegible]	[illegible]	[illegible]
F0E6	[illegible]	[illegible]	[illegible]	[illegible]	[illegible]	[illegible]	[illegible]	[illegible]	[illegible]	[illegible]	[illegible]	[illegible]	[illegible]	[illegible]	[illegible]	[illegible]
F0E7	[illegible]	[illegible]	[illegible]	[illegible]	[illegible]	[illegible]	[illegible]	[illegible]	[illegible]	[illegible]	[illegible]	[illegible]	[illegible]	[illegible]	[illegible]	[illegible]
F0E8	[illegible]	[illegible]	[illegible]	[illegible]	[illegible]	[illegible]	[illegible]	[illegible]	[illegible]	[illegible]	[illegible]	[illegible]	[illegible]	[illegible]	[illegible]	[illegible]
F0E9	[illegible]	[illegible]	[illegible]	[illegible]	[illegible]	[illegible]	[illegible]	[illegible]	[illegible]	[illegible]	[illegible]	[illegible]	[illegible]	[illegible]	[illegible]	[illegible]
F0EA	[illegible]	[illegible]	[illegible]	[illegible]	[illegible]	[illegible]	[illegible]	[illegible]	[illegible]	[illegible]	[illegible]	[illegible]	[illegible]	[illegible]	[illegible]	[illegible]
F0EB	[illegible]	[illegible]	[illegible]	[illegible]	[illegible]	[illegible]	[illegible]	[illegible]	[illegible]	[illegible]	[illegible]	[illegible]	[illegible]	[illegible]	[illegible]	[illegible]
F0EC	[illegible]	[illegible]	[illegible]	[illegible]	[illegible]	[illegible]	[illegible]	[illegible]	[illegible]	[illegible]	[illegible]	[illegible]	[illegible]	[illegible]	[illegible]	[illegible]
F0ED	[illegible]	[illegible]	[illegible]	[illegible]	[illegible]	[illegible]	[illegible]	[illegible]	[illegible]	[illegible]	[illegible]	[illegible]	[illegible]	[illegible]	[illegible]	[illegible]
F0EE	[illegible]	[illegible]	[illegible]	[illegible]	[illegible]	[illegible]	[illegible]	[illegible]	[illegible]	[illegible]	[illegible]	[illegible]	[illegible]	[illegible]	[illegible]	[illegible]
F0EF	[illegible]	[illegible]	[illegible]	[illegible]	[illegible]	[illegible]	[illegible]	[illegible]	[illegible]	[illegible]	[illegible]	[illegible]	[illegible]	[illegible]	[illegible]	[illegible]

表 1（续）

	0	1	2	3	4	5	6	7	8	9	A	B	C	D	E	F
F0F0	[illegible]	[illegible]	[illegible]	[illegible]	[illegible]	[illegible]	[illegible]	[illegible]	[illegible]	[illegible]	[illegible]	[illegible]	[illegible]	[illegible]	[illegible]	[illegible]
F0F1	[illegible]	[illegible]	[illegible]	[illegible]	[illegible]	[illegible]	[illegible]	[illegible]	[illegible]	[illegible]	[illegible]	[illegible]	[illegible]	[illegible]	[illegible]	[illegible]
F0F2	[illegible]	[illegible]	[illegible]	[illegible]	[illegible]	[illegible]	[illegible]	[illegible]	[illegible]	[illegible]	[illegible]	[illegible]	[illegible]	[illegible]	[illegible]	[illegible]
F0F3	[illegible]	[illegible]	[illegible]	[illegible]	[illegible]	[illegible]	[illegible]	[illegible]	[illegible]	[illegible]	[illegible]	[illegible]	[illegible]	[illegible]	[illegible]	[illegible]
F0F4	[illegible]	[illegible]	[illegible]	[illegible]	[illegible]	[illegible]	[illegible]	[illegible]	[illegible]	[illegible]	[illegible]	[illegible]	[illegible]	[illegible]	[illegible]	[illegible]
F0F5	[illegible]	[illegible]	[illegible]	[illegible]	[illegible]	[illegible]	[illegible]	[illegible]	[illegible]	[illegible]	[illegible]	[illegible]	[illegible]	[illegible]	[illegible]	[illegible]
F0F6	[illegible]	[illegible]	[illegible]	[illegible]	[illegible]	[illegible]	[illegible]	[illegible]	[illegible]	[illegible]	[illegible]	[illegible]	[illegible]	[illegible]	[illegible]	[illegible]
F0F7	[illegible]	[illegible]	[illegible]	[illegible]	[illegible]	[illegible]	[illegible]	[illegible]	[illegible]	[illegible]	[illegible]	[illegible]	[illegible]	[illegible]	[illegible]	[illegible]
F0F8	[illegible]	[illegible]	[illegible]	[illegible]	[illegible]	[illegible]	[illegible]	[illegible]	[illegible]	[illegible]	[illegible]	[illegible]	[illegible]	[illegible]	[illegible]	[illegible]
F0F9	[illegible]	[illegible]	[illegible]	[illegible]	[illegible]	[illegible]	[illegible]	[illegible]	[illegible]	[illegible]	[illegible]	[illegible]	[illegible]	[illegible]	[illegible]	[illegible]
F0FA	[illegible]	[illegible]	[illegible]	[illegible]	[illegible]	[illegible]	[illegible]	[illegible]	[illegible]	[illegible]	[illegible]	[illegible]	[illegible]	[illegible]	[illegible]	[illegible]
F0FB	[illegible]	[illegible]	[illegible]	[illegible]	[illegible]	[illegible]	[illegible]	[illegible]	[illegible]	[illegible]	[illegible]	[illegible]	[illegible]	[illegible]	[illegible]	[illegible]
F0FC	[illegible]	[illegible]	[illegible]	[illegible]	[illegible]	[illegible]	[illegible]	[illegible]	[illegible]	[illegible]	[illegible]	[illegible]	[illegible]	[illegible]	[illegible]	[illegible]
F0FD	[illegible]	[illegible]	[illegible]	[illegible]	[illegible]	[illegible]	[illegible]	[illegible]	[illegible]	[illegible]	[illegible]	[illegible]	[illegible]	[illegible]	[illegible]	[illegible]
F0FE	[illegible]	[illegible]	[illegible]	[illegible]	[illegible]	[illegible]	[illegible]	[illegible]	[illegible]	[illegible]	[illegible]	[illegible]	[illegible]	[illegible]	[illegible]	[illegible]
F0FF	[illegible]	[illegible]	[illegible]	[illegible]	[illegible]	[illegible]	[illegible]	[illegible]	[illegible]	[illegible]	[illegible]	[illegible]	[illegible]	[illegible]	[illegible]	[illegible]

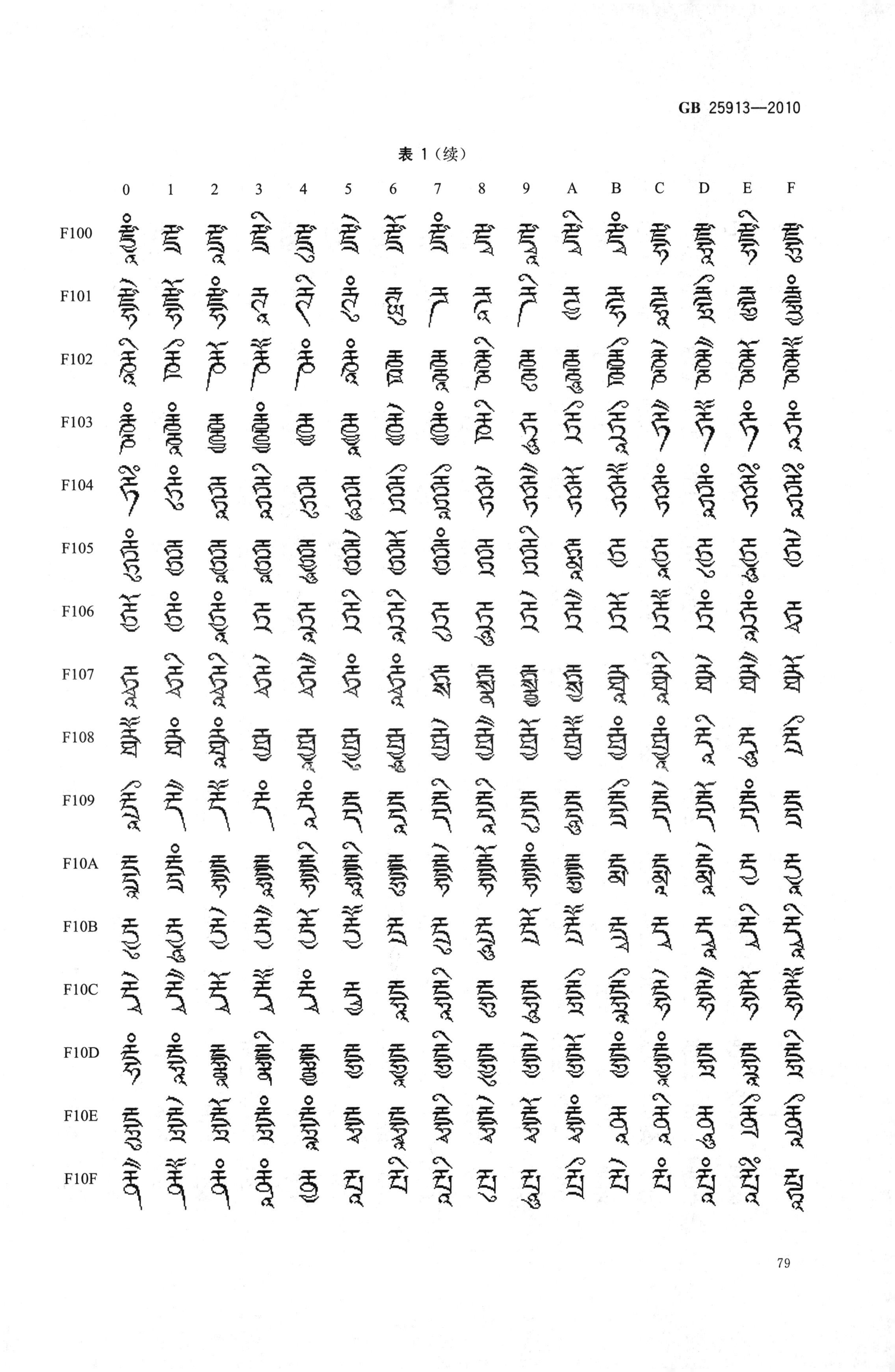

表 1（续）

	0	1	2	3	4	5	6	7	8	9	A	B	C	D	E	F
F100																
F101																
F102																
F103																
F104																
F105																
F106																
F107																
F108																
F109																
F10A																
F10B																
F10C																
F10D																
F10E																
F10F																

表 1（续）

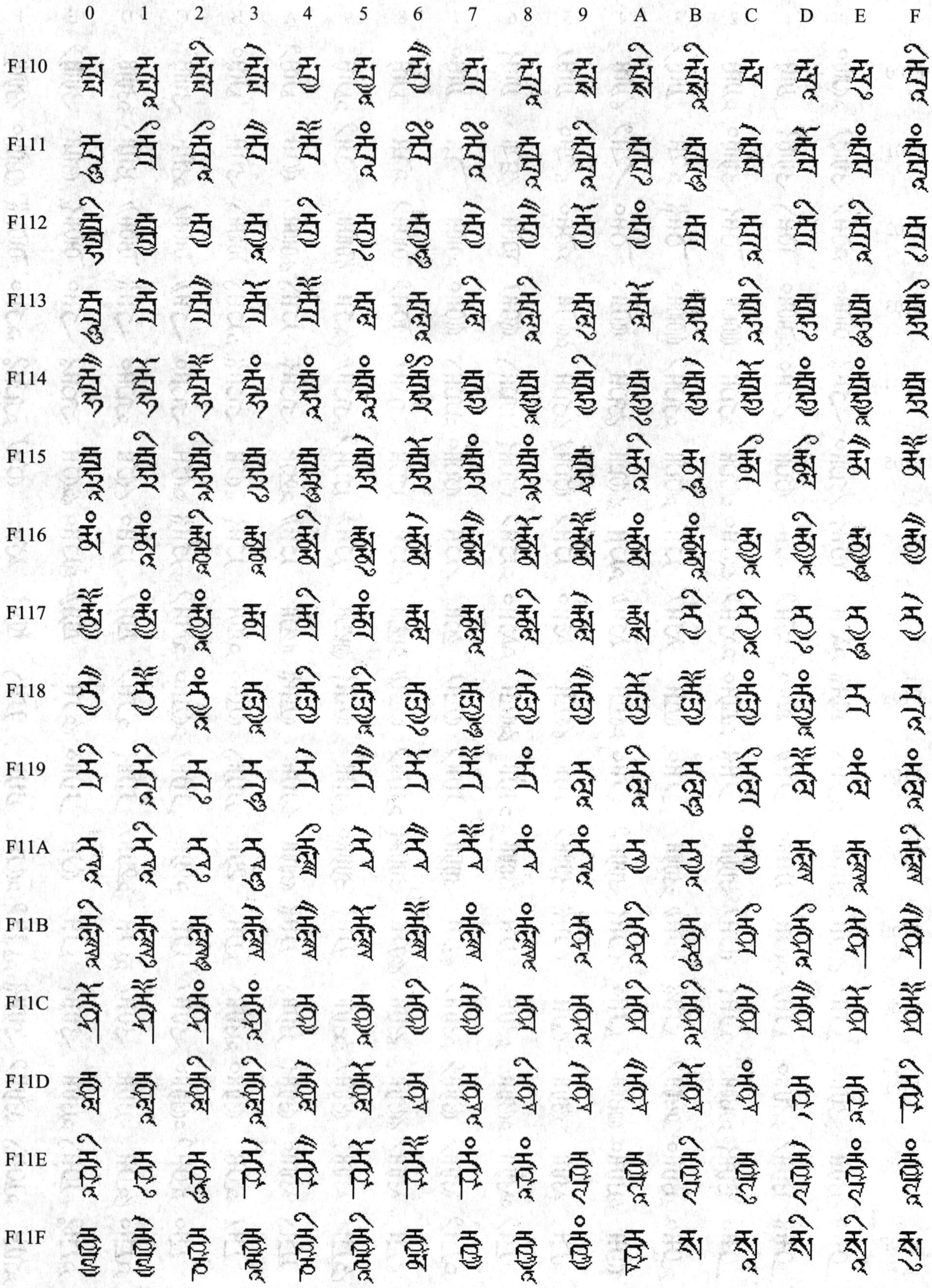

	0	1	2	3	4	5	6	7	8	9	A	B	C	D	E	F
F110	[illegible]	[illegible]	[illegible]	[illegible]	[illegible]	[illegible]	[illegible]	[illegible]	[illegible]	[illegible]	[illegible]	[illegible]	[illegible]	[illegible]	[illegible]	[illegible]
F111	[illegible]	[illegible]	[illegible]	[illegible]	[illegible]	[illegible]	[illegible]	[illegible]	[illegible]	[illegible]	[illegible]	[illegible]	[illegible]	[illegible]	[illegible]	[illegible]
F112	[illegible]	[illegible]	[illegible]	[illegible]	[illegible]	[illegible]	[illegible]	[illegible]	[illegible]	[illegible]	[illegible]	[illegible]	[illegible]	[illegible]	[illegible]	[illegible]
F113	[illegible]	[illegible]	[illegible]	[illegible]	[illegible]	[illegible]	[illegible]	[illegible]	[illegible]	[illegible]	[illegible]	[illegible]	[illegible]	[illegible]	[illegible]	[illegible]
F114	[illegible]	[illegible]	[illegible]	[illegible]	[illegible]	[illegible]	[illegible]	[illegible]	[illegible]	[illegible]	[illegible]	[illegible]	[illegible]	[illegible]	[illegible]	[illegible]
F115	[illegible]	[illegible]	[illegible]	[illegible]	[illegible]	[illegible]	[illegible]	[illegible]	[illegible]	[illegible]	[illegible]	[illegible]	[illegible]	[illegible]	[illegible]	[illegible]
F116	[illegible]	[illegible]	[illegible]	[illegible]	[illegible]	[illegible]	[illegible]	[illegible]	[illegible]	[illegible]	[illegible]	[illegible]	[illegible]	[illegible]	[illegible]	[illegible]
F117	[illegible]	[illegible]	[illegible]	[illegible]	[illegible]	[illegible]	[illegible]	[illegible]	[illegible]	[illegible]	[illegible]	[illegible]	[illegible]	[illegible]	[illegible]	[illegible]
F118	[illegible]	[illegible]	[illegible]	[illegible]	[illegible]	[illegible]	[illegible]	[illegible]	[illegible]	[illegible]	[illegible]	[illegible]	[illegible]	[illegible]	[illegible]	[illegible]
F119	[illegible]	[illegible]	[illegible]	[illegible]	[illegible]	[illegible]	[illegible]	[illegible]	[illegible]	[illegible]	[illegible]	[illegible]	[illegible]	[illegible]	[illegible]	[illegible]
F11A	[illegible]	[illegible]	[illegible]	[illegible]	[illegible]	[illegible]	[illegible]	[illegible]	[illegible]	[illegible]	[illegible]	[illegible]	[illegible]	[illegible]	[illegible]	[illegible]
F11B	[illegible]	[illegible]	[illegible]	[illegible]	[illegible]	[illegible]	[illegible]	[illegible]	[illegible]	[illegible]	[illegible]	[illegible]	[illegible]	[illegible]	[illegible]	[illegible]
F11C	[illegible]	[illegible]	[illegible]	[illegible]	[illegible]	[illegible]	[illegible]	[illegible]	[illegible]	[illegible]	[illegible]	[illegible]	[illegible]	[illegible]	[illegible]	[illegible]
F11D	[illegible]	[illegible]	[illegible]	[illegible]	[illegible]	[illegible]	[illegible]	[illegible]	[illegible]	[illegible]	[illegible]	[illegible]	[illegible]	[illegible]	[illegible]	[illegible]
F11E	[illegible]	[illegible]	[illegible]	[illegible]	[illegible]	[illegible]	[illegible]	[illegible]	[illegible]	[illegible]	[illegible]	[illegible]	[illegible]	[illegible]	[illegible]	[illegible]
F11F	[illegible]	[illegible]	[illegible]	[illegible]	[illegible]	[illegible]	[illegible]	[illegible]	[illegible]	[illegible]	[illegible]	[illegible]	[illegible]	[illegible]	[illegible]	[illegible]

表 1（续）

	0	1	2	3	4	5	6	7	8	9	A	B	C	D	E	F
F120	[illegible]	[illegible]	[illegible]	[illegible]	[illegible]	[illegible]	[illegible]	[illegible]	[illegible]	[illegible]	[illegible]	[illegible]	[illegible]	[illegible]	[illegible]	[illegible]
F121	[illegible]	[illegible]	[illegible]	[illegible]	[illegible]	[illegible]	[illegible]	[illegible]	[illegible]	[illegible]	[illegible]	[illegible]	[illegible]	[illegible]	[illegible]	[illegible]
F122	[illegible]	[illegible]	[illegible]	[illegible]	[illegible]	[illegible]	[illegible]	[illegible]	[illegible]	[illegible]	[illegible]	[illegible]	[illegible]	[illegible]	[illegible]	[illegible]
F123	[illegible]	[illegible]	[illegible]	[illegible]	[illegible]	[illegible]	[illegible]	[illegible]	[illegible]	[illegible]	[illegible]	[illegible]	[illegible]	[illegible]	[illegible]	[illegible]
F124	[illegible]	[illegible]	[illegible]	[illegible]	[illegible]	[illegible]	[illegible]	[illegible]	[illegible]	[illegible]	[illegible]	[illegible]	[illegible]	[illegible]	[illegible]	[illegible]
F125	[illegible]	[illegible]	[illegible]	[illegible]	[illegible]	[illegible]	[illegible]	[illegible]	[illegible]	[illegible]	[illegible]	[illegible]	[illegible]	[illegible]	[illegible]	[illegible]
F126	[illegible]	[illegible]	[illegible]	[illegible]	[illegible]	[illegible]	[illegible]	[illegible]	[illegible]	[illegible]	[illegible]	[illegible]	[illegible]	[illegible]	[illegible]	[illegible]
F127	[illegible]	[illegible]	[illegible]	[illegible]	[illegible]	[illegible]	[illegible]	[illegible]	[illegible]	[illegible]	[illegible]	[illegible]	[illegible]	[illegible]	[illegible]	[illegible]
F128	[illegible]	[illegible]	[illegible]	[illegible]	[illegible]	[illegible]	[illegible]	[illegible]	[illegible]	[illegible]	[illegible]	[illegible]	[illegible]	[illegible]	[illegible]	[illegible]
F129	[illegible]	[illegible]	[illegible]	[illegible]	[illegible]	[illegible]	[illegible]	[illegible]	[illegible]	[illegible]	[illegible]	[illegible]	[illegible]	[illegible]	[illegible]	[illegible]
F12A	[illegible]	[illegible]	[illegible]	[illegible]	[illegible]	[illegible]	[illegible]	[illegible]	[illegible]	[illegible]	[illegible]	[illegible]	[illegible]	[illegible]	[illegible]	[illegible]
F12B	[illegible]	[illegible]	[illegible]	[illegible]	[illegible]	[illegible]	[illegible]	[illegible]	[illegible]	[illegible]	[illegible]	[illegible]	[illegible]	[illegible]	[illegible]	[illegible]
F12C	[illegible]	[illegible]	[illegible]	[illegible]	[illegible]	[illegible]	[illegible]	[illegible]	[illegible]	[illegible]	[illegible]	[illegible]	[illegible]	[illegible]	[illegible]	[illegible]
F12D	[illegible]	[illegible]	[illegible]	[illegible]	[illegible]	[illegible]	[illegible]	[illegible]	[illegible]	[illegible]	[illegible]	[illegible]	[illegible]	[illegible]	[illegible]	[illegible]
F12E	[illegible]	[illegible]	[illegible]	[illegible]	[illegible]	[illegible]	[illegible]	[illegible]	[illegible]	[illegible]	[illegible]	[illegible]	[illegible]	[illegible]	[illegible]	[illegible]
F12F	[illegible]	[illegible]	[illegible]	[illegible]	[illegible]	[illegible]	[illegible]	[illegible]	[illegible]	[illegible]	[illegible]	[illegible]	[illegible]	[illegible]	[illegible]	[illegible]

表 1（续）

	0	1	2	3	4	5	6	7	8	9	A	B	C	D	E	F
F130	[illegible]	[illegible]	[illegible]	[illegible]	[illegible]	[illegible]	[illegible]	[illegible]	[illegible]	[illegible]	[illegible]	[illegible]	[illegible]	[illegible]	[illegible]	[illegible]
F131	[illegible]	[illegible]	[illegible]	[illegible]	[illegible]	[illegible]	[illegible]	[illegible]	[illegible]	[illegible]	[illegible]	[illegible]	[illegible]	[illegible]	[illegible]	[illegible]
F132	[illegible]	[illegible]	[illegible]	[illegible]	[illegible]	[illegible]	[illegible]	[illegible]	[illegible]	[illegible]	[illegible]	[illegible]	[illegible]	[illegible]	[illegible]	[illegible]
F133	[illegible]	[illegible]	[illegible]	[illegible]	[illegible]	[illegible]	[illegible]	[illegible]	[illegible]	[illegible]	[illegible]	[illegible]	[illegible]	[illegible]	[illegible]	[illegible]
F134	[illegible]	[illegible]	[illegible]	[illegible]	[illegible]	[illegible]	[illegible]	[illegible]	[illegible]	[illegible]	[illegible]	[illegible]	[illegible]	[illegible]	[illegible]	[illegible]
F135	[illegible]	[illegible]	[illegible]	[illegible]	[illegible]	[illegible]	[illegible]	[illegible]	[illegible]	[illegible]	[illegible]	[illegible]	[illegible]	[illegible]	[illegible]	[illegible]
F136	[illegible]	[illegible]	[illegible]	[illegible]	[illegible]	[illegible]	[illegible]	[illegible]	[illegible]	[illegible]	[illegible]	[illegible]	[illegible]	[illegible]	[illegible]	[illegible]
F137	[illegible]	[illegible]	[illegible]	[illegible]	[illegible]	[illegible]	[illegible]	[illegible]	[illegible]	[illegible]	[illegible]	[illegible]	[illegible]	[illegible]	[illegible]	[illegible]
F138	[illegible]	[illegible]	[illegible]	[illegible]	[illegible]	[illegible]	[illegible]	[illegible]	[illegible]	[illegible]	[illegible]	[illegible]	[illegible]	[illegible]	[illegible]	[illegible]
F139	[illegible]	[illegible]	[illegible]	[illegible]	[illegible]	[illegible]	[illegible]	[illegible]	[illegible]	[illegible]	[illegible]	[illegible]	[illegible]	[illegible]	[illegible]	[illegible]
F13A	[illegible]	[illegible]	[illegible]	[illegible]	[illegible]	[illegible]	[illegible]	[illegible]	[illegible]	[illegible]	[illegible]	[illegible]	[illegible]	[illegible]	[illegible]	[illegible]
F13B	[illegible]	[illegible]	[illegible]	[illegible]	[illegible]	[illegible]	[illegible]	[illegible]	[illegible]	[illegible]	[illegible]	[illegible]	[illegible]	[illegible]	[illegible]	[illegible]
F13C	[illegible]	[illegible]	[illegible]	[illegible]	[illegible]	[illegible]	[illegible]	[illegible]	[illegible]	[illegible]	[illegible]	[illegible]	[illegible]	[illegible]	[illegible]	[illegible]
F13D	[illegible]	[illegible]	[illegible]	[illegible]	[illegible]	[illegible]	[illegible]	[illegible]	[illegible]	[illegible]	[illegible]	[illegible]	[illegible]	[illegible]	[illegible]	[illegible]
F13E	[illegible]	[illegible]	[illegible]	[illegible]	[illegible]	[illegible]	[illegible]	[illegible]	[illegible]	[illegible]	[illegible]	[illegible]	[illegible]	[illegible]	[illegible]	[illegible]
F13F	[illegible]	[illegible]	[illegible]	[illegible]	[illegible]	[illegible]	[illegible]	[illegible]	[illegible]	[illegible]	[illegible]	[illegible]	[illegible]	[illegible]	[illegible]	[illegible]

表 1（续）

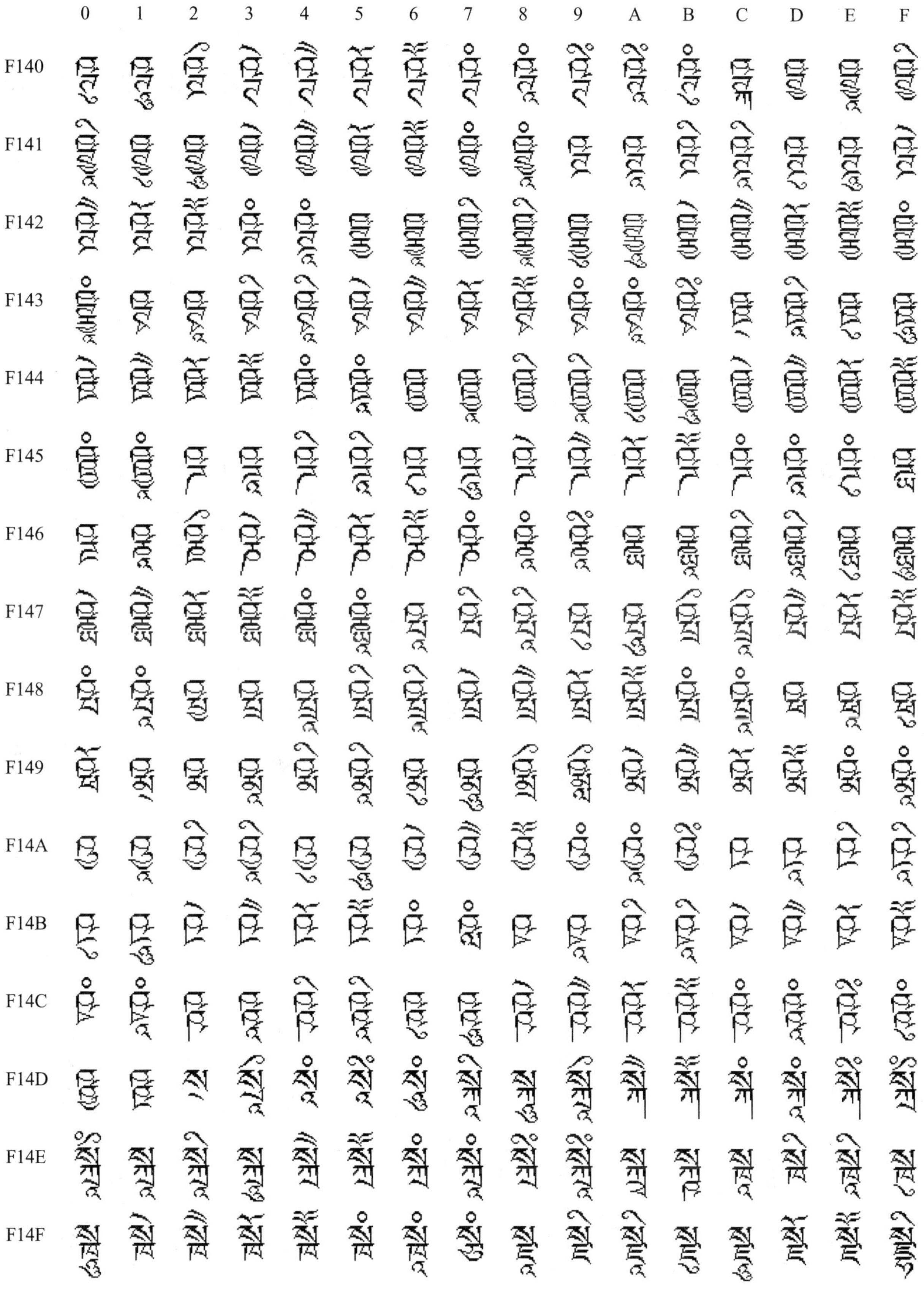

	0	1	2	3	4	5	6	7	8	9	A	B	C	D	E	F
F140	[illegible]	[illegible]	[illegible]	[illegible]	[illegible]	[illegible]	[illegible]	[illegible]	[illegible]	[illegible]	[illegible]	[illegible]	[illegible]	[illegible]	[illegible]	[illegible]
F141	[illegible]	[illegible]	[illegible]	[illegible]	[illegible]	[illegible]	[illegible]	[illegible]	[illegible]	[illegible]	[illegible]	[illegible]	[illegible]	[illegible]	[illegible]	[illegible]
F142	[illegible]	[illegible]	[illegible]	[illegible]	[illegible]	[illegible]	[illegible]	[illegible]	[illegible]	[illegible]	[illegible]	[illegible]	[illegible]	[illegible]	[illegible]	[illegible]
F143	[illegible]	[illegible]	[illegible]	[illegible]	[illegible]	[illegible]	[illegible]	[illegible]	[illegible]	[illegible]	[illegible]	[illegible]	[illegible]	[illegible]	[illegible]	[illegible]
F144	[illegible]	[illegible]	[illegible]	[illegible]	[illegible]	[illegible]	[illegible]	[illegible]	[illegible]	[illegible]	[illegible]	[illegible]	[illegible]	[illegible]	[illegible]	[illegible]
F145	[illegible]	[illegible]	[illegible]	[illegible]	[illegible]	[illegible]	[illegible]	[illegible]	[illegible]	[illegible]	[illegible]	[illegible]	[illegible]	[illegible]	[illegible]	[illegible]
F146	[illegible]	[illegible]	[illegible]	[illegible]	[illegible]	[illegible]	[illegible]	[illegible]	[illegible]	[illegible]	[illegible]	[illegible]	[illegible]	[illegible]	[illegible]	[illegible]
F147	[illegible]	[illegible]	[illegible]	[illegible]	[illegible]	[illegible]	[illegible]	[illegible]	[illegible]	[illegible]	[illegible]	[illegible]	[illegible]	[illegible]	[illegible]	[illegible]
F148	[illegible]	[illegible]	[illegible]	[illegible]	[illegible]	[illegible]	[illegible]	[illegible]	[illegible]	[illegible]	[illegible]	[illegible]	[illegible]	[illegible]	[illegible]	[illegible]
F149	[illegible]	[illegible]	[illegible]	[illegible]	[illegible]	[illegible]	[illegible]	[illegible]	[illegible]	[illegible]	[illegible]	[illegible]	[illegible]	[illegible]	[illegible]	[illegible]
F14A	[illegible]	[illegible]	[illegible]	[illegible]	[illegible]	[illegible]	[illegible]	[illegible]	[illegible]	[illegible]	[illegible]	[illegible]	[illegible]	[illegible]	[illegible]	[illegible]
F14B	[illegible]	[illegible]	[illegible]	[illegible]	[illegible]	[illegible]	[illegible]	[illegible]	[illegible]	[illegible]	[illegible]	[illegible]	[illegible]	[illegible]	[illegible]	[illegible]
F14C	[illegible]	[illegible]	[illegible]	[illegible]	[illegible]	[illegible]	[illegible]	[illegible]	[illegible]	[illegible]	[illegible]	[illegible]	[illegible]	[illegible]	[illegible]	[illegible]
F14D	[illegible]	[illegible]	[illegible]	[illegible]	[illegible]	[illegible]	[illegible]	[illegible]	[illegible]	[illegible]	[illegible]	[illegible]	[illegible]	[illegible]	[illegible]	[illegible]
F14E	[illegible]	[illegible]	[illegible]	[illegible]	[illegible]	[illegible]	[illegible]	[illegible]	[illegible]	[illegible]	[illegible]	[illegible]	[illegible]	[illegible]	[illegible]	[illegible]
F14F	[illegible]	[illegible]	[illegible]	[illegible]	[illegible]	[illegible]	[illegible]	[illegible]	[illegible]	[illegible]	[illegible]	[illegible]	[illegible]	[illegible]	[illegible]	[illegible]

表 1（续）

	0	1	2	3	4	5	6	7	8	9	A	B	C	D	E	F
F150	[illegible]	[illegible]	[illegible]	[illegible]	[illegible]	[illegible]	[illegible]	[illegible]	[illegible]	[illegible]	[illegible]	[illegible]	[illegible]	[illegible]	[illegible]	[illegible]
F151	[illegible]	[illegible]	[illegible]	[illegible]	[illegible]	[illegible]	[illegible]	[illegible]	[illegible]	[illegible]	[illegible]	[illegible]	[illegible]	[illegible]	[illegible]	[illegible]
F152	[illegible]	[illegible]	[illegible]	[illegible]	[illegible]	[illegible]	[illegible]	[illegible]	[illegible]	[illegible]	[illegible]	[illegible]	[illegible]	[illegible]	[illegible]	[illegible]
F153	[illegible]	[illegible]	[illegible]	[illegible]	[illegible]	[illegible]	[illegible]	[illegible]	[illegible]	[illegible]	[illegible]	[illegible]	[illegible]	[illegible]	[illegible]	[illegible]
F154	[illegible]	[illegible]	[illegible]	[illegible]	[illegible]	[illegible]	[illegible]	[illegible]	[illegible]	[illegible]	[illegible]	[illegible]	[illegible]	[illegible]	[illegible]	[illegible]
F155	[illegible]	[illegible]	[illegible]	[illegible]	[illegible]	[illegible]	[illegible]	[illegible]	[illegible]	[illegible]	[illegible]	[illegible]	[illegible]	[illegible]	[illegible]	[illegible]
F156	[illegible]	[illegible]	[illegible]	[illegible]	[illegible]	[illegible]	[illegible]	[illegible]	[illegible]	[illegible]	[illegible]	[illegible]	[illegible]	[illegible]	[illegible]	[illegible]
F157	[illegible]	[illegible]	[illegible]	[illegible]	[illegible]	[illegible]	[illegible]	[illegible]	[illegible]	[illegible]	[illegible]	[illegible]	[illegible]	[illegible]	[illegible]	[illegible]
F158	[illegible]	[illegible]	[illegible]	[illegible]	[illegible]	[illegible]	[illegible]	[illegible]	[illegible]	[illegible]	[illegible]	[illegible]	[illegible]	[illegible]	[illegible]	[illegible]
F159	[illegible]	[illegible]	[illegible]	[illegible]	[illegible]	[illegible]	[illegible]	[illegible]	[illegible]	[illegible]	[illegible]	[illegible]	[illegible]	[illegible]	[illegible]	[illegible]
F15A	[illegible]	[illegible]	[illegible]	[illegible]	[illegible]	[illegible]	[illegible]	[illegible]	[illegible]	[illegible]	[illegible]	[illegible]	[illegible]	[illegible]	[illegible]	[illegible]
F15B	[illegible]	[illegible]	[illegible]	[illegible]	[illegible]	[illegible]	[illegible]	[illegible]	[illegible]	[illegible]	[illegible]	[illegible]	[illegible]	[illegible]	[illegible]	[illegible]
F15C	[illegible]	[illegible]	[illegible]	[illegible]	[illegible]	[illegible]	[illegible]	[illegible]	[illegible]	[illegible]	[illegible]	[illegible]	[illegible]	[illegible]	[illegible]	[illegible]
F15D	[illegible]	[illegible]	[illegible]	[illegible]	[illegible]	[illegible]	[illegible]	[illegible]	[illegible]	[illegible]	[illegible]	[illegible]	[illegible]	[illegible]	[illegible]	[illegible]
F15E	[illegible]	[illegible]	[illegible]	[illegible]	[illegible]	[illegible]	[illegible]	[illegible]	[illegible]	[illegible]	[illegible]	[illegible]	[illegible]	[illegible]	[illegible]	[illegible]
F15F	[illegible]	[illegible]	[illegible]	[illegible]	[illegible]	[illegible]	[illegible]	[illegible]	[illegible]	[illegible]	[illegible]	[illegible]	[illegible]	[illegible]	[illegible]	[illegible]

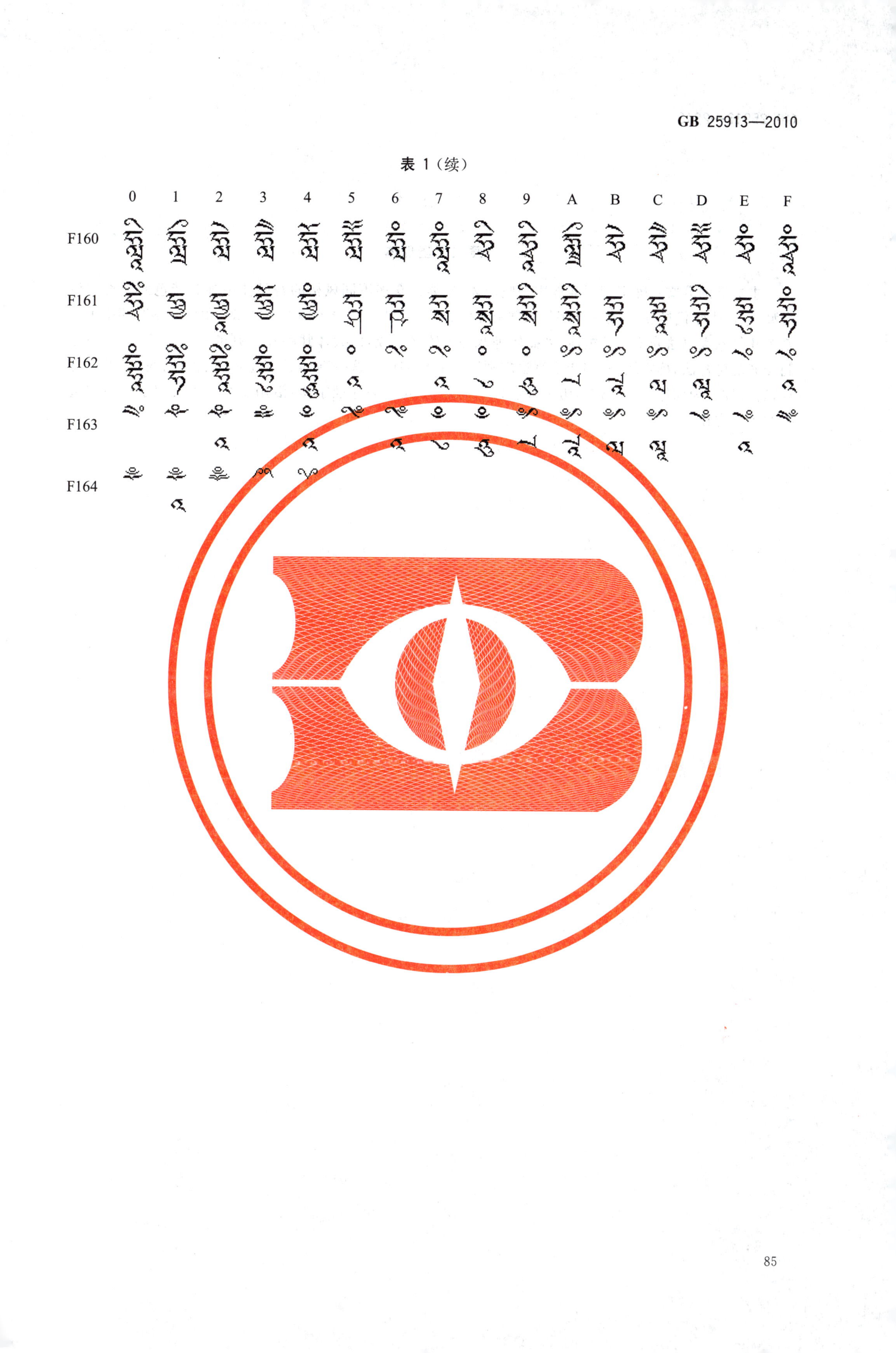

表 1（续）

	0	1	2	3	4	5	6	7	8	9	A	B	C	D	E	F
F160																
F161																
F162																
F163																
F164																

附 录 A
（资料性附录）
藏文吾坚琼体

本标准的藏文点阵字型标准选用吾坚琼体，琼体是众多不同风格的吾坚体中独具特色的一种书体字型，它产生年代早，距今有一千多年。创新此体的是著名大书法家琼博玉赤巴尔。他集吐蕃时期土美·桑布扎等八大书法家所创的蟾体、列砖体等八种书体之大成，以大译师噶瓦拜则的书法为范本，参照绘制坛城的坐标法，确定线路，创造了笔法规则统一的新书体。这一新体具有庄重、典雅、明快、华美等特点，后人称它为琼体。琼体作为历史最悠久、规范时间较早的标准字体，沿用至今。主要用于手写或重要的经典之作。

附　录　B
（规范性附录）
藏文 24×48 点阵字型数据

B.1　藏文 24×48 点阵字型数据的表示

本标准中，藏文的字型可由其点阵数据来表示。每个字型的点阵数据为 24×48（横行点数×纵列点数），共 1 152 个二进制位，144 个字节。

B.2　藏文 24×48 点阵字型数据的记录格式

藏文 24×48 点阵字型数据的 144 个字节排列次序是以 0 字节开始至 143 字节结束，均用十六进制表示，每行 3 个字节，其记录格式如下：

行数	列　　数																							
	0	1	2	3	4	5	6	7	8	9	10	11	12	13	14	15	16	17	18	19	20	21	22	23
0	0 字节								1 字节								2 字节							
1 2 ⋮ 46																								
47	141 字节								142 字节								143 字节							

B.3　藏文 24×48 点阵字型数据举例

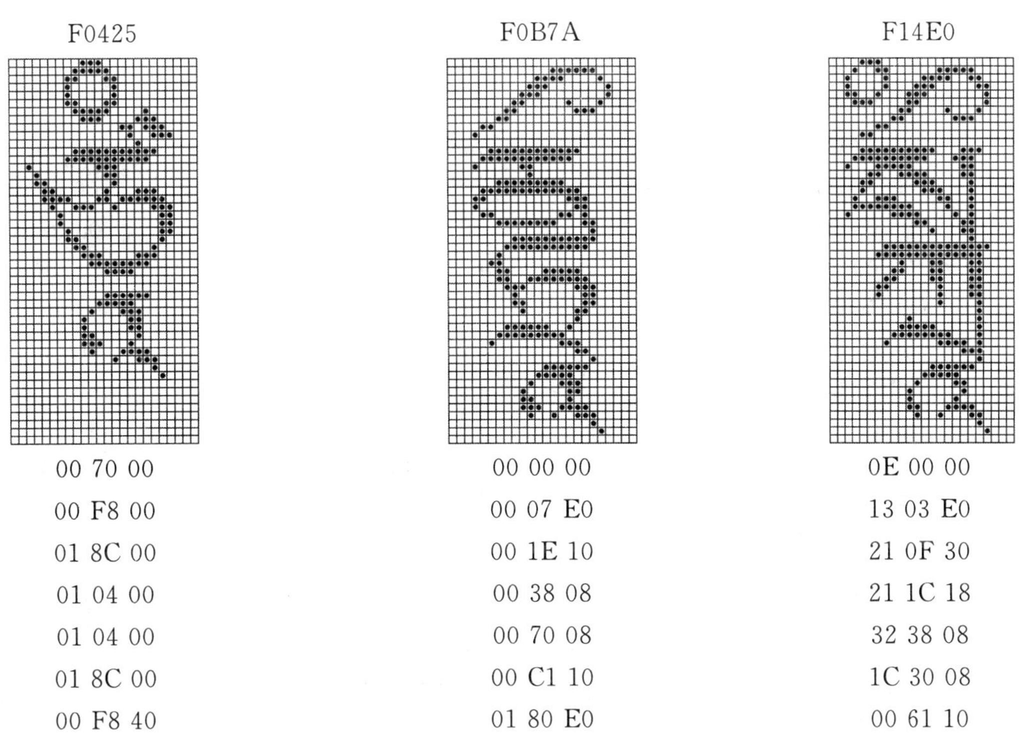

F0425	F0B7A	F14E0
00 70 00	00 00 00	0E 00 00
00 F8 00	00 07 E0	13 03 E0
01 8C 00	00 1E 10	21 0F 30
01 04 00	00 38 08	21 1C 18
01 04 00	00 70 08	32 38 08
01 8C 00	00 C1 10	1C 30 08
00 F8 40	01 80 E0	00 61 10

00 70 E0
00 03 70
00 01 38
00 00 80
00 FF E0
01 FF C0
20 1C 00
10 0C 00
18 04 00
0C 08 E0
0F 1B F0
04 E4 38
02 00 18
02 00 18
01 00 18
01 80 10
00 C0 20
00 70 E0
00 3F C0
00 0F 00
00 00 00
00 00 00
00 0F C0
00 1F 00
00 23 80
00 41 80
00 41 80
00 60 80
00 71 00
00 23 C0
00 04 E0
00 00 20
00 00 10
00 00 00
00 00 00
00 00 00
00 00 00
00 00 00
00 00 00
00 00 00
00 00 00

03 00 00
0C 00 00
10 00 00
00 00 00
07 FF 80
0F FF 00
10 60 00
00 20 00
03 FE 00
0F FF 80
18 01 C0
10 00 C0
0C 03 40
03 FC 60
00 00 20
00 FF E0
01 FF C0
02 00 00
06 00 00
03 0F 80
03 3F C0
01 C0 E0
00 80 60
00 C0 60
00 40 C0
00 00 80
01 F9 00
03 FE 00
04 03 80
00 00 C0
00 00 20
00 0F C0
00 1F 00
00 23 80
00 41 80
00 61 00
00 73 C0
00 24 E0
00 00 20
00 00 10
00 00 00

00 C0 E0
03 00 00
0C 00 00
00 00 00
0F FC 70
1F F8 E0
23 E0 60
06 78 60
0C 1C 20
08 0E 20
13 83 20
1F E1 20
20 F0 A0
00 18 60
00 04 60
00 00 20
01 FF F8
03 FF F0
00 46 30
00 C6 30
01 86 30
03 02 30
02 02 30
00 02 10
00 00 10
00 20 10
00 7C 10
00 FF 10
01 03 D0
00 00 70
00 00 10
00 07 E0
00 0F 80
00 10 C0
00 20 40
00 20 80
00 31 E0
00 12 30
00 00 10
00 00 08
00 00 00

ICS 35.040
L 71

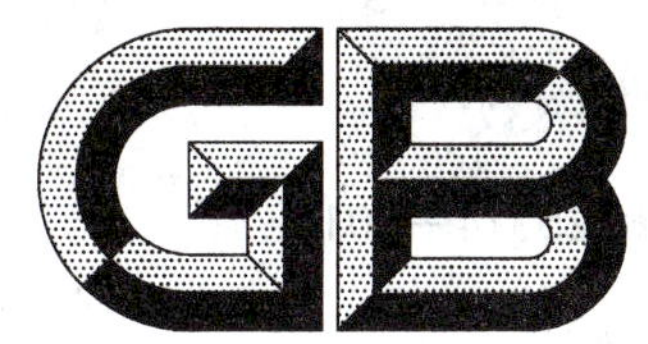

中华人民共和国国家标准

GB 25914—2010

信息技术 传统蒙古文名义字符、变形显现字符和控制字符使用规则

Information technology—Traditional Mongolian nominal characters, presentation characters and use rules of controlling characters

2011-01-10 发布 2011-11-01 实施

中华人民共和国国家质量监督检验检疫总局
中国国家标准化管理委员会 发布

前　言

本标准的全部技术内容为强制性。

本标准的附录A、附录B是规范性附录，附录C是资料性附录。

本标准由全国信息技术标准化技术委员会提出并归口。

本标准起草单位：中国电子技术标准化研究所、内蒙古大学、内蒙古自治区蒙古语文工作委员会、北京北大方正电子有限公司、潍坊北大青鸟华光照排有限公司、中国科学院软件研究所、内蒙古蒙科立软件有限责任公司、内蒙古明安图互联网技术开发有限公司。

本标准主要起草人：确精扎布、何正安、达胡白乙拉、额尔敦朝鲁、贺喜格都仁、唐英敏、吕建春、吴健、代红、白双成、王伊拉勒图、阿荣塔娜。

信息技术 传统蒙古文名义字符、变形显现字符和控制字符使用规则

1 范围

本标准规定了传统蒙古文的变形显现字符的最小集合、传统蒙古文的每个名义字符的变形显现形式的图形以及控制字符的使用规则。

本标准适用于传统蒙古文信息处理。

2 规范性引用文件

下列文件中的条款通过本标准的引用而成为本标准的条款。凡是注日期的引用文件，其随后所有的修改单(不包括勘误的内容)或修订版均不适用于本标准，然而，鼓励根据本标准达成协议的各方研究是否可使用这些文件的最新版本。凡是不注日期的引用文件，其最新版本适用于本标准。

GB 13000—2010 信息技术 通用多八位编码字符集(UCS)(ISO/IEC 10646:2003,IDT)

3 术语和定义

下列术语和定义适用于本标准。

3.1

字符 character

供组织、控制或表示数据用的元素集合中的一个元素。

3.2

编码字符 coded character

字符及其编码表示。

3.3

编码字符集 coded character set

一组无歧义的规则，用于建立一个字符集和该字符集的字符及其编码表示之间的一一对应关系。

3.4

代码表 code table

示出一种代码中分配给各八位的诸字符的表。

3.5

控制功能 control function

影响数据的记录、处理、传输或解释的一种动作，其编码表示由一个或多个八位组成。

3.6

图形字符 graphic character

不同于控制功能的字符，通常具有书写、打印或显示的可视表示。

3.7

图形符号 graphic symbol

图形字符或复合序列的可视表示。

3.8

组合字符 combining character

用于与其前导的非组合用图形字符相组合，或者与一个以非组合字符为前导的组合字符序列相

组合。

3.9

复合序列 composite sequence

由一个非组合字符后随一个或多个组合字符所组成的图形字符的序列。

3.10

显现 presentation

书写、打印或显示一个图形符号的过程。

3.11

名义形式 nominal form

蒙古文字母的主要形式。它适用于蒙古语的书面形式以及附加符号的表示、传输、交换、处理、存储、输入及显现。

注：名义形式也称作名义字符。

3.12

变形显现形式 presentation form

一个字母的各个显现形式为该字母的名义形式或其他图形字符区的字符序列在特定上下文中的使用提供可选形式，这种形式依赖于该字符相对于其他字符的位置。通常，显现形式不用于替换本编码字符集规定图形字符的名义形式。

注：变形显现形式也称作变体显现字符。

3.13

强制性合体字 mandatory ligature

强制性合体字是蒙古文的"圆头"辅音和元音字母拼写时由于连写的需要，改变相接的辅音字母和元音字母的原来字形融合成的一个合体字符。

4 总体结构

本编码字符集内的每一个字符由一个双八位序列表示。一个八位的各位由 b8、b7、b6、b5、b4、b3、b2、b1 标识，其中 b8 为最高位，b1 为最低位。分配给每一位的权如表 1 所示。

表 1 八位中每一位的权

位	b8	b7	b6	b5	b4	b3	b2	b1
权值	128	64	32	16	8	4	2	1

5 字符及其编码位置

本标准采用的编码体系结构与 GB 13000—2010 所规定的编码体系结构一致。本标准规定了传统蒙古文特有的标点符号、数字以及控制字符，并给出了这些字符在 GB 13000—2010 中的编码位置，同时规定了传统蒙古文的变形显现字符和控制字符的使用规则。

本标准未规定传统蒙古文单个变形显现字符、强制性合体字和非强制性合体字(参见附录 C)的编码位置。

6 传统蒙古文名义字符及其名称

表 2 给出了传统蒙古文使用的名义字符，其中 1849、184B 和 185E 字符是在传统蒙古文里只用于变形显现的名义字符。表 3 中是传统蒙古文名义字符的名称。传统蒙古文名义字符也用于显现，具体使用规则见附录 B。

表 2 传统蒙古文名义字符表

	180	181	182	183	184	185	186	188	189	18A
0	᠀	᠐	ᠠ	ᠰ	ᡀ			ᢀ	ᢐ	
1	᠁	᠑	ᠡ	ᠱ	ᡁ		ᡡ	ᢁ	ᢑ	
2	᠂	᠒	ᠢ	ᠲ	ᡂ			ᢂ	ᢒ	
3	᠃	᠓	ᠣ	ᠳ		ᡓ		ᢃ	ᢓ	
4	᠄	᠔	ᠤ	ᠴ				ᢄ	ᢔ	
5	᠅	᠕	ᠥ	ᠵ				ᢅ	ᢕ	
6		᠖	ᠦ	ᠶ				ᢆ	ᢖ	ᢦ
7		᠗	ᠧ	ᠷ				ᢇ	ᢗ	ᢧ
8		᠘	ᠨ	ᠸ		ᡘ		ᢈ		
9		᠙	ᠩ	ᠹ	ᡉ			ᢉ		ᢩ
A	᠊		ᠪ	ᠺ				ᢊ		
B	FVS1		ᠫ	ᠻ	ᡋ	ᡛ		ᢋ		
C	FVS2		ᠬ	ᠼ		ᡜ		ᢌ		
D	FVS3		ᠭ	ᠽ				ᢍ		
E	MVS		ᠮ	ᠾ		ᡞ		ᢎ		
F			ᠯ	ᠿ				ᢏ		

表 3 传统蒙古文名义字符名称

代码	中文名称	英文名称
1800	蒙古文　笔日嘎	MONGOLIAN BIRGA
1801	蒙古文　省略号	MONGOLIAN ELLIPSIS
1802	蒙古文　逗号	MONGOLIAN COMMA
1803	蒙古文　句号	MONGOLIAN FULL STOP

表 3（续）

代码	中文名称	英文名称
1804	蒙古文　冒号	MONGOLIAN COLON
1805	蒙古文　四点	MONGOLIAN FOUR DOTS
180A	蒙古文　尼茹股	MONGOLIAN NIRUGU
180B	蒙古文　自由变体选择符　一	MONGOLIAN FREE VARIATION SELECTOR ONE
180C	蒙古文　自由变体选择符　二	MONGOLIAN FREE VARIATION SELECTOR TWO
180D	蒙古文　自由变体选择符　三	MONGOLIAN FREE VARIATION SELECTOR THREE
180E	蒙古文　元音间隔符	MONGOLIAN VOWEL SEPARATOR
1810	蒙古文数字　〇	MONGOLIAN DIGIT ZERO
1811	蒙古文数字　一	MONGOLIAN DIGIT ONE
1812	蒙古文数字　二	MONGOLIAN DIGIT TWO
1813	蒙古文数字　三	MONGOLIAN DIGIT THREE
1814	蒙古文数字　四	MONGOLIAN DIGIT FOUR
1815	蒙古文数字　五	MONGOLIAN DIGIT FIVE
1816	蒙古文数字　六	MONGOLIAN DIGIT SIX
1817	蒙古文数字　七	MONGOLIAN DIGIT SEVEN
1818	蒙古文数字　八	MONGOLIAN DIGIT EIGHT
1819	蒙古文数字　九	MONGOLIAN DIGIT NINE
1820	蒙古文字母 A	MONGOLIAN LETTER A
1821	蒙古文字母 E	MONGOLIAN LETTER E
1822	蒙古文字母 I	MONGOLIAN LETTER I
1823	蒙古文字母 O	MONGOLIAN LETTER O
1824	蒙古文字母 U	MONGOLIAN LETTER U
1825	蒙古文字母 OE	MONGOLIAN LETTER OE
1826	蒙古文字母 UE	MONGOLIAN LETTER UE
1827	蒙古文字母 EE	MONGOLIAN LETTER EE
1828	蒙古文字母 NA	MONGOLIAN LETTER NA
1829	蒙古文字母 ANG	MONGOLIAN LETTER ANG
182A	蒙古文字母 BA	MONGOLIAN LETTER BA
182B	蒙古文字母 PA	MONGOLIAN LETTER PA
182C	蒙古文字母 QA	MONGOLIAN LETTER QA
182D	蒙古文字母 GA	MONGOLIAN LETTER GA
182E	蒙古文字母 MA	MONGOLIAN LETTER MA
182F	蒙古文字母 LA	MONGOLIAN LETTER LA
1830	蒙古文字母 SA	MONGOLIAN LETTER SA
1831	蒙古文字母 SHA	MONGOLIAN LETTER SHA
1832	蒙古文字母 TA	MONGOLIAN LETTER TA
1833	蒙古文字母 DA	MONGOLIAN LETTER DA
1834	蒙古文字母 CHA	MONGOLIAN LETTER CHA
1835	蒙古文字母 JA	MONGOLIAN LETTER JA
1836	蒙古文字母 YA	MONGOLIAN LETTER YA
1837	蒙古文字母 RA	MONGOLIAN LETTER RA
1838	蒙古文字母 WA	MONGOLIAN LETTER WA
1839	蒙古文字母 FA	MONGOLIAN LETTER FA
183A	蒙古文字母 KA	MONGOLIAN LETTER KA
183B	蒙古文字母 KHA	MONGOLIAN LETTER KHA

表 3（续）

代码	中文名称	英文名称
183C	蒙古文字母 TSA	MONGOLIAN LETTER TSA
183D	蒙古文字母 ZA	MONGOLIAN LETTER ZA
183E	蒙古文字母 HAA	MONGOLIAN LETTER HAA
183F	蒙古文字母 ZRA	MONGOLIAN LETTER ZRA
1840	蒙古文字母 LHA	MONGOLIAN LETTER LHA
1841	蒙古文字母 ZHI	MONGOLIAN LETTER ZHI
1842	蒙古文字母 CHI	MONGOLIAN LETTER CHI
1849	蒙古文字母托忒 UE	MONGOLIAN LETTER TODO UE
184B	蒙古文字母托忒 BA	MONGOLIAN LETTER TODO BA
1853	蒙古文字母托忒 JA	MONGOLIAN LETTER TODO JA
1858	蒙古文字母托忒 GAA	MONGOLIAN LETTER TODO GAA
185B	蒙古文字母托忒 NIA	MONGOLIAN LETTER TODO NIA
185C	蒙古文字母托忒 DZA	MONGOLIAN LETTER TODO DZA
185E	蒙古文字母锡伯 I	MONGOLIAN LETTER XIBE I
1861	蒙古文字母锡伯 U	MONGOLIAN LETTER XIBE U
1880	蒙古文字母阿.阿努斯瓦勒 一	MONGOLIAN LETTER AG ANUSVARA ONE
1881	蒙古文字母阿.维萨日嘎 一	MONGOLIAN LETTER AG VISARGA ONE
1882	蒙古文字母阿.扎嘛噜	MONGOLIAN LETTER AG DAMARU
1883	蒙古文字母阿.乌巴达嘛	MONGOLIAN LETTER AG UBADAMA
1884	蒙古文字母阿.反乌巴达嘛	MONGOLIAN LETTER AG INVERTED UBADAMA
1885	蒙古文字母阿.巴鲁达	MONGOLIAN LETTER AG BALUDA
1886	蒙古文字母阿.三层巴鲁达	MONGOLIAN LETTER AG THREE BALUDA
1887	蒙古文字母阿.A	MONGOLIAN LETTER AG A
1888	蒙古文字母阿.I	MONGOLIAN LETTER AG I
1889	蒙古文字母阿.KA	MONGOLIAN LETTER AG KA
188A	蒙古文字母阿.NGA	MONGOLIAN LETTER AG NGA
188B	蒙古文字母阿.CA	MONGOLIAN LETTER AG CA
188C	蒙古文字母阿.TTA	MONGOLIAN LETTER AG TTA
188D	蒙古文字母阿.TTHA	MONGOLIAN LETTER AG TTHA
188E	蒙古文字母阿.DDA	MONGOLIAN LETTER AG DDA
188F	蒙古文字母阿.NNA	MONGOLIAN LETTER AG NNA
1890	蒙古文字母阿.TA	MONGOLIAN LETTER AG TA
1891	蒙古文字母阿.DA	MONGOLIAN LETTER AG DA
1892	蒙古文字母阿.PA	MONGOLIAN LETTER AG PA
1893	蒙古文字母阿.PHA	MONGOLIAN LETTER AG PHA
1894	蒙古文字母阿.SSA	MONGOLIAN LETTER AG SSA
1895	蒙古文字母阿.ZHA	MONGOLIAN LETTER AG ZHA
1896	蒙古文字母阿.ZA	MONGOLIAN LETTER AG ZA
1897	蒙古文字母阿.AH	MONGOLIAN LETTER AG AH
18A6	蒙古文字母满文阿.半 U	MONGOLIAN LETTER AG HALF U
18A7	蒙古文字母满文阿.半 YA	MONGOLIAN LETTER AG HALF YA
18A9	蒙古文字母满文阿.DAGALGA	MONGOLIAN LETTER AG DAGALGA

7 传统蒙古文单个变形显现字符集及其名称

表 4 为传统蒙古文的单个变形显现字符的最小集合，开发者在不违背 GB 13000—2010 的有关规定的前提下，可以设置多于表 4 中所列的单个变形显现字符，但是应包括表 4 列出的单个变形显现字符。传统蒙古文单个变形显现字符的使用规则见附录 B。表 5 是传统蒙古文的单个变形显现字符的名称。表 4 和表 5 中的“16 进制数”只表示字符的顺序。

表 4 传统蒙古文单个变形显现字符表

序号	000	001	002	003	005	007	008	009
0	[illegible]	[illegible]	[illegible]	[illegible]			[illegible]	
1	[illegible]	[illegible]	[illegible]	[illegible]			[illegible]	
2	[illegible]	[illegible]	[illegible]	[illegible]			[illegible]	
3	[illegible]	[illegible]	[illegible]	[illegible]			[illegible]	
4	[illegible]	[illegible]	[illegible]	[illegible]			[illegible]	
5	[illegible]	[illegible]	[illegible]	[illegible]			[illegible]	
6	[illegible]	[illegible]	[illegible]	[illegible]			[illegible]	
7	[illegible]	[illegible]		[illegible]			[illegible]	[illegible]
8	[illegible]	[illegible]	[illegible]	[illegible]			[illegible]	
9	[illegible]	[illegible]	[illegible]	[illegible]	[illegible]		[illegible]	
A	[illegible]	[illegible]	[illegible]	[illegible]			[illegible]	
B	[illegible]	[illegible]	[illegible]	[illegible]			[illegible]	
C	[illegible]	[illegible]	[illegible]	[illegible]				
D	[illegible]	[illegible]	[illegible]	[illegible]		[illegible]		
E	[illegible]	[illegible]	[illegible]		[illegible]	[illegible]		
F	[illegible]	[illegible]	[illegible]			[illegible]		

表 5 传统蒙古文单个变形显现字符的名称

代码	中文名称	英文名称
0000	蒙.比日嘎 第一形式	m. birga first form
0001	蒙.比日嘎 第二形式	m. birga second form
0002	蒙.比日嘎 第三形式	m. birga third form
0003	蒙.比日嘎 第四形式	m. birga fourth form
0004	蒙字母.a 词首形式	ml. a initial form
0005	蒙字母.a 词中第一形式	ml. a first medial form
0006	蒙字母.a 词中第二形式	ml. a second medial form
0007	蒙字母.a 词中第三形式	ml. a third medial form
0008	蒙字母.a 词末第一形式	ml. a first final form
0009	蒙字母.a 词末第二形式	ml. a second final form
000A	蒙字母.i 词首形式	ml. i initial form
000B	蒙字母.i 词末形式	ml. i final form
000C	蒙字母.o 词中第一形式	ml. o first medial form
000D	蒙字母.o 词中第二形式	ml. o second medial form
000E	蒙字母.o 词末第一形式	ml. o first final form
000F	蒙字母.o 词末第二形式	ml. o second final form
0010	蒙字母.oe 词中第三形式	ml. oe third medial form
0011	蒙字母.oe 词末第二形式	ml. oe second final form
0012	蒙字母.ee 词首形式	ml. ee initial form
0013	蒙字母.ee 词末形式	ml. ee final form
0014	蒙字母.na 词中第二形式	ml. na second medial form
0015	蒙字母.na 词中第三形式	ml. na third medial form
0017	蒙字母.ang 词末形式	ml. ang final form
0018	蒙字母.ba 词末形式	ml. ba final form
0019	蒙字母.pa 词末形式	ml. pa final form
001A	蒙字母.qa 词中第四形式	ml. qa fourth medial form
001B	蒙字母.qa 带点的阴性独立形式	ml. qa feminine isolate form with dots
001C	蒙字母.ga 词中第二形式	ml. ga second medial form
001D	蒙字母.ga 词中第三形式	ml. ga third medial form
001E	蒙字母.ga 阴性词词中形式	ml. ga feminine medial form
001F	蒙字母.ga 阴性词末形式	ml. ga feminine final form
0020	蒙字母.ma 词中形式	ml. ma medial form
0021	蒙字母.ma 词末形式	ml. ma final form
0022	蒙字母.la 词中形式	ml. la medial form
0023	蒙字母.la 词末形式	ml. la final form
0024	蒙字母.sa 词中形式	ml. sa medial form
0025	蒙字母.sa 词末第一形式	ml. sa first final form
0026	蒙字母.sa 词末第二形式	ml. sa second final form
0028	蒙字母.sha 词中形式	ml. sha medial form
0029	蒙字母.sha 词末形式	ml. sha final form
002A	蒙字母.ta 词中第二形式	ml. ta second medial form
002B	蒙字母.ta 词末形式	ml. ta final form
002C	蒙字母.da 词中第一形式	ml. da first medial form
002D	蒙字母.da 词末第一形式	ml. da first final form

表 5（续）

代码	中文名称	英文名称
002E	蒙字母.da 词末第二形式	ml. da second final form
002F	蒙字母.cha 词中形式	ml. cha medial form
0030	蒙字母.cha 词末形式	ml. cha final form
0031	蒙字母.ja 词中第一形式	ml. ja first medial form
0032	蒙字母.ja 词末形式	ml. ja final form
0033	蒙字母.ra 词末形式	ml. ra final form
0034	蒙字母.fa 词末形式	ml. fa final form
0035	蒙字母.ka 词末形式	ml. ka final form
0036	蒙字母.kha 词末形式	ml. kha final form
0037	蒙字母.tsa 词中形式	ml. tsa medial form
0038	蒙字母.tsa 词末形式	ml. tsa final form
0039	蒙字母.za 词中形式	ml. za medial form
003A	蒙字母.za 词末形式	ml. za final form
003B	蒙字母.haa 词末形式	ml. haa final form
003C	蒙字母.zra 词末形式	ml. zra final form
003D	蒙字母.lha 词中形式	ml. lha medial form
0059	蒙字母.托. ja 词中形式	mlt. ja medial form
005E	蒙字母.托.dza 词中形式	mlt. dza medial form
007D	蒙字母.阿.阿努斯瓦勒 第二形式	mla. anusvara second form
007E	蒙字母.阿.维萨日嘎 第二形式	mla. visarga second form
007F	蒙字母.阿.a 独立-词末第二形式	mla. a iso-fi second form
0080	蒙字母.阿.a 词末形式	mla. a final form
0081	蒙字母.阿.a 词末短形式	mla. a final short form
0082	蒙字母.阿.a 词末向前形式	mla. a final forward form
0083	蒙字母.阿.a 带“牙”的词末形式	mla. a final form with sidu
0084	蒙字母.阿.i 词末第一形式	mla. i first final form
0085	蒙字母.阿.ka 词首形式	mla. ka initial form
0086	蒙字母.阿.nga 词首短形式	mla. nga initial short form
0087	蒙字母.阿.nga 词中形式	mla. nga medial form
0088	蒙字母.阿.nga 词中短形式	mla. nga medial short form
0089	蒙字母.阿.ca 词中形式	mla. ca medial form
008A	蒙字母.阿.ssa 词中形式	mla. ssa medial form
008B	蒙字母.阿.za 词中形式	mla. za medial form
0097	na 词首第二形式	na second initial form

8 传统蒙古文强制性合体字及其名称

表 6 给出了传统蒙古文强制性合体字字符的最小集合，开发者在不违背 GB 13000—2010 的有关规定的前提下，可以设置多于表 6 中所列的强制性合体字字符，但是应包括表 6 列出的强制性合体字字符。本标准未统一规定强制性合体字的形成方法。传统蒙古文强制性合体字的使用规则见附录 B。表 7 是传统蒙古文的单个变形显现字符的名称。表 6 和表 7 中的“16 进制数”只表示字符的顺序。

表 6　传统蒙古文强制性合体字符

	010	011	012	013	014	016	019	01A
0	[illegible]	[illegible]	[illegible]	[illegible]	[illegible]			
1	[illegible]	[illegible]	[illegible]	[illegible]	[illegible]			
2	[illegible]	[illegible]	[illegible]	[illegible]	[illegible]		[illegible]	
3	[illegible]	[illegible]	[illegible]	[illegible]	[illegible]		[illegible]	
4	[illegible]	[illegible]	[illegible]	[illegible]	[illegible]			
5	[illegible]	[illegible]	[illegible]	[illegible]	[illegible]			[illegible]
6	[illegible]	[illegible]	[illegible]	[illegible]			[illegible]	[illegible]
7	[illegible]	[illegible]	[illegible]	[illegible]			[illegible]	[illegible]
8	[illegible]	[illegible]	[illegible]	[illegible]		[illegible]	[illegible]	[illegible]
9	[illegible]	[illegible]	[illegible]	[illegible]		[illegible]	[illegible]	[illegible]
A	[illegible]	[illegible]	[illegible]	[illegible]		[illegible]		[illegible]
B	[illegible]	[illegible]	[illegible]	[illegible]		[illegible]		[illegible]
C	[illegible]	[illegible]	[illegible]	[illegible]			[illegible]	[illegible]
D	[illegible]	[illegible]	[illegible]	[illegible]			[illegible]	[illegible]
E	[illegible]	[illegible]	[illegible]	[illegible]			[illegible]	[illegible]
F	[illegible]	[illegible]	[illegible]	[illegible]			[illegible]	

表 7　传统蒙古文强制性合体字符名称

序号	中文名称	英文名称
0100	蒙合体字.词首-词中形式 ba	mli. ini-me ba
0101	蒙合体字.独立-词末形式 ba	mli. iso-fi ba

表 7（续）

序号	中文名称	英文名称
0102	蒙合体字. 词首-词中形式 bi	mli. ini-me bi
0103	蒙合体字. 独立-词末形式 bi	mli. iso-fi bi
0104	蒙合体字. 词首-词中形式 bo	mli. ini-me bo
0105	蒙合体字. 独立-词末形式 bo	mli. iso-fi bo
0106	蒙合体字. 词首形式 boe	mli. initial boe
0107	蒙合体字. 独立-词末形式 boe	mli. iso-fi boe
0108	蒙合体字. 词首-词中形式 bee	mli. ini-me bee
0109	蒙合体字. 独立-词末形式 bee	mli. iso-fi bee
010A	蒙合体字. 词首-词中形式 pa	mli. ini-me pa
010B	蒙合体字. 独立-词末形式 pa	mli. iso-fi pa
010C	蒙合体字. 词首-词中形式 pi	mli. ini-me pi
010D	蒙合体字. 独立-词末形式 pi	mli. iso-fi pi
010E	蒙合体字. 词首-词中形式 po	mli. ini-me po
010F	蒙合体字. 独立-词末形式 po	mli. iso-fi po
0110	蒙合体字. 词首-词中形式 poe	mli. ini-me poe
0111	蒙合体字. 独立-词末形式 poe	mli. iso-fi poe
0112	蒙合体字. 词首-词中形式 pee	mli. ini-me pee
0113	蒙合体字. 独立-词末形式 pee	mli. iso-fi pee
0114	蒙合体字. 词首-词中形式 ge	mli. ini-me ge
0115	蒙合体字. 独立-词末形式 ge	mli. iso-fi ge
0116	蒙合体字. 词首-词中形式 gi	mli. ini-me gi
0117	蒙合体字. 独立-词末形式 gi	mli. iso-fi gi
0118	蒙合体字. 词首形式 goe	mli. initial goe
0119	蒙合体字. 词中形式 goe	mli. medial goe
011A	蒙合体字. 词末形式 goe	mli. final goe
011B	蒙合体字. 独立形式 goe	mli. isolate goe
011C	蒙合体字. 词首-词中形式 gee	mli. ini-me gee
011D	蒙合体字. 独立-词末形式 gee	mli. iso-fi gee
011E	蒙合体字. 词首-词中形式 qe	mli. ini-me qe
011F	蒙合体字. 独立-词末形式 qe	mli. iso-fi qe
0120	蒙合体字. 词首-词中形式 qi	mli. ini-me qi
0121	蒙合体字. 独立-词末形式 qi	mli. iso-fi qi
0122	蒙合体字. 词首形式 qoe	mli. initial qoe
0123	蒙合体字. 词中形式 qoe	mli. medial qoe
0124	蒙合体字. 词末形式 qoe	mli. final qoe
0125	蒙合体字. 独立形式 qoe	mli. isolate qoe
0126	蒙合体字. 词首-词中形式 qee	mli. ini-me qee
0127	蒙合体字. 独立-词末形式 qee	mli. iso-fi qee
0128	蒙合体字. 词首-词中形式 fa	mli. ini-me fa
0129	蒙合体字. 独立-词末形式 fa	mli. iso-fi fa

表 7（续）

序号	中文名称	英文名称
012A	蒙合体字.词首-词中形式 fi	mli. ini-me fi
012B	蒙合体字.独立-词末形式 fi	mli. iso-fi fi
012C	蒙合体字.词首-词中形式 fo	mli. ini-me fo
012D	蒙合体字.独立-词末形式 fo	mli. iso-fi fo
012E	蒙合体字.词首-词中形式 fue	mli. ini-me fue
012F	蒙合体字.独立-词末形式 fue	mli. iso-fi fue
0130	蒙合体字.词首-词中形式 fee	mli. ini-me fee
0131	蒙合体字.独立-词末形式 fee	mli. iso-fi fee
0132	蒙合体字.词首-词中形式 ka	mli. ini-me ka
0133	蒙合体字.独立-词末形式 ka	mli. iso-fi ka
0134	蒙合体字.词首-词中形式 ki	mli. ini-me ki
0135	蒙合体字.独立-词末形式 ki	mli. iso-fi ki
0136	蒙合体字.词首-词中形式 ko	mli. ini-me ko
0137	蒙合体字.独立-词末形式 ko	mli. iso-fi ko
0138	蒙合体字.词首-词中形式 kue	mli. ini-me kue
0139	蒙合体字.独立-词末形式 kue	mli. iso-fi kue
013A	蒙合体字.词首-词中形式 kee	mli. ini-me kee
013B	蒙合体字.独立-词末形式 kee	mli. iso-fi kee
013C	蒙合体字.词首-词中形式 kha	mli. ini-me kha
013D	蒙合体字.独立-词末形式 kha	mli. iso-fi kha
013E	蒙合体字.词首-词中形式 khi	mli. ini-me khi
013F	蒙合体字.独立-词末形式 khi	mli. iso-fi khi
0140	蒙合体字.词首-词中形式 kho	mli. ini-me kho
0141	蒙合体字.独立-词末形式 kho	mli. iso-fi kho
0142	蒙合体字.词首-词中形式 khue	mli. ini-me khue
0143	蒙合体字.独立-词末形式 khue	mli. iso-fi khue
0144	蒙合体字.词首-词中形式 khee	mli. ini-me khee
0145	蒙合体字.独立-词末形式 khee	mli. iso-fi khee
0168	蒙合体字.托.词首-词中形式 gaa	mli. todo ini-me gaa
0169	蒙合体字.托.独立-词末形式 gaa	mli. todo iso-fi gaa
016A	蒙合体字.托.词首-词中形式 goo	mli. todo ini-me goo
016B	蒙合体字.托.独立-词末形式 goo	mli. todo iso-fi goo
0192	蒙合体字.阿.词首-词中形式 pa	mli. ag ini-me pa
0193	蒙合体字.阿.独立-词末形式 pa	mli. ag iso-fi pa
0196	蒙合体字.阿.词首-词中形式 pi	mli. ag ini-me pi
0197	蒙合体字.阿.独立-词末形式 pi	mli. ag iso-fi pi
0198	蒙合体字.阿.词首-词中形式 po	mli. ag ini-me po
0199	蒙合体字.阿.独立-词末形式 po	mli. ag iso-fi po
019C	蒙合体字.阿.词首-词中形式 pue	mli. ag ini-me pue
019D	蒙合体字.阿.独立-词末形式 pue	mli. ag iso-fi pue
019E	蒙合体字.阿.词首-词中形式 pee	mli. ag ini-me pee
019F	蒙合体字.阿.独立-词末形式 pee	mli. ag iso-fi pee

表 7（续）

序号	中文名称	英文名称
01A5	蒙合体字. 阿. 词首-词中形式 pha	mli. ag ini-me pha
01A6	蒙合体字. 阿. 独立-词末形式 pha	mli. ag iso-fi pha
01A7	蒙合体字. 阿. 词首-词中形式 phi	mli. ag ini-me phi
01A8	蒙合体字. 阿. 独立-词末形式 phi	mli. ag iso-fi phi
01A9	蒙合体字. 阿. 词首-词中形式 pho	mli. ag ini-me pho
01AA	蒙合体字. 阿. 独立-词末形式 pho	mli. ag iso-fi pho
01AB	蒙合体字. 阿. 词首-词中形式 phue	mli. ag ini-me phue
01AC	蒙合体字. 阿. 独立-词末形式 phue	mli. ag iso-fi phue
01AD	蒙合体字. 阿. 词首-词中形式 phee	mli. ag ini-me phee
01AE	蒙合体字. 阿. 独立-词末形式 phee	mli. ag iso-fi phee

9 传统蒙古文控制字符使用规则

本标准对传统蒙古文控制字符的使用规则作如下规定：

a) [MVS]——蒙古文元音间隔符。元音间隔符用于传统蒙古文词末分写元音字母 A/E 与在它前面的辅音之间。使用蒙古文元音间隔符的实例，如表 8 所示。

b) [FVS1]——蒙古文自由变体选择符 1。用于区别在同一条件下出现的同一个字母的不同自由变体。录入时“自由变体选择符”放在有关字母的后面。表 9 是使用蒙古文自由变体选择符 1 的部分实例。蒙古文自由变体选择符的具体使用规则见附录 A。

表 8 使用蒙古文元音间隔符的实例

使用[MVS]的显现形式	字符序列	不使用[MVS]的显现形式	字符序列
[illegible]	.... [illegible] [MVS] [illegible]	[illegible]	.... [illegible]
[illegible]	.... [illegible] [MVS] [illegible]	[illegible]	.... [illegible]
[illegible]	.... [illegible] [MVS] [illegible]	[illegible]	.... [illegible]
[illegible]	.... [illegible] [MVS] [illegible]	[illegible]	.... [illegible]
[illegible]	.... [illegible] [MVS] [illegible]	[illegible]	.... [illegible]
[illegible]	.... [illegible] [MVS] [illegible]	[illegible]	.... [illegible]
[illegible]	.... [illegible] [FVS1] [MVS] [illegible]		
[illegible]	.... [illegible] [MVS] [illegible]	[illegible]	.... [illegible]
[illegible]	.... [illegible] [MVS] [illegible]	[illegible]	.... [illegible]

表 8（续）

使用MVS的显现形式	字符序列	不使用MVS的显现形式	字符序列
[illegible]	…. [illegible] MVS [illegible]/[illegible]	[illegible]	…. [illegible] [illegible]/[illegible]
[illegible]	…. [illegible] MVS [illegible]/[illegible]	[illegible]	…. [illegible] [illegible]/[illegible]
[illegible]	…. [illegible] MVS [illegible]/[illegible]	[illegible]	…. [illegible] [illegible]/[illegible]

表 9　使用“自由变体选择符 1”的实例

使用“选择符”的例词	字符序列	不使用“选择符”的例词	字符序列
[illegible]	[illegible] FVS1	[illegible]	[illegible]
[illegible]	…. [illegible] FVS1	[illegible]	…. [illegible]
[illegible]（旧形式）	…. [illegible] FVS1 ….	[illegible]	…. [illegible] ….
[illegible]	…. [illegible] FVS1	[illegible]	…. [illegible]
[illegible]（旧形式）	[illegible] FVS1 ….	[illegible]	[illegible] ….
[illegible]（旧形式）	…. [illegible] FVS1 ….	[illegible]	…. [illegible] ….
[illegible]（旧形式）	…. [illegible] FVS1 ….	[illegible]	…. [illegible] ….
[illegible]	[illegible] FVS1	[illegible]	[illegible]
[illegible]	…. [illegible] FVS1 ….	[illegible]	…. [illegible] ….
[illegible]（旧形式）	[illegible] FVS1 ….	[illegible]	[illegible] ….
[illegible]（旧形式）	[illegible] FVS1 ….	[illegible]	[illegible] ….
[illegible]	…. [illegible] FVS1	[illegible]	…. [illegible]
[illegible]（旧形式）	…. [illegible] FVS1	[illegible]	…. [illegible]
[illegible]	…. [illegible] FVS1	[illegible]	…. [illegible]
[illegible]（旧形式）	[illegible] FVS1 ….	[illegible]	[illegible] ….
[illegible]	…. [illegible] FVS1 ….	[illegible]	…. [illegible] FVS1 ….

c）FVS2——蒙古文自由变体选择符 2。

d）FVS3——蒙古文自由变体选择符 3。

在传统蒙古文文本里除使用以上 4 个蒙古文控制字符外，还从 GB 13000—2010 的“广义标点”中

引用以下 3 个控制字符：

a) NNBSP——窄宽无间断空格 NARROW NO-BREAK SPACE（U+202F）。其形状和作用区别于“通用空格 SPACE（U+0020）”和“无间断空格 NO-BREAK SPACE（U+00A0）”，具有以下特点：

1) 其高度是恒定的，为全角字符的三分之一；

2) 用于分写附加成分之前，但不是词的边界；

3) 规定其前后字母的变体形式。

传统蒙古文窄宽无间断空格的使用方法见表 10。

表 10 传统蒙古文“窄宽无间断空格”使用方法

附加成分	字符序列	附加成分	字符序列
[illegible]	NNBSP [illegible]	[illegible]	NNBSP [illegible] / NNBSP [illegible]
[illegible]	NNBSP [illegible] / NNBSP [illegible]	[illegible]	NNBSP [illegible] / NNBSP [illegible]
[illegible]	NNBSP [illegible] / NNBSP [illegible]	[illegible]	NNBSP [illegible] / NNBSP [illegible]
[illegible]	NNBSP [illegible] / NNBSP [illegible]	[illegible]	NNBSP [illegible] / [illegible]
[illegible]	NNBSP [illegible]	[illegible]	NNBSP [illegible]
[illegible]	NNBSP [illegible]	[illegible]	NNBSP [illegible]
[illegible]	NNBSP [illegible]	[illegible]	NNBSP [illegible]
[illegible]	NNBSP [illegible]	[illegible]	NNBSP [illegible]
[illegible]	NNBSP [illegible] / NNBSP [illegible]	[illegible]	NNBSP [illegible]
[illegible]	NNBSP [illegible]	[illegible]	NNBSP [illegible] / NNBSP [illegible]
[illegible]	NNBSP [illegible] / NNBSP [illegible]	[illegible]	NNBSP [illegible] / NNBSP [illegible]
[illegible]	NNBSP [illegible] MVS [illegible]	[illegible]	NNBSP [illegible]
[illegible]	NNBSP [illegible] / [illegible]	[illegible]	NNBSP [illegible] / NNBSP [illegible]
[illegible]	NNBSP [illegible] / NNBSP [illegible]	[illegible]	NNBSP [illegible] / NNBSP [illegible]
[illegible]	NNBSP [illegible]		

b) ZWJ——零宽连接符 ZERO WIDTH JOINER（U+200D）。该字符指示两个相邻字符在连写中

应以连接形式表示。[ZWJ]用于表示字符所处位置和断词，并保持其连写时的形状。零宽连接符位于相关字符后表示词首位置，位于相关字符前表示词末位置，同时位于相关字符前后表示词中位置。

例如：传统蒙古文字母 ᠭ 有词首、词中、词末等形式。它们的录入形式是：ᠭ _ ᠭ [ZWJ]；ᠭ _ [ZWJ] ᠭ [ZWJ]；ᠭ _ [ZWJ] ᠭ。

断词作用如：传统蒙古文 ᠰᠤᠷᠭᠠᠭᠤᠯᠢ（学校）一词按词素可分写为 ᠰᠤ ᠷ ᠭᠠᠭᠤᠯᠢ，这时应录入为 ᠰ ᠤ ᠷ [ZWJ] [ZWJ] ᠭ ᠠ [ZWJ] [ZWJ] ᠭ ᠤ ᠯ ᠢ。

c) [ZWNJ]——零宽禁连接符 ZERO WIDTH NON-JOINER(U+200C)。强行断开词的正常连写。使用实例见表 11。

表 11 使用“零宽禁连接符”的实例

使用[ZWNJ]的形式	字符序列	不使用[ZWNJ]的形式	字符序列
ᠠ‌ᠮᠢ	ᠠ [ZWNJ] [ZWJ] ᠮ ᠠ ᠢ	ᠠᠮᠢ	ᠠ ᠮ ᠠ ᠢ
ᠠ‌ᠮᠢ	[ZWJ] ᠠ [ZWNJ] [ZWJ] ᠮ ᠠ ᠢ		
ᠠ‌ᠮᠢ	[ZWJ] ᠠ [FVS1] [ZWNJ] [ZWJ] ᠮ ᠠ ᠢ		
ᠣ‌ᠳ	ᠣ ᠳ [ZWNJ] [ZWJ] ᠠ	ᠣᠳ	ᠣ ᠳ ᠠ
ᠣ‌ᠳ	ᠣ [ZWJ] [ZWNJ] ᠳ ᠠ		
ᠣ‌ᠳ	ᠣ [ZWJ] ᠳ [ZWNJ] [ZWJ] ᠠ		

10 传统蒙古文使用的标点符号

10.1 传统蒙古文特有的标点符号

传统蒙古文特有的标点符号如下：

a) ᠀——BIRGA，用于传统蒙古文的文章或段落首；

b) ᠁——省略号，传统蒙古文的省略号为四个点；

c) ᠂——逗号，传统蒙古文的逗号；

d) ᠃——句号，传统蒙古文的句号；

e) ᠄——冒号，传统蒙古文的冒号；

f) ᠅——四点，用于传统蒙古文的文章或段落末尾；

g) ᠊——NIRUGU 。用于传统蒙古文和托忒文，它与通用的连结符不同，是一种“词中连结符”。它必须把上下字符连结为一体，其宽度与该字符的字脊相同。NIRUGU 主要用于拉长字符。例如：ᠮᠣᠩᠭᠣᠯ ᠬᠡᠯᠡ ᠪᠢᠴᠢᠭ ᠤᠨ ᠰᠤᠷᠭᠠᠭᠤᠯᠢ(正常长度的)；ᠮᠣᠩᠭ᠊ᠣᠯ ᠬᠡ᠊ᠯᠡ ᠪᠢᠴᠢᠭ ᠤᠨ ᠰᠤᠷᠭᠠ᠊ᠭᠤᠯᠢ(拉长长度的)。

10.2 传统蒙古文引用的通用标点符号

传统蒙古文从通用标点符号借用了各种标点符号和数字，有的走向和位置有些变化：

a) [SP] 空格 U+0020，不用旋转，全角字居中；

b）％　百分比号 U＋0025，顺时针方向旋转 90°；

c）＋　加号 U＋002B，顺时针方向旋转 90°；

d）－　减号 U＋002D，顺时针方向旋转 90°；

e）＝　等号 U＋003D，顺时针方向旋转 90°；

f）～　或者号 U＋007E，顺时针方向旋转 90°；

g）·　中圆点 U＋00B7，不用旋转，全角字居中；

h）?!　疑问感叹号 U＋2048，不用旋转，全角字居中；

i）!?　感叹疑问号 U＋2049，不用旋转，全角字居中；

j）；分号 U＋FE14，不用旋转，全角字居中；

k）！　感叹号 U＋FE15，不用旋转，全角字居中；

l）？　问号 U＋FE16，不用旋转，全角字居中；

m）︱　破折号 U＋FE31，不用旋转，全角字居中；

n）︵　圆括号开弧 U＋FE35，不用旋转，全角字居中；

o）︶　圆括号闭弧 U＋FE36，不用旋转，全角字居中；

p）︽　双书名号开弧 U＋FE3D，不用旋转，全角字居中；

q）︾　双书名号闭弧 U＋FE3E，不用旋转，全角字居中；

r）︿　单书名号开弧 U＋FE3F，不用旋转，全角字居中；

s）﹀　单书名号闭弧 U＋FE40，不用旋转，全角字居中；

t）﹇　方括号开弧 U＋FE47，不用旋转，全角字居中；

u）﹈　方括号闭弧 U＋FE48，不用旋转，全角字居中。

附 录 A
（规范性附录）
传统蒙古文自由变体选择符使用规则

表 A.1 和表 A.2 列举的是传统蒙古文“在词里”使用自由变体选择符的规则。

表 A.1 传统蒙古文自由变体选择符使用规则 1

名义字符			应使用自由变体选择符的自由变体显现形式			自由变体选择符的搭配
代码	字符	中/英文名称	序号	图形	中/英文名称或作用	
1800	᠀	蒙古文 笔日嘎 MONGOLIAN BIRGA				
			0000	᠀	笔日嘎 第一形式 birga first form	᠀ FVS1
			0001	᠀	笔日嘎 第二形式 birga second form	᠀ FVS2
			0002	᠀	笔日嘎 第三形式 birga third form	᠀ FVS3
			0003	᠀	笔日嘎 第四形式 birga fourth form	᠀ ZWJ
1820	ᠠ	蒙古文字母 A MONGLIAN LETTER A				
1821				ᠡ	*a 独立第二形式 a second isolate form	ᠠ FVS1
			0006	ᠠ	a 词中第二形式 a second medial form	…. ᠠ FVS1 ….
			0007	ᠠ	a 词中第三形式 a third medial form	…. ᠠ FVS2 ….
			0009	ᠠ	a 词末第二形式 a second final form	…. ᠠ FVS1
1821	ᠡ	蒙古文字母 E MONGLIAN LETTER E				
			0004	ᠡ	*e 词首第二形式 e second initial form	ᠡ FVS1 ….
			0009	ᠡ	*e 词末第二形式 e second final form	…. ᠡ FVS1
1822	ᠢ	蒙古文字母 I MONGOLIAN LETTER I				
185E			——	ᠢ	*i 词中第二形式 i second medial form	…. ᠢ FVS1 ….
1823	ᠣ	蒙古文字母 O MONGOLIAN LETTER O				
			000D	ᠣ	o 词中第二形式 o second medial form	…. ᠣ FVS1 ….

表 A.1（续）

名义字符			应使用自由变体选择符的自由变体显现形式			自由变体选择符的搭配
代码	字符	中/英文名称	序号	图形	中/英文名称或作用	
			000F	ᠣ	o 词末第二形式 o second final form	…. ᠣ FVS1
1824	ᠤ	蒙古文字母 U MONGOLIAN LETTER U				
			000D	ᠤ	*u 词中第二形式 u second medial form	…. ᠤ FVS1….
1825	ᠥ	蒙古文字母 OE MONGOLIAN LETTER OE				
1861			——	ᠥ	*oe 词中第一形式 oe first medial form	…. ᠥ (FVS1)[a]….
			0010	ᠥ	oe 词中第三形式 oe second medial form	…. ᠥ FVS2….
			0011	ᠥ	oe 词末第二形式 oe second final form	…. ᠥ FVS1
1826	ᠦ	蒙古文字母 UE MONGOLIAN LETTER UE				
1849			——	ᠦ	*ue 词独立第二形式 ue second isolate form	ᠦ FVS1
1861			——	ᠦ	*ue 词中第一形式 ue first medial form	…. ᠦ (FVS1)[b]….
			000C	ᠦ	*ue 词中第二形式 ue second medial form	…. ᠦ (FVS1)[c]….
			0010	ᠦ	*ue 词中第三形式 ue third medial form	…. ᠦ FVS2….
			0011	ᠦ	*ue 词末第二形式 ue second final form	…. ᠦ FVS1
1828	ᠨ	蒙古文字母 NA MONGOLIAN LETTER NA				
			0097	ᠨ	*na 词首第二形式 na second initial form	ᠨ FVS1 ….
			0005	ᠨ	*na 词中第一形式 na first medial form	…. ᠨ (FVS3)[d]….
			0014	ᠨ	na 词中第二形式 na second medial form	…. ᠨ (FVS1)[e]….
			0015	ᠨ	na 词中第三形式 na third medial form	…. ᠨ (FVS2)[f]….

表 A.1（续）

名义字符			应使用自由变体选择符的自由变体显现形式			自由变体选择符的搭配
代码	字符	中/英文名称	序号	图形	中/英文名称或作用	
			0008		*na 词末形式 na final form	···· ᠨ (FVS1)[g]
182A	ᠪ	蒙古文字母 BA MONGOLIAN LETTER BA				
184B			——		*ba 供选择词末形式 ba alternative final form	···· ᠪ FVS1
182C	ᠬ	蒙古文字母 QA MONGOLIAN LETTER QA				
182D			——		*qa 带点的词首形式 qa initial form with dots	ᠬ FVS1 ····
			001C		*qa 词中第二形式 qa second medial form	···· ᠬ FVS1 ····
			001D		*qa 词中第三形式 qa third medial form	···· ᠬ FVS2 ····
182D	ᠭ	E 蒙古文字母 GA MONGOLIAN LETTER GA				
182C			——		*ga 不带点的词首形式 ga initial form no dots	ᠭ FVS1 ····
			0006		*ga 词中第一形式 ga first medial form	···· ᠭ (FVS3)[h]····
			001C		ga 词中第二形式 ga second medial form	···· ᠭ (FVS1)[i]····
			001D		ga 词中第三形式 ga third medial form	···· ᠭ (FVS2)[j]····
			001A		ga 词末形式 ga final form	···· ᠭ (FVS1)[k]
			001B		ga 带点的阴性独立形式 ml.ga femininie isolate form with dots	···· ᠭ FVS2
1830	ᠰ	蒙古文字母 SA MONGOLIAN LETTER SA				
			0026		sa 词末第二形式 sa second final form	···· ᠰ FVS1
1832	ᠲ	蒙古文字母 TA MONGOLIAN LETTER TA				
			002A		ta 词中第二形式 ta second medial form	···· ᠲ FVS1····

表 A.1（续）

名义字符			应使用自由变体选择符的自由变体显现形式			自由变体选择符的搭配
代码	字符	中/英文名称	序号	图形	中/英文名称或作用	
1833	ᠳ	蒙古文字母 DA MONGOLIAN LETTER DA				
1833			——	ᠳ	*da 词首第二形式 da second initial form	ᠳ FVS1 ····
1833			——	ᠳ	*da 词中第二形式 da second medial form	···· ᠳ (FVS1)^{1}····
			002E	ᠳ	da 词末第二形式 da second final form	···· ᠳ FVS1
1835	ᠵ	蒙古文字母 JA MONGOLIAN LETTER JA				
			000B	ᠵ	*ja 词中第二形式 ja second medial form	···· ᠵ FVS1 ····
1836	ᠶ	蒙古文字母 YA MONGOLIAN LETTER YA				
1835			——	ᠵ	*ya 词首第二形式 ya second initial form	···· ᠵ FVS1····
1836			——	ᠶ	*ya 词中第一形式 ya first medial form	···· ᠶ (FVS1)^{m}····
1880	ᢀ	蒙字母.阿.阿努斯瓦勒一 MLA. ANUSVARA ONE				
			007D	ᢀ	阿努斯瓦勒 第二形式 mla. anusvara second form	ᢀ FVS1
1881	ᢁ	蒙字母.阿.维萨日嘎一 MLA. VISARGA ONE				
			007E	ᢁ	维萨日嘎 第二形式 mla.visarga second form	ᢁ FVS1
1887	ᢇ	蒙字母.阿. A MLA. A				
			0080	ᢇ	a 词末形式 mla.a final form	···· ᢇ FVS1
			0083	ᢇ	a 带“牙”的词末形式 mla.a final form with sidu	···· ᢇ FVS3

注：带星号*的字符在这里作为变形显现字符所起的作用。

表 A.1（续）

名义字符			应使用自由变体选择符的自由变体显现形式			自由变体选择符的搭配
代码	字符	中/英文名称	序号	图形	中/英文名称或作用	

[a] 表示传统蒙古文非第一音节的 OE。
[b] 表示传统蒙古文非第一音节的 UE。
[c] 表示传统蒙古文第一音节的 UE。
[d] 表示传统蒙古文元音前不带点的 NA。
[e] 表示传统蒙古文辅音前的带点的 NA。
[f] 表示传统蒙古文词末带点的 NA。
[g] 表示传统蒙古文词中MVS前不带点的 NA。
[h] 表示传统蒙古文词中元音前的不带点的 GA。
[i] 表示传统蒙古文词中辅音前的带点的 GA。
[j] 表示传统蒙古文词末带点的 GA。
[k] 表示传统蒙古文词中MVS前不带点的 GA和 I元音后的词末 GA。
[l] 表示传统蒙古文词中辅音前 DA。
[m] 表示传统蒙古文词中 I元音前带钩的 YA。

表 A.2 传统蒙古文自由变体选择符使用规则 2

序号	强制性合体字图形	强制性合体字位置	自由变体选择符的搭配
0104		词首 boe ini. boe	FVS1
0104		词首 bue ini. bue	FVS1
0106		词中 boe medial boe	FVS1
0106		词中 bue medial bue	FVS1
0110		词中 poe medial poe	FVS1
0110		词中 pue medial pue	FVS1
0118		词中 qoe medial qoe	FVS1
0118		词中 que medial que	FVS1
0119		词首 qoe initial qoe	FVS1
0119		词首 que initial que	FVS1

表 A.2（续）

序号	强制性合体字图形	强制性合体字位置	自由变体选择符的搭配
0118		词中 goe medial goe	FVS1
0118		词中 gue medial gue	FVS1
0119		词首 goe initial goe	FVS1
0119		词首 gue initial gue	FVS1
0122		词中 qoe medial qoe	FVS1 FVS1
0122		词中 que medial que	FVS1 FVS1
0123		词首 qoe initial qoe	FVS1 FVS1
0123		词首 que initial que	FVS1 FVS1
012E		词中 fue medial fue	FVS1
0138		词中 kue medial kue	FVS1
0142		词中 khue medial khue	FVS1

附 录 B
（规范性附录）
传统蒙古文单个变形显现字符及其使用规则

表 B.1 提供了传统蒙古文的单个变形显现字符集及其使用规则。“字符序列”栏是孤立形式显现字符的使用规则。

表 B.1 传统蒙古文单个显现字符及其使用规则

名义字符			单个显现字符			字符序列
代码	字符	中、英文名称	序号	图形	中、英文名称或作用	
1800	᠀	蒙古文 笔日嘎 MONGOLIAN BIRGA	——	᠀	笔日嘎 birga	᠀
			0000	᠀	笔日嘎 第一形式 birga first form	᠀ FVS1
			0001	᠀	笔日嘎 第二形式 m. birga second form	᠀ FVS2
			0002	᠀	笔日嘎 第三形式 birga third form	᠀ FVS3
			0003	᠀	笔日嘎 第四形式 birga fourth form	᠀ ZWJ
1801	᠁	蒙古文 省略号 MONGOLIAN ELLIPSIS	——	᠁	(只有一个形式) (Only form)	᠁
1802	᠂	蒙古文 逗号 MONGOLIAN COMMA	——	᠂	(只有一个形式) (Only form)	᠂
1803	᠃	蒙古文 句号 MONGOLIAN FULL STOP	——	᠃	(只有一个形式) (Only form)	᠃
1804	᠄	蒙古文 逗号 MONGOLIAN COLON	——	᠄	(只有一个形式) (Only form)	᠄
1805	᠅	蒙古文 四点 MONGOLIAN FOUR DOTS	——	᠅	(只有一个形式) (Only form)	᠅
180A	᠊	蒙古文 尼茹股 MONGOLIAN NIRUGU	——	᠊	(只有一个形式) (Only form)	᠊
180B	FVS1	蒙古文 自由变体选择符 一 MONGOLIAN FREE VARIATION SELECTOR ONE	——	FVS1	(只有一个形式) (Only form)	FVS1
180C	FVS2	蒙古文 自由变体选择符 二 MONGOLIAN FREE VARIATION SELECTOR TWO	——	FVS2	(只有一个形式) (Only form)	FVS2
180D	FVS3	蒙古文 自由变体选择符 三 MONGOLIAN FREE VARIATION SELECTOR THREE	——	FVS3	(只有一个形式) (Only form)	FVS3

表 B.1（续）

名义字符			单个显现字符			字符序列
代码	字符	中、英文名称	序号	图形	中、英文名称或作用	
180E	[MVS]	蒙古文 元音间隔符 MONGOLIAN VOWEL SEPARATOR	——	[MVS]	(只有一个形式) (Only form)	[MVS]
1810	᠐	蒙古文数字 零 MONGOLIAN DIGIT ZERO	——	᠐	(只有一个形式) (Only form)	᠐
1811	᠑	蒙古文数字 一 MONGOLIAN DIGIT ONE	——	᠑	(只有一个形式) (Only form)	᠑
1812	᠒	蒙古文数字 二 MONGOLIAN DIGIT TWO	——	᠒	(只有一个形式) (Only form)	᠒
1813	᠓	蒙古文数字 三 MONGOLIAN DIGIT THREE	——	᠓	(只有一个形式) (Only form)	᠓
1814	᠔	蒙古文数字 四 MONGOLIAN DIGIT FOUR	——	᠔	(只有一个形式) (Only form)	᠔
1815	᠕	蒙古文数字 五 MONGOLIAN DIGIT FIVE	——	᠕	(只有一个形式) (Only form)	᠕
在 1816	᠖	蒙古文数字 六 MONGOLIAN DIGIT SIX	——	᠖	(只有一个形式) (Only form)	᠖
1817	᠗	蒙古文数字 七 MONGOLIAN DIGIT SEVEN	——	᠗	(只有一个形式) (Only form)	᠗
1818	᠘	蒙古文数字 八 MONGOLIAN DIGIT EIGHT	——	᠘	(只有一个形式) (Only form)	᠘
1819	᠙	蒙古文数字 九 MONGOLIAN DIGIT NINE	——	᠙	(只有一个形式) (Only form)	᠙
1820	ᠠ	蒙古文字母 A MONGLIAN LETTER A	——	ᠠ	*a 独立第一形式 ml. a first isolate form	ᠠ
1821			——	ᠠ	*a 独立第二形式 ml.a second isolate form	ᠠ [FVS1]
			0004	ᠠ	a 词首形式 a initial form	ᠠ [ZWJ]
			0005	ᠠ	a 词中第一形式 a first medial form	[ZWJ] ᠠ [ZWJ]
			0006	ᠠ	a 词中第二形式 a second medial form	[ZWJ] ᠠ [FVS1] [ZWJ]

表 B.1（续）

名义字符			单个显现字符			字符序列
代码	字符	中、英文名称	序号	图形	中、英文名称或作用	
			0007	ᠠ	a 词中第三形式 a third medial form	ZWJ ᠠ FVS2 ZWJ
			0008	ᠠ	a 词末第一形式 a first final form	ZWJ ᠠ
			0009	ᠠ	a 词末第二形式 a second final form	ZWJ ᠠ FVS1
1821	ᠡ	蒙古文字母 E MONGLIAN LETTER E	——	ᠡ	*e 独立形式 ml. e isolate form	ᠡ
			0007	ᠡ	*e 词首第一形式 e first initial form	ᠡ ZWJ
			0004	ᠡ	*e 词首第二形式 e second initial form	ᠡ FVS1 ZWJ
			0005	ᠡ	*e 词中形式. e medial form	ZWJ ᠡ ZWJ
			0008	ᠡ	*e 词末第一形式 e first final form	ZWJ ᠡ
			0009	ᠡ	*e 词末第二形式 e second final form	ZWJ ᠡ FVS1
1822	ᠢ	蒙古文字母 I MONGOLIAN LETTER I	——	ᠢ	*i 独立形式 i isolate form	ᠢ
			000A	ᠢ	i 词首形式 i initial form	ᠢ ZWJ
1835			——	ᠢ	*i 词中第一形式 i first medial form	ZWJ ᠢ ZWJ
185E			——	ᠢ	*i 词中第二形式 i second medial form	ZWJ ᠢ FVS1 ZWJ
			000B	ᠢ	i 词末形式 i final form	ZWJ ᠢ
1823	ᠣ	蒙古文字母 O MONGOLIAN LETTER O	——	ᠣ	*o 独立形式 o isolate form	ᠣ
1824			——	ᠣ	*o 词首形式 o initial form	ᠣ ZWJ
			000C	ᠣ	o 词中第一形式 o first medial form	ZWJ ᠣ ZWJ
			000D	ᠣ	o 词中第二形式 o second medial form	ZWJ ᠣ FVS1 ZWJ
			000E	ᠣ	o 词末第一形式 o first final form	ZWJ ᠣ

表 B.1（续）

名义字符			单个显现字符			字符序列
代码	字符	中、英文名称	序号	图形	中、英文名称或作用	
			000F	ᠣ	o 词末第二形式 o second final form	ZWJ ᠣ FVS1
1823			——	ᠤ	*u 独立形式 u isolate form	ᠤ
1824	ᠤ	蒙古文字母 U MONGOLIAN LETTER U	——	ᠤ	*u 词首形式 u initial form	ᠤ ZWJ
			000C	ᠤ	*u 词中第一形式 u first medial form	ZWJ ᠤ ZWJ
			000D	ᠤ	*u 词中第二形式 u second medial form	ZWJ ᠤ FVS1 ZWJ
			000E	ᠤ	*u 词末形式 u final form	ZWJ ᠤ
1825	ᠥ	蒙古文字母 OE MONGOLIAN LETTER OE	——	ᠥ	*oe 独立形式 oe isolate form	ᠥ
1826			——	ᠥ	*oe 词首形式 oe initial form	ᠥ ZWJ
1861			——	ᠥ	*oe 词中第一形式 oe first medial form	ZWJ ᠥ FVS1 ZWJ
			000C	ᠥ	*oe 词中第二形式 oe second medial form	ZWJ ᠥ ZWJ
			0010	ᠥ	oe 词中第三形式 oe third medial form	ZWJ ᠥ FVS2 ZWJ
			000E	ᠥ	*oe 词末第一形式 oe first final form	ZWJ ᠥ
			0011	ᠥ	oe 词末第二形式 oe second final form	ZWJ ᠥ FVS1
1825			——	ᠦ	*ue 独立第一形式 ue first isolate form	ᠦ
1849			——	ᠦ	*ue 独立第二形式 ue second isolate form	ᠦ FVS1
1826	ᠦ	蒙古文字母 UE MONGOLIAN LETTER UE	——	ᠦ	*ue 词首形式 ue initial form	ᠦ ZWJ
1861			——	ᠦ	*ue 词中第一形式 ue first medial form	ZWJ ᠦ FVS1 ZWJ
			000C	ᠦ	*ue 词中第二形式 ue second medial form	ZWJ ᠦ FVS1 ZWJ
			0010	ᠦ	*ue 词中第三形式 ue third medial form	ZWJ ᠦ FVS2 ZWJ

表 B.1（续）

名义字符			单个显现字符			字符序列
代码	字符	中、英文名称	序号	图形	中、英文名称或作用	
			000E	ᠦ	*ue 词末第一形式 ue first final form	ZWJ ᠦ
			0011	ᠦ	*ue 词末第二形式 ue second final form	ZWJ ᠦ FVS1
1827	ᠧ	蒙古文字母 EE MONGOLIAN LETTER EE	——	ᠧ	*ee 独立形式 ee isolate form	ᠧ
			0012	ᠧ	ee 词首形式 ee initial form	ᠧ ZWJ
1838			——	ᠧ	*ee 词中形式 ee medial form	ZWJ ᠧ ZWJ
			0013	ᠧ	ee 词末形式 ee final form	ZWJ ᠧ
1828	ᠨ	蒙古文字母 NA MONGOLIAN LETTER NA	——	ᠨ	*na 词首第一形式 na first initial form	ᠨ ZWJ
			0097	ᠨ	*na 词首第二形式 na second initial form	ᠨ FVS1 ZWJ
			0005	ᠨ	*na 词中第一形式 na first medial form	ZWJ ᠨ ZWJ
			0014	ᠨ	na 词中第二形式 na second medial form	ZWJ ᠨ FVS1 ZWJ
			0015	ᠨ	na 词中第三形式 na third medial form	ZWJ ᠨ FVS2 ZWJ
			0008	ᠨ	*na 词末形式 na final form	ZWJ ᠨ
1829	ᠩ	蒙古文字母 ANG MONGOLIAN LETTER ANG	——	ᠩ	*ang 词中形式 ang medial form	ZWJ ᠩ ZWJ
			0017	ᠩ	ang 词末形式 ang final form	ZWJ ᠩ
182A	ᠪ	蒙古文字母 BA MONGOLIAN LETTER BA	——	ᠪ	*ba 词首形式 ba initial form	ᠪ ZWJ
182A			——	ᠪ	*ba 词中形式 ba medial form	ZWJ ᠪ ZWJ
			0018	ᠪ	ba 词末形式 ba final form	ZWJ ᠪ
184B			——	ᠪ	*ba 供选择的词末形式 ba alternative final form	ZWJ ᠪ FVS1
182B	ᠫ	蒙古文字母 PA MONGOLIAN LETTER PA	——	ᠫ	*pa 词首形式 pa initial form	ᠫ ZWJ

表 B.1（续）

名义字符			单个显现字符			字符序列
代码	字符	中、英文名称	序号	图形	中、英文名称或作用	
182B			——	ᠫ	*pa 词中形式 pa medial form	[ZWJ] ᠫ [ZWJ]
			0019	ᠫ	pa 词末形式 pa final form	[ZWJ] ᠫ
182C	ᠬ	蒙古文字母 QA MONGOLIAN LETTER QA	——	ᠬ	*qa 词首形式 qa initial form	ᠬ
182D			——	ᠬ	*qa 带点的词首形式 ml.qa initial form with dots	ᠬ [FVS1] [ZWJ]
			0006	ᠬ	*蒙字母 qa 词中第一形式 ml.qa first medial form	[ZWJ] ᠬ [ZWJ]
			001C	ᠬ	*qa 词中第二形式 qa second medial form	[ZWJ] ᠬ [FVS1] [ZWJ]
			001D	ᠬ	*qa 词中第三形式 qa third medial form	[ZWJ] ᠬ [FVS2] [ZWJ]
			001A	ᠬ	qa 词中第四形式 qa fourth medial form	[ZWJ] ᠬ [FVS3] [ZWJ]
1889			——	ᠬ	*qa 阴性独立形式 qa feminine isolate form	ᠬ [FVS1]
			001B	ᠬ	qa 带点的阴性独立形式 qa feminine isolate form with dots	ᠬ [FVS2]
182D	ᠭ	蒙古文字母 GA MONGOLIAN LETTER GA	——	ᠭ	*ga 带点的词首形式 ga initial form with dots	ᠭ
182C			——	ᠭ	*ga 不带点的词首形式 ga initial form no dots	ᠭ [FVS1] [ZWJ]
			0006	ᠭ	*ga 词中第一形式 ga first medial form	[ZWJ] ᠭ [ZWJ]
			001C	ᠭ	ga 词中第二形式 ga second medial form	[ZWJ] ᠭ [FVS1] [ZWJ]
			001D	ᠭ	ga 词中第三形式 ga third medial form	[ZWJ] ᠭ [FVS2] [ZWJ]
			001A	ᠭ	*ga 词末形式 ga final form	[ZWJ] ᠭ [FVS1]
1889			——	ᠭ	*ga 阴性独立形式 ga feminine isolate form	ᠭ [ZWJ]
			001B	ᠭ	*ga 带点的阴性独立形式 ga feminine isolate form with dots	ᠭ [FVS1]

表 B.1（续）

名义字符			单个显现字符			字符序列
代码	字符	中、英文名称	序号	图形	中、英文名称或作用	
			001E	ᠭ	ga 阴性词中形式 ga feminine medial form	ZWJ ᠭ FVS3 ZWJ
			001F	ᠭ	ga 阴性词末形式 ga feminine final form	ZWJ ᠭ FVS2
182E	ᠮ	蒙古文字母 MA MONGOLIAN LETTER MA	——	ᠮ	*ma 词首形式 ma initial form	ᠮ ZWJ
			0020	ᠮ	ma 词中形式 ml.ma medial form	ZWJ ᠮ ZWJ
			0021	ᠮ	ma 词末形式 ma final form	ZWJ ᠮ
182F	ᠯ	蒙古文字母 LA MONGOLIAN LETTER LA	——	ᠯ	*la 词首形式 la initial form	ᠯ ZWJ
			0022	ᠯ	la 词中形式 la medial form	ZWJ ᠯ ZWJ
			0023	ᠯ	la 词末形式 la final form	ZWJ ᠯ
1830	ᠰ	蒙古文字母 SA MONGOLIAN LETTER SA	——	ᠰ	*sa 词首形式 sa initial form	ᠰ ZWJ
			0024	ᠰ	sa 词中形式 sa medial form	ZWJ ᠰ ZWJ
			0025	ᠰ	sa 词末第一形式 sa first final form	ZWJ ᠰ
			0026	ᠰ	sa 词末第二形式 sa second final form	ZWJ ᠰ FVS1
1831	ᠱ	蒙古文字母 SHA MONGOLIAN LETTER SHA	——	ᠱ	*sha 词首形式 sha initial form	ᠱ ZWJ
			0028	ᠱ	sha 词中形式 sha medial form	ZWJ ᠱ ZWJ
			0029	ᠱ	sha 词末形式 sha final form	ZWJ ᠱ
1832	ᠲ	蒙古文字母 TA MONGOLIAN LETTER TA	——	ᠲ	*ta 词首形式 ta initial form	ᠲ ZWJ
1833			——	ᠲ	*ta 词中第一形式 ta first medial form	ZWJ ᠲ ZWJ
			002A	ᠲ	ta 词中第二形式 ta second medial form	ZWJ ᠲ FVS1 ZWJ
			002B	ᠲ	ta 词末形式 ta final form	ZWJ ᠲ

表 B.1（续）

名义字符			单个显现字符			字符序列
代码	字符	中、英文名称	序号	图形	中、英文名称或作用	
1832			——	ᠳ	*da 词首第一形式 da first initial form	ᠳ ZWJ
1833	ᠳ	蒙古文字母 DA MONGOLIAN LETTER DA	——	ᠳ	*da 词首第二形式 da second initial form	ᠳ FVS1 ZWJ
			002C	ᠳ	da 词中第一形式 da first medial form	ZWJ ᠳ ZWJ
1833			——	ᠳ	*da 词中第二形式 da second medial form	ZWJ ᠳ FVS1 ZWJ
			002D	ᠳ	da 词末第一形式 da first final form	ZWJ ᠳ
			002E	ᠳ	da 词末第二形式 da second final form	ZWJ ᠳ FVS1
1834	ᠴ	蒙古文字母 CHA MONGOLIAN LETTER CHA	——	ᠴ	*cha 词首形式 cha initial form	ᠴ ZWJ
			002F	ᠴ	cha 词中形式 cha medial form	ZWJ ᠴ ZWJ
			0030	ᠴ	cha 词末形式 cha final form	ZWJ ᠴ
1835	ᠵ	蒙古文字母 JA MONGOLIAN LETTER JA	——	ᠵ	*ja 词首形式 ml. ja initial form	ᠵ ZWJ
			0031	ᠵ	ja 词中第一形式 ja first medial form	ZWJ ᠵ ZWJ
			000B	ᠵ	*ja 词中第二形式 ja second medial form	ZWJ ᠵ FVS1 ZWJ
			0032	ᠵ	ja 词末形式 ja final form	ZWJ ᠵ
1836	ᠶ	蒙古文字母 YA MONGOLIAN LETTER	——	ᠶ	*ya 词首第一形式 ya first initial form	ᠶ ZWJ
1835			——	ᠶ	*ya 词首第二形式 ya second initial form	ᠶ FVS1 ZWJ
1836			——	ᠶ	*ya 词中第一形式 ya first medial form	ZWJ ᠶ FVS1 ZWJ
1835			——	ᠶ	*ya 词中第二形式 ya second medial form	ZWJ ᠶ ZWJ
			000B	ᠶ	*ya 词中第三形式 ya third medial form	ZWJ ᠶ FVS2 ZWJ
1837	ᠷ	蒙古文字母 RA MONGOLIAN LETTER RA	——	ᠷ	*ra 词首形式 ra initial form	ᠷ ZWJ

表 B.1（续）

名义字符			单个显现字符			字符序列
代码	字符	中、英文名称	序号	图形	中、英文名称或作用	
1837			——	ᠷ	*ra 词中形式 ra medial form	ZWJ ᠷ ZWJ
			0033	ᠷ	ra 词末形式 ra final form	ZWJ ᠷ
1838	ᠸ	蒙古文字母 WA MONGOLIAN LETTER WA	——	ᠸ	*wa 词首形式 wa initial form	ᠸ ZWJ
1838			——	ᠸ	*wa 词中第一形式 wa first medial form	ZWJ ᠸ ZWJ
			000C	ᠸ	*wa 词中第二形式 wa second medial form	ZWJ ᠸ FVS1 ZWJ
			0013	ᠸ	*wa 词末第一形式 wa first final form	ZWJ ᠸ
			000E	ᠸ	*wa 词末第二形式 ml.wa second final form	ZWJ ᠸ FVS1
1839	ᠹ	蒙古文字母 FA MONGOLIAN LETTER FA	——	ᠹ	*fa 词首形式 fa initial form	ᠹ ZWJ
1839			——	ᠹ	*fa 词中形式 fa medial form	ZWJ ᠹ ZWJ
			0034	ᠹ	fa 词末形式 fa final form	ZWJ ᠹ
183A	ᠺ	蒙古文字母 KA MONGOLIAN LETTER KA	——	ᠺ	*ka 词首形式 ka initial form	ᠺ ZWJ
183A			——	ᠺ	*ka 词中形式 ka medial form	ZWJ ᠺ ZWJ
			0035	ᠺ	ka 词末形式 ka final form	ZWJ ᠺ
183B	ᠻ	蒙古文字母 KHA MONGOLIAN LETTER KHA	——	ᠻ	*kha 词首形式 kha initial form	ᠻ ZWJ
183B			——	ᠻ	*kha 词中形式 kha medial form	ZWJ ᠻ ZWJ
			0036	ᠻ	kha 词末形式 kha final form	ZWJ ᠻ
183C	ᠼ	蒙古文字母 TSA MONGOLIAN LETTER TSA	——	ᠼ	*tsa 词首形式 tsa initial form	ᠼ ZWJ
			0037	ᠼ	tsa 词中形式 tsa medial form	ZWJ ᠼ ZWJ
			0038	ᠼ	tsa 词末形式 tsa final form	ZWJ ᠼ
183D	ᠽ	蒙古文字母 ZA MONGOLIAN LETTER ZA	——	ᠽ	*za 词首形式 za initial form	ᠽ ZWJ

表 B.1（续）

名义字符			单个显现字符			字符序列
代码	字符	中、英文名称	序号	图形	中、英文名称或作用	
			0039	ᠼ	za 词中形式 za medial form	ZWJ ᠼ ZWJ
			003A	ᠼ	za 词末形式 za final form	ZWJ ᠼ
183E	ᠾ	蒙古文字母 HAA MONGOLIAN LETTER HAA	——	ᠾ	*haa 词首形式 haa initial form	ᠾ ZWJ
1841			——	ᡁ	*haa 词中形式 haa medial form	ZWJ ᠾ ZWJ
			003B	ᠾ	haa 词末形式 haa final form	ZWJ ᠾ
183F	ᠿ	蒙古文字母 ZRA MONGOLIAN LETTER ZRA	——	ᠿ	*zra 词首形式 zra initial form	ᠿ ZWJ
183F			——	ᠿ	*zra 词中形式 zra medial form	ZWJ ᠿ ZWJ
			003C	ᠿ	zra 词末形式 zra final form	ZWJ ᠿ
1840	ᡀ	蒙古文字母 LHA MONGOLIAN LETTER LHA	——	ᡀ	*lha 词首形式 lha initial form	ᡀ ZWJ
			003D	ᡀ	lha 词中形式 lha medial form	ZWJ ᡀ ZWJ
1841	ᡁ	蒙古文字母 ZHI MONGOLIAN LETTER ZHI	——	ᡁ	(只有一个形式) (Only form)	ᡁ
1842	ᡂ	蒙古文字母 CHI MONGOLIAN LETTER CHI	——	ᡂ	(只有一个形式) (Only form)	ᡂ
185B	ᡛ	蒙字母.托. NIA MLT.NIA	——	ᡛ	(只有一个形式) (Only form)	ᡛ
1880	ᢀ	蒙字母.阿. 阿努斯瓦勒一 MLA.ANUSVARA ONE	——	ᢀ	*阿努斯瓦勒 第一形式 anusvara first form	ᢀ
			007D	ᢀ	阿努斯瓦勒 第二形式 anusvara second form	ᢀ FVS1
1881	ᢁ	蒙字母.阿. 维萨日嘎一 MLA. VISARGA ONE	——	ᢁ	*维萨日嘎 第一形式 visarga first form	ᢁ
			007E	ᢁ	维萨日嘎 第二形式 visarga second form	ᢁ FVS1
1882	ᢂ	蒙字母.阿. 扎嘛噜 MLA. DAMARU	——	ᢂ	(只有一个形式) (Only form)	ᢂ

表 B.1（续）

名义字符			单个显现字符			字符序列
代码	字符	中、英文名称	序号	图形	中、英文名称或作用	
1883	ᢃ	蒙字母.阿. 乌巴达嘛 MLA. UBADAMA	——	ᢃ	(只有一个形式) (Only form)	ᢃ
1884	ᢄ	蒙字母.阿. 反乌巴达嘛 MLA. INVERTED UBADAMA	——	ᢄ	(只有一个形式) (Only form)	ᢄ
1885	ᢅ	蒙字母.阿. 巴鲁达 MLA. BALUDA	——	ᢅ	(只有一个形式) (Only form)	ᢅ
1886	ᢆ	蒙字母.阿. 三层巴鲁达 MLA. THREE BALUDA	——	ᢆ	(只有一个形式) (Only form)	ᢆ
1887	ᢇ	蒙字母.阿. A MLA. A	——	ᢇ	* a 独立第一形式 a first isolate form	ᢇ
			007F	ᢇ	a 独立第二形式 a second isolate form	ᢇ FVS1
			0080	ᢇ	a 词末形式 a final form	ZWJ ᢇ
			0081	ᢇ	a 词末短形式 ma final short form	ZWJ ᢇ FVS1
			0082	ᢇ	a 词末向前形式 a final forward form	ZWJ ᢇ FVS2
			0083	ᢇ	a 带牙的词末形式 a final form with sidu	ZWJ ᢇ FVS3
1888	ᢈ	蒙字母.阿. I MLA. I	——	ᢈ	* i 独立形式 i isolate form	ᢈ
1835				ᢈ	* i 词中形式 i medial form	ZWJ ᢈ ZWJ
			0084	ᢈ	i 词末第一形式 i first final form	ZWJ ᢈ
1889	ᢉ	蒙字母.阿. KA MLA. KA	——	ᢉ	* ka 独立形式 ka isolate form	ᢉ
			0085	ᢉ	ka 词首形式 ka initial form	ᢉ ZWJ
188A	ᢊ	蒙字母.阿. NGA MLA. NGA	——	ᢊ	* nga 词首形式 nga initial form	ᢊ ZWJ
			0086	ᢊ	nga 词首短形式 nga initial short form	ᢊ FVS1 ZWJ
			0087	ᢊ	nga 词中形式 nga medial form	ZWJ ᢊ ZWJ

表 B.1（续）

名义字符			单个显现字符			字符序列
代码	字符	中、英文名称	序号	图形	中、英文名称或作用	
			0088	ᢊ	nga 词中短形式 nga medial short form	[ZWJ] ᢊ [FVS1] [ZWJ]
188B	ᢋ	蒙字母.阿. CA MLA. CA	——	ᢋ	* ca 词首形式 ca initial form	ᢋ [ZWJ]
			0089	ᢋ	ca 词中形式 camedial form	[ZWJ] ᢋ [ZWJ]
188C	ᢌ	蒙字母.阿. TTA MLA. TTA	——	ᢌ	(只有一个形式) (Only form)	ᢌ
188D	ᢍ	蒙字母.阿. TTHA MLA. TTHA	——	ᢍ	(只有一个形式) (Only form)	ᢍ
188E	ᢎ	蒙字母.阿. DDA MLA. DDA	——	ᢎ	(只有一个形式) (Only form)	ᢎ
188F	ᢏ	蒙字母.阿. NNA MLA. NNA	——	ᢏ	(只有一个形式) (Only form)	ᢏ
1890	ᢐ	蒙字母.阿. TA MLA. TA	——	ᢐ	(只有一个形式) (Only form)	ᢐ
1891	ᢑ	蒙字母.阿. DA MLA. DA	——	ᢑ	(只有一个形式) (Only form)	ᢑ
1892	ᢒ	蒙字母.阿. PA MLA. PA	——	ᢒ	(只有一个形式) (Only form)	ᢒ [ZWJ]
1893	ᢓ	蒙字母.阿. PHA MLA. PHA	——	ᢓ	(只有一个形式) (Only form)	ᢓ [ZWJ]
1894	ᢔ	蒙字母.阿. SSA MLA. SSA	——	ᢔ	* ssa 词首形式 ssa initial form	ᢔ [ZWJ]
			008A	ᢔ	ssa 词中形式 ssa medial form	[ZWJ] ᢔ [ZWJ]
1895	ᢕ	蒙字母.阿. ZHA 蒙字母.MLA. ZHA	——	ᢕ	(只有一个形式) (Only form)	ᢕ
1896	ᢖ	蒙字母.阿. ZA 蒙字母.MLA. ZA	——	ᢖ	* za 词首形式 za initial form	ᢖ [ZWJ]
			008B	ᢖ	za 词中形式 za medial form	[ZWJ] ᢖ [ZWJ]
1897	ᢗ	蒙字母.阿. AH MLA. AH	——	ᢗ	(只有一个形式) (Only form)	ᢗ
18A6	ᢦ	蒙字母.阿. 半 U MLA. HALF U	——	ᢦ	(只有一个形式) (Only form)	ᢦ
18A7	ᢧ	蒙字母.阿. 半 YA MLA. HALF YA	——	ᢧ	(只有一个形式) (Only form)	ᢧ

表 B.1（续）

名义字符			单个显现字符			字符序列
代码	字符	中、英文名称	序号	图形	中、英文名称或作用	
18A9	ᢩ	蒙字母.阿.DAGALGA MLA. DAGALGA	——	ᢩ	(只有一个形式) (Only form)	ᢩ
1853	ᡓ	蒙古文字母.托忒 JA MONGOLIAN LETTER TODO JA	——	ᡓ	* ja 词首形式 ja initial form	ᡓ
			0059	ᡓ	* ja 词中形式 ja medial form	ZWJ ᡓ ZWJ
1858	ᡘ	蒙古文字母.托忒 GAA MONGOLIAN LETTER TODO GAA	——		* gaa 词首形式 gaa initial form	ᡘ
185C	ᡜ	蒙古文字母.托忒 DZA MONGOLIAN LETTER TODO DZA	——	ᡜ	* dza 词首形式 dza initial form	ᡜ
			005E	ᡜ	* dza 词中形式 dza medial form	ZWJ ᡜ ZWJ

注1：括号（）里是该字母的变体特征。

注2：带星号*的字符在这里作为变形显现字符所起的作用。

附 录 C
（资料性附录）
传统蒙古文非强制性合体字及其名称

表 C.1 提供了传统蒙古文非强制性合体字字符的实例，表 C.2 是传统蒙古文非强制性合体字字符的名称。本标准不规定传统蒙古文非强制性合体字字符的数量及其图形。本标准的实现者在不违背 GB 13000—2010 的有关规定的前提下，可以设置比表 C.1 多一些非强制性合体字字符。非强制性合体字可因字体而异，也可不分字体使用。表 C.1 和表 C.2 中的“16 进制数”只表示字符的顺序。

表 C.1 传统蒙古文非强制性合体字字符的实例

序号	020
0	
1	
2	
3	
4	
5	
6	
7	
8	
9	
A	

表 C.2 传统蒙古文非强制性合体字字符的名称

序号	中文名称	英文名称
0200	蒙非强合体字 ngn 词中形式	fmli. ngn medial form
0201	蒙非强合体字 ngh 词中形式	fmli. ngh medial form
0202	蒙非强合体字 ngh 词中形式	fmli. ngh medial form
0203	蒙非强合体字 ngg 词中形式	fmli. ngg medial form
0204	蒙非强合体字 ngg 词中形式	fmli. ngg medial form
0205	蒙非强合体字 ngl 词中形式	fmli. ngl medial form

表 C.2（续）

序号	中 文 名 称	英 文 名 称
0206	蒙非强合体字 bl 词中形式	fmli. bl medial form
0207	蒙非强合体字 gl 词中形式	fmli. gl medial form
0208	蒙非强合体字 ll 词中形式	fmli. ll medial form
0209	蒙非强合体字 mm 词中形式	fmli. mm medial form
020A	蒙非强合体字 ml 词中形式	fmli. ml medial form
注：蒙非强合体字 fmli＝蒙古文强制性合体字 free Mongolian ligature(蒙古文强制性合体字)。		

ICS 13.040.35
C 70

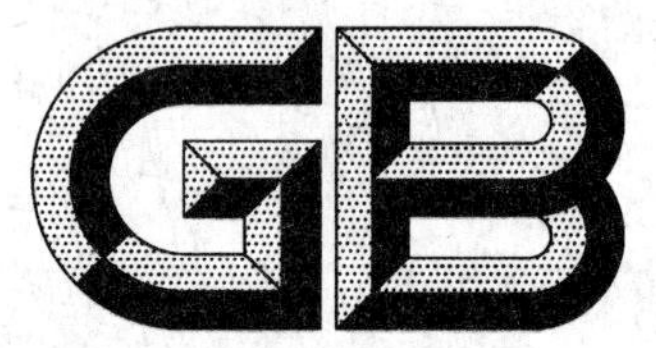

中华人民共和国国家标准

GB/T 25915.1—2010/ISO 14644-1:1999

洁净室及相关受控环境 第1部分:空气洁净度等级

Cleanrooms and associated controlled environments—Part 1:Classification of air cleanliness

(ISO 14644-1:1999,IDT)

2011-01-14 发布　　2011-05-01 实施

中华人民共和国国家质量监督检验检疫总局
中国国家标准化管理委员会　发布

前　　言

GB/T 25915《洁净室及相关受控环境》分为八个部分：

——第 1 部分：空气洁净度等级；

——第 2 部分：证明持续符合 GB/T 25915.1 的检测与监测技术条件；

——第 3 部分：检测方法；

——第 4 部分：设计、建造、启动；

——第 5 部分：运行；

——第 6 部分：词汇；

——第 7 部分：隔离装置（洁净风罩、手套箱、隔离器、微环境）；

——第 8 部分：空气分子污染分级。

本部分为 GB/T 25915 的第 1 部分。

本部分按照 GB/T 1.1—2009 给出的规则起草。

本部分使用翻译法等同采用 ISO 14644-1:1999《洁净室及相关受控环境　第 1 部分：空气洁净度等级》。

本部分由全国洁净室及相关受控环境标准化技术委员会（SAC/TC 319）提出并归口。

本部分由中国电子工程设计院、苏州市洁净室科技促进中心、中国药品生物制品检定所负责起草，浙江盾安机电科技有限公司、江苏姑苏净化科技有限公司、江苏苏净科技有限公司、苏净集团苏州安泰空气技术有限公司、中国石化集团上海工程有限公司、上海三现净化装饰工程有限公司、爱思克空气系统产品（苏州）有限公司、苏州市碧海永乐净化科技有限公司、南京埃科净化技术有限公司、深圳市丽风空调净化技术有限公司参加起草。

本部分主要起草人：严德隆、范存养、白东亭、陈霖新、侯忆、蒋家明、苏钢民、姜伟康、冯晓明、张立海、金真、杨一心、叶荃。

引　言

洁净室及相关受控环境将空气悬浮粒子控制在适当的水平，以便完成对污染敏感的活动。航空航天、微电子、制药、医疗器械、食品、医疗卫生等行业的产品和工艺受益于对悬浮污染物的控制。

GB/T 25915 的本部分规定的 ISO 等级，可作为洁净室及相关受控环境内空气洁净度的技术条件。这里不仅规定了测定空气悬浮粒子浓度的规程，也规定了标准的检测方法。

本部分为粒子浓度限值限定了粒径范围。可按本部分提供的标准程式，根据小于或大于等级关注粒径的空气悬浮粒子浓度，确定洁净度的水平。

本部分是洁净室和污染控制系列标准中的一个。除空气悬浮粒子浓度外，在洁净室和其他受控环境的设计、技术条件、运行及管理中还有许多因素必须考虑。在本标准的其他部分中，有这方面的详细内容。

有些场合，有关管理机构可能会规定补充性的政策或限制。遇到这种情况，可能需要对标准检测方法进行适当调整。

洁净室及相关受控环境 第1部分:空气洁净度等级

1 范围

GB/T 25915的本部分划分洁净室及相关受控环境的空气洁净度等级仅依据其内的空气悬浮粒子浓度,该浓度系指粒径大于或等于阈值(低限)粒径的粒子总数,规定的阈值(低限)粒径为0.1 μm~5 μm。

本部分未设立0.1 μm~5 μm规定粒径以外粒子总数的洁净度等级。但可以用U描述符和M描述符,分别表述超微粒子(<0.1 μm)和大粒子(>5 μm)的总数。

本部分不能用于描述空气悬浮粒子的物理、化学、放射性或存活特性。

注:大于或等于某粒径的粒子浓度实际分布一般难以预测,且通常是随时间变化的。

2 术语和定义

下列术语和定义适用于本文件。

2.1 一般

2.1.1

洁净室 cleanroom

空气悬浮粒子浓度受控的房间,其建造和使用方式使房间内进入的、产生的、滞留的粒子最少,房间内温度、湿度、压力等其他相关参数按要求受控。

2.1.2

洁净区 clean zone

空气悬浮粒子浓度受控的专用空间,其建造和使用方式使区内进入的、产生的、滞留的粒子最少,区内温度、湿度、压力等其他相关参数按要求受控。

注:洁净区可以是开放的或封闭的,可在也可不在洁净室内。

2.1.3

设施 installation

所有相关构筑物、空气处理系统以及服务、公用系统的洁净室,或一个或数个这样的洁净区。

2.1.4

洁净度等级 classification

洁净度分级 classification

以ISO *N*级表示的、洁净室或洁净区内按空气悬浮粒子浓度划分的洁净度水平(或规定、确定该水平的过程)。洁净度等级代表关注粒径粒子的最大允许浓度(表示为每立方米空气中的粒子个数)。

注1:浓度计算见3.2的式(1)。

注2:本部分等级的范围限于ISO 1级~ISO 9级。

注3:本部分的等级关注粒径限于0.1 μm~5 μm范围(较低阈值)。指定阈值粒径超出此范围的空气洁净度,可以用U描述符和M描述符(见2.3.1和2.3.2)描述和说明(但不分级)。

注4:ISO等级可带小数,最小增量为0.1,即ISO 1.1级~ISO 8.9级。

注5:洁净度等级可适用于所有3种占用状态(见2.4)。

2.2 空气悬浮粒子

2.2.1

粒子 particle

其粒径阈值(下限)在 0.1 μm～5 μm 范围的、累计的固体或液体物质。

2.2.2

粒径 particle size

给定粒径测量仪器给出的、与被测粒子的响应量相当的球形体直径。

注:离散粒子计数器给出的是当量光学直径。

2.2.3

粒子浓度 particle concentration

单位体积空气中粒子的个数。

2.2.4

粒径分布 particle size distribution

粒子按粒径大小累计得出的粒子浓度。

2.2.5

超微粒子 ultrafine particle

当量直径小于 0.1 μm 的粒子。

2.2.6

大粒子 macroparticle

当量直径大于 5 μm 的粒子。

2.2.7

纤维 fiber

(长宽)比不小于 10 的粒子。

2.3 描述符

2.3.1

U 描述符 U descriptor

包括超微粒子在内的、每立方米空气粒子的实测或规定浓度。

注:U 描述符可以作为采样点平均浓度的上限(或置信上限,该置信上限依洁净室或洁净区性能评定采样点数量而定)。不能用 U 描述符确定空气洁净度等级,但可以将其单独或随洁净度等级引述。

2.3.2

M 描述符 M descriptor

每立方米空气中大粒子的实测或规定浓度。M 描述符中的当量粒径与测量方法有关。

注:M 描述符可以作为采样点平均浓度上限(或置信上限,该值依洁净室或洁净区性能评定采样点数量而定)。不能用 U 描述符确定空气洁净度等级,但可以将其单独或随洁净度等级引述。

2.4 占用状态

2.4.1

空态 as-built

设施已建成并运行,但没有生产设备、材料和人员的状态。

2.4.2

静态 at-rest

设施已建成,生产设备已安装好并按需方与供方议定的条件运行,但没有人员的状态。

2.4.3

动态 operational

设施按规定方式运行，其内规定数量的人员按议定方式工作的状态。

2.5 有关各方

2.5.1

需方 customer

规定洁净室或洁净区具体要求的机构或其代理。

2.5.2

供方 supplier

使洁净室或洁净区达到规定要求的机构。

3 等级

3.1 占用状态

洁净室或洁净区的洁净度等级，应按一种或几种占用状态确定，即："空态"、"静态"、"动态"（见 2.4）。

注："空态"检测适用于新建成或新改造的洁净室或洁净区。完成了"空态"检测后，应进行"静态"或"动态"或这两者的达级检测。

3.2 等级编号

空气洁净度等级以等级编号 N 表示。每种关注粒径 D 的最大允许粒子浓度 C_n 由式(1)确定：

$$C_n = 10^N \times \left(\frac{0.1}{D}\right)^{2.08} \qquad (1)$$

式中：

C_n ——大于或等于关注粒径的粒子最大允许浓度（以每立方米空气中粒子的个数表示），将 C_n 修约为不超过 3 位有效数字的整数；

N ——ISO 等级的数字编号，最大不超过 9。N 的各整数等级之间可以设定最小增量为 0.1 的中间等级；

D ——关注粒径，单位为微米（μm）；

0.1 ——常数，单位为微米（μm）。

表 1 给出了空气洁净度的整数级别及其对应的关注粒径及以上的粒子允许浓度。图 A.1（见附录 A）以图解说明整数等级。出现争议时，应以式(1)计算出的浓度 C_n 为准。

表 1 洁净室及洁净区空气洁净度整数等级

ISO 等级 N	大于或等于关注粒径的粒子最大浓度限值/(个/m^3)					
	0.1 μm	0.2 μm	0.3 μm	0.5 μm	1 μm	5 μm
ISO 1 级	10	2	—	—	—	—
ISO 2 级	100	24	10	4	—	—
ISO 3 级	1 000	237	102	35	8	—
ISO 4 级	10 000	2 370	1 020	352	83	—

表 1（续）

ISO 等级 N	大于或等于关注粒径的粒子最大浓度限值/(个/m³)					
	0.1 μm	0.2 μm	0.3 μm	0.5 μm	1 μm	5 μm
ISO 5 级	100 000	23 700	10 200	3 520	832	29
ISO 6 级	1 000 000	237 000	102 000	35 200	8 320	293
ISO 7 级	—	—	—	352 000	83 200	2 930
ISO 8 级	—	—	—	3 520 000	832 000	29 300
ISO 9 级	—	—	—	35 200 000	8 320 000	293 000
注：按测量方法相关的不确定度要求，确定等级水平的浓度数据的有效数字不超过 3 位。						

3.3 等级的表达

表述洁净室及洁净区空气的洁净度，应包含以下内容：

a) 以 ISO N 级表示的等级；

b) 等级相应的占用状态；

c) 等级的关注粒径以及由式(1)确定的相应浓度，且每个关注粒径阈值均在 0.1 μm～5 μm 范围内。

示例：

ISO 4 级；动态；关注粒径：0.2 μm(2 370 个/m³)；1 μm(83 个/m³)。

需方与供方双方应商定浓度测量中所用的一个或多个关注粒径。

如果测量的关注粒径不只一个，则相邻两粒径中的大者(如 D_2)与小者(如 D_1)之比不得小于 1.5 倍，即：

$$D_2 \geqslant 1.5 \times D_1$$

4 等级的证实

4.1 原理

根据需方与供方的协议，实施规定的检测，并提供规定的检测结果和检测条件的文件，来验证设施符合需方规定的空气洁净度(ISO 等级)要求。

4.2 检测

附录 B 给出了达级验证的基准检测方法。也可以使用其他准确度可比的方法。如未指定或议定其他检测方法，则应使用基准检测方法。

达级检测中应使用经校准的仪器。

4.3 空气悬浮粒子浓度限值

按 4.2 完成检测后，按附录 C 中的公式计算粒子平均浓度和 95%置信上限(适用时)。

按式(C.1)计算出的关注粒径[见 3.3c)]的粒子平均浓度，不得超过按 3.2 中式(1)计算出的浓度限值。

此外，若采样点的数量不少于 2 且不多于 9，则按 C.3 规定计算出的 95%置信上限，不得超过上面计算的浓度限值。

注：附录 D 给出了等级计算实例。

粒子浓度用于判定与分级限值的一致性时，对所有关注粒径的浓度测量都应采用同一种方法。

4.4 检测报告

以综合报告的形式记录并提交各洁净室和洁净区的检测结果，报告中应声明检测结果是否达到规定的空气洁净度等级。

检测报告应包括如下内容：

a) 检测机构的名称、地址、检测日期；

b) 本部分的国家标准编号，即 GB/T 25915.1—2010；

c) 清楚标明所测洁净室或洁净区的具体位置(必要时以邻近区域作参照)，并标注所有采样点的具体坐标；

d) 为洁净室或洁净区所规定的标准，包括 ISO 等级，相应的占用状态，关注粒径；

e) 所用检测方法的详细说明，包括特殊的检测条件以及与规定检测方法的偏离之处；检测仪器的规格型号，仪器最新的校准证书；

f) 检测结果，包括每个采样点的坐标和粒子浓度数据。

注：若按附录 E 的说明表述了超微粒子或大粒子的浓度量，则检测报告中就应包含相应信息。

附 录 A
（资料性附录）
洁净度等级表 1 的图示

图 A.1 是表 1 空气洁净度等级的图示，仅起说明作用。表 1 的 ISO 等级在图中以直线表示，直线代表关注粒径阈值所对应的等级浓度限值。这些限值是根据 3.2 中的式(1)计算得来。而图中的直线只是等级限值的一种近似表示，不能以此确定限值，确定限值仍使用式(1)。

图中的实心点对应的是每个 ISO 等级粒径阈值的最大和最小值，因此，等级线不能延伸至实心点之外。

等级线不代表洁净室和洁净区内粒径的实际分布。

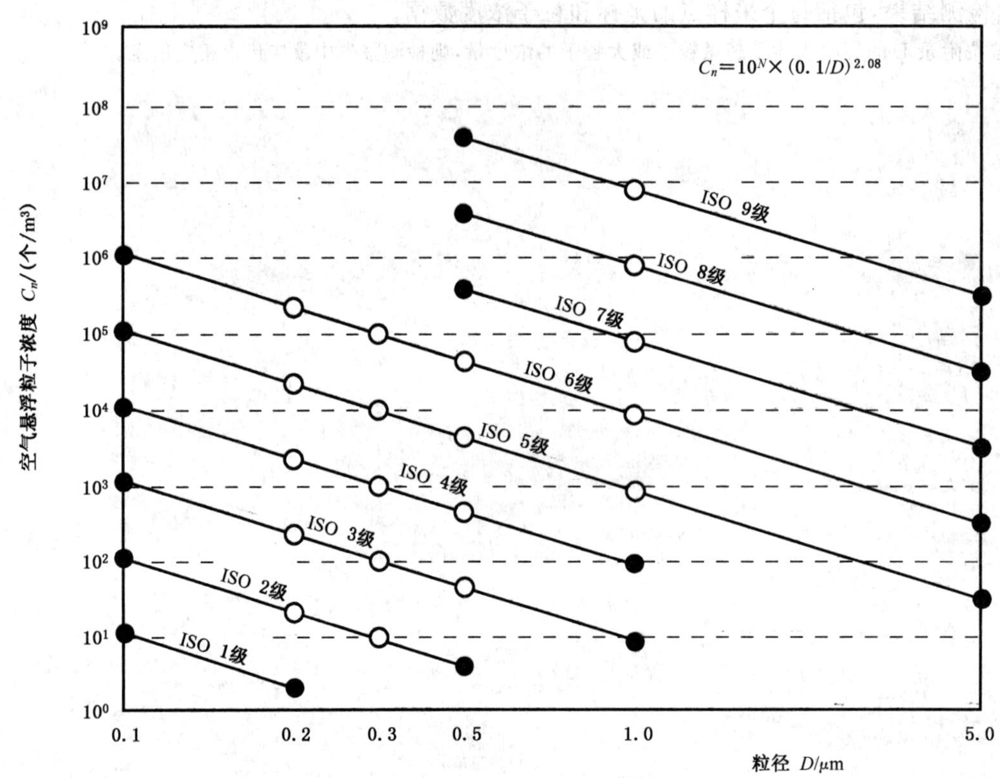

注 1：C_n 表示大于或等于关注粒径的空气悬浮粒子最大允许浓度(个/m³)。

注 2：N 代表规定的 ISO 等级。

图 A.1 各 ISO 等级浓度限值图示

附　录　B
（规范性附录）
采用光散射离散粒子计数器测定粒子洁净度等级

B.1　原理

使用光散射离散粒子计数器，在指定的采样点，测定大于或等于关注粒径的空气悬浮粒子浓度。

B.2　仪器要求

B.2.1　粒子计数器

离散粒子计数器(DPC)是一种光散射测量装置，能够显示或记录空气中离散粒子的数量和粒径；具有粒径辨别力，可在相关洁净度等级所涉及的粒径范围内测定粒子总浓度；并带有一套合适的采样系统。

B.2.2　仪器校准

仪器应具有有效的校准证书；校准频度和校准方法应符合现行公认的标准和规范。

B.3　预检测条件

B.3.1　检测准备

检测前，先验证洁净室或洁净区整体运行的各个方面均正常无误，符合性能要求。

预检测工作可包括如：

a)　风量或风速检测；

b)　空气压差检测；

c)　气密性检测；

d)　已装过滤器的检漏。

B.3.2　预检测所用仪器的设置

按照制造商的说明设置并调准仪器。

B.4　采样

B.4.1　确定采样点位置

B.4.1.1　按式(B.1)求出最少采样点数量：

$$N_L = \sqrt{A} \qquad \cdots\cdots (B.1)$$

式中：

N_L ——最少采样点数量(修约为整数)；

A ——洁净室或洁净区的面积，单位为平方米(m^2)。

注：对水平单向流，面积 A 可以取垂直于气流方向的截面积。

B.4.1.2

确保采样点在整个洁净室或洁净区内均匀分布,并位于工作面高度。

若需方规定了附加的采样点,应对新增采样点的数目和位置做出规定。

注:附加采样点可位于按风险分析得出的关键位置。

B.4.2 确定各采样点的单次采样量

B.4.2.1

若关注粒径的最大粒子浓度处于指定ISO等级的浓度上限,则在每个采样点要采集足以检测出不少于20颗粒子的空气量。

由式(B.2)确定每个采样点的单次采样量V_s:

$$V_s = \frac{20}{C_{n,m}} \times 1\,000 \qquad \cdots\cdots\cdots\cdots(\text{B.2})$$

式中:

V_s ——每个采样点一次最少采样量(例外情况见B.4.2.2),单位为升(L);

$C_{n,m}$ ——相关等级最大关注粒径的浓度限值,单位为个每立方米(个/m^3);

20 ——当粒子浓度处于等级限值时可被检测到的粒子数量规定值。

注:V_s值很大时,采样时间可很长。使用序贯采样法(见附录F)所需采样量和采样时间均可减少。

B.4.2.2

每个采样点的采样量不得少于2 L,采样时间不得少于1 min。

B.4.3 采样规程

B.4.3.1

按制造商的说明和仪器校准证书设置粒子计数器(B.2.1)。

B.4.3.2

采样探头应指向气流。若采样点处气流方向未受控或不可预测(例如非单向流),则采样探头的进气口应垂直向上。

B.4.3.3

在每个采样点按B.4.2确定的最小采样量采样。

B.4.3.4

当仅需要一个采样点时(B.4.1),则在该点最少进行三次采样。

B.5 记录结果

B.5.1 各采样点的平均粒子浓度

B.5.1.1

记录下相关空气洁净度等级的每个关注粒径(3.3)粒子的单次采样浓度。

注:在计算95%置信上限之前,应先考虑B.6.1的要求。

B.5.1.2

当只有一个采样点时,计算每个关注粒径采样数据(B.4.3.4)的平均值并记录下来。

B.5.1.3

当在一个采样点上进行2次或2次以上的采样时,按照C.2中给出的规程,从各次采样(B.5.1.1)计算出每个关注粒径的粒子平均浓度,并记录结果。

B.5.2 95%置信上限(UCL)的计算要求

B.5.2.1

当采样点数量不只1个且不到10个时,按照C.3中给出的规程,以所有各点的平均粒子浓度(B.5.1)计算总平均值、标准差和95%置信上限。

B.5.2.2

当采样点只有1个或多于9个时,无需计算95%置信上限。

B.6 数据分析

B.6.1 分级要求

若每个采样点测得的粒子浓度平均值,以及适用时按B.5.2计算的95%置信上限,均未超过按3.2中式(1)确定的浓度限值,则认为该洁净室或洁净区达到规定的空气洁净度等级。

若检测结果未能满足规定的空气洁净度等级,可新增均匀分布的采样点进行检测。重新计算结果时,除了包含新采样点的数据外,还应包括原有采样点的所有数据。对包括新采样点在内的数据进行的重新计算,其结果是不可更改的。

B.6.2 异常值的处理

95%置信上限(UCL)的计算结果,可能未达到规定的ISO等级。如果未达级是测量差错(由于操作差错或设备不正常)所致或是粒子浓度异常低(由于个别测点空气异常洁净)而引起的单个非随机异常值所致,则该值可以不计,条件是:

a) 重新计算时包括所有剩余采样点的数据;

b) 计算中至少还有3个测量值;

c) 计算中不计的测量值不得超过1个;

d) 记录造成测量差错或低粒子浓度的可疑原因,并得到供需双方的认可。

注:依所测洁净设施的应用性质,各采样点粒子浓度相当大的差异可能是合理的,甚至是有意而为。

附 录 C
(规范性附录)
粒子浓度数据的统计处理

C.1 通则

统计分析中只考虑随机误差(精度不足),不考虑非随机误差(如,校准误差造成的偏差)。

C.2 单个采样点平均浓度($\bar{x}_i$)计算方法

在一个采样点多次采样时,须使用式(C.1)来确定该点的平均粒子浓度。采样次数不只1次的采样点,均应计算平均粒子浓度。

$$\bar{x}_i = \frac{x_{i,1} + x_{i,2} + \cdots + x_{i,n}}{n} \qquad \text{(C.1)}$$

式中:

$\bar{x}_i$ ——采样点 i 处的平均粒子浓度;

$x_{i,1}$ 至 $x_{i,n}$ ——采样点 i 处的各次采样粒子浓度;

n ——采样点 i 处的采样次数。

C.3 95%置信上限计算方法

C.3.1 原则

本方法只适用于采样点数量多于1个但不足10个的情况。在这种情况下,除了执行式(C.1)的计算外,还须进行以下计算。

C.3.2 总平均值($\bar{\bar{x}}$)

用式(C.2)计算所有测点平均值的总平均值。

$$\bar{\bar{x}} = \frac{\bar{x}_{i,1} + \bar{x}_{i,2} + \cdots + \bar{x}_{i,m}}{m} \qquad \text{(C.2)}$$

式中:

$\bar{\bar{x}}$ ——所有采样点平均值的总平均值;

$\bar{x}_{i,1}$ 至 $\bar{x}_{i,m}$ ——用式(C.1)计算出的各采样点的平均值;

m ——采样点的数量。

无论某个采样点的样本数是多少,各采样点平均值给予相同加权。

C.3.3 采样点平均值的标准差(s)

用式(C.3)确定采样点平均值的标准差。

$$s = \sqrt{\frac{(\bar{x}_{i,1} - \bar{\bar{x}})^2 + (\bar{x}_{i,2} - \bar{\bar{x}})^2 + \cdots + (\bar{x}_{i,m} - \bar{\bar{x}})^2}{m-1}} \qquad \text{(C.3)}$$

式中:

s——采样点平均值的标准差。

C.3.4 总平均值的95%置信上限(UCL)

用式(C.4)确定总平均值的95%置信上限:

$$95\%\mathrm{UCL}=\overline{\overline{x}}+t_{0.95}\frac{s}{\sqrt{m}} \quad \cdots\cdots(\mathrm{C.4})$$

式中:

$t_{0.95}$——$m-1$ 自由度时处在第95%分位上的 t 分布值。

表C.1中给出了计算95%置信上限(UCL)所用的 t 分布值($t_{0.95}$),也可以采用计算机自带统计程序给出的 t 分布值。

表 C.1 计算95%置信上限所用的 t 分布值

采样点的数量/m	2	3	4	5	6	7~9
t	6.3	2.9	2.4	2.1	2.0	1.9

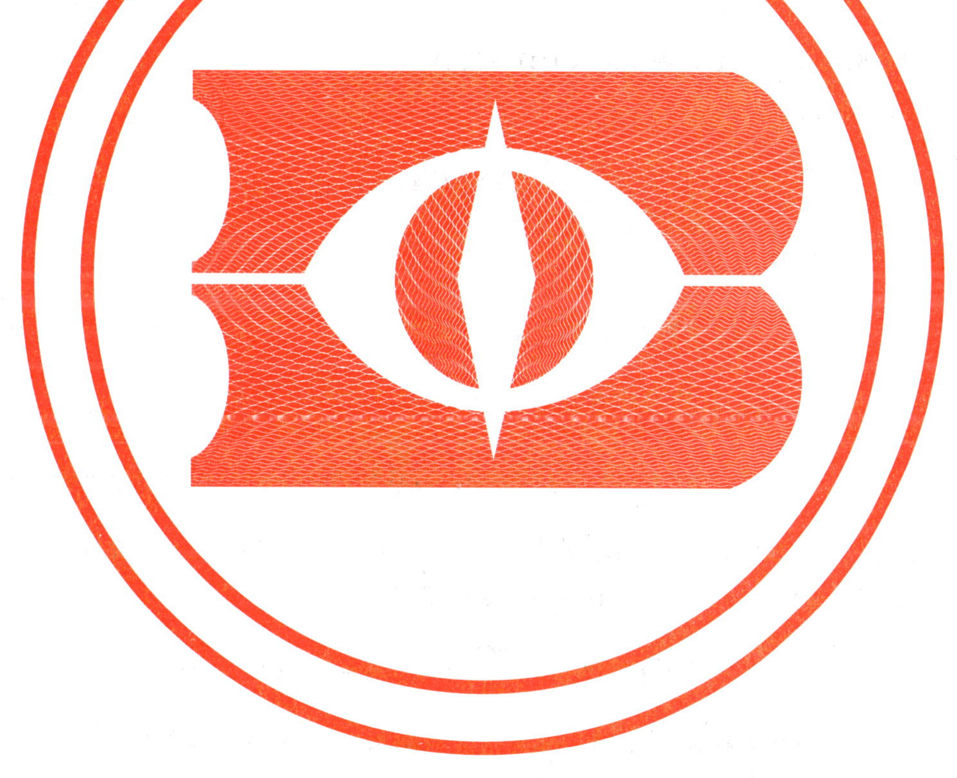

附　录　D
（资料性附录）
分级计算实例

D.1　例 1

D.1.1　被测洁净室的面积(A)为 80 m^2，需确定动态下是否符合规定的空气洁净度等级。

该洁净室规定的空气洁净度等级为 ISO 5 级。

D.1.2　规定了 2 个关注粒径：0.3 μm(D_1)和 0.5 μm(D_2)。

a)　2 个粒径都在 ISO 5 级粒径阈值范围之内[见 3.3c)和表 1]：0.1 μm≤0.3 μm，0.5 μm≤5 μm。

b)　检查粒径比 $D_2 \geqslant 1.5 \times D_1$[见 3.3c)]：0.5 μm≥1.5×0.3 μm=0.45 μm，符合要求。

D.1.3　利用式(1)(见 3.2)计算悬浮粒子最大允许浓度。

对≥0.3 μm(D_1)的粒子：

$$C_n = \left(\frac{0.1}{0.3}\right)^{2.08} \times 10^5 = 10\ 176\text{，修约到 } 10\ 200 \text{ 个}/\text{m}^3 \quad \cdots\cdots\cdots\cdots\cdots\cdots(\text{D.1})$$

对≥0.5 μm(D_2)的粒子：

$$C_n = \left(\frac{0.1}{0.5}\right)^{2.08} \times 10^5 = 3\ 517\text{，修约到 } 3\ 520 \text{ 个}/\text{m}^3 \quad \cdots\cdots\cdots\cdots\cdots\cdots(\text{D.2})$$

D.1.4　按式(B.1)(见 B.4.1.1)计算采样点数量：

$$N_L = \sqrt{A} = \sqrt{80} = 8.94\text{，修约到 } 9 \quad \cdots\cdots\cdots\cdots\cdots\cdots\cdots\cdots(\text{D.3})$$

所以，采样点最少数量为 9 个。由于采样点数量少于 10，要按附录 C 计算 95%置信上限。

D.1.5　按式(B.2)(见 B.4.2.1)计算以 L 计的单次采样量 V_s：

$$V_s = \frac{20}{C_{nm}} \times 1\ 000 = \frac{20}{3\ 517} \times 1\ 000 = 5.69 \text{ L} \quad \cdots\cdots\cdots\cdots\cdots\cdots\cdots\cdots(\text{D.4})$$

计算结果大于 2 L，选择采样速率 28 L/min(光散射离散粒子计数器的常用流量)的仪器采样 1 min。

这一选择的依据是：

a)　V_s>2 L(见 B.4.2.2)；

b)　C_{nm}>20 个/m^3(见 B.4.2.1)；

c)　采样时间≥1 min(见 B.4.2.2)。

D.1.6　每个采样点只进行 1 次采样(28 L)(B.4.2.1)。所测计数记录(B.5.1.1)如下。

采样点	粒子计数（≥0.3 μm）	粒子计数（≥0.5 μm）
1	245	21
2	185	24
3	59	0
4	106	7
5	164	22
6	196	25
7	226	23
8	224	37
9	195	19

D.1.7 以原始数据(D.1.6)计算出每 m^3 粒子计数 x_i：

采样点	x_i(≥0.3 μm)	x_i(≥0.5 μm)
1	8 750	750
2	6 607	857
3	2 107	0
4	3 786	250
5	5 857	786
6	7 000	893
7	8 071	821
8	8 000	1 321
9	6 964	679

计算出的 0.3 μm 和 0.5 μm 粒子所有浓度值均低于 D.1.3 中确定的限值，这满足分级(B.6.1)的第 1 项要求，可按附录 C 计算 95%置信上限如下。

D.1.8 每个测点只进行了 1 次采样，这个采样即代表了测点的平均粒子浓度，所以不用式(C.1)(见 C.2)计算平均浓度，使用式(C.2)计算总平均值(见 C.3.2)。

对≥0.3 μm 的粒子：

$$\bar{\bar{x}}=\frac{1}{9}\begin{pmatrix}8\,750+6\,607+2\,107+3\,786+5\,857\\+7\,000+8\,071+8\,000+6\,964\end{pmatrix}=\frac{1}{9}\times 57\,142 \quad\cdots\cdots(\text{D.5})$$

$=6\,349.1$，修约到 6 349 个/m^3

对≥0.5 μm 的粒子：

$$\bar{\bar{x}}=\frac{1}{9}\begin{pmatrix}750+857+0+250+786\\+893+821+1\,321+679\end{pmatrix}=\frac{1}{9}\times 6\,357 \quad\cdots\cdots(\text{D.6})$$

$=706.3$，修约到 706 个/m^3

D.1.9 按式(C.3)(见 C.3.3)计算采样点平均值的标准差。

对≥0.3 μm 的粒子：

$$s^2=\frac{1}{8}\begin{bmatrix}(8\,750-6\,349)^2+(6\,607-6\,349)^2+(2\,107-6\,349)^2\\+(3\,786-6\,349)^2+(5\,857-6\,349)^2+(7\,000-6\,349)^2\\+(8\,071-6\,349)^2+(8\,000-6\,349)^2+(6\,964-6\,349)^2\end{bmatrix} \quad\cdots\cdots(\text{D.7})$$

$=\frac{1}{8}\times 37\,130\,073=4\,641\,259.1$，修约到 4 641 259

$$s=\sqrt{4\ 641\ 259} \qquad \cdots\cdots(\text{D.8})$$
$$=2\ 154.4\text{，修约到 } 2\ 154 \text{ 个}/\text{m}^3$$

对≥0.5 μm 的粒子：

$$s^2=\frac{1}{8}\begin{bmatrix}(750-706)^2+(857-706)^2+(0-706)^2\\+(250-706)^2+(786-706)^2+(893-706)^2\\+(821-706)^2+(1\ 321-706)^2+(679-706)^2\end{bmatrix} \qquad \cdots\cdots(\text{D.9})$$
$$=\frac{1}{8}\times 1\ 164\ 657=145\ 582.1\text{，修约到 } 145\ 582$$

$$s=\sqrt{145\ 582} \qquad \cdots\cdots(\text{D.10})$$
$$=381.6\text{，修约到 } 382 \text{ 个}/\text{m}^3$$

D.1.10 按式(C.4)(见 C.3.4)计算 95%置信上限(UCL)。单个平均值的数目 $m=9$，查表 C.1，取 $t=1.9$。

$$95\%\text{UCL}(\geqslant 0.3\ \mu\text{m})=6\ 349+1.9\left(\frac{2\ 154}{\sqrt{9}}\right) \qquad \cdots\cdots(\text{D.11})$$
$$=7\ 713.2\text{，修约到 } 7\ 713 \text{ 个}/\text{m}^3$$

$$95\%\text{UCL}(\geqslant 0.5\ \mu\text{m})=706+1.9\left(\frac{382}{\sqrt{9}}\right) \qquad \cdots\cdots(\text{D.12})$$
$$=947.9\text{，修约到 } 948 \text{ 个}/\text{m}^3$$

D.1.11 按 B.6.1 解释结果。D.1.7 中所列各单次采样量的粒子浓度均低于规定的等级限值；D.1.10 中计算出的 95%置信上限同样低于 D.1.3 中规定的等级限值。

因此，该洁净室的空气洁净度达到要求的等级。

D.2 例 2

D.2.1 此例是为了说明 95%置信上限计算对结果的影响。

一个洁净室动态时规定空气悬浮粒子洁净度为 ISO 3 级，采样点数量为 5。由于采样点数量大于 1 且小于 10，要按附录 C 计算 95%置信上限。

只有一个关注粒径($D\geqslant 0.1\ \mu$m)。

D.2.2 从表 1 中取 ISO 3 级、粒径≥0.1 μm 的粒子浓度限值：

$C_n(0.1\ \mu\text{m})=1\ 000$ 个/m³

D.2.3 每个采样点仅进行 1 次采样(B.5.1.1)，并计算出每个采样点每 m³ 粒子数量 x_i 如下：

采样点	$x_i(\geqslant 0.1\ \mu\text{m})$
1	926
2	958
3	937
4	963
5	214

阈值粒径 $D=0.1\ \mu$m 处所有粒子浓度值均小于 D.2.2 中规定的限值。这个结果满足分级的第 1 项要求(B.6.1)，因此可按附录 C 计算 95%置信上限。

D.2.4

按式(C.2)(见 C.3.2)计算总平均值：

$$\bar{\bar{x}}=\frac{1}{5}(926+958+937+963+214)=\frac{1}{5}\times 3\,998 \quad\cdots\cdots(\text{D.13})$$

$$=799.6,\text{修约到 } 800 \text{ 个}/\text{m}^3$$

D.2.5

按式(C.3)(见 C.3.3)计算采样点平均值的标准差:

$$s^2=\frac{1}{4}\begin{bmatrix}(926-800)^2+(958-800)^2+(937-800)^2\\+(214-800)^2+(963-800)^2\end{bmatrix} \quad\cdots\cdots(\text{D.14})$$

$$=\frac{1}{4}\times 429\,574=107\,393.5,\text{修约到 } 107\,394$$

$$s=\sqrt{107\,394} \quad\cdots\cdots(\text{D.15})$$

$$=327.7,\text{修约到 } 328 \text{ 个}/\text{m}^3$$

D.2.6 按式(C.4)(见 C.3.4)计算 95%置信上限(UCL)。

平均值个数 $m=5$,查表 C.1,取 $t=2.1$。

$$95\%\text{UCL}=800+2.1\left(\frac{328}{\sqrt{5}}\right) \quad\cdots\cdots(\text{D.16})$$

$$=1\,108 \text{ 个}/\text{m}^3$$

D.2.7 所有点的粒子浓度均低于规定的等级限值(D.2.2)。

但是,95%置信上限的计算表明,该洁净室的空气洁净度不符合规定的等级。

本示例表明,一个远低于限值浓度的数据(即第 5 个采样点)对 95%置信上限计算结果的影响。

因空气洁净度未达级是应用 95%置信上限所致,并且是因一个粒子浓度数据过低造成的,所以,可按照 B.6.2 中的规程判定未达等级的结果是否可予否定。

附 录 E
（资料性附录）
超出分级粒径阈值范围的粒子计径和计数

E.1 原理

在某些涉及特定工艺要求的情况下，可按分级粒径阈值范围之外的粒子浓度另外规定空气洁净度的水平。这类粒子的最大允许浓度和相应的检测方法由需方与供方议定。E.2（对于U描述符）和E.3（对于M描述符）中说明了相关检测方法和规定表达式。

E.2 小于0.1 μm的粒子（超微粒子）——U描述符

E.2.1 应用

如果需要评估小于0.1 μm的粒子造成污染的风险，就要采用符合这类粒子具体特性的采样装置和测量方法。

应按照B.4.1确定采样点数量，最小采样量V_s应为2 L（B.4.2.2）。

E.2.2 U描述符表达式

可以单独采用U描述符说明超微粒子浓度，也可将它作为空气洁净度等级的补充说明。

U描述符用“U(x;y)”表示，其中：

x——超微粒子的最大允许浓度（以每立方米空气超微粒子个数表示）；

y——以微米计的粒径，合适的离散粒子计数器在该粒径点的粒子计数效率为50%。

例：粒径范围≥0.01 μm、最大允许超微粒子浓度140 000个/m^3，可表示为“U(140 000;0.01 μm)”。

注1：IEST-G-CC1002[1]中给出了小于0.1 μm的悬浮粒子浓度的检测方法。

注2：如果用U描述符作为空气洁净度等级的补充说明，则超微粒子的浓度（x）不得小于对应该ISO等级粒径0.1 μm的粒子浓度限值（每立方米粒子个数）。

E.3 大于5 μm的粒子（大粒子）——M描述符

E.3.1 应用

如果需要评估大于5 μm的粒子造成污染的风险，就要用符合这类粒子具体特性的采样装置和测量方法。

空气悬浮粒子中的大粒子一般是从工艺环境中释放的，因此，应根据具体使用情况来确定适用的采样装置和测量方法。需要考虑的因素有：粒子的密度、形状、体积、空气动力学特性等等。此外，可能还需要特别关注总悬浮粒子中的特定组分，如纤维。

E.3.2 M描述符表达式

M描述符可以单独引述，也可将它作为空气洁净度等级的补充说明。M描述符用“M(a;b);c”表示，其中：

a——大粒子的最大允许浓度（以每立方米空气中的大粒子个数表示）；

b ——与规定的大粒子测量方法对应的当量直径(或直径)(μm);

c ——规定的测量方法。

注 1:如果采样的悬浮粒子中含有纤维,则可以在 M 描述符上加一个纤维标记,表示为“$M_{纤维}(a;b);c$”。

示例 1:

若使用气溶胶飞行时间粒子计数器,测定的粒子空气动力学直径>5 μm 的粒子浓度为 10 000 个/m^3,则用 M 描述符表示为:

“M(10 000;>5 μm);气溶胶飞行时间粒子计数器”。

示例 2:

若使用显微镜对多级撞击采样器采集的粒子进行粒径测定和计数,测得 10 μm~20 μm 粒径范围的悬浮粒子浓度为 1 000 个/m^3,则用 M 描述符表示为:

“M(1 000;10 μm~20 μm);多级撞击采样器,以显微镜测定粒径并计数”。

注 2:IEST-G-CC1003[2] 中给出了大于5 μm的悬浮粒子浓度的检测方法。

注 3:如使用 M 描述符作为空气洁净度等级的补充说明,则大粒子浓度(*a*)不得大于对应于该 ISO 等级的粒径5 μm 的粒子浓度限值(每立方米粒子个数)。

附 录 F
（资料性附录）
序贯采样法

F.1 背景和条件

F.1.1 背景

若采样空气的污染度明显大于或明显小于规定等级中关注粒径的粒子浓度限值，采用序贯采样法通常可大幅度减少采样量和采样时间。即使浓度接近规定限值时，序贯采样法仍可节省一些工作量。当预期空气洁净度为 ISO 4 级或更洁净时，序贯采样法最合适。

注：有关序贯采样法的详细资料见 IEST-G-CC1004。

F.1.2 限制

序贯采样法的主要限制条件是：

a) 此法仅适用于在规定等级或浓度限值处对关注粒径的每次采样目标总数为 20 颗粒子。

b) 每次样本测量都要辅以监测和数据分析，可由计算机自动完成。

c) 由于序贯采样法降低了采样量，测出的粒子浓度不如常规采样法精确。

F.2 序贯采样法的依据

序贯采样法根据的是粒子实时累计计数与参照计数的比较。参照值的上、下限由式(F.1)和式(F.2)导出：

$$\text{上限}:C=3.96+1.03E \qquad \text{(F.1)}$$

$$\text{下限}:C=-3.96+1.03E \qquad \text{(F.2)}$$

式中：

C——实测计数；

E——预期计数。

为便于比较，图 F.1 和表 F.1 分别以图和表的形式给出了参照值。这两种方式均可采用。

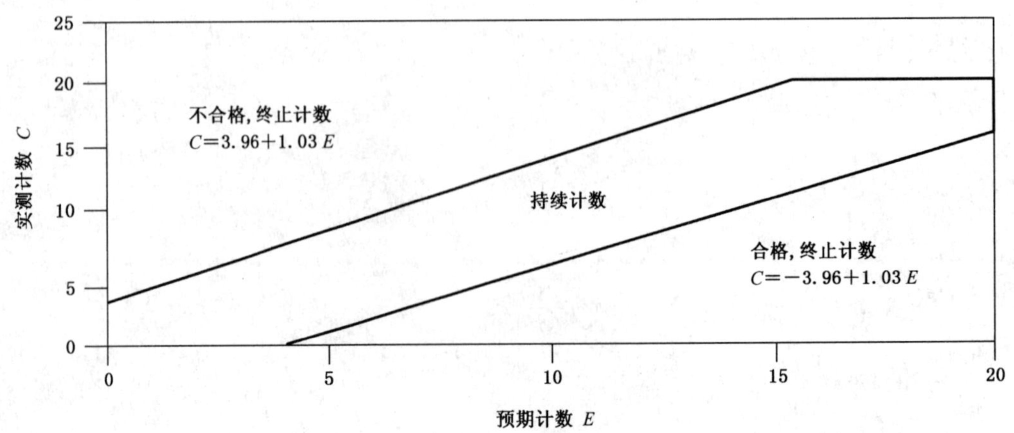

图 F.1 序贯采样法合格与否边界线

表 F.1 实测计数 *C* 出现时间的上下限

不合格 *C* 早于递进时间出现		合格 *C* 迟于递进时间出现	
递进时间 *t*	实测计数	递进时间 *t*	实测计数
0.001 9	4	0.192 2	0
0.050 5	5	0.240 7	1
0.099 2	6	0.289 3	2
0.147 6	7	0.337 8	3
0.196 1	8	0.386 4	4
0.244 7	9	0.434 9	5
0.293 2	10	0.483 4	6
0.341 7	11	0.532 0	7
0.390 2	12	0.580 5	8
0.438 8	13	0.629 1	9
0.487 3	14	0.667 6	10
0.535 9	15	0.726 2	11
0.584 4	16	0.774 7	12
0.633 0	17	0.823 3	13
0.681 5	18	0.871 8	14
0.730 0	19	0.920 3	15
0.778 6	20	0.968 9	16
1.000 0	21	1.000 0	17
注：递进时间是总时间的一部分(等级限值处的时间 $t=1.000\ 0$)。			

对一个规定采样点进行空气采样时，正在累计的粒子总数不停地与参照限值进行比较。该参照限值是已采集空气量与规定总量之比的函数。若正在累计的计数小于已采空气量对应的参照值下限，则认为采样空气符合规定的等级或浓度限值，于是终止采样。

若正在累计的计数大于已采空气量对应的参照值上限，则采样空气不符合规定的等级或浓度限值，于是终止采样。只要正在累计的计数仍处在上下限之间，采样就不停，一直累计到完整的样本。

图 F.1 中的 *C* 是实测计数，它与 *E* 相对应；*E* 是预期计数，即假定关注粒径的粒子浓度处在规定限值处、以一个完整的单次空气采样时间内可采集到 20 颗粒子的速率(采样量对采样时间)采样时，可采到粒子的计数。

表 F.1 是另一种等效方法。如表所示，将实测计数 *C* 出现的时间与测量完整单个样本递进的时间进行比较。若计数发生的时间早于表中左栏的递进时间，则所采空气不符合规定限值；若计数发生时间迟于表中右栏的递进时间，则所采空气满足规定限值。粒子的出现时间与表中的限定时间最多需要进行 21 次比较。

F.3 采样规程

F.3.1 序贯采样的参照值

随着数据采集的进程判定结果的比较法有两种。累进数据计算机分析方法较好，并推荐使用。

F.3.2 采样对照图

图F.1显示出按式(F.1)和式(F.2)设定的边界线，这两条边界线在$E=20$处截断，此处代表采集一个完整样本所需的时间，$C=20$即为最大合格实测计数。

该图绘出了粒子浓度精确处在规定等级水平时，观测计数与预期计数的对应关系。预期计数的增加伴随着时间的流逝，$E=20$表示粒子浓度处在等级限值时累计到一个完整采样量所需的时间。

按照图F.1进行序贯采样的规程如下：

随着采样的进行，记录下作为时间函数的粒子计数，并将该计数与图F.1的上下边线进行比较。若实测累计计数值超过了上边线，则终止该采样点的采样，表明空气不符合规定的等级限值。若实测累计计数值低于下边线，则终止该采样点的采样，表明空气符合规定的等级限值。若实测累计值处于上、下边线之间，则继续进行采样。

若到规定的采样时间结束时，总计数未超过20，未超过上边线，可判定空气达到等级。

F.3.3 采样对照表

表F.1给出另一种等效的序贯采样法，其中的数据也是按式(F.1)和式(F.2)计算出来的。表中的时间t赋值为1.000 0，代表采集一个完整样本的时间段。其样本量即空气中关注粒径的粒子刚好处于其等级限值当量浓度时，测出20个粒子的必需量。表中所列各时间值为一个完整样本所需总累计时间的各递进部分。

按表F.1进行序贯采样的方法如下：

随着采样的进行，记录粒子计数及出现的时间，将每次实测到计数的时间与表中所示的两个时间栏进行比较。若一个实测计数累计值出现的时间早于表中左侧时间栏标明的递进时间，则终止采样，报告空气未达到规定的等级；若一个实测计数的累计值出现的时间晚于表中右侧时间栏标明的递进时间，则终止采样，报告空气达到规定的等级。若实测计数累计不断地出现在两个时间栏所示时间之间，则继续采样；若不断进行的21次比较中无一计数早于左栏的递进时间，则这个完整样本表明空气达到规定等级。

参考文献

[1] *IEST-G-CC1002*, *Determination of the Concentration of Airborne Ultrafine Particles* . Mount Prospect, Illinois: Institute of Environmental Sciences and Technology (1999)

[2] *IEST-G-CC1003*, *Measurement of Airborne Macroparticles.* Mount Prospect, Illinois: Institute of Environmental Sciences and Technology (1999)

[3] *IEST-G-CC1004*, *Sequential Sampling Plan for Use in Classification of the Particulate Cleanliness of Air in Cleanrooms and Clean Zones.* Mount Prospect, Illinois: Institute of Environmental Sciences and Technology (1999)

ICS 13.040.35
C 70

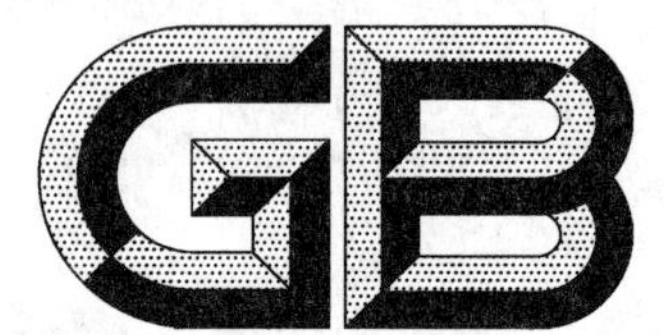

中华人民共和国国家标准

GB/T 25915.2—2010/ISO 14644-2:2000

洁净室及相关受控环境 第2部分:证明持续符合 GB/T 25915.1的检测与监测技术条件

Cleanrooms and associated controlled environments—Part 2:Specifications for testing and monitoring to prove continued compliance with GB/T 25915.1

(ISO 14644-2:2000,Cleanrooms and associated controlled environments—Part 2: Specifications for testing and monitoring to prove continued compliance with ISO 14644-1,IDT)

2011-01-14 发布　　2011-06-01 实施

中华人民共和国国家质量监督检验检疫总局
中国国家标准化管理委员会　发布

前 言

GB/T 25915《洁净室及相关受控环境》分为八个部分：

——第1部分：空气洁净度等级；

——第2部分：证明持续符合GB/T 25915.1的检测与监测技术条件；

——第3部分：检测方法；

——第4部分：设计、建造、启动；

——第5部分：运行；

——第6部分：词汇；

——第7部分：隔离装置（洁净风罩、手套箱、隔离器、微环境）；

——第8部分：空气分子污染分级。

本部分是GB/T 25915的第2部分。

本部分按照GB/T 1.1—2009给出的规则起草。

本部分使用翻译法等同采用ISO 14644-2:2000《洁净室及相关受控环境 第2部分：证明持续符合ISO 14644-1的检测与监测技术条件》。

本部分由全国洁净室及相关受控环境标准化技术委员会（SAC/TC 319）提出并归口。

本部分由中国电子系统工程第二建设有限公司、中电投工程研究检测评定中心、中国药品生物制品检定所负责起草，苏州尚科洁净技术有限公司上海科信检测科技有限公司、北京世源希达工程技术公司参加起草。

本部分主要起草人：陈思源、卢军、白东亭、王开源、施红平、孙国政、崔先明、龙军、吴俊民、郭良、王祥、杨新宇、母瑞红、洪峰、郝仲英。

引　言

GB/T 25915 的本部分提供了证明洁净室及相关受控环境持续符合 GB/T 25915.1 的方法,并规定了检测与监测的最低要求。检测计划中还要考虑到具体运行要求,设施的风险评定和设施的使用。

洁净室及相关受控环境将空气中的污染物控制在适当的水平,以完成对污染敏感的作业。产品和工艺受益于空气污染物控制的领域有:航空航天、微电子、制药、医疗器械、食品、医疗卫生等行业。除了空气悬浮粒子浓度之外,洁净室及相关受控环境的设计、技术条件、运行和控制中还要考虑许多其他因素。

有些场合,有关管理机构可能会规定补充性的政策或限制。遇到这种情况,可能需要对标准检测方法进行适当调整。

洁净室及相关受控环境
第2部分:证明持续符合
GB/T 25915.1的检测与监测技术条件

1 范围

GB/T 25915的本部分规定了对洁净室或洁净区进行定期检测的要求,以证明其持续符合GB/T 25915.1中规定的空气悬浮粒子浓度等级。

这些要求包括GB/T 25915.1说明的洁净室或洁净区的分级检测。此外,还规定了按本部分要求实施的其他检测项目。可按用户要求实施的可选检测项目,本部分也做了说明。

本部分还规定了对洁净室或洁净区(以下简称"设施")进行监测的要求,以提供其持续符合GB/T 25915.1中规定的空气悬浮粒子浓度等级的证据。

2 规范性引用文件

下列文件对于本文件的应用是必不可少的。凡是注日期的引用文件,仅注日期的版本适用于本文件。凡是不注日期的引用文件,其最新版本(包括所有的修改单)适用于本文件。

GB/T 25915.1—2010 洁净室及相关受控环境 第1部分:空气洁净度等级(ISO 14644-1:1999,IDT)

GB/T 25915.3—2010 洁净室及相关受控环境 第3部分:检测方法(ISO 14644-3:2005,IDT)

3 术语和定义

在GB/T 25915.1—2010中界定的以及下列术语和定义适用于本文件。

3.1 一般术语

3.1.1

再查验 requalification

按照规定的检测顺序对设施进行检测,包括对所选定的预检测条件的验证,以证明设施符合GB/T 25915.1的洁净度等级。

3.1.2

检测 test

为确定设施或其某部分的性能而按规定方法所实施的规程。

3.1.3

监测 monitoring

为检验设施的性能而按照规定的方法和计划实施的测试。

注:该信息可用来发现动态条件下的趋势,并为工艺提供支持。

3.2 检测周期术语

3.2.1

连续监测 continuous

不间断的监测。

3.2.2

频繁监测　frequent

运行中间隔时间不超过 60 min 的监测。

3.2.3

6 个月　6 months

整个动态运行期间，定期复检的平均间隔不超过 183 d，最长间隔不超过 190 d 的周期。

3.2.4

12 个月　12 months

整个动态运行期间，定期复检的平均间隔不超过 366 d，最长间隔不超过 400 d 的周期。

3.2.5

24 个月　24 months

整个动态运行期间，定期复检的平均间隔不超过 731 d，最长间隔不超过 800 d 的周期。

4　持续达到要求的证明

4.1　概述

进行规定的检测，并以文件形式记录检测结果，以此验证洁净室持续符合规定的空气洁净度(ISO 等级)要求。用监测数据来指示设施的状况，并可用来确定检测频繁程度。

4.2　证明持续达到要求的检测

4.2.1　表 1 给出为证明持续达到规定的 ISO 等级所用的标准检测方法和最长检测周期。

表 1　证实持续符合粒子浓度限值的检测周期

等　级	最长周期	检测方法
≤ISO 5 级	6 个月	GB/T 25915.1—2010 中附录 B
>ISO 5 级	12 个月	GB/T 25915.1—2010 中附录 B
注：一般是按规定的 ISO 等级在动态下进行粒子计数检测，但也可在静态下进行。		

4.2.2　在有要求的场合，应进行表 2 列出的检测以证明持续达到要求。表 2 所列各项检测的具体要求由供需双方议定。

表 2　适用于所有洁净度等级的其他检测周期

检测参数	最长间隔时间	检测方法
风量[a] 或风速	12 个月	GB/T 25915.3—2010 中 B.4
压差[b]	12 个月	GB/T 25915.3—2010 中 B.5
注：一般可按指定的 ISO 等级在动态或静态条件下进行以上检测。		
[a] 可用风速或风量测量得出风量数据。 [b] 此项检测不适用于非封闭洁净区。		

4.2.3　除表 1 和表 2 列出的标准检测项目外，供需双方可以商定其他适合于设施的检测项目，例如附录 A 中列出的项目。

4.2.4 设施配有持续或频繁监测空气悬浮粒子浓度和压差(若适用)的仪器时,如果连续监测或频繁监测的结果未超过规定限值,则表1中的最长周期还可延长。

4.2.5 设施需要检测其他项目且配有持续或频繁监测相关参数的仪器,如果连续监测或频繁检测的结果未超过规定限值,则表2中的最长周期还可延长。

4.2.6 应按现行工业规范对检测用仪器进行校准。

4.2.7 若检测结果处在规定限值之内,则设施持续达到要求。若有任何检测结果超出规定限值,则设施未达到要求,应采取适当的补救措施。补救措施完成后,应对设施进行再查验。

4.2.8 发生下述任何一种情况,应对设施进行再查验:

a) 为纠正不符合要求的状况实施了补救措施。

b) 现行的技术性能指标发生了显著变化,如动态运行的变化。变化的显著程度,应由供需双方商定。

c) 气流运行出现严重中断,影响设施的运行。中断的严重程度应由供需双方商定。

d) 进行的特定维护工作对设施有显著影响(例如更换末端过滤器)。影响的显著程度应由供需双方商定。

4.3 监测

4.3.1 应按书面计划实施空气悬浮粒子浓度及其他参数的例行监测。

注:对设施的监测一般是在动态下进行。

4.3.2 空气悬浮粒子监测计划依据的是所用设施的风险评定(见附录B)。该计划中至少应包括的内容有:预先设定的采样点,每个空气样本的最小量,测量用时,各采样点要求的测量次数、测量间隔时间、待测粒径,计数验收限值。若适用,还应包括预警值、干预值、漂移限值。

注1:如果计划中对悬浮粒子计数和压差都规定了持续监测或频繁监测,则粒子计数检测的周期可以延长(见4.2.4与4.2.5)。

注2:对其他特性(如温度和湿度)的监测也可依照上述方式实施。

4.3.3 若监测结果超过规定的干预值,则认为设施未达到要求,应采取适当的补救措施。补救措施完成之后,应进行适当的检测(见4.2及附录A)以确定设施是否达到要求。如已达到要求,则可恢复例行监测。

4.3.4 应按现行工业规范对监测用仪器进行校准。

4.4 文件

4.4.1 证明各设施是否持续达到要求的再查验或检测结果,需予以记录并以综合报告的形式提交。报告中要明确所做的规定检测表明设施符合或不符合要求。

检测报告中应包括下述内容:

a) 检测单位的名称和地址;

b) 操作者姓名,检测日期;

c) 本部分的国家标准编号,即GB/T 25915.2—2010;

d) 清楚标明被测设施的具体位置(必要时以邻近区作参照),并标注所有采样点的具体坐标;

e) 为设施规定的指标,包括ISO等级和关注粒径,对应的占用状态,风量或风速,压差;

f) 所用测量仪器和校准证书;

g) 检测结果,包括每个采样点的坐标和粒子浓度数据;

h) 进行下一次证明持续符合检测的预定日期。

对于那些按4.2.4和4.2.5将持续或频繁监测的最长周期延长后得到的监测结果,也应包含在文件记录之中。

4.4.2 监测计划中要对各设施的监测文档编制做出规定。

4.5 记录

应按设施现有的质量控制规程保留记录。记录应符合各种强制性规定的要求。

附 录 A
（资料性附录）
可选检测项目

除了表1和表2中规定的标准检测项目外，还可以在检测计划中列入其他检测项目，例如表A.1列出的可选项目。

表 A.1 可选检测的周期

检测项目	等级	最长周期建议值	检测方法
已装过滤器检漏	所有等级	24个月	GB/T 25915.3—2010 中 B.6
气流可视检查	所有等级	24个月	GB/T 25915.3—2010 中 B.7
自净	所有等级	24个月	GB/T 25915.3—2010 中 B.13
隔离检漏	所有等级	24个月	GB/T 25915.3—2010 中 B.14

附 录 B
（资料性附录）
风险评定对洁净室或洁净区检测与监测的影响

对特定洁净室或洁净区的风险评定可影响到：

a） 监测计划；

b） 监测数据的分析；

c） 根据所得监测数据而采取的行动；

d） 从表 2 中选择待测参数；

e） 从表 A.1 中选择待测参数。

ICS 13.040.35
C 70

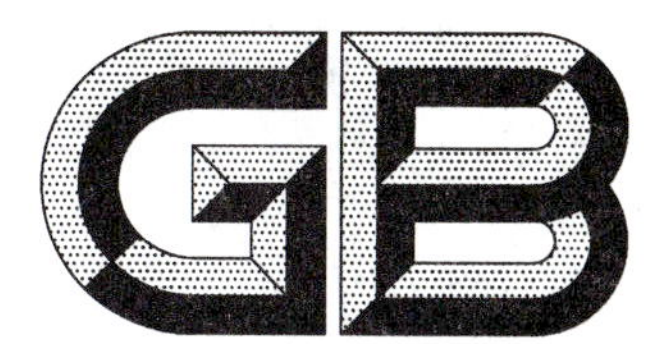

中华人民共和国国家标准

GB/T 25915.3—2010/ISO 14644-3:2005

洁净室及相关受控环境 第3部分:检测方法

Cleanrooms and associated controlled environments—Part 3:Test methods

(ISO 14644-3:2005,IDT)

2011-01-14 发布　　2011-05-01 实施

中华人民共和国国家质量监督检验检疫总局
中国国家标准化管理委员会　发布

前　　言

GB/T 25915《洁净室及相关受控环境》分为八个部分：

——第1部分：空气洁净度等级；

——第2部分：证实持续符合GB/T 25915.1的检测与监测技术要求；

——第3部分：检测方法；

——第4部分：设计、建造、启动；

——第5部分：运行；

——第6部分：词汇；

——第7部分：隔离装置(洁净风罩、手套箱、隔离器、微环境)；

——第8部分：空气分子污染分级。

本部分是GB/T 25915的第3部分。

本部分按照GB/T 1.1—2009给出的规则起草。

本部分使用翻译法等同采用ISO 14644-3:2005《洁净室及相关受控环境　第3部分：检测方法》。

本部分由全国洁净室及相关受控环境标准化技术委员会(SAC/TC 319)提出并归口。

本部分由苏州尚科洁净技术有限公司、上海科信检测科技有限公司、北京市产品质量监督检验所负责起草，苏州英德尔室内空气技术有限公司、北京控制工程研究所、苏州克林络姆空调系统工程有限公司、苏州工业园区宏基洁净科技有限公司、苏州高科净化有限责任公司、净微(苏州)科技有限公司、莱特浩斯仪器(苏州)有限公司、深圳金开利环境科技有限公司参加起草。

本部分主要起草人：吴俊民、涂光备、丁卫敏、张利群、蔡杰、陈思源、张训彪、严勤丰、边炳秀、郭良、徐伟。

引 言

洁净室及相关受控环境将空气污染物控制在合适的水平，以便完成对污染敏感的工作。航天、微电子、制药、医疗器械、食品、医疗等行业的产品和工艺受益于对空气污染的控制。

GB/T 25915 的本部分给出了对 GB/T 25915 其他各部分所介绍并规定的洁净室特征进行检测的方法。

注：本部分并未包括所有洁净室参数的检测规程。涉及特定产品和特定工艺的洁净室和洁净区及相关参数的检测规程和所用仪器，在 SAC/TC 319 编制的其他文件中讨论[例如，对活物质的控制与检测规程(GB/T 25916)，洁净室功能性检测(GB/T 25915.4—2010)]，隔离装置检测(GB/T 25915.7—2010)。此外，洁净室的检测活动中也可以考虑采用其他适用标准。

GB/T 25915 的本部分的陈述中参照了美国材料与试验协会(ASTM)，欧洲标准化委员会(CEN)，德国标准化协会(DIN)，美国环境科学技术学会(IEST)，日本空气洁净协会(JACA)，日本工业标准(JIS)和国际半导体制造协会(SEMI)等团体编制的标准。

洁净室及相关受控环境
第3部分:检测方法

警告——GB/T 25915的本部分的应用可能涉及有害材料、作业和设备。GB/T 25915的本部分未提及与应用有关的所有安全性问题。使用前,GB/T 25915本部分的用户有责任制定适当的安全和卫生措施,并遵守各种强制性规定。

1 范围

GB/T 25915的本部分规定了洁净室和洁净区空气悬浮粒子洁净度等级的检测方法,以及洁净室和洁净区性能的检测方法。性能检测针对是空态、静态和动态3种可能的占用状态下的单向流和非单向流型式洁净室和洁净区。本文件推荐了测定性能参数用检测仪器和检测规程。某些检测方法受限于洁净室或洁净区的类型,为此,本文件推荐了若干替代方法。为了满足不同用户的要求,对于某些检测项目,本文件推荐了几种不同的方法和仪器。若需方与供方协商同意,也可以使用本部分未介绍的其他替代方法。替代方法未必给出相同的测量结果。

本部分不适用于测量洁净室或隔离装置内的产品或工艺。

2 规范性引用文件

下列文件对于本文件的应用是必不可少的。凡是注日期的引用文件,仅注日期的版本适用于本文件。凡是不注日期的引用文件,其最新版本(包括所有的修改单)适用于本文件。

GB/T 25915.1—2010 洁净室及相关受控环境 第1部分:空气洁净度等级(ISO 14644-1:1999,IDT)

GB/T 25915.2—2010 洁净室及相关受控环境 第2部分:证明持续符合GB/T 25915.1的检测与监测技术要求(ISO 14644-2:2000,IDT)

GB/T 25915.4—2010 洁净室及相关受控环境 第4部分:设计、建造、启动(ISO 14644-4:2001,IDT)

ISO 7726:1998 热环境人体功效学 物理量测量仪器

3 术语和定义

下列术语和定义适用于本文件。

3.1 一般术语

3.1.1

洁净室 cleanroom

空气悬浮粒子浓度受控的房间,其建造和使用方式使房间内进入的、产生的、滞留的粒子最少,房间内温度、湿度、压力等其他相关参数按要求受控。

[GB/T 25915.1—2010,2.1.1]

3.1.2

洁净区　clean zone

空气悬浮粒子浓度受控的专用空间，其建造和使用方式使区内进入的、产生的、滞留的粒子最少，区内温度、湿度、压力等其他相关参数按要求受控。

注：洁净区可以是开放的或封闭的；在也可不在洁净室内。

[GB/T 25915.1—2010，2.1.2]

3.1.3

设施　installation

连同所有建筑结构、空气处理系统以及服务、公用系统的洁净室，或一个或数个这样的洁净区。

注：改写 GB/T 25915.1—2010，定义 2.1.3。

3.1.4

隔离装置　separative device

采用构造和动力学方法在确定的容积内外创建可靠隔离水平的设备。

注：某些行业专用隔离装置有：洁净风罩、隔离箱、手套箱、隔离器、微环境。

3.2　空气悬浮粒子测量

3.2.1

气溶胶发生器　aerosol generator

能以加热、液压、气动、超声波、静电等方式生成浓度恒定、粒径范围适当的(例如 0.05 μm～2 μm)微粒物质的器具。

3.2.2

空气悬浮粒子　airborne particle

悬浮在空气中、活或非活、固体或液体、粒径(对 GB/T 25915 的本部分而言)1 nm～100 μm 的粒子。

注：用于洁净度等级的，参见 GB/T 25915.1—2010，2.2.1。

3.2.3

数量中值粒径　count median particle diameter

CMD

按粒径排列粒子时，处于中位数的粒子的粒径值。

注：占一半数量的粒子其粒径小于数量中值粒径，占另一半数量的粒子其粒径大于该数量中值粒径。

3.2.4

大粒子　macroparticle

当量直径大于 5 μm 的粒子。

[GB/T 25915.1—2010，2.2.6]

3.2.5

M 描述符　M descriptor

每立方米空气中大粒子的实测或规定浓度。M 描述符中的当量粒径与测量方法有关。

注：M 描述符可作为采样点平均浓度上限(或置信上限，该值随洁净室或洁净区性能测定采样点数量而定)。不能用 M 描述符规定悬浮粒子洁净度等级，但可将其单独或随洁净度等级引述。

[GB/T 25915.1—2010，2.3.2]

3.2.6

质量中值粒径　mass median particle diameter

MMD

按质量排列粒子时，处于中位数的粒子的粒径值。

注：占全部粒子质量一半的粒子其粒径小于质量中值粒径，占另一半质量的粒子其粒径大于该中值粒径。

3.2.7

粒子浓度 particle concentration

单位体积空气中粒子的个数。

[GB/T 25915.1—2010,2.2.3]

3.2.8

粒径 particle size

给定的粒径测量仪器所显示的、与被测粒子的响应量相当的球形体直径。

注:离散粒子计数器给出的是当量光学粒径。

[GB/T 25915.1—2010,2.2.2]

3.2.9

粒径分布 particle size distribution

粒子按粒径累计得出的浓度。

[GB/T 25915.1—2010,2.2.4]

3.2.10

测试气溶胶 test aerosol

具有已知并受控的粒径分布及浓度的固体和(或)液体粒子的气态悬浮物。

3.2.11

U 描述符 U descriptor

包括超微粒子在内的、每立方米空气粒子的实测或规定浓度。

注:U 描述符可作为采样点平均浓度上限(或置信上限,该值随洁净室或洁净区性能测定采样点数量而定)。不能用 U 描述符确定空气洁净度等级,但可将其单独或随洁净度等级引述。

[GB/T 25915.1—2010,2.3.1]

3.2.12

超微粒子 ultrafine particle

当量直径小于 0.1 μm 的粒子。

[GB/T 25915.1—2010,2.2.5]

3.3 空气过滤器和过滤系统

3.3.1

气溶胶发尘 aerosol challenge

对过滤器和已装过滤系统施用检测气溶胶的过程。

3.3.2

渗漏限值 designated leak

需方与供方商定的、可用离散粒子计数器或气溶胶光度计扫描测出的设施渗漏最大允许透过率。

3.3.3

稀释装置 dilution system

按已知容积比将气溶胶与无粒子稀释空气混合,以降低气溶胶浓度的装置。

3.3.4

过滤系统 filter system

由过滤器、安装架及其他支撑装置或箱体组成的系统。

3.3.5

末端过滤器 final filter

空气进入洁净室之前最末端位置上的过滤器。

3.3.6

已装过滤系统　installed filter system

已安装在顶棚、侧墙、装置、风管上的过滤系统。

3.3.7

已装过滤系统检漏　installed filter system leakage test

为确认过滤器安装良好，向设施内无旁路渗漏，过滤器及其安装框架均无缺陷和渗漏而进行的检测。

3.3.8

渗漏　leak

（过滤系统）因密封性欠佳或缺陷使污染物漏出，造成下风向浓度超过预期值。

3.3.9

扫描　scanning

让气溶胶光度计或离散粒子计数器的采样口覆盖面，以略有重叠的往复行程移过规定的检测区来查找过滤器及其他部件渗漏的方法。

3.3.10

标准渗漏透过率　standard leak penetration

离散粒子计数器或气溶胶光度计的采样头停顿在渗漏处，以标准采样流量测得的渗漏透过率。

注：透过率为过滤器下风向与上风向粒子浓度之比。

3.4　气流

3.4.1

换气次数　air exchange rate

单位时间的换气值，以单位时间送入的空气体积除以该空间的体积计算。

3.4.2

平均风量　average air flow rate

单位时间内通过的平均空气容积，可据此确定洁净室或洁净区的换气次数。

注：风量的单位为立方米每小时（m^3/h）。

3.4.3

测量平面　measuring plane

用来检测或测量风速等性能参数的横断面。

3.4.4

非单向流　non-unidirectional airflow

送入洁净区的空气以诱导方式与区内空气混合的一种气流分布。

[GB/T 25915.4—2010，3.6]

3.4.5

送风量　supply airflow rate

单位时间内从末端过滤器或风管送入设施的体积空气量。

3.4.6

总风量　total air flow rate

单位时间内通过设施某断面的体积空气量。

3.4.7

单向流　unidirectional airflow

通过洁净区整个断面、风速稳定、大致平行的受控气流。

注：这种气流可定向清除洁净区的粒子。

[GB/T 25915.4—2010，3.11]

3.4.8

气流均匀度　uniformity of airflow

各点风速值处于平均风速限定百分率以内的单向流形式。

3.5 静电测量

3.5.1

放电时间　discharge time

绝缘的导电监测板上的电压(正或负)降至初始电压的百分率所需的时间。

3.5.2

补偿电压　offset voltage

将未充电的绝缘导电板置于电离空气中时其上积累的电压。

3.5.3

静电耗散特性　static-dissipative property

以传导等机理将工作表面或产品表面的静电荷降至某规定值或标称零电荷的能力。

3.5.4

表面电压　surface voltage level

用适用仪器在工作表面或产品表面所测出的或正或负的静电电压。

3.6 测量器具和测量条件

3.6.1

气溶胶光度计　aerosol photometer

利用光散射原理、用前散射光腔测量空气悬浮粒子质量浓度的仪器。

3.6.2

非等动力采样　anisokinetic sampling

采样口进气平均风速与该位置单向流的平均风速明显不同的采样条件。

3.6.3

串级撞击采样器　cascade impactor

利用撞击原理在串联的采集表面上采集气溶胶粒子的采样装置。

注：气溶胶气流速度逐级升高，使后一个采集表面采集的粒子比前一个小。

3.6.4

凝聚核计数器　condensation nucleus counter

CNC

以凝聚方式使超微粒子增大，再用光学方法对其计数的仪器。

3.6.5

计数效率　counting efficiency

给定粒径范围内读出的粒子浓度与实际粒子浓度之比。

3.6.6

微分迁移率分析仪　differential mobility analyzer

DMA

按粒子的电迁移率测量粒径分布的仪器。

3.6.7

扩散元件　diffusion battery element

多级粒径限制器的专用部件，它利用扩散机理去除气溶胶流中的小粒子。

3.6.8

离散粒子计数器 discrete-particle counter

粒子计数器

DPC

可显示并记录确定体积空气中离散粒子数量和直径(可辨别粒径)的仪器。

3.6.9

伪计数 false count

背景噪声计数 background noise count

空白计数 zero count

不存在粒子时,因仪器内外多余电信号造成的离散粒子计数器的误计。

3.6.10

风量罩 flowhood with flowmeter

可分别将设施的各个末端过滤器或散流器完全罩住并直接测量其风量的装置。

3.6.11

同轴采样 iso-axial sampling

采样口进气气流方向与被采样单向流气流方向一致的采样条件。

3.6.12

等动力采样 isokinetic sampling

采样口进气气流的平均风速与该位置上单向流的平均风速相等的采样条件。

3.6.13

粒径限制器 particle size cutoff device

连接在离散粒子计数器或凝聚核计数器采样口、能够将小于关注粒径的粒子清除的装置。

3.6.14

阈值粒径 threshold size

选定的最小粒径,以测量大于或等于该粒径的粒子浓度。

3.6.15

飞行时间粒径测量 time-of-flight particle size measurement

以粒子飞越两固定平面间距离所需的时间,测定其空气动力学直径。

注:依据粒子被诱导至与其速度不同的流场中产生的速度漂移测量粒径。

3.6.16

虚拟撞击器 virtual impactor

令粒子以惯性力撞击假设(虚拟)表面而分离不同粒径粒子的仪器。

注:大粒子穿越表面进入一个容积空间停滞,小粒子在该表面随主气流偏转。

3.6.17

代测板 witness plate

当特定表面无法接近或对处置太敏感而无法直接进行测量时,作为被测表面替代物的、具有规定表面积的污染敏感材料。

3.7 占用状态

3.7.1

空态 as-built

设施已建成并运行,但没有生产设备、材料和人员的状态。

[GB/T 25915.1—2010,2.4.1]

3.7.2

静态　at-rest

设施已建成，生产设备已安装好并按需方与供方议定的条件运行，但没有人员的状态。

[GB/T 25915.1—2010,2.4.2]

3.7.3

动态　operational

设施按规定方式运行，其内规定数量的人员按议定方式工作的状态。

[GB/T 25915.1—2010,2.4.3]

4　检测规程

4.1　洁净室检测

4.1.1　必测项目

为了依据GB/T 25915.1—2010进行分级，应按GB/T 25915.2—2010规定的周期，对设施的空气悬浮粒子数量进行测定(见表1)。

表1　设施的必测项目

必测项目	GB/T 25915.3—2010的对应条目			提及处
	原理	规程	仪器	
洁净度分级以及洁净室和空气净化装置的检测	4.2.1	B.1	C.1	GB/T 25915.1和GB/T 25915.2

4.1.2　可选检测项目

表2列出适用于设施的其他检测项目。这些项目适用于所有3种占用状态。所列检测可能并不全面，具体到检验某项工程也可能不需要全测。进行哪些检测、采用什么检测方法，应由供需双方议定。有些检测项目可列入设施的常规监测计划(见GB/T 25915.2—2010)定期进行。附录A给出了检测项目选择指南和一份检测清单。各种检测方法的介绍见附录B。

附录B只是检测方法的概述。使用中，应针对特定用途制定更具体的方法。

表2　设施可选检测项目

选择性检测项目[a]	GB/T 25915.3—2010的对应条目			提及处
	原理	方法	仪器	
空气超微粒子计数	4.2.1	B.2	C.2	GB/T 25915.1
空气大粒子计数	4.2.1	B.3	C.3	GB/T 25915.1
气流检测[b]	4.2.2	B.4	C.4	GB/T 25915.1和GB/T 25915.2
空气压差检测[b]	4.2.3	B.5	C.5	GB/T 25915.1和GB/T 25915.2
已装过滤系统检漏	4.2.4	B.6	C.6	GB/T 25915.2
气流方向检测与显形检查	4.2.5	B.7	C.7	GB/T 25915.2
温度检测	4.2.6	B.8	C.8	ISO 7726

表 2（续）

选择性检测项目[a]	GB/T 25915.3—2010 的对应条目			提及处
	原理	方法	仪器	
湿度检测	4.2.6	B.9	C.9	ISO 7726
静电和离子发生器检测	4.2.7	B.10	C.10	
粒子沉降检测	4.2.8	B.11	C.11	
自净检测	4.2.9	B.12	C.12	GB/T 25915.2
隔离检漏	4.2.10	B.13	C.13	GB/T 25915.1 和 GB/T 25915.2

[a] 这些可选检测项目并非按重要性排序。检测项目的实际实施顺序是根据文件的具体要求，或由供需双方议定。

[b] GB/T 25915.2—2010 规定的必检项目。

4.2 原理

4.2.1 空气悬浮粒子计数

本项检测旨在确定空气的洁净状态，可能包含下述 3 项内容：

a) 洁净度检测（见 B.1）；

b) 超微粒子检测（可选项目）（见 B.2）；

c) 大粒子检测（可选项目）（见 B.3）。

上述 b)项和 c)项检测可起补充说明的作用，或只针对某具体要求，这两项检测不能用于洁净度分级。

4.2.2 气流检测

这项检测用于测定非单向流洁净室的送风量，或单向流洁净室的风速分布。一般情况下只测风速或只测风量，而且只需要报告一种结果：平均风速，或平均风量，或总风量。对于非单向流设施，总风量可决定换气次数。对单向流洁净室要测定风速。风量与风速检测规程见 B.4。

4.2.3 空气压差检测

空气压差检测的目的是验证洁净室系统维持设施与周围环境间规定压差的能力。空气压差检测在下述工作完成之后进行：设施的风速或风量、气流均匀性以及其他适用检测项目已满足验收标准。有关空气压差检测的具体介绍见 B.5。

4.2.4 已装过滤系统检漏

此项检测旨在确认高效过滤系统安装正确。检测中要验证设施不存在旁路渗漏，过滤器无缺陷（滤材和边框密封处的小孔和损伤），无渗漏（过滤器边框和密封垫的旁路渗漏，过滤器安装架的渗漏）。这项检测不检查系统的过滤效率。检测过程中，在过滤器上风向引入气溶胶尘源胶发尘，在过滤器下风向及支撑架处扫描，或在过滤器下风向的风管中采样。B.6 介绍了 2 种检漏技术。

4.2.5 气流方向检测与显形检查

此项检测旨在确认气流方向、气流形态、或这两者均符合设计要求和性能要求。若有要求，还要确认设施内气流的空间特征。检测方法见 B.7。

4.2.6 温度与湿度均匀性检测

这项检测旨在验证:在需方规定的时间内,所测区域的洁净室空气处理系统具有将空气的温度和湿度(以相对湿度或露点表示)保持在控制限值之内的能力。相关检测规程见 B.8 和 B.9。

4.2.7 静电和离子发生器检测

这些检测旨在评估物体的静电电压,材料的静电耗散特性,设施静电控制所用离子发生器(即电离器)的性能。静电检测的内容包括:评估工作表面和产品表面的静电电压,评估地面、工作台面等的静电耗散特性。离子发生器检测用于评估离子发生器消除表面静电的性能。检测规程见 B.10。

4.2.8 粒子沉降检测

粒子沉降检测中,测量置于各种方向表面上沉降的粒子量(数量或质量)或效果(光散射或覆盖面积)。这项检测的规程见 B.11。

4.2.9 自净检测

自净检测是测定设施暂时暴露于空气悬浮粒子源后,能否在有限时间内恢复到规定的洁净度。单向流设施不推荐本项检测。检测规程见 B.12。

使用人工气溶胶时,应注意避免其残留物对设施的污染。

4.2.10 隔离检漏

这项活动用于测定:是否有未经过滤的空气通过接合部、缝隙、门缝和加压顶棚,从洁净室或洁净区外侵入密闭的洁净环境。检测规程见 B.13。

5 检测报告

每项检测结果都应记录在检测报告中。检测报告应包含下述信息:

a) 检测机构的名称、地址、检测日期;
b) 本部分的国家标准编号,即 GB/T 25915.3—2010;
c) 清楚标明所测洁净室或洁净区的具体位置(必要时以邻近区域作参照),并标注所有采样点的具体坐标;
d) 为洁净室或洁净区所规定的标准,包括 ISO 等级,相应的占用状态,关注粒径;
e) 所用检测方法的详细说明,包括特殊的检测条件以及与规定检测方法的偏离之处;检测仪器的规格型号,仪器最新的校准证书;
f) 检测结果,包括附录 B 相关条目中要求的报告数据,以及达到要求的说明;
g) 与附录 B 条目有关的、针对特定检测项目的其他具体要求。

附　录　A
（资料性附录）
检测项目的选择和实施顺序

A.1　概述

本部分给出的检测规程，可用于检查设施是否满足用户规定的性能条件，也可用于定期检测。

根据设施的设计、运行状态、认证要求等因素选择检测项目。

供需双方应事先确定检测项目的实施顺序，规定检测顺序时应考虑，一旦洁净室不符合要求时可避免重复劳动。

A.2　检测清单

表 A.1 是一份检测项目和器具列表。具体检测顺序应由供需双方议定。

表 A.1　推荐设施检测项目和实施顺序

选择检测项目和实施顺序[a]	检测规程	检测规程参照条目	选择检测器具[b]	检测器具	检测器具参照条目	备注
	属于洁净度分级和常规检测的空气悬浮粒子计数	B.1		离散粒子计数器(DPC)	C.1	
	空气超微粒子计数	B.2		凝聚核计数器(CNC)	C.2.1	
				离散粒子计数器(DPC)	C.2.2	
				粒径限制器	C.2.3	
	空气大粒子计数	B.3			C.3	
	通过采集粒子进行的空气大粒子计数	B.3.3.2		显微镜观测采样滤纸	C.3.1	
				串级撞击采样器	C.3.2	
	无需采集粒子的空气大粒子计数	B.3.3.3		离散粒子计数器(DPC)	C.3.3	
				飞行时间粒径测量仪	C.3.4	
	气流	B.4			C.4	
	单向流设施的风速测量	B.4.2.2 和 B.4.2.3		热风速仪	C.4.1.1	
				3 维或 3 维等效超声波风速仪	C.4.1.2	
				叶轮风速计	C.4.1.3	
				皮托管和压差计	C.4.1.4	
	非单向流设施的送风风速测量	B.4.3.3		热风速仪	C.4.1.1	
				3 维或 3 维等效超声波风速仪	C.4.1.2	
				叶轮风速计	C.4.1.3	
				皮托管和压差计	C.4.1.4	
	已装过滤器下风向总风量测量	B.4.3.2		风量罩	C.4.2.1	
				孔板流量计	C.4.2.2	
				文丘里流量计	C.4.2.3	

表 A.1（续）

选择检测项目和实施顺序[a]	检测规程	检测规程参照条目	选择检测器具[b]	检测器具	检测器具参照条目	备注
	风管风量测量	B.4.2.5		风量罩	C.4.2.1	
				孔板流量计	C.4.2.2	
				文丘里流量计	C.4.2.3	
				皮托管和压差计	C.4.1.4	
	空气压差测量	B.5		电子微压计	C.5.1	
				斜管压差计	C.5.2	
				机械式压差计	C.5.3	
	已装过滤器检漏	B.6			C.6	
	已装过滤系统扫描检漏	B.6.2 和 B.6.3		线性气溶胶光度计	C.6.1.1	
				对数气溶胶光度计	C.6.1.2	
				离散粒子计数器(DPC)	C.6.2	
				气溶胶发生器	C.6.3	
				气溶胶物质	C.6.4	
				稀释装置	C.6.5	
				凝聚核计数器	C.2.1	
	风管或空气处理机组内的过滤器检漏	B.6.4		线性气溶胶光度计	C.6.1.1	
				对数气溶胶光度计	C.6.1.2	
				离散粒了计数器(DPC)	C.6.2	
				气溶胶发生器	C.6.3	
				气溶胶物质	C.6.4	
				稀释装置	C.6.5	
				凝聚核计数器	C.2.1	
	气流方向与显形检查	B.7		示踪物或示踪剂	C.7.1	
				热风速仪	C.7.2	
				3维超声波风速仪	C.7.3	
				气溶胶发生器	C.7.4	
				烟雾发生器	C.7.4	
	温度	B.8			C.8	
	一般温度检测	B.8.2.1		玻璃温度计	C.8.1	
				热电偶	C.8.2	
				热敏电阻	C.8.3	
	严格温度检测	B.8.2.2		玻璃温度计	C.8.1	
				热电偶	C.8.2	
				热敏电阻	C.8.3	

表 A.1(续)

选择检测项目和实施顺序[a]	检测规程	检测规程参照条目	选择检测器具[b]	检测器具	检测器具参照条目	备注
	湿度	B.9		电容式湿度计	C.9.1	
				毛发式湿度计	C.9.2	
				露点传感器	C.9.3	
				干湿球湿度计	C.9.4	
	静电和离子发生器	B.10			C.10	
	静电	B.10.2.1		静电电压计	C.10.1	
				高阻欧姆计	C.10.2	
				充电监测板	C.10.3	
	离子发生器	B.10.2.2		静电电压计	C.10.1	
				高阻欧姆计	C.10.2	
				充电监测板	C.10.3	
	粒子沉降	B.11		代测板		
				双目复式光学显微镜		
				粒子沉降光度计	C.11.1	
				表面粒子计数器	C.11.2	
				粒子发生器	C.11.3	
	自净	B.12		离散粒子计数器(DPC)	C.12.1	
				气溶胶发生器	C.12.2	
				稀释装置	C.12.3	
	隔离检漏	B.13			C.13	
	计数器法	B.13.2.1		离散粒子计数器(DPC)	C.13.1	
				气溶胶发生器	C.13.2	
				稀释装置	C.13.3	
	光度计法	B.13.2.2		光度计	C.13.4	
				气溶胶发生器	C.13.2	

[a] 检测的规划人员可在第1栏的空格中填写所选检测项目的顺序编号。

[b] 检测的规划人员可在第4栏的空格中标记针对检测方法所选择的检测器具。

附 录 B
（资料性附录）
检 测 方 法

B.1 属于洁净度分级与常规检测的空气悬浮粒子计数

B.1.1 原理

本检测方法对如何测量阈值粒径 0.1 μm～5 μm 的空气悬浮粒子浓度作出规定。测量可在空态、静态、动态所有 3 种占用状态下进行。本方法用于设施符合 GB/T 25915.1—2010 规定洁净度的认证或验证，或用于 GB/T 25915.2—2010 规定的定期复检。B.1 给出的方法源自 IEST-G-CC1001:1999[11]。

B.1.2 检测规程

B.1.2.1 概述

采样点数量，采样点位置的选择，洁净区级别的判定，所需数据的量，所有这些都要符合 GB/T 25915.1—2010 的规定。B.1 给出的是在每个采样点进行空气采样的基准方法。若供需双方另有协议，也可采用其他具有同样准确度并给出等效数据的方法。若无一致同意的其他方法或出现争议，则应使用本附录给出的基准方法。

注：若要了解用离散粒子计数器检测洁净室的详细信息，或需要了解粒子计数器标准文件，可查阅相关标准[2][3][4][11][23][24]。

B.1.2.2 空气悬浮粒子计数规程

将离散粒子计数器的采样探头放在预定位置，设定计数器的流量，选择符合 GB/T 25915.1—2010 规定的粒径阈值。在单向流区域，所选择的采样探头应接近等动力采样[1]，进入采样探头的风速与被采空气的风速偏差不应超过 20%。若无法做到这一点，将采样口正对气流的主方向。在风速不受控或不可预测（例如非单向流）的采样点，采样口应竖直向上。采样口至粒子计数器传感器的连接管应尽量短。采样粒子大于或等于 1 μm 时，连接管的长度和直径不应超过制造商的建议值。

采样过程中，因扩散造成的小粒子损失、因沉降与撞击造成的大粒子损失所产生的采样误差不应大于 5%。

B.1.3 空气悬浮粒子计数仪器

如 C.1 的介绍，离散粒子计数器（DPC）应能够对空气中的粒子进行计数、计径，其粒径辨别力应满足待测设施的洁净度判定要求。粒子计数器应能对规定粒径范围的粒子进行计数，并显示或记录，所用计数器应具有有效的校准证书。

B.1.4 检测报告

根据供需双方的协议，对于设施洁净度分级或常规检测，第 5 章规定的检测报告及下述信息和数据应记录在案：

a) 离散粒子计数器的伪计数率；
b) 测量类型：洁净度分级还是监测；
c) 设施的洁净度级别；
d) 粒径范围和计数；

e) 离散粒子计数器采样口的采样流量,通过光敏区的流量;

f) 采样点位置;

g) 检测洁净度等级的采样协议,或监测用采样计划;

h) 占用状态;

i) 与测量有关的其他数据。

B.2 空气超微粒子计数

B.2.1 原理

B.2.1.1 概述

本检测方法用于测量粒径小于 0.1 μm 的空气悬浮粒子浓度;该浓度以 U 描述符表示。B.2 给出的方法源自 IEST-G-CC1001:1999[12]。测量可在洁净室或洁净区处于空态、静态、动态中的任何一种状态下进行。此项测量可按 GB/T 25915.1—2010 附录 E 的规定测定超微粒子浓度,或用于 GB/T 25915.2—2010 规定的定期复检。

B.2.1.2 计数效率

测量 U 描述符所用体系的计数效率应落在图 B.1 的阴影之内[12]。该阴影区为性能达标区,其中心对应的选定粒径超微粒子的计数效率为 50%,粒径示为 U。超微粒径 U 的允差为±10%,见图 B.1 中的 1.1U 和 0.9U。这一计数效率允差的规定,是基于对扩散元件透过率的计算,该扩散元件对粒径大于选定超微粒径 10%的粒子的透过率不低于 40%,对粒径小于选定超微粒径 10%的粒子的透过率不高于 60%。

若离散粒子计数器(DPC)或凝聚核计数器(CNC)的计数效率曲线落在图 B.1 阴影区之外的右侧,则不能用其测量或验证 U 描述符。若曲线落在阴影区之外的左侧,则可使用 B.2.1.3 介绍的粒径限制器来降低计数效率。此时,经改进的离散粒子计数器或凝聚核计数器的计数效率就成为原计数器的计数效率与粒径限制器透过率的乘积。

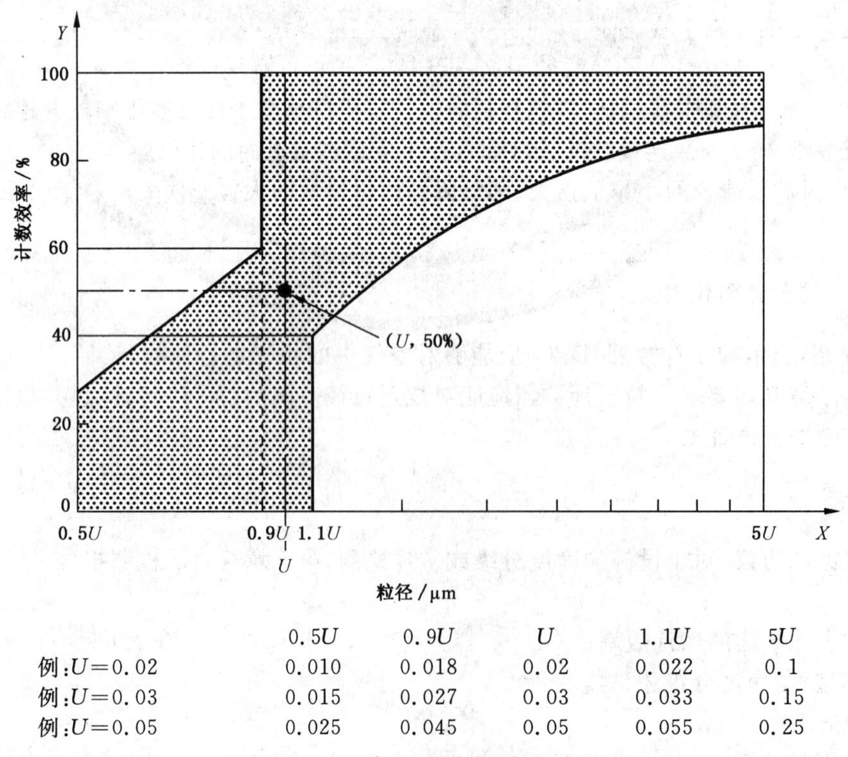

	0.5U	0.9U	U	1.1U	5U
例:U=0.02	0.010	0.018	0.02	0.022	0.1
例:U=0.03	0.015	0.027	0.03	0.033	0.15
例:U=0.05	0.025	0.045	0.05	0.055	0.25

图 B.1 所选仪器计数效率达标区

B.2.1.3 粒径限制器

为获得测量或验证 U 描述符所需的计数效率特性，可在计数效率曲线落在图 B.1 阴影区之外左侧的离散粒子计数器(DPC)或凝聚核计数器的采样管上，安装一个粒径限制器。改动后，计数器、采样口与粒径限制器的综合计数效率曲线落在图 B.1 的阴影区内。

粒径限制器清除小于规定粒径的粒子，以准确且可再现的方式降低透过率。粒径限制器多种多样，其大小和配置各异，只要它们具有所要求的透过率即可接受。合适的粒径限制器包括扩散元件和虚拟撞击器。透过率随粒子的物理特性、限制器构造和体积流量而变化。因此，使用粒径限制器时要小心，它们只能用于规定的流量，安装时要防静电累积。为了减少电荷累积，粒径限制器应有良好的接地。

B.2.2 超微粒子计数规程

架设离散粒子计数器或凝聚核计数器的采样探头(需要时接粒径限制器)。按 GB/T 25915.1—2010 附录 B 或 GB/T 25915.2—2010 的规定，在每个采样点按规定流量采样并重复测量。小流量长采样管线可能造成相当大的超微粒子扩散损失。因扩散造成超微粒子损失所产生的采样误差不应超过 5%。计算供需双方议定的超微粒径范围内 U 描述符的浓度，并报告数据。若需要有关超微粒子浓度稳定性的信息，可按供需双方议定的时间间隔，在选定位置进行不少于 3 次测量。

B.2.3 超微粒子计数仪器

使用 C.3 规定的离散粒子计数器(DPC)或 C.2 规定的凝聚核计数器(CNC)。若使用离散粒子计数器，则其对 GB/T 25915.1—2010 附录 B 规定的超微粒子，应具有 50% 的计数效率，至少对粒径 1 μm 的粒子仍具有准确的粒径分辨力。应根据图 B.1 来确定 DPC 计数器和 CNC 计数器阈值粒径的计数效率。若所用 DPC 或 CNC 的可探测粒径小于规定粒径，则应使用 B.2.1.3 规定的粒径透过率已知的粒径限制器。

B.2.4 检测报告

根据供需双方的协议，对洁净区设施 U 描述符检测，第 5 章规定的检测报告及下述信息和数据应记录在案：

a) 离散粒子计数器或凝聚核计数器及粒径限制器(若使用)的具体型号和校准状况；
b) 对 U 描述符超微粒子粒径规定的阈值；
c) 若使用，离散粒子计数器的伪计数率；
d) 若使用，粒径限制器的性能数据；
e) 测量类型：对 U 描述符是测量还是监测；
f) 设施的洁净度级别；
g) 超微粒子测量系统采样口与读出体积流率；
h) 采样点位置；
i) 验证性采样计划，或常规检测采样计划，按要求；
j) 占用状态；
k) 与测量有关的其他数据。

B.3 空气大粒子计数

B.3.1 原理

本检测方法用于测量粒径大于 5 μm 的空气悬浮粒子(大粒子)。B.3 给出的方法源自 IEST-G-

CC1003:1999[13]。测量可在设施 3 种占用状态的任何一种状态下进行。此项测量可按 GB/T 25915.1—2010 附录 E 的规定测定大粒子浓度，或用于 GB/T 25915.2—2010 规定的定期复检。为减少采样过程中大粒子的损失，应特别注意样本的获取和操作方式。

B.3.2 样本处理要点

当工作对象是大粒子时，样本的采集与处理要格外小心。有参考文献详述了可用于等动力采样和非等动力采样并可将粒子传送至测量点的各种系统的要求。

B.3.3 大粒子测量方法

B.3.3.1 概述

大粒子测量方法一般分为两类。不同方法得到的测量结果可能不具可比性。因此，不同测量方法之间可能无法比较。各种方法得到的粒径信息汇总如下：

a) 用过滤或惯性法采集，然后用显微镜观测计数与计径，或测量所采集的粒子质量：
   1) 用过滤器采集，然后用显微镜观测(B.3.3.2.1)，报告的大粒子是议定粒径的大粒子；
   2) 用串级撞击采样器采集，然后用显微镜观测[B.3.3.2.2a)]，报告的大粒子是显微镜操作者所选粒径的大粒子；
   3) 由串级撞击采样器采集，然后称重测量[B.3.3.2.2b)]，报告的大粒子是空气动力学粒径的大粒子。

b) 使用飞行时间粒子计数器或离散粒子计数器，在位测量大粒子的浓度与粒径：
   1) 离散粒子计数器测量(B.3.3.3.2)，报告的大粒子是光学当量粒径的大粒子；
   2) 粒子飞行时间测量(B.3.3.3.3)，报告的大粒子是空气动力学粒径的大粒子。

B.3.3.2 大粒子测量中的粒子采集

B.3.3.2.1 过滤器采样和显微镜观测

选择一片滤膜和一个滤膜夹，或一套预先组装好的气溶胶采样器；所用滤膜的孔径不大于 2 μm。在滤膜夹贴上标签，标明设施和采样点位置。将滤膜夹出风口接通真空源，真空源按要求的流量抽气。若测定大粒子浓度的采样点位于单向流区，采样气流应调整至等动力采样条件，采样口应正对单向流气流。

滤膜夹和气溶胶采样器的进风口应朝上。对等于或优于 ISO 6 级(见 GB/T 25915.1—2010)的洁净室，采样量应不小于 0.28 m^3。对劣于 ISO 6 级的洁净室，采样量应不小于 0.028 m^3。

取下滤膜夹或气溶胶采样器上的盖子，将其存放在洁净处。按供需双方的协议，在采样点进行空气采样。若使用便携式真空泵，其排风应排到洁净室外，或在排风中使用合适的过滤器。采样完毕，将滤膜或气溶胶采样器的盖子盖好。运送滤膜夹时应保持滤膜始终处于水平，从采样至分析的整个过程中，保持滤膜夹不受任何振动或冲击。对滤膜表面的粒子进行计数[4]。

B.3.3.2.2 用串级撞击采样器采集并测量

在串级撞击采样器中，采样气流喷射穿过一系列口径渐小的孔。最大粒子直接沉降在最大孔径下面的采集板上，小粒子依次沉降在撞击器的各级。采集大粒子的串级撞击采样器有两种。一种是粒子沉降在可拆卸的平板上，平板可移出称重或显微镜观测。这种撞击采样器的采样流量一般不低于 0.000 47 m^3/s。另一种是粒子沉降在压电石英微量天平质量传感器上，传感器给出各级所采集的粒子质量。这类串级撞击采样器的采样流量很小。

a) 用第一种串级撞击采样器测量前，先记录每一级的初始质量或测出每一级单位面积的初始粒

子计数。采样器工作 10 min 或更长时间，采样结束后将其封好并送到天平或显微镜处。取下各级采集板，对采集大粒子的各级采样板上所累积的粒子秤重或计数。大粒子浓度的定义为：撞击器中采集大粒子的各级大粒子的总质量或总计数与穿过撞击器的总气流量之比。

b) 第二种串级撞击采样器在采样期间同时获得采集到的粒子质量数据。由于各级上的微天平传感器均可显示质量变化，所以一般无须在采样前测定初始质量。与前一种撞击采样器相同，这种采样器的各级同样可以取出，用光学显微镜对单个粒子逐一测量，或用电子显微镜测量粒子的构成。将采样流量调整为 0.000 39 m^3/s，采样时间按洁净区的等级设为 10 min 至数小时。将撞击器放在预定采样点并启动，采样结束后，可将撞击器移至其他位置进行更多样本测量。大粒子浓度定义为：撞击器中采集大粒子的各级大粒子的总质量或总计数与穿过撞击器的总气流量之比。

B.3.3.3 无需采集粒子的大粒子测量

B.3.3.3.1 概述

不必从空气中采集粒子也可测量大粒子，即对悬浮在空气中的粒子进行光学测量。空气样本以规定流量流经离散粒子计数器时，计数器就会报出粒子的光学当量粒径或空气动力学粒径。

B.3.3.3.2 离散粒子计数器(DPC)测量

使用离散粒子计数器测量大粒子的方法与 B.1 中的空气悬浮粒子计数方法基本相同，不同点只有一处，由于只需要大粒子的计数数据，因此对 1 μm 以下粒子的仪器灵敏度无要求。注意离散粒子计数器的样本需是直接采自采样点的空气；计数器采样管的长度不得超过 1 m；离散粒子计数器的采样流量至少 0.000 47 m^3/s。单向流洁净室中，计数器采样口的尺寸应适应等动力采样。在非单向流区域，离散粒子计数器的采样口应朝上，采样口直径应不小于 30 mm。

设定计数器的粒径范围，使其只测量大粒子。为了保证所测粒子的浓度不大于出现重叠误差的浓度，应保留一个低于 5 μm(见 GB/T 25915.1—2010 中表 1)的粒径档。将这个小于 5 μm 粒径档的浓度数据加到大粒径数据中，浓度之和不应超过所用粒子计数器最大浓度建议值的 50%。

B.3.3.3.3 飞行时间粒径测量

大粒子的尺寸可用飞行时间仪来测量。空气样本抽入仪器，经喷嘴进入一个局部真空区，空气因膨胀而加速，测量在真空区进行。空气样本中的所有粒子均在测量区加速，粒子的加速度与粒子质量成反比。利用测量点的风速与粒子速度两者的关系，可测定粒子的空气动力学直径。知道环境与测量区之间气压的压差，可直接计算出风速。根据粒子在两束激光间的飞行时间测定粒子速度。飞行时间仪可测量大到 20 μm 粒子的空气动力学直径，粒径分辨率好于 10%。获取样本的方法与离散粒子计数器测量相同；确定粒径范围的方法也与离散粒子计数器相同。

B.3.4 大粒子计数规程

架设所选仪器的空气采样探头，每个采样点的采样空气量，至少需要采集到 20 颗大粒子，并按 GB/T 25915.1—2010 或 GB/T 25915.2—2010 的规定进行测量。根据供需双方的协议选择粒径范围，计算 M 描述符的浓度并报告数据。若需要大粒子浓度稳定性的有关信息，可按供需双方议定的时间间隔在选定位置进行不少于 3 次测量。

B.3.5 检测报告

根据供需双方的协议，对设施的洁净度等级验证或常规检测，第 5 章规定的检测报告及下述信息和

数据应记录在案：

a) 检测仪器所测粒子参数的定义；
b) 测量类型：分级，M描述符测量还是常规监测；
c) 所用测量仪器和器具的具体型号及校准状况；
d) 洁净室的洁净度等级；
e) 大粒子粒径范围和每个范围内的计数；
f) 仪器的采样流量和实际进入传感器的体积流量；
g) 采样点位置；
h) 等级验证采样计划，或常规检测的采样协议；
i) 占用状态；
j) 若要求，大粒子浓度的稳定性；
k) 与测量有关的其他数据。

B.4 气流检测

B.4.1 原理

本检测用于测量洁净室和洁净区内的风速，风速均匀性及送风量。单向流洁净室和洁净区需要测量风速分布，而非单向流洁净室和洁净区需要测的是送风量。测量送风量是要确定单位时间内送到设施的空气容积，该值可用来计算单位时间的换气次数。风量的测量，可在末端过滤器的出风面，或在送风管中。两者测量的都是通过已知截面的风速，风速与面积的乘积即为风量。具体测量方法由供需双方协商确定。这种检测可用于所有3种占用状态。

B.4.2 单向流设施检测方法

B.4.2.1 概述

单向流的风速决定单向流洁净室的性能。可在靠近末端过滤器表面测量风速，也可在室内测量风速。检测中，测量面垂直于送风气流并分成等面积网格[15]。

B.4.2.2 送风风速

风速测点距过滤器出风面约150 mm～300 mm。测点数量应足以测定洁净室和洁净区的送风量，测点数量取测量面积(以平方米计)10倍的平方根，且不少于4个测点。每只过滤器或每台风机-过滤单元(FFU)的出风面上至少要有一个测点。可使用软帘阻挡对单向流的干扰。

为了获得可重复的读数，每点的测量时间应足够长。对多个测点而言，应记录风速测量平均时间。

B.4.2.3 洁净室内风速的均匀性

风速均匀性的测点距过滤器出风面约150 mm～300 mm，测量网格由供需双方议定。

当生产装置和工作台安装就位，应特别注意气流的明显改变情况。因此，风速均匀性的测点不应靠近这些障碍物。

所测数据可能无法表明洁净室或洁净区设施本身的特性。用以判定风速均匀性即风速分布的数据，应由双方议定。

为获得可复验的读数，每点的测量时间应足够长。

B.4.2.4 测量过滤器面风速确定送风量

可利用B.4.2.2的风速测量结果按式(B.1)计算总风量：

$$Q=\sum(U_c \times A_c) \quad \cdots\cdots (B.1)$$

式中：

Q ——总风量；

U_c——各测量网格单元中心点的风速；

A_c——网格单元面积，其定义为设施面积除以测点数量。

B.4.2.5 风管中的送风量

风管中的风量测量可采用孔板流量计、文丘里流量计和风速计等体积流量计，参见 GB/T 2624.1—2006～GB/T 2624.4—2006[19][20][21][22]。

使用皮托管和压力计，或使用风速计(热式或叶轮式)测量矩形风管时，先将风管中的测量截面划分为等面积网格，然后测量每个网格单元中心点的风速。网格单元的数量由供需双方议定，例如 9 个、16 个。使用 B.4.2.4 规定的方法对风量进行评估。遇到圆形风管，可按照 EN 12599 介绍的方法使用皮托管测定风量[10]。

B.4.3 非单向流设施的检测方法

B.4.3.1 概述

送风量和换气次数是最重要的参数。某些情况下，为了测定总风量，有必要逐一测量每个送风口的风量[15]。

B.4.3.2 送风口处测量的送风量

为了排除送风口局部气流的扰动和气流喷射的影响，建议采用风罩测量末端过滤器或送风散流器的总送风量。可使用配有流量计的风量罩直接测量，也可用风罩出风的风速乘以有效面积求出送风量。风罩的上开口应完全罩住过滤器或散流器；为了避免旁通漏风造成的读数不准，风罩的上沿应密封靠紧平坦的表面。若采用带流量计的风量罩，则可在风罩的出风端口直接测量各个末端过滤器或送风散流器的风量。

B.4.3.3 按过滤器面风速计算的送风量

如果没有风罩，可用风速计来测量各个末端过滤器出风面的风速，风速与出风面面积的乘积就是送风量。可用软帘隔阻对单向流的干扰。

测点数量和送风量的计算参见 B.4.2.3 和 B.4.2.4。

若无法将测量面划分成等面积网格单元，就要使用面积加权来计算平均风速。

B.4.3.4 风管中的送风量

风管中的风量测定与 B.4.2.5 介绍的方法相同。

B.4.4 气流检测仪

气流测量仪的介绍和测量技术要求见 C.4。风速测量可使用超声波风速仪、热风速仪、叶轮风速计，或其他效果相当的仪器。

风量测量可使用孔板流量计、文丘里流量计、皮托管、均速皮托管，或其他效果相当的仪器。

风速测量不应受到短距离内点与点间速度波动的影响。例如，为了在某一波动范围内测出“平均”风速，使用热风速仪时，划分的网格要小，测点要多；使用叶轮风速计时，叶轮的灵敏度要高，叶轮要大。

所选用的器具应有有效的校准证书。

B.4.5 检测报告

根据供需双方的协议，第5章规定的检测报告及下述信息和数据应记录在案：

a) 检测类型和检测条件；

b) 所用各种仪器的具体型号和校准状况；

c) 测点位置和距过滤器表面的距离；

d) 占用状态；

e) 与测量有关的其他数据。

B.5 压差检测

B.5.1 原理

这项检测的目的是验证设施与周围环境之间、设施内各空间之间保持规定压差的能力[15]。这项检测适用于所有3种占用状态。定期进行这项检测，并将其列入GB/T 25915.2—2010规定的设施常规监测计划。

B.5.2 压差检测规程

在测量各房间之间以及房间与外部之间的压差前，宜先确认送风量和设施的风量均衡符合规定要求。

所有的门保持关闭，测量并记录洁净室与周围环境之间的压差。

若设施内有多间洁净室，先测量最里层房间与相邻房间之间的压差，然后依次向外层测量，直至测量到最外层密闭区和辅助区之间以及与室外环境之间的压差。

所测的压差一般很小，测量方法不正确很容易造成读数错误。鉴于此，应考虑下列措施：

a) 建议设置永久性测点；

b) 测点设在洁净室中央，远离可能影响测点局部压力的送风口和回风口。

B.5.3 压差检测仪器

压差测量仪器的介绍和测量技术要求见C.5。压差测量可使用电子微压计、斜管压差计、机械式压差表。

所用仪器应有有效的校准证书。

B.5.4 检测报告

根据供需双方的协议，第5章规定的检测报告及下述信息和数据应记录在案：

a) 检测类型和测量条件；

b) 所用各种仪器的具体型号和校准状况；

c) 所测房间的洁净度级别；

d) 测点位置；

e) 占用状态。

B.6 已装过滤系统检漏

警示——气溶胶发尘可能在某些设施内造成过高的粒子污染和分子污染。某些检测气溶胶在特定

环境中可能成为安全隐患。本部分无意探讨相关安全问题。用户有责任在采用本部分前，考虑并采取适当安全措施、进行风险分析、遵守相关法规。

B.6.1 原理

B.6.1.1 概述

此项检测的目的是确认过滤系统安装正确，使用过程中无渗漏发生。B.6 给出的检测方法部分源自 IEST-RP-CC034.2[18]。此项检测用于验证过滤系统不存在影响设施洁净状况的渗漏。检测中，在过滤器的上风向注入气溶胶，在下风向紧靠过滤器和安装框架的地方扫描，或在风管中的过滤器下风向采样。这项检漏包括滤材、过滤器边框、密封垫和支撑架在内的整个过滤系统。不要将已装过滤系统的检漏与过滤器出厂时的效率检测混为一谈。已装过滤系统的检漏只在“空态”或“静态”下进行，且该项检漏是在新建洁净室调试时，或现有设施需要再检测时，或更换了末端过滤器之后进行。

B.6.2 和 B.6.3 给出了 2 种方法，用于检测顶棚和墙壁以及设备上的过滤器系统。B.6.4 介绍了安装在风管中过滤器的检测方法。下述各种检测活动中，可使用气溶胶光度计（B.6.2 介绍的方法）或离散粒子计数器（B.6.3 介绍的方法）。这 2 种方法获得的结果不能进行直接比较。

B.6.1.2 使用气溶胶光度计

下列情况下可使用气溶胶光度计法（B.6.2）：

a) 洁净室的送风风管配有气溶胶注入口，可使气溶胶发尘达到规定的高浓度；

b) 最易透过粒径（MPPS）整体透过率不小于 0.003%的过滤系统；

c) 沉降在过滤器和风管内的油基挥发性检测气溶胶的释放气体对洁净室内的产品、工艺、人员无害的设施。

注：对同等级过滤器造成的气溶胶污染浓度，光度计法是离散粒子计数器法的 100～1 000 倍。

B.6.1.3 使用离散粒子计数器（DPC）

与光度计法相比，计数器法（B.6.3）更灵敏，对过滤系统的污染也小得多。下列情况下可使用计数器法：

a) 配备任何类型空气处理系统的洁净室；

b) 配有最易透过粒径（MPPS）透过率低至 0.000 005%的过滤器系统；

c) 设施不允许有油基挥发性检测气溶胶沉降在过滤器和风管内并产生释放气体，或推荐使用固体气溶胶的场合。

B.6.2 已装过滤系统气溶胶光度计扫描检漏规程

B.6.2.1 概述

准备步骤见 B.6.2.2～B.6.2.5，具体检测规程见 B.6.2.6，验收限值和修补工作见 B.6.2.7 和 B.6.6[14][15][18]。

B.6.2.2 上风向气溶胶发尘的选择

将人工生成的多分散气溶胶或大气气溶胶注入上风向气流，使上风向气溶胶均匀且达到检测所需的浓度。这种发尘方式产生气溶胶粒子的质量中值粒径一般为 0.5 μm～0.7 μm，几何标准差可高达 1.7。

注：有关气溶胶物质的指南见 C.6.4。

B.6.2.3　上风向气溶胶发尘浓度与浓度验证

过滤器上风向气溶胶发尘的浓度为 10 mg/m³～100 mg/m³。浓度低于 20 mg/m³ 时检漏的灵敏度欠佳;高于 80 mg/m³ 时,长时间检测会过度污染过滤器。

应采取适当手段来验证注入的气溶胶与送风均匀混合。对系统进行第 1 次检测时应验证气溶胶混合充分,验证时应规定并记录所有注入口和采样点。

在紧靠过滤器上风向处测量,上风向气溶胶浓度随时间的变化不应超过平均测量值的±15%。浓度低于平均值,对小渗漏检测的灵敏度降低;较高浓度时对小渗漏的灵敏度提高。供需双方应商定送风与气溶胶混合效果检测的细节。

ASME N510-1989[1]和 IEST-RP-CC034.2:1999[18]可能对此有所帮助。

B.6.2.4　确定采样头尺寸

按式(B.2)计算采样头开口尺寸时应考虑仪器采样流量和过滤器出风面风速,以使采样口的风速接近过滤器出风面的风速。采样口为正方形或矩形。此外,还应认真考虑采样口的入口风速分布[18]。

$$D_{\mathrm{p}}=\frac{q_{V\mathrm{a}}}{U\times W_{\mathrm{p}}} \qquad \cdots\cdots(\mathrm{B.2})$$

式中:

D_{p}——沿扫描方向的采样口宽度,单位为厘米(cm);

$q_{V\mathrm{a}}$——测量仪器的实际采样流量,单位为立方厘米每秒(cm³/s);

U——过滤器出风面风速,单位为厘米每秒(cm/s);

W_{p}——垂直于扫描方向的采样口宽度,单位为厘米(cm)。

注:风速应为:

$$U(1+20\%)\geqslant U_{\mathrm{s}}\geqslant U(1-20\%)$$

上述关系也可表示为:

$$1.2U\geqslant U_{\mathrm{s}}\geqslant 0.8U$$

式中:

U——过滤器出风面风速;

U_{s}——采样探头入口风速。

$$U_{\mathrm{s}}=\frac{q_{V\mathrm{a}}}{D_{\mathrm{p}}\times W_{\mathrm{p}}}$$

B.6.2.5　确定扫描速度

采样头的往复扫描速度 S_{r} 应约为 $15/W_{\mathrm{p}}$ cm/s[18]。例如,当使用 3 cm×3 cm 正方形采样头扫描时,$S_{\mathrm{r}}=5$ cm/s。

B.6.2.6　已装过滤系统扫描检漏规程

本项检测中,在过滤器上风向注入气溶胶,用光度计的采样探头在下风向查找过滤器和安装架上的漏点,具体做法如下:

a)　进行此项检测前,应已完成风速合格性检测(B.4)。

b)　应先按 B.6.2.3 的规定测量过滤器上风向的气溶胶,验证气溶胶浓度和分布的均匀性符合要求。

c)　然后,应以不超过 B.6.2.5 中规定的扫描速度 S_{r} 移动采样探头往复扫描,扫描的覆盖面之间略有重叠。采样探头距过滤器出风面和框架结构约 3 cm。

d)　扫描应遍及过滤器的整个出风面、过滤器的周边、过滤器边框与安装架构之间的密封处及安

装架构的结合点。

e) 扫描检漏过程中，为了确认上风向气溶胶浓度稳定(见 B.6.2.3)，应以适当时间间隔并在扫描完成后对上风向气溶胶进行复测。

B.6.2.7 验收限值

扫描时有任何显示大于或等于渗漏限值处，都应将采样头停在渗漏处持续测量一段时间。光度计获得最大读数时采样头的位置应判定为渗漏位置。

当读数大于上风向气溶胶浓度的 10^{-4}(0.01%)时，就认为存在渗漏。供需双方也可商定其他验收限值。

消除渗漏点的措施见 B.6.6。

注：若过滤器的效率不同，或光度计的响应时间不同，可能需要考虑设定不同的渗漏限值，参见 IEST-RP-CC034.2[18]。

B.6.3 已装过滤系统粒子计数器扫描检漏规程

B.6.3.1 概述

这种过滤器在位检漏方法分 2 步，兼顾了准确性和检测速度：

1) 在过滤器的洁净侧扫描，看其是否可能存在漏点。粒子计数器扫描过程中，发现计数多于采样时间 T_s 内的可接受观测计数 C_a 时，表明可能存在渗漏，于是执行第 2 步检测。若未发现可疑渗漏，则不必做进一步检查。确定参数 C_a 和 T_s 的方法见 B.6.3.6。

2) 将采样探头返回至每个可疑渗漏处粒子计数最大的地方，停在该处进行复测。若计数器探头静止不动时，复测的计数多于静止时间 T_r 内的合格观测计数 C_a，表明存在渗漏。确定参数 C_a 和 T_r 的方法见 B.6.3.6。

B.6.3.2 气溶胶条件

将人工生成的多分散气溶胶或大气气溶胶引入上风向气流，使上风向气溶胶均匀且达到检测所需的浓度。

注：气溶胶物质的指南见 C.6.4。

气溶胶应符合下列条件：

a) 数量中值粒径(CMD)在 0.1 μm～0.5 μm 之间；

b) 计数器的小粒径阀值小于气溶胶的平均粒径；

c) 若计数器在小阀值至 0.5 μm 的粒径范围内的粒径通道不只一个，应选择下风向计数中读数最高的那个通道；

d) 将气溶胶当量平均粒径的总平均数调到接近于所用计数器最合适通道的中点粒径。

B.6.3.3 上风向气溶胶的浓度与验证

为了达到 B.6.3.5 规定的扫描速度，过滤器上风向气溶胶的浓度应足够高。大多数情况下，为了达到如此高的浓度，有必要向上风向加入人工气溶胶。而为了测定这种高浓度气溶胶，可能要为计数器增设一个稀释装置，以便使气溶胶浓度不至高出计数器的浓度限值(重叠误差)。每期使用前和使用后，都要验证稀释装置的性能[16]。

上风向气溶胶浓度随时波动的话，下风向扫描应不间断地进行，以便获得计算所需的连续的粒子计数数据。浓度低时探测小渗漏的灵敏度低，浓度高时探测小渗漏的灵敏度高。因此，扫描期间最好同时监测上风向浓度。供需双方应协商确定气溶胶混合检验的具体细节，包括上风向采样点的位置和采样点数量[18]。

B.6.3.4 确定采样探头尺寸

参见B.6.2.4。

B.6.3.5 已装过滤系统扫描检漏规程

参见B.6.2.6,实施时用B.6.3.3和B.6.3.6.4替代B.6.2.3和B.6.2.5。

B.6.3.6 预备性计算与评估

B.6.3.6.1 预备性计算与评估中使用的符号和流程图

本条款所用符号如下:

C_c ——过滤器上风向气溶胶发尘浓度(个/cm^3);

P_s ——被试过滤器MPPS(最易透过粒径)处最大允许整体透过率;

P_L ——被试过滤器标准渗漏透过率;

K ——表示 P_L 可能大于 P_s 多少的系数;

q_{Vs} ——标准采样流量,$q_{Vs}=472\ cm^3/s(28.3\ L/min)$;

q_{Va} ——离散粒子计数器实际采样流量(cm^3/s);

S_r ——探头扫描速度(cm/s);

D_p ——沿扫描方向的探头口宽度(cm);

N_p ——有渗漏时的预期粒子计数(个);

N_{pa} ——有渗漏时的实际粒子计数(个);

C_a ——合格的观测计数(个);

T_s ——采样时间(s);

T_r ——探头静止时间(s)。

事先估算的流程见图B.2。

B.6.3.6.2 被试过滤器标准渗漏透过率,P_L

标准渗漏透过率 P_L 的定义为:采样探头停在渗漏上方静止不动时,计数器以标准采样流量检测出的透过率。此处规定标准采样流量 $q_{Vs}=472\ cm^3/s(28.3\ L/min)$。

P_L 由供需双方协商确定,或根据表B.1和式(B.3)来确定,式中,P_L 是 K 和 P_s 的函数。

$$P_L = K \times P_s \qquad \text{(B.3)}$$

表B.1 K 与 P_s 的函数关系

最大允许透过率 P_s	$\leqslant 5\times10^{-4}$	$\leqslant 5\times10^{-5}$	$\leqslant 5\times10^{-6}$	$\leqslant 5\times10^{-7}$	$\leqslant 5\times10^{-8}$
系数 K	10	10	30	100	300

P_s 应定义为制造商规定的被试过滤器最大允许整体MPPS(最易透过粒径)透过率。如果没有这个MPPS透过率数据,可使用规定粒径的额定透过率。

注:P_L 中考虑了滤材的正常透过率和正常渗漏。

某些场合,局部透过率可能大于整体透过率。

手动扫描时,可用 N_p 取代 C_a。建议取 $N_p \geqslant 2$,同时不考虑B.6.3.6.3。

若想与光度计法验收限值(见B.6.2)相关,可设定气溶胶的平均粒径应为0.8(±0.2)μm,对整体透过率0.05%和0.005%的过滤器,最大允许透过率取0.01%。

扫描前预备性计算

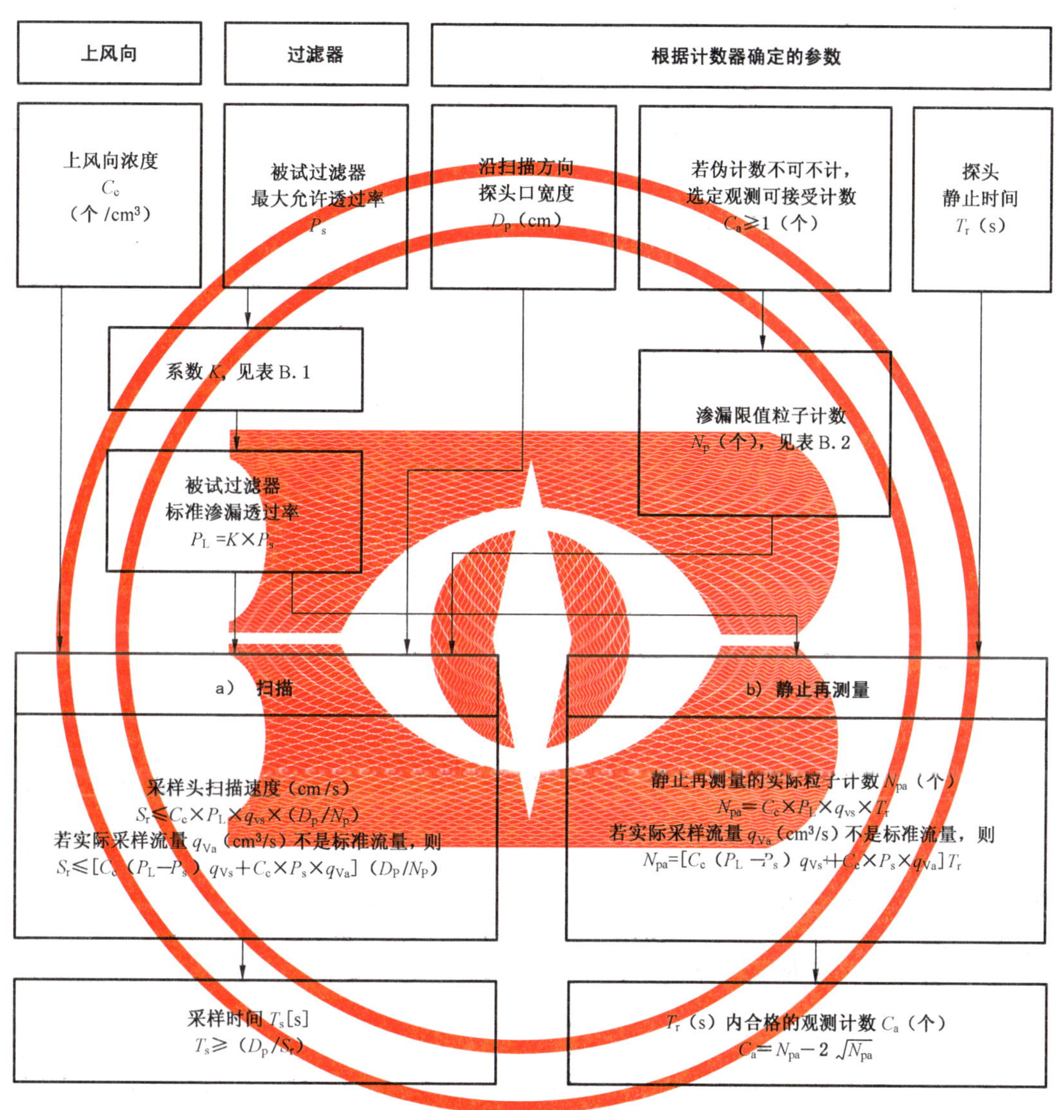

检测与评估步骤

a） **扫描探测可疑漏点**

当选 $C_a=1$（个）时，在一段短时间（$<T_s$）内计数增加≥2，应将采样探头置于渗漏位置，以静止方式复测。若计数不增加，则认为无渗漏。

b） **静止测量渗漏**

若探头静止时间 T_r 内观测计数小于 C_a（个），则认为该点无渗漏。

若探头静止时间 T_r 内观测计数总是大于 C_a（个），则认为该点有渗漏。

图 B.2 预备性计算与评估流程图

B.6.3.6.3 期望粒子计数 N_p 和验收限值 C_a

统计计算中，观测计数 C_a 对应置信上限 N_p。表 B.2 中给出部分 C_a 和 N_p 的成对值。N_p 值较小，可使用较快的扫描速度，或较低的上风向浓度。

a) 若伪计数可忽略不计，应选择 $C_a=0$，$N_p=3.7$ 这组值。

b) 若伪计数不可不计，应选择 $C_a \geqslant 1$。

表 B.2 泊松分布的 95%置信上限[8][17]

观测计数 C_a	上限 N_p	观测计数 C_a	上限 N_p	
0	3.7	6	13.1	N_p 大于 19.7 时，取： $C_a=N_p-2\sqrt{N_p}$ ……… (B.4)
1	5.6	7	14.4	
2	7.2	8	15.8	
3	8.8	9	17.1	
4	10.2	10	18.4	
5	11.7	11	19.7	

B.6.3.6.4 扫描速度 S_r

探头的往复扫描速度 S_r 由式(B.5)确定：

$$S_r \leqslant C_c \times P_L \times q_{Vs} \times \frac{D_p}{N_p} = C_c \times P_L \times 472 \times \frac{D_p}{N_p} \quad \cdots\cdots\cdots\cdots (B.5)$$

S_r 不应大于 8 cm/s。

首先选择 S_r 和 C_a，然后按式(B.5)计算上风向检测气溶胶浓度 C_c。

B.6.3.6.5 静止时间 T_r 和对应 T_r 的 N_{pa} 和 C_a

a) 选择探头静止时间 T_r(s)

观测到有大于 C_a 的计数时，应按探头静止时间 T_r 进行静止复检。若使用的是市售常规计数器，应将 T_r 设为 1 倍或数倍于计数器的固定间隔时间。

b) 计算 T_r(s)和 C_a(个)的实际计数 N_{pa}(个)

在 T_r 内达到渗漏限值的实际粒子计数 N_{pa} 可由式(B.6)得出。对于值大的 N_{pa}，可按式(B.7)计算 C_a。

$$N_{pa} = C_c \times P_L \times q_{vs} \times T_r \quad \cdots\cdots\cdots\cdots (B.6)$$

$$C_a = N_{pa} - 2\sqrt{N_{pa}} \quad \cdots\cdots\cdots\cdots (B.7)$$

B.6.3.6.6 用扫描法检测渗漏

a) 观测计数(个)小于 C_a 时

在大于等于采样时间 T_s 内，若观测计数不大于 C_a，则认为无渗漏。如式(B.8)给出的关系，采

样时间 T_s 应不小于探头移过渗漏点所需时间[18]：

$$T_s \geqslant \frac{D_p}{S_r} \qquad \text{(B.8)}$$

b) 观测计数大于 C_a(个)时

遇到任何观测计数大于 C_a(个)的情况，都应将采样头静止在渗漏位置一段时间以检查渗漏情况。

手工扫描时，通过计数器的显示或报警音就能检测出疑似渗漏。为了区分合格与不合格计数，应调整过滤器上风向的气溶胶浓度，使粒子计数允许偏差不超过 10 颗。

为了避免两次采样读数之间复位时间的影响，计数器的采样间隔应足够长。

B.6.3.6.7 用静止法再测疑似渗漏

a) 观测计数小于 C_a(个)时

若 T_s 内观测到的计数不大于 C_a，则确认无渗漏。

b) 观测计数大于 C_a(个)时

若观测计数大于 C_a，应考虑以静止方式再测量。若静止观测的计数仍大于 C_a，则认为存在渗漏。

B.6.3.7 非标准流量的修正

标准渗漏透过率 P_L 是按 $q_{Vs}=472\ \mathrm{cm^3/s}$(28.3 L/min)这个标准采样流量定义的。此时，渗漏的粒子计数与实际采样流量 q_{Va}($\mathrm{cm^3/s}$)无关。若采样流量并非这个标准流量，计算公式应修正为式(B.9)和式(B.10)：

$$S_r \leqslant [C_c(P_L - P_s)q_{Vs} + C_c \times P_s \times q_{Va}]\frac{D_p}{N_p} \qquad \text{(B.9)}$$

$$N_{pa} = [C_c(P_L - P_s)q_{Vs} + C_c \times P_s \times q_{Va}]T_r \qquad \text{(B.10)}$$

B.6.3.8 评估应用的实例

图 B.3 给出一项评估步骤实例。

扫描前预备性计算

$q_{Va}=q_{Vs}=472\ cm^3/s$

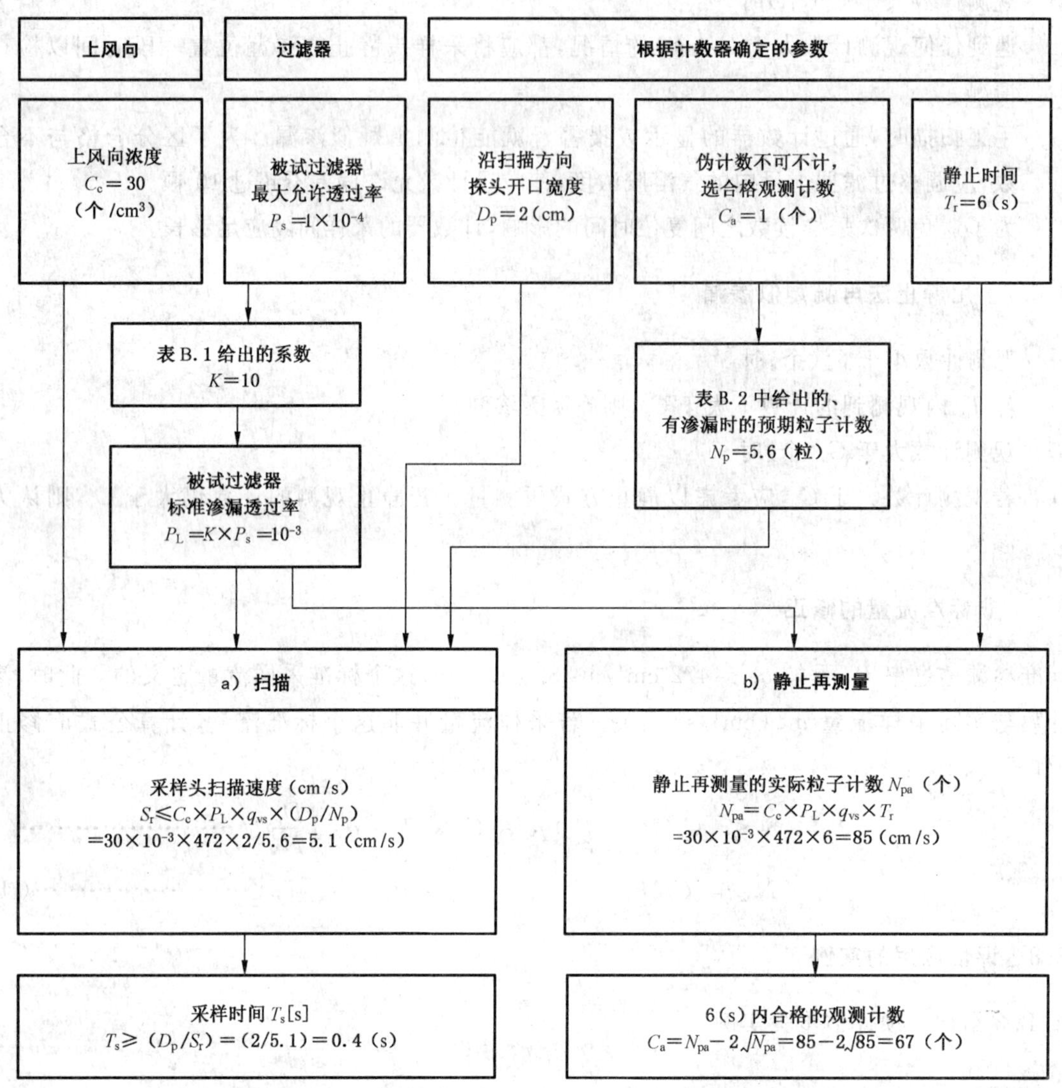

检测与评估步骤

a）扫描探测可疑漏点

若短时间内（<0.4 s）计数增加≥2，应将采样探头置于渗漏位置，以静止方式复测。

若计数不增加，则认为无渗漏。

b）静止测量渗漏

若静止时间 $T_r=6$ s内观测计数 $C_a<67$ 个，则认为该点无渗漏。

若静止时间内观测计数大于 C_a，则认为该点出现渗漏。

图 B.3 评估流程图

B.6.4 风管内与空气处理器(AHU)内过滤器的整体检漏规程

此方法可用来评估安装在风管内过滤器的整体渗漏。此方法也可用来评估多级过滤器的整体渗漏，而无需逐级检测。位于设施中非单向流区的末端过滤器也可采用这种方法。此方法的灵敏度比

B.6.2 和 B.6.3 介绍的检漏法低得多[1][6][9]。

检测时，向远离洁净室的过滤器上风向注入气溶胶，然后测量风管或空气处理器内过滤后的空气粒子浓度，并将其与上风向浓度比较，计算出过滤器设备的总效率或总透过率[18]。

进行此项检测前，应已完成风速合格检测(B.4)。

先按 B.6.2.3(光度计法)或 B.6.3.3(计数器法)测量上风向气溶胶，验证其浓度与均匀性。

若过滤器下风向的气溶胶混合均匀，则每只过滤器下风向的气溶胶浓度测点不少于一个。若混合不均匀，就应改变测量方法，在风管内过滤器下风向截面上设置若干等距离测点，测点间隔 30 cm～100 cm，距管壁约 3 cm。

为确认气溶胶尘源的稳定性，应以适当的时间间隔重复测量过滤器上风向的粒子浓度(见 B.6.2.3)。

通过浓度测量，计算出下风向各测点、对应测量器具所调整到的粒径的粒子总透过率。

所有点的透过率均不应大于过滤器最易透过粒径额定透过率的 5 倍。然而，若使用光度计，透过率不应大于 10^{-4}(0.01%)。供需双方可协商确定过滤效率检测的其他验收限值。

可根据 B.6.6 或供需双方协议，对渗漏进行修补或纠正。

注：若需要对风管内的过滤器进行扫描检漏，就应采用 B.6.2 和 B.6.3 介绍的方法。

B.6.5 已装过滤系统检漏所需仪器和材料

B.6.5.1～B.6.5.4 中规定的仪器应配有有效校准证书。

B.6.5.1 对数或线性气溶胶光度计

见 C.6.1。

B.6.5.2 离散粒子计数器(DPC)

见 C.6.2。

采样流量要足够高，能够探测到检漏相关的粒径。粒子计数器和气溶胶光度计限于在伪计数或背景浓度小于 10% 渗漏限值的情况下使用。

B.6.5.3 合适的气动生成或热生成气溶胶发生器

可在适当的粒径范围内产生所需浓度的气溶胶(见 C.6.3)。

B.6.5.4 合适的气溶胶稀释装置

B.6.5.5 合适的气溶胶物质

见 C.6.4。

B.6.6 修补与修补规程

只有在供需双方协议允许的情况下才可进行渗漏修补。确定修补方法时应遵守设备制造商和需方的要求。

选择修补用料时，应考虑释放气体及分子沉降对产品和工艺的污染。

修补部位包括：过滤器、密封剂和安装架上探测到的渗漏。

过滤器和支撑结构的修补方法，可由供需双方议定。

修理完毕后，等待适当的固化时间，再使用规定的方法对渗漏点重新扫描检漏。

B.6.7 检测报告

根据供需双方的协议，第 5 章规定的检测报告及下述信息和数据应记录在案：

a） 检测方法：光度计法还是计数器法；

b） 所用每台仪器的型号及校准状况；

c） 特定检测条件，与本检测方法偏离之处，供需双方议定的特定规程；

d） 上风向气溶胶浓度，浓度测点位置，对应的测量时间；

e） 采样流量；使用粒子计数器时的粒径范围；

f） 计算出的上风向平均气溶胶浓度和浓度分布；

g） 下风向测量合格计算限值；

h） 对应每台过滤器、每个区域或测点的测量结果；

i） 每个规定测点的最终检测结果；

j） 无渗漏则通过检测。若有渗漏，报告渗漏位置、修补情况及该位置的复测结果。

B.7 气流方向检测和显形检查

B.7.1 原理

气流方向检测和显形检查的目的，是确认气流方向和气流均匀性与设计要求和性能要求相符；若有要求，还要与气流的空间和时间特性相符。

注：本部分未考虑使用计算机流体动力学(CFD)进行预测和分析。

B.7.2 方法

下述4种方法可用于气流方向检测和显形检查：

a） 示踪线法；

b） 示踪剂法；

c） 采用图像处理技术的气流显形检查；

d） 借助速度分布测量的气流显形检查。

方法a)和方法b)，实际上是利用丝线和微粒等示踪物质的运动，凭肉眼观察设施中的气流，并使用摄像机、胶片、磁盘或磁带记录流场。丝线和示踪微粒物不应成为污染源，并能准确地跟随气流的流向。检测过程中可使用示踪粒子发生器和高强度光源等其他仪器。

方法c)定量演示设施内的风速分布。这种方法使用了计算机示踪粒子图像处理技术。

注意不要让操作者干扰观测中的气流。

注：气流会受到压差、风速、温度等参数的影响。

B.7.3 气流方向检测和显形检查规程

B.7.3.1 示踪线法

这种方法是直接观察丝线、尼龙单丝、布条或薄磁带等纤细物。将上述物品系在置于气流中的支撑杆顶端或系在金属丝网格的交汇处，直接观察气流的方向和因紊流引起的波动。有效的照明有助于观察与记录气流状况。通过测量两点(例如2 m～0.5 m)之间的气流偏移来计算偏移角。

B.7.3.2 示踪剂法

对高强度光源照亮的示踪粒子的特性进行观察或成像，这项检测给出设施内气流的方向和均匀性信息。产生示踪粒子的物质可选去离子水、喷射的或用化学法生成的乙醇和乙二醇等。为了避免表面污染，应慎重选择示踪剂。

使用液滴生成法时应考虑液滴的粒径。液滴要大到图像处理技术可探测到，但又不大到会因重力

等效应而偏离被观测的气流。

B.7.3.3 采用图像处理技术的气流显形检查

利用B.7.3.2的方法生成图像，对录像或照片上的粒子图像数据进行处理，给出检测区的二维风速矢量的数量特征。这项处理技术需要配有适当接口和软件的计算机。可使用激光光源等装置来提高空间分辨率。

B.7.3.4 借助测量速度分布的气流显形检查

可在被观测设施内的几个规定点上放置热风速仪或超声波风速仪等风速测量设备，以测定气流速度分布情况。对测量数据进行处理，可得到气流分布的信息。

B.7.4 气流方向检测和显形检查用仪器

各种检测方法使用的仪器不同。C.7给出了各种检测方法的适用仪器。

B.7.5 检测报告

根据供需双方的协议，第5章规定的检测报告及下述信息和数据应记录在案：

a) 检测类型、显形检查方法、检测条件；
b) 所用测量仪器和器具的型号以及校准状况；
c) 显形检查点的位置；
d) 若规定使用图像处理技术或测量速度分布，照片或录像带上记录的图像，或每项测量的原始数据；
e) 气流显形检查报告中应附有平面图，标出所有仪器的确切位置；
f) 占用状态。

B.8 温度检测

B.8.1 原理

本检测的目的是，证明设施的空气处理系统，按供需双方议定的时间和控制限值，保持被测区域内空气温度的能力。B.8给出的检测方法部分取自IEST-RP-CC006.3[15]。此处给出两个档次的检测方法。第一种方法是B.8.2.1给出的一般检测，适用于空态设施的初步检测；第二种方法是B.8.2.2给出的严格检测，适用于静态或动态下的检测。第二种检测适用于温度性能要求更为严格的区域。

B.8.2 温度检测规程

B.8.2.1 一般温度检测

本检测在气流均匀性检测之后和空调系统调整之后进行。进行这项检测时，空调系统已经运转，各项状况已经稳定。

每个温控区至少设置一个温度测点。

传感器设在指定位置的工作高度。

让传感器有充分的时间稳定后，记录各测点的温度读数。

所做测量应适合实际使用的目的，测量时间不少于5 min，每分钟至少记录1个读数。

B.8.2.2 严格温度检测

具有严格环境控制要求的区域建议进行这项检测。

进行这项检测时,空调系统已经至少运转 1 h,各项状况已经稳定。

将工作区划分成等面积网格。具体检测网格由供需双方议定。

检测点不少于 2 个。

温度探测器应设在工作高度,距设施的顶棚、墙和地面不少于 300 mm。

选择探测器的位置时,应充分考虑热源的影响。

所做测量应适合实际使用的目的,测量时间不少于 5 min,每分钟至少记录 1 个读数。

B.8.3 温度检测仪器

温度检测中使用准确度符合 ISO 7726:1998 规定的传感器,例如:

a) 玻璃温度计;

b) 热电偶;

c) 热敏电阻。

仪器的最小测量分辨率为:设定温度点与该点允许的波动范围之差的 1/5。

仪器应有有效校准证书。

B.8.4 检测报告

根据供需双方的协议,第 5 章规定的检测报告及下述信息和数据应记录在案:

a) 检测和测量的类型,检测条件;

b) 所用测量仪器的型号和校准状况;

c) 测点位置;

d) 占用状态。

B.9 湿度检测

B.9.1 原理

本检测的目的是证明设施的空气处理系统,按供需双方议定的时间和控制限值、保持被测区域内空气湿度(用相对湿度或露点表示)的能力。B.9 给出的检测方法取自 IEST-RP-CC006.3[15]。

B.9.2 湿度检测方法

本检测在气流均匀性检测之后和空调系统调整之后进行。

进行这项检测时,空调系统已经充分运转,各项状况已经稳定。

每个湿度控制区至少设置一个湿度传感器,并且给传感器充分的稳定时间。

所做测量应适合实际使用的目的,待传感器稳定之后,测量时间不少于 5 min。

检测点、频度、间隔和数据的记录时间应由供需双方议定。

湿度检测应与温度检测一起进行。

B.9.3 湿度检测仪器

湿度检测中使用准确度符合 ISO 7726:1998 规定的传感器。

常见传感器有:

a) 介质膜电容湿度传感器;

b) 露点传感器;

c) 干湿球温度计。

仪器的最小测量分辨率应为:设定湿度点和允许的该点波动范围之差的 1/5。

仪器应有有效的校准证书。

B.9.4 检测报告

根据供需双方的协议,第5章规定的检测报告及下述信息和数据应记录在案:

a) 检测和测量的类型,检测条件;

b) 所用测量仪器的型号和校准状况;

c) 温度;

d) 测点位置;

e) 占用状态。

B.10 静电和离子发生器检测

B.10.1 原理

本检测由两部分组成,一个是静电检测,另一个是离子发生器(电离器)检测。静电检测的目的是评估工作面和产品表面上的静电电压,以及地面、工作台面和设施其他部件的静电耗散率。评估静电耗散特性要测量表面电阻和表面泄漏电阻。评估离子发生器的性能要检测带电荷监测物的放电时间,并测定绝缘监测板的补偿电压。每项测量结果均说明静电荷的耗散(或中和)效率及所生成的正、负离子数量的不平衡性。

B.10.2 静电检测和离子发生器检测规程

B.10.2.1 静电检测规程

B.10.2.1.1 表面电压的测量

使用静电电压计或场强计测量工作表面和产品表面或正或负的静电荷。

将探头面向接地的金属板,把静电电压计或场强计的输出调零。使探头的感应口与金属板平行,探头与金属板的距离按制造商的说明。用于调零的金属板的表面积要足够大,以使与所要求的探头口尺寸以及探头至表面适当的距离相配。

测量表面电压时,将探头靠近被测体表面。把持探头的方式仍与调零时相同。为了进行有效测量,相对于探头感应口尺寸及探头与表面间的距离,被测体应有足够大的表面积。

记录静电电压计的读数。

供需双方协商确定测点和待测体。

B.10.2.1.2 静电耗散特性的测量

评估静电耗散特性需使用高阻欧姆计测量表面电阻(表面不同位置之间的电阻)和泄漏电阻(表面与大地之间的电阻)。

用质量和尺寸适当的电极来测量表面电阻和泄漏电阻。测量表面电阻时,这些电极应与表面保持正确的距离。

供需双方协商确定检测条件的具体细节。

B.10.2.2 离子发生器检测规程

B.10.2.2.1 概述

为评估双极离子发生器的性能进行的此项检测,需测量放电时间和补偿电压:测量放电时间是为了

计算离子发生器消除静电荷的效率;测量补偿电压是为了评估离子发生器生成的离子流中正负离子的不平衡性。离子的不平衡会造成不合要求的残余电压。

这些测量要使用导电监测板、静电电压计、计时器和电源(上述部分构成的仪器有时可称为充电监测板)。

B.10.2.2.2 放电时间的测量

使用具有已知电容(例如 20 pF)的监测板(绝缘了的导电板)进行测量。首先用电源向监测板充电,使其达到或正或负的规定电压。

将监测板置于待评估的双极离子发生器的电离气流中,使用静电电压计和计时器测量监测板上静电荷随时间的变化。

放电时间的定义是,监测板上静电荷减少至 10%初始电压所需的时间。

监测板上正电和负电的放电时间都应进行测量。

供需双方议定检测点的位置和检测验收限值。

B.10.2.2.3 补偿电压的测量

用安装在绝缘体上的充电监测板测量补偿电压。

用静电电压计监测绝缘板上的电荷。

首先令监测板接地以消除残余电压,并确认板上的电压为零。

将板暴露于电离气流,直到电压计的读数稳定,此时的电压就是补偿电压。

离子发生器的合格补偿电压依工作区内物体对静电荷的敏感性而定。供需双方应协议确定合格的补偿电压。

B.10.3 静电和离子发生器检测用仪器

a) 静电检测用、测量表面电压的静电电压计或静电场强计;

b) 静电检测用、测量静电耗散特性的高阻欧姆计;

c) 检测离子发生器用的静电电压计或静电场强计,导电监测板或充电监测板。

有关上述仪器的介绍见 C.11。所有仪器都应具有有效的校准证书。

B.10.4 检测报告

根据供需双方的协议,第 5 章规定的检测报告及下述信息和数据应记录在案:

a) 检测和测量的类型,检测条件;

b) 所用测量仪器的型号和校准状况;

c) 温度、湿度、其他相关环境数据;

d) 测点位置;

e) 占用状态;

f) 与测量有关的其他数据。

B.11 粒子沉降检测

B.11.1 原理

这里说明的规程与仪器用于设施内的空气中沉降在或可能沉降在产品和工作表面的粒子的计径和计数。使用表面特性与所关注风险表面类似的代测板来采集沉降粒子,然后使用光学显微镜、电子显微镜或表面扫描仪器测定粒径并计数。可用沉降粒子光度计测定粒子沉降率。粒子沉降数据应表示为单

位时间、单位表面积粒子的质量或计数。

B.11.2 粒子沉降检测规程

B.11.2.1 代测板采集粒子

将代测板放在风险表面所在的同一平面。代测板的电势应与检测表面相同。使用代测板时应遵守下述规程和方法：

a) 验证洁净室的各个系统功能正常，符合运行要求。

b) 在每块代测板上作唯一标识，按要求清洁代测板，将表面粒子浓度减少到最低程度。测定每块代测板上粒子的背景浓度。

c) 保留10%的代测板用于对照。对照板的处置方式与实际检测用代测板完全相同，但不暴露。

d) 将所有代测板运到检测现场。运送时应避免空气悬浮粒子污染板的表面。

e) 令代测板暴露，时间最长可达48 h，具体暴露时间依洁净室的类型、运行方式和使用的粒子计数仪器而定。为了给出可满足需方要求的、具有统计意义的有效数据，必要时可调整暴露时间，以便在代测板上得到足够多的沉降粒子。

f) 盖好并取回暴露过的代测板，将其存放在密封的容器中以防再受污染。

B.11.2.2 对采集的粒子进行计数和计径

对代测板采集的粒子进行计数和计径，以得到可再现的数据，依此可对被测区域的洁净程度归类。

使用光学显微镜时，可利用经过校准的线性或圆形测微尺测量粒径。使用电子显微镜时，可利用经校准的已知线距光栅，用图像尺寸与实际尺寸相关的办法来测量粒径。使用表面扫描仪时，可利用制造商提供的粒径校准信息。可将代测板上局部面积的计数数据外推到代测板的整个表面(统计学计数)。外推方法可参照参考文献[4]。

a) 对所有代测板上及对照板上的粒子进行计数和计径。对所有代测板总面积上的粒子计数，并对粒子按适当的粒径范围分类。

b) 确定每块代测板表面沉降粒子的浓度，见式(B.11)：

$$D=\left(\frac{N_t-N_b}{A_w}\right) \qquad \cdots\cdots\cdots\cdots(\text{B.11})$$

式中：

D ——沉降在表面的粒子浓度；

N_t——表面粒子的总浓度；

N_b——表面清洁后、暴露于洁净室环境之前，代测板表面大于或等于规定的最小粒径的粒子浓度；

A_w——代测板面积，单位为平方厘米(cm^2)。

c) 计算对照代测板的 D 平均值。

d) 用每块代测板的浓度减去对照代测板浓度的平均值，确定每块代测板表面浓度的净增量。用浓度的净增长除以暴露时间，得到单位时间内每平方厘米的粒子沉降率(PDR)。

e) 记录PDR的均值和标准差。

B.11.3 粒子沉降检测器具

B.11.3.1 代测板材料

依据需待测的粒径、测量手段来确定代测板的用材：

a) 微孔滤膜；

b) 双面胶带;

c) 培养皿;

d) 含对比色(黑色)聚合物(如聚酯树脂)的培养皿;

e) 摄影胶片(薄片);

f) 显微镜片(普通片或带金属镀膜);

g) 玻璃或金属镜片;

h) 半导体晶圆坯料;

i) 玻璃光掩膜基片。

为了易于看到粒子,代测板表面的光洁度应与待测粒子的粒径相适。所用测量手段应能分辨并测量所关注的最小粒径。

B.11.3.2 仪器

可利用各种仪器对沉降在代测板表面的粒子进行计数和计径测量。按所关注的粒径,测量仪器分为4类[25][28]:

a) 光学显微镜(粒径不小于2 μm);

b) 电子显微镜(粒径不小于0.02 μm);

c) 表面分析扫描仪(粒径不小于0.1 μm);

d) 粒子沉降光度计(粒子最大覆盖面积1%)。

按关注粒径范围内粒子的探测需要选择仪器。其他需要考虑的因素有,采集样本和分析样本需要的时间,评估检测方法需要的时间。所用仪器应具有有效校准证书。

B.11.4 检测报告

根据供需双方的协议,第5章规定的检测报告及下述信息和数据应记录在案:

a) 检测和测量的类型,检测条件;

b) 所用测量仪器的型号和校准状态;

c) 测点位置;

d) 占用状态。

B.12 自净检测

B.12.1 原理

本项检测是测定设施清除空气悬浮粒子的能力。产生粒子的事件发生后,洁净度的恢复性能是设施最重要的能力之一。自净检测仅对非单向流系统重要并推荐采用,因为自净性能与受控区内循环风比例、送风与出风的几何位置、热条件和空气分布特性因素。而单向流系统中,污染被受控气流置换,自净时间只受位置和距离的影响。本项检测应在设施处于空态或静态时进行。

ISO 8级和ISO 9级不推荐此项检测。

若使用人工气溶胶,应防止气溶胶对设施的残留污染。

B.12.2 自净性能

自净性能由100∶1自净时间或洁净度恢复率来表示。100∶1自净时间的定义是:粒子浓度降低至0.01倍初始浓度所需时间;洁净度恢复率的定义是:粒子浓度随时间的变化速率。从上述两个参数可从同一粒子浓度衰减曲线得到。

测量应在粒子浓度以单指数衰减的时间段内进行,此时,在半对数坐标图上(浓度在纵坐标为对数

刻度,时间值在横坐标为线性刻度)浓度与时间呈直线关系。此外,检测浓度不应过高,以免造成计数器的重叠误差;也不应过低,以免产生计数偏差。

注:100∶1 自净时间检测是首选方法。

B.12.3 自净检测规程

B.12.3.1 用 100∶1 自净时间进行评估

若能将初始粒子浓度提高到目标洁净程度的 100 倍或更高时,可直接测量 100∶1 自净时间。

应小心避免计数器的重叠误差和污染计数器光学器件的风险。检测前,需要计算检测 100∶1 自净时间所需浓度。若计算出的浓度超出计数器的最大可测浓度,可使用稀释装置来降低浓度以避免重叠误差,或以恢复率检测(B.12.3.2)来取代 100∶1 自净时间检测。

a) 按制造商的说明和校准证书设置计数器。
b) 将粒子计数器的采样探头置于检测点,测点位置和测量次数由供需双方议定。计数器的采样探头不应直接位于送风口下。
c) 将单次采样体积量调整到测定洁净度级别时用的同一量值。计数器每次开始计数到输出计数结果的延时应调整到不超过 10 s。
d) 本检测中使用的粒径应小于 1 μm。建议用计数器上气溶胶浓度读值最高的那个粒径通道作为检测通道。
e) 检测时,空气处理设备正常运行,洁净室被测区域充斥气溶胶污染物。
f) 将气溶胶初始浓度提高到目标洁净程度的 100 倍或更高。
g) 每隔 1 min 进行一次测量,直到粒子浓度达到 100× 目标浓度阈值,记录当时的时间(t_{100n})。
h) 记录粒子浓度降至目标洁净程度的时间(t_n)。
i) 100∶1 自净时间为 $t_{0.01}=(t_n-t_{100n})$。

B.12.3.2 使用恢复率的评估

使用粒子浓度向所需洁净度(见 GB/T 25915.1—2010)衰减的曲线斜率来确定自净性能,如下:

a) 在坐标图上绘出呈现下降的粒子浓度数据,横坐标为时间,纵座标为对数浓度;
b) 曲线的斜率值就是洁净恢复率。

两次相继测量值之间的洁净恢复率由式(B.12)计算:

$$n=-2.3\times\frac{1}{t_1}\log_{10}\left(\frac{C_1}{C_0}\right) \qquad \text{(B.12)}$$

式中:

n ——洁净恢复率;

t_1 ——第 1 次和第 2 次测量的间隔时间;

C_0——初始浓度;

C_1——时间 t_1 过后的浓度:

$$C_1=C_0\exp(-nt_1)$$

一次检测中,获取 5～10 个恢复率值,求其平均值。

恢复率与 100∶1 自净时间两者的关系如下:

$$n=-2.3\times\frac{1}{t_{0.01}}\log_{10}\left(\frac{1}{100}\right)=-2.3\times\frac{1}{t_{0.01}}(-2)=4.6\times\frac{1}{t_{0.01}} \qquad \text{(B.13)}$$

B.12.4 恢复率检测仪器和测点

下列检测仪器应具有有效校准证书。

供需双方可议定测点的数量。

B.12.4.1 气溶胶发生器和人工生成气溶胶

符合 B.6 中规定的特性。

B.12.4.2 离散粒子计数器

计数效率符合 C.1 和 C.6 的规定。

B.12.4.3 稀释装置

若必需，见 C.12.3 的规定。

B.12.5 检测报告

根据供需双方的协议，第 5 章规定的检测报告及下述信息和数据应记录在案：

a) 所用测量仪器的型号和校准状况；

b) 测点数量和位置；

c) 占用状态。

B.13 隔离检漏

B.13.1 原理

本项检测是用来测定有无污染空气从周围具有相同或不同静压的非受控区侵入洁净区，并检查承压顶棚系统有无渗漏。

B.13.2 隔离检漏规程

B.13.2.1 离散粒子计数器法

在洁净室外紧邻被评估表面处或门口处测量粒子浓度，所测粒径在该处浓度应至少比洁净室内的浓度高 3 个数量级，且不低于 3.5×10^{6} 个/m^{3}。若浓度小于此值，应人工生成气溶胶来提高浓度。

在洁净室内部，以约 5 cm/s 的速度扫描建筑接缝、缝隙和管线套管，扫描探头距接缝、密封处、接合部的距离不大于 5 cm。

若检查敞开门道处的渗漏情况，建议采用气流显形检查法。

记录并报告所有对应粒径的气溶胶浓度高于外部环境 0.01 倍的读数。

注：本项测量的测点数目和位置由供需双方议定。

B.13.2.2 光度计法

按照 B.6.2.2 的规定在洁净室或洁净装置外发生足够高浓度的气溶胶，这样，光度计设在 0.1%档时，气溶胶浓度将超过满量程。

在光度计的 0.1%档测量，读数超过 0.01%即表明存在渗漏。

在洁净室内部，以约 5 cm/s 的速度扫描建筑接缝和缝隙，扫描探头距缝隙的距离不大于 5 cm。

检查敞开门口处的渗漏情况时，在洁净室内侧、距敞开的门 0.3 m～1 m 处测量浓度。

记录并报告所有超过 0.01%光度计刻度的读数。

B.13.3 隔离检漏仪器

下列检测仪器应具有有效校准证书。

B.13.3.1 人工气溶胶发生源

见B.6.5。

B.13.3.2 离散粒子计数器和光度计

粒子计数器见C.1,光度计见C.6.1。计数器和光度计都应具有识别0.5 μm或更小粒子的能力。

B.13.4 检测报告

根据供需双方的协议,第5章规定的检测报告及下述信息和数据应记录在案:

a) 所用测量仪器的型号和校准状况;

b) 数据采集方法;

c) 测点位置;

d) 占用状态。

附 录 C
（资料性附录）
检测仪器

本附录介绍本部分推荐的检测应使用的仪器。

表 C.1～表 C.29 中给出的参数是每件仪器的最低要求。本附录的条目编号和附录 B 的条目相对应，例如，C.1 的仪器对应 B.1 介绍的检测方法。负责制定检测计划的人可参照选择以下检测仪器，参照附录 A 列出检测项目清单和检测顺序。测量仪器的选择应遵守供需双方的协议。

本附录仅供参考。若仪器有改进，不妨碍用户使用那些更好的仪器。可依照供需双方的协议，使用适用的其他仪器。

C.1 空气悬浮粒子计数

C.1.1 光散射离散粒子计数器(DPC)

可对空气中粒子进行逐个计数和计径的仪器，给出的粒径为光学当量直径。

表 C.1 给出光散射离散粒子计数器的技术要求。

表 C.1 光散射离散粒子计数器技术要求

项 目	技 术 要 求
灵敏度(分辨率)[a]	0.1 μm～5 μm 范围内粒径分辨率≤10%
测量不确定度	在粒径设定档，浓度误差±20%
校准周期	不超过 12 个月，或规定的性能验证时
计数效率	最小粒径阈值时(50±20)%，大于或等于最小粒径阈值的 1.5 倍时(100±10)%
低浓度范围	与实际预期的最低计数相比，伪计数不显著。自净阶段计数在一段时间内等于零(例如，5 min 内无计数)
高浓度范围	在使用点，大于设施洁净度上限浓度 2 倍，且不超过制造商建议最大浓度的 75%

[a] 粒径分辨率大于 10%的仪器，给出的粒子计数结果可能有高达 1 个数量级的波动。

C.2 超微粒子计数

C.2.1 凝聚核粒子计数器(CNC)

对被采粒子凝聚过饱和蒸气而形成的全部液滴进行计数的仪器。它对大于或等于 CNC 最小可测粒径的所有粒子进行累加计数。

表 C.2 凝聚核粒子计数器技术要求

项 目	技 术 要 求
测量限值/量程	粒子浓度可高达 $3.5\times10^9/m^3$
灵敏度	依具体应用情况而定，例如 0.02 μm

表 C.2（续）

项　　目	技　术　要　求
测量不确定度	最小粒径阈值的±20％
稳定性	可受环境气体类型的影响
校准周期	不超过 12 个月
低浓度范围	与实际预期的最低计数量相比，伪计数不显著
注：计数效率见图 B.1。	

C.2.2　离散粒子计数器(DPC)

可对空气中包括超微粒子在内的粒子进行逐个计数和计径的仪器。

离散粒子计数器的技术要求见表 C.3。

表 C.3　离散粒子计数器技术要求

项　　目	技　术　要　求
测量限值/量程	粒子浓度可高达 $3.5\times10^{7}/m^{3}$
灵敏度/分辨率	小于 0.1 μm，粒径分辨率≤10％
测量不确定度	在粒径设定档，浓度误差±20％
校准周期	不超过 12 个月
计数效率	小阈值粒径时(50±20)％，大于或等于小阈值粒径的 1.5 倍时(100±10)％
注：计数效率见图 B.1。	

C.2.3　粒径限制器

安装在超微粒子计数装置采样口的一种空气采样传输元件。可清除小于规定粒径的粒子。这类装置的实例有：扩散元件、虚拟撞击器。

粒径限制器的技术要求见表 C.4。

表 C.4　粒径限制器技术要求

项　　目	技　术　要　求
测量不确定度	清除(50±10％)规定粒径的粒子
校准周期	因装置类型而异，一般 12 个月
采样流量	经过粒径限制器的流量应恒定(±10％)，不小于计数装置要求的流量

C.3　大粒子计数

C.3.1　用显微镜观测滤纸采集的粒子

见 ASTM F312[4]。

C.3.2 串级撞击采样器

即采样气体以恒定流量穿过一系列孔径渐小的孔板来采集粒子的系统,孔板面即采集面。每级孔板采集面的流体流速都比前一层高一级,其采集的粒子就比前一级小一号。再对各级采集的粒子进行称重或计数。

串级撞击采样器的技术要求见表C.5。

表 C.5 串级撞击采样器技术要求

项　目	技 术 要 求
测量限值/量程	规定的采样流量
灵敏度/分辨率	低压时可采集亚微米粒子
准确度	各级“截留点”的准确度≥90%
线性度	某粒径范围内粒子沉降的数量显著
稳定性	50%的截留粒径,取决于采样流量
响应时间	几分钟到几天,依样本测量方法而定
校准周期	不超过12个月

C.3.3 离散大粒子计数器

可对空气中大粒子进行逐个计数和计径(若需要)的仪器。

离散大粒子计数器的技术要求见表C.6。

表 C.6 离散大粒子计数器技术要求

项　目	技 术 要 求
测量限值/量程	粒子浓度可高达 $1.0\times10^{6}/m^{3}$
灵敏度/分辨率	5 μm～80 μm时分辨率20%
测量不确定度	粒径误差为校准设定值的±5%
线性度	随粒子的成份或形状而异
校准周期	不超过12个月
计数效率	最小粒径阈值处(50±20)%,大于或等于最小粒径阈值的1.5倍时(100±10)%

C.3.4 飞行时间粒子测量仪

对离散粒子进行计数和计径的仪器,它通过测量粒子适应气流速度变化的时间来确定粒子的空气动力学直径。一般是利用光学手段测量气流速度改变后粒子的通行时间进行计径。

飞行时间粒子测量仪的技术要求见表C.7。

表 C.7 飞行时间粒子测量仪技术要求

项　　目	技　术　要　求
测量限值/量程	粒子浓度可高达 $1.0\times10^7/m^3$
灵敏度/分辨率	0.5 μm～20 μm 范围分辨率 10%
测量不确定度	粒径校准设定值的±5%
校准周期	不超过 12 个月
计数效率	最小粒径阈值时(50±20)%,大于或等于最小粒径阈值的 1.5 倍时(100±10)%

C.3.5 压电天平撞击器

即采样气体以恒定流量穿过一系列孔径渐小的孔板来采集粒子的系统,孔板面即带有压电石英微天平质量传感器的采集面。各级传感器在采样的同时对所采粒子进行称重。

压电天平撞击器的技术要求见表 C.8。

表 C.8 压电天平撞击器技术要求

项　　目	技　术　要　求
灵敏度/分辨率	低压差时可采集 5 μm～50 μm 的粒子
线性度	某粒径范围内粒子沉降的数量显著
稳定性	各级的截留点随流量变化
校准周期	不超过 12 个月
最小采集灵敏度	对于比重为 2 的粒子 $10\ \mu g/m^3$

C.4 气流检测

C.4.1 风速仪

C.4.1.1 热风速仪

测量由电加热的微型传感器上热传导的变化来测量风速的仪器。

热风速仪的技术要求见表 C.9。

表 C.9 热风速仪技术要求

项　　目	技　术　要　求
测量限值/量程	设施检测为 0.1 m/s～1.0 m/s,风管检测为 0.5 m/s～20 m/s
灵敏度/分辨率	0.05 m/s(或满刻度的 1%)[a]
测量不确定度	读数+0.1 m/s 的±(5%)[a]
响应时间	满刻度的 90%时小于 1 s
校准周期	不超过 12 个月
[a] 测量灵敏度和不确定度参见 ISO 7726:1998。仪器需要按空气温差和大气压的变化进行修正。	

C.4.1.2 3维或等效3维超声波风速仪

探测所测气流中各点声频(或称“声速”)的漂移来测量风速。

3维或等效3维超声波风速仪的技术要求见表C.10。

表C.10 3维或等效3维超声波风速计技术要求

项　目	技术要求
测量限值/量程	设施检测为0 m/s～1 m/s
灵敏度/分辨率	0.01 m/s
测量不确定度	读数的±5%
响应时间	小于1 s
校准周期	不超过12个月

C.4.1.3 叶轮风速计

计算叶轮在气流中的转速来测量风速。

叶轮风速计的技术要求见表C.11。

表C.11 叶轮风速计技术要求

项　目	技术要求
测量限值/量程	0.2 m/s～10 m/s
灵敏度/分辨率	0.1 m/s
测量不确定度	±0.2 m/s或读数的±5%,取大者
响应时间	满刻度的90%时小于10 s
校准周期	不超过12个月

C.4.1.4 皮托管和(数字式)压差计

用数字式压差计检测气流中某点上全压和静压之差来确定风速。

皮托管和压差计的技术要求见表C.12。

表C.12 皮托管和压差计技术要求

项　目	技术要求
测量限值/量程	>1.5 m/s
灵敏度/分辨率	0.5 m/s
测量不确定度	读数的±5%
响应时间	满标度的90%时小于10 s
校准周期	不超过12个月

C.4.2 风量计

C.4.2.1 风量罩

测量局部区域的风量,其风速可能不均匀,风量罩给出该区域的总风量。风量罩将局部区域的空气汇聚到一起,测点的风速代表了被测区域横断面的平均风速。

风量罩的技术要求见表 C.13。

表 C.13 风量罩技术要求

项　　目	技　术　要　求
测量限值/量程	风量 50 m^3/h^a～1 700 m^3/h^a
测量不确定度	读数的±5%
响应时间	满刻度的 90%时小于 10 s
校准周期	不超过 12 个月

[a] 常见风量罩的尺寸为 600 mm×600 mm。所用风量罩的尺寸决定了测量限值和分辨率。

C.4.2.2 孔板流量计

参见 GB/T 2624.2—2006[20]。

C.4.2.3 文丘里流量计

参见 GB/T 2624.4—2006[22]。

C.5 空气压差检测

C.5.1 电子微压计

以膜片位移所产生的静电电容或电阻的变化,测定一个空间与其周围环境间的压差值,并显示或输出该值。

电子微压计的技术要求见表 C.14。

表 C.14 电子微压计技术要求

项　　目	技　术　要　求
测量限值/量程	一般小量程为 0 Pa～100 Pa;一般大量程为 0 kPa～100 kPa
灵敏度/分辨率	量程 0 Pa～100 Pa 时 1 Pa/0.1 Pa
测量不确定度	0 Pa～100 Pa 量程时满刻度的±1.5%,0 kPa～100 kPa 量程时满刻度的±1%

C.5.2 斜管压差计

肉眼测定倾斜量管内水或乙醇等液体在刻度上的变幅,即小压头(高度),来测量两测点间的空气压差。

斜管压差计的技术要求见表 C.15。

表 C.15 斜管压差计技术要求

项目	技术要求
测量限值/量程	0 kPa～0.3 kPa 或 0 kPa～1.5 kPa
灵敏度/分辨率	量程 0 kPa～0.3 kPa 时 1 Pa
测量不确定度	量程 0 kPa～0.3 kPa 时±3%
刻度放大系数	量程 0 kPa～0.3 kPa 时 2(最小)～10

C.5.3 机械压差计

测定与齿轮或磁链相连的指针因隔膜位移而偏转的距离，来测量两个区域的空气压差。

机械压差计的技术要求见表 C.16。

表 C.16 机械压差计技术要求

项目	技术要求
测量限值/量程	小量程为 0 Pa～50 Pa；大量程为 0 kPa～50 kPa
灵敏度/分辨率	量程 0 Pa～50 Pa 时 0.5 Pa
测量不确定度	量程 0 Pa～50 Pa 时满刻度的±5%，量程 0 kPa～50 kPa 时满刻度的±2.5%

C.6 已装过滤系统的检漏

C.6.1 气溶胶光度计

C.6.1.1 线性气溶胶光度计

光度计采用前散射光腔、以 μg/L 为单位测量气溶胶质量浓度。该仪器可用来直接测量过滤器的渗漏穿透率。

线性气溶胶光度计的技术要求见表 C.17。

表 C.17 线性气溶胶光度计技术要求

项目	技术要求
测量限值/量程	0.001 μg/L～100 μg/L；5 级线性 10 进制刻度
灵敏度/分辨率	0.001 μg/L
测量不确定度	±5%
线性度	±0.5%
稳定性	±0.002 μg/(L·min)
响应时间	0%～90%，≤30 s；100 μg/L～10 g/L，≤60 s
校准周期	12 个月或 400 个工作小时，以快者为准
采样管长度	最大长度 4 m
粒径	在测量范围 0.1 μm～0.6 μm
采样流量	额定流量±15%
采样口	见 B.6.2.4

C.6.1.2 对数气溶胶光度计

以 μg/L 为单位测量气溶胶质量浓度。光度计测量用的是前散射光腔。该仪器不能直接测量过滤器的渗漏透过率。

对数气溶胶光度计的技术要求见表 C.18。

表 C.18 对数气溶胶光度计技术要求

项　目	技　术　要　求
测量限值/量程	0.01 μg/L～100 μg/L 1 个范围
灵敏度/分辨率	0.001 μg/L
测量不确定度	±5%
稳定性	±0.002 μg/(L·min)
响应时间	0%～90%,≤60 s;100 μg/L～10 g/L,≤90 s
校准周期	12 个月或 400 工作小时,以快者为准
采样管长度	最大长度为 4 m
粒径	测量范围 0.1 μm～0.6 μm
采样流量	额定流量±15%
采样口	见 B.6.2.4

C.6.2 离散粒子计数器

见 C.1.1。

C.6.3 气溶胶发生器

能够利用加热、液压、气动、超声波、静电等方式,生成适当粒径范围(如 0.05 μm～2 μm),浓度恒定的微粒物质。

C.6.4 检测气溶胶物质

下面列举的是生成检测气溶胶的常见物质。这些物质通过雾化喷射到环境中,生成液态或固态气溶胶:

a) 聚 α 烯油[1)](poly-alpha olefin,PAO),黏度 4 厘斯(cSt)(例如 CAS[2)] 68649-12-7);

b) 癸二酸二辛酯(dioctyl sebacate,DOS);

c) 癸二酸二酯(di-2-ethyl hexyl sebacate,DEHS);

d) 邻苯二甲酸二辛酯[3)](dioctyl(2-ethyl hexyl) phthalate,DOP)(例如 CAS 117-81-7);

e) 壳牌安定来矿物油(Shell Ondina,EL),食品级(例如 CAS 8042-47-5);

f) 石蜡油(例如 CAS 64742-46-7);

g) 聚苯乙烯乳胶球(PSL)。

如能达到要求的浓度,也可用大气气溶胶。

---

1) 美国专利 5 059 349[26] 和 5 059 352[27] 中介绍并限制 PAO 在过滤器检测中的应用。

2) CAS:美国化学文摘注册号,该物质已在美国化学会[7] 的化学文摘注册。

3) 出于安全原因,有些国家不提倡使用 DOP 进行过滤器检测。

C.6.5 稀释装置

按已知容积比(10～100)将气溶胶与洁净空气混合以降低其浓度的装置。

C.7 气流方向检测和显形检查

C.7.1 气流方向检测和显形检查用仪器、材料和附件

见表C.19和表C.20。

表C.19 示踪线法或注射法使用的材料或粒子

项　　目	说　　明
示踪线法所用材料	丝线、布条等
示踪剂所用粒子	直径为0.5 μm～50 μm的去离子水雾或其他液体烟雾。 测点处空气中的中性气泡。 有机或无机试验烟雾
记录可视图像和示踪粒子图像的记录装置	流场显形检查中可使用多种设备,例如,具有高速或频闪同步功能的照相机、摄像机,其他图像记录设备

注:气流显形检查后,一般要重新清洁设施。

表C.20 气流显形检查用照明光源

项　　目	说　　明
气流高对比度观测和成像使用的各种光源	钨光灯、日光灯、卤素灯、水银灯、激光光源(He-Ne、氩气离子、YAG激光等),带或不带记录图像用闪光灯或同步装置
对气流图像进行量化测量的图像处理技术	激光片光源法,由高功率激光源(氩气或YAG激光)、带柱面透镜的光学器件和一个控制器构成,可处理2维气流图像

C.7.2 热风速仪

见C.4.1.1。

C.7.3 3维超声波风速仪

见C.4.1.2。

C.7.4 气溶胶发生器

气流显形检查时生成示踪剂的气溶胶发生器,亦可参见C.6.3。下面给出诸多类型发生器中的两种:粒子发生器和超声波雾化器。

C.7.4.1 超声波喷雾器

利用聚焦的声波使液体(例如,去离子水)雾化而生成气溶胶(雾)。

超声波喷雾器的技术要求见表C.21。

表 C.21 超声喷雾器技术要求

项　　目	技 术 要 求
液滴粒径范围	例如:6 μm～9 μm,或 30 μm～70 μm[a](MMD)
空气悬浮浓度	溶液量 1 mL/min～6 mL/min 时 70 g/cm^3～150 g/cm^3
[a] 粒径范围因超声波的频率而异,例如,1 MHz 产生粒子的粒径范围为 6 μm～9 μm。	

C.7.4.2 雾化器

沸腾的去离子水蒸汽冷却至液体,通过气液相变生成气溶胶(雾)。

雾化器的技术要求见表 C.22。

表 C.22 雾化器技术要求

项　　目	技 术 要 求
液滴粒径范围	1 μm～0 μm(MMD)
粒子生成率	1 g/min～25 g/min

C.8 温度检测

C.8.1 玻璃温度计

见 ISO 7726:1998。

C.8.2 热电偶温度计

见 ISO 7726:1998。

C.8.3 电阻温度计

见 ISO 7726:1998。

C.9 湿度检测

C.9.1 电容式湿度计

见 ISO 7726:1998。

C.9.2 发丝式湿度计

见 ISO 7726:1998。

C.9.3 露点传感器

见 ISO 7726:1998。

C.9.4 干湿球湿度计

见 ISO 7726:1998。

C.10 静电和离子发生器检测

C.10.1 静电电压计

通过探测探头上一个小孔内的电极的电场强度,测量一块小区域内的平均电压(电位)。

静电电压计的技术要求见表C.23和C.24。

表C.23 精密静电电压计技术要求

项　目	技 术 要 求
测量限值/量程	−3 kV～+3 kV
灵敏度/分辨率	0.8 mm直径点(区)0.3 V(rms)或2 V(p-p)
测量不确定度	0.1%
响应时间	小于4 ms(10%～90%)
校准周期	不超过12个月

表C.24 手动式静电电压计与静电场强计技术要求

项　目	技 术 要 求
测量限值/量程	±10 kV/cm
测量不确定度	读数的±5%或±0.01 kV
响应时间	0 kV～±5 kV小于2 s
校准周期	不超过12个月

C.10.2 高阻欧姆计

通过探测被测装置高电压下的漏电,测量绝缘材料和绝缘部件的电阻。

高阻欧姆计的技术要求见表C.25。

表C.25 高阻欧姆计技术要求

项　目	技 术 要 求
测量限值/量程	10^3 Ω～3×10^9 Ω
测量不确定度	满量程的±5%
响应时间	10 ms～390 ms
校准周期	不超过12个月
检测电压	DC 0.1 V～1 000 V
最大电流输入	<10 mA
最大电流输出	<100 V时10 mA,<250 V时5 mA,<500 V时2 mA,<1 000 V时1 mA

C.10.3 充电监测板

用于测量离子发生器或电离装置的中和特性。

充电监测板的技术要求见表 C.26。

表 C.26 充电监测板技术要求

项 目	技 术 要 求
测量限值/量程	−5 kV～+5 kV
测量不确定度	满刻度的±5%
响应时间	0.1 s
校准周期	不超过 12 个月
绝缘	当相对湿度 40%、离子浓度少于 200 cm^{-3}时,5 分钟内自放电小于 10%
板的电容	(20±2)pF
板的尺寸	150 mm×150 mm
充电	每个极性不低于 1 kV(限流)

C.11 粒子沉降检测

C.11.1 粒子沉降光度计

测量沉降在暗色玻璃采集板上的粒子发出的总散射光,以沉降系数报告测量数据。沉降系数间接地表示可能沉降在关键表面的粒子浓度。

粒子沉降光度计的技术要求见表 C.27。

表 C.27 粒子沉降光度计技术要求

项 目	技 术 要 求
测量限值/量程	粒子覆盖面可高达面积的 0.5%
校准间隔时间	不超过 12 个月
校准材料	4 μm 与 10 μm 的荧光粒子

C.11.2 表面粒子计数器

用散射光测量沉降在表面上的离散粒子计数(和粒径)。

表面粒子计数器的技术要求见表 C.28。

表 C.28 表面粒子计数器技术要求

项 目	技 术 要 求
测量限值	0.1 μm～5 μm 时分辨率≤10%

C.11.3 PSL 粒子发生器

利用压缩空气喷雾器,使单散射球体 PSL(聚苯乙烯乳胶)悬浮液气化生成 PSL 粒子。PSL 粒子可用于校准粒子计数器和串级撞击采样器等具有粒径选择功能的采样器。

PSL 粒子发生器的技术要求见表 C.29。

表 C.29 PSL 粒子发生器技术要求

项　目	技术要求
粒径范围	一般为 0.1 μm～2 μm
悬浮浓度	可高达 $10^7\ cm^{-3}$
输出浓度	约 300 个/L～30 000 个/L
雾化空气压力	如 177 kPa;120 L/h

C.12 自净检测

C.12.1 离散粒子计数器

见 C.1.1。

C.12.2 气溶胶发生器

见 C.6.3。

C.12.3 稀释装置

见 C.6.5。

C.13 隔离检漏

C.13.1 离散粒子计数器

见 C.1.1。

C.13.2 气溶胶发生器

见 C.6.3。

C.13.3 稀释装置

见 C.6.5。

C.13.4 光度计

见 C.6.1。

参 考 文 献

[1] ASME N510-1989, *Testing of Nuclear Air-Treatment Systems*. Fairfield, New Jersey, US: American Society of Mechanical Engineers

[2] ASTM F24-00, *Standard Method for Measuring and Counting Particulate Contamination on Surfaces*. Philadelphia, Pennsylvania, US: American Society for Testing and Materials

[3] ASTM F50-92 (2001) e1, *Standard Practice for Continuous Sizing and Counting of Airborne Particles in Dust-Controlled Areas and Clean Rooms Using Instrument Capable of Detecting Single Sub-Micrometre and Larger Particles*. Philadelphia, Pennsylvania, US: American Society for Testing and Materials

[4] ASTM F312-97 (2003), *Standard Test Methods for Microscopical Sizing and Counting Particles from Aerospace Fluids on Membrane Filters. Philadelphia, Pennsylvania*, US: American Society for Testing and Materials

[5] ASTM F328-98 (2003), *Standard Practice for Calibration of an Airborne Particle Counter Using Monodisperse Spherical Particles. Philadelphia, Pennsylvania*, US: American Society for Testing and Materials

[6] ASTM F1471-93 (2001), *Standard Test Method for Air Cleaning Performance of a High-Efficiency Particulate Air-Filter System. Philadelphia, Pennsylvania*, US: American Society for Testing and Materials

[7] Chemical Abstracts Service Registry, Columbus, Ohio, US: American Chemical Society

[8] EN 1822-2:1998, *High efficiency air filters (HEPA and ULPA)—Part 2: Aerosol production, measuring equipment, particle counting statistics*

[9] EN 1822-4:2000, *High efficiency air filters (HEPA and ULPA)—Part 4: Determining leakage of filter element (scan method)*

[10] EN 12599:2000, *Ventilation for buildings-Test procedures and measuring methods for handing over installed ventilation and air conditioning systems*

[11] IEST-G-CC1001:1999, *Counting Airborne Particles for Classification and Monitoring of Cleanrooms and Clean Zones*. Rolling Meadows, Illinois, US: Institute of Environmental Sciences and Technology

[12] IEST-G-CC1002:1999, *Determination of the Concentration of Airborne Ultrafine Particles*. Rolling Meadows, Illinois, US: Institute of Environmental Sciences and Technology

[13] IEST-G-CC1003:1999, *Measurements of Airborne Macroparticles*. Rolling Meadows, Illinois, US: Institute of Environmental Sciences and Technology

[14] IEST-RP-CC001. 3: 1993, HEPA and ULPA Filters. Rolling Meadows, Illinois, US: Institute of Environmental Sciences and Technology

[15] IEST-RP-CC006. 3:2004, *Testing Cleanrooms*. Rolling Meadows, Illinois, US: Institute of Environmental Sciences and Technology

[16] IEST-RP-CC007. 1:1992, *Testing ULPA Filters. Rolling Meadows*, Illinois, US: Institute of Environmental Sciences and Technology

[17] IEST-RP-CC021. 1:1993, *Testing HEPA and ULPA Filter Media*. Rolling Meadows, Illinois, US: Institute of Environmental Science and technology

[18] IEST-RP-CC034. 2:1999, *HEPA and ULPA Filter Media*. Rolling Meadows, Illinois, US:

Institute of Environmental Sciences and Technology

[19] GB/T 2624.1—2006 用安装在圆形截面管道中的差压装置测量满管流体流量 第1部分:一般原理和要求(ISO 5167-1:2003,IDT),*Measurement of fluid flow by means of pressure differential devices inserted in circular cross-section conduits running full—Part 1:General principles and requirements*

[20] GB/T 2624.2—2006 用安装在圆形截面管道中的差压装置测量满管流体流量 第2部分:孔板(ISO 5167-2:2003,IDT),*Measurement of fluid flow by means of pressure differential devices inserted in circular cross-section conduits running full—Part 2:Orifice plates*

[21] GB/T 2624.3—2006 用安装在圆形截面管道中的差压装置测量满管流体流量 第3部分:喷嘴和文丘里喷嘴(ISO 5167-3:2003,IDT),*Measurement of fluid flow by means of pressure differential devices inserted in circular cross-section conduits running full—Part 3: Nozzles and Venturi nozzles*

[22] GB/T 2624.4—2006 用安装在圆形截面管道中的差压装置测量满管流体流量 第4部分:文丘里管(ISO 5167-4:2003,IDT),*Measurement of fluid flow by means of pressure differential devices inserted in circular cross-section conduits running full—Part 4:Venturi tubes*

[23] JACA No. 24:1989,*Standardization and Evaluation of Clean Room Facilities*. Japan Air Cleaning Association

[24] JIS B 9921:1997,*Light scattering automatic particle counter*. Japanese Industrial Standards Committee

[25] SEMI E14-93,*Measurement of particle contamination contributed to the product from the process or support tool*. San Jose,California,US:SEMI (1997)

[26] US Patent 5 059 349,Method of measuring the efficiency of gas mask filters using monodispersed aerosols

[27] US Patent 5 059 352,Method for the generation of monodispersed aerosols for filter testing

[28] VDI 2083 Part 4:1996,*Cleanroom technology-Surface cleanliness*. Berlin:Beuth Verlag GmbH

ICS 13.040.35
C 70

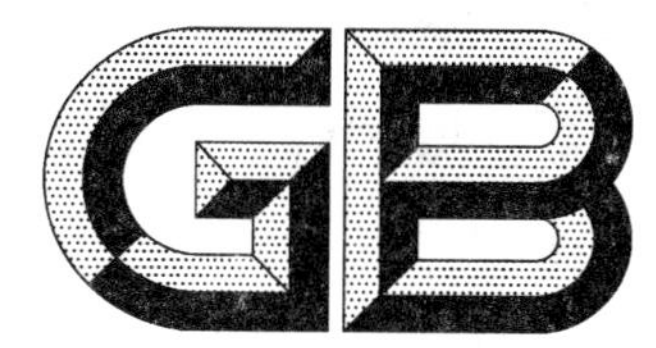

中华人民共和国国家标准

GB/T 25915.4—2010/ISO 14644-4:2001

洁净室及相关受控环境 第4部分:设计、建造、启动

Cleanrooms and associated controlled environments—
Part 4:Design, construction and start-up

(ISO 14644-4:2001,IDT)

2011-01-14 发布　　2011-06-01 实施

中华人民共和国国家质量监督检验检疫总局
中国国家标准化管理委员会　发布

前　　言

GB/T 25915《洁净室及相关受控环境》分为八个部分：

——第1部分：空气洁净度等级；

——第2部分：证明持续符合GB/T 25915.1的检测与监测技术条件；

——第3部分：检测方法；

——第4部分：设计、建造、启动；

——第5部分：运行；

——第6部分：词汇；

——第7部分：隔离装置（洁净风罩、手套箱、隔离器、微环境）；

——第8部分：空气分子污染分级。

本部分是GB/T 25915的第4部分。

本部分按照GB/T 1.1—2009给出的规则起草。

本部分使用翻译法等同采用ISO 14644-4:2004《洁净室及相关受控环境　第4部分：设计、建造、启动》。

本部分由全国洁净室及相关受控环境标准化技术委员会（SAC/TC 319）提出并归口。

本部分由中国电子工程设计院、中国石化集团上海工程有限公司、中国药品生物制品检定所负责起草，北京希达建设监理有限责任公司北京世源希达工程技术公司、深圳奥意建筑设计有限公司、深圳市兴科净机电净化工程有限公司、天津龙川精工洁净技术发展有限公司、中国联和承造实业有限公司、北京北方天宇建筑装饰有限责任公司、苏州工业园区嘉合环境技术工程有限公司、北京航天长峰股份有限公司参加起草。

本部分主要起草人：娄宇、缪德骅、白东亭、苏钢民、安志星、刘娜、杨一心、姜玉勤、张旭、王鸿明、汪怡平、陈霖新、夏明宝、尤荣法、强松、钱菁、石小雷、张鑫、张琰、肖红梅、母瑞红、熊萍、童志富。

引　言

洁净室及相关受控环境将空气中的颗粒物控制在适当的水平，以便完成对污染敏感的作业。产品和工艺受益于污染物控制的领域有：航空航天、微电子、制药、医疗器械、医疗卫生等行业。

GB/T 25915 的本部分规定了洁净室设施的设计和建造要求，供洁净室的需方、供方和设计方使用，并提供有主要性能参数的核查表。本部分中提供了建造的指导说明，包括启动和确认的要求。在考虑运行和维护的相关问题时，明确了为保证持续满意的运行所需的基本设计和建造要求。

本部分是洁净室及相关受控环境系列标准中的一个。对于洁净室及其他受控环境的运行和控制，除了设计、建造和启动外，还有许多因素需要考虑。这些因素在 SAC/TC 319 制定的其他国家标准中都有较详细的论述。

洁净室及相关受控环境
第4部分:设计、建造、启动

1 范围

GB/T 25915 的本部分规定了洁净室设施的设计和建造要求,但并未规定满足那些要求所需的具体技术或契约手段。本部分还给出一份重要性能参数的目录,一并供洁净室设施的需方、供方和设计方使用。本部分给出包括启动和确认要求的建造指南。在考虑运行和维护的相关事项时,明确了保证持续、满意运行的设计和建造的基本要素。

注:有关上述要求的更多解释见附录 A～附录 H。GB/T 25915 的其他部分也给出了补充资料。

本部分的应用有如下限定:

——用户要求由需方或规定方提出;

——对洁净室设施内的具体工艺未做规定;

——对消防和安全未做专门规定,消防和安全方面应遵守适用的国家和地方法规;

——仅涉及了不同洁净度区域内及之间工艺介质和公用设施的路径;

——仅涉及了与洁净室建造有关的初始运行和维护的具体要求。

2 引用标准

下列文件对于本文件的应用是必不可少的。凡是注日期的引用文件,仅注日期的版本适用于本文件。凡是不注日期的引用文件,其最新版本(包括所有的修改单)适用于本文件。

GB/T 25915.1—2010 洁净室及相关受控环境 第1部分:空气洁净度等级(ISO 14644-1:1999, IDT)

GB/T 25915.2—2010 洁净室及相关受控环境 第2部分:证明持续符合 GB/T 25915.1 的检测与监测技术条件(ISO 14644-2:2000,IDT)

GB/T 25915.3—2010 洁净室及相关受控环境 第3部分:检测方法(ISO 14644-3:2005,IDT)

GB/T 25916.1—2010 洁净室及相关受控环境 生物污染控制 第1部分:一般原理和方法(ISO 14698-1:2003,IDT)

GB/T 25916.2—2010 洁净室及相关受控环境 生物污染控制 第2部分:生物污染数据的评估与分析(ISO 14698-2:2003,IDT)

3 术语和定义

GB/T 25915.1—2010 中界定的以及下列术语和定义均适用于本文件。

3.1

更衣室 changing room

人员出入洁净室时穿、脱洁净服的房间。

3.2

空气净化装置 clean air device

对空气进行净化处理及分配、使环境达到规定条件的独立设备。

3.3

洁净度 cleanliness

产品、表面、装置、气体、流体等有明确污染程度的状况。

注：污染可以是粒子的、非粒子的、生物的、分子的或其他类型的。

3.4

调试 commissioning

为使设施达到规定的正常运行技术条件而按计划实施并有文字记录的系列检验、调节、检测。

3.5

污染物 contaminant

对产品和工艺有不良影响的粒子、非粒子、分子或生物体。

3.6

非单向流 non-unidirectional airflow

送入洁净区的空气以诱导方式与区内空气混合的一种气流分布。

3.7

粒子 particle

有明确物理边界的微小物质。

注：洁净度等级划分见 GB/T 25915.1。

3.8

预过滤器 pre-filter

为减轻某过滤器的负荷而另装在其上风向的空气过滤器。

3.9

工艺核心区 process core

与环境产生相互影响的工艺位置。

3.10

启动 start up

使设施及其所有系统准备就绪并开始实际运行的行为。

注：系统可包括规程、培训要求、基础设施、服务设施、法规要求等。

3.11

单向流 unidirectional airflow

通过洁净区整个断面、风速稳定、大致平行的受控气流。

注：这种气流可定向清除洁净区的粒子。

4 要求

4.1 需方与供方应协商确定 4.2～4.18 中列出的参数。

注：下面要求中提到的附录 A～附录 H 仅作为资料供参考。

4.2 应给出本部分的国家标准编号。

4.3 应明确与项目相关的其他各方(如，咨询方、设计方、规章制定者、服务机构)的作用(实例见附录 C)。

4.4 洁净室的一般用途，在洁净室内进行的作业以及运行要求带来的限制(实例见附录 A、附录 B、附录 D)。

4.5 按照相关国家标准(GB/T 25915.1—2010、GB/T 25916.1—2010、GB/T 25916.2—2010)提出的空气悬浮粒子浓度等级或洁净度要求(实例见附录 B)。

4.6 临界环境参数，包括所确定的、为保证达级而待测的设定值、预警值、干预值，以及所用测量方法，

包括仪器的校准(GB/T 25915.2—2010 和 GB/T 25915.3—2010)(实例见附录 F)。

4.7 为达到要求的洁净度所采用的污染控制概念,包括安装、运行和性能标准(实例见附录 A)。

4.8 为满足商定参数需要进行的测量、控制、监测及文件的提供(实例见附录 C 和附录 F)。

4.9 设施所需设备、器具、供应品和人员的出入(实例见附录 D)。

4.10 达到并维持所需参数时从“空态”、“静态”、“动态”中选定的占用状态,包括参数随时间的变动和控制方法(实例见附录 C)。

4.11 设施的平面布局和配置(实例见附录 D)。

4.12 临界尺寸和质量限制,包括那些与可用空间有关的尺寸和质量限制(实例见附录 D)。

4.13 对设施有影响的工艺要求和产品要求(实例见附录 B 和附录 G)。

4.14 附有公用系统要求的工艺设备清单(实例见附录 D、附录 E、附录 H)。

4.15 设施的维护要求(实例见附录 D 和附录 E)。

4.16 任务的分派,包括准备、审批、实施、监督、文档、标准的说明、设计依据、详细设计、建造、检测、调试和鉴定(实例见附录 E 和附录 G)检测(包括性能和证据)。

4.17 外部环境影响的识别和评估(实例见附录 H)。

4.18 特殊应用要求所需的补充资料(实例见附录 H)。

5 规划和设计

5.1 规划程序

5.1.1 用户与所有参与方协商、制订项目规划,以确定产品要求、工艺要求和设施的规模。

5.1.2 为了确定设施的实际需求,应编制工艺设备清单,其中包括各台工艺设备的关键要求。

5.1.3 应根据每项公用设施及环境控制系统的峰值和平均需求量,确定同时使用系数。

注:一个系统可有若干子系统,需要分别确定每个子系统的同时系数。

5.1.4 为设施内的每个区规定其污染控制概念(实例见附录 A)。

5.1.5 根据财务和时间表,审核并修改第 4 章规定的各项技术要求。

5.1.6 项目规划中应包括下述各项:

a) 附有计算书的设计文件;

b) 成本评估;

c) 时间表评估;

d) 对项目复杂性的大致预计;

e) 设计方案的选项,附有利弊分析和建议;

f) 对设施维护要求的评述;

g) 对设施具有的灵活程度的评述;

h) 对设施备用能力的评述;

i) 对设施设计的可建造性评述;

j) 质量计划。

可采用 GB/T 19000 系列标准的质量体系(例如 GB/T 19000 和 GB/T 19001),同时兼顾具体行业的质量保障方针。

5.1.7 项目规划完成后由需方和供方一起审核,并达成一致意见。

5.2 设计

5.2.1 设计应体现所选定的污染控制概念及产品和工艺的所有要求(实例见附录 A)。

5.2.2 需方和供方应按预先确定的验收标准对设计进行正式验收。

5.2.3 设计应符合商定的一系列要求，例如：建筑、环境、安全、药品生产质量管理规范等各种规定（如：GB/T 24001 和 GB/T 24004）。

应随着工程的进展定期对设计进行审核直至最后竣工，以确保工程符合技术条件和验收标准。

6 建造和启动

6.1 设施的建造按照图纸和技术要求进行。

6.2 建设期内所需的任何变更，都应按变更管理规程行事，经过审定、批准，归档再实施。

6.3 无论是在工场还是在现场进行的建造作业，都要遵守质量计划中规定的污染控制要求。

6.4 为达到规定的污染控制要求，应在质量控制计划中包括洁净建造规程以及清洁规程并予以实施。安保和出入管理是洁净建造协议的基本要素。

6.5 质量计划中应确定并书面说明清洁方法以及确定所达到的洁净度与验收的方法。

6.6 应对空气系统的清洁做出规定，并在安装时、启用前，或在改造、修理和维护工作时进行清洁。

6.7 新设施启动或现有设施维修或改造后再次启动的情况下，最后应对洁净室进行清洁，并采取措施清除粘着的、从外部进入的或室内释放的污染物。

6.8 开始任何工作活动之前，应按第 7 章的规定检测设施，确定其功能完备、符合要求。

注：空气净化装置等包装好的设备，若来自合格供货商（供应商熟知洁净室要求），且对运输、储存和安装中的损坏风险有充分的控制，则由制造商提供与本部分要求相符的证书证明即可。

6.9 在验收检测、调试和初运行期间，应对设施负责人员进行培训。检测、设施验收及培训应包括洁净室的正确操作、维护和过程控制等全部相关工作。培训的责任应予明确。

受训者应包括操作人员、维护和服务人员等所有相关人员。

7 检测和验收

7.1 概述

应商定并以文件明确设施建造期间及竣工时的一系列检测，并在设施投入使用前实施。附录 C 给出了设计、检测和验收过程的实例。

7.2 建造验收

系统性的检验、调整、测量和检测，保证设施的各个部分都与设计要求相符。

7.3 功能验收

应进行一系列测量和检测，以判定设施的各个部分同时运行时，达到“空态”或“静态”所要求的条件。

7.4 运行验收

应进行一系列测量和检测，判定按规定的工艺或作业运行及按规定数目的人员以商定的方式工作时，整个设施达到所要求的“动态”性能。

8 文件

8.1 概述

已建成设施（包括仪器校准）的详细情况以及全部运行与维护规程都应有文件记录，并随时可供负责设施的启动、运行和维护的人员查阅。

上述人员应熟知这些文件资料。

8.2 设施的记录

应提供已建成设施的详细情况，并应包含下述内容：

a) 设施及其功能的说明；

b) 一套按本部分第7章进行检测得出的最终性能检测数据，其中记录有设施技术要求所规定的并在调试、检测和启动过程中达到的、所有情况下的数值；

c) 一套图纸、简图(如管线和仪表布置图)和技术要求，说明建成并获验收的“空态”设施及其组成部分；

d) 一份零部件、设备、推荐备件的清单。

8.3 使用说明书

每个设施或系统都应配备一套完整的使用说明书，其中应包含下述内容：

a) 设施启动前应完成的检查确认项目表；

b) 规定的关键性能参数验收范围表；

c) 设施在正常状况和事故状况下的启动和停机规程；

d) 达到预警级或行动级时所采取的规程。

8.4 性能监测说明书

性能监测文件中应包括：

a) 检测和测量频繁度；

b) 有关检测和测量方法的说明(或参照的标准和规范)；

c) 与要求不符时的行动计划；

d) 为进行趋势分析，对性能数据进行汇总、分析和保存的频繁程度。

8.5 维护说明书

应按规定方法和计划实施维护。

设施在建造、调试、检测、启动和正常运行期间，都应进行维护和检修，其中应考虑下述各项：

a) 进行维护或检修前先确定安全规程；

b) 关键性能参数超过允许范围时所采取维护工作的技术要求；

c) 对商定的、允许的调节的说明；

d) 实施所允许的调节的方法；

e) 控制、安全、监测装置的检查和校准方法；

f) 检查和更换所有易损件(如传送带、轴承、过滤器)的要求；

g) 维护前、维护工作中和维护后对设施或其原件进行清洁的技术要求；

h) 对维护完成后所需采取的工作、规程和检测的说明；

i) 用户特定的或相关管理当局的任何要求。

8.6 维护记录

设施在建造、调试和启动期间进行的任何维护的文件记录，都应予以保存。记录中应包含下述内容：

a) 维护任务的界定；

b) 承担维护工作的人员名单和批准文件；

c） 维护的日期；

d） 维护实施前的情况报告；

e） 所用备件清单；

f） 维护完成后的报告。

8.7 运行与维护培训记录

应保存培训的文件记录。记录中应包含下述内容：

a） 培训内容；

b） 培训和受训人员名单；

c） 培训日期与期限；

d） 各期培训完成后的报告。

附 录 A
（资料性附录）
控制和隔离的概念

A.1 污染控制区

出于经济、技术和运行等方面的原因，洁净区通常是密闭的，或由洁净度较低的外部区域包围。这种做法可尽量减小最高洁净度区域的尺寸。相邻区域间的人流、物流会增加传播污染的风险，因此需特别注意人流和物流的布局细节与管理。

图 A.1 是污染控制概念图例。其中的洁净区可看作是洁净室中更严格的受控部分。

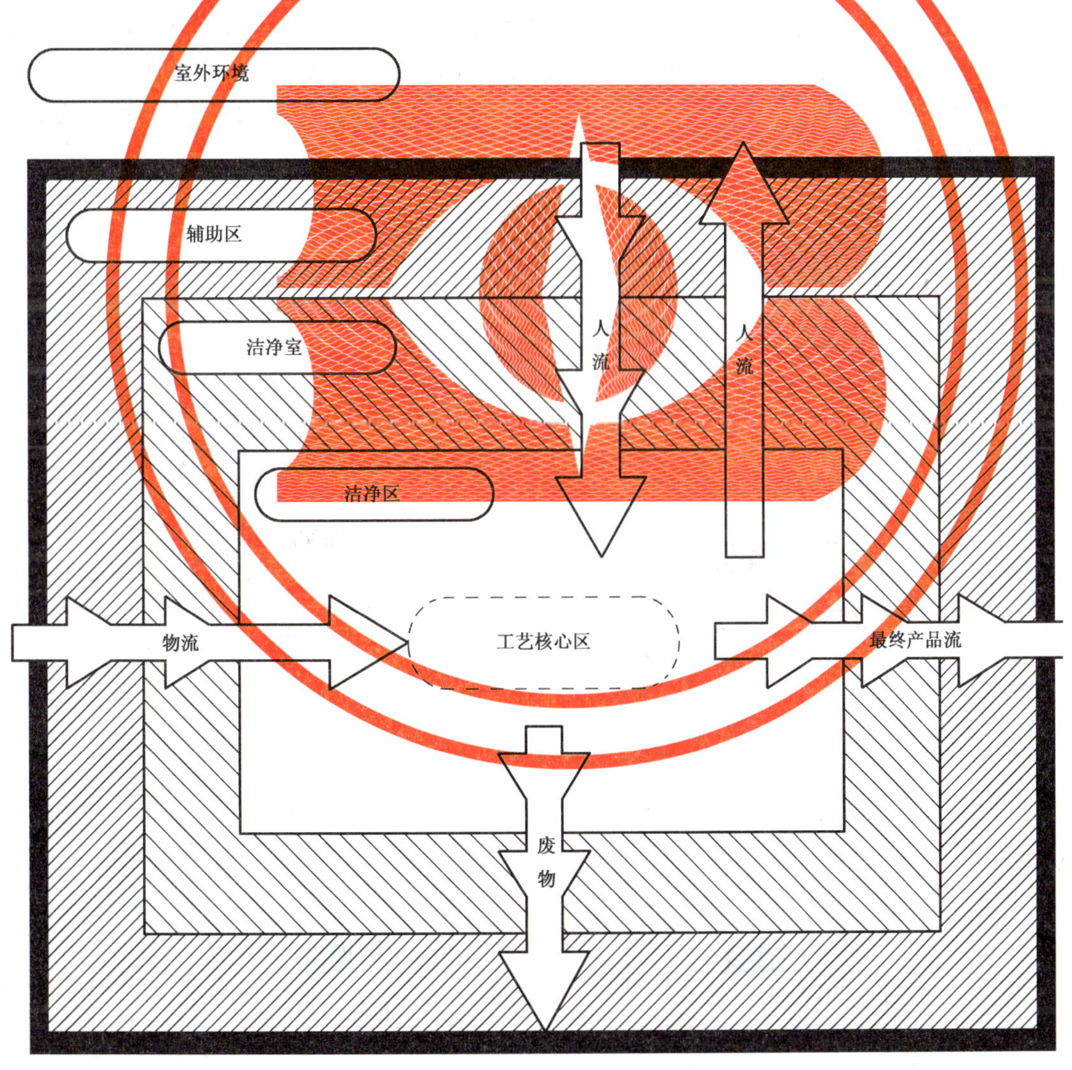

图 A.1 污染控制概念

A.2 气流形式

A.2.1 洁净室的气流形式可分为单向流和非单向流两类。两种形式混合使用时，常称为混合流。ISO 5 级和优于 ISO 5 级的洁净室一般采用单向流，而 ISO 6 级和劣于 ISO 6 级的洁净室一般采用非单向流和混合流。

A.2.2 单向流可以是垂直流或水平流(见图 A.2)。两种单向流均依赖于末端过滤器的送风与回风口接近一对一的相对设置，以尽可能保持气流呈直线。这两种设计都有一个重要的设计特性，即能够保证工艺核心区气流受到的干扰尽量小。

与洁净气流相垂直的工作面上的各个位置都具有相同的洁净度。因此，水平布置的工艺要求垂直流，而垂直布置的工艺要求水平流。紧靠洁净空气送风的工作位置具有最佳的污染控制条件，因为在其下风向的工作位置，会有上风向产生的粒子。因此，人员应位于洁净工艺的下风向。

A.2.3 在非单向流的洁净室内，空气经分布于送风面上的多个过滤器风口送入，并在较远的位置回风。过滤器风口可在整个洁净室或洁净区等距离分布，也可成组设于工艺核心区上方。过滤器出风口的位置对于洁净室的性能非常重要。末端过滤器可设在较远的位置，但应采取特殊防范措施，防止污染从这些过滤器与洁净室之间侵入(例如：监测风道和送风口的表面洁净度和气密性以防止污染进入洁净室及实施去污的规程)。尽管非单向流系统中的回风位置不像单向流那么重要，但为了尽量减少洁净室中的死区，也应注意回风口的布局。

A.2.4 混合流洁净室即在同一房间内组合有单向流和非单向流。

注：有些特殊设计中采用其他气流组织方式对特定工作区进行保护。

图 A.2 给出洁净室内各种气流形式的图例(图中未考虑热效应)。

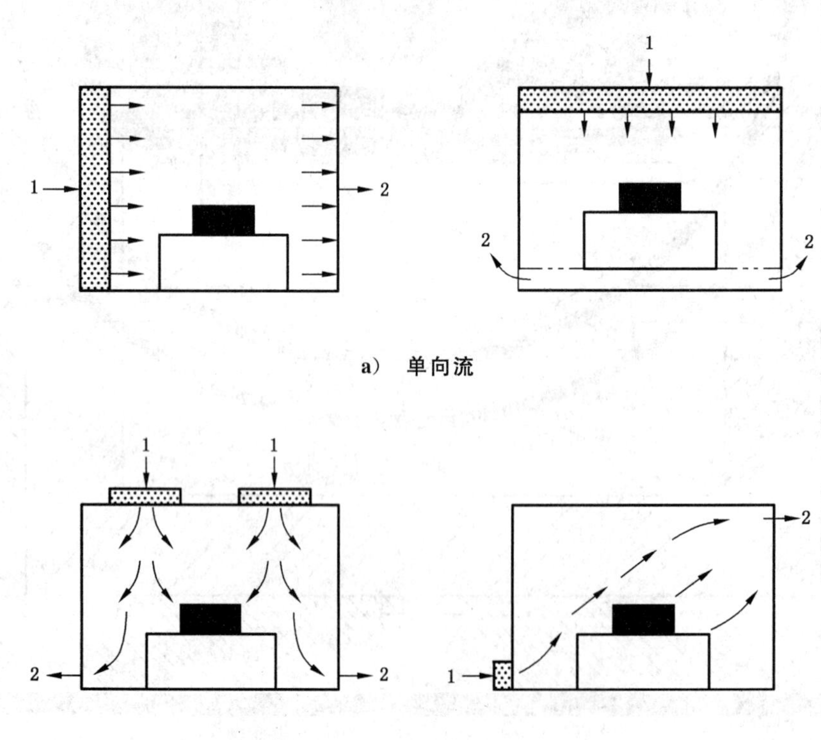

图 A.2 洁净室内的气流形式

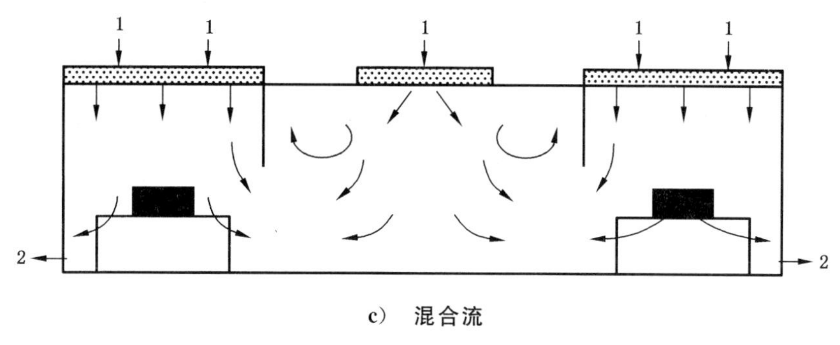

c) 混合流

1——送风；

2——回风。

图 A.2（续）

A.3 单向流的干扰

在单向流洁净室中，为了防止污染敏感作业区域出现严重紊流，应在工艺设备、操作规程、人员移动和产品处置等有关物理障碍的设计中，考虑空气动力学的基本要求。应采取适当措施防止气流干扰和不同工位间的交叉污染。

图 A.3 表示出物理障碍的影响（左侧）和尽量减少这些影响的适当措施（右侧）。

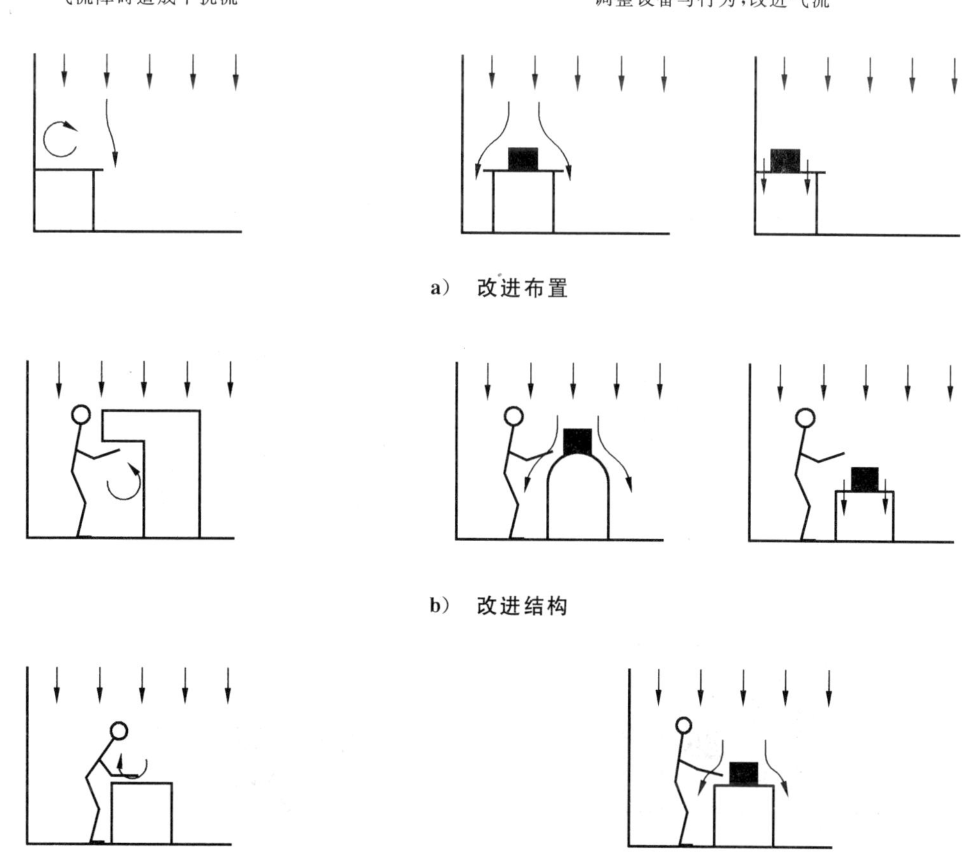

a) 改进布置

b) 改进结构

c) 改进人员行为

图 A.3 人员和物体对单向流的影响

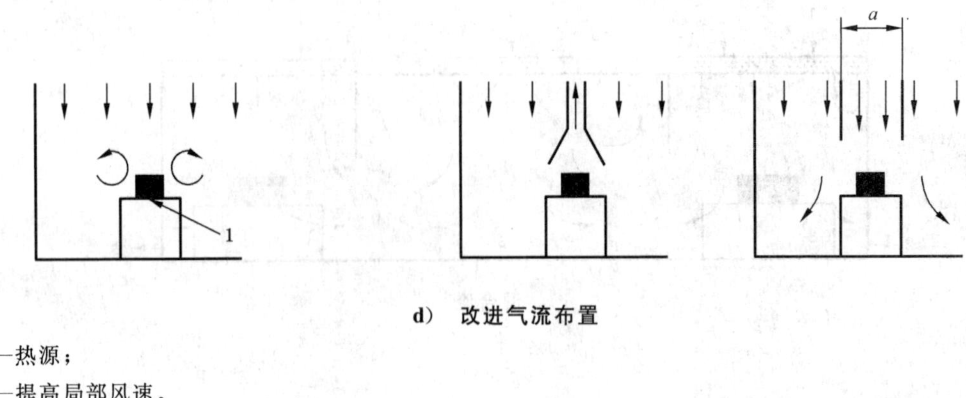

d) 改进气流布置

1——热源；

a——提高局部风速。

图 A.3（续）

A.4 污染控制概念

为给定的污染控制问题选择正确的方法，图 A.4 和 A.5 给出几种不同的污染控制概念供考虑。

为防止污染物被传送到工艺保护区和(或)人员保护区，可采用空气动力学的方法，即气流组织和气流方向(图 A.4)。若要防止产品接触到操作员和环境，可采用物理屏障，即有源隔离与无源隔离(图 A.5)。

若有必要，还应对工艺排风进行处理，以防污染室外环境。

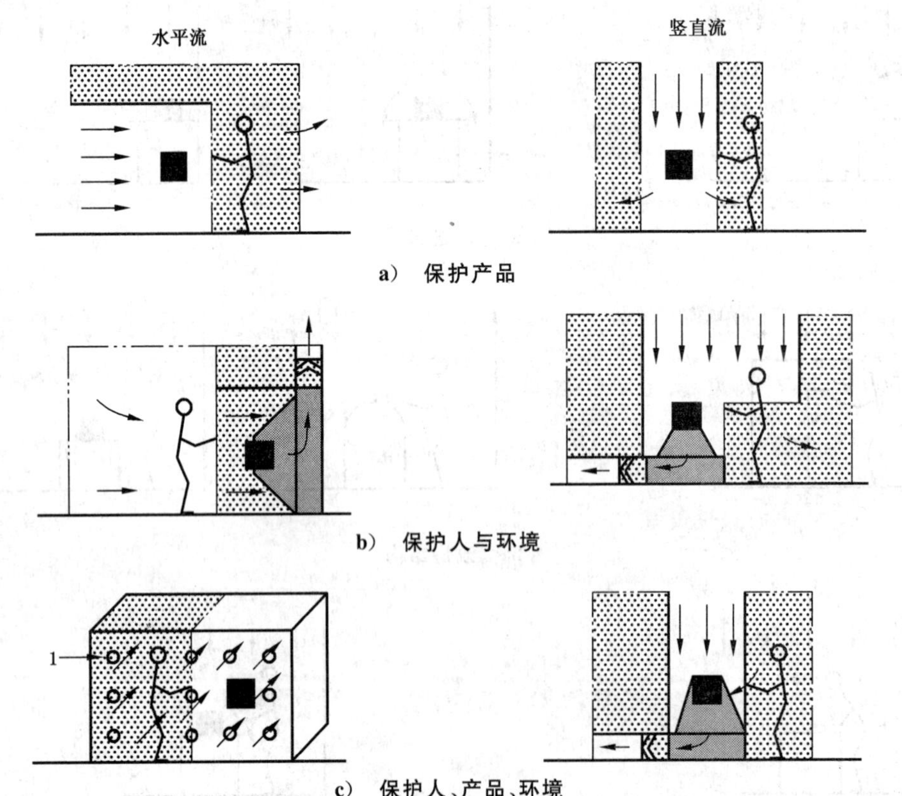

a) 保护产品

b) 保护人与环境

c) 保护人、产品、环境

1——气流方向垂直于图面。

注：在某些特殊场合(例如，干燥的大气环境、屏蔽性和保护性气体、极端温度)，应按工艺选择气流走向。

图 A.4 采用空气动力学措施控制污染

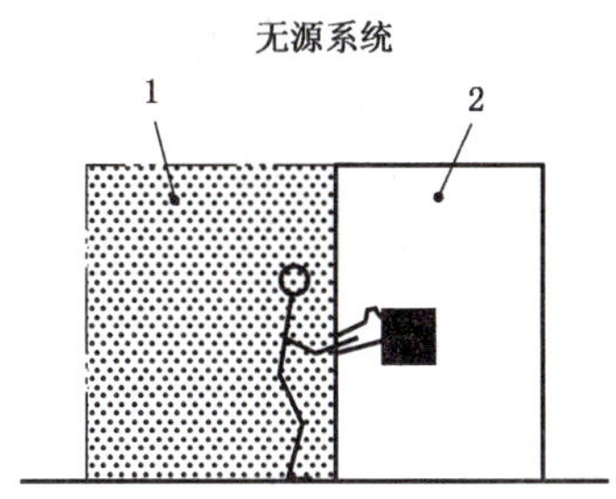

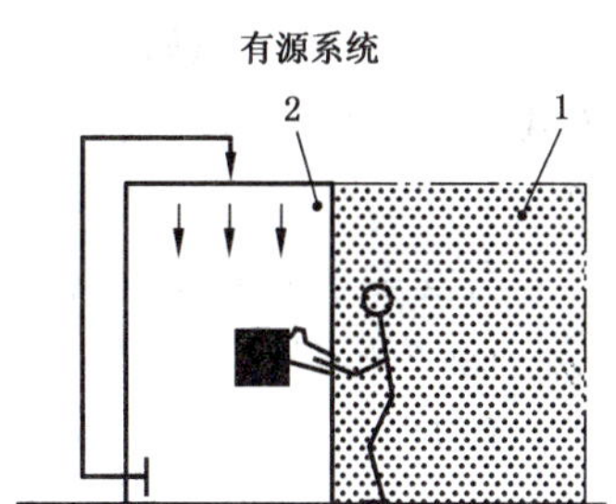

1——人员安全区；

2——产品保护区。

图 A.5　为保护产品和人员采用物理隔离污染控制概念

A.5　洁净室和洁净区实现隔离的概念

A.5.1　概述

洁净室套房可由污染控制要求不同的多个房间组成。设计的目标可以是保护产品或保护工艺，也可以是将产品隔离，而有些情况下则是这些要求的组合。为了防止洁净室受到邻近洁净度较低区域的污染，洁净室内的静压应维持在高于邻近区的水平，或者控制气流从高洁净度区流向低洁净度区的泄漏通道的风速。隔离危险物，则可采用相反的方式。这两种情况均可采用密闭的物理屏障。

新风量应足够大，除为通风外，新风还要补偿洁净室或洁净区边界的漏风，补偿其他目的的排风。

为便于选择洁净室和洁净区合适的隔离方式，下面给出 3 种方式做比较。

A.5.2　置换方式(低压差，高风量)

低压差可有效地隔离洁净区与洁净度较低的邻区，即，利用如风速大于 0.2 m/s 的低紊流"置换"气流(见图 A.6)。

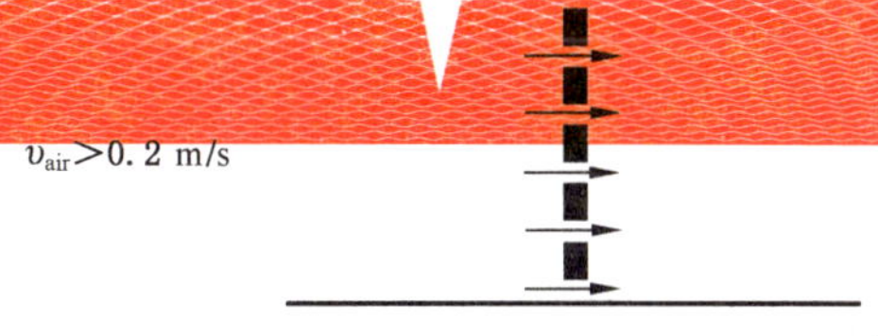

图 A.6　置换方式

从洁净度较高区域流向洁净度较低区域的置换风速一般高于 0.2 m/s。选择所需风速时考虑的重要因素有：物理障碍、热源、排风、污染源等。

A.5.3　压差方式(高压差，小风量)

洁净度较高区域和洁净较低区域之间屏障的两边存在压差。相邻区域间的高压差容易控制，但要注意防止出现多余的紊流(见图 A.7)。

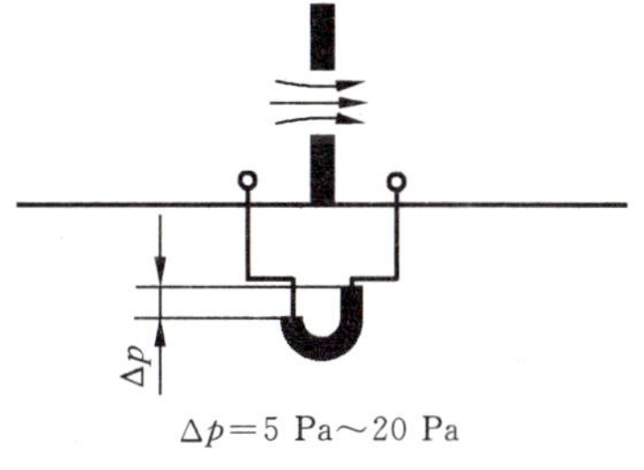

Δp=5 Pa～20 Pa

图 A.7　高压差方式

压差应足够大，并保持稳定，以防止气流逆向流动。无论是单独采用还是与其他污染控制方式方法结合使用，压差方式都应予以认真考虑。

相邻的、洁净度不同的洁净室或洁净区之间的压差一般保持在 5 Pa～20 Pa 的范围，这样既不妨碍开门，又能防止紊流引发多余的交叉气流。

可用各种气流均衡技术来建立并维持不同等级洁净室之间、洁净室与非洁净区之间的静压。这既有有源/自动系统也有无源/手动系统，配置这些系统用以调整经带风道的空气系统、空气输送系统以及损耗所产生的、每个空间送入的和排出的相对风量。

当允许压差处于该范围内的较低端，应采取特殊的防护措施，确保准确地测量隔离气流或压力，并证明设施的稳定性。

注：实验生成或计算机模拟的可视化气流，均可用来证明置换方式和压差方式的有效性。

A.5.4 物理屏障方式

这种方式采用防渗屏障防止污染物从洁净度较低的区域传输到洁净区。

注：这 3 种方式在医药产品、半导体、食品和其他行业都有应用。

附 录 B
（资料性附录）
分级举例

B.1 医药卫生产品

表B.1给出医药卫生产品一般生产场所与洁净室等级间常见的相应关系。在工艺核心区，无菌产品在粒子和微生物受控的洁净区内的无菌灌装线上灌装。

人员和物料都要穿过洁净度逐级升高（粒子浓度逐渐降低）的区域才能进入工艺核心区。在洁净度不同的区域间移动的人员可能要按其所进入的各区的要求更换工作服。进入各区的材料应采用与该区相应的方法进行处理，清除粒子和（或）微生物污染。

表B.1 医药卫生产品无菌操作洁净室实例

动态[a]空气洁净度（ISO等级）	气流形式[b]	平均风速[c]/(m/s)	应用实例
5(≥0.5 μm)	U	>0.2	无菌操作[d]
7(≥0.5 μm)	N或M	不适用	直接保障无菌操作的其他操作区
8(≥0.5 μm)	N或M	不适用	无菌操作的辅助区，包括受控的准备区
注：考虑具体应用洁净度等级要求时还要考虑遵守相关法规。			

[a] 在制定优化设计条件前，应事先确定并认同ISO洁净等级所对应的占用状态。

[b] 表中所列的气流形式表示该等级洁净室的气流特性。U=单向流；N=非单向流；M=混合流（U与N的组合）。

[c] 单向流洁净室通常规定平均风速。对单向流风速的要求由具体的应用因素决定，例如温度、受控空间的配置、被保护的项目。置换风速一般大于0.2 m/s。

[d] 对于因操作危险材料而需要保证操作人安全的场所，考虑使用隔离方式（见附录A中的例子）或采用合适的安全柜等安全装置。

B.2 微电子

在微电子工业，最小器件特征尺寸或薄膜厚度决定了污染控制的目标水平及相应的洁净度等级。

通常要求关键粒径的粒子浓度最低并据此选定洁净度等级。有了关键粒径（通常假设为最小特征尺寸的1/10），有助于选择洁净室所需的洁净度等级。

根据器件受污染的几率和失效的可能来确定各工艺核心区所在洁净室或洁净区的洁净度。

例如，光刻工序中，晶片暴露在环境中，受污染几率高，发生污染时器件不合格的可能非常高。因此，在微电子行业中，为防止这种危害，通常采用物理屏障保护工艺核心区，以降低粒子浓度或改变其他工艺参数（如温度、湿度、压力）。

工作区是晶片或管芯由人和（或）自动操作设备操作的区域，如果产品直接暴露在环境中，则污染的可能相当高。工作区内保护产品最常见的作法是：采用单向流，尽量降低洁净室每立方米的占用负荷和生产负荷，越来越多地采用屏障技术将人员与暴露的产品隔离。将工作区与相邻关键程度较低的区域隔离最常见的方法是用物理屏障和气流。

公用设施区一般是晶片加工设备非操作人员接口部分所在区域。这个区内进行的工作一般不暴露于环境。核心工艺的公用设施区一般与相应的工作区相邻。

服务区内既没有产品，也没有工艺设备。但服务区的位置紧邻工作区或公用设施区，这样有助于将较高洁净度的区域与较低洁净度的区域分隔开(见表 B.2)。

表 B.2 微电子洁净室的例子

空气洁净度等级[a] (ISO 等级)动态	气流形式[b]	平均风速[c]/(m/s)	换气次数[d]/[$m^3/(m^2 \cdot h)$]	应用场所举例
2	U	0.3～0.5	不适用	光刻，半导体加工区[e]
3	U	0.3～0.5	不适用	工作区，半导体加工区
4	U	0.3～0.5	不适用	工作区，多层掩模加工，光盘制造，半导体服务区，公用设施区
5	U	0.2～0.5	不适用	工作区，多层掩模加工，光盘制造，半导体服务区，公用设施区
6	N 或 M[f]	不适用	70～160	公用设施区，多层掩模加工，半导体服务区
7	N 或 M	不适用	30～70	服务区，表面处理
8	N 或 M	不适用	10～20	服务区

[a] 在制定最佳设计条件前，应事先确定并认同 ISO 洁净度所对应的占用状况。

[b] 表中所列的气流形式表示该等级洁净室的气流特性。U=单向流；N=非单向流；M=混合流(U 与 N 的组合)。

[c] 单向流洁净室通常规定其平均风速。对单向流风速的要求，是由几何形状和热力等现场参数决定的，它不一定是过滤器出风面的风速。

[d] 非单向流和混合流洁净室通常规定每小时换气次数。表中建议的换气次数对应的是 3.0 m 高的洁净室。

[e] 考虑无渗透的屏障技术。

[f] 污染源和被保护区之间要有效隔离，可用物理屏障，也可用气流屏障。

B.3 洁净服的影响

粒子散发问题与洁净室内人员的数量及工作服的类型的关系，要专门予以考虑(见本标准的相关部分，如 GB/T 25915.5—2010)。

附 录 C
（资料性附录）
设施的验收

C.1 检测前的准备和最后清洁

在开始检验、检测或测试前，让系统运行一段时间使其达到稳定；这段时间的长短应事先商定。检测的时间要足够长，以证明性能稳定（见第4章和附录H中的例子）。

在安装过滤器前、按附录E中的E.1.2与E.3.3完成清洁之后，要对所有风管、墙壁、顶棚、地面和安装好的装置进行清洁，清除可能影响洁净室洁净等级的有害污染。

清洁后，安装末端过滤器并进行调试检测，证明其符合要求。

C.2 检验、检测和验收

C.2.1 概述

为证实设施已全部完工，且性能符合第4章中的污染控制要求，应对该设施进行特定范围的检验和检测。一般的检测步骤见C.2.2～C.2.5，图C.1给出检测步骤的图示说明。

C.2.2 概念设计和工程设计的验收

为了确保设施的概念、设计和所制定的细节符合需方与供方的协议，应进行检查。审核内容至少包括下述各项：

a) 污染控制概念；
b) 设备布置；
c) 对设施的说明；
d) 方案和图纸；
e) 商定的所有其他要求。

C.2.3 建造和设施的验收

C.2.3.1 建造的验收（在供方场地）

为保证各部件和组件都与设计相符，应对它们进行检查。检查内容至少包括下述项目：

a) 按技术要求检查并检测完整性和质量；
b) 符合安全法规、人体工程学要求、相关的指南与标准规定；
c) 合格证书的审批。

C.2.3.2 设施的验收（在设施现场）

为保证设施的建造与设计相符，应进行检查。除C.2.3.1规定的检查内容外，至少包括下述各项：

a) 设施的完整性；
b) 与其他供应方的衔接；

c) 公用设施和辅助设备的功能正常;

d) 所有控制、监测、预警和报警系统的校准;

e) 末端过滤器的安装与现场检测;

f) 空气处理系统备用能力的验证;

g) 密封构造的检漏;

h) 确认循环风与新风的比例与设计相符;

i) 设施表面的洁净度和适用性(实例见附录 E);

j) 成套备件。

C.2.4 功能的验收

完成 C.2.3.2 的检查项和验收后,至少实施下述的功能检测:

a) 测定洁净区的隔离情况;

b) 测量并记录污染控制自净时间;

c) 测定温度和相对湿度的维持能力;

d) 测定空气粒子浓度等级;

e) 若适用,测定表面粒子浓度和微生物污染程度;

f) 测定照明和噪声水平;

g) 若有必要,证实并记录气流组织情况和换气次数。

C.2.5 运行的验收(设备已按事先商定的方式安装好)

可重复进行前面的某些检测,以确定动态条件下符合要求,即:

a) 确认洁净区的隔离状况;

b) 测定温度和相对湿度的维持能力;

c) 测定空气粒子浓度等级;

d) 若适用,测定表面粒子浓度和微生物污染程度;

e) 按第 8 章检查文件的完整性。

有关符合性的事项参见 GB/T 25915.2—2010;有关微生物的事项参见 GB/T 25916.1—2010 和 GB/T 25916.2—2010;有关检测与运行事项,参见本标准的其他相关部分。

C.3 报告

检测报告应汇编成册提交,其中包括:

a) 供方的检测文件;

b) 所用仪器的校准证书;

c) 相关图纸和安装完工的详细状况;

d) 符合技术要求的客观验证。

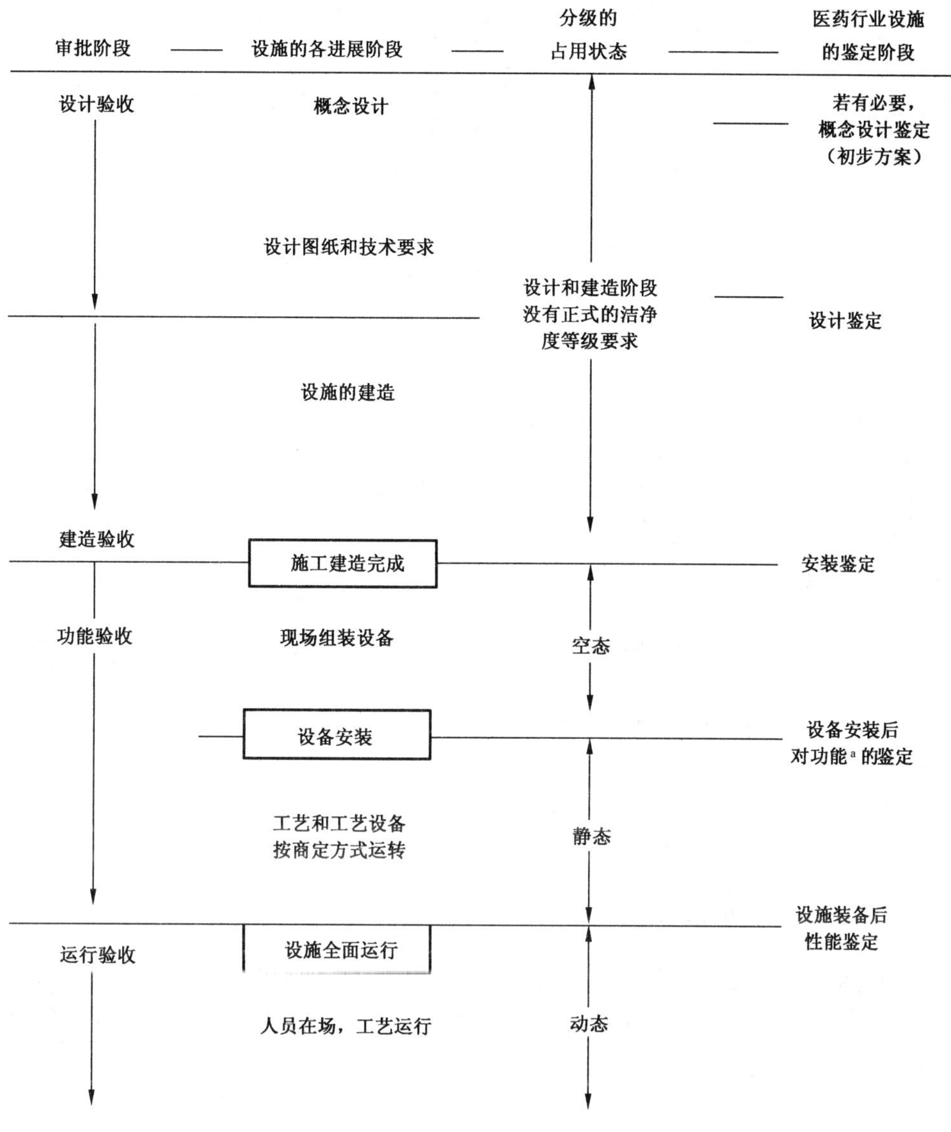

[a] 常用:运转。

图 C.1 设施的验收

图 C.1 说明了设施的各项验收、进展阶段和正式分级的占用状态之间的逻辑顺序和相互关系。从惯用的到法规要求的，各行业所用的术语可能不同。图 C.1 给出的是医药行业建造和验收阶段常用的确认顺序。

附 录 D
（资料性附录）
设施的布局

D.1 概述

D.1.1 规模

洁净室应保持最小的实用尺寸，并考虑到将来的需求。一般情况下，如需要大的空间，可将其分成几个有或没有物理屏障的区或室。

注：众所周知，洁净室内的人员及其活动既产生污染又干扰气流。附录B给出了以设施布置控制此种现象的例子。附录A讨论的污染控制的概念，是通过合理安排工作台或其他各分散关键区的气流和具体布置，预防或尽量减少产品与其环境（包括接近产品的人员）间的污染传播。

D.1.2 工作台的定位和安排

洁净室内的关键工作台和风险区域，应远离出入口、主要交通通道、以及其他气流流型可能受到干扰及污染较高的地方。

设置水平流洁净室工作台的位置时，适当来源的洁净空气应送至将进行洁净工作的地方，并不受人员活动和相邻工作的气流干扰和污染。

如果在一个水平单向流的区域内进行不同洁净度的作业，较低洁净度的作业应位于较高洁净度作业的下风向，但这种布置不得影响任何关键点维持其目标环境。

D.1.3 辅助区与邻近辅助区的洁净室

为使洁净室所保持的关键条件不受影响，需考虑诸如服务与公用设施、清洁、准备、厕所、休息设施等辅助区的位置及其整体关系。压差、流量差、通道与通讯的安排（例如气闸、门禁、内部话机），围护结构的密封（特别是材料的接缝、设备和公用设施的穿洞）都应做到位，防止较低洁净区对较高洁净区的污染。平面布局应与人员行为的有效培训和管理相结合，以尽量减少由于辅助区和洁净室之间的活动所造成的干扰和交叉污染。

D.1.4 公用设施和辅助设备

D.1.4.1 概述

洁净室配备的公用设施在设计、选址和安装上，应不使洁净室受到这些服务设施的污染。

一般情况下，洁净室内尽量减少外露的管线，它们会带来清洁方面的问题，还会损伤洁净室工作服和抹布等物品。这应与可能造成污染且有碍消毒和熏蒸的管线护罩相权衡。可能时，考虑风管的路径或外部服务区这类公用管线的路径。应配备有效手段清除公用服务区域内产生的废物和污染。

设计安装的供电分接点和各种接头，应便于定期清洁，并能防止在封口盖板内或其后面聚积污染。维护工作尽量不在洁净室内进行。压差、流速差、通道与通讯的安排（例如气闸、门禁、内部话机），围护结构的密封（特别是材料的接缝、设备和公用动力的穿洞）应做到位，防止辅助区对洁净室的污染。

公用服务设施的数量、类型和位置由买方和供方议定。

D.1.4.2 真空清洁设备

洁净室应配备便携式或固定式吸尘设备，以便在定期清洁期间有效清除颗粒污染物，并确保可按适

当的频繁程度有效清除不能在洁净室外进行的作业所产生的污染物。

固定式吸尘系统的排风和风机应设在洁净室外。洁净室内的插口不用时应封盖。吸尘气流不干扰洁净室的压差和气流分布。

便携式吸尘器的排风应配备过滤器，其效率不低于环境送风过滤器的效率，此外，还要注意其对洁净室气流分布的影响。

D.1.4.3 喷淋系统

消防系统对洁净室带来些特殊的问题，特别是灭火介质供应管道的通路，不论其中输送的是水、化学品或气体，都是洁净室的潜在污染源。事故发生时释放出的或无意释放出的灭火介质，可能破坏设施的部件。

若将喷淋管线布置在顶棚上方，应根据洁净室内其下方的设备和作业仔细考虑管线路径。考虑为维护和改造留出充分的通道，还需考虑有适当手段收集顶棚上方渗漏或释放出的流体。

墙上或顶棚上喷头接管的孔洞应像洁净室其他穿孔一样密封。在不影响喷头安全功能的前提下，喷头本身的位置和形状尽量不突出到洁净室内，并尽量减少喷头对洁净气流的干扰。若干扰不可避免，则采取适当措施防止对洁净室的整体性产生任何不利影响。

D.1.5 通讯系统

如可行，配备通讯系统，以尽量减少洁净室的人员出入。适用通讯手段有：窗户、对讲门禁、内部话机、数据链、电话。选择其中与洁净室等级和应用条件相适的手段。

D.1.6 玻璃窗

若需要对外的窗户，其设计和安装需注意热损失、太阳辐射和冷凝等问题。可考虑在室内相邻隔间之间设置玻璃窗，这样无须进入室内就可观察到室内的活动。窗户应采用非开启式并密封。为了与墙面齐平，可采用双层玻璃。玻璃窗内可加装百叶窗或遮帘。洁净室内的一侧避免使用外露的遮帘。

D.2 通道

D.2.1 概述

尽可能减少洁净室与外部或相邻区域出入口的数量。

采取有效手段尽量降低由于人和物的出入，或空气流动而产生的污染。正常情况下(非紧急情况)，人和物都应经由气闸出入洁净室。

D.2.2 气闸

进出时为保持受控区的压差与密封性，通常需要气闸或传输口(传递窗)。

采取预防性措施，使气闸的出、入门无法同时开启。气闸两侧可设置透明窗，便于两侧直接观察。可考虑设置带有声光指示的电动或机械连锁装置。

传送物料的气闸内应设有隔离台或其他明显的分界装置，并配备合适的除污设施及相应规程。人和物料的通道应分开。

D.2.3 紧急出口

应设置紧急出口，并显示开启方法。

D.2.4 更衣室

D.2.4.1 概述

更衣室是供人员出入洁净室的专用气闸。更衣室应有足够空间满足其功能,按照洁净室的洁净度配备穿脱洁净服的专用设施,还可配备洗涤、去污等设施。洁净室出入处可能需要配备风淋、擦鞋器、粘垫等专用污染控制设备。

经更衣室出、入洁净室的人一定要分开,可从时间上错开,也可走不同的通道。

加工有害物料的场所,考虑设置独立的更衣和去污通道。

D.2.4.2 更衣室的管理和配置

为了保证洁净室的完整性,更衣室需要一定水平的污染控制和环境控制。同样,洁净服的存放方法与存放设备以及洁净室内使用的设备,也应有与污染敏感作业相应的洁净和污染防护要求。为了提供所要求的防护,更衣室考虑设3个功能区:

a) 更衣室入口:从辅助区进入更衣室的通道(直接进入或经由气闸),此处适合于移除、存放、处置和(或)脱下洁净室内禁用的服装;

b) 过渡区:此区域存放、穿上或脱下洁净室专用的服装或个人装备;

c) 检验/通过区:检验更衣程序完成情况的区域,也是直接或经由气闸通向洁净室的区域。

可采用与更衣室内的活动与使用相应的物理屏障(例如,跨凳、气闸),将这3个功能区分开。设立的3个区中,距洁净室最近的那个区的保障程度应最高,相邻区的出入及其内穿脱服装对此区域的不利影响应最小。

D.2.4.3 更衣室内的设施

针对其所服务的洁净室,更衣室应有相应的特点。

应明确的要求如下:

——更衣人数,绝对人数与某个时刻同时进出的人数;

——更衣规程(即,脱下什么服装、穿上什么服装,服装是重复使用的还是一次性的,保证洁净服洁净程度与避免交叉污染的规则);

——洁净服更换频繁程度。

更衣室应具备如下条件:

a) 洁净服的存放和处置;

b) 消耗品和辅助用品(如手套、口罩、护目镜、套鞋)使用前的存放和使用后的处置;

c) 个人物品的存放;

d) 洗手与干燥或其他去污步骤;

e) 醒目地显示或张贴带清晰解说的更衣顺序;

f) 检查着装是否合格的落地镜。

附 录 E
（资料性附录）
建造和材料

E.1 材料的选择

E.1.1 概述

为满足设施的要求，设施建造用材的选择和使用需考虑下述各项：

a) 洁净度等级；

b) 磨损和撞击的效应；

c) 清洁和消毒的方法与频繁程度；

d) 化学品和微生物的侵蚀与腐蚀。

只有在有效封装和防护的情况下，才可使用易断裂或释放粒子的材料。

所有按设施运行要求使用的材料，都需考虑其化学相容性。这种考虑可影响到诸如饰面粘合剂和密封辅料或过滤器组装和密封所用材料的选择。

向洁净室或洁净区内输送空气时送风接触到的所有表面，其材料本身性质或表面状况，可影响送往污染敏感区的空气质量。为此，空气处理系统中所有内表面材料和饰面，都要经过严格评定与专门审批。

洁净室或洁净区内的设备、家具和材料的所有外露表面，应与设施的外露建筑件符合同样的标准。

具体性能标准的详细说明如下。

E.1.2 建筑材料的表面洁净度和可清洁性

所有外露材料都应适合于频繁有效的清洁和消毒，不得粗糙或多孔，这可能存留粒子和化学污染物或繁殖微生物污染物。关于清洁和消毒适用规程的选择、应用和控制方法，见 GB/T 25916.1—2010 以及本标准的其他相关部分。对表面洁净度（如按可脱落粒子、生物污染、化学污染）进行评定和监测的适用方法，应依照应用情况进行选择和审批。为保持所选择外露材料的光滑、无孔、耐蚀性与耐污性，选材时需充分考虑其对所用清洁和去污方法产生的机械、化学效应的耐受性（另见 E.1.4 和 E.3.3）。

洁净室和洁净区内的墙壁、地面和顶棚的设计与建造应易于进行表面清洁。这一般包括室内的墙壁、地面、顶棚、门、空气散流器出风口一侧、地漏，等等（实例见附录 G）。

如果墙壁、地面和顶棚需要频繁进行擦拭或冲洗，选材时应认真评估对接缝与交汇细部，并要特别避免有积留水分的位置或有存水表面。

E.1.3 静电带电和放电的控制

静电荷的积聚及其后的静电放电可能造成危害，例如，爆炸（若存在粉尘和易燃气体），器件损坏（如电子或光学部件损坏），或使表面吸引过量粒子而造成物理、化学和微生物污染。

对于关注上述风险的场所，其设施所用建筑材料应既不产生、也不容许留有明显的静电荷。每个应用场合有其特定的显著值，应由需方做出明确规定。为了尽量减少静电荷的产生，有些工艺会需要专门的湿度环境。附录 F 有这种控制技术的进一步说明。需注意防止静电荷积聚的最佳湿度条件可能与工艺的其他要求或工程目标相冲突，并商定一可接受的折衷方案。有些应用场合，为了尽量减少感应静电荷的影响，会要求使用导电材料或静电耗散材料。

为保护静电敏感部件,对地电阻 R_E 应保持在 $R_E=10^4\ \Omega\sim10^7\ \Omega$ 的范围。注意保护人员免遭电击。现场接地传导电阻考虑为 $R_{ST}=5\times10^4\ \Omega$。因此,“理想”的电阻范围是在现场传导电阻 $R_{ST}=5\times10^4\ \Omega$ 和对地电阻 $R_E=10^7\ \Omega$ 之间。

所要求的地面电特性对整体地面或地面使用的复合材料均适用。定期测量地面,以监测其因老化可能导致的性能退变。表面电压限值不应超过 2 kV(适用于累计表面电荷)。对墙壁的导电系数应定期监测,并在改造和维修后进行检测。

E.1.4 内部装饰、耐用性和可维护性

完工的设施内,所有内表面都应做得适度光滑、无孔,无裂缝、无凹凸不平。其设计和建造尽量减少可能聚积污染的凹凸不平及类似情况。尽量减少墙角,特别是内角。为了便于清洁,墙角和接缝处可做成圆弧形,特别是地面与墙以及墙与墙的连接缝。装饰面需适应拟采用的机械和化学的清洁及消毒方法。

为确保内饰面材料的性能、质量始终与设施的洁净度等级相符,可定期进行维护和修理。材料的维护和修理方法以及修护工作的影响,应作为选材的考虑标准。需考虑全寿命周期成本以及污染风险分析。

E.2 对具体部件的要求

E.2.1 顶棚、墙壁和地面

E.2.1.1 基本要求

墙壁、顶棚和地面应符合消防、噪音和保温方面的所有相关规定。表面装饰层和表面装修细部需适合所规定的清洁方法。需考虑表面颜色和装饰层与拟采用的照明条件的相互作用,以避免眩光。对气闸、更衣室和物料通道处的要求,一般至少与其所服务的更洁净的区域相同。传送设备和物料的气闸内,可能还需要有去污和“彻底清洁”方面的特殊要求。

注:可用于建造洁净室的方法和材料很多,从现场建造到全预制现场组装。其基本选项可归纳如下:

a) 预制件现场组装系统和现场建造:
   1) 湿法建造,涂表面饰层。
   2) 干法建造,涂表面饰层。
b) 现场组装:
   1) 预制好的工程部件;
   2) 模块化预制板系统。

这些基本选项也可组合使用。

选择设施的建造方法时,不仅要考虑到污染控制和运行要求,还要考虑建造现场的相关事项(例如,可用的建造和装修技术);设施所在现有建筑主体的情况,如可用高度、承重能力、结构变形,维护上的限制,以及“顶棚上人”等要求,等等。

E.2.1.2 顶棚

顶棚应密封,防止含有粒子或其他污染物的空气通过顶棚的孔隙渗入。安装在顶棚的过滤器、过滤器框架、过滤箱体和散流器应密封。顶棚穿孔(如公用设施、喷洒头和照明线的穿孔)尽量少,满足要求即可,并应密封。考虑照明、喷洒等部件的位置与配置,以防气流受到干扰。

E.2.1.3 墙和墙系统

墙的材料和表面装饰层除应满足使用的一般要求,还需注意抗撞和耐磨问题,尤其是那些搬运材料

的手推车、轮车或人员频繁通行处，有可能被触及到的墙和门的表面。使用合适的防磨条或防撞杠可使原本易受损的材料得到有效保护。

有些场合可能要求墙或壁板密封，以防止与周围区域交叉传播污染物。壁板间的压条或密封应光滑，边缘呈弧形（有些场合要求齐平），以便于进行有效清洁并减少污染物的滞留。需特别注意公用设施或其他穿洞处的光滑性及有效密封。

墙或门上需要玻璃窗的场合，应采用固定窗，并采用双面齐平安装的双层气密玻璃窗。若需使用百叶和遮帘，应将其设在洁净区外侧或双层玻璃之间。窗框应光滑，在不要求齐平的场合，窗框宜为圆角或坡面。

尽可能减少门的水平表面，特别要尽量减少门表面上的凹凸不平之处。避免使用门槛。考虑尽量减少门上机械部件（如栓、锁和合页）的磨损，减少门与门框及地面间的磨损。如需要门柄，门柄应光滑、无凸起、易于清洁。担心污染传播的场合，可考虑使用推门板、自动开门装置以及正确的开门方向。

E.2.1.4 地面

地面或地面覆盖层应无孔、防滑、耐磨，必要时应导电；对工作中会遇到的化学品（清洁和消毒用品，事故中洒出的工艺流体）有耐受性，并易于清洁。地面应能承受规定的静负荷和动负荷，耐用性达到要求。地面整体要有适当的防静电特性。

E.2.2 空气处理系统

尽量减少整个空气处理系统、所有部件内以及与系统空气接触的表面所产生的、存留的和释放的污染，以免增加过滤系统的负荷。为防止风管上的污染物释放到其输送的空气中，风管应使用耐腐蚀、不脱屑的材料制造，或对表面作相应的处理。若末端过滤器未设在送风口，末端过滤器下风向系统的质量和整体性就显得更为重要。需考虑空气处理系统产生渗漏时的影响。

E.2.3 气闸中的装备

尽可能减少气闸和更衣室内设备的水平表面。例如，考虑使用衣架吊轨和多孔板架，而不使用闭式衣柜。外露表面应符合洁净室和洁净区内所规定的相同标准。在这样的应用场合，还可增加耐用性技术条件。

E.2.4 辅助区

除紧急出口外，辅助区不应与洁净室直接连通。辅助区内的外露表面选材需特别注意耐用性和易于维护。

E.3 建造和组装

E.3.1 概述

应按图纸、技术要求和商定的质量计划实施建造。建造期间所需的任何变动，实施前应先经过检验、批准并存档（另见附录 C 中的说明）。

E.3.2 建造期间的材料管理

设施建造及其后维护所用的所有部件与材料，其制造方式、包装、运输、存放及用前检验等应符合其使用目的。

E.3.3 建造和启动期间的洁净度和清洁

建造和组装工作本身往往产生污染。为满足规定的污染控制目标，应制定并执行洁净建造规则。要特别注意那些成为重污染源的工作的时间安排，将这些工作排在污染源较少或对污染更敏感的工作之前完成。

建造期间，应采取措施隔离并清除组装和建造过程中产生的污染，以限制对周围区域的不当污染。合适的隔离措施有：临时屏障和临时隔墙，关键区加压时在空气处理系统中使用"一次性"过滤器。安装这种过滤器是用以保护洁净空间(洁净环境和空气处理系统)不受外界污染，顺利进行初始的加压和运行。在设施验收及随后投入运行前，按双方商定的阶段或启动阶段，用适当等级的过滤器替换这种过滤器。应按规定，对持续或频繁的清洁工作，予以规划及管理，防止污染物在设施任何部分有不当聚集，也便于在启动前进行必不可少的最后清洁工作(另见第6章和E.1.2)。

可在一个分开的区域，或在现场接受点与最后建造点之间的一个区域，进行部件的初步清洁，并完成那些不必在现场就地进行的准备工作或装配工作。这种做法对以后会难以或无法进行的清洁工作特别有益，对减少设施各部分的污染极为有利。

E.4 建造材料

常用表面材料有：

a) 墙壁和顶棚：

——不锈钢板；

——阳极氧化铝；

——聚合物板或聚合物涂层。

安装在适当的基底或结构上。

b) 地面：

——聚合物涂层或聚合物板；

——接缝可密封的面砖。

选材时需考虑其使用(生产、配置、清洁和去污以及电导率和释放气体特性)时的化学特性、热特性和机械应力。此外，需方和供方还需考虑其适应性、功能性、耐用性、美观和可维护性。

附 录 F
（资料性附录）
洁净室的环境控制

F.1 设计

F.1.1 环境控制的要求随各场合而异。因此，需方在规定洁净室标准时，应说明哪些是重要的。本附录中给出的目录并不详尽，应按要求加以补充。

F.1.2 环境体系的设计需考虑下述问题：

a) 所选污染控制概念；
b) 产品质量要求；
c) 资金成本和运行费用(寿命周期成本核算)；
d) 节能；
e) 安全性；
f) 人员的健康与舒适；
g) 设备与工艺所产生的需求和制约；
h) 可靠性、易于使用和维护；
i) 环境事宜(如废物的处理和包装)；
j) 法规要求。

F.2 温度和湿度

F.2.1 依具体工艺要求规定洁净室的温度(℃)和相对湿度(%饱和含湿量)的设定值和控制范围。

F.2.2 应为下述各项提供温度控制：

a) 工艺；
b) 设备和材料；
c) 为穿着与规定的洁净度等级相符的洁净服的人员，提供稳定条件。

一般情况下，照明的热负荷很高但稳定；人员热负荷各不相同；工艺运行产生的热(如热封、钎焊、焊接、热处理和压力容器加热)通常既很高又有不稳定。

F.2.3 控制污染所需空气量很大，这便于温度控制系统以合适的反应速率平衡内部获得的热量。但应对散热设备密集区及其送风的形式进行分析，以确定其引起的温度变化的可接受程度及对污染控制的影响。

F.2.4 应为下述各项提供湿度控制：

a) 制造工艺；
b) 设备和材料；
c) 降低静电荷；
d) 与前述温度控制有关的人员舒适度。

F.2.5 洁净室设施中，外部情况(如气候的变化)对湿度控制的影响大于室内产生的水气变化的影响。如果洁净室设施中的工艺产生蒸气，应将其限制在带通风的密封结构中。应采取预防措施控制静电效应。有些制造工艺(如真空管制造和压片)要求相对湿度(R.H.)低于35%。如附录E中所述，选材时还需考虑尽量减少静电效应。限定的空间内如果湿度很低，静电荷会高于湿度较高的区域。

F.2.6 对这些具体的设施应明确规定人员舒适所需的温度和湿度。一般相对湿度在小于65% R.H至大于30% R.H的范围内。如在此范围之外,需考虑采取适当的措施满足工艺和人员的要求。ISO 7730中给出了根据所用洁净服调整温度的技术要求的指南。

F.2.7 应对测量温度和相对湿度的位置做出规定。

F.2.8 如系统运行有外部条件要求,需考虑拟采用的工作模式,规定外部条件。

F.2.9 对洁净室内产生的热量和含湿量、其产生的位置及动态变化特性都应予以说明。

F.3 照明

F.3.1 设施各个部分所需的照明等级和均匀性及其评定方法应予规定。

F.3.2 照明的色彩配置对人员的舒适度,并在很多情况下对工艺、特别是感光工艺有显著影响,需方应对此做出规定。

F.3.3 照明系统应与洁净室的有效运行相适应。灯具上不应有释放污染之处,需考虑采用密封的或齐平的灯具。在单向流的场合,灯具及相关散流器的设计和位置应尽量减少或消除紊流。灯具在使用中应既不破坏洁净室的完整性,也不产生过量污染。应依据所进行的工作,考虑眩光问题。

F.4 噪声和振动

F.4.1 概述

如有要求,可按照具体工艺或其他要求规定噪声和振动的限值。需考虑的问题有:

a) 选址:振动、土质和场地未来的建设;

b) 结构设计:洁净室楼面支撑、刚性、隔离缝;

c) 机械设计:设备选型、系统设计、性能技术要求、隔振系统、(内外部)噪声控制系统;

d) 建筑布局:建筑和设施的平面布置,厂区,服务系统。

F.4.2 声压级

根据人员的舒适和安全同时考虑环境(如其他设备)产生的背景声压级,选定声压级。洁净室设施的A计权声级范围一般在55 dB~65 dB。有些场合可能要求较低级别,或能容忍较高级别。应按ISO 3746进行噪声控制的测量。

F.4.3 机械振动

F.4.3.1 振动是洁净室设施需要考虑的重要问题,因它对工艺、人员的舒适及设备和系统的使用寿命,会产生不利的影响。

F.4.3.2 采用优质风机和减振设备等手段,尽量减少洁净室设施内的振动,或隔离振源。

F.4.3.3 如需控制振动,应按ISO 1940-1和ISO 10816-1规定其控制等级。

F.5 节能

设计中需考虑节能,如在无工作期间降低或关闭温度和湿度控制,并减少气流。但需对规定的自净期内恢复工作条件的能力进行验证。

附 录 G
(资料性附录)
空气洁净度的控制

G.1 空气过滤系统

空气过滤系统包括过滤单元、外框、安装架、密封垫、密封剂和紧固系统。这些部件的选择应既符合所要求的洁净度水平和相关使用条件，又符合系统的安装检测要求。过滤器选择需符合具体的空气过滤标准。建议采用三级空气过滤：

a) 预过滤室外空气，以保证供给空调设备的空气达到相当的质量；

b) 空调设备内的二级过滤，用以保护末端过滤器；

c) 送风进入洁净室前的末端过滤器。

G.2 二级过滤

如洁净室送风的末端过滤器之前无适当的第二级过滤，就可产生若干问题。这些问题包括：

a) 达不到所需的空气洁净度等级；

b) 末端过滤器的更换过于频繁，无法接受；

c) 发生不利于产品的粒子及微生物污染。

G.3 应用

设计人员应对洁净室空调系统中所用的预过滤和第二级过滤器的性能进行评估，使其符合各项应用。需考虑采用可去除化学和分子污染的过滤器(如活性碳)及配置保护室外环境的排风过滤。

G.4 节能

为实现节能，在非工作期间可把通风系统的风量降至低水平。如完全关闭，则需考虑可能产生过高室内污染。

G.5 临时过滤器

在建造和调试期间可考虑安装临时过滤器，以保护空气处理系统的空气洁净度。

G.6 包装和运输

高效空气过滤器的包装应使其得到充分保护，在供应商处搬动和运输期间不致受到机械损伤。过滤器在设施内安装前，应对其进行检验，应无任何损坏。

G.7 安装

高效过滤器的安装应延迟至需要调试设施前。安装前应按供应商的说明存放过滤器。开始安装

时，应目检风管系统清洁、无污染，并应按照厂家的说明安装过滤器。

G.8 检测

安装在设施内的所有过滤设备，都不应妨碍对末端过滤器的检漏以及对过滤器和安装装置间的密封进行的完整性检测。进行这类检测所用材料本身应确保不成为污染物或不引发污染。

附 录 H
（资料性附录）
待需方/用户与供方/设计方商定的补充技术要求

H.1 概述

本附录旨在协助需方/用户和供方/设计方通过沟通商定补充要求，列出的检查项用以明确已知要求并标明未来发展所需要的各个方面。

H.2 检查项

将各检查项列为表格如下。

表 H.1 建议检查对设施有影响的工艺要求。

表 H.2 建议检查于工艺有害的那些污染物。

表 H.3 建议检查工艺中使用的所有设备。

表 H.4 建议检查影响工艺的各种外部因素。

表 H.5 建议检查影响工艺的环境要求。

表 H.6 建议通过检查以明确安全运行要求。

表 H.7 建议评估系统冗余（备用/备份）要求。

表 H.8 建议检查设备所需维护工作的范围。

表 H.9 建议对以前未明确，但影响设计、建造、使用和维护等的其他要求进行检查。

表 H.10、表 H.11 和表 H.12 建议对影响未来发展、成本要求和时间进度的因素分别进行检查。

表 H.1 工艺要求

序号	项 目	检查内容	规定值	达到的性能
1	直接工艺	直接影响最终产品或服务的工艺		
2	间接工艺	保障或间接影响最终产品或服务的工艺		

表 H.2 工艺污染物

序号	项目	检查内容	规定值	达到的性能
1	物质污染	活的或非活物质		
1.1	粒子	不同形状的粒子		
1.1.1	等级	按照 GB/T 25915.1—2010		
1.1.2	尺寸(粒径)	粒径，M 描述符和 U 描述符(见 GB/T 25915.1—2010 附录 E)/普通粒子、超微粒子、大粒子和纤维		
1.1.3	自净时间			
1.2	化学品	分子的、离子的、气态的、凝结的、金属的		
1.2.1	量	化学污染量/重量、层数、浓度		

表 H.2（续）

序号	项目	检查内容	规定值	达到的性能
1.2.2	等级	按照 GB/T 25915.1—2010 或其他标准		
1.2.3	自净时间			
1.3	生物的	活的、需氧的或非活的致病生物体/能够繁殖的生物体		
1.3.1	一般类型	细菌、霉菌、其他		
1.3.2	污染类型	对表面有侵蚀性、对消毒有耐性、致病性		
1.3.3	传播	从无序到稳态的时间		
2	能量污染	干扰能量源		
2.1	振动	振动的范围		
2.1.1	振幅	最大位移		
2.1.2	频率	振动速率		
2.2	磁性	电磁场		
2.2.1	场强			
2.3	射频			
2.3.1	场强			

表 H.3　工艺设备技术要求

序号	项目	检查内容	规定值	达到的性能
1	公用设施需求	需输送到每台工艺设备的物质和动力		
1.1	固体供应要求	列出工艺设备使用的固体		
1.1.1	所供固体纯度/浓度	列出工艺过程中每台设备使用的各种固体物的纯度/浓度		
1.1.2	固体供应量	列出工艺过程中每台设备使用的各种固体的数量，包括最大、最小、额定输入量与使用量		
1.2	气体供应要求	列出工艺过程中每台设备使用的各种气体		
1.2.1	气体供应纯度	列出工艺过程中每台设备使用的各种气体的纯度		
1.2.2	气体供应量	列出工艺过程中每台设备使用的各种气体的数量，包括最大、最小、额定输入量与使用量		
1.2.3	压力	列出在工艺过程中每台设备使用的各种气体的压力，包括最大、最小、额定供压与工作压力		
1.3	液体供应要求	列出在工艺过程中每台设备使用的各种液体		
1.3.1	液体供应纯度/浓度	列出在工艺过程中每台设备使用的各种液体的纯度/浓度		
1.3.2	液体供应量	列出在工艺过程中每台设备使用的各种液体的数量，包括最大、最小、额定供应量与使用量		
1.3.3	液体供应压力	列出在工艺过程中每台设备使用的各种液体的压力，包括最大、最小、额定压力与工作压力		

表 H.3（续）

序号	项目	检查内容	规定值	达到的性能
1.4	电力要求	列出各台设备的电力要求		
1.4.1	电压			
1.4.2	相数			
1.4.3	频率			
1.4.4	负荷			
1.4.5	电力波动要求	列出每台设备在没有电力滤波的情况下可允许的供电最大波动值		
2	工艺设备排放物			
2.1	固体废物	列出工艺过程中每台设备排放的各种固体废物		
2.1.1	固体废物的纯度/浓度	列出工艺过程中每台设备排放的各种固体废物的纯度/浓度		
2.1.2	固体废物数量	列出工艺过程中每台设备排放的各种固体废物的数量,包括最大量、最小量和的额定排放量		
2.2	排气	列出工艺中使用的、每台设备排放的各种气体		
2.2.1	排气特性	列出工艺中使用的、每台设备排放的各种气体(如酸性的、溶剂型的、热的、普通的等)的浓度和温度		
2.2.2	排气量	列出每台设备排放的、将在工艺中使用的各种气体的量,包括最大、最小、额定排放量和使用量		
2.2.3	排气压力	列出工艺中使用的、每台设备排放的在各种气流的压力,包括最大、最小、额定排放压力和使用压力		
2.3	废液	列出工艺过程中每台设备产生的各种废液		
2.3.1	废液量	列出工艺过程中每台设备排出的各种废液数量,包括最大、最小、额定输入量和使用量		
3	环境参数	实现工艺设备的正常使用		
3.1	温度要求	列出各台设备内与设备外的最大、最小和最佳温度要求。如需要,另外提供设备部件的要求。		
3.1.1	温升速率	列出每台设备最大允许温升速率		
3.1.2	温降速率	列出每台设备最大允许温降速率		
3.2	湿度要求	按要求分别列出各台设备各部件内与各部件外的最大、最小和最佳湿度要求。		
3.2.1	湿度上升率	列出每台设备最大允许湿度上升率		
3.2.2	湿度下降率	列出每台设备最大允许湿度下降率		
3.3	振动要求/限值	列出每台设备最大、最小和额定振动能量级		
3.4	采用的物理屏障	是否要求		
4	物理属性	设备尺寸和质量		
5	安装事项	如何安装		

表 H.3(续)

序号	项目	检查内容	规定值	达到的性能
6	使用事项	如何使用		
7	维护事项	如何维护		
8	工艺过程前	送入的产品或起始物料的情况		
9	工艺过程后	随后制造步骤的说明		
10	工艺过程吞吐量	随时间通过设备的产品量		
11	通讯事项	予以说明		
12	人机工程学的事项	予以说明		

表 H.4　外部因素

序号	项目	检查内容	规定值	达到的性能
1	规章规定	列出影响选址和运行的所有法规要求,包括当地的分区法律、法令,当地的税项构造和报批要求		
2	公用资源因素	列出公用资源,包括可用性、质量、数量		
2.1	场地供水	列出当地地下水和城市供水的特性,包括毒性、浊度等		
2.2	场地空气质量	列出场地空气质量特性现状		
2.3	场地电力因素	列出当地电力供应特性,即容量、电压、相数、频率、强度及波动频繁程度等		
2.4	场地废物系统因素	列出当地废物系统特性		
3	场地振动特性	评估场地周围振动水平及其变化情况,评估其可能对规划中的工艺和设施的影响		
4	场地周围因素	列出周围相邻场地的各种构筑物、工艺、污染物等。评估其可能对规划中的工艺、设施和人员的影响		
5	场地的岩土因素	列出各种地质因素,即土壤毒性、土壤膨胀特性等。评估其对规划中的设施的影响		
6	安保和通道因素	列出各种安保和可达性方面的因素。评估其对设施的影响		

表 H.5　环境要求

序号	项目	说　明	规定值	达到的性能
1	环境要求	考虑工艺、设备和人员的要求。初始时按洁净度层次列出。只有在设计过程充分展开时,再将每个工艺区按洁净度等级列出		
1.1	洁净度	要求的洁净度等级		
1.2	气流形式	列出洁净室气流形式,即单向流、非单向流或混合流		
1.3	气流方向	列出洁净室气流方向,即垂直的或水平的		

表 H.5（续）

序号	项目	说　　明	规定值	达到的性能
1.4	风速	列出洁净室工艺区内的风速		
1.5	空气循环系统和配置	评估洁净室空气循环系统配置，考虑工艺、调节、人员和预算等方面的因素		
1.6	干球温度	评估洁净室干球温度要求，包括最大、最小和额定值		
1.6.1	干球温度上升率	列出洁净室最大允许干球温度上升率		
1.6.2	干球温度下降率	列出洁净室最大允许干球温度下降率		
1.7	湿度	评估洁净室湿度要求，包括最大、最小和额定值		
1.7.1	湿度上升率	列出洁净室最大允许湿度上升率		
1.7.2	湿度下降率	列出洁净室最大允许湿度下降率		
1.8	压力	列出洁净室的压力		
1.8.1	压差	列出洁净室从较高压力区到相邻区较低压区的压差		
1.8.2	压力变化率	列出洁净室空间压力最大允许变化率		
2	声压级（噪声）	列出洁净室最大允许声压级与额定声压级		
3	振动	列出洁净室最大允许振动能量级与额定振动能量级		
4	照明	列出洁净室最小照度和额定照度要求及任何波长限制		
5	建筑尺寸	列出尺寸/大小的要求		
5.1	顶棚距地面高度	列出洁净室顶棚至地面的高度要求		
5.2	地面面积要求	列出洁净室地面面积要求，即长度和宽度		
5.3	地面负荷	最大质量负荷		
6	电离	电荷平衡（空气）		

表 H.6　安全要求

序号	项目	检查内容	规定值	达到的性能
1	洁净室生命安全要求	标识出对设施有影响的所有安全规范和法规		
2	空气循环区的分隔	评估对区域单独控制和隔离的具体要求		
3	有毒、易燃和危险物料的存贮、运输	评估具体工艺的及整个存贮的要求		
4	撤离要求	评估出口最长距离要求		
5	材质要求	评估对耐火材料和耐火组件的要求		
6	吹扫系统	是否需要一个		
6.1	流量	流量大小		

表 H.7 备用/备份要求

序号	项目	说明	规定值	达到的性能
1	系统双备份	100%的替换能力		
2	系统尺寸过大	大于需求		
3	最大部件的备份	单件100%更换		
4	替代源	可转换到替代物		
5	故障检测和报告			
6	切换方法	手动或自动		

表 H.8 使用和维护因素

序号	项目	说明	规定值	达到的性能
1	MTBF	平均无故障时间		
2	MTTR	平均维修时间		
3	维修最长时间	多长时间修好		
4	备件的可用性	多少？什么类型？		

表 H.9 对人和生产力有影响的人员因素

序号	项目	说明	规定值	达到的性能
	人流和物流要求	评估产品和工艺流程要求及人流要求。评估各工艺间距及其功能的相互依赖性。评估人员的通迅及通道的需求		
1.1	气闸	是否需要		
1.2	更衣要求	服装为哪种类型		
2	运行频繁程度	列出洁净室的运行频繁程度，即连续运行还是间歇运行。如果是间歇运行，规定运行频度，如每周5 d，每天8 h		
3	人体工程学	任何要求		
4	美学	任何要求		

表 H.10 未来的发展

序号	项目	说明	规定值	达到的性能
1	未来	是否现在就考虑		
2	灵活性	是否现在就考虑		

表 H.11　成本要求

序号	项目	说　明	规定值	达到的性能
1	投资成本	初始成本		
2	运行成本			
2.1	能源的利用	明确降低运行成本的方法		
2.2	维护成本			
3	寿命周期成本	拥有成本		

表 H.12　时间进度

序号	项目	说　明	规定值	达到的性能
1	任务定义	项目任务由用户和供方商定		
2	明确重要事项	明确或规定项目的主要事项和验收标准		

H.3　洁净室项目基本要求项

用途：本表格的目的是协助洁净室项目的用户和供方以文件说明洁净室项目的要点和非要点。本表格与本部分中的标准性条款与参考性条款一起使用。

项目名称：　　项目地点：

需方名称：　　供方名称：

需方联系人：　　供方联系人：

需方电话：　　供方电话：

日期：

H.4　与第 4 章的关系(见表 H.13)

表 H.13　与第 4 章的关系

第 4 章条目	说明要求	回应、要求、技术条件
4.2	参照的国家标准号	
4.3	本标准的发布年号	
4.4	将要使用的受控空间的一般用途	
4.4	洁净室内将要进行的作业	
4.4	有无运行标准所施加的约束(见附录 A,B 和 D 中的说明)	
4.5	按照 GB/T 25915.1—2010、GB/T 25916.1—2010 和 GB/T 25916.2—2010 所要求的洁净度等级或要求(见附录 F 中的说明)	
4.6	为确认,需要测量的环境参数、允许的变化范围、测量方法和校准方法(GB/T 25915.2—2010 和 GB/T 25915.3—2010)(见附录 F 中的说明)	

表 H.13（续）

第4章条目	说明要求	回应、要求、技术条件
4.7	说明为达到所要求的洁净度等级待采用的污染控制概念（包括运行和性能标准）（控制概念的说明见附录A中的说明）	
4.9	洁净室的物流（见附录D中的说明）	
4.10	为达到和维持所要求的条件而规定的占用状态，包括其时间上的变化及对占用人员的控制方法，包括所有洁净区的如更衣、卫生措施、人流和出入控制等	
4.11	提供设施的平面布置图和配置图（见附录D中的说明）	
4.12	提供各种关键尺寸和质量限制，包括与可用空间有关的那些事项（见附录D中的说明）	
4.13/4.14	洁净室或洁净区中待安装的工艺和生产设备，包括用途，建造和维护时的接近方法、气体排放、尺寸和质量及公用设施要求（见附录B,D,E,G和H中的说明）	
4.15	及时提供洁净室或洁净区系统部件的维护要求（见附录D和E中的说明）	
4.16	有关标准、设计依据、详细设计、建造、检测、调试和鉴定检测（包括性能和证明）等全部责任的详细阐述（见附录E和G中的说明）	
4.17	确定各种外部环境的影响，如化学污染及粒子污染、噪声和振动（见附录H中的说明）	

参 考 文 献

[1] GB/T 19000 质量管理体系 基础和术语 *Quality management systems—Fundamentals and vocabulary*

[2] GB/T 19001 质量管理体系 要求 *Quality management systems—Requirements*

[3] GB/T 24001 环境管理体系要求及使用指南 *Environmental management systems—Specification with guidance for use*

[4] GB/T 24004 环境管理体系原则、体系和支持技术通用指南 *Environmental management systems—General guidelines on principles, systems and supporting techniques*

[5] ISO 1940-1:1986 *Mechanical vibration—Balance quality requirements of rigid rotors—Part 1:Determination of permissible residual unbalance*

[6] ISO 3746:1995 + Technical Corrigendum 1:1995, *Acoustics—Determination of sound power levels of noise sources using sound pressure—Survey method using an enveloping measurement surface over a reflecting plane*

[7] ISO 7730:1994 *Moderate thermal environments—Determination of the PMV and PPD indices and specification of the conditions for thermal comfort*

[8] ISO 9004-1:1994 *Quality management and quality system elements—Part 1:Guidelines*

[9] ISO 10816-1:1995 *Mechanical vibration—Evaluation of machine vibration by measurements on nonrotating parts—Part 1:General guidelines*

[10] EN 779:1993 *Particulate air filters for general ventilation—Requirements, testing, marking*

[11] EN 1822-1:1998 *High efficiency air filters (HEPA and ULPA)—Part 1:Classification, performance testing, marking*

[12] EN 1822-2:1998 *High efficiency air filters (HEPA and ULPA)—Part 2:Aerosol production, measuring equipment, particle counting statistics*

[13] EN 1822-3:1998 *High efficiency air filters (HEPA and ULPA)—Part 3:Testing flat sheet filter media*

[14] EN 1822-4:1997 *High efficiency air filters (HEPA and ULPA)—Part 4:Testing filter elements for leaks (scan method)*

[15] EN 1822-5:1996 *High efficiency air filters (HEPA and ULPA)—Part 5:Testing the efficiency of the filter element*

[16] IEST-RP-CC001.3:1993 *HEPA and ULPA filters. Mount Prospect*, Illinois:Institute of Environmental Sciences and Technology

[17] IEST-RP-CC007.1:1992 *Testing ULPA filters*. Mount Prospect, Illinois:Institute of Environmental Sciences and Technology

[18] IEST-RP-CC012.1:1993 *Considerations in cleanrooms design*. Mount Prospect, Illinois:Institute of Environmental Sciences and Technology

[19] IEST-RP-CC021.1:1995 *Testing HEPA and ULPA filter media*. Mount Prospect, Illinois:Institute of Environmental Sciences and Technology

[20] IEST-RP-CC024.1:1994 Measuring and reporting vibration in microelectronics facilities. Mount Prospect, Illinois:Institute of Environmental Sciences and Technology

[21] US Pharmacopeia 23-NF 18 (1995) Supplement 8 (May 15,1998) P4426 (1116), *Microbiological evaluation of cleanrooms and other controlled environments*

[22] VDI 2083 part 2:1996 *Cleanroom technology—Construction, operation and maintenance*. Berlin:Beuth Verlag GmbH

[23] VDI 2083 part 4:1996 *Cleanroom technology—Surface cleanliness*. Berlin:Beuth Verlag GmbH

相关洁净室国际标准与推荐规范

[24] *EC Guide to GMP for medicinal products*. Brussels:European Commission,1995

[25] ISO 13408-1:1998,*Aseptic processing of health care products—Part 1:General requirements*

污染控制标准与推荐规范纵览

[26] IEST-RD-CC009.2:1993,*Compendium of standards, practices, methods, and similar documents relating to contamination control*. Mount Prospect, Illinois: Institute of Environmental Sciences and Technology

主要污染控制手册

[27] TOLLIVER, D. L. (ed.): *Handbook of contamination control in microelectronics*. Park Ridge (New Jersey):Noyes Publications,1988,488 pp

[28] WHYTE, W. (ed.):*Cleanroom design*. Wiley,Chichester,1991,357 pp

[29] HAUPTMANN-HOHMANN (eds.): *Handbook of cleanroom practice*. Ecomed Verlag, Landsberg,1992

[30] LIEBERMANN, A:*Contamination control and cleanrooms*. Van Nostrand Reinhold, New York,1992,304 pp

污染控制词典

[31] IEST-RD-CC011.2:1996,*A glossary of terms and definitions relating to contamination control*. Mount Prospect,Illinois:Institute of Environmental Sciences and Technology

---

ICS 13.040.35
C 70

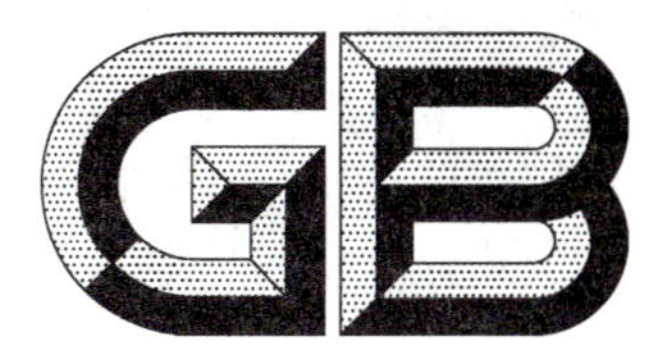

中华人民共和国国家标准

GB/T 25915.5—2010/ISO 14644-5:2004

洁净室及相关受控环境 第5部分:运行

Cleanrooms and associated controlled environments—Part 5:Operations

(ISO 14644-5:2004,IDT)

2011-01-14 发布　　2011-05-01 实施

中华人民共和国国家质量监督检验检疫总局
中国国家标准化管理委员会　发布

前　言

GB/T 25915《洁净室及相关受控环境》分为八个部分：

——第1部分：空气洁净度等级；

——第2部分：证明持续符合GB/T 25915.1的检测与监测技术条件；

——第3部分：检测方法；

——第4部分：设计、建造、启动；

——第5部分：运行；

——第6部分：词汇；

——第7部分：隔离装置(洁净风罩、手套箱、隔离器、微环境)；

——第8部分：空气分子污染分级。

本部分是GB/T 25915的第5部分。

本部分按照GB/T 1.1—2009给出的规则起草。

本部分使用翻译法等同采用ISO 14644-5:2004《洁净室及相关受控环境　第5部分：运行》。

本部分由全国洁净室及相关受控环境标准化技术委员会(SAC/TC 319)提出并归口。

本部分由天津市龙川净化工程有限公司、深圳吉隆洁净技术有限公司、燕山大学建筑工程与力学学院负责起草，北京希达建设监理有限责任公司、天津大学环境科学与工程学院、天津城市建设学院、天津药业集团公司、上海晨隆国际贸易有限公司、苏州华泰空气过滤器有限公司参加起草。

本部分主要起草人：涂有、张立海、黄吉辉、涂光备、石增德、吕健、邢金诚、凌继红、王顺刚、张鑫、张琰、黄建华、魏晓波、黄强、温继革、赵秋华。

引　言

洁净室广泛应用于各行各业。洁净室的运行规程对生产设备运行时其洁净室运行中所能达到的洁净度有重要影响。洁净度决定质量的稳定性。只有周密地制订计划，在计划中规定、实施并检验所确定的及运行规程，适时地检测，并强制执行详细规定的运行制度，才能达到并维持工作所需的洁净度。本部分是面向各类洁净室的一个一般运行标准通用文件，某些负责制定洁净室工艺和产品相关规定的机构，还可能要求附增加一些在本部分一般运行标准中未涵盖的规程和检测措施。

GB/T 25915 的本部分制定了与以下内容相关的规范性及推荐性的运行要求：

a) 提出了制定含有策略及运行规程的原则体系；

b) 将用于阻隔人体产生的污物污染与洁净室环境隔离的洁净服；

c) 在洁净室内人员培训人员，并监督及监督他们遵守规定的操作规程和纪律的情况；

d) 固定设备(未涉及固定设备的标准)的移动、安装和维护；

e) 洁净室内用材料和便携式设备的选择和使用；

f) 维持洁净室洁净度的系统性清洁和监测。

洁净室及相关受控环境 第5部分:运行

1 范围

GB/T 25915 的本部分规定了洁净室运行的基本要求,供准备使用并运行洁净室的人员使用。本部分内容未涉及与污染控制有直接关联的安全问题,相关问题应遵守国家和地方的安全法规。本部分涉及生产各类产品的各个级别的洁净室,应用范围广泛,但未涉及各个行业的特定要求。本部分未包括洁净室的常规监测方法和规划的细节,关于粒子的监测参见 GB/T 25915.2 和 GB/T 25915.3,微生物的监测参见 GB/T 25916.1 和 GB/T 25916.2。

2 规范性引用文件

下列文件对于本文件的应用是必不可少的。凡是注日期的引用文件,仅注日期的版本适用于本文件。凡是不注日期的引用文件,其最新版本(包括所有的修改单)适用于本文件。

GB/T 25915.1—2010 洁净室及相关受控环境 第1部分:空气洁净度等级(ISO 14644-1:1999,IDT)

GB/T 25915.2—2010 洁净室及相关受控环境 第2部分:证明持续符合 GB/T 25915.1 的检测与监测技术要求(ISO 14644-2:2000,IDT)

GB/T 25915.3—2010 洁净室及相关受控环境 第3部分:检测方法(ISO 14644-3:2005,IDT)

GB/T 25915.4—2010 洁净室及相关受控环境 第4部分:设计、建造、启动(ISO 14644-4:2001,IDT)

GB/T 25915.6—2010 洁净室及相关受控环境 第6部分:词汇(ISO 14644-6:2007,IDT)

GB/T 25916.1—2010 洁净室及相关受控环境 生物污染控制 第1部分:一般原理和方法(ISO 14698-1:2003,IDT)

GB/T 25916.2—2010 洁净室及相关受控环境 生物污染控制 第2部分:生物污染数据的评估与分析(ISO 14698-2:2003,IDT)

3 术语和定义

下述术语和定义适用于本文件。

3.1 一般术语

3.1.1

生物洁净室 biocleanroom

产品和工艺对微生物污染敏感时所使用的洁净室。

3.1.2

更衣室 changing room

人员进出洁净室时穿、脱洁净服的房间。

[GB/T 25915.4—2010,3.1]

3.1.3

跨凳　cross-over bench

更换洁净室服装用辅助长凳，也是隔开地面污染的屏障。

3.1.4

消毒　disinfection

将物体或表面的微生物清除、破坏或灭活。

3.1.5

纤维　fiber

(长宽)比不小于10的粒子。

[GB/T 25915.1—2010,2.2.7]。

3.1.6

操作者　operator

在洁净室内从事生产工作或执行工艺程序的人员。

3.1.7

粒子　particle

有明确物理边界的微小物质。

注：改写GB/T 25915—2010，定义2.2.1。

3.1.8

人员　personnel

进入洁净室的任何人。

3.1.9

隔离装置　separative device

采用构造和空气动力学手段在确定的容积内外创建可靠隔离水平的设备。

注：各种行业用隔离装置有：洁净风罩、隔离箱、手套箱、隔离器、微环境。

3.1.10

单向流　unidirectional airflow

通过洁净区整个断面、风速稳定、大致平行的受控气流。

注：这种气流可定向清除洁净区的粒子。

[GB/T 25915.4—2010,3.11]

3.2　占用状态

3.2.1

空态　as-built

设施已建成并运行，但没有生产设备、材料和人员的状态。

[GB/T 25915.1—2010,2.4.1]

3.2.2

静态　at-rest

设施已建成，生产设备已安装好并按需方与供方议定的条件运行，但没有人员的状态。

[GB/T 25915.1—2010,2.4.2]

3.2.3

动态　operational

设施按规定方式运行，其内规定数量的人员按议定方式工作的状态。

[GB/T 25915.1—2010,2.4.3]

4 技术要求

4.1 运行体系

4.1.1 应建立一套运行规程体系文件，它是保障所设计的洁净室内产品和工艺质量的基础。

4.1.2 应确定适用于洁净室的一组风险因素，用以鉴别对工艺有污染风险的区域。应制定监测这些风险的方法，以便在超过洁净室等级的污染限值时采取行动。

注：虽然本部分未对洁净室运行中的定期监测作详细说明，但它是很重要的。GB/T 25915.2—2010 和 GB/T 25915.3—2010 中给出了监测粒子的指南，GB/T 25916.1—2010 和 GB/T 25916.2—2010 给出了监测生物污染的指南。

4.1.3 应制定一套洁净室相关人员的培训体系，并规定一种监督培训过程是否达到要求的方法。

4.1.4 应有一套培训文档系统，以证明所有人员均接受了与其承担的工作相应的培训。

4.1.5 应编制一套程序规程文件，说明洁净室的机械系统如何操作、维护、修理和监测（见 GB/T 25915.4—2010）。

4.1.6 洁净室的改扩建工作都应有计划，计划应涵盖所有相关人员。运行方面有任何重要变动，可按 GB/T 25915.2—2010 的要求对洁净室设施重做鉴定。

4.1.7 应将促进和加强洁净室人员安全的制度编制成文件。

注：4.1.1～4.1.7 中列出的运行体系要求，在附录 A 有简要说明。

4.2 洁净服

4.2.1 洁净服应能保护洁净室环境和产品不受人员及其日常服装所散发污染物的污染。为尽量提高这种防护作用，应对屏障性织物的选择、洁净服款式及对人员的覆盖程度做出相应规定。

4.2.2 洁净服应采用耐磨的、起毛少的、不会析出污染物的织物和材料制作。

4.2.3 应根据产品和工艺的洁净度要求，确定进入洁净室前更换清洁洁净服的次数。

4.2.4 重复使用的洁净服应定期进行清洗，以清除污染。

4.2.5 应对洁净服的清洁、处理（包括按要求进行消毒、灭菌）和包装做出详细规定。

4.2.6 应采用被污染几率最小的规范方式运输和存放洁净服。

4.2.7 除洗涤、修理或调换外，都不得将（包装好的清洁的或脏的）洁净服拿出储存区与洁净室范围。

4.2.8 穿、脱洁净服的方式应防止污染传播或使其降至最小。

4.2.9 若洁净服要再次使用，应妥善存放，确保其受到的污染尽可能小。

4.2.10 应定期检查洁净服，以保证其污染控制特性符合规定。

4.2.11 应考虑洁净服穿着的舒适性。

4.2.12 应考虑特定场所对洁净服的特殊要求（如化学、物理或微生物方面的）。

4.2.13 在紧急撤离期间及其后应对洁净服特别关注。

注：4.2.1～4.2.13 中列出的洁净服要求，附录 B 有简要说明。

4.3 人员

4.3.1 未经批准，洁净室内不允许出现与洁净室无关的人员和物品。

4.3.2 应对人员进行卫生方面的指导，以使他们做好在洁净室环境中进行正常工作的准备。

4.3.3 应对可能引起污染的珠宝首饰、化妆品及类似物品做出规定。

4.3.4 应就洁净室人员的行为方式进行培训，以尽量减少因行为所产生的污染物转移或沉降到产品上。

4.3.5 应就与工作有关的、各种已知的健康和安全风险事项进行培训，以防止人员受到危害。

注：4.3.1～4.3.5 中列出的人员要求，在附录 C 有简要说明。

4.4 固定设备

4.4.1 所有设备及其附属的可移动设备和装配工具在运入洁净室前，都应彻底清洁或除污，或两者兼做。

4.4.2 应规定设备运入受控环境的相关规程，以保证所有的设备都进行了必要的清洁和除污。

4.4.3 规划以及实施设备安装时，应尽量减少设备安装对洁净室环境的影响。

4.4.4 设备的维护、修理和校准方式，应能控制并尽量减少其对洁净室的污染。

4.4.5 应以文件规定维护和修理工作的规程，以控制污染。

4.4.6 应制订预防性维护工作计划，在部件成为污染源之前及时更新。

注：4.4.1～4.4.6 中列出的固定设备要求，附录 D 有简要说明。

4.5 材料及便携和可移动设备

4.5.1 所有材料及便携和可移动设备都要适合于洁净室的洁净度，其使用不得危及产品和工艺。

4.5.2 应制定相关规程，以保证运入洁净室的材料及便携和可移动设备不会受到污染。

4.5.3 应制定相关规程，以尽量减少存放在洁净室的材料数量。必要时，应规定存放期限。

4.5.4 洁净室内存放材料应符合确定的规程，必要时应放置在保护性或隔离性储存处。应注意材料及便携和可移动设备在洁净室的存放和随后使用中产生污染的风险。

4.5.5 应按照确定的规程收集、识别和清除用过的与作废的材料。应频繁地清除废料，清除方式应不危及产品或工艺的洁净度。应按照地方和其他管理机构制定的法规处理有害材料。

注：4.5.1～4.5.5 中列出的材料及便携与可移动设备的要求，附录 E 有简要说明。

4.6 洁净室的清洁

4.6.1 应规定清洁的方法和规程，并照此实施，以将洁净室表面保持在合格的洁净水平。

4.6.2 应指定负责清洁作业的人员，并对他们进行工作所需的专门培训。

4.6.3 应确定清洁日程，并按有效的频度进行清洁，以确保洁净度维持在规定的水平。

4.6.4 应定期进行污染检查，以保证洁净室保持在规定的水平。

4.6.5 应对清洁工作进行期间产品或工艺是否面临风险进行评估，必要时，在清洁工作开始前，移走或覆盖正在加工的产品。

4.6.6 应制定专门的清洁规程及方法，以应对不可避免的事故或系统故障所造成的、使洁净室、产品、工艺或人员处于风险中的污染。

注：4.6.1～4.6.6 中列出的清洁要求，附录 F 有简要说明。

附 录 A
（资料性附录）
运 行 体 系

A.1 概述

管理层应将员工的注意力引导到创建并维持那些保障洁净室运行良好的体系上，这一点非常必要。为确保所有各方各司其职，应确定并公布管理构架。洁净室运行良好对洁净室中生产的产品和运行的工艺的质量有显著影响。本附录帮助管理层明确这些体系的各个方面。

A.2 评定污染风险

A.2.1 评定风险的方法

应进行风险评定，以确定可影响洁净室产品或工艺的相关污染控制因素。

用以确定和管理这些因素的方法例举如下：

a） 危害分析与关键控制点 HACCP(Hazard Analysis Critical Control Point)[1]；

b） 故障模式效果分析 FMEA(Failure Mode Effects Analysis)[2][3]；

c） 故障树分析 FTA(Fault Tree Analysis)[4]。

A.2.2 确定运行风险

A.2.2.1 概述

若对洁净室运行中的关键因素控制不当，能对洁净室的洁净度与产品质量带来风险。这些关键因素及某些相关风险可参见 A.2.2.2～A.2.2.6。各个机构都应评定这些风险，并制定补救措施。在风险评定中，尤其应关注以下方面：

a） 风险因素中的污染浓度；

b） 风险位置至产品的距离；

c） 产品风险防护所用方法的重要性[5]。

有关洁净室的辅助参数及因素，包括采暖、通风与空调的功能、压力、温度、湿度、通风故障和过滤器故障等资料，在 GB/T 25915.2—2010、GB/T 25915.3—2010 及 GB/T 25915.4—2010 中有说明。

A.2.2.2 洁净服

可影响洁净室的运行或环境质量的风险因素有：

a） 人体所需的隔离方式(连体服、外罩、罩帽、手套、靴子、口罩等)；

b） 材料的性能(编织特性、纤维类型、无菌性、抗静电、研光等)；

c） 款式和缝制(特殊的剪裁缝制要求)；

d） 舒适性；

e） 用法(可洗涤的或一次性的)；

f） 洁净服内个人服装的选择；

g） 洗前穿着的时间或次数；

h） 洁净服洗衣房的选择；

i） 更新、包装、储存和发放。

A.2.2.3 人员

可影响洁净室的运行或环境质量的风险因素有：

a） 人员的选择；
b） 教育和培训；
c） 安全(包括应急规程)；
d） 人员的服装、卫生和行为(包括进入洁净室前的行为举止)；
e） 有无急性、慢性疾病；
f） 散发的污染明显多于他人的人员；
g） 允许进入的人员；
h） 来访人员的专用规程；
i） 最大人员量；
j） 出入规程；
k） 人员在洁净室内的行动与作业。

A.2.2.4 固定设备

可影响洁净室的运行或环境质量的风险因素有：

a） 出入规程；
b） 安装；
c） 清洁方法；
d） 产生的污染；
e） 产生的热、湿和静电荷；
f） 维护和修理；
g） 工艺材料及动力传输系统的洁净度；
h） 可能出现的设备故障。

A.2.2.5 材料及便携和可移动设备

可影响洁净室的运行或环境质量的风险因素有：

a） 相适性及选型；
b） 进、出及移动的规程；
c） 在洁净室内存放方面的因素；
d） 使用时的污染因素；
e） 产生的静电荷；
f） 输配系统所供液体和气体的纯度；
g） 废物处理；
h） 包装。

A.2.2.6 洁净室的清洁

可影响洁净室的运行或环境质量的风险因素有：

a） 常规的环境污染因素(气流、空气悬浮粒子、释放气体、有害气体、微生物、振动、静电荷、分子污染等)；
b） 人流和物流；

c) 服务、维护、修理；
d) 清洁方法；
e) 紧急停机和计划内停机；
f) 设施的扩建和改造；
g) 清洁效果的监测频繁度。

A.3 监测和纠正行动

应执行一套包括人员、清洁和其他运行系统在内的常规监测计划。监测应有足够的频繁度与充分的综合性，以及时检测出实际存在的或正在显现的不良情况。在规定的干预值被突破时，应迅速做出反应，其中包括调查和纠正行动。调查和纠正行动应涉及条件不合格时可能对产品质量造成的影响。粒子监测的更多资料可参见GB/T 25915.2—2010和GB/T 25915.3—2010。微生物监测的更多资料可参见GB/T 25916.1—2010和GB/T 25916.2—2010。

A.4 教育和培训

A.4.1 参与人员

洁净室内人员的活动对洁净环境的性能影响极大。对进入、使用或维护设施的人员的培训不到位，会危及洁净室的效能。因此，管理层负责实施综合性培训计划，就人员的职责及其职责与洁净环境之间的相互影响，对全体人员进行培训。证书是顺利通过考试、理解培训内容并达到要求的证明。培训计划应保证下述各类人员都受到适当的教育与培训：
a) 操作者；
b) 技工；
c) 工程和科研人员；
d) 质保人员；
e) 监理人员和经理；
f) 洁净室公用服务设施人员；
g) 承包人员；
h) 现场服务人员；
i) 来访者。

A.4.2 培训课程的内容

培训课程可包括下述内容：
a) 洁净室工作原理(设计、气流、空气过滤)；
b) 洁净室标准；
c) 污染源；
d) 个人卫生；
e) 清洁；
f) 洁净服规程；
g) 维护规程；
h) 洁净室的检测与监测；
i) 洁净室内行为举止的规章；
j) 洁净室内的工作流程和工艺技术，工艺被污染的过程；

k) 安全和应急反应。

A.4.3 对洁净室人员遵守规章的监控

洁净室的培训计划应说明将洁净室主要风险因素最小化的要求和行动。这些风险因素列在A.2.2.3。人员能否在实际工作中全部贯彻培训内容,对洁净室持续有效的运行至关重要。人员虽接受了适当的培训,但不一定完全理解,或可能又回到过去的不良习惯。因此,对A.4.1所列人员的行动应进行监控,确保他们认真地遵守洁净室纪律。应考虑建立人员的监控系统。监控计划可以是正式的或非正式的,依洁净室每个人员的授权水平而定。内部审查员可依据书面规程,对洁净室内人员的行动进行监控。可定期地向管理层提供报告,详细说明不足之处。可以该报告作为依据,确定需要采取的纠正行动[6]。

有效的培训计划应对全体人员遵循正确的洁净室操作规程起积极作用。

A.4.4 培训文件

培训文件应综合又简明地说明每位洁净室运行与维护人员培训的进程以及水平。管理层应确定各项工作以及系列工作的安排或责任,培训文件应便于管理和定期审核。基本培训文件应包括课程内容、人员标识信息、培训及考核日期,以及未来需要时再培训的安排。

A.5 洁净室公用服务系统

A.5.1 综述

管理部门应负责确保洁净室的公用服务系统按照设计天天持续运行。公用服务系统包括洁净空调系统、压缩空气和气体、水和其他公用设施,以及标准的洁净室运行所需的其他事项。任何机械保障系统的故障都会严重影响洁净室的洁净度及其运行。洁净室公用服务系统的运行记录和规程等文件应随时可供查阅。A.5.1～A.5.6列出了建立这类系统所需的信息。A.5.2～A.5.6中列出的项目,在GB/T 25915.4—2010中有更详细的内容。

A.5.2 设施记录

记录中应包含设施图纸、包括验收检测结果到原技术要求在内的洁净室等级、备品备件建议清单。

A.5.3 运行和维护说明书

运行和维护说明书应包含系统工作原理及其对洁净室洁净度的影响。设施的机械和电气系统应有一套明晰的运行和维护说明书,说明书应说明在启动前检查和检验所有关键部件的方法。应有文件说明紧急停机的规程和计划外停机后的启动规程。

A.5.4 性能监测

设施的性能监测是证明其运行正常所必须。要有日程安排和规程方面的文件,规定所需的检测以及检测频繁程度,以证明洁净室达到规定等级。还应明确不符合要求时的干预计划。

A.5.5 维护规程

计划外停工既影响生产率,又污染洁净室。应在运行中检查设备性能并进行预防性维护,以尽量减少设备意外故障带来的污染。修理和维护规程中应包含预防措施,以有助于减少和隔离污染。为确保重新启动的设备洁净并符合技术要求,在再次使用前应进行检测。

A.5.6 维护记录

所有的维护工作都应有文件记录，以作为实施过有效维护的凭证。故障诊断、更换的零件、日期、时间及实施维护的人员都应记录在案。应按要求更新预防性维护工作的日程安排及计划进度表。定期对记录进行分析，以利于不断改进计划，优化预防性维护工作。

A.6 洁净室的升级和改造

增加固定设备、变动平面布置等各种升级或改造，都会影响洁净室的洁净度。管理层应确保这些变动是计划内的，以受控的方式认真实施的，并应按 GB/T 25915.2—2010 和 GB/T 25915.4—2010 对设施再鉴定。在再鉴定后所有的变动或改造都要有文件记录。其工作职责受到这些变动影响的所有人员都要参与这项工作，并随时得知进展情况。这些人员应包括但不限于：

a) 设施工程师；
b) 生产工程师；
c) 设备工程师；
d) 污染控制工程师；
e) 工艺工程师和科研人员；
f) 质量保证工程师和科研人员；
g) 生产经理；
h) 承包人员。

A.7 安全

洁净室各项设施运行中经常使用有害、有毒或有传染性的物质。为防止人员接触这些物质，应遵守相关法规所规定的预防措施。为保护人员的健康与福利，管理层应实施有效的监控体系。完善的计划应包括下述内容：

a) 集中在一处、可供随时查阅的有害材料安全说明；
b) 疏散计划和疏散演习；
c) 事故报告机制；
d) 人员建议反馈机制；
e) 对可能的危害状况或危害物的合理监控；
f) 紧急情况下已受训人员的快速反应；
g) 促进纠正与改进相关安全事项的文件。

附　录　B
（资料性附录）
洁　净　服

B.1　洁净服的功能

人员的皮肤掉屑，其普通的室内服装散尘。虽然具体情况因人因时而异，但一般每个人每分钟散发约几百万个粒子及几百个带菌粒子。洁净服的基本功能如同屏障性过滤器，用以保护产品和工艺免受人的污染。因此，应采用能过滤污染物的织物制作洁净服。洁净服的设计应覆盖住人体，以避免大量人体散发物未经过滤而进入洁净室。洁净服辅以有效的洁净室内衣，能更好地减少污染物的扩散。

虽然主要污染来自人的皮肤及非洁净室服装，但洁净服的织物表面往往也会散发污染。用于制作洁净服的织物不应加重污染。

人员在打喷嚏、咳嗽和谈话时，释放出携带微生物的粒子。人手接触表面时污染物会从手转移到洁净室的表面。为尽量减少如此传播的污染，依据洁净室的功能和等级，可能有必要带口罩、头罩和手套。要根据产品的洁净度和工艺要求选择洁净服，但一般不外乎头罩、帽子、头盔、连体服、高腰套靴、口罩和护目镜或安全镜等。

B.2　洁净服的一般选择

洁净服的最佳设计是把人全身遮盖，并在腕、颈和脚踝处扎紧。洁净服应按洁净室的等级来选择，洁净度要求较高的洁净室，其标准穿戴是一件式连体服、高腰套靴和带有套边或裙边能塞在衣服立领下面的头罩。对洁净服的技术要求越高，人的受限程度或不适感就越大。所以，应依据房间的洁净度标准选择必要的洁净服。只要洁净度和工艺要求允许，亦可使用覆盖率较低的工作服[7][8][9][10]。某些隔离装置（如微环境或隔离器）自带洁净空气系统，此时所需洁净服可简化。

洁净室用服装有2大类：

a）一次（或数次）性的；

b）反复使用的。

一次或数次性的服装通常用无纺布材料制成，只用一次或几次就废弃。可反复使用的洁净服需定期进行处理，它们通常由致密的合成纤维织物织造。这种织物是用不起毛的长丝材料（如聚酯或聚酰胺）织成。用棉等天然纤维制成的织物，易破损并散发污染，一般不用于洁净室。更关键的场合则需采用薄膜屏障技术，这类洁净服既有一次性的，也有反复使用的。

B.3　织物的特性

B.3.1　屏障特性

制作洁净服的织物应能防止人体向洁净室内散发污染物。织物的作用如同过滤器，其效果取决于织物编织的致密性。无纺型和膜层等屏障型织物，其屏障特性决定其阻滞污染物的效果。可测量织物的透气性、粒子滞留率和孔径以评定其屏障特性[8][11][12]。随织物透气性的降低，人员活动时服装内的压力将相应提高，未经过滤的空气可从洁净服的收紧口压出。

B.3.2 耐用性

洁净服应不易破损且耐磨，织物散发的粒子应尽量少。评定这类织物特性的相关检测资料可见参考文献[7][10][13][14]。

B.3.3 静电特性

在某些洁净室（如微电子、有易燃易爆化学品的房间），在服装表面积聚的静电荷会危及所制造的部件或危害操作者。编织有静电耗散线的织物能释放织物表面的感应电势。可通过检验织物的表面电阻来间接测量织物耗散静电荷的效率。这些方法在相关文献中有介绍[10][15][16]。更有效的测试方法是，向织物施加某已知电压级的静电荷，然后以电压降低至初始电压的某个给定百分比时所需的时间，来测定其静电耗散性能。这种方法在相关文献中也有介绍[10][15][16]。

B.3.4 其他物理特性

织物的效能将因老化、磨损、洗涤、干燥、消毒等因素而降低，应对这种过程予以监测。织物对洁净室生产工艺中、洁净室与洁净服的清洁和消毒中所使用的各种化学品的耐受性，是另一个应予关注的物理特性。

注：B.3.1～B.3.4 中提到的检测将有助于验证洁净服是否仍然有效。

B.4 洁净服的设计和制作

B.4.1 洁净服的制作

洁净服应制作成对洁净室的污染最少。如果不对织物的原裁边进行处理，裁边就会产生粒子。应采用以下方法处理裁边：织物的所有裁边都应包住、锁边、热烙或用激光剪裁，以防绽裂。接缝应双线缝合、粘合或用带子包上，既不掉纤维又提供良好的屏障。缝线应使用合成纤维长丝线。拉链、夹件和紧固件、鞋底都不应脱屑或被腐蚀，并应耐受多次洗涤，必要时耐多次消毒。

B.4.2 洁净服设计

应根据洁净室的情况选择洁净服的款式[8][9][10]。洁净服应有多种可供选择的尺寸，以保证人员穿着舒适。为尽量减少污染物的滞留，不应有口袋、褶、开衩、搭扣带、背褶等。松紧或针织袖口不应吸附或脱落污染物，不应聚积静电。洁净服收紧口处应既紧密又舒适。其他应予考虑的设计要点如下：

a) 拉链的材料（例如密封塑料拉链）、类型和位置；
b) 按扣调节器及束腰的位置和效果；
c) 袖子的构造（圆袖或连肩袖）；
d) 袖口的收口（松紧口、针织口或按扣式）；
e) 衣领的形式；
f) 洁净服外套各式鞋靴的方便性；
g) 头套形式（外露或盖住脸，按扣或套式）；
h) 头套的被动或主动调节及合适度；
i) 靴上栓带的类型和位置。

B.4.3 人体散发物检测舱（人体舱）

这是一种用于检验洁净服的材料、制作和样式的综合效果的检测装置。箱内有已知流量的洁净空气流过，人进入舱内后，按规定的方式动作，测出此期间人员散发的粒子或细菌的量。可对需要评定的各类服装进行比较。相关文献[8]中有这种检测方法的说明。

B.5 热舒适

选择洁净服材料时，应尽可能考虑洁净室工作人员穿着的舒适性[17]。选择织物可依据织物的透气与透气性[18][19]。简单有效的方法是将不同织物制作成合适的洁净服，在洁净室内试穿。穿着洁净服的人员所反馈的意见，是织物选择的有益信息。

可按照 ISO 7730 的说明和表格，再根据相关人员的参数及环境参数（洁净室内的空气温度、风速、紊流、平均辐射温度和湿度）得出服装的理论舒适度。

B.6 洁净服的清洗工艺和更换频繁度

洁净服在使用中将被污染，若重复使用就应清洗。在相关文献中刊载有如何清洗的建议[8][21]。洁净服的最后处理和封装工序应在洁净室中进行，其条件应与使用该洁净服的洁净室标准相适。洁净服同样也会被细菌污染，在细菌为关注对象的洁净室穿着的洁净服，其洁净洗衣房的洗衣工艺中还应包括以下各项：

a) 消毒；

b) 热水处理；

c) 灭菌。

清洗规程中应包括在洗衣房进行的采样检测，以检测污染的类别和程度。洁净服更换的次数依洁净室的用途而异。工艺对污染越敏感，洁净服的更换和清洗就应越频繁。但增加洁净服的清洗次数会加速织物的破损，也有相关信息供决策参考[8]。

B.7 手套

多数洁净室中都要求使用洁净室手套。手套覆盖了通常最接近产品或工艺关键表面的人体部位。因此，应考虑手套是否必需。如使用手套，就应考虑何种特性最合适，以及更换和洗涤（有时还有消毒）的次数。

对应于使用手套的洁净室类型来考虑的手套特性有：表面污染、释放气体、灭菌、触感、强度、舒适性和松紧，以及包装方法。可通过各种检测帮助选择适合于每个洁净室具体应用情况的手套[22]。

手套的制作材料有乳胶、乙烯、聚氨酯和腈橡胶等材料。材料的选择应依手套的使用场合、特性要求以及成本而定。有些人员可能需用不掉纤毛的内衬手套，以增加舒适感，或将能引发或加剧接触性皮炎的外层手套隔开。

手套外表面的洁净度极为重要，存放手套、从包装中取出手套到穿戴手套，都要采用专业方法以减少手套外表面的污染。

B.8 口罩和其他头罩

口罩和排风头罩可提供一道屏障，阻断嘴、鼻、脸（在用头罩时还有头）散发的体液和污染。口罩和面帘是洁净室常用的被动性屏障物。口罩可以是手术型的，有系带、松紧带或活套，面帘有头箍或搭扣，或在制作时就直接缝制在洁净头罩上。所用织物材料是可清洗的或一次性的。为防范从嘴释放污物的风险，应认真选择相应的材料和样式，同时也要照顾到人员对口罩的接受程度。

头罩是以主动型屏障方式隔离嘴和头散发的污染。带有排风过滤系统与脸部透明屏蔽的头盔，把头部封闭起来防止污染扩散到洁净室内。

安全镜和护目镜可提供额外的屏障，有助于防止皮屑和眼睫毛掉落到关键表面上。安全镜和护目镜应采用洁净室所允许使用的材料制作，并符合人员的安全标准。

B.9 洁净服的存放

B.9.1 洁净服如要重复使用，其存放或悬挂方法应能保持洁净服的洁净度。洁净服存放时可能要求各部分分别存放，为避免交叉污染可采用洗衣袋或一次性的口袋。以下是存放洁净服的几种有效方法：

a) 带有高效过滤送风的自净式挂衣柜；

b) 带衣钩的固定或可移动衣架；

c) 装在更衣区或更衣室墙上或架子上的、锁定和非锁定的挂钩（位于更衣柜内或房间中）；

d) 存衣格或存衣位。

B.9.2 依据洁净室内工作人数和洁净服的更换频繁度，决定洁净室工作人员所需洁净服临时存放空间的大小。

B.9.3 应有一个宽敞的区域，存放所有包装好待用的洁净服。为此可采用存衣柜。存衣柜的清洁要列入清洁工作，以保证不产生污染。

B.9.4 清洗过的洁净服应包装在洁净的、不掉屑的口袋内，避免在运送、存放和派发时受到污染。对灭菌产品应规定存放时间。建议将洁净服存放在更衣区内或靠近更衣区的受控环境内，以便更好地控制库存量，并减少洁净服离开洁净环境受到污染的风险。

附 录 C
（资料性附录）
人 员

C.1 培训

只有经过培训的人员方可进入洁净室，并在其中工作。初次进入洁净室的所有人员都要接受一个介绍性的课程，随后还要接受定期的再培训（见A.2）。

C.2 人员的出入

人会产生污染，因此唯有必要的人方可进入洁净室。如要控制洁净室内人员的总数，就要实行人员出入登记制度并强制执行。参观者和维护人员需经批准并处于监督之下方可入内，并应得到适当培训。

C.3 服装和个人物品

穿在洁净服内的服装类别将影响人员悬浮粒子和纤维的散发量。用天然纤维如棉或毛制作的个人内衣会散发较多的污染物。必要时应配置洁净室专用内衣。专用内衣应由密纺的、聚酯类人造纤维制成，以便能有效地过滤人体散发的污染。

个人物品应留在洁净室外的安全区内。首饰（如耳环、手表、挂链）等会扎坏洁净室专用手套，或伸到口罩、罩帽或衣服袖子外，都不应佩戴。

化妆品、爽身粉、发胶、指甲油或类似物品，都属于洁净室不宜。这类物品对产品或工艺的危害应予评定。化妆品会产生粒子，从而污染洁净服、洁净室及在制品，宜予禁用。

C.4 个人卫生

洁净室人员应有良好的个人卫生习惯。应控制头皮屑。洗手或沐浴后，必要时应使用特殊配制的润肤霜代替油性护肤品。

到场准备工作的人员，应报告可能会增加洁净室污染物的相关问题，如下述各项：

a) 皮屑、皮炎、晒伤或严重的头皮屑等；

b) 感冒、流感或慢性的咳嗽；

c) 打喷嚏、搔痒或抓挠等过敏症状；

d) 在生物洁净室内：人员携带的微生物量高。

依据其影响在线工艺或产品的严重程度，可先安排这些人员在洁净室外工作，直到症状消失后再进入洁净室。对某些洁净室，人员进入前可能要规定一段禁烟时间。

C.5 洁净服更换规程

洁净室人员进入洁净室前要更换洁净服，其穿、脱的方法都应尽量减少污染洁净服外面，并确保不从更衣区传播污染物。依据更衣区的设计和洁净室的洁净度标准，有几种可用的方法。更多的资讯可参见相关文献[5][6][23]。

一般方法是从头开始往下穿：

1） 用擦鞋器、洁净室粘垫或洁净室地垫除掉鞋上的污染物；

2） 脱掉无需的外衣；

3） 如有要求，摘下首饰等；

4） 按要求除去化妆品、涂润肤霜；

5） 必要时戴上发套；

6） 洗手，必要时涂润湿剂；

7） 必要时，换上洁净室内衣；

8） 穿上洁净室专用鞋套或套鞋；

9） 选洁净服；

10） 如有要求，则戴上穿洁净服专用手套；

11） 戴上口罩和头套；

12） 穿上连体服或罩衫；

13） 坐在跨凳上、穿上鞋套或洁净室专用鞋；

14） 在全身长度的镜子前面检查，确保整套装备穿戴合适；

15） 穿洁净服时用的手套或脱下或仍戴在手上，然后戴上工艺用手套；

16） 进入洁净室。

注：以上步骤是常用规程的概述。为满足某些类型洁净室污染控制的需要，步骤上可不同。

离开洁净室时，脱洁净服的方法依据洁净服是一次性的还是重复使用的而定。可重复使用的洁净服的脱衣方法在相关文献中有说明[17]，其特殊的存放方法也在相关文献中有说明[5][6][17]。除送往洗衣房洗涤，洁净服不应离开受控环境。

C.6 纪律和行为

洁净室人员应规范自己在洁净室内的行为以尽可能减少污染产品的可能性。应遵守的最低的纪律要求如下（更多的资讯可在相关文献中查到[6]）：

——门不能快开、快关，也不能开着不关。

——设有缓冲区的，应先关闭缓冲区入口门，在设定的时间间隔内对缓冲区的空气进行清洁或灭菌，然后再打开通往下一区域的门。

——人员不应处于洁净送风与产品或工艺表面之间，否则会增加向产品或工艺表面散发污染的风险。一般情况下，正确的位置顺序应为：送风先到裸露的产品，再到人员，再到一般洁净区，最后到回风或排风口。

——应规定移动或操作产品的方法，如需要应采用“非接触”方法。

——不应将物料靠在人员身上，否则可能传播污染。

——人员靠近产品工作时，不应说话。

——不应允许人员将任何物品拖过产品上方。

——擤鼻涕应到洁净室外，事后应更换手套。

——人员在洁净室内时不应接触、搔抓或擦拭皮肤。如发生这种情况，应要求人员返回更衣区，更换新手套。

——手套和服装表面易被污染。人员不应接触被污染的表面，以致将污染传播到关键区。除某些洁净室允许在室内换手套外，每个洁净室应要求人员需返回至更衣区更换清洁手套或洁净服。

——应按规定使用洁净室专用抹布，用完即丢入专用的垃圾桶。

——人员的所有举动都应慎重，一切按规定方式行事。不允许快走、快动及无谓举止，否则将扰乱

气流,产生污染,并将污染导入气流中。

——室内应保持整洁。

——存放或暂留在洁净室内的产品应加以防护,以免其受到污染。应放在易于识别的密闭柜、密闭容器或单向流的柜内。

——废料应放置在易于识别的容器中,非必要时不得收集。

C.7 安全性

C.7.1 应实施法规所要求的防护措施,以保护人员不受洁净室内可能发生的或因室内使用的危险品可能造成的危害,如微生物、辐射性和化学品的危害。隔离柜或隔离器可用于这方面的防护。防护措施方面的资讯可参考 GB/T 25915.4—2010 和 GB/T 25915.7—2010。可要求穿戴适当的防护服,如护眼罩、手套和围裙等。为保护洁净室内人员的安全,当地管理机构可能建议或要求在洁净室内增加安全措施。

C.7.2 在发生紧急情况时,经过各种应对潜在危险培训的应急响应人员可减弱灾祸后果。所有员工应接受有序疏散的培训。如必须疏散,应有危急情况过后有序返回洁净室的安排,并落实供应新洁净服的应急措施。

C.8 人员的主动性

在 A.3 中说明了正规监测与纠正行动计划的内容。工作人员应理解,他们能对洁净室的效用发挥积极的影响。人员间的相互督促,对遵守人员规范可起积极作用。应鼓励并授权员工在发现人员或设施的任何缺陷后,立即向负责洁净室整体性的主管报告,以便及时纠正尚未被注意到的污染源,而不至使问题严重到危及产品或工艺的程度。

附 录 D
（资料性附录）
固 定 设 备

D.1 概述

本附录涉及的是大型的、在洁净室就位后固定不动或相对固定的设备。洁净室的产品和工艺常被固定设备所包围、覆盖或封闭。固定设备可能是自动机械加工设备，隔离装置，排风罩及其他大型装置。一般来说，这类设备一旦安装到位，再次移动相当费事。

洁净室中使用的设备，应尽可能在洁净条件下制造，其包装方法也应符合使用它的洁净室的要求。

D.2 进入洁净室的规程

D.2.1 计划

设备进入洁净室的过程不应增加污染。进入"空态"或"静态"洁净室的设备应正确地拆包与清洁，否则事后要进行大量的清洁工作。而将设备移入"动态"洁净室前应有特殊考虑，否则不仅使洁净室面临被污染的风险，还可能危及正在加工的产品。这样不仅将加大清洁工作，还可能要按GB/T 25915.2—2010 的规定对洁净室再鉴定。应制定适当的措施，避免出现上述问题，D.2.2 和 D.2.3 及其他文件[6]有这方面的指南。

D.2.2 检查并拆除非洁净包装

应检查所有设备在运输中有无损坏，存疑的或已损坏的货物应在洁净室外隔离或保护起来，等待适当处理。应尽量在邻近洁净室的非受控环境中拆封板条箱等运输包装。在运进受控环境前，都应先拆除所有硬纸板和严重脱屑的材料。如果不带外包装，则设备的所有表面都应进行预清洁。如果设备过大，需要采取专门的安装规程，最好将设备移入专用的缓冲区内对其进行清洁，并应采用临时墙板将该缓冲区与周边的洁净室或其他受控区隔离。

D.2.3 拆除洁净包装

设备应按步骤进行拆包，以防止污染传入洁净室。设备移入洁净室前，可在洁净室附属的受控缓冲区或在临时修建的专用辅助房间内，拆除最外层的薄膜包装材料，并进行清洁工作。

以下是拆包过程中应遵循步骤举例：

1） 对外保护层进行真空清洁，从顶部表面开始向下侧进行；
2） 用适当的清洁剂擦拭保护层；
3） 应从外层包装膜的顶部切开一个"I"型的口子，从顶部向底边剥离。其后把包装膜的底边提起，和侧面的包装膜一起剥下；
4） 对其他各层包装膜都应重复 2）与 3）的步骤。设备的所有外表面都应彻底清洁；
5） 所有从洁净室进入缓冲区的人员都应穿着适当的洁净服；
6） 应按 D.3 的规程在缓冲区内清洁所有可移动与搬运用设备；
7） 为将设备运入洁净室在打开缓冲区靠洁净室一侧的门之前，应先清洁缓冲区。

D.3 运输设备

如有可能，大型设备应拆卸到能安全移入的尺寸，使其对人员和现有洁净室的风险最小。这些大型部件与固定表面及其他工具接触，可能会造成物理损伤和污染。

任何用于大型设备的提升、牵引或定位的专用设备，应彻底清洁方允许进入洁净室。通常这类设备可能不是专为洁净室所设计并受到相应维护的，因此应彻底检查有无脱屑、表面剥落现象，或有无不宜进入洁净室的材料。常采用适合于洁净室的塑料薄膜或带子将这些设备包缠、密封起来，使其适合洁净室使用。可用洁净室专用胶带包住软橡胶轮，以免在地面上留下橡胶或塑料的粒子。

D.4 安装规程

洁净室的设计和用途决定设备的安装方法。理想的方法是，在设备安装期间关闭洁净室，并留有一足够宽的门或在墙板上预留通道，以让新设备通过并进入洁净室。为防止安装期间邻近的洁净室区域受到污染，应采取防护措施。这样可简化为确保洁净室仍符合其洁净度要求所需的后续清洁和检测工作。

若设备安装期间洁净室的工作不能停，或有结构需要拆除，则应将正在运行的洁净室与工作区有效隔离。为此，可用临时隔离墙或隔断围住设备。为不妨碍安装工作，设备周围应留下足够的空间。

a) 如有可能应通过服务通道或其他非关键区进入隔离区；如不可能，应采取措施尽量降低建造工作所产生的污染的影响。该隔离区应维持等压或负压，以免污染向工作区外扩散。

b) 完全密封的隔离区内部不应加压，否则污染有可能穿透屏障，影响周围的洁净室。隔离区内应切断洁净送风，避免对周围的洁净室形成正压。如果只有通过相邻的洁净室才能进入隔离区，则应采用粘垫，清除鞋上携带的污物。一旦进入隔离区后，可使用一次性靴子或套鞋及连体工作服以免污染洁净服。离开隔离区前应脱下这些一次性物品。

c) 应制定对隔离区周围区域监测的方法并确定监测频繁度，确保探测到可能泄漏至相邻洁净室的任何污染。

d) 然后再架设备种所需公用服务设施，如电、水、气体、真空、压缩空气和废水管道。应注意尽可能控制并隔离作业产生的烟尘和渣屑，避免因疏忽使其扩散至周围的洁净室，也便于拆除隔离屏障前进行有效的清洁。

e) 随后应采用认可的清洁规程(见附录F)对整个隔离区去污。包括全部的墙、(固定的和可移动的)设备及地面在内的所有表面，都要进行真空清洁、擦拭和拖擦。

f) 要特别注意清洁设备护板后面及设备下面的区域。

g) 至此可进行一些内部的准备工作及设备性能的初步测试，但最后的验收检测可能要在完全具备洁净室条件时进行。

h) 现在可开始小心地拆除隔离墙；如已关闭洁净送风，则将其重新启动。应仔细选定进行这一步工作的时间，以尽量减少对洁净室正常工作的干扰。此时可能需要测量空气悬浮粒子。

i) 设备内部及关键的工艺腔室的清洁与准备工作，应在正常的洁净室条件下进行。

j) 与产品接触、或与产品输送有关的所有内腔室及所有表面都要进行擦拭，使其达到要求的洁净程度。设备的清洁顺序应是从顶到底，如有粒子扩散，较大的粒子因重力将落到设备的底部或地面上。

k) 清洁设备的外表面，顺序也是从顶到底。

l) 必要时，应对产品或工艺要求属关键性的区域，进行表面粒子检查。

D.5 维护和修理

设备如不维护，将随时间的推移而磨损、变脏或散发污染，预防性维护可确保设备不会成为污染源。维护和修理设备时不能污染洁净室[24][25]。良好的维修应包括对外表面的去污，若工艺要求，还需要对内表面去污。不仅应让设备处于工作状态，清除其内外表面污染的步骤也应与工艺要求相符。

下述措施有助于控制固定设备维护时产生的污染：

a) 应尽可能将需维修的设备移出所在区域后再维修，以降低造成污染的可能。

b) 若有必要，应将固定设备与周围的洁净室适当隔离后，再进行重大的修理或维护工作；或者，已将所有加工中的产品移到适当的地方。

c) 应适当监测与所维修设备相邻的洁净室区域，确保控制污染有效。

d) 在隔离区内工作的维修人员不应与正在执行生产或工艺规程的人员接触。

e) 在洁净室内维护或修理设备的所有人员都应遵守为该区域所制定的规章，其中包括穿着批准用于洁净室的合适防护服，维修完成后对该区及设备进行清洁。

f) 当技术人员需仰卧在或爬到设备下面进行维修前，应先弄清情况。应在工作前先对化学品、酸或生物危险品的情况进行有效的处置。

g) 应采取措施保护洁净服不与润滑油或工艺用化学品接触，还应避免被锐边撕裂。

h) 维护或修理工作所用的全部工具、箱子和小推车，进入洁净室前应彻底清洁。不允许带入生锈或被腐蚀的工具。如在生物洁净室中使用这些用具，可能还需要对它们进行灭菌或消毒。

i) 技术人员不应将工具、备用零件、损坏的零件或清洁用品，放置在为产品和工艺材料准备的工作表面附近。

j) 维修时应注意随时进行清洁，防止污染聚积。

k) 应定期更换手套，避免因手套破损使裸露的皮肤接触洁净的表面。

l) 如需要使用非洁净室用手套(如耐酸、耐热或耐割型的手套)，这些手套应适合于洁净室，或外面再套上一副洁净室手套。

m) 进行钻、锯作业时应使用真空吸尘器。维修和建筑作业通常都要使用钻、锯，可采用专用遮罩将工具及钻、锯作业区遮护起来。

n) 地面、墙、设备侧面或其他这类表面上钻孔后留下的开敞孔洞应正确地密封，防止污物进入洁净室。密封方法包括使用填堵料、粘合剂和特制密封板。维修工作完成后，或有必要验证那些经过修理或维护的设备表面的洁净度。

D.6 设备的运出

固定设备从洁净室运走时，日常清洁不到的内部或表面的污物往往被扰动起来或散落下来。在设备运出前必须拆卸的，更是如此。应在运出前和运出过程中对这类设备采取隔离、清洁和包覆等措施，以免污染周围的洁净室。

若污染物具有危害性，会涉及法规的规定。

附 录 E
（资料性附录）
材料和便携设备

E.1 概述

易于运进运出洁净室的物品，如消耗品与一次性物品，生产与清洁用材料、手工工具及便携设备等，在选择、搬运或存储上如有不当，就可能危及洁净室的洁净度。生物洁净室中，还应考虑对重复使用的物料及便携设备的灭菌或消毒能力。

E.2 选择标准

E.2.1 特性

为保护洁净室不受污染，所用材料应具有以下特性：

——材料表面和可活动部件尽量少脱落或产生污染物；

——表面清洁、无破裂、无渗透；但也有例外，如洁净室用抹布；

——因剥落或切割而产生的污染最少；

——有适用于洁净室的包装；

——适合于洁净室环境。

E.2.2 其他要求

依据洁净室的目的及用途而定的其他要求：

——不含无需的化学物（如酸、碱、有机物）；

——抗静电特性合格；

——释放气体量低；

——无微生物；

——适应生物洁净室的消毒与灭菌处理。

E.3 初步检测

应按照需方和供方的协定，实施初步检测和审核。可认为供方所实施的检测规程能够在洁净室内采纳并使用。但某些应用场所，在进入洁净室或使用前，可能需要对某些材料另行检测。所采用的检验标准和采样方法应有完整的文件记录。

待验收的材料，应存放在安全的地方，防止未经授权而被使用。生物敏感性材料可能需要严格的检疫措施。检测设备和检测方法都应有完整的文件记录。应规定验收限值，并指派专人进行最后验收或对不合格的材料予以处置。

应制定一套规程与供方就问题进行沟通。作为回应，供方应提供改进质量的计划并事先通知需方。应定期审核评估的方法和技术。当资料证实供方具有良好的质量记录时，可取消某些检验。

E.4 出入规程

E.4.1 拆包和运入规程

携带材料进入洁净室不应污染洁净室。带入洁净室的材料和供应品,要遵守与附录D的规定相似的规程。

只有与洁净室等级和用途相适的材料和便携设备,才可带入洁净室。只有去掉其产生污染的外包装如木头、硬纸板、纸和其他材料后,才能进入受控区或洁净室环境。此时,还不能拆除塑料膜内包装。进入拆除洁净室内包装用的受控环境或特定区域前,先用洁净室专用半干抹布擦拭内包装,清除从外包装上留下的可见污染物。对各种无包装的便携设备都要做认真的清洁,然后才能移入洁净室,具体内容见E.5。应在邻近洁净室的指定缓冲区完成最后的擦拭规程,而不应在更衣区进行这项工作,以免污染洁净服。进行该项工作的地方应有随时可用的作业面和擦拭材料,以对运入洁净室物品的所有外表面进行清洁。在此处可除掉双层内包装的外层,并将其放入专用垃圾容器内。只有在使用材料或物品时,方可拆除其内层包装。

包括小推车在内的任何带轮的便携设备,应经彻底清洁后再进入洁净室。清洁时不应忽略轮子的表面,它可能将大量的污染物直接带到洁净室地面。粘垫或地垫有助于避免这类问题。

正确穿戴了洁净服的洁净室人员,可从洁净室进入传递区并将这些物品带入洁净室。成批或大件物品应使用清洁的小推车运入洁净室。

E.4.2 管道运入物料

散装的化学品、压缩空气和水等物料一般是通过管道进入洁净室。这类材料向设施的导入和使用要符合有关规程。

E.4.3 材料与便携设备运出的规程

E.4.3.1 个人用品和小件设备

人员离开洁净室,许多个人用品按常规要带走,包括笔记本、笔、手工工具及其他小型便携设备。这些物品应采用经核准的塑料袋或其他手段加以保护,防止被污染。这样,便于把它们重新带回洁净室。

E.4.3.2 废料

某些废弃材料和便携设备可能有向人员及其服装传播污染的高风险。对这些材料应完全隔离后再运走,还要彻底清洁这些区域后,才允许工作人员进入、工作继续进行。这些物品经包装后更宜通过物料缓冲区运出洁净室,不通过人员更衣区运出。

E.5 材料和便携设备的类型

E.5.1 概述

指定用于洁净室的物料应符合所要求的洁净度级别。根据物料在洁净室内所要求的用途,考虑也有所不同,应选择在使用中可控制洁净室污染并能保护工艺的物料。E.5.12~E.5.18中列出了洁净室许多常用物品。

E.5.2 洁净服的材料

洁净服材料的说明见附录B。

E.5.3 清洁剂和保护层

使用清洁剂便于清除洁净室各种表面上的污染。有些粒子可用清洁剂冲洗掉,有些可用抹布擦掉。清洁后,还要使用某种表面保护剂来保护或维持洁净室内表面的特性。这些清洁剂和表面保护剂应是洁净的,以满足洁净室对粒子控制的要求。应考虑对已预先包装好的清洁剂进行过滤。以下是一些种类的清洁剂和表面保护剂:

a) 洁净的过滤水、蒸馏水或去离子水:它们有许多理想的特性,但对某些类型的表面有腐蚀作用。另外,如果不添加表面活性剂或消毒剂,清洁的效果可能欠佳。
b) 表面活性剂和洗涤剂:是价格最合理、无毒、不易燃、高效的清洁剂。因非离子表面活性剂反应最小,且不含金属离子,一般为清洁洁净室首选。
c) 有机溶剂:可用来清除硬表面上的污染。用有机溶剂或洗涤剂(洗涤剂易留下一层膜)清除生物膜效果最佳。
d) 消毒剂:用于杀灭微生物。应慎重选择那些既不污染工艺过程、又对人员或设备无害的适宜的材料[26]。
e) 合成保护层:高度耐磨,可用于某些洁净室的地面。对抗静电的地面要格外注意,保护层不应损害表面或其电特性。涂敷保护层的工作只能在洁净室停止生产时或在一般维护期间进行。

E.5.4 抹布

抹布用于去除洁净室表面的污染。不存在一种适合于洁净室各样用途的理想抹布。有些抹布吸水,但脱落粒子;有些不脱落粒子,但不吸水。选择抹布的信息可参阅相关资料[10][27][28]。应考虑实际使用的要求,并进行适当评估。选择洁净室用抹布,应考虑以下特性:

a) 抹布材料;
b) 与溶液或溶剂的适应性;
c) 对液体的吸收率;
d) 产生粒子情况(湿或干时);
e) 散发分子污染的情况;
f) 需要时与消毒剂的适应性;
g) 包装。

E.5.5 真空清洁器、软管和把柄

正确选择和使用适合于洁净室的真空清洁设备,对污染控制计划的有效实施十分重要。

a) 便携式真空清洁器用不锈钢或塑料制成。其排风需经HEPA或ULPA过滤器过滤后,再排到周围环境。能处置潮湿材料及液体材料的真空清洁器,也可供洁净室使用。
b) 中央真空清洁系统有一个大型的中央真空泵,通常位于洁净室环境外部的服务区,用塑料管道系统与洁净室各区墙上的真空接口相连。
c) 软管、把柄及工具都应与实际用途相匹配,并采用适合于洁净室的材料制造。
d) 真空清洁用的所有设备应进行例行的检验和维护。真空清洁设备的HEPA或ULPA过滤器应定期进行检测或更换,确保其不会成为洁净室空气的污染源。

E.5.6 拖布

洁净室环境中(包括更衣区和其他受控区)不能使用标准商用或工业用拖布及把柄。应认真选择可

防纤维脱落、需要时能耐消毒的拖布。拖地的拖布头应用聚酯纤维或吸水微孔(合成)材料制作。块状拖布或海绵拖布的头应用吸水微孔(合成)海绵材料制造。把柄和装配件应采用不锈钢、阳极氧化铝、带聚丙烯涂层的玻璃纤维材料或其他不脱屑的塑料制作,这些材料应与洁净室拖布的使用相符。表面稍带黏性的辊子拖布(类似于涂漆辊子)不需润湿,可用以清除墙表面的污染。辊子拖布有重复使用的,也有一次性的。

购买合成拖布或把柄时,应首先明确其用途是什么。聚醋酸乙烯(或相当的)的拖布头可与水性清洗剂一起使用。但如果与含有大量异丙醇的清洗剂一起使用,会过快老化。有些把柄或拖布头用材不适于蒸汽灭菌。聚酯比聚醋酸乙烯更耐高压灭菌。

E.5.7 水桶和挤水器

进行湿的或半干的清洁作业,所用的水桶或带挤水器的容器应与洁净室的要求相适。水桶和容器应用塑料或不锈钢制作,不用镀锌板的。不锈钢桶可反复进行高压灭菌。拖布用的挤水系统应与拖布头的形式和用材相适应。

E.5.8 地面擦洗、抛光、打蜡机

在运行的洁净室中禁止使用标准商用地板擦洗机或抛光机,这类机器工作时会污染环境。有为擦洗洁净室地面专门设计的机器,这种机器有特殊的罩子,装有带 HEPA 或 ULPA 的真空吸尘器,电机箱也有带 HEPA 或 ULPA 的排风罩,以防止污染再扩散。使用这类设备前,应认真评估其与洁净室及地面的适合性。蜡及其他非永久性的表面保护层会因使用而剥落并造成污染,所以绝不建议使用这类涂敷或抛光设备。

特殊类型的地板参看 GB/T 25915.4—2010。

E.5.9 折梯

折梯应采用不锈钢、阳极化铝或增强玻璃纤维制作,它不应搬离洁净室受控区。在移入洁净室前应彻底清洁(必要时经消毒或灭菌)。

E.5.10 扫帚或刷子

处在运行中的洁净室内不应使用扫帚、刷子或类似工具,因这类用品将产生大量粒子。

棕毛本身就是大纤维,也是污染物。

E.5.11 装垃圾和可回收物的容器

洁净室内用过的材料、副产品和其他废物应尽快清走。应提供收集、隔离和存放废物的手段,以确保废物被清走前不会污染洁净室。清除规程见 F.4.10。

选择废弃物收集容器时应考虑下述要求:

a) 待废弃或待回收的物料的性质;

b) 安全要求;

c) 对环境的危害;

d) 衬里材料及套装方法;

e) 地面可用的空间;

f) 容器的尺寸依收集频繁度而定;

g) 容器的材料;

h) 适合于洁净室。

E.5.12 洁净室地垫和粘垫

人员进入洁净室时，洁净室的地垫和粘垫是一道帮助控制鞋所携污物的屏障。地垫/粘垫能否有效清除鞋底所携污物，其尺寸与位置（尤其是其长度）是重要因素。地垫/粘垫主要有2类：

a） 一次性的——带有多层粘性塑料薄膜，粘面朝上。薄膜层踩脏后即揭掉、丢弃。

b） 可反复使用的——有弹性的聚合物垫子，表面自带粘性，踩脏后可清洁复用。

E.5.13 清洁容器与包装

待使用或待加工的敏感材料及产品，可采用清洁容器运进、运出洁净室或予以隔离。容器表面的洁净度及其隔离性能应与材料的用途相符。其进出的规程应符合E.4中的规定。为避免使用过程中污物聚积，需要经常清洁容器。重新使用前可能需要特殊清洁，并验证其洁净度。

保护或包装洁净室制成品所用的材料应是洁净的，并适合在洁净室使用。选择材料时，应以产生粒子情况、微生物污染情况、静电特性、释放气体情况和其他关注事项为依据。洁净室内所用的胶带应既具有粘性，取下时又极少留下残余物。

E.5.14 手工工具、工具箱和维护用具

手工工具要相适合于洁净室级别及其所接触的产品、固定设备与工艺。应保持它们的清洁，免受任何种类的污染。

放置工具和其他维修或诊断设备的箱子、盒子是常被忽略的污染源，应采用不产生或不传播污染的不锈钢或合成材料制造。应避免使用任何可能产生污染的模制嵌入件或分隔件，如发泡塑料，覆有乙烯的木头或密度板（木屑板）等。应按计划定期将工具和仪器取出对箱子进行彻底清洁，以保证洁净度。工具和仪器也应清洁后，方能再放入工具箱或盒中。工具箱或盒应尽可能放置在洁净室内，若要拿出洁净室也绝不能在洁净室外打开。重新放回洁净室之前，要对其外部进行彻底清洁。

例行运进运出维护用品及其他供应品的小推车和轮车，再入洁净室前应彻底清洁。

注：上述物品用在生物洁净室可能要进行初始时的以及其后例行的灭菌或消毒。

E.5.15 安全设备

洁净室内使用的安全用品及设备，如防化手套、围裙、面防护和臂防护、独立呼吸器具、化学吸附填充物和灭火器等，应按安全要求及适合洁净室使用为选择依据。

E.5.16 书面文件

应控制书面文件对洁净室的污染。要依据洁净室的用途及等级，决定文件的去污方法。

纸张及纸制品会污染洁净室。所有文件都应打印在不掉纤维的、适合于洁净室使用的介质上，或用塑料薄膜双面热塑。选择这些材料的相关资讯可参见有关文献[28]。用这种介质做成的标签、日志、设备维修手册、报告和笔记本等也应加以控制、尽量少用。不干胶标签从表面揭掉后留下的残迹应极少。

书写工具可成为洁净室、产品或工艺的污染源。不应使用铅笔、橡皮、毛毡笔及可伸缩笔，应使用适合于洁净室环境的、带永久性油墨的不可伸缩圆珠笔。

E.5.17 电子文件

在工作中使用计算机可避免许多污染源，如记录簿、日志、工艺文件等等。计算机及其外部设备的安装和使用，应适合于洁净度等级及其在洁净室内的位置。

计算机内部通常有冷却风机，应考虑其排风对洁净室及计算机周围的关键表面的影响。依据洁净度的要求，排风可经由小型过滤装置或用管道直接排至回风系统。

键盘按键四周有凹槽，可能积存并释放粒子。可用柔性薄膜或罩子盖在键盘上，既便于清洁，又可减少污染。

与计算机相连的打印机应适当地予以包覆或隔离，并以类似的方法处理排风。维护打印机时要小心，防止打印作业所产生的、残留在机内的污染物散发出来。

E.5.18 其他物料

运入洁净室的还有许多其他物料，其中包括生产工艺中直接使用的物料。这些物料的使用及保持洁净室的等级，其污染散发量应尽量低。物料应以上面说明的适当方式运入洁净室并予以控制，它们应适合于产品和工艺。

E.6 存放

物料在使用前如果存放不当，可能受到污染或失效。以受控的存放方式进行良好存放，对保持物料有效性十分关键。存放环境应保护材料不退化，不受污染。如存放不当，积存在洁净室的待用材料将成为污染隐患。

某些级别和类型的废弃材料要储存在洁净室内，直至其达到规定的限定条件。这些限定条件由管理机构为洁净室所制定，或在回收计划中予以规定。为此可能还要使用专用的容器。

附　录　F
（资料性附录）
洁净室的清洁

F.1　综述

洁净室从设计上使其尽可能无污染，但设施和维护作业、生产工艺、人员的存在与活动及其他情况等都可能产生污染，并散发到洁净室的各个表面。因此，对所有表面都应经常清洁，以防止污染物危害生产工艺。应制定相应的规程，以确保按符合洁净室推荐规范的方式对设施进行全面、彻底的清洁。在生产运行时不应进行清洁。如做不到，则应制定特殊的清洁规程，以尽量降低风险。许多相关文献提供了有效清洁洁净室的资讯[29][31][32]。

注：有些工艺的副产品就是污染物。最好对这类作业产生的污染予以识别并隔离，而不依赖于用清洁工作达到控制。

F.2　表面分级

F.2.1　概述

应依据其对洁净室产品和工艺的影响，划分并规定表面区域和表面的洁净度等级。有效的分级，有助于制定正确的洁净室清洁策略。

F.2.2　关键表面

产品的生产或制造位置及其周围为关键表面，其污染能直接影响产品或工艺。这些表面应保持最洁净的状态。隔离装置，如单向流设备、洁净工作台或工作站，有助于用来控制这些表面的洁净度。

F.2.3　一般洁净室表面

洁净室内不处于生产位置或不在单向气流下的所有表面，视为“一般”表面。对这些表面应进行定期清洁，以防污染转移到关键表面。

F.2.4　更衣室与缓冲区的表面

由于更衣室和缓冲区活动繁忙，其表面可能会受到严重污染。这些地方须经常进行清洁，以尽量降低污染程度，减少向洁净室传播的污物。

F.3　基本清洁

F.3.1　概述

保持洁净室的洁净度是件极为细致的工作，应确定清洁水平及达到该水平应采取的基本方法。可采用经审定过的方法来清洁洁净室的每个表面，以达到所需效果[10][29][30][31][32]。

F.3.2　基本清洁方法分类

依据表面的现状和清洁工作完成后需要达到的洁净度，可将清洁工作分为三类。它们分别是粗放

清洁、中级清洁和精细清洁。分述如下：

——粗放清洁通常清除直径大于 50 μm 的粒子污染物。这类大小的污染物通常是在地面上，带入更衣室和缓冲区的污染物一般也是这种尺寸。生产运行或工艺过程中破碎或溢出的材料，最终落在工作表面和地面上，也成为这样的污染源。建造以及设备的维护作业也常能产生粗粒子污染物。

——中级清洁包括清除较小的污染粒子，其粒径范围一般在 10 μm～50 μm 之间。中级清洁的目标物是洁净室的一般表面，通常包括墙面、台面和洁净通道。这类大小污染物在粗放清洁后依然存在，经中级清洁可实现更高水平的洁净度。

——精细清洁是清除其余的粒子污染物，通常是小于 10 μm 的粒子。精细清洁一般用于存储产品和加工产品的关键表面或其附近表面的清洁。

F.3.3 真空清洁

在粗放清洁和中级清洁作业中，真空清洁可作为一般表面和关键表面清洁的第一步。真空清洁是拖擦或湿擦的前提，而非选项。真空清洁可有效地清除较大的粒子和其他碎屑，如玻璃碎片等。真空清洁作业应仔细，要单向行进，以尽量减小在地面和作业高度上引起空气紊流。

真空清洁采用带 HEPA/ULPA 过滤器的真空清洁器或室内的中央真空清洁系统。能用于湿材料的系统有助于清除拖擦过程中与过程后剩余的水分和悬浮粒子。真空清洁还有助于拖擦后加速干燥过程。

F.3.4 湿法清洁

湿法清洁是指在表面施以液体，并通过擦拭或真空方法进行的清洁。各清洁阶段都可采用湿法清洁。湿法清洁的方法包括：

——擦洗，即采用机械或手工方式清擦污斑或严重污染区域的粗放型清洁法。要注意控制擦洗所用设备或材料可能产生的污染。擦洗完后，再拖擦或用湿式真空清洁。

——拖擦，是粗放清洁和中级清洁中，清除污染的有效方法。湿式真空清洁时溢出的液体所遗留的残迹，也可用此法清除。在小的或局部面积内可用抹布湿擦，地板和其他大的面积可用拖布。水桶中的水要使用洁净过滤的去离子水或蒸馏水，并要经常更换，以避免再次污染。越关键的表面，水的更换要越频繁。粗放清洁法用水开始变色，表明应倒空并清洁水桶，然后重新注水。中等区和关键区清洁全过程中，水应根本或几乎不变色，所以这些区域的清洁规章中应规定换水前允许清洁的表面积大小。可使用 2 个(或多个)水桶，以减少换水次数。必要时还可添加非离子型洗涤剂或表面活性剂。拖布要挤干，避免形成污水迹。用半干的拖布拖擦所留下的半干表面干燥得更快。拖擦应以重叠的行程有序地进行，保证地面得到全面的清洁。经常冲洗并旋转拖布的表面，有助于避免清洁过的地面再受污染。拖布头应经常冲洗，以避免其再受污染。某些特种拖布可用于清除墙上和地上中等大小的粒子污染物(见 E.5.6)。

F.3.5 半干清洁

在多数清洁阶段中都使用抹布擦拭方法。一般表面或关键表面可经过中级或精细清洁的擦拭后达到洁净要求。所选抹布要用适当的清洁溶液润湿。使用何种溶液依所清除污染物的类别而定。擦拭时要按单向流的气流方向，采用单向行进、行程重叠的方式，从最关键区擦向最低关键区。随着擦拭的行程，应折叠抹布，露出其未曾用过的表面来进行擦拭。抹布更换频繁程度应按需要确定，以免把污染物传播到其他的洁净室表面。

F.4 具体表面的清洁

F.4.1 识别所清洁表面

洁净室内所有的表面都会被污染，应按规定的周期进行清洁。重要的是确定各个表面的洁净度对洁净室内的产品或工艺的影响程度各如何，然后制定不同清洁方法，确保其达到所需的洁净度等级。

F.4.2 地面和底层地面

先用真空清洁法清除玻璃碎片或产品碎屑等污物，然后查找有顽固污渍的地方，并用预先确定的擦洗规程将其清除。地面按预定规程用湿法拖擦，水或清洁溶液应经常更换，以减少在持续清洁过程中传播溶解的或悬浮的污染物。地面面积较大时，应划分成易于管理的若干个区段，以有序的方式推进工作。虽然清洁工作应从关键区开始，再到普通区，但某些洁净室可能有不同的惯例。如所要求的洁净度较高，可重复实施拖擦以使表面更为洁净。

清洁工作期间，或需要以警戒线围住工作区，并重新标出通行方向，以免有人不慎滑倒。潮湿拖擦或拖擦后再用湿式真空清洁，可加速干燥过程。

用湿法洗涤/擦洗清洁后，再用湿式真空清洁，可除掉顽固污渍及地面的污渍。这些设备在E.5.8中有说明，应在每次使用前、后对它们进行彻底清洁。

F.4.3 墙、门、回风格栅、窗和垂直表面

单向流洁净室中，严禁在工作状态下在产品上风向进行表面清洁。只能在静态条件或产品从该区撤出或予以覆盖后再进行清洁。应使用擦拭法或专用的辊子清除污染。应按要求的洁净度和待清洁区域的布局选定清洁方法。在非单向流的洁净室内，不应在正常运行状态下进行表面清洁。

F.4.4 顶棚、散流器和灯具

禁止在工作状态下清洁工作区上风向的顶棚及灯具等，这类清洁只能在静态条件下进行。散流器和顶棚格栅应用半干清洁法仔细擦拭。有些散流器可能要卸下洗涤或更换。更换灯泡时应用抹布彻底擦拭灯具。

F.4.5 桌面和其他关键的水平表面

桌面和其他关键水平表面应用上述的、合适的擦拭法清洁。可使用合格的清洁溶液帮助清除污染。可采用半干擦拭物，以单向行程、从最关键区向最低关键区推进方式清除污染。

F.4.6 洁净室的椅子、家具和梯子

从上到下用抹布擦拭椅子、家具和梯子这些物品的表面，包括其垫子、架子和轮子。

F.4.7 固定设备

对固定设备表面的清洁工作，应依据其对洁净室和产品具有的风险程度实施。应格外注意连接固定设备的流体供应管道、缆线及接口等。在清洁工作中应十分小心，避免损坏或弄断管线。

固定设备一般都有一些对产品或工艺的洁净度相当关键的表面。应对这些表面加以分类，以便采用适宜的清洁方式对各种类型的表面进行清洁。为保证清洁的效果，应对下列表面进行认真评定。

a) 固定设备的外表面是洁净室环境中的普通表面。应按照清洁墙面及清洁水平及垂直表面的相应方法，对这些表面进行清洁。

b) 固定设备的内表面由固定设备以及设备内所含机件的内壁组成，它们常常围绕着关键的产品

或工艺区。通常只能从设备上取走产品和工艺部件后,方可对这些表面进行清洁。这些表面也可能被产品或工艺的残留物所污染,在进行清洁之前,应有特殊的安全方面的考虑。应按照制造厂的技术要求以及D.5的说明,对固定设备内所含的机件定期进行维护和清洁。

c) 固定设备的关键表面距离设备内或被设备所包围的产品或工艺最近,在生产或工艺过程中,无法进行清洁。应按产品和工艺对洁净度的要求,规定清洁方法、制定工作安排,并依此实施清洁。

F.4.8 小推车

应在缓冲区或非关键区对推车进行真空吸尘或抹布擦拭,或两者兼施。用抹布擦拭时,可从上向下行进,并使用合适的清洁溶液。应特别小心确保轮子的表面没有碎屑,否则碎屑可能粘到洁净室的地面上。将小推车推过粘垫,有助于清除粘在轮子上的碎屑。

F.4.9 危险工艺表面

在开始例行的洁净室清洁规程前,先执行可消除现存危害的规程,再采用F3.1~F3.5中所述的适用清洁技术清洁其表面。

F.4.10 跨凳、物品及洁净服供应柜、衣柜及格架的表面

先真空吸尘,再擦拭,就可有效地清除裸露表面的污染。格子应定期腾空,以清洁其内部。

F.4.11 垃圾桶和容器

可在垃圾桶和容器内部衬以塑料袋,以便于清除废弃物并保护容器表面。垃圾要及时清除,不要堆积过多。禁止在邻近关键区的地方取出塑料袋或内衬。所有垃圾桶都应先移到普通的非关键区后,再清走垃圾。可根据情况的需要或是在每班结束时清除垃圾。垃圾桶应清空、清洁、加衬后再放回。

F.4.12 洁净室用地垫和粘垫

在正常工作日内应定期清洁或维护洁净室的地垫和粘垫。

应根据需要的频度按制造商的说明进行维护。表面可重复使用的地垫应频繁清洁。采用湿法拖擦后,用橡胶滚把污物和水推挤到边沿处,用拖布吸干。也可用带滚头的湿式真空系统进行清洁。

表面可取下的粘垫,应先慢慢地剥离四个角,再将薄膜向垫子中间卷,直至将其剥下。

F.5 表面处理

F.5.1 概述

某些特殊的洁净室应用中需要对表面进行某种处理或加饰面,使其具备普通情况下不具备的特性。这些处理虽可保护洁净室正在生产的产品,但要慎重对待。如有可能应尽量避免清洁后对表面进行处理或加饰面。这些处理随时间而老化,对洁净室的洁净度不利。此外,这些经过处理的表面如果使用或维护不当,还会给工艺或产品带来风险。对处理过的表面应定期进行检验或测试,确保其不会影响洁净室,并在出现异常时有补救措施。

F.5.2 抗静电处理

可在表面上涂覆抗静电材料,以减少静电荷的聚积。使用抗静电剂处理表面时要小心,使用不当会导致抗静电特性不均匀,其残留物还可能成为污染源。涂层应既要厚到有效,但又薄到不剥落、不产生污染。一般只要改变洁净室送风的湿度,表面抗静电特性即可达到要求。

F.5.3 消毒

彻底的清洁过程有助于控制微生物污染,但某些行业和管理部门可能要求常规的清洁程序中附加消毒程序,此时应确定所用消毒剂和消毒方法对每间洁净室的有效性。一般来说,消毒剂的类型、浓度、温度及其与被消毒表面的接触时间,决定其消毒效力。某些消毒剂未被完全清除的话,会损害洁净室的表面(如,氯基化合物损害不锈钢);有些如沉积在产品上可能具有毒性。此外,消毒剂不仅与产品直接接触时可能有毒性,它残留在表面上时也可能有毒性。因此,应适当地冲洗表面,以清除残留物。消毒剂若使用不当,还会对人有害。

F.6 清洁人员

应为所有参与清洁工作的人员制定一个专门的培训计划,清洁计划中的各部分工作都要指派专人负责。通常是指派专业化的清洁人员进行洁净室清洁,但也常指派受过适当培训的操作者进行工作表面的清洁工作。

F.7 清洁计划

F.7.1 制定清洁计划

制定清洁计划时,应先了解不同类型洁净室表面的级别及其被污染的速率。为维持洁净室所要求的洁净度,所规定的清洁计划应确保清洁工作有充分的频繁度。对表面污染的检测和评估有助于拟定工作计划。应按洁净室工艺和产品的要求,分别确定每日、每周或其他间隔期需要完成的清洁任务。

应按下述步骤拟定清洁计划:

a) 将所有表面分类为关键表面、一般表面或其他表面;

b) 确定达到所需洁净度水平的最佳清洁方法与表面处理方法;

c) 确定将每种类型表面维持在要求的洁净度时所需的清洁频繁度;

d) 确定在正常工作时间内可完成何种清洁作业;

e) 制定清洁工作日程表;

f) 在清洁工作安排中确定哪些部分由操作者完成,哪些部分由清洁人员完成;

g) 针对规定的方法正确选择材料、机器、清洁剂和表面处理方式;

h) 按参与清洁工作的程度对各种人员进行培训;

i) 为所需的清洁材料准备足够的存放设施;

j) 确定如何监测清洁效果及如何处理不合格情况;

k) 统筹所有的文件和日程安排,以便对其进行有效的审核和管理。

F.7.2 清洁计划的工作安排

大部分清洁作业都应定期、经常进行。另外一些无需经常进行的清洁作业应定期进行。有些直接针对污染事件的清洁作业,应迅速实施,不能依照常规的工作安排。下面列出的清洁频繁度可作为指导,但应按风险评定与清洁工作评估所得出洁净室的需求予以调整。

F.7.3 常规清洁

为降低污染转移到关键表面的风险而以适当的频繁度进行的所有清洁工作,都属于常规清洁。依据风险评定的情况,洁净室的常规清洁工作可一天几次,一天一次,或几天一次。工作时间在更衣区、通道和走廊等公共区内可做的事情很多,如清除垃圾、真空清洁、拖擦地面和擦拭表面。洁净室的每个房

间需要按其洁净度对产品或工艺的重要性,编写出专门的清洁计划。

更衣和缓冲区应每日至少清洁一次。这些区域因人员活动频繁,可能被严重污染,因此需要比运行中的洁净室更经常地进行清洁,以控制洁净度并降低污染传播的机会。常规清洁将提高一般洁净室区域的洁净度。应按 F.3.3 和 F.3.4 的规定,实施彻底的真空清洁与拖擦程序。洁净室地垫和粘垫应按 F.4.12 的规定进行维护,并且应更加频繁,以防止污染迁移到洁净室内。

F.7.4 定期清洁

不做常规清洁的表面应定期进行清洁。为保证清洁过程中产品不受影响,可能需要采取特殊的预防措施。

许多表面应每周清洁一次(即至少 7 d 一次)。清洁时,可能需将产品覆盖或从该区移出。

风险较小的表面清洁次数可减少。这种低频繁度的清洁应每月或更长时间进行一次。工作安排中应反映出这类较低频繁度清洁的间隔期。

应按工作安排从上到下彻底地清洁全部设施。需彻底清洁的地方包括存放区、服务区、管道和配件。在较长的停工期内或周末、假日或计划内的设施停工期,通常最宜对设施进行彻底的清洁。连续运行的洁净室只是偶尔停运,可进行彻底清洁的时间不多。为在限时内完成任务,此时应强化清洁工作。

F.7.5 建造或维护期间及其后的清洁

洁净室建造期间进行有效的清洁,对控制并消除其后可能影响洁净室运行的污染源至关重要。附录 D 提供了维护工作的指南。关于工作计划、实施及文件编制,可参考 F.9 中的 10 阶段清洁工作安排。

F.7.6 紧急情况下的清洁

应制定相应规程以确保在发生大量污染的情况下,不会危及正在进行的工作、工艺以及洁净室环境。应配备随时可用的工具和材料,以解决或控制任何可能发生的有害情况。认为存在风险的区域,工作应暂停,直至洁净度达到满意的程度为止。可能需要专门清洁的情况有:

a) 环境事故(如,公用设施故障、溅洒、主要设备故障、产品破损、生物危害等);

b) 例行的清洁规程失效,使污染加重到不合格的程度;

c) 监控发现设施出现不能接受的污染状况。

F.8 清洁效果的监测及检测

F.8.1 粒子污染

洁净室的设备、器具或表面在清洁后,可能需要进行洁净度检测和监测。用户负责选择合适的洁净度验证方法。对影响洁净室产品及工艺的各个因素或性能,都应确定其合格的洁净度。用户应规定检测的限值,如可能,建议采用检测方法通过实际测量以确定限值。应详细规定并实施例行的表面污染检查,以确保其保持在规定的水平[24][31][34]。

可采用目视检查法确定表面的清洁度。目视为清洁的表面,即不用放大镜看不到污染的表面。用或不用高强度斜射白炽光或紫外光,均可完成目视检查。抹布检查法是用一块干净的抹布擦过已清洁的表面,再目视检查该抹布的表面。这种方法有助于检测可能粘附在抹布表面的可视污染,并以此判定是否需要清洁。有些供应商提供彩色抹布,这可能有助于发现某些类型的污物。其他可考虑的方法还有:

a) 胶带粘取法[33];

b) 表面粒子探测器法[30]。

注：测量关键区表面洁净度的其他方法另见参考文献[10][30][31][34][35][36]。

F.8.2 微生物污染

检测洁净室内微生物污染的方法及采样方法有多种，可参考相关文献[26][32]。以下是最常用的2种方法：

a) 接触盘法(用于平坦表面)；

b) 表面擦拭法(用于非平坦表面)。

F.9 建造阶段的清洁计划

依据用户的要求，可采用10阶段清洁计划(见表F.1)，为不同建造阶段中的清洁工作有效地安排时间、分派任务并提供文件(另见GB/T 25915.4—2010，附录E)。

表 F.1 各建造阶段的清洁工作

阶段	目的	责任方	方法	标准
第1阶段 拆除或建造初期(如为安装墙壁立框架)的清洁	防止建造工作后期多余的尘埃积聚在某些难以触及的地方	承包商。如果承包商在洁净室的清洁方面无相关经验，建议雇用专业的洁净室清洁承包商	完工时进行真空清洁	目视检查清洁
第2阶段 安装动力设施期间的清洁	清除因电、气、水等的安装工作造成的污染	安装工程师	完工时进行真空清洁；用半干的抹布擦拭管道和固定件，应使用真空清洁和(或)其他清洁材料	目视检查清洁
第3阶段 早期建造时的清洁	建造和安装工作完工后，清除顶棚、墙面、地面、(过滤器支架)等上面可见的污染	清洁承包商	真空清洁；用半干抹布擦拭管道和固定件；地面防护密封剂的施工一般是一项产尘工作，应在此时进行	目视检查清洁
第4阶段 准备安装空调管道	安装管道前，将上面所有的污垢用真空吸尘器和抹布清除掉；同时，洁净室内应形成正压	安装工程师与清洁承包商	真空清洁；用半干抹布擦拭	抹布擦拭清洁
第5阶段 安装空气过滤器之前的清洁	清除顶棚、墙和地面上沉积的或吸附的尘埃	清洁承包商	用半干擦拭物擦拭	抹布擦拭清洁
第6阶段 将(HEPA/ULPA)过滤器安装到空气系统中	清除可能因安装作业造成的污染	洁净室HVAC过滤器工程师/技术人员	清洁各个表面上所有的边沿	抹布擦拭清洁

表 F.1（续）

阶段	目的	责任方	方法	标准
第 7 阶段 空调设备调试	清除气流中的悬浮污染物，创建带有过滤器的正压环境	洁净室 HVAC 过滤器工程师/技术人员	空调通风吹扫	抹布擦拭清洁
第 8 阶段 把房间升级到规定的洁净度等级	清除每个表面上沉积的或附着的污垢（顺序：顶棚、墙、设备、地面）	在法规、规程和行为等方面受过专门指导的洁净室专业清洁人员	用半干抹布擦拭	抹布擦拭清洁
第 9 阶段 安装通过	按规定的设计技术要求验证洁净室，需方验收	安装工程师与认证工程师	监测空气中悬浮的和表面的粒子以及风速、温度和湿度	抹布擦拭清洁，结果要与商定的设计标准相符
第 10 阶段 每日及定期的清洁	使洁净室与设计的等级长期保持一致。生物洁净室开始进行微生物清洁与检测	洁净室经理/清洁承包商	列于 F.1～F.8 中	根据生产工艺和需方的具体要求而制定的洁净室清洁计划，对关键运行参数进行常规检测

注 1：第 4～10 阶段中，所有高效和超高洁净部件，如过滤器、风管等，其两端都应在塑料膜或金属箔包覆着的状态下到场，只有在即将使用时才可去掉包覆物。

注 2：第 6～10 阶段中，所有活动都应穿着规定的洁净服。

参 考 文 献

[1] PIERSON, M. D. and CORLETT, D. A. Jr. : *HACCP principles and applications*. New York: Van Nostrand Rheinhold, 1992

[2] IEC 60812:1985, *Analysis techniques for system reliability—Procedure for failure mode and effects analysis (FMEA)*. Geneva, Switzerland: Commission Electrotechnique Internationale/International Electrotechnical Commission

[3] PALADY P. : *FMEA, failure modes and effect analysis*. West Palm Beach, Florida: PT Publications, Inc., 1995

[4] IEC 61025:1990, *Fault tree analysis (FTA)*. Geneva, Switzerland: Commission Electrotechnique Internationale/International Electrotechnical Commission

[5] WHYTE, W. : *Cleanroom Technology—Fundamentals of Design, Testing and Operation*. West Sussex: J. Wiley and Sons, 2001

[6] IEST-RP-CC027. 1:1999, *Personnel practices and procedures in cleanrooms and controlled environments*. Rolling Meadows, Illinois: Institute of Environmental Sciences and Technology

[7] AS 2013. 1:1989, *Cleanroom garments: product requirements*. North Sidney: Standards Association of Australia

[8] IEST-RP-CC003. 3:2003, *Garment system considerations in cleanrooms and other controlled environments*. Rolling Meadows, Illinois: Institute of Environmental Sciences and Technology

[9] VCCN-RL-6. 2:1996, *Cleanroom garments: Recommended practices for choice, logistics and use of cleanroom garments*. Amersfoort: Dutch Society of Contamination Control (Dutch language only)

[10] VDI 2083 part 4:1996, *Cleanroom technology—Surface cleanliness*. Berlin: Beuth Verlag GmbH

[11] ISO 9237:1995, *Textiles—Determination of the permeability of fabrics to air*

[12] ASTM-D737-96:1996, *Test method for air permeability of textile fabrics*. West Conshohocken, Pennsylvania: American Society for Testing and Materials

[13] JIS B 9923:1997, *Methods for sizing and counting particle contaminants in and on clean room garments*. Tokyo: Japanese Industrial Standards

[14] ASTM F51-68:1989, *Standard methods for sizing and counting particulate contamination in noncleanroom garments*. West Conshohocken, Pennsylvania: American Society for Testing and Materials

[15] EN 1149-1:1994, *Protective clothing—Electrostatic properties—Part 1: Surface resistivity (test methods and requirements)*

[16] IEST-RP-CC022. 1:1992, *Electrostatic charge in cleanrooms and other controlled environments*. Rolling Meadows, Illinois: Institute of Environmental Sciences and Technology

[17] VCCN-RL-5:1996, *Thermal comfort: Recommended practices for thermal comfort requirements for people working in cleanrooms*. Amersfoort: Dutch Society of Contamination Control. (Dutch language only)

[18] ISO 11092:1993, *Textiles—Physiological effects—Measurement of thermal and water-vapour resistance under steady-state conditions (sweating guarded-hotplate test)*

[19] BS 7209:1990, *Water vapour permeable apparel fabrics*. London: British Standards Institution

[20] ISO 7730:1994, *Moderate thermal environments—Determination of the PMV and PPD*

indices and specification of the conditions for thermal comfort

[21] AS 2013. 2:1989, *Cleanroom garments: Processing and use*. North Sidney: Standards Association of Australia

[22] IEST-RP-CC005. 3:2003, *Gloves and finger cots used in cleanrooms and other controlled environments*. Rolling Meadows, Illinois: Institute of Environmental Sciences and Technology

[23] VCCN-RL-6. 3:1996, *Rules for behaviour in the cleanroom: Recommended practices for personnel behavior in cleanrooms*. Amersfoort: Dutch Society of Contamination Control (Dutch language only)

[24] IEST-RP-CC026. 1:1995, *Cleanroom operations*. Rolling Meadows, Illinois: Institute of Environmental Sciences and Technology

[25] JIS B 9926:1991, *Test methods for dust generation from moving mechanisms*. Tokyo: Japanese Industrial Standards

[26] IEST-RP-CC023. 1:1993, *Microorganisms in cleanrooms*. Rolling Meadows, Illinois: Institute of Environmental Sciences and Technology

[27] IEST-RP-CC004. 2:1992, *Evaluating wiping materials used in cleanrooms and other controlled environments*. Rolling Meadows, Illinois: Institute of Environmental Sciences and Technology

[28] IEST-RP-CC020. 2:1996, *Substrates and forms for documentation in cleanrooms*. Rolling Meadows, Illinois: Institute of Environmental Sciences and Technology

[29] JACA Number 27:1992, *Guidance for cleaning of clean room facilities*. Tokyo: Japan Air Cleaning Association (Japanese language only)

[30] IEST-RP-CC018. 3:2002, *Cleanroom housekeeping—Operating and monitoring procedures*. Rolling Meadows, Illinois: Institute of Environmental Sciences and Technology

[31] VCCN-RL-4:1996, *Surface cleanliness: Recommended practices for microbiological and particle surface cleanliness, and cleaning in cleanrooms*. Amersfoort: Dutch Society of Contamination Control (Dutch language only)

[32] JACA Number 32:1996, *Guideline for cleaning of biological clean room facilities*. Tokyo: Japan Air Cleaning Association (Japanese language only)

[33] ASTM E 1216-87:1987, *Practice for sampling for surface particulate contamination by tape lift*. West Conshohocken, Pennsylvania: American Society for Testing and Materials

[34] JACA Number 22:1988, *A guideline of measuring methods for surface particle contamination*. Tokyo: Japan Air Cleaning Association (Japanese language only)

[35] JACA Number 30: 1993, *The report of the surface contamination control technology survey committee*. Tokyo: Japan Air Cleaning Association (Japanese language only)

[36] IEST-STD-CC1246D: 2002, *Product Cleanliness Levels and Contamination Control Program*. Rolling Meadows, Illinois: Institute of Environmental Sciences and Technology

[37] VDI 2083 part 6:1996, *Cleanroom technology—Personnel at the clean work place*. Berlin: Beuth Verlag GmbH

[38] JACA Number 14C:1992, *Guidance for operation of clean rooms*. Tokyo: Japan Air Cleaning

---

ICS 01.040.13;13.040.35
C 70

中华人民共和国国家标准

GB/T 25915.6—2010/ISO 14644-6:2007

洁净室及相关受控环境 第6部分:词汇

Cleanrooms and associated controlled environments—Part 6:Vocabulary

(ISO 14644-6:2007,IDT)

2011-01-14 发布 2011-05-01 实施

中华人民共和国国家质量监督检验检疫总局
中国国家标准化管理委员会 发布

前　　言

GB/T 25915《洁净室及相关受控环境》包含八个部分：

——第1部分：空气洁净度等级；

——第2部分：证实持续符合GB/T 25915.1的检测与监测技术要求；

——第3部分：检测方法；

——第4部分：设计、建造、启动；

——第5部分：运行；

——第6部分：词汇；

——第7部分：隔离装置(洁净风罩、手套箱、隔离器、微环境)；

——第8部分：空气分子污染分级。

本部分是GB/T 25915的第6部分。

本部分按照GB/T 1.1—2009给出的规则起草。

本部分使用翻译法等同采用ISO 14644-6:2007《洁净室及相关受控环境　第6部分：词汇》。

本部分由全国洁净室及相关受控环境标准化技术委员会(SAC/TC 319)提出并归口。

本部分由苏州市洁净室科技促进中心、中国电子学会洁净技术分会、深圳市标准化研究院负责起草，江苏姑苏净化科技有限公司、浙江盾安机电科技有限公司、北京世源希达工程技术公司、深圳市兴科净机电工程有限公司、中国石化集团上海工程有限公司、烟台宝源净化有限公司、燕山大学建筑工程与力学学院、爱思克空气系统产品(苏州)有限公司、德州艾荷过滤设备有限公司参加起草。

本部分主要起草人：王尧、陈刚、缪德骅、涂有、乐细明、耿佐力、章洪伟、陈绍丽、尤荣法、欧阳建、曾世清、杨长治、于自强、刘之媛、张勇、王大千。

引 言

为了完成对污染敏感的活动，洁净室及相关受控环境将空气悬浮粒子污染控制在适当的水平。产品或工艺受益于空气粒子物污染控制的领域有：航天、微电子、制药、医疗器械、食品、医疗等行业。

洁净室及相关受控环境 第6部分:词汇

1 范围

GB/T 25915 的本部分给出了洁净室和相关受控环境有关的术语和定义,是本系列标准其他部分出现的术语和定义的汇总。本部分也包括了 GB/T 25916.1 和 GB/T 25916.2 中的术语和定义。

2 术语和定义

2.1

6个月 6 months

动态(2.97)运行的整个期间,定期复检的平均间隔不超过 183 d,最长间隔不超过 190 d 的周期。

[GB/T 25915.2—2010,3.2.3]

2.2

12个月 12 months

动态(2.97)运行的整个期间,定期复检的平均间隔不超过 366 d,最长间隔不超过 400 d 的周期。

[GB/T 25915.2—2010,3.2.4]

2.3

24个月 24 months

动态(2.97)运行的整个期间,定期复检的平均间隔不超过 731 d,最长间隔不超过 800 d 的周期。

[GB/T 25915.2—2010,3.2.5]

2.4

介入器具 access device

操作**隔离装置**(2.118)内工艺、工器具或产品的用具。

[GB/T 25915.7—2010,3.1]

2.5

酸 acid

以接收电子对并建立新化学键为化学反应特性的物质。

[GB/T 25915.8—2010,3.2.1]

2.6

(普通)**干预值 action level** (general)

用户在**受控环境**(2.45)中设定的量值。超过该值时,需立即进行干预,包括查明原因及**纠正行动**(2.46)。

[GB/T 25915.7—2010,3.2;GB/T 25916.1—2010,3.1.1]

2.7

(微生物)**干预值 action level** (microbiological)

用户在**受控环境**(2.45)中设定的微生物量值。超过该值时,需立即进行干预,包括查明原因及**纠正行动**(2.46)。

[GB/T 25916.2—2010,3.1]

2.8

气溶胶发尘　aerosol challenge

对过滤器和**已装过滤系统**(2.83)施用**检测气溶胶**(2.131)的过程。

[GB/T 25915.3—2010,3.3.1]

2.9

气溶胶发生器　aerosol generator

能以加热、液压、气动、超声波、静电等方式生成浓度恒定、粒径范围适当的(例如 0.05 μm～2 μm)微粒物质的器具。

[GB/T 25915.3—2010,3.2.1]

2.10

气溶胶光度计　aerosol photometer

利用光散射原理、用前散射光腔测量**空气悬浮粒子**(2.13)质量浓度的仪器。

[GB/T 25915.3—2010,3.6.1]

2.11

换气次数　air exchange rate

单位时间的换气值,以单位时间送入的空气体积除以该空间的体积计算。

[GB/T 25915.3—2010,3.4.1]

2.12

空气分子污染　airborne molecular contamination

AMC

以气态或汽态存在于**洁净室**(2.33)或相关**受控环境**(2.45)中,可危害**洁净室**(2.33)或相关**受控环境**(2.45)中产品、工艺或设备的分子(化学的、非颗粒的)物质。

注1:本定义不包含生物大分子,将其归为粒子。

注2:改写 GB/T 25915.8—2010,定义 3.1.2。

2.13

空气悬浮粒子　airborne particle

悬浮在空气中、活或非活、固体或液体、粒径 1 nm～100 μm 的粒子。

注:用于洁净度等级的见 2.103。

[GB/T 25915.3—2010,3.2.2]

2.14

(普通)预警值　alert level (general)

用户在**受控环境**(2.45)中设定的量值,对可能偏离正常的状况给出早期报警,超过此值时应加强对工艺的关注。

[GB/T 25915.7—2010,3.3]

2.15

(微生物)预警值　alert level (microbiological)

用户在**受控环境**(2.45)中设定的微生物量值,对可能偏离正常的状况给出早期报警。

注:当超出预警值时,应加强对工艺的关注。

[GB/T 25916.1—2010,3.1.2;GB/T 25916.2—2010,3.2]

2.16

非等动力采样　anisokinetic sampling

采样口进气平均风速与该位置**单向流**(2.138)的平均风速明显不同的采样条件。

[GB/T 25915.3—2010,3.6.2]

2.17

空态 as-built

设施(2.82)已建成并运行,但没有生产设备、材料和**人员**(2.108)的状态。

[GB/T 25915.1—2010,2.4.1;GB/T 25915.3—2010,3.7.1;GB/T 25915.5—2010,3.2.1;GB/T 25916.1—2010,3.2.1]

2.18

静态 at-rest

设施(2.82)已建成,生产设备已安装好并按**需方**(2.51)与**供方**(2.123)议定的条件运行,但没有**人员**(2.108)的状态。

[GB/T 25915.1—2010,2.4.2;GB/T 25915.3—2010,3.7.2;GB/T 25915.5—2010,3.2.2;GB/T 25916.1—2010,3.2.2]

2.19

文件索引 audit trail

相关文件链或文档条目,可以据此追溯相关信息。

[GB/T 25916.2—2010,3.3]

2.20

平均风量 average air flow rate

单位时间内通过的平均空气容积,可据此确定**洁净室**(2.33)或**洁净区**(2.34)的**换气次数**(2.11)。

注:风量的单位为立方米每小时(m^3/h)。

[GB/T 25915.3—2010,3.4.2]

2.21

屏障 barrier

实现隔离的各种手段。

[GB/T 25915.7—2010,3.4]

2.22

碱 base

以给出电子对并建立新化学键为化学反应特性的物质。

[GB/T 25915.8—2010,3.2.2]

2.23

生物气溶胶 bioaerosol

悬浮在气态环境中的生物微粒。

[GB/T 25916.1—2010,3.1.3]

2.24

生物洁净室 biocleanroom

产品和工艺对微生物污染敏感时所使用的洁净室。

[GB/T 25915.5—2010,3.1.1]

2.25

生物污染 biocontamination

活粒子(2.142)对物料、装置、人员、表面、液体、气体或空气的污染。

[GB/T 25916.1—2010,3.1.4;GB/T 25916.2—2010,3.4]

2.26

生物毒素 biotoxic

危害生物、微生物、生物组织或细胞个体的生长与存活的**污染物**(2.41)。

注 2:改写 GB/T 25915.8—2010,定义 3.2.3。

2.27

缝隙风速　breach velocity

缝隙处能有效阻止物质逆流运动的风速。

[GB/T 25915.7—2010,3.5]

2.28

串级撞击采样器　cascade impactor

利用撞击原理在串联的采集表面上采集气溶胶**粒子**(2.102)的采样装置。

注：气溶胶气流速度逐级升高，使后一个采集表面采集的粒子比前一个小。

[GB/T 25915.3—2010,3.6.3]

2.29

更衣室　changing room

人员出入**洁净室**(2.33)时穿、脱洁净服的房间。

[GB/T 25915.4—2010,3.1;GB/T 25915.5—2010,3.1.2]

2.30

洁净度等级　classification

洁净度分级

以 ISO *N* 级表示的、**洁净室**(2.33)或**洁净区**(2.34)内按空气悬浮粒子浓度划分的**洁净度**(2.32)水平(或规定、确定该水平的过程)。洁净度等级代表关注粒径粒子的最大允许浓度(表示为每立方米空气中的**粒子**(2.102)个数)。

注 1：浓度计算见 GB/T 25915.1—2010 3.2 的式(1)。

注 2：本部分的等级范围限于 ISO 1 级～ISO 9 级。

注 3：本部分的等级关注**粒径**(2.105)限于 0.1 μm～5 μm 范围(较低阈值)。指定粒径阈值超出此范围的**空气洁净度**(2.32)，可以用 **U 描述符**(2.136)或 **M 描述符**(2.89)描述和说明(但不分级)。

注 4：ISO 等级可带小数，最小增量为 0.1，即 ISO 1.1 级～ISO 8.9 级。

注 5：洁净度等级可适用于所有 3 种占用状态(见 2.17,2.18,2.97)。

[GB/T 25915.1—2010,2.1.4]

2.31

空气净化装置　clean air device

对空气进行净化处理及分配、使环境达到规定条件的独立设备。

[GB/T 25915.4—2010,3.2]

2.32

洁净度　cleanliness

产品、表面、装置、气体、流体等有明确污染程度的状况。

注：污染可以是粒子的、非粒子的、生物的、分子的或其他类型的。

[GB/T 25915.4—2010,3.3]

2.33

洁净室　cleanroom

空气悬浮粒子(2.13)浓度受控的房间，其建造和使用方式使房间内进入的、产生的、滞留的**粒子**(2.102)最少，房间内温度、湿度、压力等其他相关参数按要求受控。

[GB/T 25915.1—2010,2.1.1;GB/T 25915.3—2010,3.1.1;GB/T 25916.1—2010,3.1.5;GB/T 25916.2—2010,3.5]

2.34

洁净区　clean zone

空气悬浮粒子(2.13)浓度受控的专用空间，其建造和使用方式使区内进入的、产生的、滞留的**粒子**

(2.102)最少,区内温度、湿度、压力等其他相关参数按要求受控。

注:洁净区可以是开放的或封闭的;在也可不在**洁净室**(2.33)内。

[GB/T 25915.1—2010,2.1.2;GB/T 25915.3—2010,3.1.2]

2.35

调试　commissioning

为使**设施**(2.82)达到规定的正常运行技术条件而按计划实施并有文字记录的系列检验、调节、**检测**(2.130)。

[GB/T 25915.4—2010,3.4]

2.36

可凝聚物　condensable

可在**洁净室**(2.33)运行状态下因凝聚而沉积在表面上的物质。

[GB/T 25915.8—2010,3.2.4]

2.37

凝聚核计数器　condensation nucleus counter

CNC

以凝聚方式使**超微粒子**(2.137)增大,再用光学方法对其计数的仪器。

[GB/T 25915.3—2010,3.6.4]

2.38

接触装置　contact device

专门设计的、装有适当无菌培养基、其表面易于与被测表面接触以采样的装置。

[GB/T 25916.1—2010,3.1.6]

2.39

接触盘　contact plate

以刚性盘为容器的**接触装置**(2.38)。

[GB/T 25916.1—2010,3.1.7]

2.40

隔离　containment

用**隔离装置**(2.118)实现的**操作人员**(2.98)与其作业之间的高度分隔状态。

[GB/T 25915.7—2010,3.6]

2.41

污染物　contaminant

对产品或工艺有不良影响的粒子、非粒子、分子或生物体。

[GB/T 25915.4—2010,3.5]

2.42

污染物类别　contaminant category

沉积在关注表面时有特定和类似危害结果的一组化合物的统称。

[GB/T 25915.8—2010,3.1.4]

2.43

连续监测　continuous

不间断的监测。

[GB/T 25915.2—2010,3.2.1]

2.44

控制点　control point

受控环境(2.45)中的点,在该点实施控制以防止**危害**(2.77,2.78)的发生,或是将其消除或降至允许程度。

[GB/T 25916.1—2010,3.1.8]

2.45

受控环境　controlled environment

以规定方法对污染源进行控制的特定区域。

[GB/T 25916.1—2010,3.1.9]

2.46

纠正行动　corrective action

当**监测**(2.94)结果表明**预警值**(2.14)(2.15)或**干预值**(2.6)(2.7)已被超过时,需要采取的行动。

[GB/T 25916.1—2010,3.1.10]

2.47

腐蚀物　corrosive

使表面产生破坏性化学变化的物质。

[GB/T 25915.8—2010,3.2.5]

2.48

数量中值粒径　count median particle diameter

CMD

按粒径排列**粒子**(2.105)时,处于中位数的粒子的粒径值。

注:占一半数量的粒子其粒径小于数量中值粒径,占另一半数量的粒子其粒径大于该数量中值粒径。

[GB/T 25915.3—2010,3.2.3]

2.49

计数效率　counting efficiency

给定粒径范围内读出的**粒子**(2.102)浓度与实际粒子浓度之比。

[GB/T 25915.3—2010,3.6.5]

2.50

跨凳　cross-over bench

更换**洁净室**(2.33)服装用的辅助长凳,也是隔开地面污染的**屏障**(2.21)。

[GB/T 25915.5—2010,3.1.3]

2.51

需方　customer

规定**洁净室**(2.33)或**洁净区**(2.34)具体要求的机构或其代理。

[GB/T 25915.1—2010,2.5.1]

2.52

数据分组　data stratification

为便于看出并理解重要趋势和偏差而对数据进行的重新组合。

[GB/T 25916.2—2010,3.6]

2.53

去污　decontamination

将不需要的物质降至规定的水平。

[GB/T 25915.7—2010,3.7]

2.54

渗漏限值　designated leak

需方(2.51)与**供方**(2.123)商定的、可用**离散粒子计数器**(2.59)或**气溶胶光度计**(2.10)**扫描**(2.116)测出的**设施**(2.82)**渗漏**(2.87)最大允许透过率。

[GB/T 25915.3—2010,3.3.2]

2.55

微分迁移率分析仪　differential mobility analyzer

DMA

按**粒子**(2.102)的电迁移率测量**粒径分布**(2.107)的仪器。

[GB/T 25915.3—2010,3.6.6]

2.56

扩散元件　diffusion battery element

多级**粒径限制器**(2.106)的专用部件,它利用扩散机理去除流动气溶胶中较小的**粒子**(2.102)。

[GB/T 25915.3—2010,3.6.7]

2.57

稀释装置　dilution system

按已知容积比将气溶胶与无粒子稀释空气混合,以降低气溶胶浓度的装置。

[GB/T 25915.3—2010,3.3.3]

2.58

放电时间　discharge time

绝缘的导电监测板上的电压(正或负)降至初始电压的百分率所需的时间。

[GB/T 25915.3—2010,3.5.1]

2.59

离散粒子计数器　discrete-particle counter

粒子计数器

DPC

可显示并记录确定体积空气中离散**粒子**(2.102)数量和直径(可辨别粒径)的仪器。

[GB/T 25915.3—2010,3.6.8]

2.60

消毒　disinfection

将物体或表面的微生物清除、破坏或灭活。

[GB/T 25915.5—2010,3.1.4]

2.61

掺杂物　dopant

经产品本体吸收或(和)经扩散后,与本体合为一体,即使为微量亦可改变材料特性的物质。

[GB/T 25915.8—2010,3.2.6]

2.62

估计值　estimate

根据样本**估计**(2.63)结果获得的**估计量**(2.64)的值。

[GB/T 25916.2—2010,3.7]

2.63

估计　estimation

根据样本推断总体分布的未知成分,例如参数。

[GB/T 25916.2—2010,3.8]

2.64

估计量　estimator

用于估计总体分布未知量的统计量。

[GB/T 25916.2—2010,3.9]

2.65

伪计数 false count

背景噪声计数 background noise count

空白计数 zero count

不存在**粒子**(2.102)时,因仪器内外多余电信号造成的离散粒子**计数器**(2.59)的误计。

[GB/T 25915.3—2010,3.6.9]

2.66

纤维 fiber

长宽比不小于10的**粒子**(2.102)。

[GB/T 25915.1—2010,2.2.7;GB/T 25915.5—2010,3.1.5]

2.67

过滤系统 filter system

由过滤器、安装架及其他支撑装置或箱体组成的系统。

[GB/T 25915.3—2010,3.3.4]

2.68

末端过滤器 final filter

空气进入**洁净室**(2.33)之前最末端位置上的过滤器。

[GB/T 25915.3—2010,3.3.5]

2.69

风量罩 flowhood with flowmeter

可分别将**设施**(2.82)的各个**末端过滤器**(2.68)或散流器完全罩住并直接测量其风量的装置。

[GB/T 25915.3—2010,3.6.10]

2.70

正规体系 formal system

带有既定书面规程的**生物污染**(2.25)控制体系。

[GB/T 25916.1—2010,3.11]

2.71

频繁监测 frequent

运行中间隔时间不超过60 min的监测。

[GB/T 25915.2—2010,3.2.2]

2.72

长手套 gauntlet

可套住整个臂长的**手套**(2.73)。

[GB/T 25915.7—2010,3.8]

2.73

手套[隔离装置(2.118)] glove

介入器具(2.4)的构成部分,当**操作人员**(2.98)的手伸入隔离装置的封闭空间时维持**屏障**(2.21)有效。

[GB/T 25915.7—2010,3.9]

2.74

手套口 glove port

用于连接**手套**(2.73)、套袖及**长手套**(2.72)的部位。

[GB/T 25915.7—2010,3.10]

2.75

手套套袖系统　glove sleeve system

多部件**介入器具**(2.4),当更换套袖、连接封套及**手套**(2.73)时,维持**屏障**(2.21)有效。

[GB/T 25915.7—2010,3.11]

2.76

半身装　half-suit

可在**操作人员**(2.98)的头、躯干、手探入**隔离装置**(2.118)的工作空间时,维持**屏障**(2.21)有效的一种**介入器具**(2.4)。

[GB/T 25915.7—2010,3.12]

2.77

(普通)**危害　hazard** (general)

潜在的有害源。

[GB/T 25916.1—2010,3.1.12]

2.78

(微生物)**危害　hazard** (microbiological)

对人员、环境、工艺或产品有不良影响的生物、化学或物理的因素。

[GB/T 25916.2—2010,3.10]

2.79

每小时泄漏率　hourly leak rate

R_h

在正常工作条件(压力和温度)下**隔离**(2.40)空间每小时的泄漏量 q 与该隔离空间的体积 V 之比。

注:以小时的倒数表示(h^{-1})。

[GB/T 25915.7—2010,3.13]

2.80

撞击采样器　impact sampler

令空气或气体撞击固体表面以采集其所携粒子的装置。

[GB/T 25916.1—2010,3.1.13]

2.81

冲击采样器　impingement sampler

令空气或气体冲击液面并进入液体,以采集其所携**粒子**(2.102)的装置。

[GB/T 25916.1—2010,3.1.14]

2.82

设施　installation

所有相关构筑物、空气处理系统以及服务、公用系统集合而成的**洁净室**(2.33),或一个或数个这样的**洁净区**(2.34)。

[GB/T 25915.1—2010,2.1.3;GB/T 25915.3—2010,3.1.3]

2.83

已装过滤系统　installed filter system

已安装在顶棚、侧墙、装置、风管上的**过滤系统**(2.67)。

[GB/T 25915.3—2010,3.3.6]

2.84

已装过滤系统检漏　installed filter system leakage test

为确认过滤器安装良好，向**设施**(2.82)内无旁路渗漏，过滤器及其安装框架均无缺陷和**渗漏**(2.87)而进行的**检测**(2.130)。

[GB/T 25915.3—2010,3.3.7]

2.85

同轴采样　iso-axial sampling

采样口进气气流方向与被采样**单向流**(2.138)气流方向一致的采样条件。

[GB/T 25915.3—2010,3.6.11]

2.86

等动力采样　isokinetic sampling

采样口进气气流的平均风速与该位置上**单向流**(2.138)的平均风速相等的采样条件。

[GB/T 25915.3—2010,3.6.12]

2.87

渗漏　leak

[**过滤系统**(2.67)]因密封性欠佳或缺陷使**污染物**(2.41)漏出，造成下风向浓度超过预期值。

[GB/T 25915.3—2010,3.3.8]

2.88

泄漏　leak

[**隔离装置**(2.118)]压差**检测**(2.130)按大气状况修正后所发现的缺陷。

[GB/T 25915.7—2010,3.14]

2.89

M 描述符　M descriptor

每立方米空气中**大粒子**(2.90)的实测或规定浓度。M 描述符中的当量粒径与测量方法有关。

注：M 描述符可作为采样点平均浓度上限[或置信上限，该值随**洁净室**(2.33)或**洁净区**(2.34)性能测定采样点数量而定]。不能用 M 描述符确定**空气洁净度等级**(2.32)，但可将其单独或随洁净度等级引述。

[GB/T 25915.1—2010,2.3.2;GB/T 25915.3—2010,3.2.5]

2.90

大粒子　macroparticle

当量直径大于 5 μm 的**粒子**(2.102)。

[GB/T 25915.1—2010,2.2.6;GB/T 25915.3—2010,3.2.4]

2.91

质量中值粒径　mass median particle diameter

MMD

按质量排列**粒子**(2.102)时，处于中位数的粒子的粒径值。

注：占全部质量一半的粒子其粒径小于质量中值粒径，占另一半质量的粒子其粒径大于该质量中值粒径。

[GB/T 25915.3—2010,3.2.6]

2.92

测量平面　measuring plane

用来**检测**(2.130)或测量风速等性能参数的横断面。

[GB/T 25915.3—2010,3.4.3]

2.93

分子污染　molecular contamination

危害产品、工艺、设备的分子(化学的、非颗粒)物质。

[GB/T 25915.8—2010,3.1.1]

2.94

监测 monitoring

为检验**设施**(2.82)的性能而按照规定的方法和计划实施的测试。

注:该信息可用来发现**动态**(2.97)状况下的趋势,并为工艺提供支持。

[GB/T 25915.2—2010,3.1.3]

2.95

非单向流 non-unidirectional airflow

送入**洁净区**(2.34)的空气以诱导方式与区内空气混合的一种气流分布。

[GB/T 25915.4—2010,3.6;GB/T 25915.3—2010,3.4.4]

2.96

补偿电压 offset voltage

将未充电的绝缘导电板置于电离空气中时其上积累的电压。

[GB/T 25915.3—2010,3.5.2]

2.97

动态 operational

设施(2.82)按规定方式运行,其内规定数量的**人员**(2.108)按议定方式工作的状态。

[GB/T 25915.1—2010,2.4.3;GB/T 25915.3—2010,3.7.3;GB/T 25915.5—2010,3.2.3;GB/T 25915.1—2010,3.2.3]

2.98

操作人员 operator

在**洁净室**(2.33)内从事生产工作或执行工艺程序的人员。

[GB/T 25915.5—2010,3.1.6]

2.99

有机质 organic

以碳为基本元素,含氢,含或不含氧、氮等其他元素的物质。

[GB/T 25915.8—2010,3.2.7]

2.100

释放气体 outgassing

从材料中释放出气态或蒸气态分子物质。

[GB/T 25915.8—2010,3.1.5]

2.101

氧化剂 oxidant

沉积在关注表面或产品上后,形成氧化物(O_2/O_3)或参与氧化还原反应的物质。

[GB/T 25915.8—2010,3.2.8]

2.102

粒子(普通) particle

有明确物理边界的微小物质。

[GB/T 25915.4—2010,3.7;GB/T 25915.5—2010,3.1.7]

2.103

粒子[洁净度等级(2.30)] particle

在0.1 μm~5 μm的粒径阈值(下限)范围上累计的固体或液体物质。

[GB/T 25915.1—2010,2.2.1]

2.104

粒子浓度 particle concentration

单位体积空气中**粒子**(2.102)的个数。

[GB/T 25915.1—2010,2.2.3;GB/T 25915.3—2010,3.2.7]

2.105

粒径 particle size

给定的粒径测量仪器所显示的、与被测粒子的响应量相当的球形体直径。

注:离散粒子计数器给出的是当量光学粒径。

[GB/T 25915.1—2010,2.2.2;GB/T 25915.3—2010,3.2.8]

2.106

粒径限制器 particle size cutoff device

连接在**离散粒子计数器**(2.59)或**凝聚核计数器**(2.37)采样口、能够将小于关注粒径的**粒子**(2.102)清除的装置。

[GB/T 25915.3—2010,3.6.13]

2.107

粒径分布 particle size distribution

粒子按**粒径**(2.105)大小累计得出的**粒子浓度**(2.104)。

[GB/T 25915.1—2010,2.2.4;GB/T 25915.3—2010,3.2.9]

2.108

人员 personnel

进入**洁净室**(2.33)的任何人。

[GB/T 25915.5—2010,3.1.8]

2.109

预过滤器 pre-filter

为减轻某过滤器的负荷而另装在其上风向的空气过滤器。

[GB/T 25915.4—2010,3.8]

2.110

压力维持度 pressure integrity

提供检测条件下可再现的压力泄漏率的能力。

[GB/T 25915.7—2010,3.15]

2.111

工艺核心区 process core

与环境产生相互影响的工艺位置。

[GB/T 25915.4—2010,3.9]

2.112

鉴定 qualification

证实一个对象(作业、工艺、产品、组织或其任何组合)是否能够满足规定要求的过程。

[GB/T 25916.1—2010,3.1.15]

2.113

再鉴定 requalification

按照规定的**检测**(2.130)顺序对**设施**(2.82)进行检测,包括对所选定的预检测条件的**验证**(2.141),以证明设施(2.82)符合 GB/T 25915.1—2010 的**洁净度等级**(2.30)。

[GB/T 25915.2—2010,3.1.1]

2.114

风险 risk

危害发生的可能性及其严重性。

[GB/T 25916.1—2010,3.1.16;GB/T 25916.2—2010,3.11]

2.115

风险区 risk zone

人员、产品或材料特别易受污染的界定空间。

[GB/T 25916.1—2010,3.1.17;GB/T 25916.2—2010,3.12]

2.116

扫描 scanning

让**气溶胶光度计**(2.10)或**离散粒子计数器**(2.59)的采样口覆盖面,以略有重叠的往复行程移过规定的**检测**(2.130)区来查找过滤器及其他部件**渗漏**(2.87)的方法。

[GB/T 25915.3—2010,3.3.9]

2.117

隔离描述符 separation descriptor

$[A_a : B_b]$

在规定的**检测**(2.130)条件下,**隔离装置**(2.118)内外**洁净度**(2.32)**等级**(2.30)差异的简要数字表达。

其中:

A ——装置内部的 ISO 等级;

a ——测量 A 时所用**粒径**(2.105);

B ——装置外部的 ISO 等级;

b ——测量 B 时所用**粒径**(2.105)。

[GB/T 25915.7—2010,3.16]

2.118

隔离装置 separative device

利用构造与动力学方法在确定的容积内外创建可靠隔离水平的设备。

注:各种行业用的隔离装置有:洁净风罩、隔离(2.40)箱、手套箱、隔离器、微环境。

[GB/T 25915.3—2010,3.1.4;GB/T 25915.5—2010,3.1.9;GB/T 25915.7—2010,3.17]

2.119

落菌盘 settle plate

具有一定尺寸并放置有适当无菌培养基的容器(如培养皿)。将其敞开后放置某规定的时间,以收集空气中沉降的**活粒子**(2.142)。

[GB/T 25915.1—2010,3.1.18]

2.120

标准渗漏透过率 standard leak penetration

离散粒子计数器(2.59)或**气溶胶光度计**(2.10)的采样头停顿在渗漏处,以标准采样流量测得的**渗漏**(2.87)透过率。

注:透过率为过滤器下风向与上风向粒子浓度之比。

[GB/T 25915.3—2010,3.3.10]

2.121

启动 start up

使**设施**(2.82)及其所有系统准备就绪并开始实际运行的行为。

注:系统可包括规程、培训要求、基础设施、服务设施、法规要求等。

[GB/T 25915.4—2010,3.10]

2.122

静电耗散特性 static-dissipative property

以传导等机理将工作表面或产品表面的静电荷降至某规定值或标称零电荷的能力。

[GB/T 25915.3—2010,3.5.3]

2.123

供方 supplier

使**洁净室**(2.33)或**洁净区**(2.34)达到规定要求的机构。

[GB/T 25915.1—2010,2.5.2]

2.124

送风量 supply airflow rate

单位时间内从**末端过滤器**(2.68)或风管送入**设施**(2.82)的体积空气量。

[GB/T 25915.3—2010,3.4.5]

2.125

表面分子污染 surface molecular contamination

SMC

在**洁净室**(2.33)或**受控环境**(2.45)中以吸附状态存在的、对产品或关注表面有不良影响的分子(化学的、非颗粒)物质。

[GB/T 25915.8—2010,3.1.3]

2.126

表面电压 surface voltage level

用适用仪器在工作表面或产品表面所测出的或正或负的静电电压。

[GB/T 25915.3—2010,3.5.4]

2.127

拭子 swab

对被采集微生物无抑制作用的无菌无毒、带适当尺寸基底物的小棒。

[GB/T 25916.1—2010,3.1.19]

2.128

(普通)**目标值 target level** (general)

用户按自己的目的为日常运行目标设定的值。

[GB/T 25916.1—2010,3.1.20]

2.129

(微生物)**目标值 target level** (microbiological)

用户按自己目的所设定的微生物量值。

[GB/T 25916.2—2010,3.13]

2.130

检测 test

为确定**设施**(2.82)或其某部分的性能而按规定方法所实施的规程。

[GB/T 25915.2—2010,3.1.2]

2.131

检测气溶胶 test aerosol

具有已知并受控的粒径分布及浓度的固体和(或)液体**粒子**(2.102)的气态悬浮物。

[GB/T 25915.3—2010,3.2.10]

2.132

阈值粒径 threshold size

选定的最小**粒径**(2.105)以测量大于等于该粒径的**粒子**(2.102)浓度。

[GB/T 25915.3—2010,3.6.14]

2.133

飞行时间粒径测量 time-of-flight particle size measurement

以**粒子**(2.102)飞越两固定平面间距离所需的时间,测定其空气动力学直径。

注:依据粒子被诱导至与其速度不同的流场中产生的速度漂移测量粒径。

[GB/T 25915.3—2010,3.6.15]

2.134

总风量 total air flow rate

单位时间内通过**设施**(2.82)某断面的体积空气量。

[GB/T 25915.3—2010,3.4.6]

2.135

传递装置 transfer device

保证物料进出**隔离装置**(2.118)时最大程度限制不需要物质出入的装置。

[GB/T 25915.7—2010,3.18]

2.136

U描述符 U descriptor

包括**超微粒子**(2.137)在内的、每立方米空气**粒子**(2.102)的实测或规定浓度。

注:U描述符可以作为采样点平均浓度上限(或置信上限,该置信上限依**洁净室**(2.33)或**洁净区**(2.34)性能评定采样点数量而定)。不能用U描述符确定空气洁净度等级,但可将其单独或随洁净度等级引述。

[GB/T 25915.1—2010,2.3.1;GB/T 25915.3—2010,3.2.11]

2.137

超微粒子 ultrafine particle

当量直径小于0.1 μm的**粒子**(2.102)。

[GB/T 25915.1—2010,2.2.5;GB/T 25915.3—2010,3.2.12]

2.138

单向流 unidirectional airflow

通过**洁净区**(2.34)整个断面、风速稳定、大致平行的受控气流。

注1:这种气流可定向清除洁净区的**粒子**(2.102)。

注2:GB/T 25915.3—2010和GB/T 25915.4—2010采用了本术语的定义。

[GB/T 25915.5—2010,3.1.10]

2.139

气流均匀性 uniformity of airflow

各点风速值处于平均风速限定百分率以内的**单向流**(2.138)形式。

[GB/T 25915.3—2010,3.4.8]

2.140

确认 validation

提供客观证据认定特定的预期用途或应用要求已得到满足。

[GB/T 25916.1—2010,3.1.21;GB/T 25916.2—2010,3.14]

2.141

验证　verification

提供客观证据认定，规定要求已得到满足。

注：对**正规体系**(2.70)进行验证，可用**监测**(2.94)和检查的方法，规程和**检测**(2.130)，包括随机采样和分析。

[GB/T 25916.1—2010，3.1.22]

2.142

活粒子　viable particle

携带一个或多个活微生物、或其本身就是活微生物的粒子。

[GB/T 25916.1—2010，3.1.23；GB/T 25916.2—2010，3.15]

2.143

活单元　viable unit

VU

计为一个单元的一个或多个**活粒子**(2.142)。

注：将琼脂上的菌落计为活单元时，一般称之为菌落单元(CFU)。一个CFU可含一个或多个活单元。

[GB/T 25916.1—2010，3.1.24；GB/T 25916.2—2010，3.16]

2.144

虚拟冲撞器　virtual impactor

令**粒子**(2.102)以惯性力撞击假设(虚拟)表面而分离不同粒径**粒子**(2.102)的仪器。

注：大粒子穿越该表面进入一个容积空间停滞，小粒子在该表面随主气流偏转。

[GB/T 25915.3—2010，3.6.16]

2.145

代测板　witness plate

当特定表面无法接近或对处置太敏感而无法直接进行测量时，作为被测表面替代物的、具有规定表面积的污染敏感材料。

[GB/T 25915.3—2010，3.6.17]

参考文献

[1] GB/T 25915.1—2010 洁净室及相关受控环境 第1部分:空气洁净度等级(ISO 14644-1:1999,IDT)

[2] GB/T 25915.2—2010 洁净室及相关受控环境 第2部分:证明持续符合 GB/T 25915.1 的检测与监测技术要求(ISO 14644-2:2000,IDT)

[3] GB/T 25915.3—2010 洁净室及相关受控环境 第3部分:检测方法(ISO 14644-3:2005,IDT)

[4] GB/T 25915.4—2010 洁净室及相关受控环境 第4部分:设计、建造、启动(ISO 14644-4:2001,IDT)

[5] GB/T 25915.5—2010 洁净室及相关受控环境 第5部分:运行(ISO 14644-5:2004,IDT)

[6] GB/T 25915.7—2010 洁净室及相关受控环境 第7部分:隔离装置(洁净风罩、手套箱、隔离器、微环境)(ISO 14644-7:2004,IDT)

[7] GB/T 25915.8—2010 洁净室及相关受控环境 第8部分:空气分子污染分级(ISO 14644-8:2006,IDT)

[8] GB/T 25916.1—2010 洁净室及相关受控环境 生物污染控制 第1部分:一般原理和方法(ISO 14698-1:2003,IDT)

[9] GB/T 25916.2—2010 洁净室及相关受控环境 生物污染控制 第2部分:生物污染数据的评估与分析(ISO 14698-2:2003,IDT)

索　引

汉语拼音索引

英文对应词索引

B

C

H

I

L

M

N

O

P

Q

R

S

T

U

V

W

Z

ICS 13.040.35
C 70

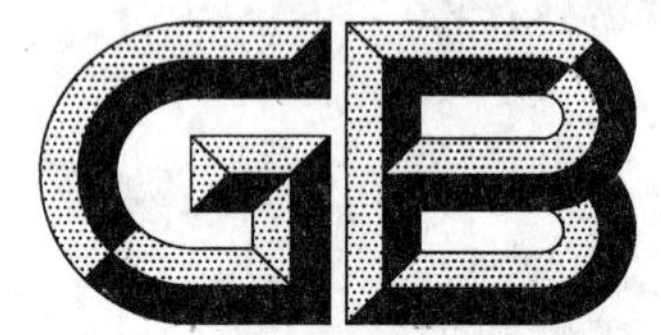

中华人民共和国国家标准

GB/T 25915.7—2010/ISO 14644-7:2004

洁净室及相关受控环境 第7部分:隔离装置(洁净风罩、手套箱、隔离器、微环境)

Cleanrooms and associated controlled environments—Part 7:Separative devices(clean air hoods, gloveboxes, isolators and minienvironments)

(ISO 14644-7:2004,IDT)

2011-01-14 发布 2011-06-01 实施

中华人民共和国国家质量监督检验检疫总局
中国国家标准化管理委员会 发布

前　　言

GB/T 25915《洁净室及相关受控环境》分为八个部分：

——第1部分：空气洁净度等级；

——第2部分：证明持续符合GB/T 25915.1的检测与监测技术条件；

——第3部分：检测方法；

——第4部分：设计、建造、启动；

——第5部分：运行；

——第6部分：词汇；

——第7部分：隔离装置(洁净风罩、手套箱、隔离器、微环境)；

——第8部分：空气分子污染分级。

本部分是GB/T 25915的第7部分。

本部分按照GB/T 1.1—2009给出的规则起草。

本部分使用翻译法等同采用ISO 14644-7:2004《洁净室及相关受控环境　第7部分：隔离装置(洁净风罩、手套箱、隔离器、微环境)》。

本部分由全国洁净室及相关受控环境标准化技术委员会(SAC/TC 319)提出并归口。

本部分由江苏苏净集团苏州安泰空气技术有限公司负责起草，中电投工程研究检测评定中心、中国建筑科学研究院、国家生物防护装备工程研究中心、江苏苏净科技有限公司、苏州华宇净化设备有限公司、北京比赛福生物安全技术有限公司参加起草。

本部分主要起草人：金真、蒋英、陈旭东、朱素利、吴志坚、王欢、许钟麟、车凤翔、张利群、祁建城、杨子强、刘丹、蔡杰、王大千。

引　言

按照国际标准的一般要求，ISO/TC 209 技术委员会给出了“隔离装置”这一装置的定义。它涵盖了从空气可自由溢出的敞开系统到全封闭系统的各种结构。而一般的商用术语，如洁净风罩、手套箱、隔离器、微环境等，在不同行业具有不同的含义。

某些产品或材料在制造和处理过程中遇到的问题，促进了隔离装置的开发。所遇到的问题有：产品对粒子、化学品、气体或微生物的敏感性；操作者对工艺材料或副产品的敏感性；或产品和操作者两者同时具有敏感性。

隔离装置采用物理、空气动力学、或这两者兼备的屏障技术，将操作者与操作对象隔离，提供各种有效的保护水平。有些工艺需要特种气体来防止降解或爆炸。有些系统能在封闭环境中实现100%的气体再循环以进行惰性气体作业，或利用反应性气体进行生物灭活。

生产过程中人们一般并不直接进入隔离装置环境内。隔离装置可以是移动式的也可以是固定式的，用于运输、传送和工艺过程。可用介入器具，对产品或工艺或对这两者间接进行操作，如通过与壁板结为整体的人体接口系统（如手套、长手套、半身装）进行手工操作，也可通过机械手进行机械操作。

GB/T 25915.1—2010、GB/T 25915.2—2010 和 GB/T 25915.3—2010 中的空气洁净度定义和检测方法，一般都适用于隔离装置内部。生物污染控制场所则采用 GB/T 25916.1 和 GB/T 25916.2 标准。但有些场所可能涉及极端条件，因此对监测有特殊要求。本部分涉及这些独特条件。

物料出入隔离装置用的传递装置是本部分的一个重要组成部分。此外，移载容器也可用来传递固定隔离装置间的物料。

GB/T 25915.4—2010 涵盖了洁净室的设计和建造，也包括了洁净区的一般方面。GB/T 25915.4—2010 中的图 A.4 说明了空气动力学手段或全空气溢出方式，常用于称作洁净风罩和微环境的特定工业专用隔离装置。为实现非常洁净的工艺条件，电子行业常采用微环境，并配备称为片箱或片盒的运输容器。GB/T 25915.4—2010 中的图 A.5 应用的是采用屏障技术的、称为隔离器的隔离装置。医疗产品和核工业中保护操作者和工艺采用的隔离装置，通常称作手套箱或隔离箱或隔离器。隔离装置可以是刚性的也可以是软帘式的，依应用而定。参考文献中有特定工业应用的相关资料。但是，从统一概念的角度讲，在作业与操作者之间，根据应用情况，存在着从全开放式到全封闭式的隔离程度排序。同样，密闭隔离也存在隔离程度的排序。

隔离装置的概念不限于某个特定行业，有很多行业出于不同的要求而采用这种技术。本部分提出的是对隔离装置的一般要求。

洁净室及相关受控环境 第7部分:隔离装置(洁净风罩、手套箱、隔离器、微环境)

1 范围

GB/T 25915 的本部分规定了设计、建造、安装、检测和批准隔离装置的最低要求,这些要求有别于 GB/T 25915.4 和 GB/T 25915.5 对洁净室的规定。

本部分的应用,考虑有下述限定条件:

——需方与供方商定的用户要求;

——本部分未说明的具体应用要求;

——本部分未规定隔离装置内将要进行的具体工艺;

——本部分并未特别关注消防、安全等强制性规定,这些问题应遵守适用的国家和地方法规。

2 规范性引用文件

下列文件对于本文件的应用是必不可少的。凡是注日期的引用文件,仅注日期的版本适用于本文件。凡是不注日期的引用文件,其最新版本(包括所有的修改单)适用于本文件。

GB/T 25915.1—2010 洁净室及相关受控环境 第1部分:空气洁净度等级(ISO 14644-1:1999,IDT)

GB/T 25915.2—2010 洁净室及相关受控环境 第2部分:证明持续符合 GB/T 25915.1 的检测与监测技术条件(ISO 14644-2:2000,IDT)

GB/T 25915.3—2010 洁净室及相关受控环境 第3部分:检测方法(ISO 14644-3:2005,IDT)

GB/T 25915.4—2010 洁净室及相关受控环境 第4部分:设计、建造、启动(ISO 14644-4:2001,IDT)

GB/T 25916.1 洁净室及相关受控环境 生物污染控制 第1部分:一般原理和方法(GB/T 25916.1—2010,ISO 14698-1:2003,IDT)

GB/T 25916.2 洁净室及相关受控环境 生物污染控制 第2部分:生物污染数据的评估与分析(GB/T 25916.2—2010 ,ISO 14698-2:2003,IDT)

ISO 10648-2:1994 隔离箱 第2部分:密封性分级及其检验方法

3 术语和定义

GB/T 25915.1—2010、GB/T 25915.2—2010 和 GB/T 25915.4—2010 界定的以及下列术语和定义适用于本文件。

3.1

介入器具 access device

操作隔离装置内工艺、工器具或产品的用具。

3.2

(普通)干预值　action level(general)

用户在受控环境中设定的量值。超过该值时,需立即干预,包括查明原因及采取纠正行动。

3.3

(普通)预警值　alert level(general)

用户在受控环境中设定的量值,对可能偏离正常的状况给出早期报警,超过此值时应加强对工艺的关注。

3.4

屏障　barrier

实现隔离的各种手段。

3.5

缝隙风速　breach velocity

缝隙处能有效阻止物质逆流运动的风速。

3.6

隔离　containment

用隔离装置实现的操作人员与其作业之间的高度分隔状态。

3.7

去污　decontamination

将不需要的物质降至规定的水平。

3.8

长手套　gauntlet

可套住整个臂长的手套。

3.9

手套　glove

介入器具的构成部分,当操作人员的手伸入隔离装置的封闭空间时维持屏障有效。

3.10

手套口　glove port

用于连接手套、套袖及长手套的部位。

3.11

手套套袖系统　glove sleeve system

多部件介入器具,当更换套袖、连接封圈及手套时,维持屏障有效。

3.12

半身装　half-suit

可在操作人员的头、躯干、手探入隔离装置的工作空间时,维持屏障有效的一种介入器具。

3.13

小时泄漏率　hourly leak rate

$\boldsymbol{R}_{\mathrm{h}}$

正常工作条件(压力和温度)下隔离空间每小时的泄漏量 q 与该隔离空间的容积 V 之比。

注:以小时的倒数表示(h^{-1})

[ISO 10648-2:1994]

3.14

(隔离装置)泄漏　leak

压差检测按大气状况进行修正后所发现的缺陷。

3.15

压力维持度 pressure integrity

提供检测条件下可再现的压力泄漏率的能力。

3.16

隔离描述符 separation descriptor

$[A_a:B_b]$

在规定的检测条件下,隔离装置内外洁净度等级差异的简要数字表达。

其中:

A ——装置内部的 ISO 等级;

a ——测量 A 时所用粒径;

B ——装置外部的 ISO 等级;

b ——测量 B 时所用粒径。

3.17

隔离装置 separative device

利用构造与动力学方法在确定容积内外创建可靠隔离水平的设备。

注:各种行业用的隔离装置有:洁净风罩、隔离箱、手套箱、隔离器、微环境。

3.18

传递装置 transfer device

保证物料进出隔离装置时最大程度限制不需要物质出入的装置。

4 要求

需方和供方应议定以下内容并形成文件:

a) 本部分的国家标准标准编号。

b) 项目其他相关各方(例如:咨询方、设计方、管理当局、服务性组织)所起作用。

c) 设备预期的一般用途,所计划的作业,与运行要求有关的约束条件,例如材料的相适性、残余物、废液等。

d) 可靠性和有效性。

e) 若适用,各种危害分析。

注:适用的方法有"危害分析与关键控制点"(HACCP),"危险与可操作性分析"(HAZOP),"故障模式分析"(FMEA),"故障树分析"(FTA)法或类似方法[23]。

f) 按照 GB/T 25915.1—2010 和 GB/T 25915.2—2010 对空气悬浮粒子洁净度等级或洁净度的要求。有些场合,还应考虑空气分子污染问题[18][19]。

g) 所规定的运行状态(如空态、静态、动态)(见 GB/T 25915.1—2010)和自净时间(如维护、清洁等)。

h) 若适用,所规定的隔离描述符[25]。

i) 若是利用压差的装置,有些场合应对压差进行连续监测并设压差报警。

j) 适用时,所规定的小时泄漏率(方法举例见附录 E)。

k) 其他运行参数,包括:

  1) 检测点;

  2) 为确保符合要求需测量的预警值和行动值;

  3) 检测方法。

l) 污染控制概念,包括制定安装、运行和性能的标准。

m) 所要求的测量方法、采样位置、控制、监测和文件编制。

n) 下述期间隔离装置与设备、器具、供应品与需要进入受控环境的人员进出的方式：

1) 安装；

2) 调试；

3) 运行；

4) 维护。

o) 设施的布局和配置。

p) 关键尺寸、质量和重量限制，包括与可用空间有关的限制项。

q) 对设施有影响的工艺要求。

r) 标有动力要求的工艺设备清单。

s) 设施的维护要求。

t) 下述各项工作的责任：准备、批准、执行、监理、文件编制、依据的标准、设计依据、建造、检测、培训、调试和鉴定，包括性能、见证和检测报告。

u) 对外部环境影响的判定和评价。

v) 特定应用所需额外信息，以及本部分第5章～第8章中的要求。

w) 符合当地法规。

5 设计与制造

5.1 设计应具备查验的功能，设计应符合法规要求。

5.2 隔离装置应在设计上为工艺、操作者或第三方提供符合作业要求的污染防护。

5.3 应考虑所使用的隔离手段(见附录A)。适用时，应考虑使用隔离描述符。

应说明泄漏浓度高时的风险。

5.4 应考虑隔离装置应用中的故障、操作规程和辅助系统(见附录B)。

5.5 应考虑介入器具和传递装置(见附录C和附录D)。

5.6 对所进行的工艺，隔离装置的设计应该符合人机工程学，其内部的所有表面和工作区都易于接近。

5.7 在符合作业、清洁和维护的条件下，介入器具的尺寸应尽量小，数量应尽量少(见第6章)。

5.8 应考虑工作压差，包括波动范围。

5.9 适用时，应考虑小时泄漏率(见附录A)。若要求量化泄漏量，应考虑隔离装置的刚性或柔性问题。

5.10 应考虑气流、振动和压差等外部影响，以免它们对气密性和功能产生不利影响。

5.11 适用时，应进行危害分析(见第4章e))。

5.12 清洁或去污内容应为设计标准的组成部分，包括装置或其部件的废弃处置。

5.13 应配备内置检测设施和适当的报警装置。

5.14 传递装置要与工艺和常规作业相适。

5.15 过滤结构要与应用相适。

5.16 容积风量要与应用相适。

5.17 适用时，应对排出的废液进行处理。

5.18 需要维护的项目应尽量处在隔离装置外部。

5.19 制造隔离装置所使用的材料，包括密封材料、风机、通风系统、管道和管件等，应在化学性和机械性上与预期的工艺、工艺材料、应用、去污方法相适；长期使用时应考虑对腐蚀和老化的防护；适用时，应考虑耐热和耐火材料(见附录B)。适用时，应检查材料的热特性、吸附性和释放气体特性。对选用的观察窗材料应进行检测，并证明其能保持透明，对影响能见度的变化有耐受性。

6 介入器具

6.1 用途

介入器具用于操纵隔离装置内的工艺、产品或工器具。介入器具可由人工操纵或机械手操纵。

6.2 人工操纵

6.2.1 人工操纵的器具

由操作者进行人工操纵的器具有：

a) 长手套；

b) 手套系统(如套袖、封圈、手套)；

c) 能延伸进入内部的半身装和类似器具；

d) 间接操作器。

在使用全身装的场合，应参照适用标准。

可能时，应考虑使用其他操纵器具，以尽量减少隔离装置结构上穿洞的数量。

6.2.2 长手套、手套系统、半身装

6.2.2.1 采用长手套、手套系统、半身装这类用柔性膜制成的介入器具时，其设计和制造应使手套更换不致破坏隔离装置的密封性(见附录C)。这类系统不能维持分子隔离，因此需要分子隔离的场合应考虑其他替代系统。

6.2.2.2 手套口和手套封环等器具的设计应易于更换、易于进行气密检测，并保证作业安全。

6.2.2.3 长手套、手套袖和半身装的选材对保持隔离至关重要，选材时应考虑下述标准：

a) 在隔离装置内需操纵的材料和工器具；

b) 手套材料的温度限制；

c) 允许的渗透性；

d) 对化学品耐受性或机械强度，或两者兼顾；

e) 对化学品的吸附和解吸；

f) 手套材料的已知保存期限和使用期限；

g) 压差，包括瞬间偏移(工作压力和异常压力)；

h) 将要进行的作业。

6.2.3 间接操纵

间接操纵系统由操作员手臂与专用隔离装置内机械操纵系统之间的机械或伺服连接装置构成。

6.3 机械手操纵

机械手操纵系统由隔离装置内按具体用途的工艺顺序操作物料的自动系统所组成。

7 传递装置

7.1 用途

传递装置不应降低隔离装置的性能。在具体应用中，传递装置是保持装置或工艺气密性的关键。有些传递装置是单独作为隔离装置使用的。

7.2 选择

应根据使用所要求的隔离级别选择传递装置。传递装置的小时泄漏率不得大于其所服务的隔离装置的小时泄漏率。传递装置应尽量减少无需物质的传递。附录D给出几种传递装置的示意图和说明，这些给出的示意图仅是几种可能配置的图例。

7.3 断电安全设计

出现供电故障时，带有电动连锁机构的传递装置应将传递装置断开。

8 位置和安装

8.1 放置隔离装置的洁净室的洁净度等级，依隔离装置的应用、设计和运行能力而定。应参见GB/T 25915.4—2010。

8.2 应考虑下述各项的适用性：

a) 室内空气洁净度等级(GB/T 25915.1—2010)；

b) 操作上的人机工程学；

c) 维护；

d) 材料毒性；

e) 各种工艺危害；

f) 副产品的危害；

g) 潜在的交叉污染；

h) 废料处理；

i) 各种强制性规定要求。

9 检测和批准

9.1 一般要求

9.1.1 依据隔离装置的位置、设计、配置和具体应用选择检测方法。

9.1.2 若隔离装置包括送风和排风系统，也要对这些系统进行检测。

9.1.3 有些场合，隔离装置内的空气洁净度不能按GB/T 25915.1—2010的规定检测，因此需要其他检测方法。

例1 分子污染检测。[18][19]

例2 表面粒子污染检测。[30]

9.1.4 有些情况或运行状态(如产尘材料、释放气体材料、或既产尘又释放气体的材料)可能无法在运行时对粒子采样，或采样可能造成危害。此时，为确定固有污染的可能性，可能需要在其他状态(如在运行之前或之后，但仍在动态时)采样。

9.1.5 对于小容积的隔离装置，若采样仪器的采样流量与隔离装置的风量相近，采样仪器的采样流量将有影响隔离装置的压力以及粒子与空气生物污染物计数的风险。

9.1.6 适用检测参数应由需方与供方商定。

9.1.7 一般应参照GB/T 25915.1—2010、GB/T 25915.2—2010、GB/T 25915.3—2010和GB/T 25915.4—2010对隔离装置及辅助设备进行检测和批准。检测和批准指南见本部分的附录。

9.2 手套口风速检测

适用时，将风速仪置于一个手套口的中心位置，测量流经敞开的手套口的气流。手套口风速由需方与供方商定（指导值：0.5 m/s）。

9.3 工作压差

9.3.1 应检测静态和动态下的压差。

9.3.2 在压差下工作的装置，应对压差进行连续监测和报警。

9.4 检漏

9.4.1 适用时，应进行检漏。检漏的指南见附录 E 和附录 F。

注：对工作压力接近大气压的隔离装置（压差小于 1 000 Pa）进行气密性检测时，为对泄漏量进行定量测量，需要有详细的检测规程和灵敏的检测设备。泄漏结果决定其是否可投入预期的应用（见附录 A）。

9.4.2 适用时，应进行诱导检漏。诱导检漏指南见附录 E。

注：气流通过孔洞时因风速产生低压，它能诱导空气逆向流动穿过该孔洞（文丘里效应），这时可发生诱导泄漏。诱导泄漏会影响在低压差下工作的装置。同样地，那些利用正压或气流来尽量减少或防止无需物质传递的装置，操作中瞬间的容积变化（例如手套进入或抽出）可导致诱导泄漏而出现风险。

9.5 定期检测

9.5.1 应按 9.5.2、9.5.3、GB/T 25915.1—2010、GB/T 25915.2—2010、GB/T 25916.1 和 GB/T 25916.2 的要求进行定期检测。

9.5.2 检测和检查是应用中的一项功能，也是仪器使用和检测系统的一项功能。应将例行检测付诸实施，并将检测结果记录在案，以便与预防性维护要求做比较。

9.5.3 对检测的建议如下：

a) 半身装与手套的检测：
   1) 调试时；
   2) 工作完成前、后；
   3) 更换手套与套袖后。
b) 压力检测：
   1) 调试时；
   2) 气流参数或过滤器压力参数改变后；
   3) 对隔离装置外壳或压力控制装置有影响的维护工作之后。
c) 调试时的诱导检测。
d) 仪器与报警系统检测：
   1) 调试时；
   2) 对控制系统有影响的维护工作之后；
   3) 按仪器制造商规定的周期；
   4) 按预先确定的、与使用和工作要求相符的周期。

附 录 A
（资料性附录）
隔离程度排序

隔离装置运用物理手段或空气动力学手段，或这两者并用，来提高某确定容积内外之间的隔离水平。物理隔离手段包括刚性和柔性屏障。空气动力学手段包括经过或未经过滤的空气流或气体流。一般说来，隔离的可靠程度随着物理隔离的刚性而提高，如图 A.1 的示意图所示。表 A.1 给出了各种应用中常见隔离装置类型示例。但应强调的是，GB/T 25915.1—2010 规定的空气悬浮粒子洁净度等级，与隔离装置在隔离效果排序上的位置，没有直接关系。对隔离效果的度量有两个指标：一个是隔离描述符，另一个是小时泄漏率（气密性）。若小时泄漏率不适用，隔离描述符[A_a:B_b]就是个方便的指标。ISO 10648-2:1994 给出了小时泄漏率（R_h）的 4 个级别，ISO 10648-2:1994 的分级一般用于刚性物理屏障装置。ISO 10648-2:1994 的分级与 GB/T 25915.4—2010 的分级有重叠的地方，特别是在图 A.1 中的前 3 项。

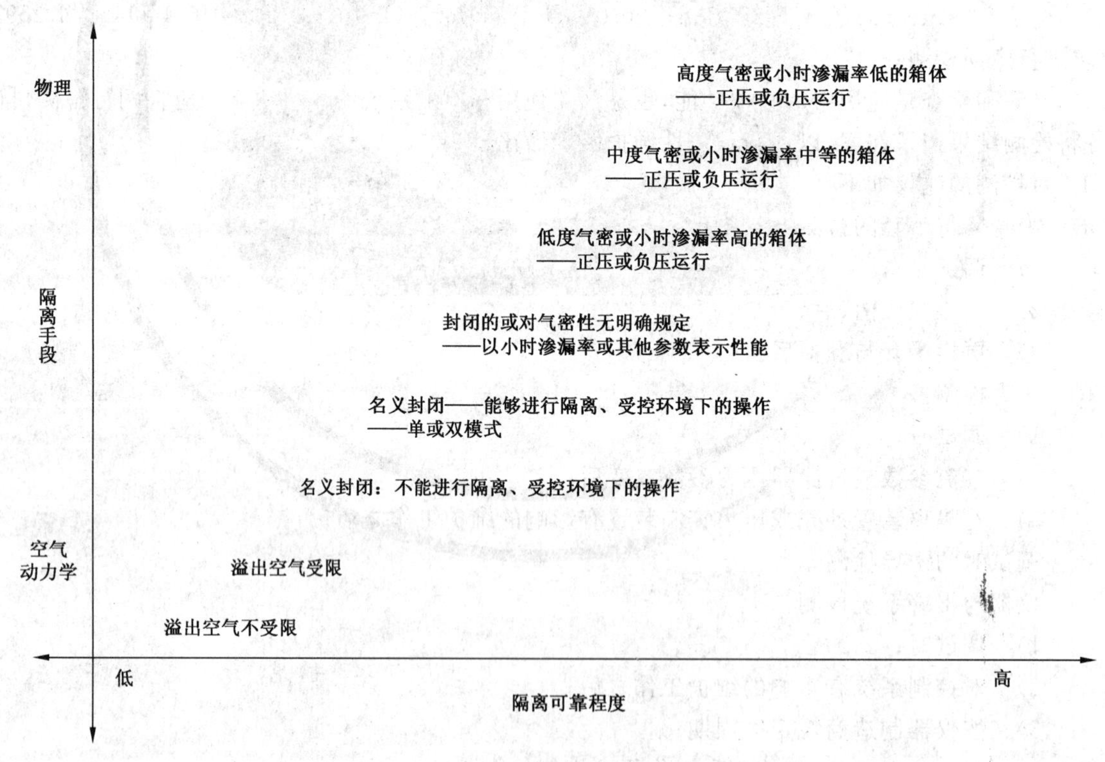

从空气动力学手段到物理手段，隔离可靠程度逐渐增加，所用隔离方法有所重叠。

图 A.1 隔离程度排序示意图

表 A.1　隔离程度排序

隔离方法	手　段	装置说明	常用名称和同义词举例
溢出空气不受限	空气动力学和过滤	开式，无幕帘或隔板。身着一般洁净服和手套的操作者探入装置进行操作和传递。洁净区为正压	洁净空气装置，层流罩，洁净风罩
溢出空气受限	空气动力学和物理	以幕帘或固定隔板严格限制进出	层流罩，洁净风罩，定向流风罩，洁净工作台
名义封闭：不能进行隔离及受控环境下的操作	空气动力学和物理	名义上封闭，可配有介入器具和传递装置	点灌装置，灌注隧道
名义封闭——可密封，可保证环境受控——单或双模式	空气动力学和物理	设计中采用高度物理隔离，可进行受控的或封闭环境下的操作	灌注隧道，灌封装置，层流隧道，洁净隧道，灭菌烤箱，电子工业用微环境
封闭的，或气密性无明确规定——性能表示为小时泄漏率或其他参数	物理	气密性无明确规定的封闭装置，可能带有软帘	隔离器、手套袋、粉末传送控制器或料斗，软帘式或采用半身装的隔离器，电子工业用微环境
低压差气密或小时泄漏率高的箱室——正压或负压运行	物理	刚性构造，可进行泄漏率检测，可在负压下运行	隔离器、手套箱、粉末传送控制器或料斗，动物实验房隔离器，生化实验隔离器；隔离箱室
中压差气密或小时泄漏率中等低的箱室——正压或负压运行	物理	中等压力气密	隔离器、手套箱、隔离箱室
高度气密或小时泄漏率低的箱室——正压或负压运行	物理	高度气密，真空和惰性气体运行，分子级隔离	隔离器、手套箱、用手套箱、低分子隔离箱室
注 1：常用名称并非设计规格或建议。 **注 2**：装置的隔离效果界线可重叠。			

双模式隔离装置设计中通常采用高程度物理隔离。根据需要，运行期间有时开放有时封闭。隔离装置的输入空气或气体质量应符合 GB/T 25915.1—2010 规定的一个或多个等级。送风的配置依具体应用而定。

应规定下述各项的动态和静态条件：

a) 隔离装置内要求的空气洁净度；

b) 小时泄漏率或隔离描述符，或这两者；

c) 物料进（传递装置）；

d) 物料出（传递装置）。

附 录 B
（资料性附录）
空气处理系统和气体系统

B.1 一般要求

B.1.1 通常使用可安全更换的内装过滤器来保护抽风和排风系统。

B.1.2 用油封泄压装置来避免隔离装置的过压。泄压装置的排气连到排气系统。

B.2 空气处理系统

B.2.1 隔离装置的空气处理系统要能经由装置上的过滤器和风管，将足量的空气送入或抽出隔离装置。

B.2.2 空气处理系统应具有以下功能：

a) 为安全、去污、灭活、消毒、灭菌和气密性检测所需，用阀门或密封板，在送风过滤器的上风向和出风过滤器的下风向将隔离装置与外界空气隔离；

注：这种手段不适用于溢出空气不受限、溢出空气受限和名义封闭的隔离装置。

b) 带有用于空气处理的接口和其他设施；

c) 适应系统总的初始压降和过滤器容尘后的终压降；

d) 以安全的过滤器更换作业更换可能受到污染的过滤器，保护操作者和第三者的设施必不可少；

e) 所有过滤器及相关密封处都配有气溶胶检测机构；

f) 所有循环空气都要经过 HEPA 或 ULPA 过滤器；

g) 配备指示隔离装置工作压力、压力变化的仪表，配备风机故障的报警装置；

h) 若要求，可提供对隔离装置和传递装置中的空气质量采样的粒子采样口；

i) 维持隔离装置的排风系统处于负压状态；

j) 为保护操作者和产品，手套破损并报警时能保证气流不低于最小孔隙风速；

k) 满足地方法规对其他设备或装置的要求。

B.3 气体系统

B.3.1 导言

无氧或低湿度环境需要分子级保护，一般采用高度气密的隔离装置。惰性气体系统只能在有特殊防范措施的专用设备上使用。惰性气体可造成窒息死亡。气体系统可以是“直通式”也可以是循环式。

B.3.2 惰性气体系统

惰性气体隔离装置可提供几乎没有氧气和水分的环境。一般使用的气体主要有三种，按成本排序如下：

a) 氮气；

b) 氦气；

c) 氩气。

有各种各样、范围广泛的惰性气体系统。

B.3.3 活性气体

臭氧、过氧化氢、二氧化氯、过氧乙酸和蒸气等活性气体可用于灭活。

B.3.4 直通气体系统

直通气体系统的气体流过隔离装置后不再循环利用。气瓶或储气系统提供的气体先减压，再进入流量调节器。气体经过流量调节器经管道送往隔离装置内所设的进气阀、涡旋式喷嘴或分配头。气体通过涡旋式喷嘴喷到隔离装置的各处，然后经抽气阀排出。

B.3.5 惰性气体循环系统

惰性气体循环系统由下述部分构成：

a) 循环泵；
b) 催化柱；
c) 分子筛柱；
d) 真空泵；
e) 保护柱(选择性)；
f) 进气过滤器；
g) 相关阀门；
h) 加气；
i) 气体再生系统；
j) 排气系统；
k) 热交换器；
l) 湿度计；
m) 氧气计；
n) 压力计。

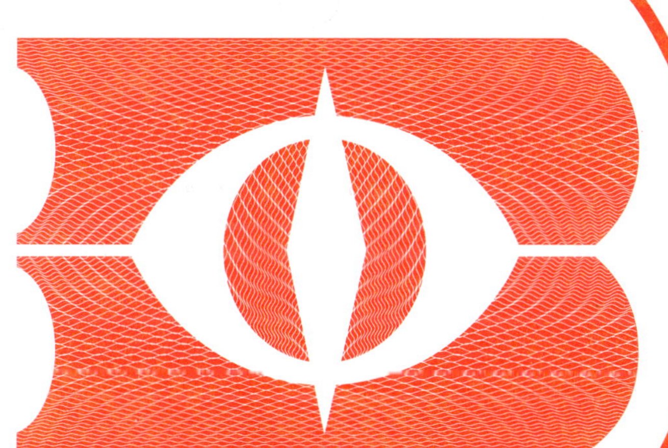

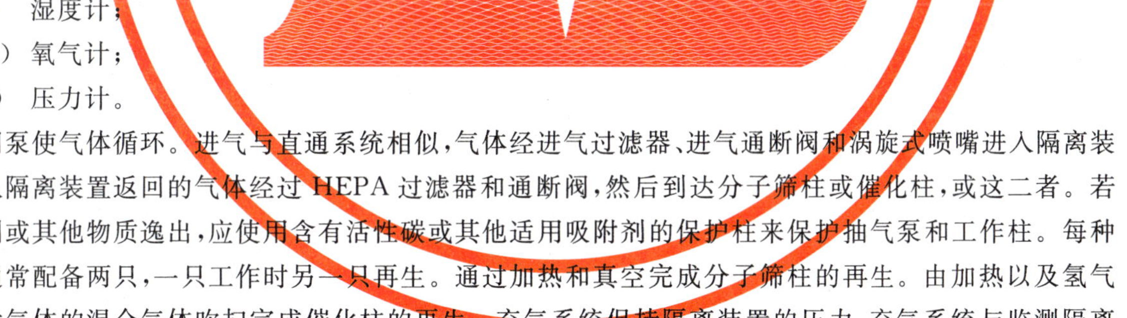

用泵使气体循环。进气与直通系统相似，气体经进气过滤器、进气通断阀和涡旋式喷嘴进入隔离装置。从隔离装置返回的气体经过HEPA过滤器和通断阀，然后到达分子筛柱或催化柱，或这二者。若有溶剂或其他物质逸出，应使用含有活性碳或其他适用吸附剂的保护柱来保护抽气泵和工作柱。每种柱子通常配备两只，一只工作时另一只再生。通过加热和真空完成分子筛柱的再生。由加热以及氢气与惰性气体的混合气体吹扫完成催化柱的再生。充气系统保持隔离装置的压力，充气系统与监测隔离装置压力的低压开关相连。过压需要有泄压系统。传递装置应符合附录D规定的B2型。

B.3.6 泄压装置

在不破坏惰性气体环境的条件下，泄压装置使快速的体积变量(如插入手套)经泄压组件呈气泡溢出(见图B.1)。

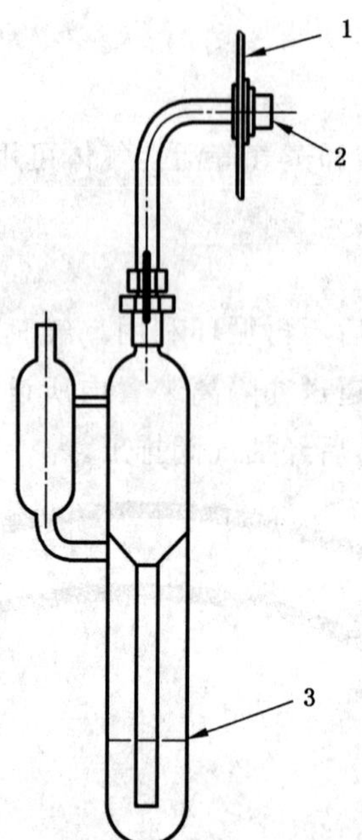

1——端板；

2——来自 HEPA 过滤器；

3——油位。

图 B.1 泄压组件

附　录　C
（资料性附录）
介入器具

C.1　范围

本附录仅为指导，并非详尽无遗。本附录的应用仅限于手套、长手套、手套套袖系统和半身装。手套是隔离装置气密性最薄弱的环节。对操作者和产品的保护受到手套系统和手套材料的影响。

C.2　手套材料

手套材料应与其使用和工艺相适。下列材料为简要指南而非包罗一切。随着新材料的不断涌现，材料清单可能扩大。若需要了解全面信息，可咨询手套制造商。

a）乳胶

在需要柔性好与机械特性良好的场合，可选用乳胶、天然橡胶或聚异戊二烯橡胶材料。但乳胶制品不透气，在臭氧中会损坏，不耐火、烃和氧化盐，对酯、酸和碱的耐性也差。还应考虑乳胶制品造成致命性过敏反应的可能。

b）氯丁橡胶

在需要对油和油脂有良好耐性的场合，特别推荐使用氯丁橡胶（或称聚氯丁二烯）作手套材料。氯丁橡胶能自熄，即除掉火源后不继续燃烧。氯丁橡胶对臭氧、紫外线、浓酸、浓碱和强氧化剂有很好的耐性。

氯丁橡胶制品不宜接触烃、卤素和酯类。

c）丁腈橡胶

在需要对溶剂耐性良好的场合，推荐使用丁腈橡胶（丁二烯与丙烯腈的共聚物）。丁腈橡胶制品能耐脂肪烃和羟基化合物。

d）聚氯乙烯

尽管聚氯乙烯属于塑料，但它有一定弹性，且其电特性和耐化学试剂性良好而推荐使用。

e）氯磺化聚乙烯橡胶

氯磺化聚乙烯橡胶对 H_2O_2 有非常好的耐性，这种材料呈白色，很适于目检。除此之外，还有其他耐 H_2O_2 的材料。

C.3　多层手套

C.3.1　为改善不渗透性，可采用上下层为氯丁橡胶、中间夹层为丁基橡胶的复合材料。这种材料制成的手套既具有氯丁橡胶的各种技术品质，又因丁基橡胶层而提高了不渗透性。

C.3.2　在需要增强抗强氧化剂特性的特殊场合，可在氯丁橡胶手套外部涂一层氯磺化聚乙烯橡胶保护层。氯磺化聚乙烯橡胶可抗所有强氧化剂。

C.3.3　如果使用条件更苛刻，可在氯丁橡胶手套外部涂一层高弹性氟橡胶三元共聚物，这种材料对油、香料、润滑剂、多数无机酸和多种脂肪族和芳香族（例如：四氯化碳、甲苯、苯、二甲苯）具有极佳的耐受性。

C.3.4　含铅的聚氯乙烯有一层防离子和防辐射的保护膜。这类手套一般作为外衬或内衬手套，这种

手套易损,操作要小心。

C.4 手套规格

C.4.1 一般要求

隔离装置用手套尺寸有一套系列。如果几个操作者共用同一装置,一般按其中最大的手型选择手套尺寸。

如果若干操作者共用同一副手套,要考虑卫生问题。

C.4.2 手套或套袖长度

依隔离装置的深度选择手套的长度。常见长度有700 mm、750 mm、800 mm。应根据实际使用情况选定套袖长度。

C.4.3 手套形状

手套的形状应保证左右手都灵活。有多个开口的隔离装置建议采用双手通用手套,即左右手均可用的手套。手套袖口有几种形状,如锥形、伸缩式和圆柱形。

C.5 手套厚度

手套厚度有多种,应按触觉要求、透气性、耐化学性、机械强度和耐磨性选择。

C.6 手套口

C.6.1 手套或套袖一般用机械方法固定在隔离装置上。

C.6.2 手套口可有一个“手套口封”装置。手套口封可拆卸,当手套或手套套袖系统不使用时,手套口封仍可保持良好的气密性。

C.6.3 更换手套或手套套袖系统的方法多种多样,C.6.3.1和C.6.3.2举了两个例子。

C.6.3.1 当手套口封在位时,使用手套口封更换手套和手套套袖的方法如下:

a) 卸下手套口上的手套紧固组件,紧固夹和O形圈凹槽;
b) 将新手套滑到旧手套上,将手套上O形圈缘送入手套口O形圈凹槽;
c) 用新手套从手套口卸下旧手套,使其在新手套内松脱,小心不要使新手套脱落;
d) 更换O形圈、紧固夹和手套紧固组件,使新手套牢固就位;
e) 将手伸入新手套,去掉手套口封,将旧手套放入隔离装置,准备用袋出方法取出。

C.6.3.2 所设计的手套口,无需使用手套口封,即可更换套袖和手套或长手套,籍此减少隔离装置工作状态受干扰的风险。套袖更换方法参见图C.1和图C.2。

更换说明如下:

a) 确定新套袖配有袖口圈和手套;
b) 卸下紧固夹和O形圈,然后非常小心地将套袖或长手套弹性沿口从手套口的第二个凹槽移至第一个凹槽;
c) 将新手套或长手套的弹性沿口套过现有套袖,装到第二个手套口的凹槽上(距隔离装置最近的那个);
d) 从新手套内小心地将旧套袖的边沿从手套口的第一凹槽内取出,并移入隔离装置,供以后使用;或经传递箱门取出,或用袋出装置取出;
e) 最后,更换O形紧固圈和金属夹,使新的袖口边牢牢固定在第一个凹槽内。

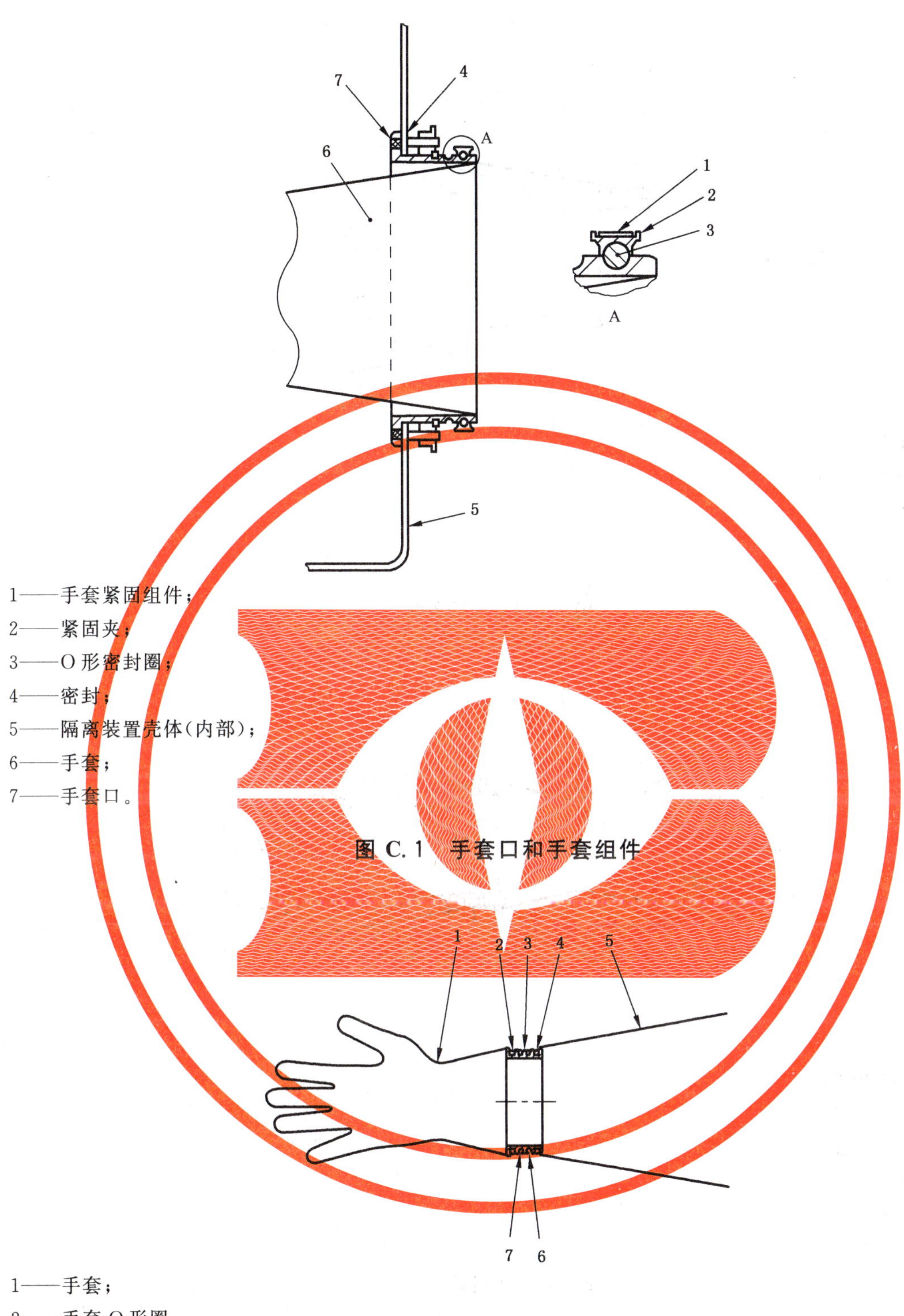

1——手套紧固组件；

2——紧固夹；

3——O 形密封圈；

4——密封；

5——隔离装置壳体（内部）；

6——手套；

7——手套口。

图 C.1 手套口和手套组件

1——手套；

2——手套 O 形圈；

3——袖口圈；

4——套袖 O 形圈；

5——套袖；

6——套袖边沿；

7——手套边沿。

a） 手套更换第 1 步

图 C.2 手套更换方法

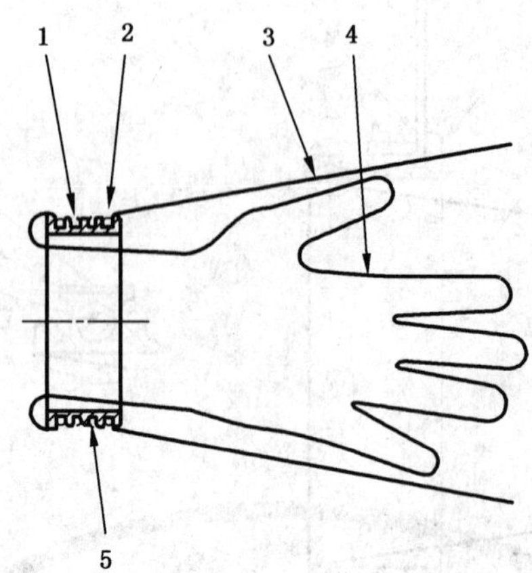

1——旧手套边沿；
2——套袖 O 形圈；
3——套袖；
4——旧手套；
5——套袖边沿。

b） 手套更换第 2 步

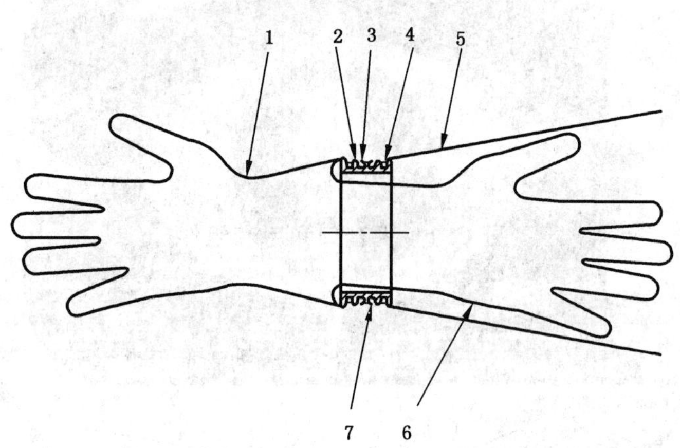

1——新手套；
2——旧手套边沿；
3——新手套边沿；
4——套袖 O 形圈；
5——套袖；
6——旧手套；
7——套袖边沿。

c） 手套更换第 3 步

图 C.2（续）

C.7 套袖和手套

C.7.1 说明

套袖上有可牢固夹紧的弹性袖口。套袖由 O 形圈和金属夹牢牢安装在手套口上，其固定方式与长手套相似。套袖的另一端与可互换的手套袖口环联接。

C.7.2 更换手套

虽然将旧手套直接从袖口环卸下，就可更换手套而对工作区的环境没有明显影响，但推荐使用灭菌更换法。例如，按照说明并参照图 C.2a)～c)“安全更换法”操作，更换就相对简单(不会破坏系统的气密性)。

但是，要定期演练手套更换系统，让所有实施这项工作的操作者都能胜任。

更换说明如下：

a) 通过传递装置将一副新手套送入工作区。

b) 取下手套的 O 形圈。

c) 将手套袖缘口从袖口圈中央凹槽移到外凹槽，注意不要破坏手套袖口圈所形成的密封状态，见图 C.2a)。

d) 在套袖内轻轻地将手套往上拉并把持住，见图 C.2b)。

e) 拿起新手套，抖直。用空闲的那只手调整新手套，使手套的拇指向上。用套袖中手的拇指将手套袖缘口套到袖口圈中央凹槽上。用空手将袖口轻轻伸展至中央凹槽，见图 C.2c)。

f) 用拿着旧手套的手指将旧手套从袖口环的某处轻轻脱出，再将旧手套袖口边缘沿圆周剥离，直到其完全脱出。手套现在是里朝外，可从套袖里取出，当作污染废物处置。

g) 重新装好 O 形圈，用一个手指或拇指隔着套袖将 O 形圈复位。

C.8 半身装

C.8.1 半身装通常是带双层衬里的服装，一般由柔性的聚氯乙烯材料缝焊而成，头盔上焊有透明的硬质丙烯酸观察板。半身装与隔离装置配接，一般采用竖直进出。

C.8.2 在正压情况下，可在双层衬里之间加压，防止其“贴”在操作者的身上使其活动受限。负压场合可用单层的半身装。

C.8.3 半身装上应配有悬挂点，用弹性连接件将服装吊挂在合适高度，以减少超出人机工程学限度的服装负荷。

C.8.4 手套和服装之间的连接与手套和套袖之间的连接相似。

附 录 D
（资料性附录）
传递装置实例

D.1 简介

本附录给出符合 7.2 要求的传递装置实例。下文示意图给出的仅是一些配置实例，而不是规范性设计。这些实例未必全面。

D.2 A1 型传递装置

按确认的传递规程操作时，门若敞开，空气可在背景环境和 A1 型传递装置的隔离环境之间自由流动（见图 D.1）。

实例：门、检查口、拉链、粘扣带、螺口封盖、袋进袋出。

D.3 A2 型传递装置

按确认的动态传递规程操作时，隔离装置内的空气经 A2 型传递装置自由流出至外部环境（见图 D.2）。

实例：动态孔、小孔。

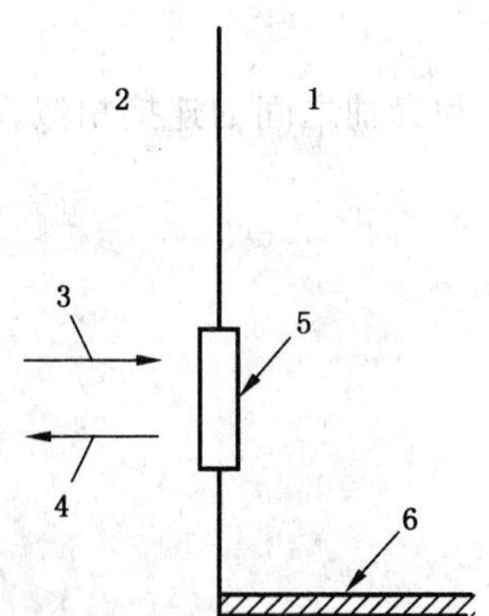

1——隔离装置环境；
2——背景环境；
3——入；
4——出；
5——密封门；
6——受控工作区的工作面。

图 D.1 A1 型传递装置

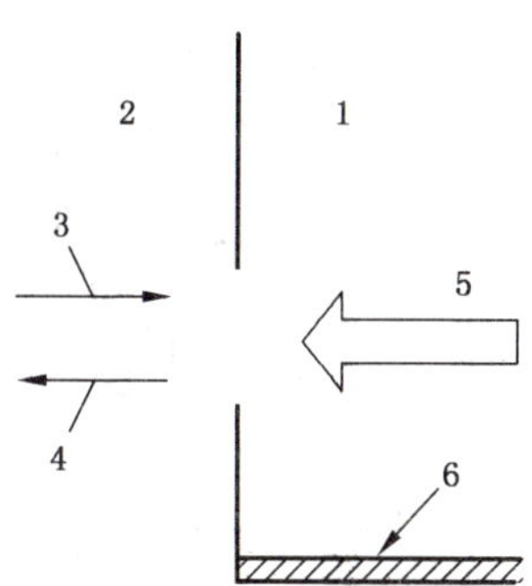

1——隔离装置环境；
2——背景环境；
3——入；
4——出；
5——气流；
6——受控工作区的工作面。

图 D.2　A2 型传递装置

D.4　B1 型传递装置

按正确的传递顺序或连锁传递规程操作时，B1 型传递装置（图 D.3 所示）可防止背景环境和隔离装置环境之间空气的直接流通。但是，来自背景环境的空气可进入传递装置，并释放到隔离环境中；来自隔离装置环境的空气也可进入转递装置，并释放到背景环境中。

实例：双门密封传递室、装袋口、伸缩式废料口和简单对接装置。

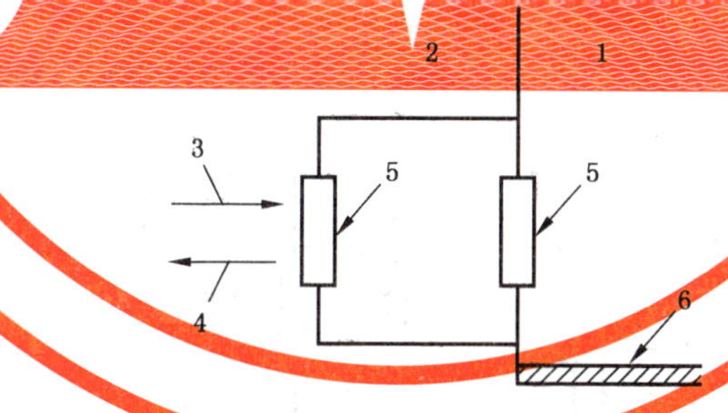

1——隔离装置环境；
2——背景环境；
3——入；
4——出；
5——密封门；
6——受控工作区的工作面。

图 D.3　B1 型传递装置

D.5　B2 型传递装置

B2 型传递装置（见图 D.4）是带有双道密封门和吹扫、排空设施的传递装置，能在隔离装置环境的外连打开之前保证环境的相适性。

排空的气体要经过安全处理。

注：由于液体沸点、压力的关系，传递液体时可能无法做到排空气体。

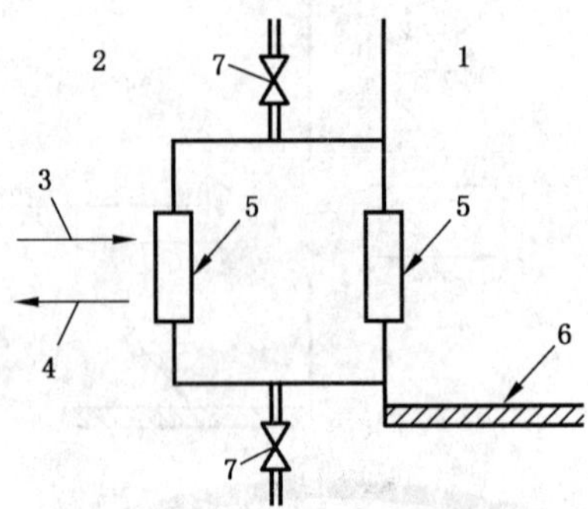

1——隔离装置环境；
2——背景环境；
3——入；
4——出；
5——密封门；
6——受控工作区的工作面；
7——阀门。

图 D.4　B2 型传递装置

D.6　C1 型传递装置

C1 型传递装置(见图 D.5)有门和 HEPA 过滤器。当隔离装置为正压时，如果操作顺序正确，未经过滤的空气不会从背景环境流入隔离环境，但可从隔离环境流到背景环境。然而这种传递装置不适于负压操作，因未经过滤的空气有可能从背景环境流入隔离装置。需要保护操作者和第三方的正压隔离装置，不建议采用 C1 型传递装置。

实例：单过滤传递箱。

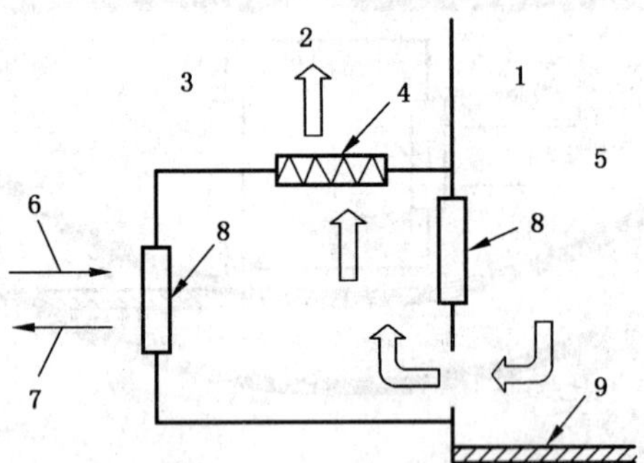

1——隔离装置环境；
2——气流；
3——背景环境；
4——HEPA 过滤器；
5——正压；
6——入；
7——出；
8——密封门；
9——受控工作区的工作面阀门。

图 D.5　C1 型传递装置

D.7　C2 型传递装置

C2 型传递装置(见图 D.6)有门和 HEPA 过滤器。当隔离装置为负压时,如果操作顺序正确或采用连锁传递方法,未经过滤的空气不会从背景环境流入隔离装置环境(空气将直接流向隔离装置环境内工作表面下面的空间,然后经排风排出),也不会从隔离环境流到背景环境。这种传递装置不适用于正压隔离装置。

实例:单过滤传递箱。

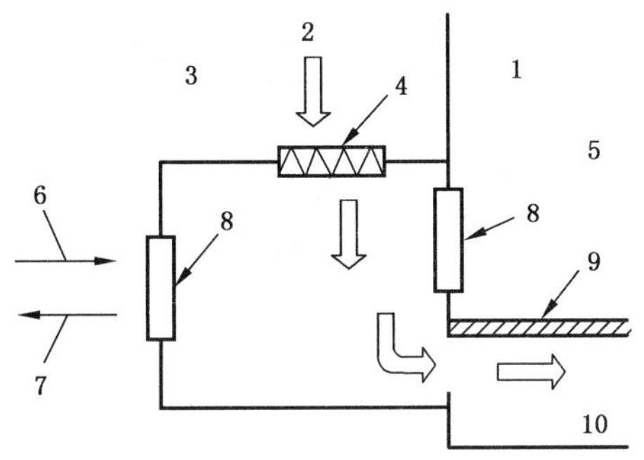

1——隔离装置环境;
2——气流;
3——背景环境;
4——HEPA 过滤器;
5——负压;
6——入;
7——出;
8——密封门;
9——受控工作区的工作面阀门;
10——排风。

图 D.6　C2 型传递装置

D.8　D1 型传递装置

D1 型传递装置(见图 D.7)有门和双 HEPA 过滤器。如果操作顺序正确或采用连锁传递方式,未经过滤的空气不会从背景环境流入隔离环境,也不会从隔离环境流到背景环境。

实例:双过滤器传递箱,或将隔离装置用作传递装置。

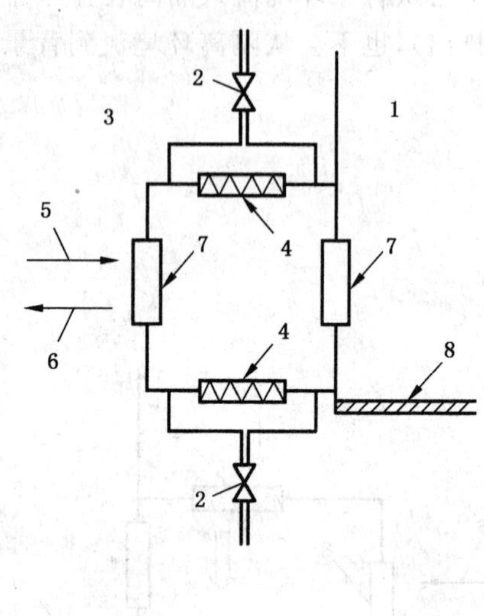

1——隔离装置环境；
2——阀门；
3——背景环境；
4——HEPA 过滤器；
5——入；
6——出；
7——密封门；
8——受控工作区的工作面。

图 D.7 D1 型传递装置

D.9 D2 型传递装置

D2 型传递装置就是在 D.8 介绍的 D1 型传递装置的基础上增加延时连锁出入控制，在以有效的传递规程操作时，可有充足的时间进行表面除污，从而减少污染的传输。

D.10 E 型传递装置

E 型传递装置(见图 D.8)在向已灭菌区域开通前，装置本身及其内部物品要先行灭菌。

实例：可承受气体、高压消毒器消毒的传递装置，包括某些传递用隔离装置和对接装置，永久连接的高压消毒器和类似装置。

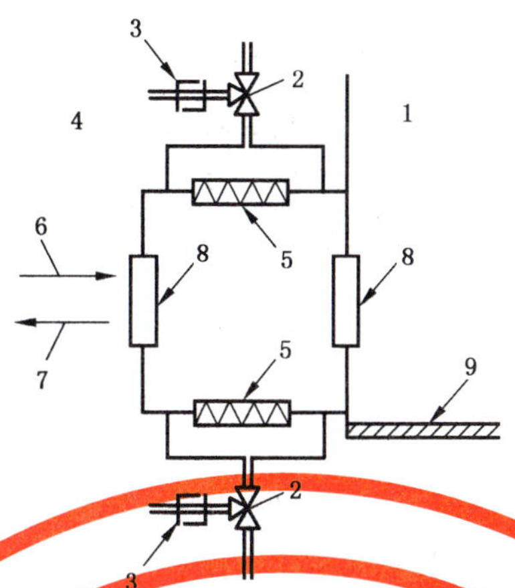

1——隔离装置环境；

2——三通阀；

3——快速接头；

4——背景环境；

5——HEPA 过滤器；

6——入；

7——出；

8——密封门；

9——受控工作区的工作面。

图 D.8　E 型传递装置

D.11　F 型传递装置

F 型传递装置(见图 D.9)可与隔离装置密封对接。该传递装置常用作运输容器。有些装置带有可通断的放气装置。

实例：快速传递系统，标准机械接口，分流阀接口。

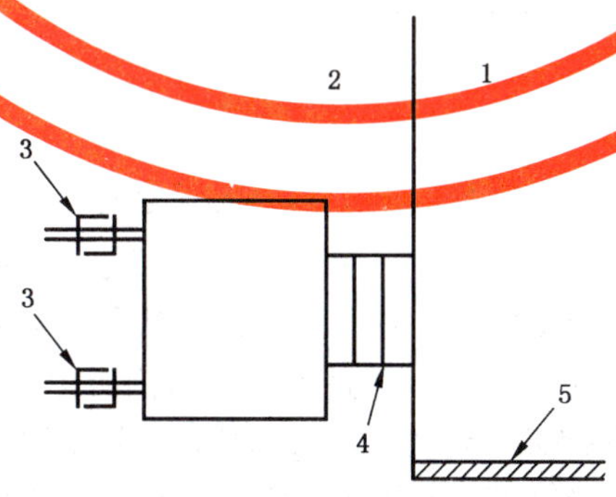

1——隔离环境；

2——背景环境；

3——快速接头；

4——双连锁门或阀门；

5——工作表面或受控工作空间。

图 D.9　F 型传递装置

附 录 E
（资料性附录）
检 漏

E.1 诱导检漏

E.1.1 规程

本检测规程应在正常运行条件下使用。为减少或阻止无需物质传输，利用压力或气流产生风速和质量流的系统确定其能力，应商定用可再现的定量检测方法。

检测方法中应考虑的因素包括：

a） 正常运行；

b） 静态或备用状态；

c） a)和 b)期间的过渡性变化；

d） 压力或气流故障。

在使用手套和手套系统的场合，操作者同时插入或抽出手套时，瞬间的容积变化可能导致大于 1 000 Pa 的压差改变，诱导检测应包括这种容积瞬间变化。

任何有类似容积效应的设备都进行这种诱导检漏。

E.1.2 检测设备

检测设备和检测规程应适合于工艺。合适的检测设备应包括：

a） 气溶胶发生器和光度计；

b） 气溶胶发生器和双读数离散粒子计数器；

c） 旋流盘液滴发生器或类似装置及合适的探测系统。

E.1.3 方法

在隔离装置外面的关注区域生成气溶胶。比较内外粒子的浓度，确定是否有显著泄漏。

应为每项应用各编制检测规程和检测协议。

E.2 压力检漏

E.2.1 有若干种方法可检测显著泄漏。E.2.1.1 和 E.2.1.2 中的方法是指导性的。

E.2.1.1 将大量肥皂液涂覆到被测隔离装置的可疑区域。肥皂泡可明示出泄漏所在。

E.2.1.2 若不使用 E.2.1.1 的方法，首选的另一种替代方法是向隔离装置内充入氦气或其他适用气体，使隔离装置内达到 1 000 Pa 的正压。然后用适用探头监测可疑区域的泄漏。

注 1：尽管可用示踪气体辨别泄漏的程度，但 E.2.1.1 或 E.2.1.2 的方法都不是定量方法。

注 2：还有其他对泄漏定位的方法，例如：先用氨气加压，然后用湿 pH 试纸检测；利用烟雾直观检测、照相、录像等可视检查。

E.2.2 下述方法是指导性的，按灵敏度排序：

a） 使用适当的表面活性剂进行气泡检测；

b） 使用热传导探头探测 CO_2，He，Ar 等气体；

c） 使用电离检测器探测 SF_6；

d） 使用氦质谱检漏仪探测氦气。

人们习惯性地假设隔离装置的泄漏是均匀分布的，而非来自某个泄漏通道。这种假设对隔离装置可能不适用，因为某个泄漏通道可能造成局部空气的超标恶化。因此，设计中应强调检漏方法的重要性。

使用惰性气体检测时要小心，惰性气体可能致命。

注1：氦气会渗入聚合材料，材料释放气体可能产生虚假泄漏信号。

注2：详细资料见参考文献。

E.3 定量检漏

E.3.1 气密性压力检测

E.3.1.1 刚性壁负压隔离装置的检漏

对 ISO 10648-1 介绍的刚性壁负压隔离装置，ISO 10648-2:1994 规定了三种检漏方法：

a) 含氧法(见 ISO 10648-2:1994,5.1)；

b) 压力变化法(见 ISO 10648-2:1994,5.2)；

c) 恒压法(见 ISO 10648-2:1994,5.3)。

普通泄漏量检测在正常工作压力(通常约 250 Pa)下进行，验收检测的压力可高达 1 000 Pa。

上述方法是为负压检测规定的，其中只有含氧法既可进行正压又可进行负压检测。计算检测结果时要进行适当的数学变换。

附录 F 给出了另一种压力检测法(帕琼法)，帕琼法适用的小时泄漏率范围与上述方法相同。要求检测活动对设备的污染小且检测时间短的场合，可使用帕琼法检测。

在接近于大气状况的压力检测，温度等环境参数变化会影响检测结果。采用灵敏的仪器测量各项参数有助于提高检测的准确度。

在正常运行或系统故障期间，隔离装置可能出现正压也可能出现负压，因此，应分别测定正压和负压的泄漏率。

E.3.1.2 检测前预防措施

只有在风险很小时才能进行气密性压力检测。但任何检测对设备和操作者都存在风险。

不论正压还是负压，验收检测时应对被测隔离装置的超高压或超低压情况采取安全防范措施，这是基本常识。测试时，禁止压力超过经过验证的试验压力规定，否则薄壁等部分会出现结构性损伤。即使低气压试验也可能造成轻型结构塌陷等损伤。

对设备进行高度或中度压力气密性检测时需要关注更多问题。隔离升压检测(即泄漏率检测)需要恒定的容积。这类检测方法对微小的容积变化很敏感，任何容易出现容积变化的已安装设备不仅会造成虚假试验结果，还会使油和油脂等物质外泄。

如果检测介质为压力容器中的惰性气体，就应在试验前安装必要的减压和调压设备，并在检查过那些设备之后再进行检测(参见压缩气体的搬运、储存和使用安全注意事项)。

需要特别注意“有源”隔离装置的泄漏率检测。应遵守地方安全法规。检测前要进行彻底的调查，保证可用符合逻辑的安全方式对隔离装置进行隔离，并可在紧急情况下迅速返回到正常工作状态。

检测完成或推迟时，保证隔离装置的安全十分重要，特别是在夜间无采暖、无人照看的情况下。有时，几度的温降就会使负压状态下的薄壁产生很大应力。

E.3.1.3 达到稳定状态

进行泄漏率检测前，隔离装置应处于静止状态。壁板或其他脆弱结构的“晃动”或移动容易改变容

积的隔离装置,可行时,应在检测期间对其加固。允许泄漏率和检测灵敏度是泄漏率检测中的重要因素。若允许泄漏率非常低,有时会因为气候变化很难达到稳定状态。若可行,最好对隔离装置进行保温。周围环境的微小变化能造成泄漏率测量值接近或超过允许范围。被试隔离装置需要位于无阳光直射、无通风的地方。为保证所有设备温度相同,检测设备应在检测前约 30 min 或更长的时间就位。

保持恒定的环境条件可能很难。如果检测期间无法维持必要的稳定性,就应将检测移到正常工作时间之前或之后。

在受控环境下检测隔离装置可能会有些困难。控制不当或控制错误会导致空气压力的突然变化,进行检查时需要限制气闸门的开启。应考虑相关的安全规定。最好的方式可能是在无人时或在就餐时间进行检测。

E.3.1.4 公式推导

假定孔的尺寸和膨胀系数不变,穿孔风速见式(E.1):

$$V=\sqrt{\frac{2\Delta p}{\rho}} \qquad \cdots\cdots\cdots\cdots(\text{E.1})$$

式中:

V ——速度,单位为米每秒(m/s);

ρ ——密度,单位为千克每立方米(kg/m^3)(压力 101.3 kPa,温度为 20 ℃时,干空气密度=1.205 kg/m^3);

Δp——孔两端的压差,单位为帕斯卡(Pa)。

体积流量等于风速乘以面积,即:

$$q=\sqrt{\frac{2\Delta p}{\rho}}\times A\times 3\ 600 \qquad \cdots\cdots\cdots\cdots(\text{E.2})$$

式中:

q ——隔离装置的小时泄漏率,单位为立方米每小时(m^3/h);

A——面积,单位为平方米(m^2)。

其中:

$$\sqrt{\frac{2}{\rho}}=\sqrt{\frac{2}{1.205}}=1.28 \qquad \cdots\cdots\cdots\cdots(\text{E.3})$$

因此:

$$q=1.28\times 3\ 600A\sqrt{\Delta p} \qquad \cdots\cdots\cdots\cdots(\text{E.4})$$

注 1:计算泄漏率时只需考虑孔径和压差。

注 2:对泄漏可能带来的风险要认真地评估。负压装置中,污染会通过小孔向内高速喷射,不大可能被隔离装置的气流稀释。同样,正压装置中,向外部的泄漏会使局部污染过高。

E.3 中涉及的恒容积隔离装置,检测过程中遵循气体状态方程(按绝对状态),见式(E.5):

$$\frac{p_1\cdot V_1}{T_1}=\frac{p_2\cdot V_2}{T_2} \qquad \cdots\cdots\cdots\cdots(\text{E.5})$$

式中:

p ——绝对压力,单位为帕斯卡(Pa);

T ——绝对温度,单位为开尔文(K);

V ——隔离装置的容积,单位为立方米(m^3)。

注 1:容积恒定时,温度改变 1 K,压力变化 334 Pa。

注 2:检测过程持续 1 h,初始检测压力不小于 1 kPa(帕琼法除外)。在进行了大气压力和温度变化的修正后,泄漏(向内或外)的气体体积与压力变化呈比例。

体积不变时,上式简化为式(E.6):

$$\frac{p_1}{T_1}=\frac{p_2}{T_2} \qquad \cdots\cdots(E.6)$$

调试过程中，E.3 规定的检测持续 1 h，初始压力不小于 1 kPa。漏入或漏出总检测容积(常量)的泄漏量与压力变化呈比例。因此，小时泄漏率等于 1 h 内的压力变化率。检测期间温度和气压的变化需按小时泄漏率进行修正，如式(E.6)所示。

E.3.1.5 小时泄漏率

隔离装置的小时泄漏率 R_h 由式(E.7)给出，其单位为小时的倒数(h^{-1})：

$$R_h=\frac{q}{V} \qquad \cdots\cdots(E.7)$$

式中：

q ——隔离装置每小时泄漏量，单位为立方米每小时(m^3/h)；

V ——装置的容积，单位为立方米(m^3)。

注：除含氧检测法外，所有检测方法都假定是对刚性结构、容积恒定的装置。用压力法测量薄壁或柔性系统时，泄漏率会因容积的改变而变化。

隔离检漏时，除含氧法外，应封住手套和半身装。

E.3.1.6 分级

隔离装置按小时泄漏率分级，如表 E.1 所示。

表 E.1 隔离装置的分级及适用的检测方法

等级	小时泄漏率 R_h/h^{-1}	气密性	检测方法
1	$\leqslant 5\times10^{-4}$	高	含氧法、压力变化法或帕琼法
2	$<2.5\times10^{-3}$	中	含氧法、压力变化法或帕琼法
3	$<10^{-2}$	低	含氧法、压力变化法或恒压法
4	$<10^{-1}$		恒压法

注 1：ISO 10648-2:1994 中的分级和检测方法与气密水平对应，以便与附录 A 的隔离效果排序比较。

注 2：列出了帕琼(Parjo)法适用等级。

注 3：ISO 10648-2:1994 的检测方法适用于负压隔离装置，除含氧法外，其他方法经改进后也适用于正压隔离装置。

E.3.2 用质量平衡法估算可接受的小时泄漏率

E.3.2.1 原理

质量平衡法的依据是：负压隔离装置外部的空气污染物通过泄漏处渗入装置内部；正压隔离装置内部的空气污染物通过泄漏处渗出到装置周围的背景环境中。泄漏物的浓度在渗入的空间被气流稀释。根据质量平衡原理，当已知连接泄漏点内外两个空间容积的污染物浓度，就可估算出小时泄漏率。

E.3.2.2 限制条件

E.3.2.2.1 计算中，不考虑泄漏处的局部情况，因局部污染物可能尚未被稀释到可接受的水平。实际上，应采用相当大的安全系数来限制局部效应。

E.3.2.2.2 假定已经采用风险分析，确定了使用负压隔离装置时对产品质量、使用正压隔离装置时对

操作者可接受污染物的最大浓度。

假定：

——泄漏处的污染物浓度与泄漏点上风向空间(较高压力空间)的污染物浓度相同；

——泄漏所影响空间内的空气已经混合均匀(单向流和低风速环境不适用假定)；

——与泄漏混合所用空气的污染物初始浓度为零；

——工艺已达到稳定状态。

E.3.2.3 估算

根据 E.3.2.2 的限制条件，用式(E.8)估算小时泄漏率：

$$R_h = \frac{V_s R_{ac} c_a}{c_1 V} \quad \cdots\cdots(E.8)$$

式中：

R_h——小时泄漏率，单位为每小时(h^{-1})；

V_s——泄漏影响到的空间体积，单位为立方米(m^3)；

c_a——受泄漏影响空间的可接受污染物浓度，单位为毫升每立方米(mL/m^3)(或其他适用量度)；

R_{ac}——受泄漏影响空间的空气换气次数，单位为每小时(h^{-1})；

c_1——泄漏处空气污染物初始浓度，单位为毫升每立方米(mL/m^3)(或与 c_a 相同的单位)；

V——隔离装置的容积，单位为立方米(m^3)。

此公式可用于负压隔离装置的内部空间，也可用于正压隔离装置的背景环境空间。

E.4 软帘隔离装置的定量检漏

E.4.1 当检测所用压差大大高于工作压差时，软帘隔离装置可能受损。

E.4.2 软帘隔离装置的检测应采用含氧法。

注：获得了定量验收结果之后，还可增加正压检测，以比较工作压力的例行检测结果，特别是那些负压试验易受损伤的隔离装置，例如灭菌隔离装置。

对于不能达到 1 kPa 的等级验收试验压差，但仍需小时泄漏率数据进行危害分析的隔离装置，应进行小于 1 h 的 250 Pa 压差检测。危害分析中使用的小时泄漏率为式(E.4)计算所得小时泄漏率乘以 2。

E.5 手套检漏实例

E.5.1 一般要求

此处介绍的压力衰减检测意在说明手套检漏方法，这只是多种手套检测方法中的一种。实际工作中，需方与供方可商定其他手套检漏方法。

E.5.2 负压隔离装置的检测

E.5.2.1 综述

压力试验不一定会暴露出问题手套上“自我密封”的损坏，因此，直观目检仍是手套检验的重要一环。E.5.2.2 介绍了一种工作压差超过－170 Pa 的负压隔离装置手套泄漏简单检验方法。现场手套检漏器是一个装在密封板上的高灵敏压差计。这种检漏器适用于安装在手套口上的手套、长手套和手套套袖的检测。

E.5.2.2 操作方法

建议采用下述规程进行检测：

a) 打开压差计。

b) 若压差计上有“高—低”量程开关，选“低”量程档。

c) 压差计调零。0附近±3 Pa～±4 Pa的微小漂移对检测结果或检测灵敏度影响不大。调零完毕，就可用来检测手套和长手套的气密性。

d) 将手套检漏器的密封板轻轻放置在被测手套或长手套的环形手套口处，小心地将密封板与手套口对正。用力时，检漏器和手套间可能出现微小正压。

e) 以恒力压紧密封板，密切注视压差计的读数。压紧的用力不同，会造成±3 Pa～±4 Pa的压差波动，如前所述，这点波动对检测结果和检测灵敏度的影响不大。在10 s的观测期内，操作者凭经验就能判断出可能的问题。对有疑问的手套和长手套进行复检时，时间可能要长一些，以便确认检测结果。

f) 使用隔离装置前，应对装置上的所有手套和长手套进行检测。

E.5.2.3 结果

E.5.2.3.1 通过

若手套或长手套完好，压差计的读数会稳定在±2 Pa～±10 Pa之内(或更好些：±5 Pa之内)。

E.5.2.3.2 未通过

若手套或长手套上有破损，压差计上的负读数会逐渐变低(−10 Pa→−15 Pa→−19 Pa)，呈现压差渐变的趋势。

压差的变化率与手套气密性的破损程度呈比例关系。

若检测表明可能有损坏，应复检。复检很简单，只需释放手套口的压力使压差计回零，然后重新加压并重复检测。有损坏的手套或长手套，每次检测有相同的反应，容易确认破损。

E.5.2.4 灵敏度

本项检测的灵敏度与隔离装置内部工作压力呈比例。内部负压大，由式(E.4)决定的检测结果就显著。双倍压差时泄漏率也几乎加倍。小压差时，泄漏率与压差近似于线性关系。

E.5.3 正压手套检漏器

E.5.3.1 综述

使用正压手套检漏系统需要用封盖将手套口或长手套口盖住。封盖上配有两个管件，一个用于连接输入和释放加压气体的敏感阀门，另一个用于安装电子微压计。

这种方法只能在去污前使用，它不是在线检测法。

E.5.3.2 检测规程

封盖放置在手套口环上，在封盖与手套的内表面之间会形成一个空间。对该空间加压至1 kPa并保持稳定。压力降低表明有泄漏穿过手套。检测步骤如下：

a) 检测开始前，先对手套和长手套进行目检，看其有无明显破损。

b) 确保手套的所有手指伸入到隔离装置内。

c) 将空气管接至隔离装置。

d) 打开压差计。

e) 将手套检漏器放在自由空间,按“调零”键调零。0 附近±3 Pa～±4 Pa 的微小漂移对检测结果或检测灵敏度影响不大。

f) 将手套检漏器的封盖扣在手套口外环上。

g) 打开阀门使手套充气。压差计会显示手套内的压力(Pa)。手套充气压力最小 500 Pa,最大 1 000 Pa。可能需要多次充气才能达到要求的稳定压力。

h) 观察压差计上的读数。读数稳定表明手套完好。

在 10 s 的观测期内,操作者凭经验就能判断出可能的问题。对有疑问的手套和长手套进行复检时,时间可能要长一些,以便确认检测结果。

E.5.3.3 结果

E.5.3.3.1 通过

若手套或长手套完好,压差计的读数会稳定在±2 Pa～±10 Pa 之内,允许出现 E.5.3.2 中所说的微小波动。

E.5.3.3.2 未通过

若手套或长手套上有破损,压差计上的读数会逐渐下降(500 Pa→495 Pa→490 Pa),呈现压差渐变的趋势。

压差的变化率与手套气密性的破损程度呈比例关系。

若检测表明可能有损坏,应复检。

仔细检查任何出现明显压力变化的情况,出现问题(如袖口环错位,手套破损),或复检,或更换有疑问的手套并再次进行合格检测。

E.6 半身装检漏实例

E.6.1 可采用 ISO 10648-2:1994 介绍的含氧法对装有柔性半身装的设备进行验收检测。

E.6.2 获得定量的验收结果之后,为与常规检测比较,特别是为避免负压检测降低装置的气密性,还可进行压力检测。

附 录 F
(资料性附录)
帕琼检漏法

F.1 背景

帕琼(Parjo)是一种方法的名称,该方法用于评定工作压力接近大气压的隔离装置的泄漏率。此方法由帕金森(K. Parkinson)和琼斯(W. F. Jones)发明,并以他俩的名字命名。这是一种(相对)快速、通用的泄漏率测定法。只要适当保护压力表接头,这种方法可用于被污染装置的检漏,由于无插入的检测仪器,可避免长时间停机。

由于检测时间短,温度和环境压力变化的影响也随之减小。这种方法灵敏,适于检测小泄漏。

F.2 大泄漏的检测

F.2.1 一般要求

对于新设备,在用帕琼法检漏前,应首先采用E.2.1介绍的检测方法检测大泄漏。

F.2.2 原理

帕琼法是将压力敏感的皂液注入一个已知容积的基准容器中,并将皂液膜(液膜)引入一个已知尺寸的玻璃管。这种方法可快速地显示隔离装置容积向基准容器容积的转移。

假定示意图(图F.1)可行。当A阀和B阀开启,隔离装置和基准容器的压力会很快达到平衡。此后,若阀门关闭,隔离装置压力的任何变化都会由活塞(液膜)向低压方向的移动反映出来。液膜移动说明容积改变。这个原理由图F.2或图F.3装置中安装的帕琼管来实现,帕琼管如图F.4所示。基准容器的玻璃壁会迅速传递隔离装置中的辐射热,因此,应采取合理的预防措施来防止隔离装置吸收外部热源的热辐射。活塞(液膜)的偏移可准确显示出隔离装置空气的变化,这个偏移可用以计算容积的变化。若观测液膜偏移的时间不长,例如不足5 min,温度和大气压力的变化可忽略不计。

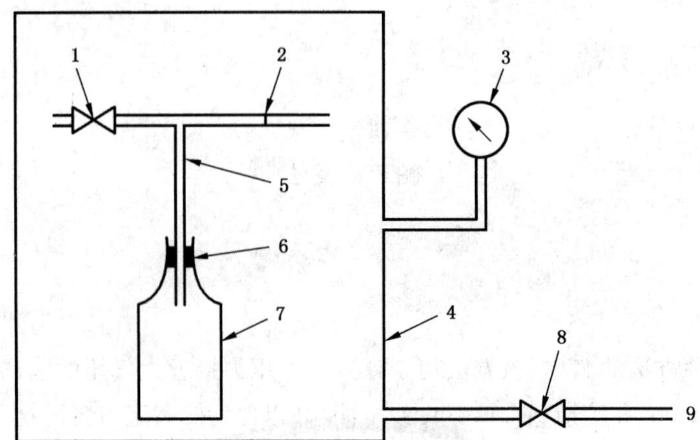

1——阀门 A；
2——无摩擦活塞；
3——压力表；
4——隔离装置；
5——玻璃管；
6——胶皮塞；
7——容积已知的基准玻璃容器；
8——通断阀 B
9——至压力源或真空源。

图 F.1 工作原理图

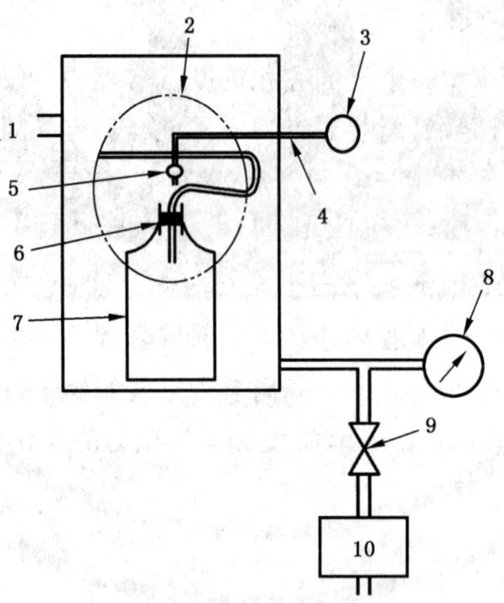

1——隔离装置与管道的接口；
2——观察孔；
3——气囊；
4——胶皮管；
5——帕琼管；
6——胶皮塞；
7——玻璃瓶；
8——压差计或压力表；
9——通断阀；
10——至压力源或真空源。

图 F.2 常见隔离装置检测设备布置图

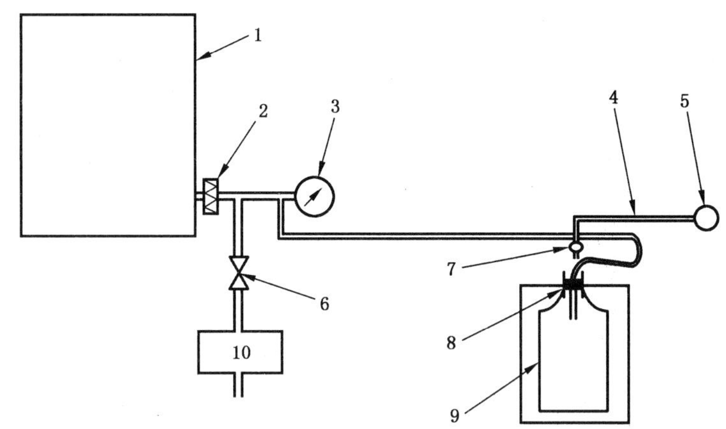

1——隔离装置；
2——可选用的 HEPA；
3——压差计或压力表；
4——胶皮管；
5——气囊；
6——通断阀；
7——帕琼管；
8——胶皮塞；
9——保温玻璃瓶；
10——至压力源或真空源。

图 F.3 常见隔离装置检测设备布置图(检测设备设在待测装置之外)

F.3 设备

F.3.1 一般要求

检测所需设备如 F.3.2 所述。只能使用获批准的设计中的器物，器物只能按获批准的设计布置。为在制造商处、实验室和生产线上使用这种方法，检测设备应能在对隔离状态破坏最小的情况下放入装置。获准使用的各项器物能通过一个直径 152 mm 的手套口或更小的开口放入装置，并在装置内装配。

如果检测设备无法送入隔离装置，就应考虑其他配置(见 F.3.3)。

F.3.2 设备清单

F.3.2.1 获准使用的物品如下：

a) A 型帕琼管；
b) 米尺(夹在位)；
c) 夹片，弹簧；
d) 胶皮塞，孔径与帕琼管的直径相适，19 mm 或 21 mm；
e) 容积为 2 500 cm^3 的透明玻璃瓶；
f) 配有 3 个阀门的橡胶气囊。

F.3.2.2 其他可供随时使用的器具：

a) 胶皮管(孔径 6 mm)；

b) 符合测量范围要求的U形管压差计或膜盒式压力表；

c) 秒表或适当的计时器；

d) 制造受控泄漏的针阀；

e) 压力源或真空源；

f) 通断阀，例如隔膜阀(孔径6 mm)；

g) 连接阀门、橡胶软管等的管件；

h) 形成液膜的皂液(见F.3.4)。

F.3.3 设计要求

使用帕琼检测法时，要有某种手段将设备放入隔离装置。为使操作者可看清帕琼管和标尺，可使用冷光源(即电池供电的手持灯)。隔离装置应配有指示内部压力的手段，即机械式压力表或U形管压差计。大多数隔离装置都带有大小不同的孔洞。这些洞可改成观察窗和检测设备出入口。图F.2和图F.3是常见设备的布置。图F.2中检测设备位于隔离装置内，随时可与任何系统相连。图F.3所示设备具有更大的可接近性。图F.3所示的检测容器应有保温措施，以减少温度波动。如受污染系统的采样点有在线HEPA过滤器保护，就能使用这种检测方法。

若采用帕琼法检测隔离装置的泄漏率，图纸或检测计划中(或同时这两者)应认可下列项目：

a) 验证检测…………………正压(Pa)

b) 最大泄漏率………………每小时容积比，负压[1)]

每小时容积比，正压[1)]

F.3.4 设备准备

帕琼管(图F.4)是“活塞”的气缸。为保证“活塞”的自由移动，应使用优质洗涤剂彻底清洗帕琼管，再用清洁的自来水冲洗。在插入基准玻璃容器的瓶口前，保持管内润湿。

玻璃容器(玻璃瓶)的容量应已知(通常为2 500 cm^3 或2 700 cm^3)，且清洁、干燥。使用前应蒸发掉任何冷凝水气，否则，检测过程中会出现“气体释放”。最重要的是要用清澈透明的玻璃瓶。不宜使用琥珀色或其他彩色的瓶子。

生成皂膜“活塞”(气泡)需要一定量的皂液(约5 cm^3)。皂液可使用(50/50)%容积比的优质家用液体肥皂与清洁自来水制备。商用洗衣粉和劣质皂液可能在帕琼管中留下残余物，产生拖带，并给出虚假结果。而优质产品中含有浸润添加剂。也可采用专用检漏液。为便于观察，可添加微量着色剂(如签字墨水或优质着色剂)。

在(19 mm)的胶皮塞上钻孔，让帕琼管刚好穿过其中央轴线。帕琼管装上胶皮塞后，应该稍稍突出，以便能看到管端。

这种配置中的检测容器应该加以保温，以减少温度波动。使用在线HEPA过滤器来保护采样点，既可在受污染的系统上使用这种方法，也可避免检测设备可能带来的污染。

帕琼管的自由端与被测装置之间用一根尽可能短的PVC软管连接。

有些情况下，泄漏率也许不可测。为准备有效的检测报告，建议在隔离装置或检测设备(以方便为准)上接装一个优质的针阀，用该针阀模拟一个可接受的小泄漏。

隔离装置常采用轻型结构。检测条件下，隔离装置的壁面或观察窗的不稳定会导致所测泄漏的波动。例如，隔离装置的塑料窗在检测时或有弯曲。大气压力的改变会明显改变隔离装置的容积。应尽可能减少环境温度和环境压力的影响，并注意出现的任何变化。

---

1) 根据需要选取。

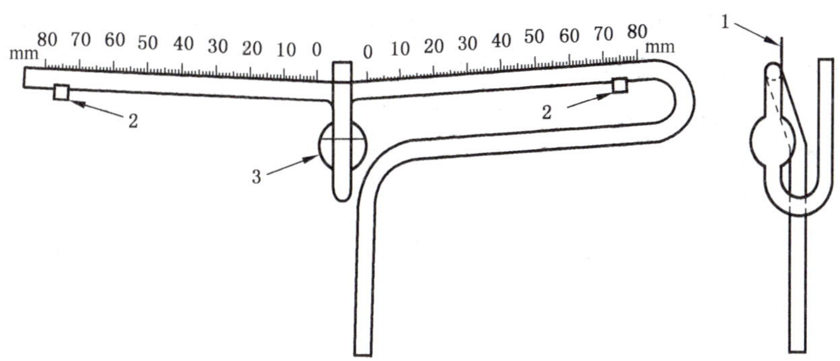

1——标尺；

2——弹簧夹；

3——充注时的液位。

图 F.4　A 型帕琼管

F.4　检测规程

F.4.1　帕琼管的准备

向帕琼管内注入能生成气泡的溶液，使液位达到球形储液器的一半(见图 F.4)。将标尺夹持就位。然后，用胶皮管将球形储液器相连的 U 形管的上端与 F.4.3 介绍的位于隔离装置外部的气囊相连。最后，用胶皮塞套入帕琼管的下端，再将这个组件插入基准容积玻璃瓶。

隔离装置与外界隔离并达到稳定状态，在检测压力下，通过轻轻挤压胶皮气囊来生成一个气泡，使气泡面位于玻璃管的两个测量臂交汇处。慢慢松开气囊，保持液膜在原位。这项操作的动作要轻。气囊上有 3 个玻璃球阀，生成气泡时，需要操作合适的球阀。

观察液膜的表现。负压检测时，若压力升高，液膜会沿标尺管向基准容器的方向移动；正压检测时，若压力降低，液膜会沿标尺管向远离基准容器的方向移动。

F.4.2　泄漏率检测规程

每个隔离装置都应先进行正压泄漏率检测，然后进行与正压检测类似的负压检测。按要求设置检测设备，并按下述规程进行检测。

a)　将需要送入隔离装置的所有器物进行彻底清洁。确保帕琼管按 F.3.4 的要求进行过彻底清洗并保持润湿。将足量的溶液注入储液容器。放置基准容器和帕琼管，保证能通过观察窗看清读数。

b)　将隔离装置密封，并按所做检测的要求，用适当的设备减压或加压。检测压力应为 +1 000 Pa，或按图纸或合同规定的压力。

c)　等待约 30 min，使所有设备达到相同的温度。

d)　按 F.4.2 的说明，非常轻地挤压气囊，直到洗涤液在管的两个测量臂交汇处形成液膜。缓慢释放气囊的压力，使液膜保持原位不动。

——若隔离装置内的气压为负压，且密封不好，气泡会沿倾斜的帕琼管臂向基准容器的方向移动。

——若隔离装置内的气压为正压，且密封不好，气泡会沿倾斜的帕琼管臂向隔离装置空气出口的方向移动。

e)　当气泡在管内形成清晰的液膜时，开始计时并记录液膜的偏移行程。读取数据时，应确保帕琼管的基准容器和隔离装置端头没有二次气泡。接近玻璃基准容器或隔离装置的任一个管端出

现的二次气泡,都会影响液膜在帕琼管内的运动。要保证所有二次气泡都已破裂,才能读取液膜偏移数据。可用气囊清除紧靠管端的气泡。

f) 测量 3 min~5 min 的偏移,记录测量结果。

如果未出现可测偏移,打开专门安装的针阀,模拟一个允许值内的小泄漏。开始检测验证。

g) 用 F.5.4 例举的检测证书记录结果。

检测期间,2 min~3 min 就可鉴定出大致的泄漏率。气泡快速移动说明存在大大超出允许值的泄漏,此时没必要将此检测作为正式检测。但如在设备使用时寻找泄漏,进行再验证时泄漏量可能会降低。

不要忘记泄漏通道可能是单向的,在采用密封垫密封的情况下尤其如此。

F.4.3 使用气囊

气囊实际上是个配有 3 只玻璃球阀的胶皮球,如图 F.5 所示。为在帕琼管测量臂的中心处产生气泡,使用下述规程:

a) 保证储液容器中有足够的溶液;

b) 用一只手轻轻挤压胶皮球来产生微小压力;

c) 用另一只手的拇指和食指非常轻地打开 A 阀,将胶皮球的囊压力释放给帕琼管,同时查看皂液的状况;

d) 形成气泡后,释放加于 A 阀和胶皮球上的手动压力。

e) 打开 R 阀,确保胶皮球中的剩余压力全部释放。

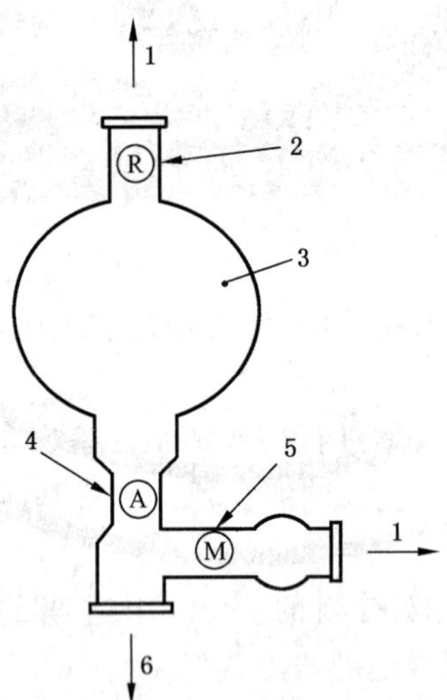

1——通大气;

2——阀 R;

3——胶皮球;

4——阀 A;

5——阀 M;

6——通帕琼管。

注:球阀常闭。

图 F.5 液管示意图

F.5 结果计算

F.5.1 一般要求

本项检测只能使用经过批准、尺寸和数值已知的设备。这项要求十分重要。F.5.2 给出了计算泄漏率的基本方法。

F.5.2 公式

利用式(F.1)计算小时泄漏率 R_h：

$$R_h = \frac{A_P \times d}{V_r} \times \frac{60}{t} \qquad \cdots\cdots\cdots (F.1)$$

式中：

A_P ——帕琼管的横截面积，单位为平方厘米(cm^2)；

d ——管内液膜偏移距离，单位为厘米(cm)；

V_r ——基准玻璃瓶的容积，单位为立方厘米(cm^3)；

t ——时间，单位为分(min)。

获准使用的已知基准容积 V_r 是 2 500 cm^3 或 2 700 cm^3 的玻璃瓶容积。

获准使用帕琼管的内径为 4 mm，实际横截面积(A_P)为 0.126 cm^2，但出于实用原因，按 0.127 cm^2 取值。于是，管内液膜的偏移 d(cm)可产生 $A_P \times d$(cm^3)的容积变化。

F.5.3 实例

使用 2 500 cm^3 的玻璃瓶，5 min 液膜偏移 0.8 cm：

$$R_h = \frac{0.127 \times 0.8}{2\,500} \times \frac{60}{5} = 4.88 \times 10^{-4}\,h^{-1}$$

使用 2 700 cm^3 的玻璃瓶，5 min 液膜偏移 1 cm：

$$R_h = \frac{0.127 \times 0.8}{2\,700} \times \frac{60}{5} = 5.64 \times 10^{-4}\,h^{-1}$$

使用 2 700 cm^3 的玻璃瓶，3 min 液膜偏移 1.5 cm：

$$R_h = \frac{0.127 \times 1.5}{2\,700} \times \frac{60}{5} = 1.41 \times 10^{-3}\,h^{-1}$$

F.5.4 检测证书

F.5.4.1 一般要求

检测结果如何表示，很大程度上取决于被测设备的类型或被测设备的容积，以及允许的泄漏率。F.3.2 给出了设备的基本尺寸。使用经过批准的设备，用户应可自行编制符合合同或其他相关文件要求的检测报告。

F.4 给出了操作方法。若存在可探测泄漏，帕琼管中的液膜就会移动。但是，即使在 5 min 内未观测到泄漏，也不意味着没有泄漏。不能在检测认证书上声明没有可探测泄漏。

如果用这种方法检测不出隔离装置的泄漏，应该开启一个专用阀门，人为生成一个允许限度内的受控泄漏(F.4.2)。在观察到可接受的液面偏移并记录对应时间之后，将阀门关闭，此时液膜应停止偏移。重复进行这项检查。然后，检测证书上可以声明：实际泄漏未超过模拟泄漏，泄漏率可以接受。表 F.1 给出了移动距离和时间的指导值。

表 F.1 A型帕琼管小时泄漏率(h^{-1})数据

偏移/cm	观测时间/min				
	1	2	3	4	5
0.2	0.000 60	0.000 30	0.000 20	0.000 15	0.000 12
0.3	0.000 91	0.000 45	0.000 30	0.000 22	0.000 18
0.4	0.001 21	0.000 60	0.000 40	0.000 30	0.000 24
0.5	0.001 52	0.000 76	0.000 50	0.000 38	0.000 30
0.6	0.001 82	0.000 91	0.000 60	0.000 45	0.000 36
0.7	0.002 13	0.001 06	0.000 71	0.000 53	0.000 42
0.8	0.002 43	0.001 21	0.000 81	0.000 60	0.000 48
0.9	0.002 74	0.001 37	0.000 91	0.000 68	0.000 54
1.0	0.003 04	0.001 52	0.001 01	0.000 76	0.000 60
2.0	0.006 08	0.003 04	0.002 02	0.001 52	0.001 20
3.0	0.009 12	0.004 56	0.003 03	0.002 28	0.001 80
4.0	0.012 16	0.006 08	0.004 04	0.003 04	0.002 40
5.0	0.015 20	0.007 60	0.005 05	0.003 80	0.003 00
6.0	0.018 24	0.009 12	0.006 06	0.004 56	0.003 60
7.0	0.021 28	0.010 64	0.007 07	0.005 32	0.004 20
8.0	0.024 32	0.012 16	0.008 08	0.006 08	0.004 80
9.0	0.027 36	0.013 68	0.009 09	0.006 84	0.005 40
注：用 2 500 cm^3 基准容器得出的小时泄漏率近似值。					

F.5.4.2 给出一个隔离装置检测证书例子。如果探测到泄漏，建议取 2 个或 3 个读数。如果趋势表明泄漏是可接受的，并且读数稳定，则可写入 3 个单独读数的平均值，从而完成有效的检测报告。

F.5.4.2 常见检测证书实例

帕琼管法检测小时泄漏率　检测证书

检测日期………………………………合同号………………………………

制造商………………………………

检测地点………………………………

图号………………………………

隔离装置的标识………………………………

隔离装置验证压力检测………………………………kPa 正压

隔离装置泄漏率检测压力………………………………kPa 负压

………………………………kPa 正压

最大允许小时泄漏率………………………………最大

基准容器容积……………………………… cm^3

检测开始时间………………………………完成………………………………

（达到稳定）

检测次数	检测方式 +/—	管移动读数		小时泄漏率 R_h
		偏移 d/cm	时间 t/min	

用下述公式计算小时泄漏率：

$$R_h = \frac{A_P \times d}{V_r} \times \frac{60}{t}$$

基准容积 $= V_r$ ……………………………… cm^3

帕琼管横截面积 $= A_P$ ………………… 0.127 cm^2

观测到的偏移 $= d$ ……………………………… cm

偏移时间 $= t$ ……………………………… min

小时泄漏率平均值 ………………………………

检测结果＊（合格）照实填写

（不合格）

＊不需要可删除

签字____________________

证人____________________

F.5.5 小时泄漏率数据

见表 F.1。

参 考 文 献

[1] ISO 10648-1,Containment enclosures—Part 1: Design principles

[2] ISO 13408-1,Aseptic processing of health care products—Part 1: General requirements

[3] ISO 13408-5,Aseptic processing of health care products—Part 5: Aseptic processing of solid medicaldevices

[4] ISO 13408-6,Aseptic processing of health care products—Part 6: Isolator/barrier technologies

[5] GB/T 25915.5 洁净室及相关受控环境 第5部分:运行(GB/T 25915.5—2010,ISO 14644-5:2004,IDT)

[6] EN 12296,Biotechnology—Equipment—Guidance on testing procedures for cleanability

[7] EN 12298,Biotechnology—Equipment—Guidance on testing procedures for leaktightness

[8] EN 12307,Biotechnology—Large-scale process and production—Guidance for good practice, procedures,training and control for personnel

[9] EN 12469,Biotechnology—Performance criteria for microbiological safety cabinets

[10] ENV 1631,Cleanroom technology—Design,construction and operation of cleanrooms and clean air devices

[11] AECP 59,Shielded and unshielded glove boxes for "hands on" operation. United Kingdom Atomic Energy Authority (UKAEA) Harwell Laboratory,Oxfordshire,UK

[12] AECP 1062,The Parjo method of leak rate testing low pressure containers. United Kingdom Atomic Energy Authority (UKAEA) Harwell Laboratory,Oxfordshire,UK

[13] BS 3636,Methods for proving the gas tightness of vacuum for pressurized plants

[14] IEST-RP-CC0028:2002,Minienvironments. Institute of Environmental Sciences and Technology,Rolling Meadows,Illinois,USA

[15] NF 0137/1,Leak testing,Code of practice for test requirements for low working pressure containers. British Nuclear Fuels,plc,Technical Standards Group,Risley,UK

[16] SEMI E19-0697:1997,Standard mechanical interface (SMIF). SEMI,San Jose,California,USA

[17] SEMI E47.1-0303:2001,Provisional mechanical standard for boxes and pods used to transport and store 300-mm wafers. SEMI,San Jose,California,USA

[18] SEMI E45-1101:2001,Test method for the determination of inorganic contamination from minienvironments using vapor phase decomposition/total reflection X-ray fluorescence spectroscopy (VPD-TXRF), VPD/inductively coupled plasma-mass spectrometry (VPD/ICP-MS). SEMI, San Jose,California,USA

[19] SEMI E46-95: 1995, Specification for the determination of organic contamination from minienvironments. SEMI,San Jose,California,USA

[20] SEMI E62-0701: 2001, Provisional specification for 300-mm front-opening interface mechanical standard (FIMS). SEMI,San Jose,California,USA

[21] SEMI S11-1296:1996,Environmental,safety and health guidelines for semiconductor manufacturing equipment minienvironments. SEMI,San Jose,California,USA

[22] TC 233/N229 DS: 1995, Safe biotechnology—Performance criteria for safety cabinets. CEN,Brussels,Belgium

[23] A guide to hazard and operability studies. Chemical Industry and Health Council of the

Chemical Industry Association,Publications Department,1977,London,UK

[24] COLES, T. Isolation technology: A practical guide. Interpharm Press, 1998, Buffalo Grove,Illinois,USA

[25] FULTON,S. ,BASS,E. and CHRISTAL,L. I300I Factory Guideline Compliance: Factory Integration Maturity Assessment for 300 mm Production Equipment: Version 4. 0. International Sematech Technology Transfer # 98023468B-TR, March 31, 1999, Appendix G, Minienvironment Parametric Test Methods. International Sematech,1999,Austin,Texas ,USA

[26] Isolators for pharmaceutical applications,ISBN 0 11 701829 5. HMSO,1994,London,UK

[27] SHERWOOD, E. , HOPE, D. , WHITMORE, J. , OTTESEN, C. and DAVIS , C. Integrated Minienvironment Design Best Practices. International Sematech Technology Transfer # 99033693A,March 31,1999,International Sematech,1999,Austin,Texas ,USA

[28] SIRCH, E. C. Isolatortechnik in der pharmazeutischen Industrie, in: Reinraumtechnik, Gail,L. and Hortag,H. P. (eds.),pp. 168-211,Springer Verlag,2001,Berlin-Heidelberg-New York

[29] SIRCH, E. C. User requirements and design specifications of isolator containment for pharmaceutical production,in: 1998 Proceedings of the 44th Annual Technical Meeting of the IEST concurrent with the ICCCS 14th International Symposium on Contamination Control,p. 343,Institute of Environmental Sciences and Technology,Phoenix,Arizona,USA

[30] TOLLIVER,D. L. (ed.). Handbook of contamination control in microelectronics: principles,applications and technology. Noyes Publications,1988,Park Ridge,New Jersey,USA

[31] WAGNER, C. M. and AKERS, J. E. (eds.). Isolator technology: applications in the pharmaceutical and biotechnology industries. Interpharm Press,1995,Buffalo Grove,Illinois,USA

ICS 13.040.35
C 70

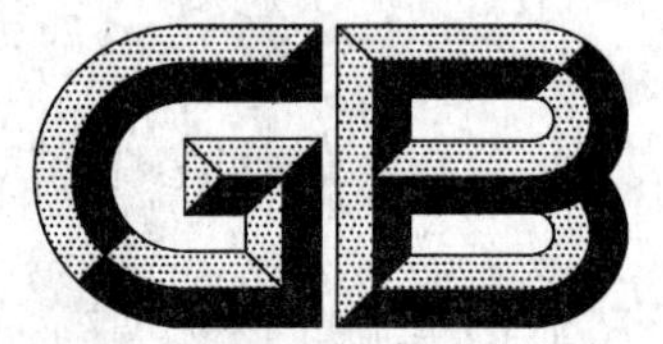

中华人民共和国国家标准

GB/T 25915.8—2010/ISO 14644-8:2006

洁净室及相关受控环境 第8部分:空气分子污染分级

Cleanrooms and associated controlled environments— Part 8:Classification of airborne molecular contamination

(ISO 14644-8:2006,IDT)

2011-01-14 发布　　2011-06-01 实施

中华人民共和国国家质量监督检验检疫总局
中国国家标准化管理委员会　发布

前　　言

GB/T 25915《洁净室及相关受控环境》分为八个部分：

——第1部分：空气洁净度等级；

——第2部分：证明持续符合GB/T 25915.1的检测与监测技术条件；

——第3部分：检测方法；

——第4部分：设计、建造、启动；

——第5部分：运行；

——第6部分：词汇；

——第7部分：隔离装置(洁净风罩、手套箱、隔离器、微环境)；

——第8部分：空气分子污染分级。

本部分是GB/T 25915的第8部分。

本部分按照GB/T 1.1—2009给出的规则起草。

本部分使用翻译法等同采用ISO 14644-8:2006《洁净室及相关受控环境　第8部分：空气分子污染分级》。

本部分由全国洁净室及相关受控环境标准化技术委员会(SAC/TC 319)提出并归口。

本部分由中国电子工程设计院、北京世源希达工程技术公司、北京希达建设监理有限责任公司负责起草，中电投工程研究检测评定中心、苏州华泰空气过滤器有限公司、苏州市恩威特环境技术有限公司、美埃净化科技(上海)有限公司参加起草。

本部分主要起草人：王尧、蔡杰、王大千、张利群、张申元、徐勤、刘卫红、徐小浩、张凯、叶伟强、姚东、秦学礼、吕希洲、刘玥。

引　言

洁净室及相关受控环境将空气中的颗粒物控制在适当的水平，以完成对污染敏感的作业。航空航天、微电子、制药、医疗器械、食品、医疗卫生等行业的产品和工艺受益于对空气污染的控制。

有些行业存在源自外部、工艺、或其他来源的空气分子污染，它们会影响甚至破坏产品或工艺。

GB/T 25915 的本部分中，悬浮于空气中的分子用空气分子污染(AMC)表示。分子污染分 3 阶段，第一阶段是“产生”，即外部源、工艺的泄漏、建筑材料或人身上材料的气体释放；第二阶段是 AMC 的“传播”；第三阶段是敏感表面的“吸附”，此阶段的表面分子污染(SMC)可以量化。

除了实际 AMC 外，释放气体的材料及吸附表面对“产生”和“吸附”2 个阶段也有很大的影响。因此，对于这两个阶段，不仅需明确 AMC，还需明确所涉及的材料和表面。为了制定适用于各类洁净室及相关受控环境的通用标准，选择对 AMC 进行分级。

在洁净室及相关受控环境中的分子污染危害产品或工艺的场合，本部分所确定的 ISO 等级用来规定其中的 AMC 浓度限值。

为分级的目的，本部分局限于规定 AMC 的浓度范围，并考虑到化合物、检测和分析方法、时间加权系数等因素给出规定浓度的标准规程。

本部分包含下述资料性附录：

——附录 A：需要考虑的参数；

——附录 B：常见污染化学品和物质；

——附录 C：常用测量和分析方法；

——附录 D：隔离装置的特殊要求。

本部分是有关洁净室与污染控制 GB/T 25915 标准中的一部分。洁净室及受控环境的设计、技术要求、运行和控制中，除 AMC 外，尚有许多其他需要考虑的因素，那些问题包含在 SAC/TC 319 编制的其他国家标准中。要特别注意 GB/T 25916(所有部分)。有些情况下，相关管理机构可能会规定某些补充政策或限制，此时可能需要对本部分进行适当修改。

洁净室及相关受控环境
第8部分:空气分子污染分级

1 范围

GB/T 25915的本部分依据洁净室及相关受控环境空气中具体化学物质(种、组、类)的浓度,对空气分子污染(AMC)进行分级。同时,本部分在分级技术要求中,给出了包括检测方法、分析方法和时间加权系数的规程。

本部分目前只考虑洁净室运行工况下 10^0 g/m³～10^{-12} g/m³ 的AMC浓度。

本部分不涉及那些虽有空气分子物质存在、但不认为对产品或工艺有风险的行业、工艺和生产。

本部分无意探讨空气分子污染物的特性。

本部分不包含对表面分子污染的分级。

2 规范性引用文件

下列文件对于本文件的应用是必不可少的。凡是注日期的引用文件,仅注日期的版本适用于本文件。凡是不注日期的引用文件,其最新版本(包括所有的修改单)适用于本文件。

GB/T 25915.6 洁净室及相关受控环境　第6部分:词汇(GB/T 25915.6—2010,ISO 14644-6:2007,IDT)

3 术语和定义

GB/T 25915.6中界定的以及下列术语和定义适用于本文件。

3.1 一般术语

3.1.1

分子污染　molecular contamination

危害产品、工艺、设备的分子(化学的、非颗粒)物质。

3.1.2

空气分子污染　airborne molecular contamination

AMC

以气态或蒸气态存在于洁净室及相关受控环境中,可危害产品、工艺、设备的分子(化学的、非颗粒)物质。

注:本定义不包含生物大分子,将其归为粒子。

3.1.3

表面分子污染　surface molecular contamination

SMC

在洁净室或受控环境中以吸附态存在的、对产品或关注表面有不良影响的分子(化学的、非颗粒)物质。

3.1.4

污染物类别 contaminant category

沉积在关注表面时有特定和类似危害结果的一组化合物的统称。

3.1.5

释放气体 outgassing

从材料中释放气态或蒸气态分子物质。

3.2 污染物类别

3.2.1

酸 acid

以接受电子对并建立新化学键为化学反应特性的物质。

3.2.2

碱 base

以给出电子对并建立新化学键为化学反应特性的物质。

3.2.3

生物毒素 biotoxic

危害生物、微生物、生物组织或细胞个体的生长与存活的物质。

3.2.4

可凝聚物 condensable

可在洁净室运行状态下因凝聚而沉积在表面上的物质。

3.2.5

腐蚀剂 corrosive

使表面产生破坏性化学变化的物质。

3.2.6

掺杂物 dopant

经产品本体吸收或(和)经扩散后,与本体合为一体,即使为微量亦可改变材料特性的物质。

3.2.7

有机物 organic

以碳为基本元素,含氢,含或不含氧、氮等其他元素的物质。

3.2.8

氧化剂 oxidant

沉积在关注表面或产品上后,形成氧化物(O_2/O_3)或参与氧化还原反应的物质。

4 分级

4.1 概述

应按4.2给出的分级描述符表示分级。描述符的形式为"ISO-AMC",它规定了空气中某类污染物、某种污染物、或某组污染物的最大允许浓度。

4.2 ISO-AMC 描述符格式

应依据相应的ISO-AMC描述符确定洁净室或相关受控环境中关注的某类污染物、某种污染物、或某组物质的AMC等级。

ISO-AMC 描述符的格式为:

ISO-AMC $N(X)$

其中：

N——ISO-AMC 等级，它是浓度 c_X 的常用对数值，其限定范围为 0～−12，c_X 的单位为 g/m³。N 可以是非整数，最多保留小数点后一位数；

$N=\log_{10}[c_X]$；

X——(与产品相互作用的)污染物类别，包括但不限于：

酸(ac)；

碱(ba)；

生物毒素(bt)；

可凝聚物(cd)；

腐蚀物(cr)；

掺杂物(dp)；

有机物，总量(or)；

氧化剂(ox)；

或一组物质，或某种物质。

例 1："ISO-AMC-6(NH_3)"，表示空气中氨的浓度 10^{-6} g/m³。

例 2："ISO-AMC-4(or)"，表示空气中总有机物浓度 10^{-4} g/m³。

例 3："ISO-AMC-7.3(cd)"，表示空气中总可凝聚物浓度 $5\cdot10^{-8}$ g/m³。

表 1 和图 1 给出污染物浓度与 ISO-AMC 等级的对应关系。

表 1 ISO-AMC 等级

ISO-AMC 等级	浓度/(g/m³)	浓度/(μg/m³)	浓度/(ng/m³)
0	10^0	10^6(1 000 000)	10^9(1 000 000 000)
−1	10^{-1}	10^5(100 000)	10^8(100 000 000)
−2	10^{-2}	10^4(10 000)	10^7(10 000 000)
−3	10^{-3}	10^3(1 000)	10^6(1 000 000)
−4	10^{-4}	10^2(100)	10^5(100 000)
−5	10^{-5}	10^1(10)	10^4(10 000)
−6	10^{-6}	10^0(1)	10^3(1 000)
−7	10^{-7}	10^{-1}(0.1)	10^2(100)
−8	10^{-8}	10^{-2}(0.01)	10^1(10)
−9	10^{-9}	10^{-3}(0.001)	10^0(1)
−10	10^{-10}	10^{-4}(0.000 1)	10^{-1}(0.1)
−11	10^{-11}	10^{-5}(0.000 01)	10^{-2}(0.01)
−12	10^{-12}	10^{-6}(0.000 001)	10^{-3}(0.001)

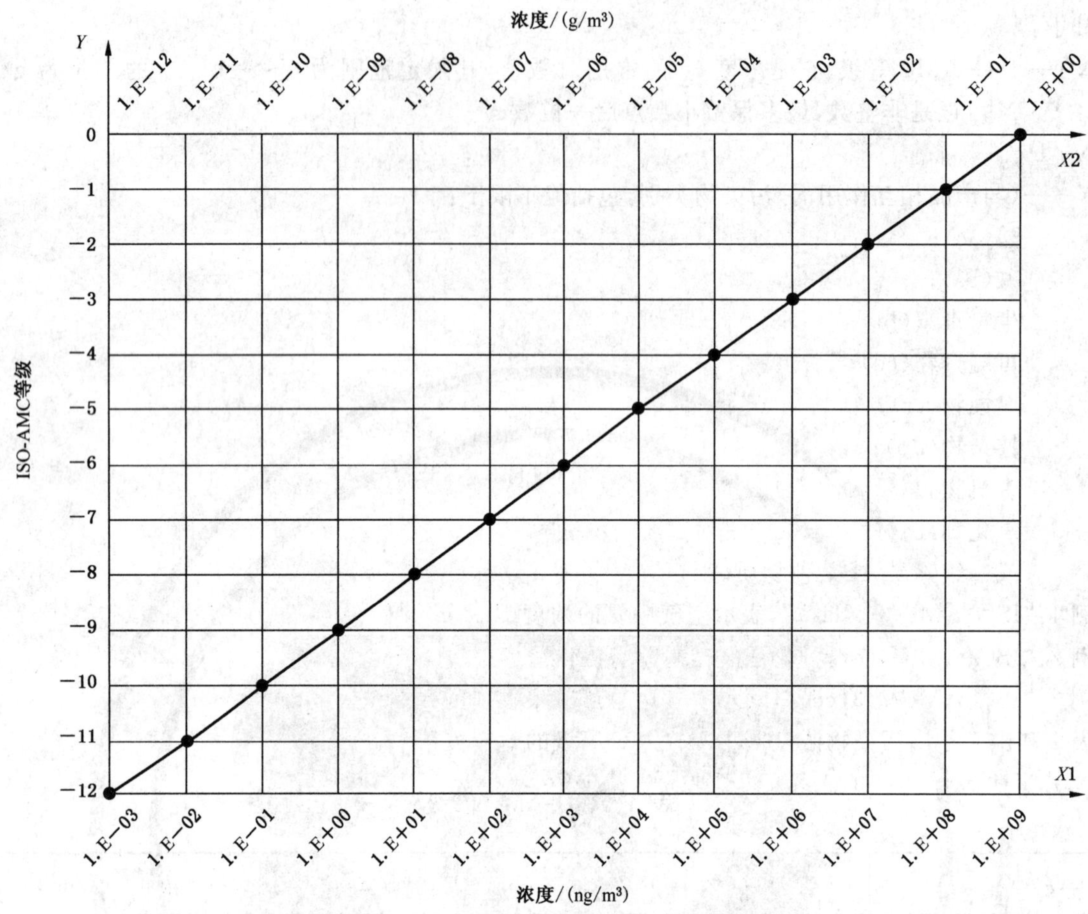

图 1 浓度与 ISO-AMC 等级的关系

5 合格的证明

5.1 原理

通过执行供需双方协议商定的检测规程，并提供检测结果和检测条件的规定文件，来验证其符合需方规定的(ISO-AMC)等级要求。

5.2 检测

附录 C 列举了部分常用检测方法，所列方法并不详尽。可商议规定具有相同准确度的其他方法。

注 1：不同的分析方法，即便使用正确，也能出现同样有效但不同的结果。

应采用合适的检测方法和经过校准的仪器进行合格性检测。

采样点位置应由需方与供方商定。

建议在商定的采样点进行重复采样。

注 2：分析测量中，不是总能排除颗粒污染物的影响。

需方与供方应商定测前时间段，见 A.4.3。

5.3 检测报告

记录每个洁净室或相关受控环境的检测结果并提交综合性报告，报告中应写明与规定的ISO-AMC等级相符，或与规定的 ISO-AMC 等级不符。

检测报告中包含下述内容：

a） 检测操作者姓名，检测机构的名称和地址，采样的日期、时间和采样持续时间；

b） 本部分的国家标准编号，GB/T 25915.8—2010；

c） 被测洁净室或受控环境的明确位置(必要时以相邻区域做参照)，所有采样点的座标；

d） 洁净室或受控环境规定的标示标准，包括占用状态、ISO-AMC 分级、规定的检测方法，适用时还要注明污染物、污染物组或污染物类别，测前时间段、规定的颗粒物洁净度等级；

e） 所用检测规程的详细说明，各种描述检测情况的数据，与检测方法的偏离，以及检测所用仪器和有效校准证书；

f） 检测结果，包括所有采样点空气分子污染浓度数据。

附 录 A
（资料性附录）
所需考虑的因素

A.1 原理

本附录给出洁净室及相关受控环境内影响或造成 AMC 的各种因素。在工程设计和制定控制要求的初始阶段以及设施运行过程中，那些参数具有重要意义。

A.2 确立因素的概念

按照下述原则确定应予关注的、影响或造成 AMC 的因素。

a) 首先，确定产品或工艺是否受分子污染的影响，因为在许多行业中分子污染并非重要因素。

b) 确定影响产品或工艺的污染物类别，有无需要特别关注的某种或某组物质。

c) 确定产品或工艺所允许的某类别、某种或某组污染物的最大浓度，并按 4.2 的规定确定其相应的 ISO-AMC 描述符。

d) 确定可能由下述因素引起的分子污染源及浓度水平：

   1) 室外空气（向设施提供新风）；
   2) 设施内的建筑材料，特别是接触循环风和新风的材料；
   3) 设施内可能发生的交叉污染；
   4) 设施的运行和维护；
   5) 人员、洁净工作服和辅助材料；
   6) 工艺介质和工器具。

   对这些情况的进一步说明见 A.3～A.8。

e) 为防止或减少因 d)所列原因产生的分子污染，确定相应的设计要求，以达到产品或工艺所需的 ISO-AMC 等级。

A.3 室外空气

A.3.1 当以室外空气作为新风提供给设施，并与产品或工艺接触时，应了解室外空气质量，了解室外空气中可能影响产品或工艺的化合物或物质的浓度及其随季节的变化情况。此外，还应考虑包括缆线等在内的采暖、通风或空调设备的建造材料。

A.3.2 用充分的时间进行浓度分析，以便评估其变化，并考虑未来能影响室外空气质量的各种演变。

A.3.3 有些场合，因主导风和接近污染源等，合理地选择设施新风口位置，就能减少分子污染浓度。

A.4 建筑材料

A.4.1 设施的建筑材料可能因释放气体而成为分子污染源。

GB/T 25915.4—2010 的附录 E 给出一些洁净室适用建筑材料实例。

A.4.2 材料释放气体的程度取决于洁净室或相关受控环境的温度、相对湿度和压力，在设施的设计中应确定它们的影响。

A.4.3 在许多情况下，建筑材料的释放气体可在一个时间段呈指数递减。

A.4.4 对 AMC 有控制要求的设施中，应对所有建筑材料的综合化学特性进行评定，并按其用途选择材料。分析可用列表方式进行。

A.5 交叉污染

A.5.1 设施内可因各种公用服务作业之间的转换，有部分压力变化的传输系统及(或)工艺，而产生分子污染。

A.5.2 初步设计中，应对这类污染的程度进行评估、评定。

A.5.3 某些场合，利用隔离、密闭或屏障技术将公用服务或工艺隔开，或对产品与工艺加以保护，能尽量减少或防止交叉污染。

GB/T 25915.4—2010 的附录 A 和 GB/T 25915.7 给出了这样的实例。

A.6 运行和维护

通过制定 GB/T 25915.5 规定的各项制度或更加严格的制度，可防止或尽量减少因设施运行和维护所形成的分子污染源，常见制度如下：

——工艺作业中佩戴面罩或佩戴有通风过滤的头盔；

——对服装及包装材料进行合格的化学分析；

——对清洁剂与其他清洁材料进行合格的化学分析；

——对所有产品包装材料进行合格的化学分析；

——使用任何便携设备或临时性材料时尽量减少分子污染的作业制度；

——在设备维护或修理及服务期间，采用临时隔离屏障；

——为尽量减少分子污染制定相应的操作规程。

A.7 人员

通过规章制度对下述各项进行控制，能防止或尽量减少来自人员的分子污染：

——化妆品、香水和护发用品的使用；

——吸烟的规定；

——药物的使用；

——对某些食品的食用；

——进出规则；

——用于个人的清洁和消毒材料。

上列各项并非全部。

注：相关工艺要求决定所需的控制水平。请注意 GB/T 25915.5 中的相关条款。

A.8 其他污染源

其他污染源有：

——易耗品；

——设备；

——化学品。

A.9 可减少 AMC 的空气处理工艺

可控制或减少特定类别 AMC 浓度的有效工艺：

——适用材料的吸附(活性碳,浸渍活性碳,离子交换树脂,沸石,等等)；

——光电电离和静电离子清除；

——光催化氧化。

附 录 B
（资料性附录）
常见污染物

B.1 概述

空气分子污染物的分类是个复杂的问题。许多化合物以其化学特征可归入几个类别，因此，应按所关注的具体化合物对洁净室环境内生产的最终产品的有害化学反应，对污染物进行分类。表 B.1 给出能影响产品或工艺的常见化学污染物和污染物类别。鼓励用户依此对其应用中所关注的具体化学品或化学物质进行分类。

表 B.1 仅起指导作用，所列内容并不全面。

表 B.1 能影响产品或工艺的常见化学污染物示例及其分类

CAS登记号	物 质	结 构 式	污染物类别[a]									
			ac	ba	or	bt	cd			cr	dp	ox
							H	M	L			
7664-41-7	氨	NH_3		×		×			×	×		
141-43-5	2-氨基乙醇	$CH_3NH_2CH_2OH$		×	×				×			
35320-23-1	2-氨基丙醇	$CH_3NH_2C_2H_4OH$		×	×				×			
128-37-0	BHT:(*t*-乙酸丁脂)二羟基甲苯	$H_3CC_6H_3(t—C_4H_9)_2OH$			×	×		×				
85-68-7	邻苯二甲酸丁基苄基酯(BBP)	$H_9C_4OCOC_6H_4COOCH_2C_6H_5$			×		×					
7637-07-2	三氟化硼	BF_3	×					×			×	
1303-86-2	氧化硼	B_2O_3				×					×	
108-91-8	环己胺	$C_6H_{11}NH_2$		×	×			×				
—	环聚二甲基硅氧烷	$(—Si(CH_3)_2O—)n$			×		×					
106-46-7	对二氯苯	ClC_6H_4Cl			×	×		×				
100-37-8	二乙氨基乙醇	$(C_2H_5)_2NC_2H_5OH$		×	×				×			
117-84-0	邻苯二甲酸二辛酯	$C_6H_4(C=OOC_8H_{15})_2$			×		×					
84-66-2	邻苯二甲酸二乙酯	$C_6H_4(C=OOC_2H_5)_2$			×		×					
84-74-2	邻苯二甲酸二丁酯	$C_6H_4(C=OOC_4H_9)_2$			×		×					
117-81-7	邻苯二甲酸二(2-乙基已)酯	$C_6H_4(C=OOCH_2CHC_2H_5C_4H_9)_2$			×		×					
84-61-7	邻苯二甲酸二环已酯	$C_6H_4(C=OOC_6H_{11})_2$			×		×					
103-23-1	已二酸二(乙基已基)酯	$C_4H_8(C=OOCH_2CHC_2H_5C_4H_9)_2$			×		×					
84-76-4	邻苯二甲酸二壬酯	$C_6H_4(C=OOC_9H_{19})_2$			×		×					
84-77-5	邻苯二甲酸二癸酯	$C_6H_4(C=OOC_{10}H_{21})_2$			×		×					
541-02-6	十甲基环五硅氧烷	$(—Si(CH_3)_2O—)_5$			×		×					
540-97-6	十二甲基环五硅氧烷	$(—Si(CH_3)_2O—)_6$			×		×					
141-43-5	乙醇胺	$H_2NCH_2CH_2OH$		×	×				×			
04-76-7	2-乙基已醇	$CH_3(CH_2)_3C_2H_5CHCH_2OH$			×			×				
50-00-0	蚁醛	$HCHO$			×	×			×			
142-82-5	庚烷	C_7H_{16}			×				×			
66-25-1	已醛	$HC_6H_{12}O$			×	×			×			
7647-01-0	盐酸	HCl	×			×			×	×		

表 B.1（续）

CAS 登记号	物质	结构式	污染物类别[a]									
			ac	ba	or	bt	cd			cr	dp	ox
							H	M	L			
766-39-3	氟化氢	HF	×			×			×	×		
10035-10-6	溴化氢	HBr				×			×	×		
7783-06-4	硫化氢	H_2S	×			×			×	×		
999-97-3	六甲基二硅胺烷	$(CH_3)_3SiNHSi(CH_3)_3$			×			×				
541-05-9	六甲基环三硅氧烷	$(—Si(CH_3)_2O—)_3$			×			×				
67-63-0	异丙醇	$(CH_3)_2CHOH$			×	×			×			
141-43-5	乙醇胺	$H_2NC_2H_5OH$		×	×				×			
10102-43-9	一氧化氮	NO	×			×			×	×		
10102-44-0	二氧化氮	NO_2	×			×			×	×		
872-50-4	N 甲基吡咯烷酮	$—CHNCH_3CHCH_2CO—$		×	×			×				
644-31-5	臭氧	O_3				×				×		×
556-67-2	八甲基环四硅氧烷	$(—Si(CH_3)_2O—)_4$			×			×				
7803-51-2	磷化氢	PH_3				×			×		×	
7446-09-5	二氧化硫	SO_2				×			×			
121-44-8	三乙胺	$(C_2H_5)_3N$		×	×				×			
45-40-0	磷酸三乙酯	$(C_2H_5O)_3P=O$			×		×				×	
6145-73-9	三氯(2-氯代-1-丙基)磷酸盐	$(CH_3ClCHCH_2O)_3P=O$			×			×		×		
13674-73-9	三氯(1-氯代-2-丙基)磷酸盐	$((CH_3)(ClCH_2)CH\text{-}O\text{-})_3P=O$			×			×		×		
78-30-8	三甲酚磷酸酯	$(CH_3C_6H_4O)_3P=O$			×		×				×	
126-73-8	三(*n*-乙酸丁酯)磷酸盐	$(C_4H_9O)_3P=O$			×		×				×	
306-52-5	三氯乙基磷酸酯	$(ClC_2H_4O)_3P=O$			×		×				×	
75-59-2	四甲基氢氧化铵	$(CH_3)_4N^+OH^-$		×	×		×					
95-47-6	二甲苯	$(CH_3)_2C_6H_4$			×	×		×				
	总酞酸盐	$R_1OCOC_6H_4COOR_2$			×		×					
	总磷酸盐	$(RO)_3P=O$			×		×					
	总环硅氧烷	$(—Si(CH_3)_2O—)_n$			×		×					
	总烃衍生物	$C_mH_nO_pX_y$（X 为任意元素）			×		×	×	×			
	总非甲烷烃衍生物	$C_mH_nO_pX_y—CH_4$（X 为任意元素）			×		×	×	×			
	总非饱和烃衍生物	$C_mH_nO_pX_y$（X 为任意元素 $n\leqslant 2m$，C=O）			×		×	×	×			

[a] ac——酸；ba——碱；bt——生物毒素；cd——可凝聚物；cr——腐蚀剂；dp——掺杂物；or——有机物；ox——氧化剂。

H：高凝性，沸点＞200 ℃；

M：中凝性，200 ℃≥T_b≥100 ℃；

L：低凝性，100 ℃＞T_b（T_b 为沸点）。

附 录 C
（资料性附录）
常用测量方法

C.1 概述

C.1.1 本附录给出了对分子污染化合物及其预期浓度的各种测量方法和分析方法的指南。

C.1.2 本附录中提到的仪器清单并不完整，表 C.1 列举的仅是依据当前技术参数的常用方法。

C.2 方法概念

C.2.1 所有方法可粗略地分为两大类：

——直接分析法；

——采样与分析不在同一地点的方法。

C.2.2 用直接分析仪器有可能进行相对瞬时测量。若有必要，采样仪器可给出采样期间的整体值。

C.2.3 采样仪器可进一步分为被动采样和使用采样泵的主动采样。

C.2.4 被动扩散采样器(DIFF)利用特别制备的表面，可选择性地收集一种或数种气体成分。对于低浓度 AMC，这种方法需要较长的采样时间。

C.2.5 主动采样器是抽取确定量的空气使其通过吸附介质来进行污染物采样。这种技术可在较短的时间内采集低浓度 AMC。主动采样器所用的仪器比较复杂，并应考虑吸收效率和操作问题。

C.2.6 常见采样方法有：

——吸附管(SOR)，使用装有适用吸附剂的钢管或玻璃管，所用吸附剂如 Tenax[1)]、活性碳、硅胶等；

——过滤器，浸渍有适用的、专门吸附污染物的化学试剂；

——撞击器(IMP)，由一个或若干充有去离子水或适当液体试剂的洗气瓶构成；

——采样袋(SB)，用于高浓度、可直接用于分析设备的 AMC 采样。SB 中一般没有吸附剂。

C.3 常用采样装置和分析方法的选择

C.3.1 常用采样方法

常见采样方法包括但不限于：

——被动扩散型采样器(DIFF)；

——采集过滤器(FC)；

——注有适用溶液的串接撞击装置(IMP)；

——样本袋、采样罐，用于直接采集洁净室空气(SB)；

——吸附管(SOR)；

——采集样本用的代测晶圆或代测板(WW)；

1) Tenax 是一种市售的合适商品。此处的信息旨在方便本部分的用户，并不表示 ISO 对此产品的认可。

——液滴扫描萃取(DSE)；
——扩散管(DT)。

C.3.2 常用分析方法

C.3.2.1 离线分析法

离线分析法包括但不限于：
——原子吸收光谱法(AA-S)；
——石墨炉原子吸收光谱法(AA-GF)；
——原子发射光谱法(AES)；
——化学发光法(CL)；
——毛细管电泳法(CZE)；
——气相色谱-火焰离子化检测器法(GC-FID)；
——气相色谱-质谱法(GC-MS)；
——离子色谱法(IC)；
——电感耦合等离子体质谱法(ICP-MS)；
——红外光谱法(IR)；
——质谱法(MS)；
——紫外光谱法(UVS)；
——傅立叶变换红外光谱法(FTIR)；
——总反射 X 射线荧光光谱法(TXRF)；
——气相分解-总反射 X 射线荧光光谱法(VPD-TXRF)；
——飞行时间二次离子质谱法(TOF-SIMS)；
——大气压离子化质谱法(API-MS)。

C.3.2.2 在线监测仪

在线监测仪包括但不限于：
——化学浸渍纸卷型比色检测分析仪(CPR)；
——离子迁移率分光法(IMS)；
——采用不同类型压电谐振器的(冷凝有机物)增质检测器(MGD)；
——便携式气相色谱设备(PGC)；
——电化学单元型传感器(ECS)；
——离子色谱监测系统(ICS)；
——化学发光监测系统(CLS)；
——氟化物离子监测器(FIM)；
——表面声波(SAW)。

用户应注意检测极限，不要超出。回收率应在 75%～125%之间。

上述测量方法列于表 C.1。

注：适合于给定污染物浓度的分析方法依采样率和采样时间而定。

表 C.1 对应各种预期 AMC 浓度的测量方法组举例

<table>
<tr><th rowspan="2">ISO-AMC 等级/(10^n g/m^3)</th><th colspan="7">污染物类别</th></tr>
<tr><th>酸</th><th>碱</th><th>有机物</th><th>生物毒素</th><th>可凝聚物</th><th>腐蚀剂</th><th>掺杂物</th></tr>
<tr><td>0</td><td rowspan="4">IMP、IC、UVS、DIFF、ECS</td><td rowspan="4">IMP、IC、UVS、DIFF、ECS</td><td rowspan="6">DIFF、SOR、SB、GC-FID、GC-MS、IR</td><td rowspan="4">IMP、IC、UVS、DIFF、SOR、GC-FID、GC-MS、IR、CPR、ECS</td><td rowspan="6">SOR、GC-FID、GC-MS、IR</td><td rowspan="4">IMP、IC、UVS、DIFF、SOR、GC-FID、GC-MS、IR、ECS</td><td rowspan="6">SOR、GC-FID、GC-MS、IR、IMP、IC、ICP-MS、GF-AAS、UVS</td></tr>
<tr><td>−1</td></tr>
<tr><td>−2</td></tr>
<tr><td>−3</td></tr>
<tr><td>−4</td><td rowspan="2">IMP、IC、UVS、CLS、IR、CPR、DIFF</td><td rowspan="2">IMP、IC、UVS、CLS、IR、CPR、DIFF</td><td rowspan="2">IMP、IC、UVS、CLS、IR、CPR、DIFF</td><td rowspan="2">IMP、IC、UVS、CLS、IR、CPR、DIFF</td></tr>
<tr><td>−5</td></tr>
<tr><td>−6</td><td rowspan="2">IMP、IC、UVS、IR、CLS、CPR、DIFF</td><td rowspan="2">IMP、IC、UVS、IR、CLS、CPR、DIFF</td><td rowspan="3">SOR、GC-FID、GC-MS、IMS</td><td rowspan="2">IMP、IC、UVS、IR、CLS、CPR、DIFF、SOR、GC-MS、ICP-MS</td><td rowspan="3">SOR、GC-FID、GC-MS、MGD</td><td rowspan="2">IMP、IC、UVS、IR、CLS、CPR、DIFF、SOR、GC-FID、GC-MS</td><td rowspan="7">IMP、IC、SOR、GC-MS、ICP-MS</td></tr>
<tr><td>−7</td></tr>
<tr><td>−8</td><td>IMP、IC</td><td rowspan="2">IMP、IC、IMS</td><td>IMP、IC、SOR、GC-MS、ICP-MS</td><td>IMP、IC、SOR、GC-MS</td></tr>
<tr><td>−9</td><td>IMP、IC、CZE、IMS</td><td rowspan="4">SOR、GC-MS</td><td>IMP、IC、CZE、IMS、SOR、GC-MS、ICP-MS</td><td rowspan="4">SOR、GC-MS</td><td>IMP、IC、CZE、IMS、SOR、GC-MS</td></tr>
<tr><td>−10</td><td rowspan="3">IMP、CZE</td><td rowspan="3">IMP、IC、CZE</td><td rowspan="3">IMP、CZE、SOR、GC-MS、ICP-MS</td><td rowspan="3">IMP、CZE、SOR、GC-MS</td></tr>
<tr><td>−11</td></tr>
<tr><td>−12</td></tr>
<tr><td colspan="8">注：表中缩写所代表的方法见 C.3。</td></tr>
</table>

附 录 D
（资料性附录）
隔离装置的特殊要求

D.1 概述

D.1.1 隔离装置依据其特性或按其应用，有具体的设计特点。当按 AMC 的要求分级时，需要考虑到这些特点。本附录意在为这些隔离装置提供指导。隔离装置的各种类型和应用详见 GB/T 25915.7。

D.1.2 应考虑隔离装置本身造成污染的可能性。

有些场合无法直接测量 AMC（例如，量太低），此时，确定污染程度的唯一方法是测量表面分子污染（SMC）。

注：SMC（以面积浓度表示）与 AMC（以空气体积浓度表示）之间的关系一般是未知的。若通过实验（或用其他方法）测定了 SMC 与 AMC 的关系，则可使用 SMC 的测量结果来计算 AMC，并据此进行 AMC 分级。

D.2 特殊考虑

D.2.1 屏障技术限制着 AMC 采样方法和分析方法的选择。需方和供方应协商确定最佳检测方法，应考虑根据需要在装置中设计有检测所需设施。

D.2.2 应按本部分附录 A 的说明选择制造隔离装置的材料。许多隔离装置采用软帘，并使用柔性的手套、口袋或操纵装置。应考虑到这些材料及其可能造成的分子污染。

D.2.3 应考虑到材料更新和装置扩建可能带来的分子污染。

D.2.4 在特别需要关注产品的场合，可通过测量和分析产品的表面分子污染来验证装置的性能（见 D.1.2）。

进行表面分子污染验证时，产品在装置内停留的时间可成为主要影响因素并应予考虑。

参 考 文 献

[1] GB/T 25915.4—2010 洁净室及相关受控环境 第4部分:设计、建造、启动(ISO 14644-4:2001,IDT)

[2] GB/T 25915.5 洁净室及相关受控环境 第5部分:运行(GB/T 25915.5—2010,ISO 14644-5:2004,IDT)

[3] GB/T 25915.7 洁净室及相关受控环境 第7部分:隔离装置(洁净风罩、手套箱、隔离器、微环境)(GB/T 25915.7—2010,ISO 14644-7:2004,IDT)

[4] GB/T 25916(所有部分) 洁净室及相关受控环境 生物污染控制(ISO 14698(all part))

有关 AMC 测量方法的参考文献(下述文献含有评估 AMC 的检测方法案例)

[5] JACA No. 34:2000, *Standard for Evaluation of Airborne Molecular Contaminants Emitted from Construction / Composition Materials for Clean Room*

[6] JACA No. 35A: 2003, *Standard for Classification of Air Cleanliness for Airborne Molecular Contaminant (AMC) Level in Cleanrooms and Associated Controlled Environments and its Evaluation Methods*

[7] JACA No. 43:2006, *Standard for Evaluation Methods on Substrate Surface Contamination in Cleanrooms and Associated Controlled Environments*

[8] SEMI E108-0301, *Test Method for the Assessment of Outgassing Organic Contamination from Minienvironments using Gas Chromatography / Mass Spectrometry*

[9] IEST-RP-CC031.1, *Method for Characterizing Outgassed Compounds from Cleanroom Materials and Components*

[10] IDEMA Standard M11-99, *General Outgas Test Procedure by Dynamic Headspace Analysis*

[11] ASTM D5127-99, *Standard Guide for Ultra Pure Water Used in the Electronics and Semiconductor Industry*

ICS 13.040.35
C 70

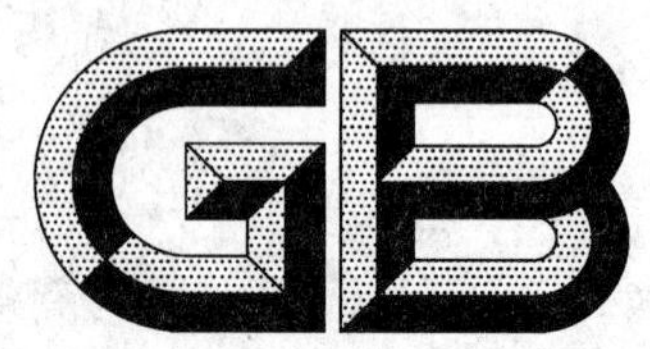

中华人民共和国国家标准

GB/T 25916.1—2010/ISO 14698-1:2003

洁净室及相关受控环境 生物污染控制 第1部分:一般原理和方法

Cleanrooms and associated controlled environments—Biocontamination Control—Part 1:General principles and methods

(ISO 14698-1:2003,IDT)

2011-01-14 发布 2011-05-01 实施

中华人民共和国国家质量监督检验检疫总局
中国国家标准化管理委员会 发布

前　言

GB/T 25916《洁净室及相关受控环境　生物污染控制》分为以下两个部分：

——第1部分：一般原理和方法；

——第2部分：生物污染数据的评估与分析。

本部分是GB/T 25916的第1部分。

本部分按照GB/T 1.1—2009给出的规则起草。

本部分使用翻译法等同采用ISO 14698-1:2003《洁净室及相关受控环境　生物污染控制　第1部分：一般原理和方法》。

本部分由全国洁净室及相关受控环境标准化技术委员会(SAC/TC 319)提出并归口。

本部分负责起草单位：江苏苏净科技有限公司、中国电子系统工程第二建设有限公司、中电投工程研究检测评定中心。

本部分参加起草单位：中国计量科学研究院、国家生物防护装备工程技术研究中心、苏净集团苏州安泰空气技术有限公司、中国石化集团上海工程有限公司、上海德威净化设备工程有限公司、湖南出入境检验检疫局技术中心、北京比赛福生物安全技术有限公司、北京北方天宇建筑装饰有限公司。

本部分主要起草人：姜伟康、车凤翔、祁建城、施红平、汪洪军、徐火炬、邢金城、赵阿萌、宁敏捷、王力、朱金国、金真、郦绍同、陈江浩、王大千。

引　　言

GB/T 25916 的本部分介绍的原理目的在促进适当的卫生规范。有许多标准涉及创建洁净受控环境的重要因素，本部分是其中之一。

现代社会中，卫生在很多领域日趋重要。在这些领域中，卫生学方法或生物污染控制方法正在用于或将要用于制造安全、稳定的产品。卫生敏感产品的国际贸易日益增多，而同时，抗生素药物的使用正在不断减少甚至被禁止，因此更增加了对生物污染控制的需求。

本部分是第一个通用的 ISO 生物污染控制标准。但是，在洁净室及相关受控环境的设计、技术要求、运行和控制方面，除了洁净度外，还应考虑许多其他因素。

有关管理机构可能会在某些情况下规定补充性的政策或限制，在这种情况下，可对标准检测方法按相关规定进行适当调整。

洁净室及相关受控环境
生物污染控制
第1部分:一般原理和方法

1 范围

GB/T 25916 的本部分给出了采用洁净室技术控制生物污染时,对生物污染进行评价与控制的综合计划的原理和基本方法。本部分规定了监测风险区的统一的方法,规定了与风险程度相应的控制措施。低风险区域的生物污染控制也可借鉴本部分的规定。

本部分并未给出具体应用要求。本部分未提及消防和安全方面的问题,此类问题应遵守相关法规以及国家或地方的文件要求。

2 规范性引用文件

下列文件对于本文件的应用是必不可少的。凡是注日期的引用文件,仅注日期的版本适用于本文件。凡是不注日期的引用文件,其最新版本(包括所有的修改单)适用于本文件。

GB/T 25915.4—2010 洁净室及相关受控环境 第4部分:设计、建造、启动(ISO 14644-4:2001,IDT)

GB/T 25916.2—2010 洁净室及相关受控环境 生物污染控制 第2部分:生物污染数据的评估与分析(ISO 14698-2:2003,IDT)

3 术语和定义

下列术语和定义适用于本文件。

3.1 一般术语

3.1.1

干预值 action level

用户在受控环境中设定的微生物量值。在超过该值时,需立即进行干预,包括查明原因及纠正行动。

3.1.2

预警值 alert level

用户在受控环境中设定的微生物量值,对可能偏离正常的状况给出早期报警,超过此值时应加强对工艺的关注。

3.1.3

生物气溶胶 bioaerosol

悬浮在气态环境中的生物微粒。

3.1.4

生物污染 biocontamination

活粒子对物料、装置、人员、表面、液体、气体或空气的污染。

3.1.5

洁净室　cleanroom

空气悬浮粒子浓度受控的房间，其建造和使用方式使房间内进入的、产生的、滞留的粒子最少，房间内温度、湿度、压力等其他相关参数按要求受控。

[GB/T 25915.1—2010，定义 2.1.1][2]

3.1.6

接触器　contact device

专门设计的、装有适当无菌培养基、其表面易于与被测表面接触以采样的装置。

3.1.7

接触盘　contact plate

以刚性盘为容器的接触器。

3.1.8

控制点　control point

受控环境中的点，在该点实施控制以防止危害的发生，或是将其消除或降至允许程度。

3.1.9

受控环境　controlled environment

以规定方法对污染源进行控制的特定区域。

3.1.10

纠正行动　corrective action

当**监测**结果表明**预警值**或**干预值**已被超过时，需要采取的行动。

3.1.11

正规体系　formal system

带有既定书面规程的生物污染控制体系。

3.1.12

危害　hazard

潜在的有害源。

[ISO/IEC Guide 51:1999，3.5][3]

3.1.13

撞击采样器　impact sampler

令空气或气体撞击固体表面以采集其所携粒子的装置。

3.1.14

冲击采样器　impingement sampler

令空气或气体冲击液面并进入液体，以采集其所携粒子的装置。

3.1.15

鉴定　qualification

证实一个对象（作业、工艺、产品、组织或其任何组合）是否能够满足规定要求的过程。

3.1.16

风险　risk

危害发生的可能性及其严重性。

3.1.17

风险区　risk zone

人员、产品或材料极易受污染的界定空间。

3.1.18

落菌盘 settle plate

具有一定尺寸并放置有适当无菌培养基的容器(如培养皿),将其敞开放置,在某规定时间内以收集空气中沉降的**活粒子**。

3.1.19

拭子 swab

对被采集微生物无抑制作用的无菌无毒、带适当尺寸基底物的小棒。

3.1.20

目标值 target level

用户按自己的目的为日常运行目标设定的值。

3.1.21

确认 validation

提供客观证据认定特定的预期用途或应用要求已得到满足。

[GB/T 19000—2008,定义 3.8.5][1]

3.1.22

验证 verification

提供客观证据认定,规定要求已得到满足。

[GB/T 19000—2008,定义 3.8.4][1]

注:对**正规体系**进行验证,可用**监测**和检查的方法,可用规程和**检测**,包括随机采样和分析。

3.1.23

活粒子 viable particle

携带一个或多个活微生物,或其本身就是活微生物的粒子。

3.1.24

活单元 viable unit

VU

计为一个单元的一个或多个活粒子。

注:将琼脂上的菌落计为活单元时,一般称之为菌落单元(CFU)。一个 CFU 可含一个或多个活单元。

3.2 占用状态

3.2.1

空态 as-built

设施已建成并运行,但没有生产设备、材料和人员的状态。

[GB/T 25915.1—2010,定义 2.4.1][2]

3.2.2

静态 at-rest

设施已建成,生产设备已安装好并按需方与供方议定的条件运行,但没有人员的状态。

[GB/T 25915.1—2010,定义 2.4.2][2]

3.2.3

动态 operational

设施按规定方式运行,规定数量的人员按议定方式工作的状态。

[GB/T 25915.1—2010,定义 2.4.3][2]

4 生物污染控制原理

4.1 洁净室及相关环境中应制定并实施生物污染控制的“正规体系”。该正规体系用以评估并控制微生物对工艺和产品的影响。

为此目的,有一些认可的风险评估方法可供使用[4],[5]。“危害分析与关键控制点”(HACCP)[6],[7],[8],[9]就是一个常用的风险评估体系。此外,还可以使用“故障树分析”(FTA)[10],“故障模式与影响分析”(FMEA)[11],以及其他经过确认的等效方法。

这类方法可用于各种类型的危害分析,而本部分仅涉及微生物危害。

4.2 所选定的微生物危害评价与控制体系应包含下述要素:

a) 明确对工艺或产品的潜在危害;评价这些危害发生的可能性,明确防范和控制危害的措施;

b) 确定风险区,确定每个区内为消除或降低危害发生的可能性而可以控制的点、规程、运行步骤以及环境条件;

c) 设定确保有效的控制限值;

d) 制定监测与观测计划;

e) 制定纠正行动方案,即,当监测结果表明某个特定点、规程、运行步骤、环境条件未受控时需采取的纠正行动;

f) 制定用以验证所选正规体系行之有效的规程,其中可包括补充检测和规程;

g) 制定培训规程;

h) 建立并保留相关文档。

5 制定正规体系

5.1 一般要求

用户负责制定、启动、实施可及时发现不利情况的生物污染控制正规体系的文档。该正规体系应适合现场应用、适合于特定设施、特定条件,并成为质量管理体系的必要组成部分。质量管理体系中应包含针对所选正规体系的培训方案。

此外,应仔细设计并实施监测计划(见5.3),注意将采样活动本身污染产品和风险区的可能性降至最低。

应根据相关指南、法规(若存在)及所选正规体系对风险区进行分级。也可以根据空气和表面生物污染的程度来分级,例如分为低危、中危、高危、特危几个级别。

注:本部分并未详细讨论4.2a)和b)所罗列的正规体系的前两部分。如何识别、评价和控制危害的相关内容可在其他资料中查到[12]。

5.2 预警值、干预值、目标值

洁净室或受控环境的用户应设定微生物预警值和干预值。这些设定值应适合于应用现场,适用于风险区的等级,并且使用现有技术可以实现。某些特定应用领域可能只设微生物目标值,不设预警值和干预值。

在初始启动期间和按正规体系确定的间隔期内,应对生物污染数据进行审核,以便建立或确认用于规定预警值和干预值的基准数据。在设定有预警值、干预值、目标值的实际应用场合,预警值和干预值可与目标值相关联。应审核预警值和干预值,并根据情况进行适当调整。

5.3 生物污染监测

5.3.1 概述

应按采样计划,使用恰当的采样方法和计数方法,探查并监测风险区的生物污染。

构成危害的生物污染源包括:空气、表面、纺织品、液体(见附录 A、附录 C、附录 D、附录 F)等。

在建造与调试新设施时,以及在相应的空态条件下的微生物采样,可给出基准数据。风险区的监测可在空态和静态下进行,例行监测也应按所选正规体系的规定在动态条件下进行。

5.3.2 采样

5.3.2.1 概述

根据实际情况的复杂性和多样性选择恰当的采样方法和相关采样规程。根据书面规程和仪器制造商的说明,选择相应的采样器和操作方法实施采样。

5.3.2.2 采样器

根据监测区域的情况选择采样器。选择具体场合所用采样器时应考虑下述因素:

a) 被采活粒子的类型;
b) 该活粒子对采样方法的敏感性;
c) 活粒子的预期浓度;
d) 固有微生物菌群;
e) 风险区的可达性;
f) 检测低浓度生物污染的能力;
g) 进行采样的风险区的环境条件;
h) 采样时间和持续时间;
i) 采样方法、采样介质的材料和特性;
j) 采样器对所监测工艺或环境的影响;
k) 采样准确度和采样效率;
l) 培养方法,活粒子检验和评估方法;
m) 所需信息的类型(例如,是定性还是定量);
n) 适用时,萃取液或洗脱液的效率。

5.3.2.3 采样计划

应按照所选正规体系的规定,制定采样计划并形成文件。书面采样计划对生物污染数据的准确评价与分析是必需的。

采样应在动态条件下、当被测系统微生物浓度最大时进行,例如,换班之前或活动量最大时。在静态条件下的采样也可以给出有关设施的设计和性能方面的有用信息。

采样计划应由下述部分组成:

a) 为提供基准点或基准数据按所选正规体系构架进行的初始采样;
b) 按所定正规体系进行的例行采样。

5.3.2.4 采样计划的制定

为保护人员、环境、工艺、产品,采样计划应考虑风险区所需的洁净程度以及相关活动所需的生物污染控制水平,在采样计划中考虑的事项例举如下:

a) 选择采样点位置,考虑到风险区的位置和功能;

b) 样本数量(有限容量的或小容量的样本可能无法提供有代表性的结果,而某些场合,大量样本可弥补小容量样本的不足);
c) 采样频繁度;
d) 采样方法,是定性还是定量采样;
e) 一个样本的量,或一个样本应覆盖的面积;
f) 稀释剂、洗脱液、中和剂等;
g) 特定条件下可能影响培养结果的因素;
h) 风险区内产生生物污染的作业、人员、设备的影响,诸如:
    1) 压缩气体;
    2) 室内空气;
    3) 生产设备;
    4) 监测和测量仪器;
    5) 存储容器;
    6) 区内人员数量;
    7) 人员未加防护的表面;
    8) 个人服饰;
    9) 防护服;
    10) 墙、顶棚;
    11) 地面;
    12) 门;
    13) 工作台;
    14) 椅子;
    15) 来自其他来源的空气。

5.3.2.5 采样频繁度

采样频度应根据所选正规体系设定。必要时,在下列情况下予以确认或修改:
a) 连续超过预警值或干预值时;
b) 较长时间不工作之后;
c) 风险区探查到传染性病原体时;
d) 通风系统重大维护之后;
e) 影响洁净室环境的工艺变动之后;
f) 记录到异常结果之后;
g) 清洁或消毒方法变更之后;
h) 可能造成生物污染的意外事故之后。

5.3.2.6 采样点

采样点按照所定正规体系来确定,并将其纳入采样计划。

同一个采样点可多次采样。各采样点的采样次数可以不同。

采样应在文件所规定的微生物控制点进行。

5.3.2.7 样本标识

每个样本的标识应包含下述信息或提供追溯下述信息的代码:
a) 采集点;

b) 采集日期和时间；

c) 采样者；

d) 采样时进行的工作；

e) 培养基类型；

f) 偏离采样计划之处。

5.3.3 确认

将所选监测系统纳入 GB/T 25916.2—2010 和 GB/T 25915.4—2010 的附录 C 规定的洁净室及受控环境的鉴定和确认内容。

注：对微生物监测方法的确认见 GB/T 25916.2—2010。

5.4 样本处理

样本的采集、运输、处理应不影响所采有机体的存活力及数量。需要考虑的因素有：

a) 运输与储存的条件和时间；

b) 中和剂的使用；

c) 渗透调节剂的使用。

采集样本的方式及存放的样本容器，应既不增加也不抑制生物污染物。

5.5 样本培养

5.5.1 概述

根据预期的微生物种类、采样环境、采样方法以及使用的设备，选择培养基和培养条件(例如：温度、培养时间、氧分压、相对湿度)。

5.5.2 培养基

除非另有规定，应选用无选择性的培养基。为消除或减少采样点可能残留的抗菌性，可在培养基中加入适当的添加剂。

对于在洁净室或相关环境内使用的培养基，其容器的外表面要保持相应的洁净程度。

注：可能需要 2 层或 3 层包装以保持洁净度。

对培养基应有合适的质量控制方法[13],[14]。

5.5.3 培养

应尽量按对预期进入洁净环境的那些微生物种类有利的生长条件，选择培养基合适的培养温度和培养时间。

细菌的整个培养期为 2 天～5 天，真菌 5 天～7 天，一般是可以的，特别是在活单元(VU)数量低时。厌氧菌、耐热菌、微需氧菌、营养缺陷菌或营养苛求菌、真菌，可能需要特定的环境条件及培养期。培养期间应以适当的时间间隔定期观察器皿。

5.6 采样数据的评估

5.6.1 概述

对生物污染数据进行评估，是为有效地纠正行动提供足够的信息。GB/T 25916.2—2010 给出了有关生物污染数据评估的深入介绍。

注：可测量示踪剂间接监测微生物的污染，如测量三磷酸腺苷(ATP)。但应指出，检出的示踪剂与生物污染之间可能并不直接相关。而验证正规体系或确认监测系统时需要直接估算生物污染物。

5.6.2 计数

一般认为,如同其他的微生物计数一样,生物污染的估计也能受计数所用仪器和方法的影响。因此,对样本活粒子的计数只能使用经过确认的适用方法。

注1:有关活粒子计数的信息见其他资料[15],[16]。

注2:GB/T 25916.2—2010既不假定也不认为活粒子与非活粒子浓度之间存在任何不变的或偶然的数学关系。可根据需要分别设定各种浓度参数的控制水平。

5.6.3 鉴别

微生物监测无法对受控环境中发现的所有微生物种类进行鉴别并定量。因此,在结果的评估中应注明所选的鉴别等级。

注:鉴别等级是由所涉及区域的关键程度,所做探查能否确保更高的鉴别所决定。一般以细胞形态学、染色特性及其他特征进行粗略分级已足够。必要时,现有的实验室方法至少可鉴别至属这一级。通过鉴别所获取的信息,有助于评估清洁与消毒方法、确定污染源、选择适当的纠正行动。对关键区域菌株的鉴别通常先于非关键区域。

6 结果的表述、分析、报告

根据所用的方法,使用SI单位制[17],用活单元(VU)或菌落(CFU)的数量表述结果。有关数据评估的内容见GB/T 25916.2—2010。

为判定趋势,应延长对结果的观察时间,以有助于分析。依据对调查结果和检测结果的审核情况,确定异常结果的显著性,确定该条件下运行或加工产品的合格性。

检测报告应包括或提及下述内容:

a) 样本类型;
b) 所用方法,所用标准的编号及标题;
c) 所使用的采样器;
d) 采样位置;
e) 采样时正在进行的活动类型、占用状态;
f) 采样区人员数量;
g) 采样日期和时间;
h) 采样持续时间;
i) 样本检验时间;
j) 培养条件和培养时间;
k) 与规定检测方法的偏离之处及可能影响结果的因素;
l) 有了初始和最后读数后,对收集的样本进行检验所获得的检测结果;
m) 进行定量检测时,以SI单位制表示结果;
n) 若进行鉴别,对分离株进行说明;
o) 撰写检测报告机构的名称、检测完成日期;
p) 检测者的姓名和签字。

7 正规体系的验证

应定期检验生物污染的监测结果,以确认正规体系的执行符合规定的规程,并已达到规定的要求[见4.2f)]。

注:此项考核可能要用到监测和审计方法,用到检测和规程,包括随机采样和统计学分析。为了确保正规体系功能正常,可能还要对所有工作步骤和设备进行系统性的验证。

若验证表明受控环境偏离规定限值，或受控环境的微生物状况发生变化，应采取纠正行动。必要时应修改正规体系。

8 培训

应制订一项培训计划(见附录G)。

9 文件

文件应含有：

——对正规体系的说明；

——风险评估报告；

——采样计划；

——若适用，干预值、预警值、目标值；

——检测及采样规程；

——检测报告；

——验证报告；

——培训记录。

附　录　A
（资料性附录）
空气生物污染测定指南

A.1　引言

本附录给出了需要或必须控制生物污染的场合测定空气生物污染的指南。测定工作需采集代表性样本，以探查需加以控制和监测的活粒子。

对空气生物污染的评估按本附录的基本原理进行。按基本原理要求，应用洁净室技术的场合要建立一套评估和控制生物污染的正规体系。

附录B给出了采样器的确认方法。

A.2　原理

按照采样计划，根据情况对处于空态、静态或正常运行的风险区，使用适当的仪器采集活粒子，测定并监测风险区空气的生物污染。

A.3　采样器

A.3.1　概述

空气悬浮活粒子的采样和计数方法多种多样[18]，根据所需采样目的决定具体的采样方法及采样器。因采样器的采集效率不同，应慎重选择合适的方法和设备。

采样器分为两类：

a）　被动式采样器，例如落菌盘。

b）　主动式采样器，例如撞击采样器、冲击采样器、滤膜采样器。

这些器具的制造商应提供装置的使用说明及其限制。附录B讨论了主动采样器的采样效率。

A.3.2　采样器的选择

采样率、采样持续时间及采样器的类型等，对所采集微生物的存活力有很大的影响。冲击采样器的采样量小、采样率低，且有可能打碎活粒子团块，因此可能不适合于空气悬浮活粒子的采样。

有多种多样的商用空气微生物采样系统，选型时至少应考虑下述各点：

a）　所采集活粒子的种类和大小；

b）　活粒子对采样方法的敏感性；

c）　活粒子的预期浓度；

d）　对高浓度和低浓度生物污染的检测能力；

e）　适用培养基(见5.5.2)[19]；

f）　采样时间和采样持续时间；

g）　采样环境条件；

h）　采样仪器对单向流的干扰；

i）　采样器特性，诸如：

1) 空气悬浮活粒子浓度低时有适当的抽气量；

2) 适当的撞击速度或气流速度；

3) 采样正确度和采样效力；

4) 易于搬运(质量、尺寸)和操作(易使用,辅助设备,对真空泵、水、电等动力的需求)；

5) 易于清洁、消毒或灭菌；

6) 可能难免向被测生物污染增加活粒子。

采样器的排气不应污染采样环境,不应被采样器再次吸入。

A.3.3 被动式微生物采样器(沉降采样器)

落菌盘等被动式空气微生物采样器不能测量空气中活粒子的总数,而是测量活粒子在表面的沉降率。因此,落菌盘可用于定性或定量评估空气对产品的污染。只要确定单位时间落菌盘上的数量,再根据产品和落菌盘的暴露面积与暴露时间之间的关系,即可计算出产品可能遭受的污染[20],[21]。

A.3.4 主动式微生物采样器

A.3.4.1 一般要求

为评估风险区空气微生物的特征,必使用主动式空气采样装置。有多种商用主动式采样器,每种各有其局限性。

根据采样原理,主要有两种类型的仪器适用于正常(低浓度)生物污染的风险区:撞击采样器和滤膜采样器。

A.3.4.2 撞击采样器和冲击采样器

用于活粒子检测的撞击采样器和冲击采样器有很多种,应选择具有下述特性的装置:

a) 空气撞击培养基的速度兼顾以下两方面:

   1) 速度高到足以捕获小至 1 μm 的活粒子;

   2) 速度低到不会对细菌或霉菌团块造成机械破碎或损伤,以保证活粒子的存活力。

b) 采样量大到足以检测到浓度很低的生物污染,同时又小到足以避免采集介质物理的或化学的劣化。

在高浓度生物污染区域,为获得分离的菌落,应选择合适的撞击方法和采样量,以保证结果有效。

采样器应满足下述最低要求:

——有足够采样流量,在合理时间内能采集 1 m^3 样本,又不致使采样介质过于干燥;

——空气对培养基的撞击速度合适。

A.3.4.3 滤膜采样器

滤膜采样器广泛用于空气采样。只要选择合适的气泵、滤膜和滤膜尺寸,几乎可在给定采样期内采集到所需的任何样本量。

设计与使用滤膜采样器时,应考虑下述因素:

a) 保证过滤时不会影响所采集微生物的存活力,例如不使之脱水;

b) 消除活粒子撞击滤膜速率的静电干扰;

c) 与 A.3.4.2 相同的约束条件,相同的抽气量,相同的空气撞击速度;

d) 确保滤膜夹能在不污染滤膜的情况下,与带有气量测量装置的真空源接通;

e) 确保滤膜在无菌条件下装入滤膜夹,过滤所需空气量后在无菌条件下取出,并可置于固态或液态培养基中。

A.4 结果表达

以每立方米活单元量表示活粒子的数量。

附 录 B
(资料性附录)
空气采样器确认指南

B.1 引言

本附录介绍了确定空气微生物采样器采集效率的方法。这项评估一般由制造商或第三方检测机构进行。

可从两个方面考虑微生物空气采样器的采集效率:物理效率和生物效率。物理效率是将各种粒径的粒子采集到样本中的能力。粒子是否为微生物或携带微生物,是否为无生命粒子,对物理效率无影响。生物效率是将携带微生物的粒子采集到样本中的能力。由于许多原因将造成生物效率低于物理效率:例如采样期间微生物的存活率及采集介质维持微生物生长的能力。本附录主要介绍检测物理效率的方法。

B.2 实验方法

B.2.1 测试柜

合适的测试柜约为宽 1 m、长 2 m、高 2 m,但也可使用任何小型密封空间。试验气溶胶在试验区内发生或从外送入试验区。试验区的送风需经 HEPA 过滤器过滤,并以适当的排气量维持试验区的负压。排风需经 HEPA 过滤器过滤。

测试柜内气流应为非单向流,其换气次数与一般的洁净室相当,即每小时 20 次~60 次。应注意送风方式与排风方式,以防止未经混合的空气在局部位置集中。在送排风量充分且维持柜内负压的同时,用旋桨或风扇使检测区内其余的位置循环起来,是一种有效的方法。

柜内需要配备粒子计数器及空气采样手段,用于检查气溶胶的混合情况和气溶胶浓度。

温、湿度应分别维持在(22±2)℃及(50±10)%。可以从柜外使用长手套或半身装操纵检测区内的仪器。

B.2.2 微生物检测菌种

B.2.2.1 物理效率检测用菌种

检测菌种应为枯草芽孢杆菌 NCTC 10073(=DSM 2277),该菌种在采样条件下可良好存活。检测菌种应在符合其营养要求的培养基中制备,并用来配成洗净孢子悬浮液。

注:可以使用聚苯乙烯微粒及其他类型的非活粒子来测定空气采样器的物理效率[22],与采用微生物粒子得出的结果相近。而某些采样器无法探测所有的非活粒子,但采用微生物时,可长成易于观察与鉴别的菌落。

B.2.2.2 检测生物效率的菌种

工作区空气中的很多微生物来自人的皮肤,其中主要为凝血酶阴性葡萄球菌。但有些房间也可查到大量来自工艺的微生物。若要进行生物试检,应以那些室内空气中的常见细菌来试验。可以使用表皮葡萄球菌(NCTC 11047,ATCC 14990)。但应指出,喷雾液、喷雾方法和喷雾条件的改变可能会导致生物效率的变化,使得生物方法不如物理方法可靠。

B.2.3 微生物粒子的发生

旋转陀螺或旋转盘气溶胶发生器可生成粒径受控的气溶胶[23]。微生物悬浮液被卷至高速旋转的盘或陀螺上，进而生成均匀的细微液滴。液滴大小随转速而变。液滴会迅速干燥，因液体中不溶物质的含量而生成各种粒径的干粒子。当已知液体的密度、表面张力、转盘的转速和直径，就可以利用公式计算出液滴的粒径。

液滴形成后，会因蒸发作用按其固体物质的含量而缩小至相应尺寸。在喷雾液中加入碘化钾可增加液滴的粒径和质量。利用以下公式可以计算干粒子的粒径；也可在测试柜内用滤膜进行空气采样，然后用显微镜测量。

球体半径(r)与体积(V)的关系如式(B.1)：

$$r=\left(\frac{3}{4}V\div\pi\right)^{\frac{1}{3}} \qquad \text{(B.1)}$$

干粒子的尺寸由液滴中固体物质的含量和孢子两者决定[如式(B.2)]：

$$\text{干粒子半径}=\left[\frac{3}{4}(V_p+V_s)\div\pi\right]^{\frac{1}{3}} \qquad \text{(B.2)}$$

式中：

V_s——孢子体积(约 0.5 μm^3)；

V_p——蒸发后粒子的体积，可以按式(B.3)计算：

$$V_p=\frac{\text{湿粒子体积}(m^3)\times\text{粒子内固体物质含量}(g/m^3)}{\text{溶液内固体物质的含量}(g/m^3)} \qquad \text{(B.3)}$$

确定了干粒子的半径，也就知道了直径。

粒子的空气动力学特性随密度变化。因此有必要按式(B.4)计算干粒子的当量粒径，即，假设干粒子密度均匀：

$$\text{当量粒径}=d(\rho)^{\frac{1}{2}} \qquad \text{(B.4)}$$

式中：

d——干粒子的直径；

ρ——所含固体物质的密度。

B.2.4 检测

在测试柜内近似于洁净室紊流状态的区域进行检测。将被试采样器与一个带有 0.45 μm 孔径的滤膜采样器相邻放置。为保证粒子被采时已干燥，两只采样器都要与气溶胶发生器保持一段距离(约 1 m)。用粒子计数器检查被试采样器和滤膜夹处粒子的浓度，确认两者相同。滤膜采样器的采样量约为 5 L/min。滤膜的面应朝向一侧或朝下，不应朝上，以防止粒子因重力沉降在滤膜上。同时开启两只采样器。采样时间依携带微生物粒子在空气中的浓度而定，但几分钟足够。检测后，将滤膜置于含有酪素胨豆粉胨琼脂或经过确认的等效培养基中。两个样本在 37 ℃下培养 2 天后，统计菌落数。

将浓度不大于 10^6 mL^{-1}～10^7 mL^{-1}的洗净孢子悬浮液混入 80%的乙醇溶剂中，以保证大多数液滴中只含有个别孢子。所需气溶胶发生量根据测试柜的大小、送风量及排风量而定。气溶胶的浓度不应过低以致采样时间过长，也不应过高以致采样介质上菌落重叠。

为了喷雾时粒径处在一定范围内，应将含量不同的固体物散布在溶液中。利用 B.2.3 中的公式，可计算出所需固体物的含量。应准备 5 份溶液，生成当量粒径约为 0.8 μm～15 μm 范围的粒子。对每种粒径进行不少于 10 次的实验。

B.3 结果表述

有了等量空气下被试采样器和滤膜的检测数据,可用式(B.5)计算效率:

$$采样器效率(\%)=\frac{被试采样器的计数}{总计数(滤膜采样器计数)}\times 100 \qquad \cdots\cdots(B.5)$$

将结果绘制成与粒径对应的效率图,图示各粒径的效率平均值和标准差。

附 录 C
（资料性附录）
表面生物污染测定指南

C.1 引言

本附录给出了测定表面生物污染的指南，用于需要或必须控制生物污染的场所，特别是风险区。本项测量包括采集代表性样本以检测存在的并需控制或监测的活粒子。这些方法可能无法给出活微生物的总数，但可给出在受控条件下相关的、可对比的结果。这些方法一般用于动态工况，条件适当时，也可用于空态或静态。

这种对空气悬浮生物污染评定的是按照本部分的基本原理进行的，它要求确立一正规体系用以评定和控制应用洁净室技术场所的生物污染。

C.2 原理

使用接触器或拭子，可以获得某表面某时间点的微生物数量。接触器以已知面积的固态营养介质与表面接触，培养后显现的菌落，可给出原有活单元的镜象“图”。用拭子擦拭某个表面，它抹去的微生物数量就可计算出来。

将已知面积的培养基表面暴露一定时间，然后培养，就得到微生物在表面的沉降量。所得菌落数给出的是单位面积单位时间段的沉降率。

C.3 采样器

C.3.1 接触采样器

可用接触盘或其他类似装置，这些装置内有合适的硬质或软质容器，容器内的营养介质与被采样表面接触，接触面积应≥20 cm^2。

均匀用力将整个营养介质压住表面几秒钟，不得移动。然后将该装置放回容器内，再清洁被采样表面，清除残留营养物。

C.3.2 拭子

也可以使用适当的擦拭法采集活单元。对接触装置触及不到的、不平或有凹陷的非吸收性大表面，用灭菌的湿拭子、海棉或抹布采样特别方便。

先用灭菌的清洗介质沾湿拭子。在慢慢转动拭子的同时，用同向密集的动作，擦过规定的采样区域；而后，用同一拭子沿垂直于前次的方向以同样方式擦拭。然后将拭子置于规定量的洗脱液中搅动。检验洗脱液中的活单元。采样后应清洁采样处的表面，清除残留的清洗介质。

C.3.3 落菌盘

落菌盘可对空气中沉降于表面的活粒子所造成的污染，进行定性和定量的评估。

落菌盘中盛有合适的培养基，可以在适当的场合，判定出给定时间从空气中沉降到表面并携带微生物粒子的数量。落菌盘应经培养。这种方法无法测定空气中微生物总量，测得的是采样期间降落于表面的微生物数量。

采用大直径培养皿(即直径 14 cm)并延长暴露时间,同时注意防止培养基脱水,可提高此方法的灵敏度[24]。

C.4 结果表达

应以每 dm^2 活单元量表示表面活粒子的数量,或每小时每 dm^2 活单元量表示落菌盘检测到的活粒子数量($1\ dm^2=100\ cm^2$)。

附 录 D
（资料性附录）
纺织品生物污染测定指南

D.1 引言

D.1.1 本附录给出了测定纺织品生物污染的指南，用于需要或必须控制生物污染的场合。

对纺织品生物污染的评价是按本部分的基本原理进行的。它要求制定一套评价和控制洁净室生物污染的正规体系。

此项评价包括采集代表性样本，探查并监测存在于纺织品上或从纺织品脱落的活粒子。

风险区中使用的纺织品应具有相应的洁净度，使其适合于作业需要，或适合于使用目的，或两者皆适。为了在风险区内降低纺织品对各种作业、产品、装置等造成不利影响的风险，应监测纺织品的生物污染。

D.1.2 选择风险区所用纺织品以及评价其生物污染时，应考虑下述因素：

a） 纺织品的类型和形式，诸如防护服装、抹布等；
b） 选用的布料；
c） 纺织品产生和散发粒子的特性；
d） 由于纺织品过滤性能差，使得屏障效果差；
e） 纺织品的清洁、灭活或灭菌；
f） 清除纺织品上粒子的效率；
g） 服装设计；
h） 纺织品的透气性、表面状况、耐磨性。

D.1.3 如发现纺织品生物污染过多，要用适当的方法找出可能的原因。常见的原因有：

a） 因纤维种类、织法等纺织品特性使粒子滞留欠佳；
b） 使用不当，例如服装更换次数太少；
c） 灭活不充分，清洁效果差，或两者兼有；
d） 纺织品洗涤周期不当，影响对风险区微生物的抑制；
e） 洗涤后再次被污染。

本附录不适用于判定活粒子对纺织品的穿透性。本附录未涉及某些应用场合对纺织品的灭菌、防尘等特殊要求，未涉及纺织品质量的直观检查或触摸判定。

D.2 原理

使用适当的采样装置，按照采样计划采集活粒子，以检测和监测风险区内纺织品的微生物污染。

D.3 接触采样装置

可以使用合适的接触装置（见附录C），包括适用于检测小型纺织品的装置，测量纺织品上的活粒子。若有可能，应将纺织品平铺在光滑平坦的硬质表面上，再使用接触盘。

若所用采样器内放置的是脱水培养基，可按制造商的说明添加适量液体。有时，也可以使用能够钝

化或中和洗脱液或消毒剂的溶液，或者兼可中和洗脱液和消毒剂的溶液。

注：若需在使用前对纺织品灭菌，灭菌确认工作的一项内容是，将纺织品的样本置于萃取液中，加以机械搅拌（如使用均浆器），析出其上的微生物。再将萃取液经滤膜过滤，即可测定纺织品的生物污染状况。

D.4 结果表示

应以每 dm^2 的活单元量表示采样纺织品的活粒子数量（$1\ dm^2 = 100\ cm^2$）。

附 录 E
（资料性附录）
洗涤工序确认指南

E.1 引言

本附录给出确认洗涤工序的方法的指南及所用技术，用于需要或必须控制生物污染的场合。

E.2 检测方法

E.2.1 原理

确认过程中所使用的样品件与受检工序所洗涤的纺织品属同一类型。用定量的已知微生物污染样品，然后使其经过待确认的洗涤工序，以检验该工序将细菌降至原水平的十万分之一，或将酵母菌和真菌孢子降低至原水平的万分之一量级的能力。

需要进行的对照：

a) 对照样 A：原微生物悬浮液中活单元的计数。对照样 A 用以证实初始微生物数量足以进行降低微生物数量级的测量；

b) 对照样 B：除不经洗涤工序外，对照样 B 与被试样品所经历的过程完全相同。对该对照样的活单元进行计数。对照样 B 是用来证实确认过程中微生物的成活力未发生变化；

c) 对照样 C：除经洗涤工序之后再用微生物悬浮液污染外，对照样 C 与被试样品经过包括洗涤工序在内的完全相同的过程。对该对照样的活单元进行计数。对照样 C 是用来证实活微生物的计数方法适合于工艺条件（时间、机械效应、温度、纺织品上残留的洗涤剂等）。

对于正式检测，要在蛋白质溶液中制备已知微生物的悬浮液并将已知量的悬浮液施于被试样品。被试样品作为模拟的正常负荷中的一部分经过洗涤工序。洗涤后，对被试样品上的微生物进行计数。测量微生物的减少程度，并与以上提到的降低数量级进行比较。

模拟正常洗涤所用的服装，应灭菌后才能再次使用，或予以销毁。

E.2.2 微生物

E.2.2.1 细菌

至少要使用下列菌种：

a) 希氏肠球菌 ATCC 10541；

b) 大肠杆菌 ATCC 10536。

E.2.2.2 真菌

如有真菌存在，则至少要使用下列真菌种：

a) 啤酒酵母 ATCC 9084；

b) 黑曲霉 ATCC 16404。

E.2.2.3 细菌孢子

如有孢子存在，则至少要使用下列孢子菌种：

枯草芽孢杆菌 ATCC 6633。

E.2.3 微生物悬浮液

E.2.3.1 悬浮液介质

细菌应使用灭菌蛋白胨盐水作为悬浮液的介质。真菌另加体积分数 0.05%的聚山梨醇酯 80 或其他经过确认的化学品,细菌孢子应使用灭菌蒸馏水。

E.2.3.2 回收介质

可使用悬浮液介质,蒸馏水或在检测条件下能被过滤的任何溶液。如必须使用消毒剂中和媒介,可将其加入回收介质中。

E.2.3.3 蛋白质溶液

需制备下述水溶液:

——A 溶液:质量浓度 3%牛血清白蛋白(库恩组份 V),如需要将其调至 pH=6.8±0.2,用滤膜除菌;

——B 溶液:质量浓度 15%酵母菌萃取液,将其调至 pH=7±0.2,用经过确认的步骤灭菌;

——C 溶液:将 A 溶液与 B 溶液按 100∶20 比例混合,所以每种蛋白质的质量浓度为 2.5%。

E.2.4 对照样和被试样品

这些小尺寸纺织品样品应能代表那些待确认洗涤工序所洗涤的纺织品,并且只能使用 1 次。样品的尺寸为 10 cm×5 cm,其中有 5 cm×5 cm 的污染面积,还有自由端,以便系在某件待洗涤的纺织品上。

用可透蒸汽的材料包裹样品,用经过确认的方法灭菌。

E.2.5 制备培养液

制备每毫升细菌细胞≥10^8 个,或每毫升真菌细胞或细菌孢子≥10^7 个的悬浮液。

E.2.6 规程

E.2.6.1 对照样检测

——对照样 A:用培养液适当稀释培养基后,对含菌量 30 VU/mL~300 VU/mL 的稀释悬浮液中的活单元(VU)进行 2 次计数。2 次计数的平均值记为 N。检查原悬浮液中细菌细胞浓度是否≥10^8 个 mL^{-1},真菌细胞或细菌孢子是否≥10^7 个 mL^{-1}。

——对照样 B:使用适当的稀释液,在两片对照样上滴 0.5 mL 含菌量 30 VU/mL~300 VU/mL 的悬浮液,在另两片对照样上滴 0.5 mL 含菌量 300 VU/mL~3 000 VU/mL 的悬浮液。除了不经洗涤工序外,这 4 片对照样与被试样品在检测全过程中经相同的处理和检测。返回实验室后,用琼脂营养基进行培养。受污染最重的两片对照样上活单元平均计数记为 N'_1,另外两片的平均计数记为 N'_2。

——对照样 C:在 1 片对照样上滴 0.5 mL 的蛋白质 C 溶液(见 E.2.3.3)。令此样片经历整个洗涤工序,然后浸入 100 mL 的回收介质中,搅拌 15 s~30 s,放入培养皿。然后将 1 mL 含菌量 30 VU/mL~300 VU/mL的悬浮液滴在该对照样上,再将其用 10 mL 琼脂培养基覆盖,对其进行培养与计数。该计数记为 n_1。用过滤微生物的滤膜过滤前面所用的 100 mL 回收介质。滤膜经 3 次洗脱后,浸入 50 mL 的新回收介质中。在这 50 mL 回收介质中加入 1 mL 含菌量

30 VU/mL～300 VU/mL 的悬浮液，然后再过滤。用另外 50 mL 新回收介质清洗滤膜和过滤装置，然后再过滤，之后，将滤膜放到琼脂介质上进行培养。此计数记为 n_2。计算 $n=(n_1+n_2)/2$。

若 $N\cong N'_2\cong n$，则确认该检测的实验条件有效。

若 $N'_2\leqslant 0.5N$，且 $N'_1\leqslant 0.05N$，或 $n\leqslant 0.5N$，则检测的实验条件无效，不能进入下一步的正式检测。要重新制作对照样，例如，可在尚未经洗涤工序的对照样上加适当的化合物以中和残留的化学品。

E.2.6.2 正式检测

将 3 mL 的微生物悬浮液(E.2.5)与 2 mL 的蛋白质 C 溶液(E.2.3.3)在环境温度下混合 5 min。将 0.5 mL 该混合悬浮液滴到被试样品上。每种微生物需要 3 块样片。

在经洗涤工序后，尽快将对照样片带回实验室。将每块样片放入 100 mL 的回收介质中，搅拌 15 s～30 s，然后按下述步骤操作：

a) 取其中 0.1 mL，加入 9.9 mL 新回收介质中，并加以搅拌。用滤膜过滤这 10 mL 回收介质，再让 50 mL 新回收介质通过滤膜 3 遍，将滤膜放到琼脂营养基上培养；

b) 取其中 1 mL，经滤膜过滤，再用 50 mL 新回收介质通过滤膜 3 遍，将滤膜放到琼脂营养基上培养；

c) 用滤膜过滤剩下的 98.9 mL，再用 50 mL 新回收介质通过滤膜 3 遍，将滤膜放到琼脂营养基上培养；

d) 在无菌条件下将每块被试样品放入培养皿，用琼脂培养基覆盖并培养。

n'_1 为滤膜上测出的活单元数量，即 E.2.6.2a)、b)、c)计数的平均值；

n'_2 为 E.2.6.2d)中被试样品上的活单元的平均值。

因此，经洗涤工序后残留微生物的数量为 $R=n'_1+n'_2$。

E.2.7 结果说明

计算对照样品上微生物数量 N 与 R 的比值，检验洗涤工序是否确实将细菌量至少降低至十万分之一，将酵母菌和细菌孢子量至少降低到万分之一。

附 录 F
（资料性附录）
液体生物污染测定指南

F.1 引言

本附录是测定液体（水或其他液体）生物污染的指南，用于需要和必须控制生物污染的场合。此项评价要采集代表性的样本，探查那些现存的、需要加以控制或监测的活粒子。

对液体生物污染的评定是按本部分的一般原理进行的，它要求制定一套评价和控制洁净室生物污染的正规体系。除此之外，还要考虑下述因素：

a） 风险区内的微生物生态及相关参数；

b） 具体液体中活粒子的预期浓度；

c） 液体的状况；

d） 采样的准确度和采样效率。

F.2 原理

使用适当采样器，在风险区处于静态或日常正常运行时，按照采样计划采集风险区内液体的样本，探查并监测风险区内液体的微生物污染状况。可采用直接或间接测量法对活粒子进行定性和定量的检测。

F.3 规程

F.3.1 指南

液体生物污染的检测方法有多种，要根据液体特性和所需采样量选择具体方法。例如，倾注平板法、平板涂布法、滤膜过滤法及其他方法[25]。

为便于采样应适当降低液体压力。应注意液体的状况和液体中活单元的预期浓度。

F.3.2 样本准备

根据液体的状况和生物污染程度，可对样本进行直接检验或经适当处理后再检验。

F.3.3 样本检验

应选择适合于采样液体特性的生物污染检测方法。

F.4 结果表示

应以每 mL（1 cm^3）的活单元表示活粒子数量。

附 录 G
（资料性附录）
培 训 指 南

G.1 引言

本附录给出了有关洁净室及相关受控环境中以生物污染控制为内容的人员培训指南。

按本部分所选定体系进行工作的所有人员，都需经过适当的、有组织的持续培训。此项培训是质量管理体系各个部分的基本支撑，是质量管理的关键。包括分包商在内的所有相关人员都要经过适当的培训，才能保证持久、可靠、可再现的效果。要特别注意对微生物监测和实验室分析人员的专业培训。

培训需制订实用的计划和培训教材，各种培训活动的文件和记录需要保留，还需要一套培训验证体系。既可在本单位内，也可由独立机构在单位外进行培训。

本附录仅指出生物污染控制领域一个培训考核周期中应有的最主要内容和要素，但并未提出资格评定、能力水平、能力鉴定或整个人员培训计划的标准。

G.2 标准培训计划的内容

G.2.1 概述

应按规程的相应要求准备培训文件，并在文件中对规程的每个步骤给予详细说明。应将每个步骤的内容再细分为多个组分，全面地说明在培训中这些步骤的内容和范围。

G.2.2 培训文件

培训文件中应考虑以下各个方面：

a） 培训使用的文件和参考资料目录；

b） 培训目标和所用方法的说明和定义；

c） 每个规程步骤的详细说明，以便于全面理解该具体步骤的实施要求；

d） 适用时，测量的结果；

e） 培训课程表，培训在内部的还是在他处举办；

f） 对培训效果的评估。

应对所选定的体系制定统一的培训手册，而不是对每个规程或内容各自制定单独的培训指南。文件的格式应当统一，重点是相关的规程，应避免繁琐的背景材料。

G.2.3 培训手册

应将与特定领域或特定设施相关的所有培训资料整理成一份培训手册。该手册应将规程细化为标准的、可清楚理解的独立步骤，以达到满意的效果。

培训手册一般应用于下述目的：

a） 新员工培训；

b） 采用新方法、新仪器、新采样器时；

c） 微生物与卫生管理规范，实验室安全；

d） 风险分析；

e) 采样计划和监测计划的变更；
f) 效果不够满意时的再培训；
g) 定期验证。

G.2.4 微生物和生物污染控制程序

工作于受控环境的所有人员以及负责环境控制项目管理和日常运行的人员(包括采样人员和实验室技术人员)的正式培训，应包括：

a) 微生物学基本原理；
b) 实用微生物学基础，卫生学基础，流行病学基础；
c) 员工无菌操作规范及预防措施；
d) 环境控制方法原理；
e) 微生物采样技术；
f) 微生物危害分析的基本原理；
g) 了解生物污染控制的目标值、预警值与干预值；
h) 趋势分析原理；
i) 实验室用各种方法的专门培训，微生物鉴别自动化辅助系统的专门培训；
j) 撰写清楚报告的介绍。

G.3 培训的验证

G.3.1 概述

验证是为证实确已举办培训，并有文档记录。对人员已按规定的体系受过培训的验证，是建立在规程基础上的。因此，规程实施细节是培训验证的重点。为了便于验证学员按操作规程完成本职工作的能力，建议采用一套系统的验证方法。

G.3.2 评定手段

有了培训验证方法，还有必要设计一套评定程式来验证培训效果。可对照实验室、或本部门、或监督机构、或培训机构制定的技能标准，评定员工的表现。可使用各种“考核手段”来评定学员的表现，例如：

a) 按照培训计划的目标进行评定；
b) 书面考试；
c) 评定对下述项目的应对：
   1) 关注领域的案例研究；
   2) 问题；
   3) 与规程有关的一些情况。
d) 回答与规程有关的口头提问；
e) 对已知样本和未知样本进行检测。

应在评定开始之前告诉所有参加者通过评定的标准。

G.3.3 文件

G.3.3.1 概述

培训结果的相关文件可采用各种格式。在培训验证文件中，员工记录及其格式的连贯性十分重要。

文件应符合法规要求，符合认证要求，符合标准要求；符合机构(雇主)的政策或部门的政策，或同时符合这两者；符合实验室部门服务工作和方针要求。

G.3.3.2 记录保存

应保存清楚的、并含有下述内容的书面记录：

a) 受训者姓名；

b) 培训负责人姓名；

c) 记录保存的地方及可查看记录的人员；

d) 记录何时作废；

e) 可在何时以何种方式查看记录。

参 考 文 献

[1] GB/T 19000—2008 质量管理体系 基础和术语(ISO 9000:2005,IDT)

[2] GB/T 25915.1—2010 洁净室及相关受控环境 第1部分:空气洁净度等级(ISO 14644-1:1999,IDT)

[3] ISO/IEC Guide 51 Safety aspects—Guidelines for their inclusion in standards

[4] ISO 14971 Medical devices—Application of risk management to medical devices

[5] COVELLO, V. T., MERKHOFER, M. W. (eds.). Risk assessment methods. Approaches for assessing health and environmental risks. New York, Plenum Press, 1993

[6] PIERSON, M. D., CORLETT, D. A. (eds.). HACCP—Principles and applications. New York Van Nostrand Reinhold, 1992

[7] Hazard Analysis Critical control Point(HACCP) system and guidelines for its application. 1995 Codex Alimmentarius Commission. 97/13. Annex to Appendix Ⅱ. Joint FAO/WHO Food Standards Programme. Rome, Food and Agricultural Organization of the United Nations, 1995

[8] JAHNKE, M. Use of the HACCP concept for the risk analysis of pharmaceutical manufacturing process. European Journal of Parenteral Sciences, 1997, 2(4):113-117

[9] ISO 15161 Guidelines on the application of ISO 9001:2000 for the food and drink industry

[10] IEC 61025:1990 Fault tree analysis(FTA)

[11] IEC 60812:1985 Analysis techniques for system reliability—Procedure for failure mode and effects analysis(FMEA)

[12] WHYTE, W. Operating a cleanroom: Contamination control. From Chapter15, Cleanroom technology—The fundamentals of design, testing and operation. Chichester, U. L. John Wiley and Sons, 2001

[13] DIN 58949-9, Quality management in medical microbiology—Part 9: Requirements for use of control strains for testing culture media

[14] CORRY, J. E. L. (ed.). Quality assurance and quality control of microbiological culture media. Darmstadt, GIT Verlag, 1982

[15] ISOARD, P., CALOP, J., CONTAMIN, C. La contamination microbiologique des atmosphères closes. Origines: méthods d'études. Journal de Chirurgie(Paris), 119:503-512

[16] ISO 7218 Microbiology of food and animal feeding stuffs—General rules for microbiological examinations

[17] ISO 31(all parts) Quantities and units

[18] HENNINGSON, E. W., AHLBERG, M. S. Evaluation of microbiological air samplers: a review. Journal of Aerosol Science, 1994, 25:1459-1492

[19] MARTHI, B., LIGHTHART, B. Effects of betaine on enumeration of airborne bacteria. Applied and Environmental Microbiology, 1990, 56:1286-1289

[20] WHYTE, W. In Support of settle plates. PDA Journal of Pharmaceutical Science and Technology, 1996, 50:201-204

[21] PITZURRA, M., PASQUARELLA, C., PITZURRA, O., SAVINO, A. La misura della contaminazione microbicadell'aria: ufc/m3. e/o IMA Nota 2. Ann. lg., 1996, 8:441-452

[22] MACHER, J. M., FIRST, M. W. Reuter centrifugal air sampler: Measurement of effective airflow rate and collection efficiency. Applied and Environmental Microbiology, 45:1960-1962

[23] CLARK, R. P., GOFF, M. R. The potassium iodide method for determining protection factors in openfronted microbiological safety cabinets. Journal of Applied Microbiology, 1981, 51:439-460

[24] WHYTE, W., NIVEN, L. Airborne bacteria sampling: the effect of dehydration and sampling time. Journal of Parenteral Science and Technology, 1986, 40:182-187

[25] TAYLOR, R. H. M., ALLEN, J. M., GELDREICH, E. E. A comparison of pour plate and spread plate methods. Journal of the American Water Works Association, 1983, 75:35-37

ICS 13.040.35
C 70

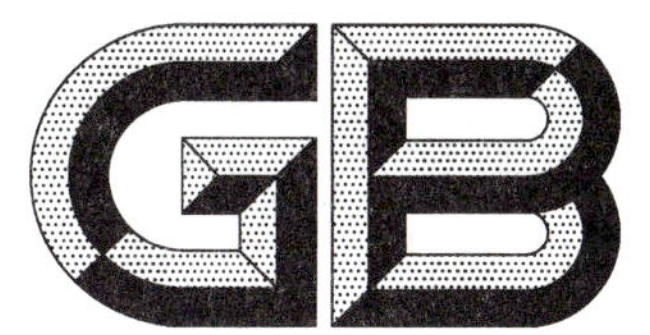

中华人民共和国国家标准

GB/T 25916.2—2010/ISO 14698-2:2003

洁净室及相关受控环境 生物污染控制 第2部分：生物污染数据的评估与分析

Cleanrooms and associated controlled environments—Biocontamination control—Part 2: Evaluation and interpretation of biocontamination data

(ISO 14698-2:2003,IDT)

2011-01-14 发布 2011-05-01 实施

中华人民共和国国家质量监督检验检疫总局
中国国家标准化管理委员会 发布

前　言

GB/T 25916《洁净室及相关受控环境　生物污染控制》分为以下两个部分：

——第1部分：一般原理和方法；

——第2部分：生物污染数据的评估与分析。

本部分是GB/T 25916的第2部分。

本部分按照GB/T 1.1—2009给出的规则起草。

本部分使用翻译法等同采用ISO 14698-2:2003《洁净室及相关受控环境　生物污染控制　第2部分：生物污染数据的评估与分析》。

本部分由全国洁净室及相关受控环境标准化技术委员会(SAC/TC 319)提出并归口。

本部分负责起草单位：江苏苏净科技有限公司、中国电子系统工程第二建设有限公司、中电投工程研究检测评定中心。

本部分参加起草单位：中国计量科学研究院、国家生物防护装备工程技术研究中心、苏净集团苏州安泰空气技术有限公司、中国石化集团上海工程有限公司、上海德威净化设备工程有限公司、湖南出入境检验检疫局技术中心、北京比赛福生物安全技术有限公司、北京北方天宇建筑装饰有限公司。

本部分主要起草人：姜伟康、车凤翔、祁建城、施红平、汪洪军、徐火炬、赵阿萌、宁敏捷、王力、朱金国、金真、陈江浩、郦绍同、王大千。

引　　言

按本标准第1部分的原理和方法采集的生物污染数据，以本部分给出的一般方法进行评估。该方法也可用于评估其他体系采集的生物污染数据。

洁净室及相关受控环境
生物污染控制　第2部分：
生物污染数据的评估与分析

1　范围

GB/T 25916 的本部分给出评估微生物数据的一般方法以及估计风险区活粒子采样结果的一般方法。适用时，本部分应与本标准第1部分一起使用。

2　规范性引用文件

下列文件对于本文件的应用是必不可少的。凡是注日期的引用文件，仅注日期的版本适用于本文件。凡是不注日期的引用文件，其最新版本（包括所有的修改单）适用于本文件。

GB/T 25916.1—2010　洁净室及相关受控环境　生物污染控制　第1部分：一般原理和方法（ISO 14698-1:2003，IDT）

3　术语和定义

下述术语和定义适用于本文件。

3.1

干预值　action level

用户在受控环境中设定的微生物量值。超过该值时，需立即进行干预，包括查明原因及纠正行动。

3.2

预警值　alert level

用户在受控环境中设定的微生物量值，对可能偏离正常的状况给出早期报警。

注：当超出预警值时，应加强对工艺的关注。

3.3

文件索引　audit trail

相关文件链或文档条目，可以据此追溯相关信息。

3.4

生物污染　biocontamination

活粒子对物料、装置、人员、表面、液体、气体或空气的污染。

3.5

洁净室　cleanroom

空气悬浮粒子浓度受控的房间，其建造和使用方式使房间内进入的、产生的、滞留的粒子最少，房间内温度、湿度、压力等其他相关参数按要求受控。

[GB/T 25915.1—2010，2.1.1][2]

3.6

数据分组 data stratification

为便于看出并理解重要趋势和偏差而对数据进行的重新组合。

3.7

估计值 estimate

根据样本估计结果获得的估计量的值。

[ISO 3534-1:1993,2.51][3]

3.8

估计 estimation

根据样本推断总体分布的未知成分,例如参数。

[ISO 3534-1:1993,2.49][3]

3.9

估计量 estimator

用于估计总体分布未知量的统计量。

[ISO 3534-1:1993,2.50][3]

3.10

危害 hazard

对人员、环境、工艺或产品有不良影响的生物、化学或物理的因素。

3.11

风险 risk

危害发生的可能性及其严重性。

[ISO/IEC 51 指南:1999,3.2][6]

3.12

风险区 risk zone

人员、产品或材料特别易受污染的界定空间。

3.13

目标值 target level

用户按自己目的所设定的微生物量值。

3.14

确认 validation

提供客观证据,认定特定的预期用途或应用要求已得到满足。

[GB/T 19000—2008,3.8.5][1]

3.15

活粒子 viable particle

携带一个或多个活微生物,或其本身就是活微生物的粒子。

3.16

活单元 viable unit

VU

计为一个单元的一个或多个活粒子。

注:将琼脂上的菌落计为活单元时,一般称之为菌落单元(CFU)。一个 CFU 可含一个或多个活单元。

4 生物污染数据的评估与分析

4.1 概述

GB/T 25916.1—2010 说明了干预值、预警值以及必要时目标值的设置、计数方法的确认、生物污染数据的采集。本部分所说明的是对采集数据的评估与分析。

处理风险区微生物采样结果，应考虑下述因素：

——待采集的结果类型；

——必要的信息；

——采集结果的处理方法(如统计方法、相关性分析、人工智能，等等)；

——对结果进行分组以突出重要的趋势和偏差，即数据分层；

——表达结果的方法(如定性、定量、图形、数字)以及所用的测量单位；

——分析方法的稳定性和潜在问题；

——趋势分析；

——控制图；

——对结果的估计、分析和报告。

建议生物污染数据的评估分两个阶段进行：初始监测阶段(设定流程)和日常监测阶段。

4.2 初始监测阶段数据的估计与评估(设定流程见图 1)

4.2.1 生物污染的显著性

为获得按 GB/T 25916.1—2010 采集的生物污染数据的可靠估计值，有必要考虑下述变量：

——足够数量的样本，采样材料的均一性，适用时，样本稀释的准确度；

——所涉及的活粒子的光谱组成及其随时间的变化率，不利条件和伤害对其存活与恢复的影响；

——风险区和其他受控环境的各采样点的结果；

——培养方法及计数方法；

——选择分析方法，直接测量与间接测量间的关系。

4.2.2 纠错行动

为维持对检测实验室性能的控制，识别并排除任何可能造成差错的原因，是一项很重要的工作。对不符合技术要求的结果应及时调查，并应注意出现检测差错的可能性。

调查应包括：

——突出异常结果的标准方法；

——减少总误差或系统误差；

——对变化的评估；

——确定原方法修改后的“恢复效率”；

——设备验证；

——证明和文件；

——重复分析时导出最终结果的清楚规则。

4.2.3 记录

对方法、仪器、内部审核等所有常规的、定期的检查，以及原始测量、计算、推导的数据和最终报告，

都应存档并保留。记录中应包括采样、准备、检测、评估和报告的相关执行人员的姓名。应能从文件中查到任何结果变化的时间及细节。应保留签字或标记的记录,并适时更新。应按照要求,用传真、邮件或电子邮件的形式发送报告。

对数据和记录,包括计算机中存储的数据,应给予适当保护。

1	**确定采样点和制定采样计划:哪些是待采集的数据**(参照 GB/T 25916.1—2010 的说明)
	● 确定数据采集参数; ● 制订采样计划; ● 编制、准备数据采集单和记录单; ● 初步设定限值
	↓
2	**初始测量阶段**(参照 GB/T 25916.1—2010 的说明)
	● 确定生物污染的存在; ● 选择方法; ● 采样并检验微生物
	↓
3	**数据的分析与监测**
	● 数据表,如评估表、矩阵表; ● 初步数据分组(分类、归并); ● 结果表述; ● 采用统计方法确定精确度和准确度; ● 绘制控制图
	↓
4	**数据评估**
	● 评估控制点的初始限值; ● 根据初步测量结果确定目标值、预警值、干预值; ● 注意不符合技术要求的结果
	↓
5	**标准化与确认**
	● 采样与测量方法; ● 电子数据处理; ● 人员培训
	↓
6	**数据存储、编制文件、存档**

图 1　初始监测阶段数据的估计和评估

4.3 日常监测阶段所得生物污染数据的估计和评估(见图 2)

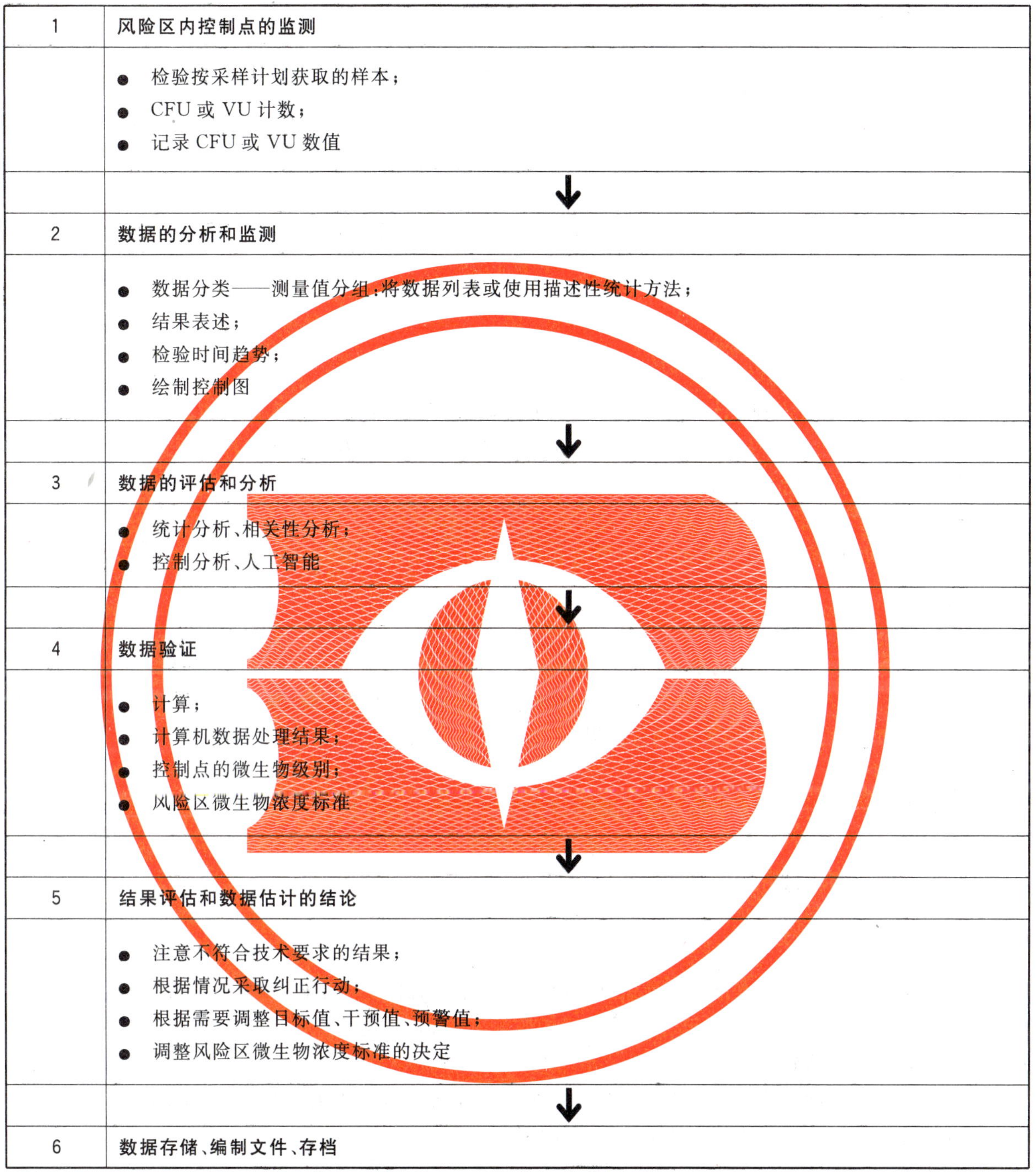

1	**风险区内控制点的监测**
	● 检验按采样计划获取的样本; ● CFU 或 VU 计数; ● 记录 CFU 或 VU 数值
	↓
2	**数据的分析和监测**
	● 数据分类——测量值分组:将数据列表或使用描述性统计方法; ● 结果表述; ● 检验时间趋势; ● 绘制控制图
	↓
3	**数据的评估和分析**
	● 统计分析、相关性分析; ● 控制分析、人工智能
	↓
4	**数据验证**
	● 计算; ● 计算机数据处理结果; ● 控制点的微生物级别; ● 风险区微生物浓度标准
	↓
5	**结果评估和数据估计的结论**
	● 注意不符合技术要求的结果; ● 根据情况采取纠正行动; ● 根据需要调整目标值、干预值、预警值; ● 调整风险区微生物浓度标准的决定
	↓
6	**数据存储、编制文件、存档**

图 2 日常监测阶段数据的估计和评估

4.3.1 采样和样本跟踪

GB/T 25916.1—2010 阐明了获取有效结果的最重要步骤:采样。此外,实验室应有可靠适用的规程,从收取样本到分析得出最后结果的全程中,样本都标识清楚、处置无误,能从标识追溯到原始样本。

4.3.2 采集结果

应遵循 GB/T 25916.1—2010 规定的采样计划。此外,为了避免采集结果错误,还应考虑下述

因素：

——特殊应用；

——特定应用参数的识别；

——在工艺和系统中的数据采集点；

——检测系统的探测极限和灵敏度；

——作业及作业数据的采集。

4.3.3 数据记录

为了确保在一定时间内，可随时调阅与所做检测实际有关的全部信息，应制订并实施明确无误的数据记录与处理方法，它应包含下述各个方面：

——原始数据；

——所记录信息的类别目录；

——实验室文件或计算机资料的名称与位置；

——用工作手册、工作表、计算机或其他适当的手段，记录各种实测值、运算值或其他相关信息；

——对实测结果、运算及报告的记录、审核、纠正、签字和联署应遵循的相应程序；

——采用一致的分析方法的建议；

——特殊要求，法律或法规要求；

——适合于应用场所的、对干预值、预警值和目标值有影响的要求。

4.3.4 数据评估

对数据结果进行统计计算之前，特别是面对众多实测记录时，应对数据进行压缩和分组，使其主要特征明显。为此，可用定性方法将测量结果分组，形成各种频繁程度图、表，或采用描述性统计方法。能用统计方法处理的数据，可以是单项测量结果，也可以是具有特定特征元素的计数。

对于每项测量：

a) 需有文件说明制订方法的步骤及确认该方法所采用的统计技术；

b) 一般情况下，该方法已在专业科学杂志或书中发表；

c) 应说明所用测量方法的改进之处。

4.3.5 对结果的统计处理

统计方法的核心是从样本推断出所采样风险区的微生物总体。由于样本可能并未准确地反映污染的总体，因此这种推断存在风险。若进行了正确的监测和评估，则使用概率采样和统计学方法，可将这种风险量化并将其降低到允许水平。

建议采用多种统计方法对结果进行分析和评估。鉴于统计评估的复杂性，相关文献均有说明，本部分没有阐述监测和验证用统计方法的选择与应用问题。

4.3.6 趋势分析与控制图

单个样本的数据通常不足以说明问题。此外，微生物监测方法可能有严重缺陷，造成很大的变动性。因此，将一段时期内采集的数据以图显示，有助于辨明采样偏离趋势的变化，或有助于指明：虽然结果仍在规定限值内，但已发生了显著改变。

评价风险区的质量时，控制图是一种客观有效的统计手段[7],[8]，它特别适用于监测。以分批验收为目的进行的采样，可作为验证步骤[GB/T 25916.1—2010，要素 4.2f)]中采用的另一种质量控制方法。休哈特控制图[4]、“距离”控制图或“累计图”等[5]，可能也适用于测量一般的随机分布偏差并突出显示不符合技术要求的结果。

4.4 验证

为了确定监测和分析方法能够保持其功效，应对监测结果进行定期审核。由此，通过审核规定的预警值、干预值或适用时的目标值，可验证风险区的微生物等级（另见 GB/T 25916.1—2010）。

4.5 不符合技术要求的结果

每项不符合技术要求的检测结果都需要进行评估，以确定该结果是否真实。图 3 的流程图给出的是如何进行评估的有关信息。至关重要的是，对不符合技术要求的结果，如不能确认为实验室差错的要加以调查，确定原因并决定所需采取的纠错措施。

初始监测期间设定的限值是暂时的，可随着日常监测的进程而改变。可将超过这些暂定限值的结果视为真实结果，它反映的是生物污染的实际变化，并据此对暂定技术要求重新进行评估。对此可能无需正式验证，但要证明该决定合理，并记录存档。

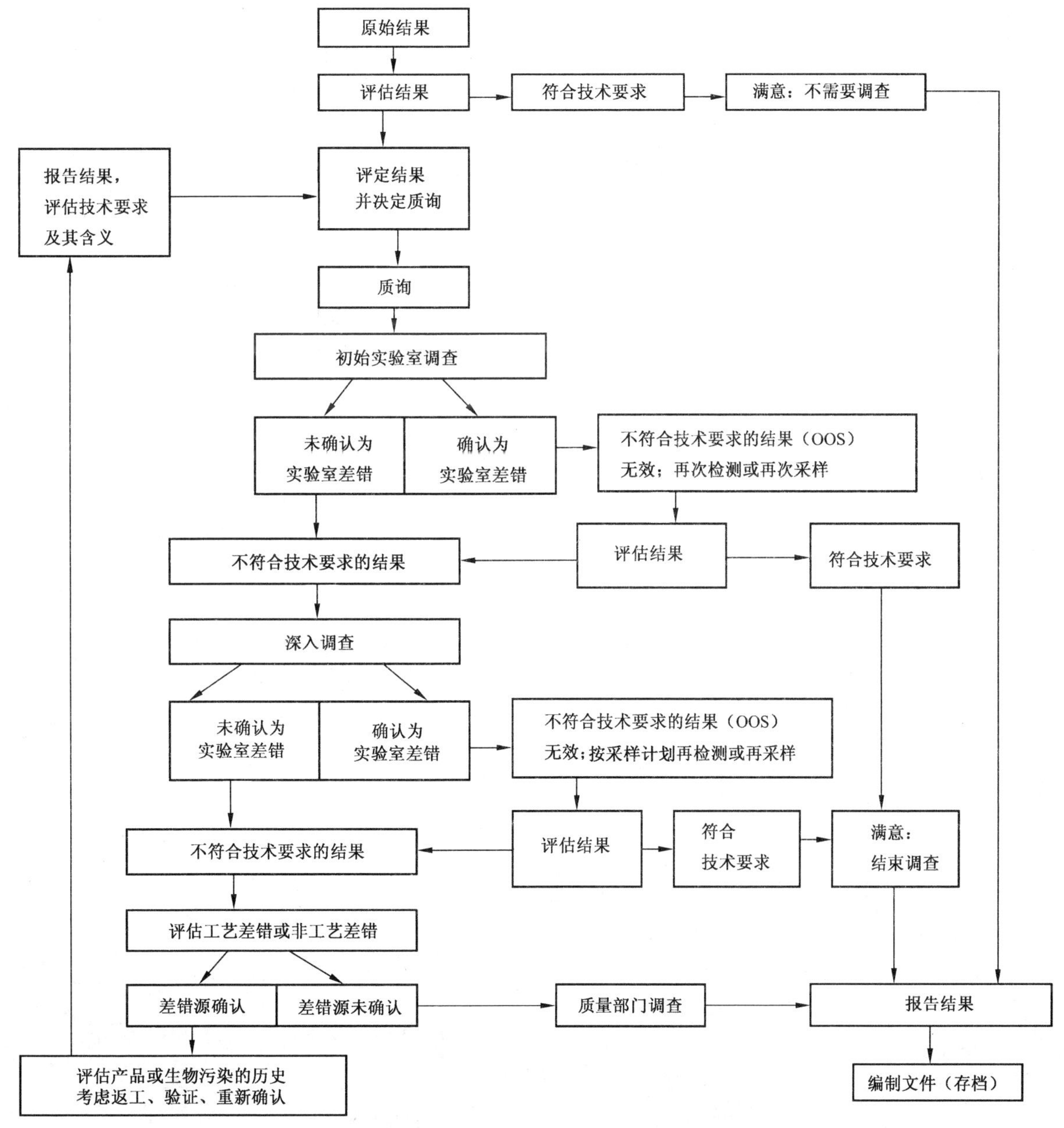

图 3 调查不符合技术要求的结果（OOS）

4.6 验证结果

报告结果之前，应明确验证规程，其中应包括：

——由经过培训的适当人员对结果验收的书面规程；

——若输入计算机，核对输入数据的规程；

——报告和结果表述方面的规定；

——结果发布方面的明确规定。

参 考 文 献

[1] GB/T 19000—2008 质量管理体系 基础和术语(ISO 9000:2005,IDT)

[2] GB/T 25915.1—2010 洁净室及相关受控环境 第1部分:空气洁净度等级(ISO 14644-1:1999,IDT)

[3] ISO 3534-1:1993 Statistics—Vocabulary and symbols—Part 1:General statistical terms and terms used in probability

[4] ISO 8258:1991 Shewhart control charts

[5] ISO/TR 7871:1997 Cumulative sum charts—Guidance on quality control and data analysis using CUSUM techniques

[6] ISO/IEC Guide 51:1999 Safety aspects—Guidelines for their inclusion in standards

[7] GARFIELD,F. M. Statistical applications and control chart. Quality Assurance Principles for Analytical Laboratories,13-29. AOAC International,Gaithersburg,Maryland,USA,1992.

[8] McCORMICK,D. ,ROACH,A. Statistics in Quality Control. Measurement,Statistics and Computation,Chapman,N. B. (ed.) pp. 422-464, John Wiley & Sons,chichester,New York,1987

ICS 19.060;77.040.01
N 71

中华人民共和国国家标准

GB/T 25917—2010

轴向加力疲劳试验机动态力校准

Axial force-applied fatigue testing machines dynamic force calibration

(ISO 4965:1979,Axial load fatigue testing machines—Dynamic force calibration—Strain gauge technique,MOD)

2011-01-14 发布　　　　2011-05-01 实施

中华人民共和国国家质量监督检验检疫总局
中国国家标准化管理委员会　发布

前言

本标准修改采用ISO 4965:1979《轴向加荷疲劳试验机　动态力校准　应变片技术》(英文版)。

本标准根据ISO 4965:1979重新起草。在附录A中列出了本标准章条编号与ISO 4965:1979章条编号的对照一览表。

在采用ISO 4965:1979时,本标准做了一些修改。有关技术性差异已编入正文中并在它们所涉及的条款的页边空白处用垂直单线标识。在附录B中给出了这些技术性差异及其原因的一览表以供参考。

本标准对ISO 4965:1979还做了下列编辑性修改:

——修改了标准名称;

——将“本国际标准”一词改为“本标准”;

——用中文惯用的小数点符号“.”代替英文采用的小数点符号“,”;

——重新编写了前言,代替ISO 4965:1979的前言;

——删除了引言,引言的内容并入到其他相关的章节中;

——直接引用了与ISO 4965:1979中引用的国际标准相对应的我国国家标准。

本标准的附录A和附录B均为资料性附录。

本标准自实施之日起,同时废止JB/T 8286—1999《轴向加荷疲劳试验机动态力校准》。

本标准由中国机械工业联合会提出。

本标准由全国试验机标准化技术委员会(SAC/TC 122)归口。

本标准起草单位:长春试验机研究所有限公司,广州大学。

本标准主要起草人:金宏波,徐忠根。

轴向加力疲劳试验机动态力校准

1 范围

本标准规定了轴向加力疲劳试验机的动态力校准方法。

本标准适用于按GB/T 3075进行轴向力控制疲劳试验用的疲劳试验机(以下简称为试验机)动态力的校准。

本标准既适用于制造者对新出厂的试验机进行校准,也适用于使用中的试验机校准。但对后一种情况,可以根据实际使用要求对部分项目进行检验。

本标准不适用于专用试验机及试验设备的校准,但是可以将与所描述的这些方法相类似的校准方法应用到适合的特定应用中。

2 规范性引用文件

下列文件中的条款通过本标准的引用而成为本标准的条款。凡是注日期的引用文件,其随后所有的修改单(不包括勘误的内容)或修订版均不适用于本标准,然而,鼓励根据本标准达成协议的各方研究是否可使用这些文件的最新版本。凡是不注日期的引用文件,其最新版本适用于本标准。

GB/T 3075—2008 金属材料 疲劳试验轴向力控制方法(ISO 1099:2006,Metallic materials—Fatigue testing—Axial force-controlled method,IDT)

GB/T 16825.1—2002 静力单轴试验机的检验 第1部分:拉力和(或)压力试验机测力系统的检验与校准(ISO 7500-1:1999,Metallic materials—Verification of static uniaxial testing machines—Part 1:Tension/compression testing machines—Verification and calibration of the force-measuring system,IDT)

3 符号、术语和定义

本标准使用的符号、单位与定义见表1和表2。与疲劳试验相关的其他符号、术语和定义见GB/T 3075。

表1 校准棒(见图1和图2)

符号	单位	定义
a	mm	矩形横截面试样上试验截面厚度
B	mm	矩形横截面试样上夹持端的宽度
b	mm	矩形横截面试样上最大应力处的宽度
D	mm	试样夹持端直径或其螺纹部分的外径
d	mm	试样最大应力处的直径
L_c	mm	试样相互平行部分的长度
l	mm	电阻应变片的总长度,即应变片基底长度
r	mm	从 d 到 D 或从 b 到 B 之间的过渡圆弧半径

表2 试验机的力

符号	单位	定义
$F_{a,max}$	kN	试验机最大力幅(1/2 $F_{R,max}$)
F_m	kN	平均力

表 2（续）

符　号	单　位	定　义
F_{max}	kN	试验机的最大力
$F_{m,max}$	kN	试验机的最大平均力
F_R	kN	动态力范围
$F_{R,max}$	kN	试验机的最大动态力范围

4　校准目的

4.1　虽然对试验机静态力的校准简便易行，但在给定的试验机示值误差内指示出实际施加在试样上的动态力则更为重要。

4.2　尽管试验机是利用应变式力传感器测力系统进行力的测量，但在试验机动态力校准时，一般应采用电阻应变片式校准棒进行校准。因为应变式力传感器测力系统有其自身的机械或电的动态特性。

4.3　某些试验机在整个频率范围内工作时，运动部件的惯性效应不是恒定不变的，因此对这样的试验机有必要在指示力上乘一个修正系数，以得到作用在试样上实际有效的力。这个修正系数是一个变量，例如它是试验机振动质量、试样刚度和工作频率的函数，修正数据一般由试验机制造者提供。因此，试验机动态力校准的目的，就是在整个工作频率范围内，将试验机的指示力乘以预先给出的相应修正系数，然后与实际试验力相比较。

5　校准棒

5.1　概述

5.1.1　任一几何形状与材料适宜的校准棒都可以使用，但推荐校准棒的形状尽可能与试验机上常规试验使用的试样形状相似。它们可以是圆形、方形或矩形横截面（见图 1、图 2、图 3）。满足 5.1.2 和 5.1.3 要求的电阻应变式力传感器也可以使用。

5.1.2　为了正确选择材料和设计校准棒，应使校准棒在其最大额定力量程下，所产生的最大应力不超过规定非比例延伸强度 $R_{P0.01}$ 的三分之二。

5.1.3　校准棒在最大额定力量程所产生的拉伸或压缩最大应变宜为 1 200 μm/m（微应变）左右。

5.2　尺寸

5.2.1　圆形横截面校准棒（见注 1）应满足下述要求：

——L_c 应至少为 $d+l$（见注 2），但不应大于 $3d+l$；

——r 和 D 不宜小于 $2d$（见注 3）；

——r 宜至少等于 D；

——在可能条件下，夹持端长度宜至少等于 D。

5.2.2　方形和矩形横截面校准棒（见注 1）应满足下述要求：

——L_c 应至少为 $b+l$（见注 2），但不应大于 $3b+l$；

——r 和 B 不宜小于 $2b$（见注 3）；

——在可能条件下，夹持端长度宜至少等于 B。

注 1：方形横截面校准棒的夹持端可以是圆形的。

注 2：L_c 宜保证应变循环处于压缩段时不产生纵弯曲。

注 3：对用于较大力量程的校准棒，本项规定不是绝对的。可按试验机所允许的最大夹持尺寸确定 r、D 和 d 以及 B 和 b 的比例关系。

5.3　机械加工

5.3.1　校准棒应按照 GB/T 3075—2008 中 5.3.2 的要求进行机械加工。

5.3.2　方形和矩形横截面校准棒从 b 到 B 之间的过渡圆弧半径应至少为 1.5 mm，校准棒有效部位的

表面上不应有任何打印标记。

6 电阻应变片

6.1 粘贴在校准棒上的有效电阻应变片不能少于4个,并应贴在校准棒平行长度的中间位置,以保证足以确定出应变的平均值。对于方形或矩形横截面的校准棒,电阻应变片应贴于4个面的各自对称轴上,或者成轴对称的形式布置,当扁平校准棒的窄平面上不能布置电阻应变片时,应在宽面上与校准棒纵向轴线成对称的形式布置。

6.2 宜采用合适的技术,补偿由于温度变化而造成输出信号的变化。建议把温度补偿用的电阻应变片粘贴在垂直于施力方向的校准棒试验区上。所有相对布置的电阻应变片连接组成惠斯登全桥电路。

6.3 应按照制造者说明书将电阻应变片粘贴在校准棒上,应保证电阻应变片与校准棒表面之间无油及油脂等的污染,并粘贴良好,以获得最佳性能。同时,为了防止机械损伤和环境的影响,有必要选用合适的材料保护所有电阻应变片。这些材料不应对校准棒的刚度产生明显的影响。

6.4 电阻应变片电桥各桥臂的连接导线长度应尽量一致,避免产生过大的初始不平衡。为了防止干扰信号,与测量仪表连接的导线应采取屏蔽措施。

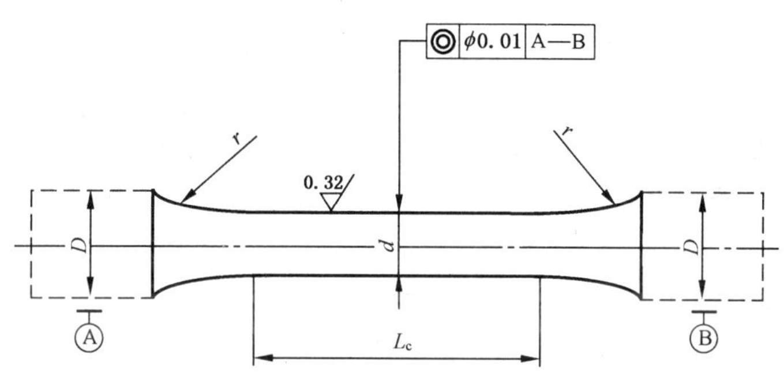

图1 圆形横截面的校准棒

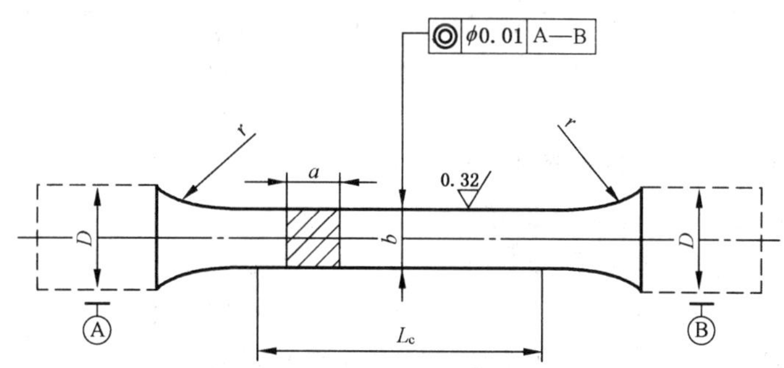

图2 夹持端为圆形的方形横截面的校准棒

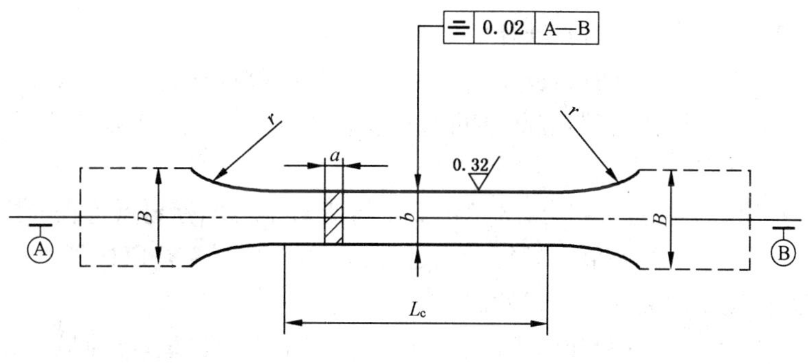

图3 矩形横截面的校准棒

7 测量仪表

校准棒、电阻应变片以及测量仪表组成的校准装置，应能分辨出校准时试验机动态力范围最大允许误差(见 10.2)的五分之一所对应的力的变化量。

根据对静态力的响应，测量仪表的设计应使其能够预计在所用频率范围和波形下的脉动和交变力的响应。测量仪表的最大允许误差应在校准时试验机动态力范围最大允许误差(见 10.2)的五分之一以内。

8 校准棒的标定

8.1 初始检查

在静态标定之前，应将校准棒安装在试验机上，使其承受足够次数的循环作用，以保证在动态力条件下应变片性能良好。

8.2 标定校准棒的试验机

标定校准棒的试验机应符合 GB/T 16825.1—2002 中 1 级试验机的规定。低于试验机任一力范围五分之一的力不应用于标定。

标定时，当最小增量或各增量产生的力小于所用试验机力范围的五分之一时，可选用较低一挡力范围获得各点的力，但这样标定至少要与试验机较高一挡力范围中所用的一个力级相重叠(见 8.4.7)。

8.3 校准棒的安装

将校准棒安装在试验机上时，应使校准棒的中心线与试验机的加力轴线相重合，并且在施加每一组校准力的过程中不能改变校准棒的位置。对某些类型的试验机，夹头是可动的，但也应保证同轴。

8.4 标定程序

标定应按以下程序进行：

8.4.1 将测量仪表连接到粘贴在校准棒上的电阻应变片电桥输出端。接通电源后，允许所有仪表稳定一段时间。在开始标定前，加卸标定时要施加的最大标定力 1.1 倍的力至少 3 次。

8.4.2 未对校准棒施加力时，调整测量仪表使其应变读数为零。施加最大标定力并观测产生的应变读数。然后，将施加的力退回至零，1 min 后观测所指示的应变读数。在力等于零时的两次应变读数之差，不应超过最大力时所得应变读数的 1%。应注意附加质量，例如附加在校准棒上的夹具质量对力值零点设定的影响(见 9.2.2.2)。

8.4.3 在力的示值等于零时重新调整测量仪表使其应变读数为零。然后，对每一校准范围应至少选择 5 个力的标定点，等增量地施加静态力至标定范围的最大值，并以同样级数使力递减至零。待力保持稳定时，记录其每一标定点进程与回程所对应的校准棒电桥应变读数。

若校准棒用于拉伸与压缩，则应以拉力和压力两个方向分别进行标定。

当最小增量或各增量产生的力小于所用试验机力范围的五分之一时，可选用较低一挡力范围获得各点的力，但至少要与试验机较高一挡力范围中所用的一个力级相重叠。关于在重叠的力级中应变读数的要求见 8.4.7。

8.4.4 试验机卸力后，记录力为零时校准棒的电桥应变读数。

8.4.5 重复操作 8.4.3 和 8.4.4 两次，以得到 3 组进程和回程对应的标定读数。

建议在第 2 组和第 3 组读数之间，应断开测量仪表并从试验机上取下校准棒，然后按照 8.3 重新安装好，从 8.4.1 开始重新标定。

8.4.6 通过对校准棒的静态标定，应得到 3 组读数中各组每个力的标定点进程和回程对应的应变读数与各组零力时对应的应变读数的差值。对每一标定力，取其 3 组 6 个差值的算术平均值作为校准棒的静态标定值。标定力和应变的关系应是线性的。

8.4.7 每一组每一标定力对应进程和回程应变读数差值的最大允许值，应为最大标定力时应变读数的 ±1%。

在同时使用试验机 2 个力范围的情况下(见 8.4.3),对试验机 2 个力范围共有的那些力的应变读数之差,应取所记录的 3 个或 4 个读数中最大与最小读数之差。

8.4.8 对每一标定力,计算每一组对应的进程和回程应变读数的平均值。3 组对应的 3 个平均值中,最大与最小值之差不应大于最大力标定值的 1%。

8.5 校准棒的重新标定

以后需要检验校准棒的标定值时,8.4 中所述的程序可以简化为一组读数。即执行 8.4.1～8.4.4 的操作。但要求每一标定力与上一次标定的每一标定力之差,应在上一次标定最大力时应变读数的 ±0.5%以内。否则,应重新执行 8.4 中所述的全部程序。

检验周期取决于使用频繁程度,一般情况下,检验周期不超过 12 个月。

9 试验机的校准程序

9.1 总则

全部校准程序包括静态与动态 2 种工作条件下的校准。在校准之前应按照试验机制造者的说明书进行操作,确认被校试验机处于良好的工作状态。为了能在所有力和工作频率的范围内对试验机进行校准,一般需要使用几个校准棒。校准棒所应用的力值范围应不小于其量程的 20%。校准棒的量程尽可能与所校试验机量程相一致。

注:应避开引起试验机共振的工作频率。

9.2 平均力和力的范围的动态校准

9.2.1 动态力校准方法

在试验机正常工作可用的平均力的范围内,以近似均等的间隔选取若干个平均力,对每个平均力使用不同的动态力范围进行校准。

根据试验机的不同类型,可采用表 3、表 4 或表 5 给出的平均力和动态力范围进行校准。

表 3、表 4、表 5 中给出的试验系列,对于每一组给定的条件应被认为是最少的,应规定的固定条件如下:

a) 波形;

b) 校准棒的刚度和几何尺寸;

c) 试验机结构,包括力传感器和夹具组成的测力系统;

d) 频率;

e) 所用力的范围。

对于每一平均力,应进行 3 遍动态力检测,获得 3 组读数。如果需要在与表中给定的各组条件不同的条件下校准时,则应按第 9 章全部程序重新进行校准。

注 1:表 3、表 4 和表 5 中符号、单位和定义见表 2。

注 2:试验机如不能达到表 3 和表 4 括号中给出的数值时,可将最后一种动态力范围定为在该平均力下的最大动态力范围。

9.2.2 动态力校准程序

9.2.2.1 按 8.3 的要求将合适的校准棒安装到试验机上。

9.2.2.2 将测量仪表连接到校准棒电阻应变片的电桥输出端,开启电源,允许有足够时间稳定整个装置。然后,检查力为零时应变输出是否为零。否则,应修正在校准中由所用夹具质量而引起的任何偏差。

9.2.2.3 在合适的加力速度范围内,调节试验机的力和频率。

9.2.2.4 施加平均力和不同的动态力范围,在每个动态条件下检查工作频率并记录校准棒应变输出的上峰值和下峰值。

9.2.2.5 按照9.2.1的要求对上述每一个平均力均应重复9.2.2.4的操作。

9.2.2.6 试验机卸除力以后,检查零力下校准棒的应变输出。

9.2.2.7 选择另外的工作频率,重复9.2.2.3~9.2.2.6的操作。

9.2.2.8 对于需要测定动态修正系数的场合,应在校准过程中通过测量试验机夹具之间单位长度增量与单位力增量的比率获得试验机和校准棒的刚度。

表3 拉力(或压力)疲劳试验机

$F_{a,max} < F_{max}$(如 $F_{a,max} \approx 0.5F_{max}$)

F_m/F_{max}	0.2	0.4	0.5	0.6	0.8
F_R/F_{max}	0.1 0.2 0.3 (0.4)	0.1 0.2 0.3 0.4 0.5 0.6 0.7 (0.8)	0.2 0.4 0.6 0.8 (1.0)	0.1 0.2 0.3 0.4 0.5 0.6 0.7 0.8	0.1 0.2 0.3 0.4

表4 拉压疲劳试验机

$F_{a,max} < F_{max}$(如 $F_{a,max} \approx 0.5F_{max}$)

$F_m/F_{m,max}$	−1.0	−0.5	0	+0.5	+1.0
$F_R/F_{R,max}$	0.2 0.4 0.6 0.8 (1.0)	0.2 0.4 0.6 0.8 1.0	0.2 0.4 0.6 0.8 1.0	0.2 0.4 0.6 0.8 1.0	0.2 0.4 0.6 0.8 (1.0)

表5 拉压疲劳试验机

$F_{a,max} = F_{max}$

F_m/F_{max}	−0.6	−0.4	−0.2	0	+0.2	+0.4	+0.6
F_R/F_{max}	0.4 0.8	0.4 0.8 1.2	0.4 0.8 1.2 1.6	0.4 0.8 1.2 1.6 2.0	0.4 0.8 1.2 1.6	0.4 0.8 1.2	0.4 0.8

10 试验机性能的评定

10.1 重复性

对应给定的指示力,其3组应变输出的上峰值和下峰值中,最大值与最小值之差不应大于试验机力范围的最大拉力或压力对应的平均应变值的1%。

10.2 示值相对误差

应对试验机动态力的示值(需要修正时,见4.3)与所对应的校准装置标定值(见9.2)进行比较,并按式(1)计算动态力示值相对误差 W:

$$W = \frac{P - \overline{P}}{P_{max}} \times 100\% \quad \cdots\cdots(1)$$

式中：

P——校准装置的标定值；

$\overline{P}$——试验机动态力上峰示值或下峰示值的3次算术平均值；

P_{max}——所用试验机力范围的最大拉力或压力示值。

动态力示值相对误差的最大允许值为试验机力范围的最大拉力或压力值的±2%。

注：该示值误差要求不是绝对的，因为没有考虑校准装置的误差。

11 校准曲线

11.1 绘制

根据按第9章规定的全部程序所获得的动态力校准结果，对于每一选用的工作频率，按照校准棒应变输出与试验机指示力相对应的关系绘制校准曲线。

11.2 结果的表示

在校准曲线上应详细说明校准棒及其在试验机上的安装方法、工作频率和校准日期。也可运用插值法绘制出一系列校准曲线，以覆盖更多的力和工作频率。

因为校准曲线没有考虑校准棒及其夹持装置的质量和(或)频率对校准力的影响。如有必要，应以图表或公式的形式给出相应的动态力修正系数(见9.2.2.8)。

12 试验机的初始校准

满足第10章的技术要求，试验机的示值可以用于以后的试验。若不满足第10章的技术要求，则应绘制出校准曲线(见11章)，并注明动态力校准结果(重复性和示值误差)，以备在以后的试验中使用。

13 试验机的重新校准

如果对使用中的试验机需要做进一步的校准，应按照第8章和第9章所述的程序进行校准。试验机的校准结果应满足第10章中规定的技术要求。否则应按照第11章重新绘制校准曲线。

14 试验机的检验

14.1 检验方法

对已校准过的试验机进行检验时，允许只对试验机以后要用到的力和频率的范围进行检验。

14.2 检验的准确度

在选定的检验试验机的条件下，应用第11章述及的相应校准曲线，所得的误差不宜超过第10章规定的技术要求，否则试验机应完全按第13章规定程序重新校准，并绘制新的校准曲线。

注：如果是在检验期间或重新校准中出现显著的误差，可征求试验机制造者的意见。这些大于第10章所规定的误差，可能是由于运动部件的磨损、校准棒与加力轴线的不同轴、测量系统的非线性、弹性体过度应变等造成的。

14.3 检验周期

检验周期取决于试验机的类型、日常维护标准和使用量，一般情况下，检验周期不超过12个月。

当试验机需拆卸后重新安装、经过大修或调整之后，均应重新检验。

附 录 A
（资料性附录）
本标准章条编号与 ISO 4965:1979 章条编号对照

表 A.1 给出了本标准章条编号与 ISO 4965:1979 章条编号的对照一览表。

表 A.1 本标准章条编号与 ISO 4965:1979 章条编号对照

本标准章条编号	对应的国际标准章条编号
1	1.1、1.3、1.4
—	0.1
—	0.2
4.2	0.3
4.3	4.2
—	5
5.1～5.3	6.1～6.3
图 3	—
6.1	7.1
6.2	7.2
6.3	7.3、7.4
6.4	—
7	8
8	9
9	10
10	11
11	13
13	14
14	15
附录 A	—
附录 B	—
注：表中的章条以外的本标准其他章条编号与 ISO 4965:1979 其他章条编号均相同且内容相对应。	

附 录 B
（资料性附录）
本标准与 ISO 4965:1979 技术性差异及其原因

表 B.1 给出了本标准与 ISO 4965:1979 技术性差异及其原因的一览表。

表 B.1 本标准与 ISO 4965:1979 技术性差异及其原因

本标准章条编号	技术性差异	原 因
1	删除了 ISO 4965:1979 的 1.2	此条是针对特殊的非对称性构件和零件的试验要求，与轴向加力疲劳试验机动态力校准无关
2	引用了采用国际标准最新版本的我国标准。 删除了“ISO/R 373”	以适合我国国情
—	删除了 ISO 4965:1979 的第 5 章。	第 5 章的内容在第 6 章、第 8 章、第 9 章中有详细的叙述
5.1.1	删除了 ISO 4965:1979 的 6.1.1 中“对于圆形和方形的校准棒，允许采用中空式横截面以测量数值小的力”一句	中空式横截面的校准棒加工精度很难保证，实际使用中可选择合适的材料取代中空式横截面的校准棒
5.2.2	增加“注 3：对用于较大力量程的校准棒，本项规定不是绝对的。可按试验机所允许的最大夹持尺寸确定 r、D 和 d 以及 B 和 b 的比例关系”	以适合实际使用需要
图 3	增加“图 3”	以适合实际使用需要
6.4	增加 6.4“电阻应变片电桥各桥臂的连接导线长度应尽量一致，避免产生过大的初始不平衡。为了防止干扰信号，与测量仪表连接的导线应采取屏蔽措施”	提高校准棒应变输出信号的抗干扰能力
9.1	增加“注：应避开引起试验机共振的工作频率”	工作频率和试验机的固有频率相同将引发机器的共振，十分危险
10.2	增加“计算动态力示值相对误差 W 的公式”	公式比文字叙述简单明了

ICS 17.120.10
N 12

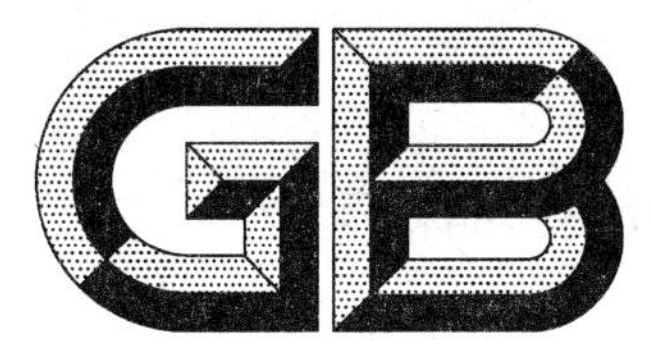

中华人民共和国国家标准

GB/T 25918—2010

便携式水表校验仪

Portable calibration instrument for water meters

2011-01-14 发布　　　　2011-05-01 实施

中华人民共和国国家质量监督检验检疫总局
中国国家标准化管理委员会　发布

前 言

本标准由中国机械工业联合会提出。

本标准由全国工业过程测量和控制标准化技术委员会(SAC/TC 124)归口。

本标准负责起草单位:宁波水表股份有限公司。

本标准参加起草单位:浙江省计量科学研究院、宁波市计量测试所、重庆智能水表有限责任公司、上海水表厂、苏州自来水表业有限公司、北京市自来水集团京兆水表有限责任公司、宁波东海仪表水道有限公司、武汉阿拉德水表有限公司。

本标准主要起草人:赵绍满、严建军、魏庆华、李红卫、戴学军、(以下按姓氏笔划排序)刘占英、刘明娟、张云、陈峥嵘、陆佳颖、林志良。

便携式水表校验仪

1 范围

本标准规定了便携式水表校验仪(以下简称水表校验仪)的术语和定义、一般要求、计量要求、技术要求、试验方法、试验规则及标志、包装、运输和贮存。

本标准适用于采用标准表法的最大流量小于 16 m^3/h 的便携式水表校验仪。

2 规范性引用文件

下列文件中的条款通过本标准的引用而成为本标准的条款。凡是注日期的引用文件,其随后所有的修改单(不包括勘误的内容)或修订版均不适用于本标准,然而,鼓励根据本标准达成协议的各方研究是否可使用这些文件的最新版本。凡是不注日期的引用文件,其最新版本适用于本标准。

GB/T 191 包装储运图示标志(GB/T 191—2008,ISO 780:1997,MOD)

GB/T 321—2005 优先数和优先数系(ISO 3:1973,IDT)

GB/T 778.1—2007 封闭满管道中水流量的测量 饮用冷水水表和热水水表 第1部分:规范(ISO 4064-1:2005,IDT)

GB/T 778.3—2007 封闭满管道中水流量的测量 饮用冷水水表和热水水表 第3部分:试验方法和试验设备(ISO 4064-3:2005,IDT)

GB/T 2423.2 电工电子产品环境试验 第2部分:试验方法 试验B:高温(GB/T 2423.2—2001,IEC 60068-2-2:1974,IDT)

GB/T 2423.4 电工电子产品环境试验 第2部分:试验方法 试验Db 交变湿热(12 h+12 h循环)(GB/T 2423.4—2008,IEC 60068-2-30:2005,IDT)

GB/T 2423.7 电工电子产品环境试验 第2部分:试验方法 试验Ec和导则:倾跌与翻倒(主要用于设备型样品)(GB/T 2423.7—1995,idt IEC 60068-2-31:1982)

GB 4208—2008 外壳防护等级(IP代码)(IEC 60529:2001,IDT)

GB/T 13384—2008 机电产品包装通用技术条件

GB/T 15479—1995 工业自动化仪表绝缘电阻、绝缘强度技术要求和试验方法

GB/T 17626.2 电磁兼容 试验和测量技术 静电放电抗扰度试验(GB/T 17626.2—2006,IEC 61000-4-2:2001,IDT)

GB/T 17626.3 电磁兼容 试验和测量技术 射频电磁场辐射抗扰度试验(GB/T 17626.3—2006,IEC 61000-4-3:2002,IDT)

GB/T 17626.4 电磁兼容 试验和测量技术 电快速瞬变脉冲群抗扰度试验(GB/T 17626.4—2008,IEC 61000-4-4:2004,IDT)

OIML D11:2004 电子测量仪表的一般要求

3 术语和定义

GB/T 778.1—2007 确立的以及下列术语和定义适用于本标准。

3.1

便携式水表校验仪 portable calibration instrument for water meters

一种用于检验在线水表的测量误差,可方便携带的水表校验仪器。

3.2

最小测量体积　minimum measuring volume

在特定的流量条件下，为确定水表的示值误差，水表校验仪具有足够准确度对应的流体最小体积值。

3.3

最大流量　maximum flowrate

Q_{max}

额定工作条件下的最大流量。在此流量下，水表校验仪应正常工作并符合最大允许误差要求。

3.4

最小流量　minimum flowrate

Q_{min}

额定工作条件下的最小流量。在此流量下，水表校验仪应正常工作并符合最大允许误差要求。

4　一般要求

4.1　电源

水表校验仪可采用以下3种供电方式：

a)　电池；

b)　外部直流电源；

c)　交流电源。

4.2　额定工作条件

4.2.1　允许工作温度

水温为0.1 ℃～30 ℃，在此范围内，水表校验仪测量示值不需要修正。

4.2.2　允许工作压力

允许工作压力为0.03 MPa～0.6 MPa，在此范围内，水表校验仪测量示值不需要修正。

4.2.3　工作环境温度

工作环境温度为+5 ℃～+55 ℃范围内，在此范围内，水表校验仪测量示值不需要修正。

5　计量要求

5.1　计量特性

5.1.1　最大流量

水表校验仪按最大流量Q_{max}（以m^3/h表示）和量程比来标志。

最大流量的数值应从GB/T 321—2005的R5系列中（如下列）选取：

1.0　　1.6　　2.5　　4.0　　6.3　　10　　16

5.1.2　测量范围

水表校验仪的最大流量Q_{max}和最小流量Q_{min}之比值应不小于10。

5.2　最大允许误差

水表校验仪按累积流量的最大允许误差分为3个准确度等级，其与最大允许误差的关系见表1。

表1　最大允许误差

准确度等级	0.2	0.5	1.0
最大允许误差/%	±0.2	±0.5	±1

5.3　重复性

水表校验仪重复测量时，重复性误差应不超过相应准确度等级所对应的最大允许误差绝对值的1/2。

5.4 瞬时流量的最大允许误差

水表校验仪瞬时流量的最大允许误差为其累积流量最大允许误差的2倍。

6 技术要求

6.1 外观和封印

6.1.1 外观

水表校验仪表面应光洁，按键开关操作应灵活可靠，表示功能的文字符号和标志应清晰。

6.1.2 封印

水表校验仪应配置可以封印的防护装置，以保证在正常安装水表校验仪前和安装后，在不损坏防护装置的情况下无法拆开或改动水表校验仪。

6.2 指示装置

6.2.1 累积流量的指示范围

水表校验仪的累积流量指示装置应至少能指示最大流量下10 min的水的累积流量而不复零。在最小测量体积内，示值分度引入的误差应不超过相应最大允许误差绝对值的1/3。

6.2.2 瞬时流量的指示范围

水表校验仪的瞬时流量指示装置应能指示最大流量。在指示最小流量时，示值分度引入的误差应不超过相应瞬时流量最大允许误差绝对值的1/2。

6.3 静压

水表校验仪应能承受下列试验水压和时间的静压试验，无泄漏、渗漏和损坏现象：

a) 出厂检验时，水表校验仪以1.6倍最大允许工作压力进行试验，持续1 min；

b) 型式检验时，水表校验仪以1.6倍最大允许工作压力进行试验、持续15 min，随后以2倍最大允许工作压力进行试验、持续1 min。

6.4 绝缘电阻

在一般大气条件下，水表校验仪的电源输入端与金属外壳之间的绝缘电阻应不低于20 MΩ。采用电池供电的水表校验仪可不进行本项目试验。

6.5 绝缘强度

在一般大气条件下，水表校验仪的电源输入端与金属外壳之间应能承受表2规定的50 Hz正弦波交流试验电压1 min，无击穿或飞弧现象。

表2 绝缘强度试验电压

额定电压(直流或交流有效值)/V	试验电压(交流有效值)/V
<60	500
60～250	1 500

6.6 气候环境

在下列气候环境条件下，水表校验仪不应损坏或丢失信息：

a) 高温(无冷凝)：空气温度55 ℃±2 ℃环境下持续2 h；

b) 交变湿热(冷凝)：空气温度上限55 ℃±2 ℃，相对湿度93%±3%；空气温度下限25 ℃±3 ℃，相对湿度大于95%，持续24 h。

6.7 电压变化影响

水表校验仪在表3规定的工作电压范围内，其最大允许误差和重复性仍应符合要求。

表 3 工作电压范围

供电方式	工作电压范围
电池	上限值：全新电池的电压 U_{max} 下限值：制造厂指明的参比条件下的电压 U_{min}，低于此电压时水表校验仪停止工作
外部直流电源	上限值：(1＋10％)U_{nom} 下限值：(1－15％)U_{nom}
交流电源	上限值：(1＋10％)U_{nom} 下限值：(1－15％)U_{nom}
注：U_{nom} 为电压标称值。	

6.8 振动(随机)

水表校验仪经 GB/T 778.3—2007 中 9.3.4 规定的振动(随机)试验后，应无损坏；最大允许误差和重复性仍应符合要求。

6.9 机械冲击

水表校验仪经 GB/T 2423.7 规定的机械冲击试验后，应无损坏；最大允许误差和重复性仍应符合要求。

6.10 外壳防护

水表校验仪应能防尘、防潮，防护等级应能达到 GB 4208—2008 规定的 IP54 的要求。

6.11 电磁环境

在下列电磁环境条件下，水表校验仪不应损坏或丢失信息。

a) 静电放电；

b) 射频电磁场辐射；

c) 电快速瞬变脉冲群。

7 试验方法

7.1 试验条件

7.1.1 试验设备

用于出厂检验的流量标准装置的扩展不确定度应不大于水表校验仪最大允许误差的 1/2，用于型式检验的流量标准装置的扩展不确定度应不大于水表校验仪最大允许误差的 1/3。

7.1.2 参比条件

型式检验应在参比条件下进行。对水表校验仪进行型式检验时，除了要进行试验的影响参数外，所有其他影响参数都应控制在以下值：

流量： 0.25 ×(1±5％)Q_{max}；

工作水温： 20 ℃±5 ℃；

环境温度： 20 ℃±5 ℃；

工作水压： 0.2 MPa；

环境相对湿度： 60％±15％；

环境大气压力： 86 kPa～106 kPa；

电源电压(交流主电源)： 标称电压 U_{nom}，允差±5％；

电源频率： 标称频率 f_{nom}，允差±2％；

电源电压(电池、外部直流电源)： $U_{bmin} \leqslant U \leqslant U_{bmax}$。

每次试验时，参比范围内温度和相对湿度的变化应分别不大于 5 ℃和 10％。

7.2 外观和封印

目测检查水表校验仪的外观和封印是否符合 6.1 的规定。

7.3 指示装置

根据水表校验仪明示的计量特性、准确度等级和最小测量体积进行试验，观察其是否符合 6.2 的规定。

7.4 最大允许误差和重复性

7.4.1 试验方法

确定水表校验仪测量误差的方法，通常有收集法和标准表法。对于 0.5 级及以上的，应采用收集法。

7.4.2 试验流量点

试验流量点至少应包括 Q_{min}、$0.015Q_{max}$、$0.025Q_{max}$、$0.04Q_{max}$、$0.07Q_{max}$、$0.1Q_{max}$、$0.15Q_{max}$、$0.25Q_{max}$、$0.4Q_{max}$、$0.7Q_{max}$ 和 Q_{max}，当试验点流量小于 Q_{min} 时，此流量点可不计。

7.4.3 试验次数

每个试验流量点至少独立测量 3 次。

对于 0.2 级水表校验仪，当 3 次测量的重复性不符合本标准 5.3 的要求时，还应增加 3 次测量。

7.4.4 试验程序

水表校验仪安装在流量标准装置后，应在 70%～100% 最大流量 Q_{max} 范围内通电运行 5 min 后方可进行测量误差试验。

水表校验仪的安装应符合制造商声明的要求。

测量误差试验前应将管道内空气排尽。

在每个试验流量点的每次试验过程中，试验流量与规定流量相比，偏离应不超过 ±5%。

每次试验均应记录水表校验仪的示值、流量标准装置的示值和试验时间，必要时还应测量并记录水温、水压和大气压力等，以便对水表校验仪的示值进行修正。

7.4.5 误差计算

7.4.5.1 累积流量的测量误差计算

水表校验仪累积流量的测量误差按式(1)计算。

$$E_{vij}=\frac{V_{mij}-V_{sij}}{V_{sij}}\times 100\% \qquad \cdots\cdots(1)$$

式中：

E_{vij}——第 i 个试验流量点第 j 次试验的水表校验仪累积流量误差；

V_{mij}——第 i 个试验流量点第 j 次试验的水表校验仪累积流量示值，单位为升(L)；

V_{sij}——第 i 个试验流量点第 j 次试验的流量标准装置示值，单位为升(L)；

i——试验流量点序号，$i=1,2,3,\cdots,n$；

j——每一试验点的试验次数序号，$j=1,2,3,\cdots,n$。

水表校验仪累积流量的测量误差取所有试验流量点测量误差的最大值。

7.4.5.2 累积流量测量误差的重复性计算

水表校验仪累积流量测量误差的重复性按式(2)计算。

$$\Delta i=\frac{E_{vij\ max}-E_{vij\ min}}{dn} \qquad \cdots\cdots(2)$$

式中：

Δi——第 i 个试验流量点测量误差的重复性；

$E_{vij\ max}$——第 i 个试验流量点的最大测量误差；

$E_{vij\ min}$——第 i 个试验流量点的最小测量误差；

dn——极差系数(当测量次数 $n=3$ 时,dn 取 1.69)。

水表校验仪累积流量测量误差的重复性取所有试验流量点重复性误差的最大值。

7.4.5.3 瞬时流量的误差计算

标准瞬时流量按式(3)计算。

$$Q_{sij}=\frac{V_{sij}}{t_{ij}}\times 3.6 \qquad \cdots\cdots(3)$$

式中:

Q_{sij}——第 i 个试验流量点第 j 次试验的标准瞬时流量,单位为立方米每小时(m^3/h);

t_{ij}——第 i 个试验流量点第 j 次试验的时间,单位为秒(s);

3.6——系数,单位为秒立方米每升时[$s \cdot m^3/(L \cdot h)$]。

瞬时流量的测量误差按式(4)计算。

$$E_{Q_{ij}}=\frac{Q_{ij}-Q_{sij}}{Q_{sij}}\times 100\% \qquad \cdots\cdots(4)$$

式中:

Q_{ij}——第 i 个试验流量点第 j 次试验的水表校验仪流量示值。

每个试验流量点的平均测量误差按式(5)计算。

$$E_{Q_i}=\frac{1}{n}\sum_{j=1}^{n}E_{Q_{ij}} \qquad \cdots\cdots(5)$$

水表校验仪的瞬时流量测量误差取所有试验流量点平均测量误差的最大值。

7.5 静压

试验设备和试验程序按 GB/T 778.3—2007 第 6 章的规定。

7.6 绝缘电阻

水表校验仪的绝缘电阻试验按 GB/T 15479—1995 中 5.3 的规定进行。

7.7 绝缘强度

水表校验仪的绝缘强度试验按 GB/T 15479—1995 中 5.4 的规定进行。

7.8 气候环境

7.8.1 高温(无冷凝)

7.8.1.1 试验方法

水表校验仪的耐高温性能试验按 GB/T 2423.2 的规定进行,试验方法为非散热高温渐变(试验 Bb)。

7.8.1.2 试验要求

试验参数见表 4。

表 4 高温(无冷凝)

空气温度	55 ℃±2 ℃
持续时间	2 h

7.8.1.3 合格判据

施加试验条件期间,应达到下列要求:

a) 水表校验仪的所有功能均应按设计工作;

b) 在试验条件下,水表校验仪的示值误差不应超过其最大允许误差(见 5.2)。

7.8.2 交变湿热(冷凝)

7.8.2.1 试验方法

水表校验仪的交变湿热(冷凝)试验按 GB/T 2423.4 的规定进行。

7.8.2.2 试验要求

试验参数见表 5。

表 5 交变湿热(冷凝)

空气温度下限	25 ℃±3 ℃
湿度	>95%
空气温度上限	55 ℃±2 ℃
湿度	93%±3%
持续时间	24 h
试验循环数	2

7.8.2.3 合格判据

施加试验条件期间,应达到下列要求:

a) 水表校验仪的所有功能均应按设计要求工作;

b) 试验条件下,水表校验仪的示值误差不应超过其最大允许误差(见 5.2)。

7.9 电压变化影响

7.9.1 试验要求

试验参数见表 3。

7.9.2 试验程序

a) 当水表校验仪在参比条件下工作时,使水表校验仪承受电源电压变化;

b) 在施加电压上限值时测试水表校验仪的示值误差;

c) 在施加电压下限值时测试水表校验仪的示值误差;

d) 检查水表校验仪在施加每种电源变化期间是否正常工作。

7.9.3 合格判据

施加试验条件期间,应达到以下要求:

a) 水表校验仪的所有功能均应按设计要求工作;

b) 水表校验仪的示值误差不应超过规定的最大允许误差(见 5.2)。

7.10 振动(随机)

7.10.1 试验方法

水表校验仪的振动试验按 GB/T 778.3—2007 的 9.3.4 的规定进行。

7.10.2 试验条件

试验条件如表 6 所示。

表 6 振动(随机)

环境等级	I
试验严酷度(见 OIML D11:2004 的 11.1.1)	2
频率范围	10 Hz~150 Hz
总均方根加速度(RMS)等级	7 $m \cdot s^{-2}$
加速度谱密度(ASD)等级 10 Hz~20 Hz	1 $m^2 \cdot s^{-3}$
加速度谱密度(ASD)等级 20 Hz~150 Hz	−3 dB/octave
试验轴向数量	3
每个轴向的持续时间	2 min

7.10.3 合格判据

施加试验条件后,被试水表校验仪的示值误差不应超过最大允许误差(见 5.2)。

7.11 机械冲击

7.11.1 试验方法

水表校验仪的机械冲击试验按 GB/T 2423.7 的规定进行。

7.11.2 试验条件

试验条件如表 7 所示。

表 7 机械冲击

环境等级	I
试验严酷度(见 OIML D11:2004 的 11.2)	2
跌落高度/mm	50
跌落次数(每个底边)/次	1

7.11.3 合格判据

施加试验条件后,被试水表校验仪的示值误差不应超过最大允许误差(见 5.2)。

7.12 外壳防护

水表校验仪的外壳防护试验按 GB 4208—2008 中第 12 章和第 13 章的规定进行。

7.13 电磁环境

7.13.1 静电放电抗扰度

7.13.1.1 试验方法

水表校验仪的静电放电抗扰度试验按 GB/T 17626.2 的规定进行,试验等级为 3 级。

7.13.1.2 试验要求

试验可在零流量条件下进行,参数见表 8。

表 8 静电放电抗扰度试验参数

试验电压(接触方式)	6 kV
试验电压(空气方式)	8 kV
试验周期数	在同一次测量或模拟测量期间,每一试验点至少施加 10 次放电,放电间隔时间至少 1 s。 对于间接放电,在水平耦合平面上总计应施加 10 次放电。 在垂直耦合平面上,每一种位置总计施加 10 次放电

7.13.1.3 合格判据

试验时,水表校验仪的功能或性能暂时减低或丧失,但能自行恢复。

7.13.2 射频电磁场辐射抗扰度

7.13.2.1 试验方法

水表校验仪的射频电磁场辐射抗扰度试验按 GB/T 17626.3 的规定进行,试验等级为 2 级。

7.13.2.2 试验要求

试验可在零流量条件下进行,射频电磁场辐射试验参数见表 9。

表 9 射频电磁场辐射抗扰度试验参数

试验等级	2 级
频率范围	26 MHz～1 000 MHz
试验场强	3 V/m
调制	80% AM,1 kHz,正弦波

7.13.2.3 合格判据

试验时,在技术规范极限内性能正常。

7.13.3 电快速瞬变脉冲群抗扰度

7.13.3.1 试验方法

水表校验仪的电快速瞬变脉冲群抗扰度试验按 GB/T 17626.4 的规定进行。

7.13.3.2 试验参数

试验参数见表 10。

表 10 电快速瞬变脉冲群抗扰度试验参数

电磁环境分类	E1
I/O DC 电源端口	±500 V[a]
I/O AC 电源端口	±1 000 V
[a] 不适用于连接电池或再充电时必须从装置上拆下的可充电电池的输入端口。	

7.13.3.3 合格判据

试验时，水表校验仪的功能或性能暂时减低或丧失，但能自行恢复。

8 检验规则

8.1 检验分类

水表校验仪的检验分为出厂检验和型式检验。

8.2 出厂检验

水表校验仪须经制造厂技术检验部门检验合格，并附有产品合格证方能出厂。出厂检验项目见表 11。

表 11 出厂检验和型式检验项目表

序号	试验项目		技术要求	试验方法	出厂检验	型式检验
1	外观和封印		6.1	7.2	√	√
2	指示装置		6.2	7.3	√	√
3	最大允许误差	累积流量	5.2	7.4.5.1	√	√
		瞬时流量	5.4	7.4.5.3	√	√
	重复性		5.3	7.4.5.2	√	√
4	静压		6.3	7.5	√	√
5	绝缘电阻		6.4	7.6	√	√
	绝缘强度		6.5	7.7	√	√
6	气候环境	高温(无冷凝)	6.6a)	7.8.1		√
		交变湿热(冷凝)	6.6b)	7.8.2		√
7	电源电压变化		6.7	7.9		√
8	振动(随机)		6.8	7.10		√
9	机械冲击		6.9	7.11		√
10	外壳防护		6.10	7.12		√
11	电磁环境	静电放电抗扰度	6.11a)	7.13.1		√
		射频电磁场辐射抗扰度	6.11b)	7.13.2		√
		电快速瞬变脉冲群	6.11c)	7.13.3		√
注：标“√”记号的项目为必需检验项目。						

8.3 型式检验

8.3.1 型式检验规定

有下列情况之一时，一般应进行型式检验：

a) 新产品设计定型鉴定及批量试生产定型鉴定；

b) 当结构、工艺或主要材料有所改变，可能影响其符合本标准及产品技术条件时；

c) 批量生产间断一年后重新投入生产时；

d) 正常生产定期或积累一定产量后应周期性(一般为 3 年)进行一次；

e) 国家有关监督检测机构提出进行型式检验的要求时。

8.3.2 型式检验项目

水表校验仪型式检验项目见表 11。

8.3.3 型式检验样品数量

每一种型式水表校验仪的被试样品数量应为 3 台。

9 标志、包装、运输和贮存

9.1 标志

水表校验仪应有下列标志：

a) 制造厂厂名或商标；

b) 产品型号和名称；

c) 制造年月和编号；

d) 流向；

e) 测量单位；

f) 最大流量；

g) 量程比；

h) 最小测量体积；

i) 准确度等级；

j) 电源输入：电源种类(交、直流)，电压和交流电频率。

9.2 包装

水表校验仪的包装应符合 GB/T 13384 的规定，图示标志应符合 GB/T 191 的规定。

9.3 运输

水表校验仪按规定装入运输箱后用无强烈震动的交通工具运输，运输途中不应受雨、霜、雾等直接影响，按标志向上放置并不受挤压撞击等损伤。

9.4 贮存

水表校验仪应贮存在环境干燥、通风好，且空气中不含有腐蚀性介质的场所，并满足以下要求：

a) 环境温度 5 ℃～40 ℃；

b) 相对湿度不大于 90%；

c) 层叠高度不超过 5 层。

ICS 25.040
N 10

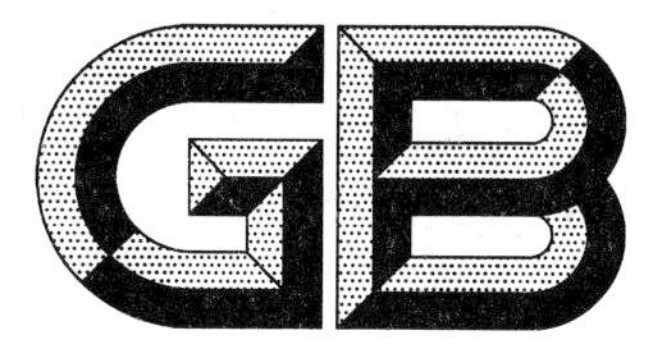

中华人民共和国国家标准

GB/T 25919.1—2010

Modbus 测试规范 第1部分:Modbus 串行链路一致性测试规范

Modbus test specification—
Part 1: Modbus conformance test specification over serial link

2011-01-14 发布　　2011-05-01 实施

中华人民共和国国家质量监督检验检疫总局
中国国家标准化管理委员会　发布

前 言

GB/T 25919《Modbus 测试规范》分为 2 个部分：

——第 1 部分：Modbus 串行链路一致性测试规范；

——第 2 部分：Modbus 串行链路互操作测试规范。

本部分为 GB/T 25919 的第 1 部分。

本部分的附录 A 为规范性附录。

本部分由中国机械工业联合会提出。

本部分由全国工业过程测量和控制标准化技术委员会(SAC/TC 124)归口。

本部分起草单位：机械工业仪器仪表综合技术经济研究所、施耐德电气(中国)投资有限公司、国家继电器质量监督检验中心、上海自动化仪表股份有限公司。

本部分主要起草人：王玉敏、梅恪、王勇、贺春、华镕、包伟华、聂金平、任春梅、王麟琨。

Modbus 测试规范 第 1 部分:Modbus 串行链路一致性测试规范

1 范围

本部分主要是针对串行链路 Modbus 子设备,其目的旨在确认 Modbus 子设备与 GB/T 19582.2—2008 的符合性。

本部分适用于工业、交通、电力、楼宇控制等领域。

本部分规定了 Modbus 串行链路一致性测试系统的结构、测试方法。

2 规范性引用文件

下列文件中的条款通过 GB/T 25919 的本部分的引用而成为本部分的条款。凡是注日期的引用文件,其随后所有的修改单(不包括勘误的内容)或修订版均不适用于本部分,然而,鼓励根据本部分达成协议的各方研究是否可使用这些文件的最新版本。凡是不注日期的引用文件,其最新版本适用于本部分。

GB/T 19582.1—2008 基于 Modbus 协议的工业自动化网络规范 第 1 部分:Modbus 应用协议(IEC 61158 CPE15(FDIS)—2006,MOD)

GB/T 19582.2—2008 基于 Modbus 协议的工业自动化网络规范 第 2 部分:Modbus 协议在串行链路上的实现指南(IEC 61158 CPE15(FDIS)—2006,MOD)

GB/T 19582.3—2008 基于 Modbus 协议的工业自动化网络规范 第 3 部分:Modbus 协议在 TCP/IP 上的实现指南(IEC 61158 CPE15(FDIS)—2006,MOD)

GB/T 25919.2—2010 Modbus 测试规范 第 2 部分:Modbus 串行链路互操作测试规范

3 术语和定义

GB/T 19582.1—2008,GB/T 19582.2—2008,GB/T 19582.3—2008 中定义的以及下列术语和定义适用于本部分。

3.1

一致性 conformance

实现协议的实体或系统与协议标准的符合程度。

3.2

一致性测试 conformance test

检测实现协议的实体或系统与协议标准的符合程度。

4 测试要求

4.1 基本要求

本部分仅定义了 Modbus 串行链路子设备的一致性要求,有关 Modbus 串行链路子设备的互操作要求,见 GB/T 25919.2—2010,建议在进行一致性测试和互操作测试之前,设备应当完成功能测试和相应的 EMC 测试。

4.2 测试系统结构

Modbus 协议的一致性测试系统包括:主站和被测设备(从站)及连接部件。主站为 PC 机,见图 1。

测试工具包括但不限于执行测试必备的软件、示波器、信号发生器及相应的辅助测试模板，来完成对被测设备的协议的一致性测试。

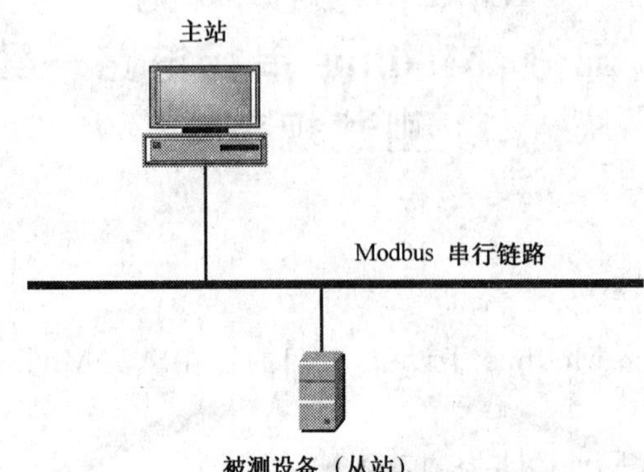

图 1 Modbus 协议的一致性测试系统结构图

4.3 数据链路层

4.3.1 Modbus 寻址规则

从站的地址检查：

从站地址范围为 1～247，地址为用户可配置。设备的默认地址应当在文档中声明。设备地址不可设置为 0 和 248～255。从站必须能够识别广播地址 0。

4.3.2 RTU 帧间间隔

在 Modbus 串行链路 RTU 传输模式中，必须有时长至少为 3.5 个字符时间的间隔将报文帧区分开。

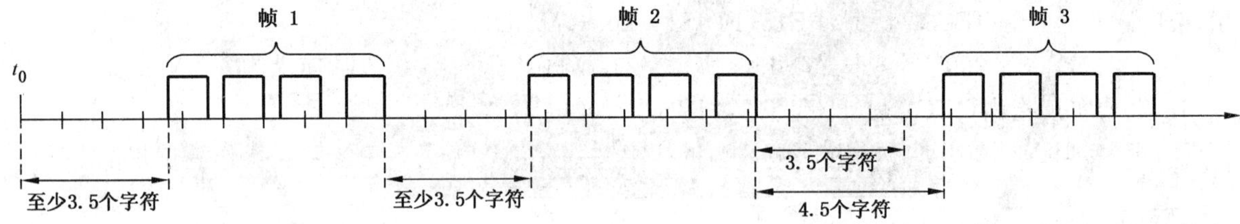

4.3.3 RTU 帧内间隔

在 Modbus 串行链路 RTU 传输模式中，必须以连续的字符流发送整个报文帧。两个字符间的空闲间隔应该不大于 1.5 个字符时间，否则报文帧不完整，接收设备能够识别并丢弃该报文帧。

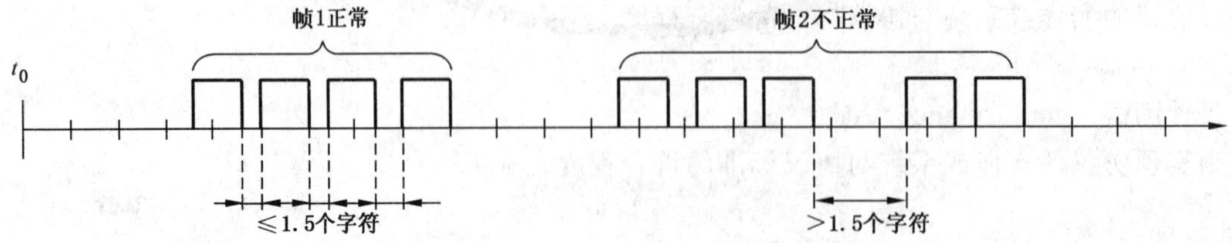

4.3.4 RTU 模式的 CRC 的校验

从站应该丢弃 CRC 错误的请求报文；对 CRC 正确的报文正常响应。

4.3.5 ASCII 模式的 LRC 的校验

从站应该丢弃 LRC 错误的请求报文；对 LRC 正确的报文正常响应。

4.3.6 判定

按照 4.3.1～4.3.5 的要求对被测设备进行测试，对 4.3.2 和 4.3.3 至少测试波特率为 9 600 bit/s

和 19 200 bit/s 的情况，如符合，则测试通过。

4.4 应用层

测试的目的：检验设备能否正确地实现 Modbus 功能码。

本部分定义了功能码的肯定测试集和基本的否定测试集，见附录 A。否定测试集仅考虑了错误帧、非法功能、不支持的功能。如果被测设备连续正确运行，即：

a) 对于支持的功能码且数据范围合理、长度正确、寻址正确，给出正常响应；

b) 对于支持的功能码而数据范围不合理、或长度不正确、或寻址不正确，给出相应的异常码响应；

c) 不支持的功能码给出不支持该功能的异常码响应；

d) 对于广播报文应该没有任何响应。对于正常的写广播，子设备要有相应的数据变化。

如符合上述 a)～d)的要求，则测试通过。

5 用户文档要求

5.1 所有 Modbus 产品在用户手册中应提供的信息

——实现要求。

——操作模式。

——可视诊断(如果支持)。

——可访问的寄存器和支持的功能码。

——安装规则。

——在文档中应该具有下列章节中要求的信息：

- “2 线 Modbus 定义”(涉及要求的电路)；
- “可选的 4 线 Modbus 定义”(涉及要求的电路)；
- “线路极性偏置”(涉及可能的需求或实现)；
- “电缆”(特别注意交叉电缆)。

——用重要警告的方式书写有关设备地址的说明：

“在设定设备地址的过程中，保证两个设备不用相同地址是非常重要的。在两个设备地址相同的情况下，整个串行总线工作将不正常，主站将不能与当前总线上所有从站正常通信。”

带有可实现选项的 Modbus 产品：

必须清晰详尽地描述不同的可选参数：

——可选的串行传输模式；

——可选的奇偶校验；

——可选的波特率；

——可选的电路：电源，端口配置；

——可选的接口；

——如果支持大于 32 个节点，要说明最大允许的设备数量(无中继器)。

5.2 测试用户提供的文档资料

测试用户应提供：

a) 产品 Modbus 接口部分的电路图；

b) 一致性测试声明；

c) 用户手册。

6 一致性测试声明

选择的参数要在白框中标志如下：

	功能未使用
×	功能使用

6.1 实现等级

	基本		常规

6.2 物理层

6.2.1 站类型

	主站		子站

6.2.2 接口类型

	RS232		RS485

6.2.3 机械接口

	RJ45		DB9
	自定义端子		

6.2.4 传输速率

	1 200 bit/s		19 200 bit/s
	2 400 bit/s		38 400 bit/s
	4 800 bit/s		57 600 bit/s
	9 600 bit/s		115 kbit/s

6.3 数据链路层

6.3.1 帧结构

	RTU 消息帧		ASCII 消息帧

6.3.2 RTU 消息帧字节格式

第一种格式 第二种格式

	1 个起始位						1 个起始位
	8 个数据位						8 个数据位
	1 个奇偶校验		奇		偶		无奇偶校验
	1 个停止位						2 个停止位

6.3.3 ASCII 消息帧字节格式

第一种格式 第二种格式

	1 个起始位						1 个起始位
	7 个数据位						7 个数据位
	1 个奇偶校验		奇		偶		无奇偶校验
	1 个停止位						2 个停止位

6.4 数据访问等级

	基本		普通
	扩展		

功能实现

	读线圈(功能码 01)
	读离散量输入(功能码 02)
	读保持寄存器(功能码 03)
	读输入寄存器(功能码 04)
	写单个线圈(功能码 05)
	写单个寄存器(功能码 06)
	读异常状态(功能码 07)
	诊断(功能码 08)
	获得通信事件计数器(功能码 11)
	获得通信事件记录(功能码 12)
	写多个线圈(功能码 15)
	写多个寄存器(功能码 16)
	报告从站 ID(功能码 17)
	读文件记录(功能码 20/6)
	写文件记录(功能码 21/6)
	屏蔽写寄存器(功能码 22)
	读/写多个寄存器(功能码 23)
	读 FIFO 队列(功能码 24)
	封装接口传输(功能码 43)
	设备标识(功能码 43/14)

6.5 设备管理等级

	基本		普通
	扩展		不支持

附 录 A
（规范性附录）
功能码测试

表 A.1 功能码测试表

NO	测 试	描 述	引 用	结 果
010	读线圈（功能码 01）	主站利用功能码 01 读取 1 个或多个连续线圈状态，如果子站接受主站的请求则用功能码 01 回应，并返回线圈当前状态；如果返回的线圈数量不是 8 的倍数，将用零填充最后数据字节的剩余位（一直到字节的高位端）	GB/T 19582.1—2008 的 7.1	
011		当子站不支持功能码 01 时，子站应用功能码 81H 给予一个异常响应，并在响应帧中包含一个异常代码 01 表示是非法功能	GB/T 19582.1—2008 的 7.1	
012		主站利用功能码 01 读取线圈数量不在子站允许的范围内，则子站应用功能码 81H 给予一个异常响应，并在响应帧中包含一个异常代码 03 表示读取的线圈数量无效，即非法数据值	GB/T 19582.1—2008 的 7.1	
013		主站利用功能码 01 读取一组无效地址的线圈状态，子站应用功能码 81H 给予一个异常响应，并在响应帧中包含一个异常代码 02 表示是非法数据地址	GB/T 19582.1—2008 的 7.1	
014		如果子站在试图处理请求时出现不可恢复的差错，则子站应用功能码 81H 给予一个异常响应，并在响应帧中包含一个异常码 04 表示子站设备故障	GB/T 19582.1—2008 的 7.1	
015		不使用广播模式	GB/T 19582.2—2008 的 6.1	
016		当主站请求的子站地址错误时，子站不应答	GB/T 19582.2—2008 的 6.1	
017		当主站发送的帧 CRC 校验错误时，子站不应答	GB/T 19582.2—2008 的 6.5.1.2	
020	读离散量输入（功能码 02）	主站利用功能码 02 读取 1 个或多个连续的离散量输入状态，如果子站接受主站的请求则用功能码 01 回应，并返回离散量输入当前状态；如果返回的输入数量不是 8 的倍数，将用零填充最后数据字节的剩余位（一直到字节的高位端）	GB/T 19582.1—2008 的 7.2	
021		当子站不支持功能码 02 时，子站应用功能码 82H 给予一个异常响应，并在响应帧中包含一个异常代码 01 表示是非法功能	GB/T 19582.1—2008 的 7.2	
022		主站利用功能码 02 读取的离散量输入数量不在子站允许的范围内，则子站应用功能码 82H 给予一个异常响应，并在响应帧中包含一个异常代码 03 表示读取的离散量输入数量无效，即非法数据值	GB/T 19582.1—2008 的 7.2	

表 A.1(续)

NO	测　试	描　述	引　用	结　果
023	读离散量输入(功能码 02)	主站利用功能码 02 读取一组无效地址的离散量输入状态,子站应用功能码 82H 给予一个异常响应,并在响应帧中包含一个异常代码 02 表示是非法数据地址	GB/T 19582.1—2008 的 7.2	
024		如果子站在试图处理请求时出现不可恢复的差错,则子站应用功能码 82H 给予一个异常响应,并在响应帧中包含一个异常码 04 表示子站设备故障	GB/T 19582.1—2008 的 7.2	
025		不使用广播模式	GB/T 19582.2—2008 的 6.1	
026		当主站请求的子站地址错误时,子站不应答	GB/T 19582.2—2008 的 6.1	
027		当主站发送的帧 CRC 校验错误时,子站不应答	GB/T 19582.2—2008 的 6.5.1.2	
030	读保持寄存器(功能码 03)	主站利用功能码 03 读取一个或多个保持寄存器当前值,如果子站接受主站的请求则用功能码 03 回应,并返回寄存器当前值,将响应报文的寄存器数据进行打包,使得每个寄存器包含两个字节数据	GB/T 19582.1—2008 的 7.3	
031		当子站不支持功能码 03 时,子站应用功能码 83H 给予一个异常响应,并在响应帧中包含一个异常代码 01 表示非法功能	GB/T 19582.1—2008 的 7.3	
032		主站利用功能码 03 读取的保持寄存器数量不在 1～125 范围内,则子站应用功能码 83H 给予一个异常响应,并在响应帧中包含一个异常代码 03 表示读取的保持寄存器数量无效,即非法数据值	GB/T 19582.1—2008 的 7.3	
033		主站利用功能码 03 读取一组无效地址保持寄存器当前值,子站应用功能码 83H 给予一个异常响应,并在响应帧中包含一个异常代码 02 表示是非法数据地址	GB/T 19582.1—2008 的 7.3	
034		如果子站在试图处理请求时出现不可恢复的差错,则子站应用功能码 83H 给予一个异常响应,并在响应帧中包含一个异常码 04 表示子站设备故障	GB/T 19582.1—2008 的 7.3	
035		不使用广播模式	GB/T 19582.2—2008 的 6.1	
036		当主站请求的子站地址错误时,子站不应答	GB/T 19582.2—2008 的 6.1	
037		当主站发送的帧 CRC 校验错误时,子站不应答	GB/T 19582.2—2008 的 6.5.1.2	
040	读输入寄存器(功能码 04)	主站利用功能码 04 读取一个或多个输入寄存器当前值,如果子站接受主站的请求则用功能码 04 回应,并返回寄存器当前值,并且在响应报文中的寄存器数据打包成每个寄存器有两个字节	GB/T 19582.1—2008 的 7.4	
041		当子站不支持功能码 04 时,子站应用功能码 84H 给予一个异常响应,并在响应帧中包含一个异常代码 01 表示是非法功能	GB/T 19582.1—2008 的 7.4	

表 A.1(续)

NO	测试	描述	引用	结果
042	读输入寄存器(功能码 04)	主站利用功能码 04 读取的输入寄存器数量不在 1～125 范围内,则子站应用功能码 84H 给予一个异常响应,并在响应帧中包含一个异常代码 03 表示读取的输入寄存器数量无效,即非法数据值	GB/T 19582.1—2008 的 7.4	
043		主站利用功能码 04 读取一组无效地址输入寄存器当前值,子站应用功能码 84H 给予一个异常响应,并在响应帧中包含一个异常代码 02 表示是非法数据地址	GB/T 19582.1—2008 的 7.4	
044		如果子站在试图处理请求时出现不可恢复的差错,则子站应用功能码 84H 给予一个异常响应,并在响应帧中包含一个异常码 04 表示子站设备故障	GB/T 19582.1—2008 的 7.4	
045		不使用广播模式	GB/T 19582.2—2008 的 6.1	
046		当主站请求的子站地址错误时,子站不应答	GB/T 19582.2—2008 的 6.1	
047		当主站发送的帧 CRC 校验错误时,子站不应答	GB/T 19582.2—2008 的 6.5.1.2	
050	写单个线圈(功能码 05)	主站利用功能码 05 强置一个线圈的通断状态,如果子站接受主站的请求,则在写入线圈状态后回应一帧与请求帧相同的报文	GB/T 19582.1—2008 的 7.5	
051		当子站不支持功能码 05 时,子站应用功能码 85H 给予一个异常响应,并在响应帧中包含一个异常代码 01 表示是非法功能	GB/T 19582.1—2008 的 7.5	
052		当主站写入线圈的通断状态不是“0000”或“FF00”时,子站应用功能码 85H 给予一个异常响应,并在响应帧中包含一个异常代码 03 表示线圈的通断状态无效,即非法数据值	GB/T 19582.1—2008 的 7.5	
053		主站利用功能码 05 强置一个无效地址线圈的通断状态,子站应用功能码 85H 给予一个异常响应,并在响应帧中包含一个异常代码 02 表示是非法数据地址	GB/T 19582.1—2008 的 7.5	
054		如果子站在试图处理请求时出现不可恢复的差错,则子站应用功能码 85H 给予一个异常响应,并在响应帧中包含一个异常码 04 表示子站设备故障	GB/T 19582.1—2008 的 7.5	
055		可使用广播命令,子站不应答	GB/T 19582.2—2008 的 6.1	
056		当主站请求的子站地址错误时,子站不应答	GB/T 19582.2—2008 的 6.1	
057		当主站发送的帧 CRC 校验错误时,子站不应答	GB/T 19582.2—2008 的 6.5.1.2	
060	写单个寄存器(功能码 06)	主站利用功能码 06 置单个寄存器的值,如果子站接受主站的请求,则在写入寄存器的内容后回应一帧与请求帧相同的报文	GB/T 19582.1—2008 的 7.6	

表 A.1（续）

NO	测　试	描　述	引　用	结　果
061	写单个寄存器（功能码 06）	当子站不支持功能码 06 时，子站应用功能码 86H 给予一个异常响应，并在响应帧中包含一个异常代码 01，表示是非法功能	GB/T 19582.1—2008 的 7.6	
062		主站写入的寄存器值不在子站允许的范围内时，子站应用功能码 86H 给予一个异常响应，并在响应帧包含一个异常码 03 表示写入寄存器的值无效，即非法数据值	GB/T 19582.1—2008 的 7.6	
063		主站利用功能码 06 置一个无效地址寄存器的值，子站应用功能码 86H 给予一个异常响应，并在响应帧中包含一个异常代码 02 表示是非法数据地址	GB/T 19582.1—2008 的 7.6	
064		如果子站在试图处理请求时出现不可恢复的差错，则子站应用功能码 86H 给予一个异常响应，并在响应帧中包含一个异常码 04 表示子站设备故障	GB/T 19582.1—2008 的 7.6	
065		可使用广播命令，子站不应答	GB/T 19582.2—2008 的 6.1	
066		当主站请求的子站地址错误时，子站不应答	GB/T 19582.2—2008 的 6.1	
067		当主站发送的帧 CRC 校验错误时，子站不应答	GB/T 19582.2—2008 的 6.5.1.2	
070	读取异常状态（功能码 07）（仅用于串行链路）	主站利用功能码 07 读取 8 个异常状态输出的内容，如果子站接受主站的请求，则用功能码 07 响应，并在响应帧中包含 8 个异常状态输出的内容，这些输出打包成一个字节，每个异常状态输出一个位	GB/T 19582.1—2008 的 7.7	
071		当子站不支持功能码 07 时，子站应用功能码 87H 给予一个异常响应，并在响应帧中包含一个异常代码 01 表示是非法功能	GB/T 19582.1—2008 的 7.7	
072		如果子站在试图处理请求时出现不可恢复的差错，则子站应用功能码 87H 给予一个异常响应，并在响应帧中包含一个异常码 04 表示子站设备故障	GB/T 19582.1—2008 的 7.7	
073		不使用广播模式	GB/T 19582.2—2008 的 6.1	
074		当主站请求的子站地址错误时，子站不应答	GB/T 19582.2—2008 的 6.1	
075		当主站发送的帧 CRC 校验错误时，子站不应答	GB/T 19582.2—2008 的 6.5.1.2	
080	诊断功能检验（功能码 08）（仅用于串行链路）	主站利用功能码 08 提供一系列测试，用于检查主站和子站之间的通信系统或子站中的各种差错状态，在主站的请求帧中包含一个子功能码来定义子站所执行的测试类型，如果子站接受主站的请求则应用功能码 08 和与主站相同的子功能码响应	GB/T 19582.1—2008 的 7.8	

表 A.1（续）

NO	测 试	描 述	引 用	结 果
081	诊断功能检验（功能码 08）（仅用于串行链路）	当子站不支持功能码 08 时，子站应用功能码 88H 给予一个异常响应，并在响应帧中包含一个异常代码 01 表示是非法功能	GB/T 19582.1—2008 的 7.8	
082		主站如果提供无效的数据域则子站应用功能码 88H 给予异常响应，并在响应帧中包含一个异常代码 03 表示数据域无效	GB/T 19582.1—2008 的 7.8	
083		如果子站在试图处理请求时出现不可恢复的差错，则子站应用功能码 88H 给予一个异常响应，并在响应帧中包含一个异常码 04 表示子站设备故障	GB/T 19582.1—2008 的 7.8	
084		不使用广播模式	GB/T 19582.2—2008 的 6.1	
085		当主站请求的子站地址错误时，子站不应答	GB/T 19582.2—2008 的 6.1	
086		当主站发送的帧 CRC 校验错误时，子站不应答	GB/T 19582.2—2008 的 6.5.1.2	
110	获得通信事件计数器（功能码 11）（仅用于串行链路）	主站利用功能码 11 从子站通信事件计数器中获得状态字和事件计数，如果子站接受主站的请求，则用功能码 11 响应	GB/T 19582.1—2008 的 7.9	
111		子站在接受到异常响应、轮询命令或读取事件计数器命令时不增加计数器	GB/T 19582.1—2008 的 7.9	
112		子站不支持功能码 11 时，子站应用功能码 8BH 给予一个异常响应，并在响应帧中包含一个异常代码 01 表示是非法功能	GB/T 19582.1—2008 的 7.9	
113		如果子站在试图处理请求时出现不可恢复的差错，则子站应用功能码 8BH 给予一个异常响应，并在响应帧中包含一个异常码 04 表示子站设备故障	GB/T 19582.1—2008 的 7.9	
114		不使用广播模式	GB/T 19582.2—2008 的 6.1	
115		当主站请求的子站地址错误时，子站不应答	GB/T 19582.2—2008 的 6.1	
116		当主站发送的帧 CRC 校验错误时，子站不应答	GB/T 19582.2—2008 的 6.5.1.2	
120	获得通信事件记录（功能码 12）（仅用于串行链路）	主站利用功能码 12 从子站获得状态字、事件计数、报文计数以及一个事件字节域，如果子站接受主站的请求，则用功能码 12 响应	GB/T 19582.1—2008 的 7.10	
121		子站在接受到异常响应、轮询命令或读取事件计数器命令时不增加计数器	GB/T 19582.1—2008 的 7.10	
122		当子站不支持功能码 12 时，子站应用功能码 8CH 给予一个异常响应，并在响应帧中包含一个异常代码 01 表示是非法功能	GB/T 19582.1—2008 的 7.10	

表 A.1（续）

NO	测　试	描　述	引　用	结　果
123	获得通信事件记录（功能码 12）（仅用于串行链路）	如果子站在试图处理请求时出现不可恢复的差错，则子站应用功能码 8CH 给予一个异常响应，并在响应帧中包含一个异常码 04 表示子站设备故障	GB/T 19582.1—2008 的 7.10	
124		不使用广播模式	GB/T 19582.2—2008 的 6.1	
125		当主站请求的子站地址错误时，子站不应答	GB/T 19582.2—2008 的 6.1	
126		当主站发送的帧 CRC 校验错误时，子站不应答	GB/T 19582.2—2008 的 6.5.1.2	
150	写多个线圈（功能码 15）	主站利用功能码 15 置多个线圈的通断状态，如果子站接受主站的请求，则应用功能码 15，响应帧中包含的子站地址、寄存器地址、寄存器数量与接收帧中一样	GB/T 19582.1—2008 的 7.11	
151		当子站不支持功能码 15 时，子站应用功能码 8FH 给予一个异常响应，并在响应帧中包含一个异常代码 01 表示是非法功能	GB/T 19582.1—2008 的 7.11	
152		主站写入的线圈数量不在 0～1 968 范围内，子站应用功能码 8FH 给予一个异常响应，并在响应帧中包含一个异常码 03 表示寄存器数量无效，即非法数据值	GB/T 19582.1—2008 的 7.11	
153		主站利用功能码 15 置一个无效地址线圈的通断状态，子站应用功能码 8FH 给予一个异常响应，并在响应帧中包含一个异常代码 02 非法数据地址	GB/T 19582.1—2008 的 7.11	
154		如果子站在试图处理请求时出现不可恢复的差错，则子站应用功能码 8FH 给予一个异常响应，并在响应帧中包含一个异常码 04 表示子站设备故障	GB/T 19582.1—2008 的 7.11	
155		可使用广播模式，子站不应答	GB/T 19582.2—2008 的 6.1	
156		当主站请求的子站地址错误时，子站不应答	GB/T 19582.2—2008 的 6.1	
157		当主站发送的帧 CRC 校验错误时，子站不应答	GB/T 19582.2—2008 的 6.5.1.2	
160	写多个寄存器（功能码 16）	主站利用功能码 16 置多个连续寄存器的值，如果子站接受主站的请求，则应用功能码 16 响应，响应帧中包含的子站地址、寄存器地址、寄存器数量与接收帧中一样	GB/T 19582.1—2008 的 7.12	
161		当子站不支持功能码 16 时，子站应用功能码 90H 给予一个异常响应，并在响应帧中包含一个异常代码 01 表示是非法功能	GB/T 19582.1—2008 的 7.12	
162		主站写入的寄存器数量不在 1～123 范围内或者字节计数不等于寄存器数量的 2 倍时，子站应用功能码 90H 给予一个异常响应，并在响应帧中包含一个异常代码 03 表示寄存器数量无效，即非法数据值	GB/T 19582.1—2008 的 7.12	

表 A.1(续)

NO	测　试	描　述	引　用	结　果
163	写多个寄存器(功能码 16)	主站利用功能码 16 置一个无效地址寄存器值,子站应用功能码 90H 给予一个异常响应,并在响应帧中包含一个异常代码 02 非法数据地址	GB/T 19582.1—2008 的 7.12	
164		如果子站在试图处理请求时出现不可恢复的差错,则子站应用功能码 90H 给予一个异常响应,并在响应帧中包含一个异常码 04 表示子站设备故障	GB/T 19582.1—2008 的 7.12	
165		可使用广播模式,子站不应答	GB/T 19582.2—2008 的 6.1	
166		当主站请求的子站地址错误时,子站不应答	GB/T 19582.2—2008 的 6.1	
167		当主站发送的帧 CRC 校验错误时,子站不应答	GB/T 19582.2—2008 的 6.5.1.2	
170	报告子站 ID(功能码 17)(仅用于串行链路)	主站利用功能码 17 读取子站特定的类型描述、当前状态以及其他信息,如果子站接受主站的请求,则用功能码 17 响应,并在响应帧中包含子站 ID、运行指示状态以及附加数据	GB/T 19582.1—2008 的 7.13	
171		当子站不支持功能码 17 时,子站应用功能码 91H 给予一个异常响应,并在响应帧中包含一个异常代码 01 表示是非法功能	GB/T 19582.1—2008 的 7.13	
172		如果子站在试图处理请求时出现不可恢复的差错,则子站应用功能码 91H 给予一个异常响应,并在响应帧中包含一个异常码 04 表示子站设备故障	GB/T 19582.1—2008 的 7.13	
173		不使用广播模式	GB/T 19582.2—2008 的 6.1	
174		当主站请求的子站地址错误时,子站不应答	GB/T 19582.2—2008 的 6.1	
175		当主站发送的帧 CRC 校验错误时,子站不应答	GB/T 19582.2—2008 的 6.5.1.2	
200	读文件记录(功能码 20/6)	主站利用功能码 20 读取文件记录,如果子站接受主站的请求则应用功能码 20/6 响应,在响应帧中包含对各个子请求的响应(“6”指的是参数类型)	GB/T 19582.1—2008 的 7.14	
201		当子站不支持功能码 20 时,子站应用功能码 94H 给予一个异常响应,并在响应帧中包含一个异常代码 01 表示是非法功能	GB/T 19582.1—2008 的 7.14	
202		主站读取的字节计数不在 7～245 范围内,子站应用功能码 94H 给予一个异常响应,并在响应帧中包含一个异常码 03 表示字节计数无效	GB/T 19582.1—2008 的 7.14	
203		主站利用功能码 20 读取的起始地址、参数类型、文件号、以及记录数量中的任何一个或几个无效,则子站应用功能码 94H 给予一个异常响应,并在响应帧中包含一个异常代码 02 表示无效数据地址	GB/T 19582.1—2008 的 7.14	

表 A.1（续）

NO	测　试	描　述	引　用	结　果
204		如果子站在试图处理请求时出现不可恢复的差错，则子站应用功能码 94H 给予一个异常响应，并在响应帧中包含一个异常码 04 表示子站设备故障	GB/T 19582.1—2008 的 7.14	
205	读文件记录（功能码 20/6）	不使用广播模式	GB/T 19582.2—2008 的 6.1	
206		当主站请求的子站地址错误时，子站不应答	GB/T 19582.2—2008 的 6.1	
207		当主站发送的帧 CRC 校验错误时，子站不应答	GB/T 19582.2—2008 的 6.5.1.2	
210		主站利用功能码 21/6 写入文件记录，如果子站接受主站的请求则应用功能码 21/6 响应，正常的响应报文与请求报文相同（“6”表示参数类型）	GB/T 19582.1—2008 的 7.15	
211		当子站不支持功能码 21 时，子站应用功能码 95H 给予一个异常响应，并在响应帧中包含一个异常代码 01 表示是非法功能	GB/T 19582.1—2008 的 7.15	
212		主站写入的字节计数不在 7～245 范围内，子站应用功能码 95H 给予一个异常响应，并在响应帧中包含一个异常代码 03 表示寄存器数量无效，即非法数据值	GB/T 19582.1—2008 的 7.15	
213	写文件记录（功能码 21/6）	主站利用功能码 21 写入的起始地址、参数类型、文件号、以及记录数量中的任何一个或几个无效时，则子站应用功能码 95H 给予一个异常响应，并在响应帧中包含一个异常代码 02 表示非法数据地址	GB/T 19582.1—2008 的 7.15	
214		如果子站在试图处理请求时出现不可恢复的差错，则子站应用功能码 95H 给予一个异常响应，并在响应帧中包含一个异常码 04 表示子站设备故障	GB/T 19582.1—2008 的 7.15	
215		可使用广播模式，子站不应答	GB/T 19582.2—2008 的 6.1	
216		当主站请求的子站地址错误时，子站不应答	GB/T 19582.2—2008 的 6.1	
217		当主站发送的帧 CRC 校验错误时，子站不应答	GB/T 19582.2—2008 的 6.5.1.2	
220		主站利用功能码 22 屏蔽写寄存器，如果子站接受主站的请求则应用功能码 22 响应，正常的响应报文与请求报文相同	GB/T 19582.1—2008 的 7.16	
221	屏蔽写寄存器（功能码 22）	当子站不支持功能码 22 时，子站应用功能码 96H 给予一个异常响应，并在响应帧中包含一个异常代码 01 表示是非法功能	GB/T 19582.1—2008 的 7.16	
222		主站利用功能码 22 屏蔽一个无效地址寄存器时，子站应用功能码 96H 给予一个异常响应，并在响应帧中包含一个异常代码 02 表示非法数据地址	GB/T 19582.1—2008 的 7.16	

表 A.1（续）

NO	测　试	描　述	引　用	结　果
223	屏蔽写寄存器（功能码 22）	当主站的请求帧中"and_mask"或"r_mask"在无效时，子站应用功能码 96H 给予一个异常响应，并在响应帧中包含一个异常代码 03 表示非法数据值	GB/T 19582.1—2008 的 7.16	
224		如果子站在试图处理请求时出现不可恢复的差错，则子站应用功能码 96H 给予一个异常响应，并在响应帧中包含一个异常码 04 表示子站设备故障	GB/T 19582.1—2008 的 7.16	
225		当主站请求的子站地址错误时，子站不应答	GB/T 19582.2—2008 的 6.1	
226		当主站发送的帧 CRC 校验错误时，子站不应答	GB/T 19582.2—2008 的 6.5.1.2	
230	读/写多个寄存器（功能码 23）	主站利用功能码 23 完成读操作和写操作的组合，如果子站接受主站的请求则应用功能码 23 响应，正常的响应应该包含所读寄存器数据	GB/T 19582.1—2008 的 7.17	
231		当子站不支持功能码 23 时，子站应用功能码 97H 给予一个异常响应，并在响应帧中包含一个异常代码 01 表示是非法功能	GB/T 19582.1—2008 的 7.17	
232		主站读取寄存器的数量不在 1～125 范围内或者写入的寄存器数量不在 1～ 121 范围内或者写字节数不是写入寄存器数量的 2 倍则子站应用功能码 97H 给予一个异常响应，并在响应帧中包含一个异常代码 03 表示寄存器数量无效，即非法数据值	GB/T 19582.1—2008 的 7.17	
233		主站利用功能码 23 读取无效地址的寄存器或者写入无效地址的寄存器，则子站应用功能码 97H 给予一个异常响应，并在响应帧中包含一个异常代码 02 表示非法数据地址	GB/T 19582.1—2008 的 7.17	
234		如果子站在试图处理请求时出现不可恢复的差错，则子站应用功能码 97H 给予一个异常响应，并在响应帧中包含一个异常码 04 表示子站设备故障	GB/T 19582.1—2008 的 7.17	
235		当主站请求的子站地址错误时，子站不应答	GB/T 19582.2—2008 的 6.1	
236		当主站发送的帧 CRC 校验错误时，子站不应答	GB/T 19582.2—2008 的 6.5.1.2	
240	读 FIFO 队列（功能码 24）	主站利用功能码 24 读取子站中先入先出（FIFO）寄存器队列内容，此功能最多可以读 32 个寄存器：计数加上最多 31 个队列的数据寄存器，如果子站接受主站的请求，则用功能码 24 给予响应	GB/T 19582.1—2008 的 7.18	
241		当子站不支持功能码 24，子站应用功能码 98H 给予异常响应，并在响应帧中应包含一个异常代码 01 表示非法功能	GB/T 19582.1—2008 的 7.18	
242		主站利用功能码 24 读取一个无效地址的 FIFO 寄存器，则子站应用功能码 98H 给予异常响应，并在响应帧中包含一个异常代码 02 表示非法数据地址	GB/T 19582.1—2008 的 7.18	

表 A.1(续)

NO	测　试	描　述	引　用	结 果
243	读 FIFO 队列(功能码 24)	主站利用功能码 24 读取 FIFO 寄存器的数量不在0～31 之间,则子站应用功能码 98H 给予异常响应,并在响应帧中包含一个异常代码 03 表示非法数据值	GB/T 19582.1—2008 的 7.18	
244		如果子站在试图处理请求时出现不可恢复的差错,则子站应用功能码 98H 给予一个异常响应,并在响应帧中包含一个异常码 04 表示子站设备故障	GB/T 19582.1—2008 的 7.18	
245		不使用广播模式	GB/T 19582.2—2008 的 6.1	
246		当主站请求的子站地址错误时,子站不应答	GB/T 19582.2—2008 的 6.1	
247		当主站发送的帧 CRC 校验错误时,子站不应答	GB/T 19582.2—2008 的 6.5.1.2	
430	CANopen 通用引用请求和响应 PDU(功能码 43/13)	主站利用功能码 43/13 发送 CANopen 通用引用命令,访问(读或写)CAN-Open 设备对象字典(CAN-Open Device Object Dictionary)的条目以及控制和监视 CANopen 系统和设备,如果子站接受主站的请求则用功能码 43 给予响应	GB/T 19582.1—2008 的 7.19	
431		当子站不支持功能码 43/13 时,子站应用异常代码 abH 给予一个异常响应,在响应帧中包含一个异常代码 01 表示非法功能	GB/T 19582.1—2008 的 7.19	
432	读设备标识(功能码 43/14)	主站利用功能码 43/14 读取子站设备的物理和功能描述相关的标识和附加信息,其中 14 表示 MEI 类型,如果子站接受主站的请求则用功能码 43 给予响应	GB/T 19582.1—2008 的 7.21	
433		当子站不支持功能码 43/14 时,子站应用异常代码 abH 给予一个异常响应,在响应帧中包含一个异常代码 01 表示非法功能	GB/T 19582.1—2008 的 7.21	
434		当主站读取一个无效的对象 ID 时,子站应用功能码 abH 给予一个异常响应,并在响应帧中包含一个异常代码 02 表示非法数据地址	GB/T 19582.1—2008 的 7.21	
435		当主站读取一个无效的设备 ID 时,子站应用功能码 abH 给予一个异常响应,并在响应帧中包含一个异常代码 03 表示非法数据值	GB/T 19582.1—2008 的 7.21	
436		不使用广播模式	GB/T 19582.2—2008 的 6.1	
注:NO 中的前两位代表功能码,第三位代表每一功能码下的测试项。				

ICS 25.040
N 10

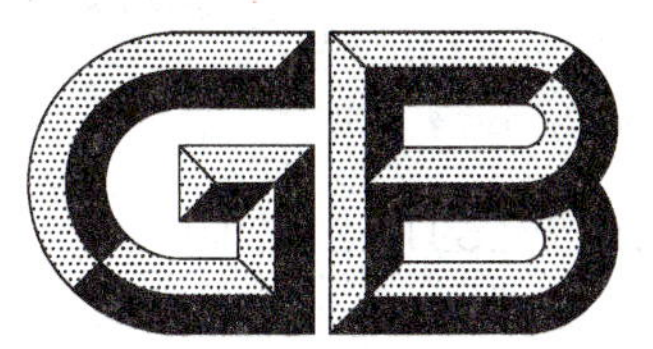

中华人民共和国国家标准

GB/T 25919.2—2010

Modbus 测试规范
第2部分:Modbus 串行链路
互操作测试规范

Modbus test specification—
Part 2: Modbus interoperability test specification over serial link

2011-01-14 发布 2011-05-01 实施

中华人民共和国国家质量监督检验检疫总局
中国国家标准化管理委员会 发布

前　言

GB/T 25919《Modbus 测试规范》分为 2 个部分：

——第 1 部分：Modbus 串行链路一致性测试规范；

——第 2 部分：Modbus 串行链路互操作作测试规范。

本部分为 GB/T 25919 的第 2 部分。

本部分由中国机械工业联合会提出。

本部分由全国工业过程测量和控制标准化技术委员会(SAC/TC 124)归口。

本部分起草单位：机械工业仪器仪表综合技术经济研究所、施耐德电气(中国)投资有限公司、国家继电器质量监督检验中心、上海自动化仪表股份有限公司。

本部分主要起草人：梅恪、王玉敏、王勇、贺春、华镕、包伟华、聂金平、王麟琨、张冉。

Modbus 测试规范
第 2 部分:Modbus 串行链路
互操作测试规范

1 范围

本部分主要是针对串行链路 Modbus 子设备,其目的旨在确认 Modbus 子设备的互操作性。

本部分适用于工业、交通、电力、楼宇控制等领域。

本部分规定了 Modbus 串行链路互操作测试系统的结构、测试方法。

2 规范性引用文件

下列文件中的条款通过 GB/T 25919 的本部分的引用而成为本部分的条款。凡是注日期的引用文件,其随后所有的修改单(不包括勘误的内容)或修订版均不适用于本部分,然而,鼓励根据本部分达成协议的各方研究是否可使用这些文件的最新版本。凡是不注日期的引用文件,其最新版本适用于本部分。

GB/T 19582.1—2008 基于 Modbus 协议的工业自动化网络规范 第 1 部分:Modbus 应用协议(IEC 61158 CPE(FDIS):2006,MOD)

GB/T 19582.2—2008 基于 Modbus 协议的工业自动化网络规范 第 2 部分:Modbus 协议在串行链路上的实现指南(IEC 61158 CPE(FDIS):2006,MOD)

GB/T 19582.3—2008 基于 Modbus 协议的工业自动化网络规范 第 3 部分:Modbus 协议在 TCP/IP 上的实现指南(IEC 61158 CPE(FDIS).2006,MOD)

3 术语和定义

GB/T 19582.1—2008、GB/T 19582.2—2008、GB/T 19582.3—2008 中定义的以及下列术语和定义适用于本部分。

3.1

互操作 interoperability

同种协议的不同版本或者不同实体间的互通能力。

3.2

互操作测试 interoperability test

检查同种协议的不同版本或者不同实体间的互通能力。

4 测试要求

4.1 互操作测试的系统结构

4.1.1 连接

将被测设备按 GB/T 19582.2—2008 的要求连接在实验室的互操作系统中。

4.1.2 互操作测试示意图

互操作测试系统见图 1。

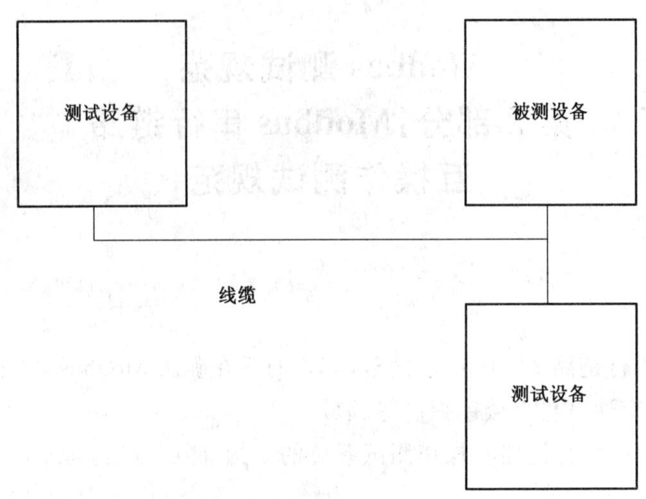

图 1 互操作测试系统

在该网络中正确配置被测设备并保证它可以进行操作时，测试设备将进行网络上报文的收发。在所有的网络节点上程序将会自动同步运行协议测试。

4.2 数据访问等级定义

本部分定义了如下 3 种协议实现方式：

a) 基本访问：支持 Modbus 协议的设备必须支持一个或两个 Modbus 功能代码访问数据：
——FC 03 读保持寄存器；
——FC 16 写多个寄存器。

b) 普通访问：除支持基本访问外，对于需要离散数据的场合和其他应用需要，还应该支持下列功能码：
——FC 01 读线圈；
——FC 02 读离散量输入；
——FC 15 写多个线圈；
——FC 08 诊断。

c) 扩展访问：除支持普通访问外，为了更方便的使用，还可以实现下列功能码：
——FC 23 读/写多个寄存器；
——FC 06 写单个寄存器；
——FC 04 读输入寄存器；
——FC 05 写单个线圈。

4.3 设备管理等级定义

Modbus 设备可以提供设备管理功能，通过 Modbus 命令得到设备标志信息，本部分定义了设备管理功能的访问级别，见表 1。

表 1 设备管理等级定义

访问类型：读设备标志	可得到的设备信息
基本管理	最小信息要求：厂家名称，产品代码，版本
普通管理	基本管理＋访问设备描述的标准对象
扩展管理	普通管理＋访问设备特定的对象

如果使用 Modbus 协议的设备提供设备管理功能，必须支持基本管理功能，并实现 Modbus 功能代码 43/14 的初级访问能力，推荐设备支持普通管理功能，可以选择支持扩展管理功能。

4.4 实现等级定义

GB/T 19582.2—2008 的表 10 中定义了实现等级:分为基本等级和常规等级,并规定了默认值。

4.5 最小需求集的要求

用户应该根据设备的实际使用情况来选择数据访问等级、设备管理等级和实现等级。但 Modbus 串行链路子设备应该必须满足最小需求集,最小需求集为:

a) 数据访问等级为基本访问,和

b) 实现等级为基本等级。

注:对设备管理等级不做特殊要求,但建议设备管理等级为基本管理。

4.6 物理层的要求

4.6.1 RS485 终端电阻

子设备位于串行链路终端时,应该提供连接终端电阻的能力,如果内置终端电阻,应可选择接通或断开,阻值应是 150 Ω(≥0.5 W)。

4.6.2 RS485 上拉电阻,下拉电阻

对于子设备不能有任何上拉、下拉电阻。

4.6.3 机械接口

除 GB/T 19582.2—2008 规定的 RJ45 和 DB9 之外,RS485-2W 也可使用如下的端子连接器。

应采用端子间距 5.08 mm 的 5 脚端子。

a) 标准开放式连接器

连接器引脚定义

b) 可插拔端子

如果使用可插拔端子,座必须为针,插头为孔。

1 脚=D1 在看向端子方向时,必须在最左侧。

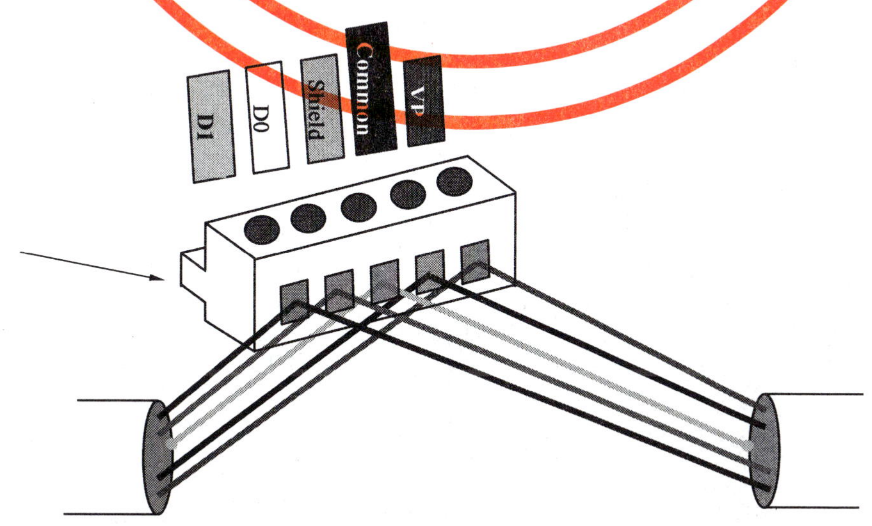

c） 4 脚端子

当不需要使用 VP 电源引脚时，可以使用 4 线端子，除了移除第 5 脚外，必须遵守其他有关 5 脚端子的规定。

4.6.4 判定

按照 4.6.1～4.6.3 的要求，传输信号采用 RS232 或 RS485，测试系统检查电平，连接以后被测设备能发送和接收 Modbus 报文，物理连接不失败，测试通过。

4.7 互操作测试判定准则

以下条件均符合，则判定为通过：

a） 如果按照 GB/T 19582.1—2008，其一致性测试的判定结果为通过；

b） 4.6.4 的判定结果为通过；

c） 根据 4.5 的要求，使用 4.1.2 的互操作系统，连续运行不少于 60 min 的互操作实验，如果运行期间无异常，则判定为通过。

ICS 17.120.10
N 12

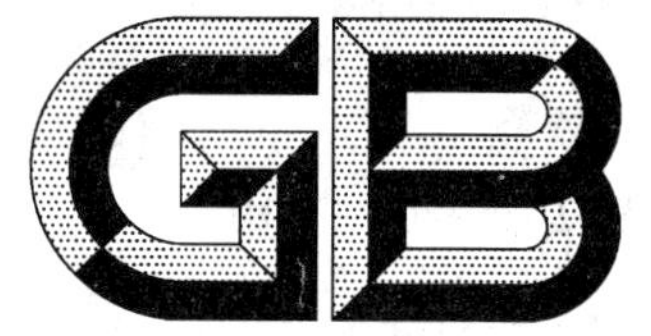

中华人民共和国国家标准

GB/T 25920—2010

饮用冷水水表塑料表壳及承压件　技术规范

Plastic body and pressured parts of the meter for cold potable water—Technical specifications

2011-01-14 发布　　2011-05-01 实施

中华人民共和国国家质量监督检验检疫总局
中国国家标准化管理委员会　发布

前　言

本标准由中国机械工业联合会提出。

本标准由全国工业过程测量和控制标准化技术委员会(SAC/TC 124)归口。

本标准负责起草单位:宁波东海仪表水道有限公司。

本标准参加起草单位:浙江省计量科学研究院、宁波水表股份有限公司、巴斯夫(中国)有限公司、北京自来水集团京兆水表有限公司、上海水表厂、无锡水表有限责任公司、江西三川水表股份有限公司、连云港连利水表有限公司、苏州市自来水表业有限公司。

本标准主要起草人:林志良、詹志杰、赵绍满。

本标准参加起草人:孔华卿、尹彬、张庆、李红卫、陈峥嵘、李烜、赵剑峰、戴学军。

饮用冷水水表塑料表壳及承压件 技术规范

1 范围

本标准规定了饮用冷水水表塑料表壳及承压件的术语和定义、技术要求、试验方法和塑料制品回收标志、包装、运输及贮存要求。

本标准适用于水表口径 DN≤40 mm、温度等级≤T50、螺纹连接的饮用冷水水表塑料表壳及承压件。

2 规范性引用文件

下列文件中的条款通过本标准的引用而成为本标准的条款。凡是注日期的引用文件，其随后所有的修改单(不包括勘误的内容)或修订版均不适用于本标准，然而，鼓励根据本标准达成协议的各方研究是否可使用这些文件的最新版本。凡是不注日期的引用文件，其最新版本适用于本标准。

GB/T 191 包装储运图示标志(GB/T 191—2008,ISO 780:1997,MOD)

GB/T 197 普通螺纹 公差(GB/T 197—2003,ISO 965-1:1998,MOD)

GB/T 778.1—2007 封闭满管道中水流量的测量 饮用冷水水表和热水水表 第1部分:规范(ISO 4064-1:2005,IDT)

GB/T 778.3—2007 封闭满管道中水流量的测量 饮用冷水水表和热水水表 第3部分:试验方法和试验设备(ISO 4064-1:2005,IDT)

GB/T 2423.1—2001 电工电子产品环境试验 第2部分:试验方法 试验A:低温(idt IEC 60068-2-1:1990)

GB/T 2423.2—2001 电工电子产品环境试验 第2部分:试验方法 试验B:高温(idt IEC 60068-2-2:1974)

GB/T 13384—2008 机电产品包装通用技术条件

GB/T 16288 塑料制品的标志(GB/T 16288—2008,ISO 11469:2000,MOD)

GB/T 16422.2—1999 塑料实验室光源暴露试验方法 第2部分:氙弧灯(idt ISO 4892-2:1994)

GB/T 17219—1998 生活饮用水输配水设备及防护材料的安全性评价标准

CJ 266—2008 饮用水冷水水表安全规则

3 术语和定义

GB/T 778.1 和 GB/T 778.3 确立的以及下列术语和定义适用于本标准。

3.1

工程塑料 engineering plastic

一类具有优异的机械强度、耐热性和化学稳定性，以及高硬度和抗蠕变性能、作为工程结构件的高分子材料。

3.2

塑料表壳 plastic body

采用工程塑料并通过注射成型的水表表壳。

3.3

塑料承压件 plastic pressure parts

采用工程塑料并通过注射成型的水表罩子及其他承受压力的构件。

4 技术要求

4.1 外观

塑料表壳及承压件不应有凹痕、划伤、裂纹、螺纹损伤等缺陷。

4.2 外形尺寸和螺纹连接端

塑料表壳的外形尺寸和螺纹连接端应符合 GB/T 778.1—2007 中 4.1 的要求。

4.3 连接螺纹扭矩

塑料表壳的连接端和连接螺母应能承受表 1 规定的外加扭矩，并持续 1 min，应无损坏、失效。

表 1 外加扭矩

连接螺纹	扭 矩 N·m
G 3/4	35
G 1	70
G 1¼	80
G 1½	85
G 2	100

4.4 连接螺母尺寸

连接螺母的尺寸应符合图 1 和表 2 的规定。

本标准规定的尺寸为最小值，用户可根据需要提出尺寸大于本标准规定的要求。螺纹应符合 GB/T 778.1—2007中 4.1 的要求。

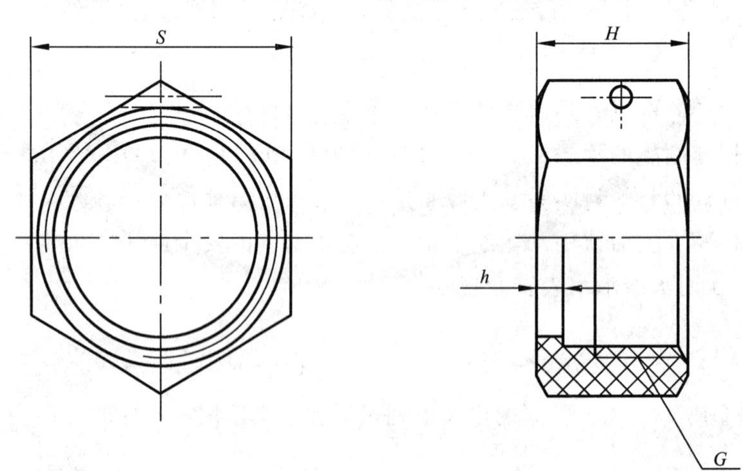

图 1 连接螺母

表 2 连接螺母尺寸

口径 mm	尺寸 mm			连接螺纹
	S	H	h	G
15	36	19	5	G 3/4
20	43	20	5	G 1
25	52	23	6	G 1¼
32	58	25	6	G 1½
40	70	28	8	G 2

4.5 卫生要求

塑料表壳及与水接触的承压件应无毒、无污染、无生物活性,不得污染水质,应符合 GB/T 17219—1998 的要求。

4.6 承压要求

塑料表壳及承压件的承压要求为 GB/T 778.1—2007 的 5.4.2 表 6 中的 MAP 16,承受试验静水压后,应不泄漏、渗漏或损坏。

承压件中的管接头不采用工程塑料的,应符合 CJ 266—2008 的要求。

4.7 耐光辐射

塑料表壳及承压件应具有承受辐射强度为 550 W/m^2、辐照时间为 2 000 h 的日光辐射热效应和光效应或劣化效应的能力。

试验后,承受静压 1.6 MPa,保持 15 min,应不泄漏、渗漏或损坏。

4.8 耐高、低温

塑料表壳及承压件在高温 85 ℃±2 ℃、低温 −25 ℃±3 ℃下各保持 72 h 后,承受静压 1.6 MPa,保持 15 min,应不泄漏、渗漏或损坏。

5 试验方法

5.1 外观

目测检查塑料表壳及承压件的外观,观察其是否符合 4.1 的要求。

5.2 外形尺寸和螺纹连接端

用量具测量塑料表壳的外形尺寸和螺纹连接端,确认其是否符合 4.2 的要求。

5.3 连接螺纹扭矩

5.3.1 连接端

塑料表壳的连接端,与 GB/T 197 规定的公差等级为(7g)的螺纹连接后,施加表 1 规定的扭矩,持续 1 min,确认其是否符合 4.3 的要求。

5.3.2 连接螺母

连接螺母的连接螺纹,与 GB/T 197 规定的公差等级为(7H)的螺纹连接后,施加表 1 规定的扭矩,持续 1 min,确认其是否符合 4.3 的要求。

5.4 连接螺母尺寸

用量具测量连接螺母的尺寸,确认其是否符合 4.4 的要求。

5.5 卫生要求

另选塑料表壳及与水接触的承压件,按 GB/T 17219 的规定进行卫生检验,确认其是否符合 4.5 的要求。

5.6 承压要求

另选塑料表壳及承压件进行承压试验，其密封方法如下所示：

——对于所有采用工程塑料生产的承压件，必须同时安装进行承压试验；

——对于并非采用工程塑料生产的承压件，可用其他的替代材料(见图 2)。

承压试验按 GB/T 778.3—2007 第 6 章规定的试验方法进行：

——水压增大到 1.6 MPa 的 1.6 倍，保持 15 min；

——水压增大到 1.6 MPa 的 2 倍，保持 1 min。

试验后，确认其是否符合 4.6 的要求。

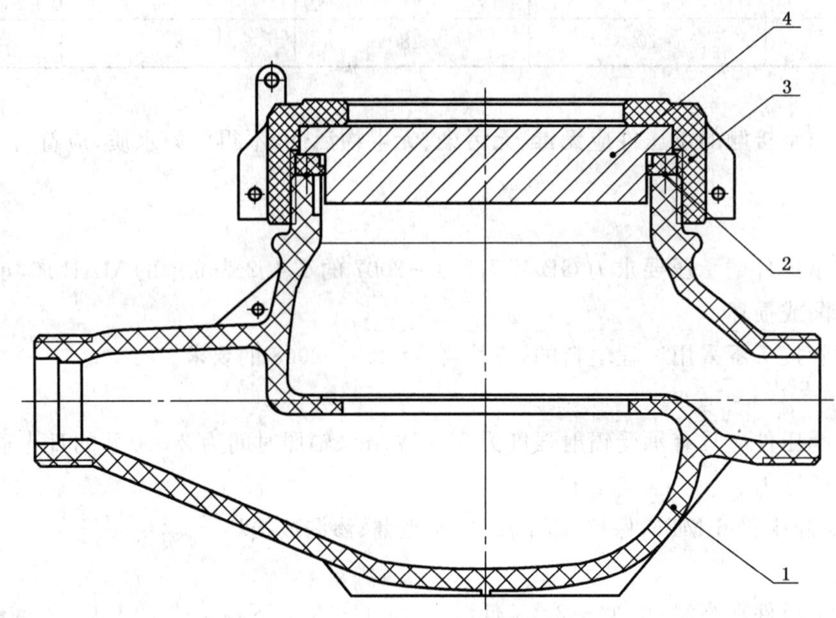

图中：

1——塑料表壳；

2——密封垫片；

3——承压件(1)(罩子)；

4——承压件(2)(替代材料)。

图 2 密封方法

5.7 耐光辐射

本试验应按 GB/T 16422.2—1999 规定的方法，另选塑料表壳及承压件，密封方法见图 2，按下列参数进行耐光辐射试验：

——辐射强度：550 W/ m^2；

——波长：290 nm≤λ≤800 nm；

——背景温度：(65±5)℃；

——相对湿度：(65±5)%；

——辐照时间：2 000 h 氙灯光源全程照射；

——喷水周期：每次喷水时间为 18 min，两次喷水之间的无水时间为 102 min，每 120 min 为一个循环周期。

试验后，确认其是否符合 4.7 的要求。

5.8 耐高、低温

另选塑料表壳及承压件，密封方法见图 2；按下列方法进行耐高、低温试验：

——高温：按 GB/T 2423.2—2001 中试验 Bb 的方法进行；

——低温:按 GB/T 2423.1—2001 中试验 Ab 的方法进行。

试验后,确认其是否符合 4.8 的要求。

6 塑料制品回收标志

塑料表壳及承压件应标识塑料制品回收标志,该标志应符合 GB/T 16288 的要求。

7 包装、运输及贮存

7.1 包装

塑料表壳及承压件的包装应符合 GB/T 13384—2008 的要求,图示标志应符合 GB/T 191 的要求。

7.2 运输

塑料表壳及承压件按规定装入包装箱后用无强烈震动的交通工具运输;运输途中不应受雨、霜、雾等直接影响;按标志向上放置,并不受挤压、撞击等损伤。

7.3 贮存

塑料表壳及承压件应贮存在环境干燥、通风好、且空气中不含有腐蚀性介质的室内场所,并满足以下要求:

a) 环境温度 5 ℃～50 ℃;

b) 相对湿度不大于 90%。

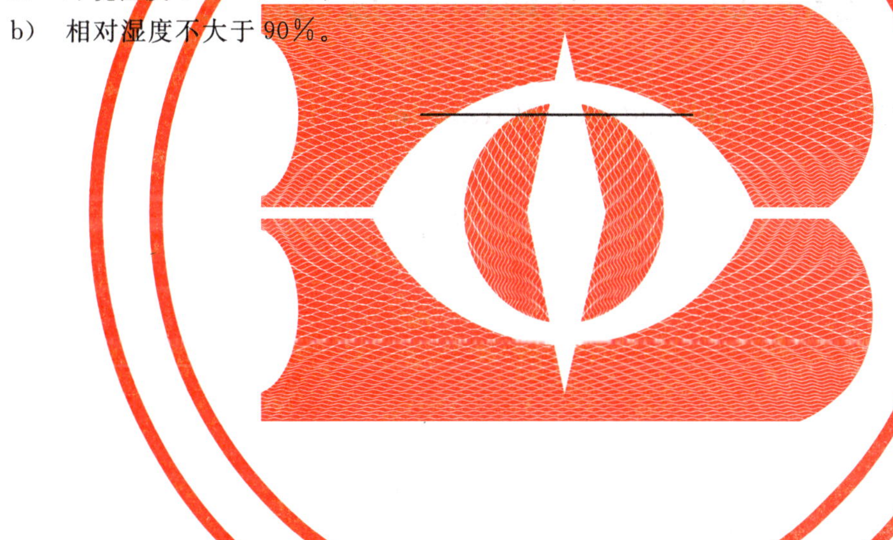

ICS 25.040.40
N 10

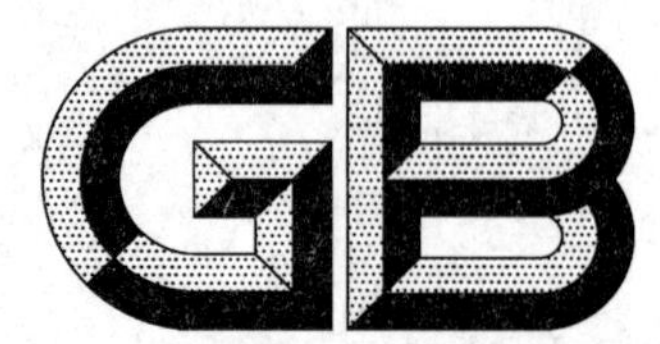

中华人民共和国国家标准

GB/T 25921—2010/IEC 62382:2006

电气和仪表回路检验规范

Electrical and instrumentation loop check

(IEC 62382:2006,IDT)

2011-01-14 发布　　2011-05-01 实施

中华人民共和国国家质量监督检验检疫总局
中国国家标准化管理委员会　发布

前　言

本标准等同采用 IEC 62382:2006《电气和仪表回路检验规范》(英文版)。

本标准等同翻译 IEC 62382:2006,在技术内容上没有差异,为方便国内用户使用,在文本结构编排上进行了适当调整,并按 GB/T 1.1—2000《标准化工作导则　第1部分:标准的结构和编写规则》和 GB/T 20000.2—2001《标准化工作指南　第2部分:采用国际标准的规则》的有关规定进行了编辑性修改。

本标准所做的主要编辑性修改如下:

a) 删除了国际标准的前言;

b) “本文件”改为“本标准”;

c) 附录 C、附录 E 表格中的名称栏因内容与附录名称重复,故删除;

d) 附录 C、附录 E 表格中状态栏与其他同类表格相比缺少2行,从而缺少两种状态,故增加。

本标准的附录 A、附录 B、附录 C、附录 D、附录 E 为资料性附录。

本标准由中国机械工业联合会提出。

本标准由全国工业过程测量和控制标准化技术委员会(SAC/TC 124)归口。

本标准负责起草单位:上海工业自动化仪表研究所。

本标准参加起草单位:中国石化集团上海工程有限公司、中国东方电气集团公司科技发展部、上海电力建设启动调整试验所、上海海德控制股份公司、江苏金智科技股份公司、上海东电自动控制有限公司、华东理工大学信息科学与工程学院、上海仪器仪表自控系统检验测试所。

本标准主要起草人:徐青、张光平、缪学勤、武亚奇、吴国伟、陈廷炯、高铭。

本标准参加起草人:李明华、顾幸生、易凡、徐进峰、石朝珠、丁宁、刘静波、王鸥、严伟达、柳健、邱宣振。

本标准为首次发布。

引　言

将单个测量和控制设备与对其监控的控制系统(如 DCS、PLC 等)一起进行的检查和验证称为回路检验。在工业领域的新建或改造工程项目中,完成机电设备安装后可采用许多方式和方法进行仪表和控制设备的检验。

本标准不仅有助于更好地理解回路检验的内容,同时也提供了完成回路检验的标准方法。

本标准的附录包含了在测试过程中可能会用到的表格。这些附录表格采用 Excel 格式。购买本标准后,用户可以根据各自的需要复制这些表格,但复制的数量不得超过所规定的数量。

对于制药工业或其他专业性较强的工业应用领域,一些专用的规范、说明和约束文件将与目前已有的标准文件共同起作用。

电气和仪表回路检验规范

1 范围

本标准定义了完成回路检验所需的步骤，它包括从完成回路施工(包括安装和点对点查线)之后到冷态调试之前的工作内容。

本标准适用于新建工厂和已建工厂中需扩建/改建的仪表和电气部分(包括 PLC,BAS,DCS,盘装和现场仪表)。

除与被检验回路关联部分外(如电机启动器或四线制变送器的供电)，本标准不包括其他配电系统的详细检验。

2 术语和定义

下列术语和定义适用于本标准。

2.1

预调试 precommissioning

阶段名，在该阶段对机器进行非运行调整、冷态校准检验、清理和测试。

注：请参考附录中的例子。

2.2

完成机电设备安装 mechanical completion

节点名，此节点表示工厂或其中任一部分已依照图纸、说明、指南、适用标准和规范完成了安装和测试，使性能达到进行冷态调试所必须的要求。

注：此节点表明所有必要的仪电工作已经完成，它标志着预调试的结束。

2.3

冷态调试 cold commissioning

阶段名，在这个阶段中可采用水或惰性物质代替系统的化学物质作为测试介质，对设备或装置进行测试和操作。

2.4

启动 start-up

节点名，标志着冷态调试的结束。

注：此时每一仪表回路的操作范围已调整到实际工况所要求的区域。

2.5

热态调试 hot commissioning

阶段名，在这个阶段中采用实际的化学过程来代替实际的生产运行，对设备或装置进行测试和操作。

2.6

开始生产 start of production

节点名，标志着热态调试的结束。

注：此时工厂已准备好进行全面和连续的运行。

2.7

性能测试 performance test

节点名，此时工厂生产能力达到它的设计容量。

注：本测试由业主的人员在承包商的帮助和管理下进行，以证明承包商完成的过程性能和功耗满足合同规定要求。

2.8

工厂验收　acceptance of plant

节点名，工厂正式由承包商移交给业主。

2.9

基本软件　basic software

软件至少包括图形设备画面、基本等级的报警和切换点、基本的联锁和模拟量控制。对于安全回路，所有安全切换点，无论是否存在于基本数据库，都应包括在该软件中。

3　缩略语

BAS	Building Automation System	楼宇自动化系统
C&E	Cause and Effect diagram	因果图
DCS	Distributed Control System	分散控制系统
E&I	Electrical and instrumentation and control system	电气仪表控制系统
ESD	Emergency shut-dowm system	紧急停车系统
FAT	Factory acceptance test	出厂验收测试
FBD	Functional block diagram	功能块图
FUP	Function plan	功能规划
HMI	Human machine interface	人机界面
HW	Hardware	硬件
MC	Mechanical completion	完成机电设备安装
PDS	Project design specifications	工程项目设计规范
PFS	Project functional specification	工程项目功能规范
PLC	Programmable logic controller	可编程逻辑控制器
SAT	Site acceptance test	现场验收测试
SIT	Site integration test	现场综合测试
SW	Software	软件

4　工程项目进度表中回路检验和冷态调试的顺序

如图 1 的进度表所示，理想状态回路检验应该在预调试阶段进行。

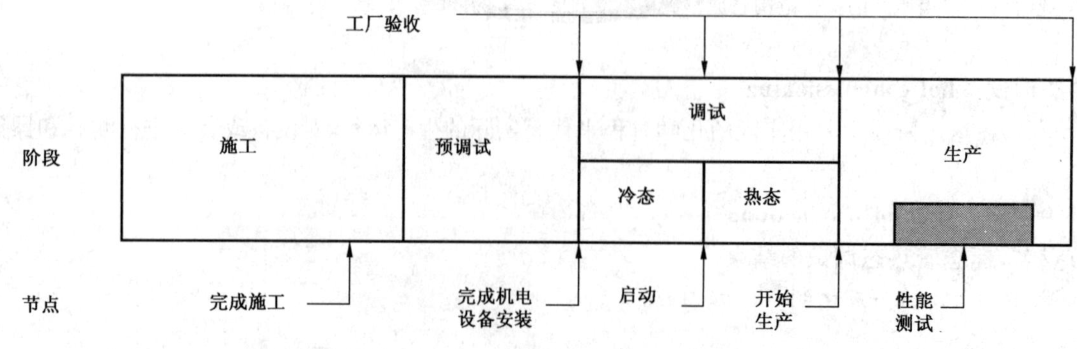

注：施工和预调试工作可能重叠。

图 1　阶段和节点的定义

然而通常出现的情况是，即使是在施工阶段，一旦某一回路安装完成移交给检验小组后即开始回路检验，因此回路检验完全可能与施工阶段有相当多的交互重叠。

回路检验：

- 紧接着工程项目的 E&I 施工阶段和 DCS 的 FAT 之后进行；
- 这是在完成机电设备安装之前进行的最后系统性检验以确保：

  ——所有 E&I 文件(如回路数据表等)可用，并且是最新的版本；

  ——所有交付的仪表和设备都符合设计规范；

  ——安装工作都依据工程文件、适用规范和当地法规进行实施；

  ——回路功能性正确。

回路检验提供了：

- 针对一个工程项目中的 E&I 工程、采购和安装进行的质量检验；
- 以下调试阶段的基础：

  a) 冷态调试

  此阶段采用测试介质如水或惰性物质，对设备和装置进行功能性测试；

  b) 热态调试(化学启动)

  此阶段采用实际工艺过程的化学物质(初始的工艺过程启动)对设备进行测试和操作。

冷态调试和热态调试阶段的主要工作是对回路、仪表和控制方案的系统验证和调整。

5 回路检验的内容

5.1 包括的内容

回路检验包括“单个回路”(传感器/执行器)的以下内容：

- 硬件部分：

  ——安装在现场或最终安装位置的仪表及部件；

  ——电气仪表室内的设备；

  ——传感器和执行器回路之间的硬接线(如有使用)；

  ——过程控制系统的输入输出卡件(如有使用)。

- 测试现场设备所需的基本的软件部分(包括图形设备画面、基本等级的报警和切换点、基本的联锁和模拟量控制)。回路检验使用控制系统基本的图形/设备画面(见图 2)。注意：主要的输入输出信号可能不仅连接到 DCS，同时也要连接到 ESD、PLC、单元控制器或其他子系统。这些信号均在 DCS 上可视。

对于安全回路，所有安全切换点，无论是否存在于基本数据库，都应包括在该软件中。

实际的回路检验应包括三个步骤：

a) 文件检查：

检查回路文件的完整性和一致性，包括安装或工厂验收测试的所有文件；

b) 目视检查回路设备，以确认安装和标识正确；

c) 功能检验：

使用测试设备测试回路的所有组件(包括硬件、接线和软件)。确定所有组件功能正确，并且 DCS 或盘面上显示的读数准确。

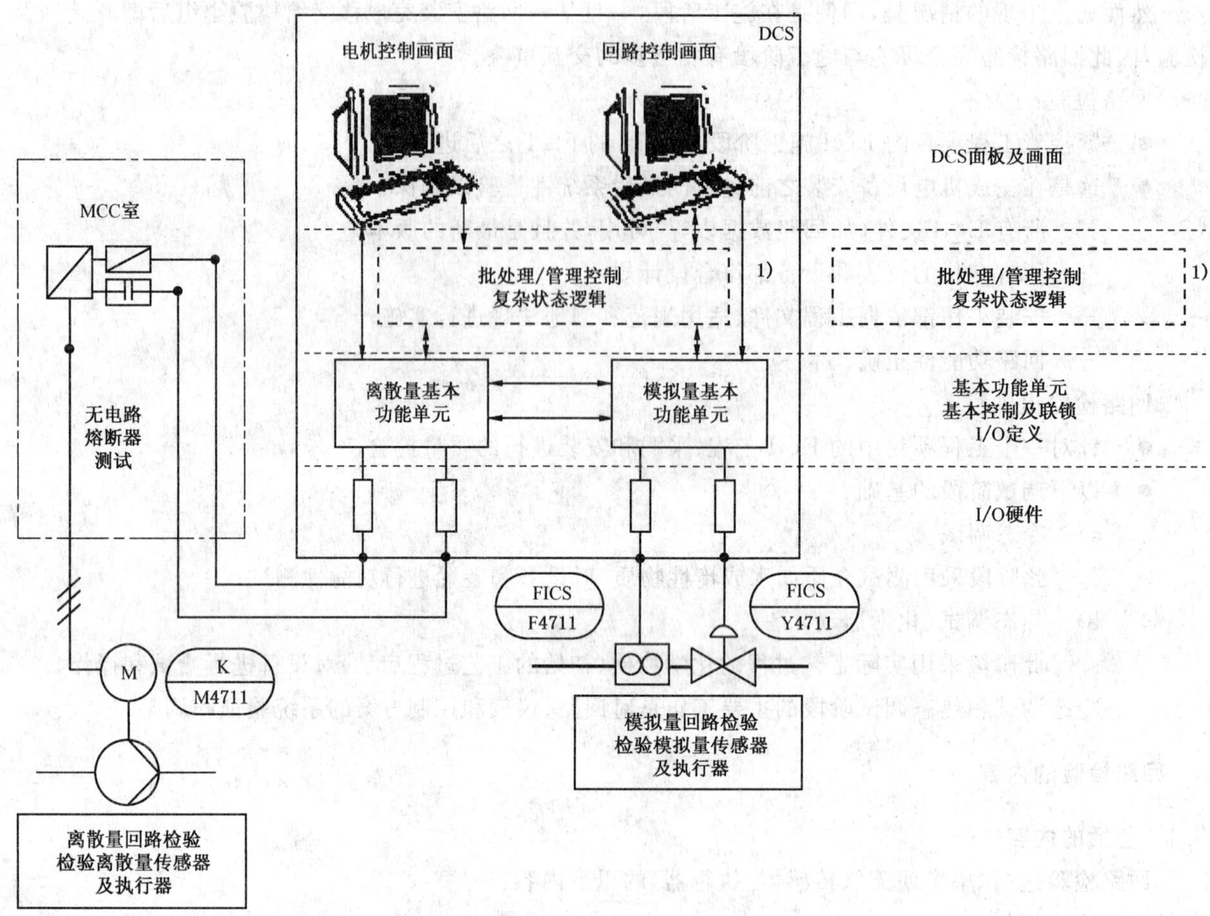

1) 在冷态调试或热态调试阶段完成系统的"操作组态"检验。

图 2 回路检验

在回路检验中能够发现三类缺陷：

1) 安装错误：

安装错误是指安装的硬件或安装的方式有误(错误的安装、错误的仪表等)。应该由施工承包商解决这些问题。

2) 组态错误：

组态错误是指与原始的软件规格有差异。应该由程序承包商或 E&I 工程承包商解决这些问题。

3) E&I 工程出错：

当仪表正确且安装良好但功能仍无法实现时，则可能是工程出错(如错误的接线图、错误的测量原则等)。这些错误应由 E&I 工程承包商改正。

其他缺陷可能存在于工艺设计中，但这只能在工艺过程启动后才能检测到。

5.2 不包括的检验内容

回路检验不包括以下内容：

- 未完成施工即可以测试的部分：
  ——用仿真工具进行的软件测试；
  ——其他可在承包商或卖主的工厂内完成的出厂验收测试。
- 其他软件检验工作(如 FAT 等)；
- 施工阶段完成的详细的施工和机械检查：
  ——施工期间的电缆测试(耐压、绝缘等)；

——点对点接线检查。

- 成套单元(如过程子单元、机器、成分分析仪等)的内部功能测试,此类设备在回路检验中仅进行输入输出测试;
- 属于调试阶段的工作:回路、仪表和控制方案的调整(如填充容器以校准物位变送器;复合控制方案的验证;连续控制方案的调整等)。

6 回路检验规程

6.1 文件检查

——如果是安全、质量和环境回路,回路检验应首先确认回路所有相关文件的完整性、一致性和标识的正确性。

——相关文件必须至少包含一份回路接线图和一份包括所有校准和验证回路正确运行必需的所有功能数据的规范。

6.2 目视检查

——应当依照文件目视检查安装,以确认安装了正确的仪表并且安装符合硬件规范和电路图。

——检查阀门和流量计是否根据流量方向正确安装。

——就地仪表的数据是否容易读取。

——回路中所有单元是否都可用、易观察、贴上标签并且安装方式合理(包括接线盒、控制盘、柜、架)。

——标记是否清晰明确无歧义(不会造成误解);现场单元是否都得到充分保护,不会受机械破坏或环境侵蚀。

6.3 功能检验

理想的功能检验是按定义明确的块进行(类似于过程单元的相关技术块或按E&I控制室的相关机架)。检验的实际方法和次序应该由项目检验小组在回路检验开始前决定。

功能检验的目的是在一次试验中测试回路的所有部件,并测量其准确性。回路的分块检验不能达到功能检验的要求,因此不能代替功能检验。

实际测试是把一个测试设备连接到变送器,逐步增大信号一直到满量程,以确保DCS或盘面读数跟随输入正确变化。同样,如果是输出回路,应确保执行器在规定误差范围内随着增量输出变化而动作。在终端环节(执行器),要强制或模拟一个故障信号以验证故障响应是否正确。测试结果(P——通过,PR——修改后通过,F——未通过)应该记录在回路图或单独的图表上,并且标上日期和签名。这项信息应该保存在校验单中,并与项目文件一起归档保存。

在将电机连接到驱动装置前,应检查电机回路操作的正确性和过载保护。注意:尽管在检验阶段可能会再次进行接地检验(绝缘),但它应该作为施工阶段的内容进行。

对集成性单元,在成功检验了独立的传感器和执行器回路后应该检验回路之间的功能(如模拟量控制回路或联锁功能)。这在冷态调试中会被最有效地完成。

安全、质量和环境回路:

——这些回路中,功能检验应该尽量接近于实际功能(例如,给连接到回路的变送器膜片加压或给分析仪传入试验气体)。这种测试除检验回路的其他功能外主要检验安全动作或主设备联锁以保证正确的功能。如果实际测量无法进行仿真(如流量计),那么应该在冷态调试中测试。

——流量计应该用专门方法检验,可在工厂的流量实验室测试,或在现场让水通过流量计流入校准的测重容器并计时,从而计算出流速,以此进行测试。如果条件不具备,仪表应由制造商单个测试并且随仪表提供测试报告。同样,如果一个容器为设备安全起见装有第二个物位开关,则应将物位增至超过此高度测试。如果条件不具备,应使用其他方法确定安装和功能正确。特别应该确定该物位开关能在正确的物位上动作以防止溢出。

——对于安全系统和牵涉到主设备关断的系统,强制规定所有 E&I 测量功能必须作为一个整体经过验证(传感器回路+开关量控制回路或联锁+执行器回路)。

——质量和环境回路可能还需要由项目检验小组确定额外的专门测试和文件。

重要提示:如果 E&I 回路在检验成功完成后又有修改或断开,那么必须再次进行检验。

6.4 E&I 基础架构和 E&I 概念的检验

在回路检验之前或期间,需要进行 E&I 基础架构检验,以确保完成机电设备安装和完整的功能性。它包括关于 E&I 控制室、现场安装、供电、接地系统和柜体设备的整体情况的一个检验清单。

在回路功能检验期间,最好检验 E&I 基础架构和概念。

- 检查回路在出错或故障情况下的反应:
  ——“故障安全”动作检验:当部件故障时回路是否进入安全状态?
  ——当越限时会发生什么:读数和报警是否和制造商说明书中提供的一致?
  ——如果 DCS 故障,终端部件的动作是否和说明书一致?
- 冗余控制或冗余供电的检验:
  ——主单元故障时冗余功能是否按规定动作?是否能正确切换?

回路相关概念的检验结果应被记录在回路测试报告中,每个典型回路和所有的安全和质量回路都要进行回路相关概念检验。对于非安全回路,只需检验每一种概念。

基础架构概念的检验结果要记录在 E&I 一般基础架构测试报告中。

6.5 附加测试——质量和安全相关回路

所有与质量相关和安全测量相关的位号都要在完成回路检验后再次进行检验。

对于安全测量,全部 E&I 测量功能要作为一个整体(传感器回路+开关量控制回路或联锁+执行器回路)进行验证,这点非常重要。

这些特殊的附加检验要由另一个 E&I 项目检验小组验证,或在冷态调试期间特别测试。

7 文件和测试清单

7.1 输入文件

根据工艺过程单元预备的文件包括:

a) E&I 索引;

b) 说明书(硬件和软件);

c) 回路接线图;

d) 量程、报警和切换点清单;

e) 测试报告;

f) 计算书和文件(如本质安全);

g) 任何施工阶段的证明文件(如电机绝缘检测或点对点检测)应该作为归档文件的一部分提供。

注:每个工程项目必需具有该项目要求的有关规划、安全、规范及当地法规的所有文件。

7.2 测试清单

下列附录或 PC 工具(Excel 文档)含有每种回路测试报告的示例:

——模拟量输入回路测试报告:附录 A;

——开关量输入回路测试报告:附录 B;

——模拟量输出回路(控制阀)测试报告:附录 C;

——开关量输出回路(开关阀)测试报告:附录 D;

——电机和变频驱动测试报告:附录 E。

7.3 完成回路检验产生的文件测试清单

——标记出反映施工情况的 E&I 文件;

——回路测试报告:签过名的完成的回路检验结果。

7.4 回路检验结果

按照以下方法标注回路检验结果:

P——通过(检验时正确);

F——未通过(没通过检验;应包括清晰的问题描述;可能需要的工程投入);

PR——修复后通过(需注明检验人员/维修人员修复情况)。

8 质量保证

测试报告中所有相关项目都必须至少涉及一次。

通过以下手段来保证质量:

——所有的回路检验必须以同样的方式进行(与哪一个人员测试无关);

——测试报告用最新信息更新;

——测试者必须签名保证依照测试规程完成完整的回路检验。

9 安全方面

为了保证安装的安全性,除了常规回路检验规程外,还必须编制附加的检验表和工作计划,这些文件描述了非常详细的检验规程,以便在生产启动后能够进行周期性的重复检验。

附　录　A
（资料性附录）
模拟量输入回路测试报告

功能	目的	阶段	位号描述
TIAS	完成安装后回路检验	预调试	温度PA001

备注：　需在完成点对点接线检验和软件执行检验后进行此项检测并填写表格。
硬件或软件功能更改后需重新检查。
将不相关的格子划去或填写N/A

仪表类型：

结果

1. 文件检查

回路相关文件是否完成？电缆测试：点对点连接测试是否通过 | P | PR | F

PCS硬件情况		接线情况		日期	
仪表检测情况		SW-FAT检测清单情况		姓名	
安装情况		PCS软件情况		签名	

2. 目视检查

回路的各单元是否规范地完成安装，并且安装在恰当的位置？ | P | PR | F

检查项			
安装/流量方向　正确		日期	
电缆的封装和连接是否牢固？		姓名	
是否所有卡槽安装完成并且正确标注？		签名	
是否所有仪表与电路图（回路图）和仪表清单一致？			
各卡件、变送器等设置是否完成（如：DIP开关是否正确设置）？			

3. 功能检查

PCS　回路功能是否正确？ | P | PR | F

检查项			
安装在系统的保险丝		日期	
卡件、机箱和仪表运行？		姓名	
		签名	

允许量程误差%					
允许测量误差%	1.5	量程	−30	200	gradC

校准装置	值	允许偏差值	显示器				结果
			现场/PU	DCS	盘装仪表	记录仪/其他	
3.5 mA	超限						
4 mA							
12 mA							
20 mA							
22 mA	超限						
开路							

检查项	
量程和单位读数是否正确？	
SW/Spec：报警和切换位置是否正确？	
回路恢复，准备调试？	

由于运行原因没有检验？

说明：	
P	通过
PR	修复后通过
F	不通过

故障描述（可用另页）

修复描述（可用另页）

状态	日期
移交给检测人员	
移交给维修人员	
移交给安装人员修复	
移交给程序人员修复	
移交给工程人员	
回路完成和归档	

附　录　B
（资料性附录）
开关量输入回路测试报告

总编号	过程区域	子过程	技术项目	商务单元	建筑	XYZ-坐标	位号
ANTPCS6	V401	TA10		KU	80	317	L0001

功能	目的	阶段	位号描述
LSA	完成安装后回路检验	预调试	最低液位BA001

备注：需在完成点对点接线检测和软件执行检测后进行此项检测并填写表格。
硬件或软件功能更改后需重新检验。
将不相关的格子划去或填写N/A

仪表类型：液体

检查项目		结果		
1. 文件检查				
回路相关文件是否完成？电缆测试：点对点连接测试是否通过		P	PR	F
PCS硬件情况	接线情况	日期		
仪表检测情况	SW-FAT检测清单情况	姓名		
安装情况	PCS软件情况	签名		
2. 目视检查				
回路的各单元是否规范地完成安装，并且安装在恰当的位置？		P	PR	F
电缆的封装和连接是否牢固？		日期		
安装/流量方向　正确		姓名		
是否所有卡槽安装完成并且正确标注？		签名		
是否所有仪表与电路图（回路图）和仪表清单一致？				
各卡件、变送器等设置是否完成（如：DIP开关是否正确设置）？				
3. 功能检查				
安装在系统的保险丝	PCS回路功能是否正确？	P	PR	F
卡件、机箱和仪表运行？		日期		
		姓名		
		签名		

校准装置	值	显示				
		现场/PU	DCS	盘装仪表	记录仪/其他	结果
0/0 V						
1/24 V						
设备报警						
开路报警						

SW/Spec：报警和切换值是否正确?	

回路恢复，准备调试?	

由于操作性原因没有检验?	

故障描述（可用另页）

说明	
P	通过
PR	修复后通过
F	不通过

修复描述（可用另页）

状态	日期
移交给检测人员	
移交给维修人员	
移交给安装人员修复	
移交给程序人员修复	
移交给工程人员	
回路归档和完成	

附 录 C
（资料性附录）
模拟量输出回路测试报告

总编号	过程区域	子过程	技术项目	商务单元	建筑	XYZ-坐标	位号
ANTPCS6	V401	TA10		KU	80	115.2	Y0001

功能	目的	阶段	位号描述
YCOS	完成安装后回路检验	预调试	产品出口BA001

备注： 需在完成点对点接线检验和软件执行检验后进行此项检测并填写表格。
硬件或软件功能更改后需重新检查。
将不相关的格子划去或填写N/A

仪表类型：控制隔膜阀CT

	结果		
1.文件检查			
回路相关文件是否完成？电缆测试：点对点连接测试是否通过	P	PR	F
	日期		
PCS硬件情况 ___ 接线情况 ___	姓名		
仪表检测情况 ___ SW-FAT检测清单情况 ___	签名		
安装情况 ___ PCS软件情况 ___			
2.目视检查			
回路的各单元是否规范地完成安装，并且安装在恰当的位置？	P	PR	F
电缆的封装和连接是否牢固？	日期		
安装/流量方向 正确	姓名		
是否所有卡槽安装完成并且正确标注？	签名		
是否所有仪表与电路图（回路图）和仪表清单一致？			
各卡件、变送器等设置是否完成（如：DIP开关是否正确设置）？			
3.功能检验			
安装在系统的保险丝 / PCS回路功能是否正确？	P	PR	F
仪表气源开？	日期		
卡件、机箱和仪表运行？	姓名		
	签名		

	限位开关指示					
	设定值	现场/PU	DCS	盘装仪表	其他	结果
	开					
	关					

设定值	模拟量输出		模拟量输出显示				
设备	气开	气关	现场/PU	DCS	盘装仪表	其他	结果
3.5 mA	超限						
0%	4.0 mA	20 mA					
10%	5.6 mA	18.4 mA					
50%	12.0 mA	12.0 mA					
100%	20.0 mA	4.0 mA					
22 mA	超限						

SW/Spec：控制功能ok？		SW/Spec：互锁功能正确？	
电磁阀是否强制？		阀门操作是否符合设计要求？	
失气位置	关	阀门是否正常？	
DCS故障：终端部件（阀）的动作是否符合规范要求？			
回路恢复，准备调试？			

由于操作性原因没有检验？

故障描述（可用另页）

说明	
P	通过
PR	修复后通过
F	不通过

修复描述（可用另页）

状态	日期
移交给检测人员	
移交给维修人员	
移交给安装人员修复	
移交给程序人员修复	
移交给工程人员	
回路归档和完成	

附 录 D
（资料性附录）
开关量输出回路测试报告

总编号	过程区域	子过程	技术项	商务单元	建筑	XYZ-坐标	位号
ANTPCS6	V401	TA10		KU	80		Y0029

功能	目的	阶段	位号描述
YOS	完成安装后回路检验	预调试	输入到BA001

备注： 需在完成点对点接线检验和软件执行检验后进行此项检测并填写表格。
硬件或软件功能更改后需重新检查。
将不相关的格子划去或填写N/A

仪表类型：球阀

结果

1. 文件检查

回路相关文件是否完成？电缆测试：点对点连接测试是否通过

P	PR	F
日期		
姓名		
签名		

PCS硬件情况		接线情况	
仪表检测情况		SW-FAT 检测清单情况	
安装情况		PCS软件情况	

2. 目视检查

回路的各单元是否规范地完成安装，并且安装在恰当的位置？

P	PR	F
日期		
姓名		
签名		

电缆的封装和连接是否牢固？	
安装/流量方向　正确	
是否所有卡槽安装完成并且正确标注？	
是否所有仪表与电路图（回路图）和仪表清单一致？	
各卡件、变送器等设置是否完成（如：DIP开关是否正确设置）？	

3. 功能检验

PCS回路功能是否正确？

P	PR	F
日期		
姓名		
签名		

安装在系统的保险丝	
仪表气源开？	
卡件、机箱和仪表运行？	

DCS设定	限位开关指示				
	现场/PU	DCS	盘装仪表	其他	结果
开					
关					

失气位置	关	阀是否正常	

SW/Spec:联锁功能是否正确？	

DCS故障：终端部件（阀）的动作是否符合规范要求？	

由于操作性原因没有检验？

回路恢复，准备调试？	

故障描述（可用另页）

说明	
P	通过
PR	修复后通过
F	不通过

修复描述（可用另页）

状态	日期
移交给检测人员	
移交给维修人员	
移交给安装人员修复	
移交给程序人员修复	
移交给工程人员	
回路归档和完成	

附 录 E
（资料性附录）
电机和变频驱动测试报告

总编号	过程区域	子过程	技术项	商务单元	建筑	XYZ-坐标	位号
ANTPCS6	V401	TA10		KU	80		M0001
功能 YOS			目的 完成安装后回路检验	阶段 预调试			位号描述 混合器BA001

备注： 需在完成点对点接线检测和软件执行检测后进行此项检测并填写表格。
硬件或软件功能更改后需重新检查。
将不相关的格子划去或填写N/A

仪表类型：F&G CD 100 L 1/4

结果

1.文件检查

回路相关文件是否完成？电缆测试：点对点连接测试是否通过？ | P | PR | F

PCS硬件情况
仪表检测情况
安装情况
接线情况
SW-FAT检测清单情况
PCS软件情况

日期
姓名
签名

2.目视检查

回路的各单元是否规范地完成安装，并且安装在恰当的位置？ | P | PR | F

电缆的封装和连接是否牢固？
安装/流量方向　正确
是否所有卡槽安装完成并且正确标注？
是否所有仪表与电路图（回路图）和仪表清单一致？
卡件、变送器等设置是否完成（如：DIP开关是否正确设置）？

日期
姓名
签名

3.功能检验

PCS回路功能是否正确？ | P | PR | F

移除电源保险丝
安装控制保险丝
卡件、机箱和仪表运行？
现场修复　断开-关

日期
姓名
签名

操作/显示	现场	PU	DCS	盘装仪表	其他	结果
模式	手动/自动	手动/自动	手动/自动	手动/自动	手动/自动	
操作	/	/	/AUTO	/	/	
开	/	/	/	/	/	
关	/	/	/	/	/	
干扰	/	/	/	/	/	

设定值 设备	设定值 RPM	模拟量 输出	变频器显示 S313 K706 E01.1			结果
0%	0	4 mA				
50%	710	12 mA				
100%	1 420	20 mA				
超温				热过载		
静态测试保护		电源监视		过载保护		
修复						

SW/Spec:控制功能是否正确？ | 量程和单位是否正确？

SW/Spec:联锁功能OK？

DCS故障：终端部件（电机）是否符合规范要求？

回路恢复，准备用于运行？

由于操作性原因没有检验？

故障描述（可用另页）

说明	
P	通过
PR	修复后通过
F	不通过

修复描述（可用另页）

状态	日期
移交给检测人员	
移交给维修人员	
移交给安装人员修复	
移交给程序人员修复	
移交给工程人员	
回路归档和完成	

ICS 17.120.10
N 12

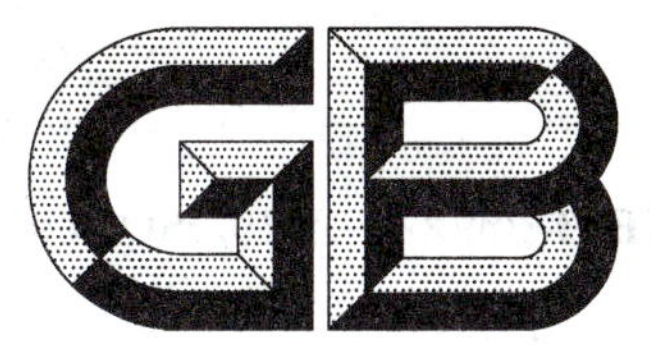

中华人民共和国国家标准

GB/T 25922—2010/ISO/TR 12764:1997

封闭管道中流体流量的测量 用安装在充满流体的圆形截面管道中的涡街流量计测量流量的方法

Measurement of fluid flow in closed conduits—Flowrate measurement by means of vortex shedding flowmeters inserted in circular cross-section conduits running full

(ISO/TR 12764:1997,IDT)

2011-01-14 发布　　2011-05-01 实施

中华人民共和国国家质量监督检验检疫总局
中国国家标准化管理委员会　发布

前　言

本标准等同采用 ISO/TR 12764:1997《封闭管道中流体流量的测量　用安装在充满流体的圆形截面管道中的涡街流量计测量流量的方法》(英文版)。

本标准等同翻译 ISO/TR 12764:1997。

本标准在制定时按 GB/T 1.1—2000《标准化工作导则　第1部分:标准的结构和编写规则》和 GB/T 20000.2—2001《标准化工作指南　第2部分:采用国际标准的规则》的有关规定做了如下编辑性修改:

a) 删除国际标准前言;
b) "本技术报告"一词改为"本标准";
c) 原引用标准的引导语按 GB/T 1.1—2000 的规定改成规范性引用文件的引导语;
d) 原引用文件 ISO 5167-1 为老版本,现更改为等同采用 ISO 5167-2(新版本)的GB/T 2624.2;
e) 删除了标准中未见引用的引用文件 IEC 60359;
f) 删除了标准中未涉及的术语:"随机误差"、"系统误差"、"随机不确定度"、"系统不确定度";
g) "不确定度"的定义改为与 ISO 5168:2005《流体流量测量　流量测量不确定度的评估》中的定义一致;
h) 4.1中,原国际标准用符号"U"表示流量计内平均流速,本标准按国内习惯改用"v"表示;
i) 用小数点"."代替作为小数点的逗号",";
j) 附录A中原国际标准以流量计口径 145 mm 举例,因国内无此规格,改为以流量计口径 150 mm举例。

本标准的附录A、附录B、附录C为资料性附录。

本标准由中国机械工业联合会提出。

本标准由全国工业过程测量和控制标准化技术委员会(SAC/TC 124)归口。

本标准负责起草单位:上海工业自动化仪表研究所。

本标准参加起草单位:上海仪器仪表自控系统检验测试所、中国计量科学研究院、北京市计量检测科学研究院、江苏省质量技术监督气体流量计量检测中心、上海福克斯波罗有限公司、上海横河电机有限公司、上海肯特智能仪器有限公司、上海一诺仪表有限公司、大连中隆仪表有限公司、中山市恩豪仪表有限公司、天津亿环自动化仪表技术有限公司、北京菲波安乐仪表有限公司、江苏伟屹电子有限公司、合肥精大仪表股份有限公司、余姚市银环流量仪表有限公司、青岛自动化仪表有限公司、浙江迪元仪表有限公司。

本标准主要起草人:郭爱华、顾顺凤、段慧明、杨有涛、肖晖、马宇峰、赵志良、孙海清、谈福根、孙华春、池兆明、刘忠海、李一平、唐贤昭、王国武、朱家顺、窦建军、孙向东。

本标准为首次发布。

封闭管道中流体流量的测量 用安装在充满流体的圆形截面管道中的 涡街流量计测量流量的方法

1 范围

本标准提供了涡街流量计的通用资料,包括术语和一系列确定性能的公式。描述了涡街流量计的典型结构,并规定了检验、认证和设备溯源等方面的要求。本标准还向用户提供了涉及涡街流量计选型和应用的技术信息,并提供了校准指南。本标准阐述了相关术语,并且描述了试验步骤、技术规范、应用说明和确定性能特征的公式。

本标准描述了如何利用旋涡频率实现流体流速的测量;如何实现体积流量、质量流量和标准状态体积流量的测量;以及如何实现指定时间内的累积流量的测量。

本标准仅适用于满管式流量计(非插入式),并且仅适用于封闭满管中稳定的或者变化缓慢的单相流体流量。

2 规范性引用文件

下列文件中的条款通过本标准的引用而成为本标准的条款。凡是注日期的引用文件,其随后所有的修改单(不包括勘误的内容)或修订版均不适用于本标准,然而,鼓励根据本标准达成协议的各方研究是否可使用这些文件的最新版本。凡是不注日期的引用文件,其最新版本适用于本标准。

GB/T 2624.2 用安装在圆形截面管道中的差压装置测量满管流体流量 第2部分:孔板(GB/T 2624.2—2006,ISO 5167-2:2003,IDT)

GB/T 3369.1 过程控制系统用模拟信号 第1部分:直流电流信号(GB/T 3369.1—2008,IEC 60381-1:1982,IDT)

GB/T 3369.2 过程控制系统用模拟信号 第2部分:直流电压信号(GB/T 3369.2—2008,IEC 60381-2:1978,IDT)

GB 4208 外壳防护等级(IP代码)(GB 4208—2008,IEC 60529:2001,IDT)

GB/T 17611 封闭管道中流体流量的测量 术语和符号(GB/T 17611—1998,idt ISO 4006:1991)

ISO 5168 流体流量测量 流量测量不确定度的评估

ISO 7066-1 流量测量装置校准和使用中不确定度的评估 第1部分:线性校准关系

ISO 7066-2 流量测量装置校准和使用中不确定度的评估 第2部分:非线性校准关系

3 术语和定义

GB/T 17611、ISO 5168、ISO 7066-1 和 ISO 7066-2 确立的以及下列术语和定义适用于本标准。

3.1

不确定度 uncertainty

表征合理地赋予被测量之值的分散性,与测量结果相联系的参数。

3.2

***K* 系数 *K*-factor**

一个测量周期内,流量计输出的脉冲数与流过流量计的相应流体总体积之比(见图1)。

注1:K 系数的变化可以表示为管道雷诺数或者特定热力学条件下流量的函数。通常使用平均 K 系数,它定义为:

$$K_{mean} = \frac{K_{max} + K_{min}}{2}$$

式中：K_{max}是指定测量范围内的 K 系数的最大值，K_{min}是同一测量范围内 K 系数的最小值。或者，用另一种方法，取流量计的整个流量范围内数个 K 系数，计算它们的平均值。K 系数可能会随流量计本身受到的压力和热效应而变化(参见第11章)。如果液体和气体的 K 系数之间有差异，或由于邻接管道的不同布局导致的差异，宜向制造商咨询。

注2：K 系数以单位体积的脉冲数表示。

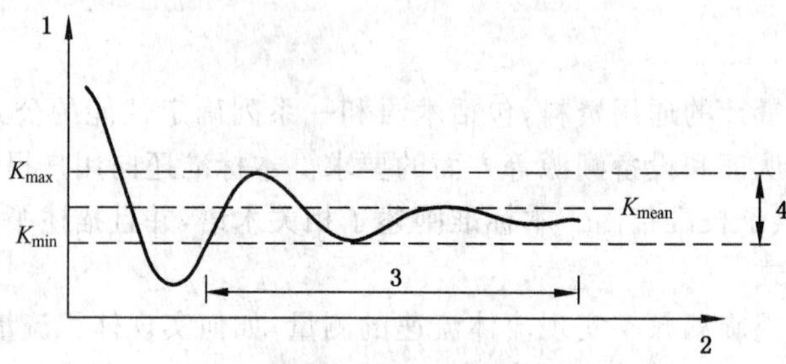

图中：

1——K 系数；

2——管道雷诺数；

3——指定的线性测量范围；

4——线性度(±%)。

图1 典型的 K 系数曲线

3.3

线性度 linearity

指定的管道雷诺数或流量范围内 K 系数的一致性(见图1)。

注：线性度范围的上、下限由制造商规定。

3.4

范围度 rangeability

在指定的准确度(或不确定度)的范围内，流量计最大与最小流量(或雷诺数)之比。

3.5

雷诺数 Reynolds number

Re

表示管道中惯性力与黏性力之比的无量纲数。用来表示黏度、密度和管线流速综合影响的相关参数。

3.6

斯特罗哈尔数 Strouhal number

St

表示旋涡分离频率与流体速度和非流线型旋涡发生体特性尺寸之间关系的无量纲参数。

注：实际应用中以 K 系数(有量纲的)取代斯特罗哈尔数。

3.7

最小局部压力 lowest local pressure

流量计中的最小压力。

注：最小局部压力关系到闪蒸和空化现象的出现。在流量计的下游，压力可得到部分恢复。

3.8

压力损失 pressure loss

流量计的上游压力与下游恢复后的压力之差。

3.9

闪蒸 flashing

蒸气泡的形成。

注：当压力低于液体蒸气压时即发生闪蒸。

3.10

空化 cavitation

出现闪蒸后，压力恢复到高于蒸气压力且蒸气泡破裂(压破)的现象。

注：空化能导致测量误差以及流量计的机械损坏。

3.11

响应时间 response time

显示流量从某一规定流量值(例如：10%)跃变到实际流量值所需的时间。

3.12

衰退 fade

涡街流量计的旋涡分离或检测失效。

4 符号和下角标

4.1 符号

符号	表征量	量纲	SI 单位
a	响应时间	T	s
D	流量计内径	L	m
f	旋涡分离频率	T^{-1}	Hz
d	非流线型旋涡发生体迎流面宽度	L	m
K	K 系数，仪表系数 $=1/K$	L^{-3}	m^{-3}
N	脉冲数	无量纲	
q_v	体积流量	L^3T^{-1}	m^3/s
q_m	质量流量	MT^{-1}	kg/s
Q_v	累积体积流量	L^3	m^3
Q_m	累积质量流量	M	kg
Re	雷诺数	无量纲	
St	斯特罗哈尔数	无量纲	
v	流量计内平均流速	LT^{-1}	m/s
α	材料的线膨胀系数	Θ^{-1}	K^{-1}
μ	绝对黏度(动力)	$ML^{-1}T^{-1}$	Pa·s
ρ	流体密度	ML^{-3}	kg/m^3
T	温度	Θ	K
δ	平均周期的百分比误差	无量纲	
t	置信度 95%的双尾学生氏 t 分布系数	无量纲	
σ	平均周期的标准偏差	T	s

表（续）

符号	表征量	量纲	SI单位
τ	旋涡分离的平均周期	T	s
n	测量周期数	无量纲	
p	压力	$ML^{-1}T^{-2}$	Pa
p_{dmin}	最小下游压力限	$ML^{-1}T^{-2}$	Pa
c_1, c_2	经验常数	无量纲	
Δp	总压降	$ML^{-1}T^{-2}$	Pa
p_{vap}	工况温度下流体蒸气压力	$ML^{-1}T^{-2}$	Pa
注：基础符号：M＝质量，L＝长度，T＝时间，Θ＝温度。			

4.2 下角标

下角标	说明
b	标准状况
flow	流体流动条件
D	无阻塞的流量计内径，见4.1
m	质量单位
0	参比条件
V	体积单位，参比条件
v	体积单位，工况条件
mean	极值的平均值
max	最大值
min	最小值
i	第 i 次测量
d	下游
f	工作状况

5 原理

5.1 当非流线型旋涡发生体置于流体流动的管道中时，沿着非流线型旋涡发生体的表面形成一个边界层并逐步增长。由于动量不足和存在一个反向的压力梯度，于是发生分离，并形成一个固有的不稳定剪切层。最后剪切层卷起成为旋涡，交替地从非流线型旋涡发生体的两侧分离向下游扩散。这一系列旋涡被称作冯·卡门涡街(见图2)。旋涡成对分离的频率与流体速度成正比。由于分离过程是可再现的，因此可以用来测量流量。

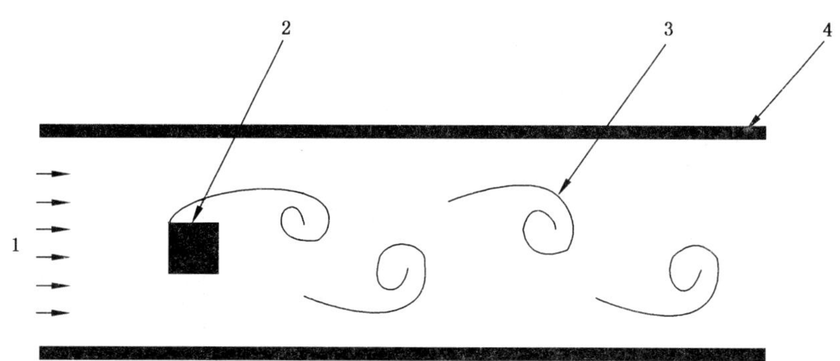

图中：

1——流体流向；

2——旋涡发生体；

3——旋涡；

4——管道。

图 2 原理示意图

5.2 传感器用于检测分离的旋涡，即把与旋涡有关的压力或流速转换成电信号。

5.3 斯特罗哈尔数 St 描述了涡街频率 f，非流线型旋涡发生体的特性尺寸 d 和流体速度 v 的关系。

$$v=\frac{f\times d}{St} \qquad \cdots\cdots(1)$$

5.4 对于确定的非流线型旋涡发生体形状，斯特罗哈尔数在很大雷诺数范围内保持基本恒定。这表明斯特罗哈尔数与流体的密度、压力、黏度和其他物理参数无关。因此，流体流速与旋涡分离的频率，即涡街脉冲频率成正比：

$$v=\xi\times f \qquad \cdots\cdots(2)$$

式中，ξ 为常数，$\xi=d/St$。

而工况条件下体积流量，即体积流量，由下式给出：

$$q_{\mathrm{v}}=A\times v=\left[\frac{(A\times d)}{St}\right]\times f \qquad \cdots\cdots(3)$$

式中，A 为考虑了管道及流量计配置影响的等效流通面积。

涡街流量计的 K 系数为：

$$K=\frac{St}{(A\times d)}=\frac{f}{q_{\mathrm{v}}} \qquad \cdots\cdots(4)$$

因此，

$$q_{\mathrm{v}}=\frac{f}{K} \qquad \cdots\cdots(5)$$

为获得质量流量或标准状况下的体积流量，即标准体积流量，必需已知流体标准状况下的密度 ρ_{b} 和流体温度和压力条件下的密度 ρ_{f}。

质量流量：$q_{\mathrm{m}}=\rho_{\mathrm{f}}\times\frac{f}{K}$

标准体积流量：$q_{\mathrm{vb}}=\left(\frac{\rho_{\mathrm{f}}}{\rho_{\mathrm{b}}}\right)\times\frac{f}{K}$

指定时间间隔内流过流量计的累积流量为：

$$Q_{\mathrm{v}}=\frac{N}{K},Q_{\mathrm{m}}=\rho_{\mathrm{f}}\times\frac{N}{K},\text{或 }Q_{\mathrm{vb}}=\left(\frac{\rho_{\mathrm{f}}}{\rho_{\mathrm{b}}}\right)\times\frac{N}{K}$$

式中，N 是该时间间隔内旋涡分离的总数，即旋涡脉冲的总数。

6 流量计描述

6.1 物理组件

涡街流量计由两部分组成:测量管(有时称一次装置)和输出装置(有时称二次装置)。

6.1.1 测量管

测量管是管道系统的组成部分,由流量计表体、非流线型旋涡发生体和传感器组成。

6.1.1.1 流量计表体通常有两种型式:采用螺栓直接与管道法兰连接的法兰式;利用螺栓夹持在相邻管道法兰间的无法兰夹装式。

6.1.1.2 非流线型旋涡发生体是一个安装在流量计表体横截面上的结构件。其形状、尺寸以及与流量计表体横截面上流通面积的比值都会影响 K 系数的线性度。理想的非流线旋涡发生体形状目前尚未知晓。图 2 所示的正方形旋涡发生体并不是欲推荐或实用的形状。

6.1.1.3 传感器用于检测分离释放的旋涡。传感器的安装位置和原理根据流量计设计而不同。(参见附录 B)

6.1.2 输出装置

输出装置将传感器检出信号转换成数字的流量读数、数字的累积流量读数、定标脉冲信号和(或)标准化的模拟量输出(参见 GB/T 3369)。

6.2 设备标志

6.2.1 流量计铭牌应标明制造商、序列号、压力等级、平均 K 系数或流量计因子。如有需要还应有危险区域认证标志。

6.2.2 在流量计表体上应有永久性的流向标志,最好两侧都标示。

6.3 安全问题

6.3.1 流量计的所有承压部件及接触过程流体的部件应符合适用于具体装置的规范和标准的要求。

6.3.2 由于涡街流量计是管道系统的组成部分(管线式仪表),它必须与其他管线式设备一样接受同等检查和测试。

6.3.3 制造商应提供任何所需的结构件使用材质和静压试验等相关证书。

7 使用说明

7.1 口径

在选择涡街流量计的口径时,应使流量保持在满足不确定度的最大流量和最小流量之间。由于线性度和流量范围是与雷诺数相关的,因此流动条件下流体的雷诺数应在规定限值范围内。

在指定的不确定度范围内,涡街流量计的误差或校准曲线可表示为体积流量或雷诺数的函数。流量计的工作条件应保持在确保不确定度的规定极限内(见图 1)。这些极限决定了流量计的线性测量范围。

最小体积流量取决于雷诺数,即取决于流体密度和黏度。最小体积流量同样受到传感器的灵敏度的限制。

7.2 过程流体力学

7.2.1 流体压力

流体的最低压力值应足够高,以防止产生闪蒸或空化现象,而且流体不应是气/液多相流,例如:湿蒸汽。

7.2.2 空化

应咨询制造商有关防止产生闪蒸和空化现象的建议。这些建议包括被测流体饱和蒸气压以及流量计内最小局部压力的计算公式。还可包括在下游设置阀门增加背压的建议(参见附录 C)。

7.2.3 旋涡和未充分发展的剖面

涡街流量计对异常速度剖面和旋涡敏感。当用户认为某一特定流量计安装偏离制造商的建议时，可以通过现场校准或联系制造商获知其影响程度(参见 10.3)。也可以使用流动调整器来矫正流动的不规则性(参见 8.3)。

7.2.4 流动稳定性

流体的流动应是稳定的，或者变化速度相对于流量计的响应时间应比较缓慢。流量或压力的脉动可能影响性能。

7.3 振动

涡街流量计和相关管道的振动应在制造商推荐的等级范围内。

7.4 安全

流量计的水密性和危险区域认证应符合现场要求。参见 GB 4208(外壳防护等级)。

8 安装

应按照制造商的安装说明进行安装。若缺少此类建议时，可按 GB/T 2624.2 中有关孔板的安装要求进行安装。以下为补充建议。

8.1 安装位置

在选定流量计的安装位置时，应注意下述通用事项：

a) 共模电噪声可能会干扰测量。射频干扰(RFI)、电磁干扰(EMI)、接地不当和不良的信号屏蔽也可能干扰测量。在某些情况下，不可能检查无流量时输出信号的噪声。如果怀疑这些噪声的强度高到足以导致误差，可征询制造商的建议。

b) 应遵守制造商规定的温度极限、振动极限、腐蚀性气体和湿度极限(参见 10.2)。

c) 选择便于日常检查、维护、排管、布线的位置。

8.2 排管

在准备排管安装流量计和相关装置时应考虑以下因素。

8.2.1 应在流量计的上、下游安装所需长度、无阻塞的直管段，以获得工作条件下规定的准确度。直管段应符合 8.2.2～8.2.15 列出的条件。直管段的长度依据流量计的结构和上游扰动的性质而定。

8.2.2 连接管道的内径宜与流量计的公称通径相同。同样，校准流量计用管道的内径也应相同。流量计与其连接管道之间的内径突变可能导致流量计性能的变化。应向制造商联系，寻求有关此类影响的信息。

8.2.3 流量计应与管道同轴安装，密封垫圈不可突入管道内。

8.2.4 如果使用了多段管道，则全部长度上应平直，尽可能减小轴线不重合度。

8.2.5 靠近流量计的上、下游处不应有阀门或旁通管。如果上游必须安装阀门，应向制造商咨询其对流量计性能任何可能的影响。

8.2.6 使用合适的流动调整器可以减少所需的直管段长度(参见 8.3)。

8.2.7 当液体中有残留气泡，或者所要测量的流体含有杂质时，可能需要使用气体分离器和(或)过滤器。这些装置应安装在直管段或流动调整器的上游。

8.2.8 如有必要安装一个旁路以方便维护、检查和清理流量计，所需的 T 形接头应安装在上游直管段或流动调整器的前面和下游直管段的后面。

8.2.9 流量计应有超压保护，以防止流量计上下游阀门同时关闭时，由于流体热膨胀导致的压力过大造成的损坏。

8.2.10 涡街流量计可进行如压力、温度、密度等附加的过程测量。但这些传感器的安装位置可能影响某些涡街流量计的使用，可要求制造商给予指导。

8.2.11 流量计应按照制造商推荐的方向安装。

8.2.12 测量液体流量时,流体应充满管道。把流量计安装在流动方向朝上的垂直管道中可确保满管流。

8.2.13 应防止流量计承受过度的管道应力。

8.2.14 如果流体是可凝结气体(例如蒸汽)应征求制造商的相关建议。

8.2.15 如果流量计用于极端条件下,例如液体的水击现象、气体测量时的带液现象、超量程等,应征求制造商的相关建议。

8.3 流动调整器

各种流动调整器可有效减少管道中轴向速度分布特性畸变和(或)紊流的影响,因而在安装条件不符合制造商建议的情况下,可以有效地改善流量计的性能。有关安装条件和(或)流动调整器的使用建议可向制造商咨询,包括流动调整器的类型、尺寸以及相对于流量计的安装位置。

9 操作

9.1 流量计应在制造商建议的工作条件下运行,以获得指定的不确定度及正常的使用寿命。关键在于合适的口径以及正确的安装、使用和维护方法。

9.2 安装前应清扫管道,清除焊渣,锈蚀物或其他管道残留物。清扫前最好拆除非流线型旋涡发生体和传感器,或整体拆除,在试压检漏试验前再装回。

9.3 应遵守制造商推荐的投运程序,以避免超量程和水击等现象对非流线型旋涡发生体和传感器造成损坏。

9.4 为避免 K 系数的偏离,应咨询制造商关于维修和更换传感器时所要采取的措施以及非流线型旋涡发生体磨损的影响。

10 性能特性

10.1 在规定的雷诺数范围和相关的流量测量不确定度内,涡街流量计可以测量流经测量管的流体的实际体积流量,而与流体的特性,即密度或黏度无关(参见5.4关于质量流量和标准体积流量的测量)。如果使用在规定的雷诺数范围之外,可向制造商咨询修正系数和预期的测量不确定度。

10.2 当过程的温度和压力与校准时的温度和压力存在显著差异时,可能会影响测量管的几何形状,从而影响流量计的 K 系数。可向制造商咨询相关的修正系数。

10.3 影响旋涡分离过程的诸多现象可能会影响流量计的性能,例如速度剖面、两相流、泵扰动、脉动流、入口节流扰动和空化等。这些现象会影响涡街频率的检测,并引起 K 系数的变化。认真选择和配置流量系统的部件以及正确配管可以减少或消除这些影响。可以咨询流量计制造商解决这些问题的方法。

11 校准(K 系数的确定)

11.1 流量计制造商应说明规定参比条件下流量计的平均 K 系数和预期不确定度。此系数可以根据实际尺寸的测量进行推算,但通常是通过实流校准获得。由于涡街流量计的性能对雷诺数不敏感,因而可以用任何适用的流体进行校准,但是必须使涡街频率和雷诺数保持在流量计的极限范围内。应说明所采用的校准方法。

11.2 如果有可能,可以通过现场校准的方法改善测量的不确定度(校准应遵循相应的国际标准)。对于气体流量的测量,参比流量测量装置通常采用传递装置、带压力和温度修正的容积计量容器,或临界流喷嘴。对于液体流量的测量,可采用传递装置、称重法或容积法。

11.3 可与制造商联系获取所需的校准或性能认证的证书。

附 录 A
（资料性附录）
周期波动及其对校准的影响

周期波动和相关的频率波动通常只与校准有关。

注 1：所有流体流量的在线测量方法都不同程度地受到与紊流（通常称之为流体噪声）有关的波动的影响。在旋涡测量中，这种噪声会导致传感器信号的周期发生变化，称为“周期波动”。

有多种因素影响流量计的旋涡分离特性，从测量所依赖的物理现象到基础测量的电信号处理技术。下面的论述仅限于旋涡分离这一物理现象。

关于周期波动（见注 2），众所周知，即使流量是恒定的，从一个循环到另一个循环的旋涡分离周期也可能存在小的随机波动。由此，一个周期的确定总是要用一个平均周期（τ）和平均周期的标准偏差（σ）来表示。如果周期测量数足够多，再增加测量次数将不能明显改善标准偏差了。

平均周期的百分比误差由下式给出：

$$\delta=\frac{100t\sigma}{\tau(n)^{\frac{1}{2}}} \qquad \cdots\cdots\cdots(\mathrm{A}.1)$$

式中：

$\tau=\frac{\sum\tau_i}{n}$；

t——置信度 95％的双尾学生氏分布系数，自由度为（$n-1$）（对于 30 次或以上的测量：$t=2.0$）；

n——周期测量次数；

$\sigma=\left[\frac{\sum(\tau_i-\tau)^2}{n-1}\right]^{\frac{1}{2}}$；

τ_i——第 i 次周期测量；

δ——平均周期的百分比误差。

注 2：后续旋涡的强度和相对位置可能与其平均值不同。这些变化与紊流现象有关，可能会引起传感器输出信号的频率波动和幅值变化。频率波动会影响流量计的响应时间。严重的幅值变化会影响流量计的性能，特别是在小流量时会导致计数或脉冲丢失。如果紊流程度能导致上述现象时，应与制造商联系。

一旦 σ 确定，为保证不确定度在预定的 $\pm\delta\%$ 内，需计数的脉冲数 N 由下式给出：

$$N=\left(\frac{100t\sigma}{\delta\tau}\right)^2 \qquad \cdots\cdots\cdots(\mathrm{A}.2)$$

获得此响应时间 $a=N\tau$，它与流量有关：

$$a=\frac{N\times d}{St\times v} \qquad \cdots\cdots\cdots(\mathrm{A}.3)$$

或：

$$a=\frac{N}{K\times q_{\mathrm{v}}} \qquad \cdots\cdots\cdots(\mathrm{A}.4)$$

式中：

$St=\frac{f\times d}{v}$——斯特罗哈尔数；

f——涡街频率；

v——流量计内流速；

d——非流线型旋涡发生体迎流面的宽度；

K——平均 K 系数；

q_{v}——体积流量；

a——响应时间。

因此可见，假设斯特罗哈尔数不随流量变化（未必是个好的假设），流量计的响应时间只与旋涡分离的周期不确定度相关，与流速或体积流量成反比。

例如：假设流量计的斯特罗哈尔数为0.24，则平均周期的标准偏差由下式给出：

$$\frac{100\sigma}{\tau}=1.5\% \qquad \cdots\cdots(A.5)$$

假设$d/D=0.27$，获得不确定度为0.25%的平均流量所需的时间为：

$$a=\frac{N\times d}{St\times v}=\frac{\left(\frac{100t\sigma}{\delta\tau}\right)^2 d}{St\times v} \qquad \cdots\cdots(A.6)$$

代入上述数值并假设N很大，上式变成：

$$a=\frac{\left(\frac{2}{0.25}\times 1.5\right)^2 d}{0.24v}=600\frac{d}{v}=162\frac{D}{v} \qquad \cdots\cdots(A.7)$$

具有这些特性的、口径为25 mm和150 mm流量计的响应时间的计算结果见表A.1：

表A.1 流量不确定度为0.25%所需要的响应时间a

流速 m/s	a/s	
	流量计口径	
	D=25 mm	D=150 mm
0.31	13.1	78.4
3.10	1.31	7.84
6.35	0.64	3.8
63.5	0.064	0.38

因此，对于大口径低流速情况，时间常数应足够大，以便在流量扰动后有足够的时间来获得高的准确度。注意，如果$100\sigma/\tau=3\%$，上表的时间应当乘以4。

应向制造商咨询这些现象对流量计的影响。

附 录 B
（资料性附录）
旋涡传感器

多种传感器技术可用于检测旋涡分离。检测元件的最重要特性是对被测量敏感，而对其他影响量不敏感，例如温度，压力脉动，振动等。在旋涡分离区域的流速和压力的变化可产生不同的效应，可由以下所列的旋涡传感器检测。

a） 检测非流线型旋涡发生体运动产生的机械应力的有：

——压电式应变传感器；

——电阻应变传感器；

——电容应变传感器；

——光学传感器等。

b） 检测非流线型旋涡发生体侧面差压变化的有：

——压电式压力传感器；

——电容压力传感器；

——振动体式传感器；

——可变电感式压力传感器等。

c） 检测非流线型旋涡发生体周围流速变化的有：

——热敏电阻传感器；

——热线式风速计；

——超声传感器等。

这些传感器可以安装在非流线型旋涡发生体的内部或外部，也可以安装在流量计壳体的外面。

流体密度会影响旋涡传感器的性能。低密度流体，由于其旋涡能量相对较低，会影响小流量检测时的性能。高密度流体，由于旋涡能量相对较高，可能导致灵敏的传感器的损坏而影响大流量检测时的性能。

其他需考虑的因素还包括：

——黏度影响；

——液体的空化现象；

——温度引起的尺寸变化；

——过程中管道的振动；

——过程中压力波动；

——安装影响（参见第 8 章）。

附　录　C
（资料性附录）
防止空化的压力限值计算

旋涡分离现象是以旋涡从非流线型旋涡发生体上分离的稳定性为基础的，因此，任何引起流体特性变化的条件都将影响流量测量的准确度。

在非线性旋涡发生体处，由于流通面积减小，导致流速局部增大，从而使局部压力降低。在液态系统中，当局部压力降至液体蒸气压或更低时，将会产生闪蒸和空化现象。这将导致气泡的形成从而改变流体特性，引起旋涡分离的不规则，进而产生测量误差。

公认的指标是下游最低压力限值 p_{dmin}，可用下式计算：

$$p_{dmin}=(c_1\times\Delta p)+(c_2\times p_{vap}) \qquad\cdots\cdots(C.1)$$

式中：

p_{dmin}——下游最低压力限值；

p_{vap}——工况温度下流体蒸气压力；

Δp——总压力损失；

c_1，c_2——取决于不同设计和尺寸的经验常数。

由于压力降低取决于流量计的结构，应与制造商联系获取 c_1 和 c_2 的值。

参 考 文 献

[1] GB/T 17612—1998 封闭管道中液体流量的测量 称重法(idt ISO 4185:1980)

[2] GB/T 17613.1—1998 采用称重法进行封闭管道中液体流量的测量 校验装置的程序 第1部分:静态称重系统(idt ISO 9368-1:1990)

[3] ISO 8316 封闭管道中液体流量的测量 用体积罐收集液体的方法

[4] 测量不确定度表示指南,ISO BIPM,IEC,IFCC,IUPAC,IUPAP,OIML.

ICS 71.040.01
N 53

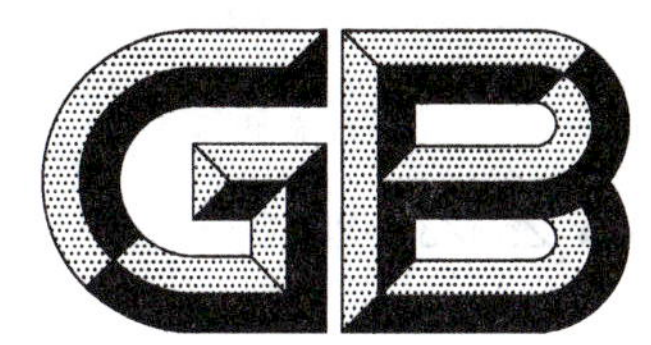

中华人民共和国国家标准

GB/T 25923—2010

在线气体分析器　技术条件

Specification of on-line gas analyzers

2011-01-14 发布　　　　2011-05-01 实施

中华人民共和国国家质量监督检验检疫总局
中国国家标准化管理委员会　发布

前　言

本标准的附录 A 为资料性附录。

请注意本标准的某些内容有可能涉及专利，本标准的发布机构不应承担识别这些专利的责任。

本标准由中国机械工业联合会提出。

本标准由全国工业过程测量和控制标准化技术委员会(SAC/TC 124)归口。

本标准主要起草单位：重庆川仪分析仪器有限公司、北京分析仪器研究所、北京北分麦哈克分析仪器有限公司、南京分析仪器厂有限公司、聚光科技（杭州）有限公司、北京市华云分析仪器研究所有限公司、机械工业第十八计量测试中心站。

本标准主要起草人：胡体宝、马雅娟、宋志华、徐淮明、郭晓维、唐青云、欧信菊。

本标准为首次发布。

在线气体分析器　技术条件

1　范围

本标准规定了在线气体分析器的要求、检验规则、标志、包装、运输、贮存等。

本标准适用于连续测量气体组分含量的在线气体分析器(以下简称仪器)。

2　规范性引用文件

下列文件中的条款通过本标准的引用而成为本标准的条款。凡是注日期的引用文件,其随后所有的修改单(不包括勘误的内容)或修订版均不适用于本标准。然而,鼓励根据本标准达成协议的各方研究是否可使用这些文件的最新版本。凡是不注日期的引用文件,其最新版本适用于本标准。

GB/T 191—2008　包装储运图示标志(ISO 780:1997,MOD)

GB/T 2829—2002　周期检验计数抽样程序及表(适用于对过程稳定性的检验)

GB 4793.1—2007　测量、控制和试验室用电气设备的安全要求　第1部分:通用要求(IEC 61010-1:2001,IDT)

GB/T 11606—2007　分析仪器环境试验方法

GB/T 13384—2008　机电产品包装通用技术条件

GB/T 18268—2000　测量和实验室用的电设备　电磁兼容性要求(idt IEC 61326-1:1997)

GB/T 25924　在线气体分析器　试验方法

3　要求

3.1　工作条件

仪器工作条件按表1规定。

表1　工作条件

序号	项　　目	单位	工作条件
1	环境温度	℃	5～40
2	相对湿度	%	≤90
3	大气压力	kPa	70.0～106.0
4	阳光辐射	—	无直接照射
5	空气流速	m/s	0～0.5
6	外界电场、磁场、电磁场	—	按制造厂规定
7	工作位置	—	按制造厂规定
8	通风	—	按制造厂规定
9	机械振动	—	按制造厂规定
10	有害性气体	—	按制造厂规定
11	电源电压	V	额定值±额定值的10%
12	电源频率	Hz	额定值±额定值的2%

3.2　外观要求

仪器外观要求如下:

a) 仪器的外观应整齐、清洁,表面无毛刺、锐棱和粗糙不平等现象;

b) 仪器表面镀层、涂层均匀,不允许有擦伤、剥落、露底、裂纹及起泡现象,金属表面则应平整、光洁,不得有锈蚀;

c) 所有铭牌及标志应清楚、耐久,紧固件牢固可靠,不允许有松动、脱落等现象;

d) 仪器上的调节部件应能正常操作。

3.3 气路的密封性

仪器的气路系统应能承受压力不小于仪器额定工作压力 1.5 倍的压力试验,15 min 内压力降不超过试验压力的 2%。

3.4 安全要求

3.4.1 标志和文件

应符合 GB 4793.1—2007 中第 5 章的有关规定。

3.4.2 防电击要求

3.4.2.1 接触电流

由交流电网供电的仪器,其接触电流应符合 GB 4793.1—2007 中 6.3 的有关规定。

3.4.2.2 保护接地

由交流电网供电的仪器,其保护接地应符合 GB 4793.1—2007 中 6.5.1 的有关规定。

3.4.2.3 介电强度

由交流电网供电的仪器,电源输入端与可触及导电零部件之间施加规定的试验电压,历时 1 min,不应出现击穿或重复飞弧现象。

注:仪器设计时,可参照附录 A 确定试验电压值。

3.4.3 其他要求

如果仪器存在 GB 4793.1—2007 所规定的涉及安全的机械性危险;机械冲击和撞击;火焰蔓延;温度和耐热;液体危险;辐射、声压力和超声压力;有释放气体、爆炸或内爆;涉及安全的元器件;有连锁装置等情况,则应满足 GB 4793.1—2007 的相关规定。

3.5 仪器的性能要求

3.5.1 预热时间

预热时间由制造厂根据仪器类别在下列数值中选取:

30 min、1 h、3 h、7 h、24 h。

3.5.2 零点漂移和量程漂移

仪器连续运行规定的时间间隔,其零点漂移量和量程漂移量从下列数值中选取:

±1%FS、±1.5%FS、±2%FS、±2.5%FS、±3%FS、±5%FS。

时间间隔从以下数值中选取:

24 h、3 d、7 d、30 d、3 months、6 months。

3.5.3 线性误差

仪器的线性误差从下列数值中选取:

±1%FS、±1.5%FS、±2%FS、±2.5%FS、±3%FS、±5%FS、±10%FS。

3.5.4 输出波动

在规定时间内,仪器输出信号的波动:

线性误差优于±3%的仪器,应不大于线性误差绝对值的三分之一,其他级仪器不大于量程的 1%。

3.5.5 重复性

仪器的重复性从下列数值中选取:

0.5%、1%、1.5%、2.5%、5%。

3.5.6 滞后时间、上升时间和下降时间

仪器的滞后时间、上升时间和下降时间应在下列数值中选取：

滞后时间：5 s、10 s、15 s、30 s；

上升时间：10 s、20 s、30 s、40 s、60 s、90 s；

下降时间：10 s、20 s、30 s、40 s、60 s、90 s。

注：响应时间 T_{90} 为滞后时间和上升时间(或下降时间)之和。

3.5.7 流量影响偏差

由制造厂按相关产品标准规定。

3.5.8 干扰误差

干扰组分所引起的干扰误差按具体类型仪器标准中的规定或满足订货协议要求。

3.5.9 大气压力变化对输出信号的影响

由制造厂按相关产品标准规定。

3.5.10 仪器工作位置倾斜对输出信号的影响

由制造厂按相关产品标准规定。

3.5.11 电源电压变化的影响

由制造厂按相关产品标准规定。

3.5.12 电源频率变化的影响

由制造厂按相关产品标准规定。

3.5.13 环境温度变化的影响

由制造厂按相关产品标准规定。

3.6 电磁兼容性

仪器的抗扰度试验要求见 GB/T 18268—2000 附录 A，性能判据参照 GB/T 18268—2000 中 6.5。

3.7 输出接口和输出信号

仪器应具备相应的信号输出接口，信号输出应包括模拟量和/或数字量。

3.8 运输、运输贮存

仪器在运输包装状态下，按 GB/T 11606—2007 表 1 中运输、运输贮存的要求进行试验，其中高温 55 ℃；低温 −40 ℃(带液晶显示可选 −20 ℃)；交变湿热：相对湿度 95%、温度 40 ℃；倾斜跌落高度 250 mm；碰撞次数 1 000 次。试验后，包装箱不应有较大变形和损伤，受试仪器不应有变形松脱、涂覆层剥落等机械损伤，其性能特性应符合产品标准规定。

3.9 可靠性

制造厂应给出仪器平均无故障间隔时间(MTBF)。

3.10 成套性

成套仪器至少包括：

a) 气体分析器；

b) 辅助装置；

c) 专用工具及备件。

4 试验方法

按 GB/T 25924 在线气体分析器试验方法进行。

5 检验规则

5.1 检验分类

5.1.1 仪器检验分为出厂检验和型式检验。

5.1.2　出厂检验

5.1.2.1　每台仪器须经制造厂质量检验部门检验，所检验的项目全部达到产品标准要求后方可出厂，并附有产品合格证书、使用说明书及装箱单。

5.1.2.2　出厂检验项目及不合格类别见表2。

表2　仪器检验项目表

序号	不合格分类	检验项目及要求条目		检验分类	
		检验项目	要求条目	出厂检验	型式检验
1	A	安全要求	3.4	●	●
2		输出波动	3.5.4	●	●
3		重复性	3.5.5	●	●
4		零点漂移和量程漂移	3.5.2	●	●
5	B	气路密封性	3.3	●	●
6		预热时间	3.5.1	●	●
7		线性误差	3.5.3	●	●
8		滞后时间、上升时间和下降时间	3.5.6	●	●
9		流量影响偏差	3.5.7	—	●
10		干扰误差	3.5.8	—	○
11		大气压力变化对输出信号的影响	3.5.9	—	○
12		仪器工作位置倾斜对输出信号的影响	3.5.10	—	●
13		电源电压变化的影响	3.5.11	—	●
14		电源频率变化的影响	3.5.12	—	○
15		环境温度变化的影响	3.5.13	—	●
16		电磁兼容性	3.6	—	○
17		输出接口和输出信号	3.7	●	●
18		运输、运输贮存	3.8	—	●
19		可靠性	3.9	—	○
20		外观要求	3.2	●	●
21		成套性	3.10	●	●
注1：●——表示应进行检验的项目。 注2：○——表示需要时，进行检验的项目。 注3：— ——不进行检验的项目。					

5.1.2.3　出厂检验不合格或有不合格项目，则应返工然后复验。复验项目全部合格后，方可出厂。

5.1.3　型式检验

5.1.3.1　在下列情况之一时，应进行型式检验：

a）仪器设计定型或生产定型时；

b）仪器转厂或转移生产地时；

c）仪器正式生产后，如结构、材料、工艺有较大改变，可能影响仪器性能时；

d）仪器长期停产，恢复生产时；

e）仪器正常生产时，定期或积累一定产量后，应周期进行一次检验，一般为1年～3年；

f) 国家各级质量监督检验要求时；

g) 出厂检验结果与上次型式检验有较大差异时。

5.1.3.2 抽样方案

型式检验的样本应从出厂检验合格的批中随机抽取，样本量不少于3台。

5.1.3.3 判定规则

5.1.3.3.1 型式检验项目及不合格类别见表2。

5.1.3.3.2 型式检验的抽样应按GB/T 2829—2002中5.9的规定。采用的抽样方案、检验的不合格分类、检验项目及对应的条目、不合格质量水平、判别水平、样本量和判定数组等要求应在产品标准中规定。

5.1.3.3.3 合格与不合格的判定应按GB/T 2829—2002中5.11的规定进行。

5.1.3.3.4 若型式检验合格，对进行抽样的该批产品可以提交鉴定、定型或出厂、入库。

5.1.3.3.5 若型式检验不合格，应分析原因，采取纠正措施，验证有效后，重新提交检验。若型式检验再次不合格，则对进行抽样的该批产品应停止出厂，再重复上述分析、纠正、验证、重新提交的步骤，直至合格为止。

6 标志、包装、运输和贮存

6.1 仪器的标志

仪器在适当的明显位置固定铭牌，其上应有如下标志：

a) 制造厂名称、地址；

b) 仪器型号、名称、规格；

c) 制造日期；

d) 出厂编号；

e) 电源电压、电源频率；

f) 必须标志的重要参数；

g) 执行标准。

6.2 包装

6.2.1 仪器包装应符合GB/T 13384—2008中防潮、防震包装规定。

6.2.2 包装箱的适当明显位置上应有下列标志：

a) 仪器型号、名称、规格；

b) 制造厂名称、地址；

c) 箱体体积：长(mm)×宽(mm)×高(mm)；

d) 净重及毛重，单位为kg；

e) 出厂编号、包装箱序号及数量；

f) 包装储运图示标志："易碎物品"、"向上"、"怕雨"等应符合GB/T 191—2008的规定；

g) 发送地点及收货单位。

6.2.3 随行文件

包括：

a) 装箱单；

b) 产品合格证；

c) 使用说明书(仪器文件中有关安全描述应符合GB 4793.1—2007中第5章有关规定)；

d) 备件清单。

6.3 运输、贮存

6.3.1 仪器在运输过程中和贮存时应防止受到剧烈冲击、雨淋、暴晒及辐射。

6.3.2 仪器应原箱存放保管,仓库环境温度为 0 ℃～40 ℃,相对湿度不大于 85%,不应有能引起仪器腐蚀及电气绝缘降低的有害物质存放。

6.3.3 仪器贮存期限不应超过 2 年,超过期限后,应对仪器按产品标准要求进行抽检。

7 质量保证期

在用户遵守保管和使用规则的条件下,从制造厂发货之日起一年内,产品因制造质量不良而发生损坏或不能正常工作时,制造厂应无偿为用户修理仪器或更换部件。

附 录 A
（资料性附录）
介电强度试验电压值的确定

A.1 目的

通过仪器电路的电气间隙限值、爬电距离限值确定介电强度试验电压值，确保达到 GB 4793.1—2007 的相关要求。

A.2 确定试验电压值的步骤

基本步骤是：认定基本情况—落实电气间隙、爬电距离限值—确定介电强度的试验电压值。

A.2.1 认定仪器的基本情况

根据仪器设计工况（供电方式、电压、工作海拔高度等）、结构（型式、材料、微区环境等），结合设计图纸等认定下列状态：

绝缘类别：共有基本绝缘，双重绝缘（基本绝缘＋附加绝缘），加强绝缘等三类。

电路类别：共有电网电源电路，非电网电源电路，测量电路（含Ⅰ、Ⅱ、Ⅲ、Ⅳ四种）等三类。

污染等级：共有 1、2、3 等三级。

材料等级：共有Ⅰ、Ⅱ、ⅢB、Ⅲb 等四级。

A.2.2 按所认定的仪器基本情况落实电气间隙、爬电距离限值

A.2.2.1 电网电源电路的电气间隙、爬电距离下限值（见 GB 4793.1—2007 中表 4）。

如：供电电源为交流 220 V，污染等级 1，材料等级Ⅲb，得电气间隙 1.5 mm、爬电距离 1.5 mm。

供电电源为直流 30 V，污染等级 1，材料等级Ⅲb，得电气间隙 0.1 mm、爬电距离 0.1 mm。

以上数值适用于基本绝缘或附加绝缘。对加强绝缘，则电气间隙、爬电距离是其两倍。

A.2.2.2 由电网电源电路供电的电路的电气间隙下限值（见 GB 4793.1—2007 中表 5）。

如：供电电源为交流 220 V，污染等级 1，材料等级Ⅲb，得电气间隙 0.84 mm。

供电电源为直流 30 V，污染等级 1，材料等级Ⅲb，得电气间隙 0.05 mm。

A.2.2.3 由电网电源电路供电的电路的爬电距离下限值（见 GB 4793.1—2007 中表 7）。

如：工作电压为交流 50 V，污染等级 1，材料等级Ⅲb，得印制板爬电距离 0.025 mm/非印制板爬电距离 0.18 mm。

工作电压为直流 30 V，污染等级 1，材料等级Ⅲb，得印制板爬电距离 0.025 mm/非印制板爬电距离 0.14 mm。

A.2.2.4 测量电路（Ⅱ、Ⅲ、Ⅳ类）的电气间隙下限值（见 GB 4793.1—2007 中表 8）、爬电距离（见 GB 4793.1—2007 中表 7）。

如：工作电压为交流或直流 100 V，基本绝缘、污染等级 1，材料等级Ⅲb，测量类别Ⅱ，得电气间隙爬电距离 0.1 mm；得印制板爬电距离 0.1 mm；非印制板爬电距离 0.25 mm。

A.2.3 确定介电强度的试验电压值

A.2.3.1 基本绝缘类型的试验电压值（见 GB 4793.1—2007 中表 9）

如：电气间隙为 0.1 mm，则试验电压为交流有效值 500 V，或直流 700 V、1.2/50 μs 脉冲 806 V。

电气间隙为 0.5 mm，则试验电压为交流有效值 840 V，或直流 1 200 V、1.2/50 μs 脉冲 1 550 V。

电气间隙为 1.0 mm，则试验电压为交流有效值 1 060 V，或直流 1 500 V、1.2/50 μs 脉冲 1 950 V。

电气间隙为 1.4 mm，则试验电压为交流有效值 1 330 V，或直流 1 880 V、1.2/50 μs 脉冲 2 440 V。

A.2.3.2 双重绝缘或加强绝缘类型，则试验电压是基本绝缘的1.6倍。

A.2.4 已采取限制电源脉冲电压措施，且由电网电源电路供电的电路的脉冲试验电压值（见GB 4793.1—2007中表17）。

如：电网电源电压为交流/直流150 V时，对Ⅱ类测量电路（其他电路与此类等同）的脉冲试验电压是1 500 V。

电网电源电压为交流/直流300 V时，对Ⅱ类测量电路（其他电路与此类等同）的脉冲试验电压是2 500 V。

ICS 71.040.01
N 53

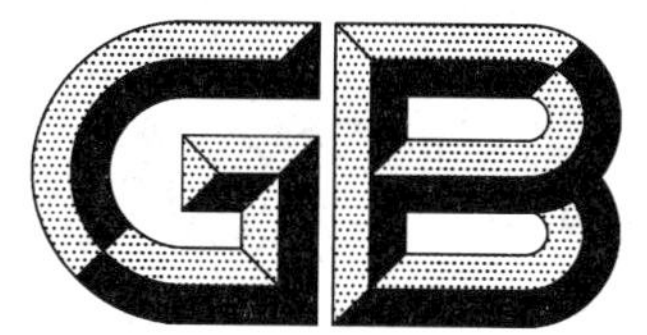

中华人民共和国国家标准

GB/T 25924—2010

在线气体分析器　试验方法

Test methods of on-line gas analyzers

2011-01-14 发布　　2011-05-01 实施

中华人民共和国国家质量监督检验检疫总局
中国国家标准化管理委员会　发布

前　言

请注意本标准的某些内容有可能涉及专利，本标准的发布机构不应承担识别这些专利的责任。

本标准由中国机械工业联合会提出。

本标准由全国工业过程测量和控制标准化技术委员会(SAC/TC 124)归口。

本标准负责起草单位：重庆川仪分析仪器有限公司、北京分析仪器研究所、北京北分麦哈克分析仪器有限公司、南京分析仪器厂有限公司、聚光科技(杭州)有限公司、北京市华云分析仪器研究所有限公司、机械工业第十八计量测试中心站。

本标准主要起草人：胡体宝、马雅娟、宋志华、徐淮明、郭晓维、唐青云、欧信菊。

本标准为首次发布。

在线气体分析器　试验方法

1　范围

本标准规定了在线气体分析器的试验条件和试验方法。

本标准适用于连续测量气体组分含量的在线气体分析器(以下简称仪器)。

2　规范性引用文件

下列文件中的条款通过本标准的引用而成为本标准的条款。凡是注日期的引用文件,其随后所有的修改单(不包括勘误的内容)或修订版均不适用于本标准。然而,鼓励根据本标准达成协议的各方研究是否可使用这些文件的最新版本。凡是不注日期的引用文件,其最新版本适用于本标准。

GB 4793.1—2007　测量、控制和试验室用电气设备的安全要求　第1部分:通用要求(IEC 61010-1:2001,IDT)

GB/T 11606—2007　分析仪器环境试验方法

GB/T 17626.2—2006　电磁兼容　试验和测量技术　静电放电抗扰度试验(IEC 61000-4-2:2001,IDT)

GB/T 17626.3—2006　电磁兼容　试验和测量技术　射频电磁场辐射抗扰度试验(IEC 61000-4-3:2002,IDT)

GB/T 17626.4—2008　电磁兼容　试验和测量技术　电快速瞬变脉冲群抗扰度试验(IEC 61000-4-4:2004,IDT)

GB/T 17626.5—2008　电磁兼容　试验和测量技术　浪涌(冲击)抗扰度试验(IEC 61000-4-5:2005,IDT)

GB/T 17626.6—2008　电磁兼容　试验和测量技术　射频场感应的传导骚扰抗扰度(IEC 61000-4-6:2006,IDT)

GB/T 17626.8—2006　电磁兼容　试验和测量技术　工频磁场抗扰度试验(IEC 61000-4-8:2001 Electromagnetic compatibility (EMC)—Part4-8: Testing and measurement techniques—Power frequency magnetic field immunity test,IDT)

GB/T 17626.11—2008　电磁兼容　试验和测量技术　电压暂降、短时中断和电压变化的抗扰度试验(IEC 61000-4-11:2004,IDT)

JB/T 6214　仪器仪表可靠性验证试验及测定试验(指数分布)导则

3　试验条件

3.1　仪器的正常工作条件和参比工作条件见表1。仪器应在正常工作条件范围内,且相对稳定的条件下进行下列试验;若有争议,应在参比工作条件下进行。

表1　工作条件

序号	项目	单位	正常工作条件	参比工作条件
1	环境温度	℃	5～40	23±2
2	相对湿度	%	≤90	45～75
3	大气压力	kPa	70.0～106.0	86.0～106.0

表 1（续）

序号	项目	单位	正常工作条件	参比工作条件
4	阳光辐射		无直接照射	
5	空气流速	m/s	0～0.5	0～0.2
6	外界电场、磁场、电磁场		按制造厂规定	达到可忽略不计的程度
7	工作位置	(°)	按制造厂规定	正常工作位置±1
8	通风		按制造厂规定	无阻碍，但不得对流
9	机械振动		按制造厂规定	可忽略不计的含量
10	有害性气体		按制造厂规定	达到可忽略不计的程度
11	电源电压	V	额定值±额定值的10%	额定值±额定值的1%
12	电源频率	Hz	额定值±额定值的2%	额定值±额定值的1%

3.2　校准气可由气瓶或气体动态发生装置（如气体混合泵）提供。试验时，校准气应采用国家二级或二级以上的标准气。

3.3　试验用测量装置和记录设备其准确度应优于受试仪器准确度。

3.4　当能保证测量结果的正确性时，允许校准气通过串联或并联对几台仪器同时进行试验。

3.5　仪器操作应遵守有关安全规程。

3.6　对于多组分、多量程仪器分别试验。

3.7　试验期间，不允许用外部方法调整仪器，除非能证明这种调整不影响试验结果。如果仪器有自动调整功能则应说明。

4　试验方法

4.1　仪器成套性与外观检查

用目测和手感等方法进行。

4.2　气路的密封性

仪器的密封性试验用空气或氮气进行。

在仪器气路出口端接压力测量装置，在其入口端通气，使气路系统内充气压力不小于仪器额定工作压力的1.5倍。密封气路入口，3 min后开始读数，在外接管道容积不大于0.5 L的条件下，测量15 min内压力降，并按式(1)计算。

$$p=\frac{p_1-p_2}{p_1}\times 100\% \qquad \cdots\cdots(1)$$

式中：

p——压力变化率；

p_1——开始的压力值；

p_2——15 min后的压力值。

当采用其他方法检查密封性时，应在具体类型仪器的标准中规定。

4.3　安全要求

4.3.1　标志和文件

目测检查。

4.3.2　防电击试验

4.3.2.1　接触电流

4.3.2.1.1　试验豁免条件

在正常工作条件下，当可触及零部件与参考地之间，或在同一台上在1.8 m（沿表面或通过空气）的

距离内的任意两个可触及零部件之间电压值不超过 33 V(交流有效值)或直流 70 V,可以不进行该项试验。

4.3.2.1.2 试验方法

按 GB 4793.1—2007 的有关规定进行试验。

4.3.2.2 保护接地

按 GB 4793.1—2007 附录 F 的有关规定进行试验。

4.3.2.3 介电强度

4.3.2.3.1 试验要求

潮湿预处理按 GB 4793.1—2007 中 6.8.2 规定进行(该项试验仅在仪器鉴定检验时进行)。

在正常工作条件下,仪器处于非工作状态,电源开关置于接通位置,按表 2 规定的试验电压值对受试仪器进行试验。

可任选交流、直流或峰值脉冲试验,仪器能通过三者之一即可。但在产品标准中应明确一种试验方法。

脉冲试验在每个极上至少进行三个脉冲,最小间隔时间为 1 s。

4.3.2.3.2 试验方法

用耐电压测试仪,在一端为连接在一起的电源线插头的相线和中线,另一端为连接在一起的所有可触及导电零部件之间,在 5 s 内升至规定的试验电压值,并保持 1 min。电源线与可接触导电件间的抗干扰电容不应开路;若这些电容不能用于进行试验,则可以用一个数值为交流电压 1.4 倍的直流电压试验。

表 2 试验电压

单位为伏特

相线-中线电压交流有效值或直流值	交流有效值	直流或交流峰值	脉冲电压峰值(1.2/50 μs)
>0~≤60	500	707	806
>60~≤130	1 000	1 420	1 950
>130~≤250	1 500	2 120	2 890
>250~≤660	2 000	2 830	3 600

4.3.2.3.3 施加试验电压应遵循的基本规定

试验电压(交流有效值)不超过 2 000 V 时,仪器在 100%试验电压下可进行多次重复试验。

试验电压(交流有效值)超过 2 000 V 时,仪器在 100%试验电压下只允许进行二次试验,若要再进行试验,则只应施加 80%的试验电压。

注:其他电路可参照 GB 4793.1—2007 附录 F。

4.3.3 其他要求

按 GB 4793.1—2007 的有关规定进行试验。

4.4 预热时间

检查预热时间时用记录设备记录输出信号。

在未通电的情况下放置最少 12 h,接通仪器电源,与此同时连续地向仪器通入规定浓度的校准气,用记录仪记录仪器的输出信号。

注:规定浓度校准气指浓度为满量程 60%~90%的标准气(以下同)。

从仪器接通电源起,到记录线出现在 30 min 内输出信号的偏差不大于量程漂移的二分之一为止这段的时间为预热时间。

按式(2)计算偏差 δ_W:

$$\delta_W = \frac{A_{max} - A_{min}}{R} \times 100\% \qquad \cdots\cdots(2)$$

式中：

A_{max}——最大指示值；

A_{min}——最小指示值；

R——满量程值(以下值同义)。

4.5 零点漂移和量程漂移

启动仪器，按规定时间预热后，通入零点校准气，指示调到量程的5%与测量下限之和处(以下简称规定处)，稳定后，记录仪器的示值。通入规定浓度的校准气，记录稳定后的仪器的示值(至少六次，在试验周期内近似均匀分布)。分别记录零点值为 A_i 和终点值 S_i ($i=1,2,\cdots,n;n\geqslant 6$)。计算差值 $\Delta A_i=(A_i-A_1)$ 及 $\Delta S_i=(S_i-A_i)-(S_1-A_1)$，取绝对值最大的为 ΔA_{max}、ΔS_{max}。

零点漂移量按式(3)计算：

$$\delta_0 = \frac{\Delta A_{max}}{R} \times 100\% \qquad \cdots\cdots(3)$$

量程漂移量按式(4)计算：

$$\delta_S = \frac{\Delta S_{max}}{R} \times 100\% \qquad \cdots\cdots(4)$$

注：如果大气压力变化对仪器指示值的影响不可忽略，应记录大气压力值，以便对测量结果进行修正。A_i、S_i 值应为受压力影响的修正值。

4.6 线性误差

校准仪器零点、满度，依次通入校准气(在量程范围内均匀分布，不少于三种)，稳定后，分别记录仪器的示值。上述步骤至少重复三次，求出相应的示值平均值。求这些平均值与校准气标称值的差值 ΔA，按式(5)计算 δ_l。

$$\delta_l = \frac{\Delta A}{R} \times 100\% \qquad \cdots\cdots(5)$$

取绝对值最大者为仪器的线性误差。

4.7 输出波动

向仪器连续通入零点校准气，把指示调到规定处，持续5 min，记录在此期间内随机的最大峰-峰值 U_{imax}；重复测量三次，取其平均值 $\overline{A}$。按式(6)计算仪器的输出波动(δ_u)：

$$\delta_u = \frac{\overline{A}}{R} \times 100\% \qquad \cdots\cdots(6)$$

注：测量过程中如有电源或机械振动等引起的尖峰，则应重新测量。

4.8 重复性

向仪器通入零点校准气，待指示稳定后，再通入规定浓度的校准气，记录稳定后仪器的示值 A_i。上述步骤重复六次，求出其平均值 $\overline{A}$。按式(7)计算标准偏差(S)。

$$S = \sqrt{\frac{\sum_{i=1}^{6}(A_i - \overline{A})^2}{5}} \qquad \cdots\cdots(7)$$

重复性以相对标准偏差 C_V 表示，按式(8)计算。

$$C_V = \frac{S}{\overline{A}} \times 100\% \qquad \cdots\cdots(8)$$

4.9 滞后时间(T_{10})、上升时间(T_r)和下降时间(T_f)

4.9.1 仪器的输出信号值用记录设备记录，校准气压力、流量恒定。

4.9.2 向仪器分别通入零点校准气和规定浓度的校准气，记录稳定后的示值 A_1 和 A_2。计算 $A_{T10}=A_1+0.1\times(A_2-A_1)$ 和 $A_{T90}=A_1+0.9\times(A_2-A_1)$ 的值。

4.9.3 重新通入零点校准气，待示值稳定后，通入规定浓度的校准气。从仪器进气口通入校准气起，用秒表分别记录仪器指示到 A_{T10} 处所经过的时间间隔和仪器指示从 A_{T10} 到 A_{T90} 处所经过的时间。这两个时间分别为滞后时间(T_{10})和上升时间(T_r)。

下降时间(T_f)的测定。再通入规定浓度的校准气，待示值稳定后，向仪器通入零点校准气，用秒表记录示值从 A_{T90} 到达 A_{T10} 处所经过的时间。

4.9.4 上述测量结果如有争议，可根据记录设备记录的图形来确定滞后时间、上升时间和下降时间。

4.10 流量影响偏差

流量检测用流量计，其准确度应为二级以上。

在仪器气路入口处，连接流量计，然后，向仪器通入规定浓度的校准气。试验时，分别测定校准气在额定流量和相对于该额定流量变化±30%的仪器的示值，按式(9)计算差值 ΔA，取绝对值最大者。

流量变化引起的偏差(δ_i)按式(10)计算。

$$\Delta A=A_2-A_1 \quad \cdots\cdots(9)$$

$$\delta_i=\frac{\Delta A}{R}\times 100\% \quad \cdots\cdots(10)$$

式中：

A_2——额定流量变化±30%的仪器的示值；

A_1——额定流量下仪器的示值。

注：对某一具体类型仪器，校准气流量有特殊规定时，则应按规定进行。

4.11 干扰误差

4.11.1 原则

凡是被测气体中存在干扰组分(包括水蒸气)，均应按用户要求或双方协议分别测定其干扰误差。

4.11.2 干扰气

4.11.2.1 若干扰组分浓度大小对测量结果有影响，则应基于用户或双方协议的干扰组分浓度，制备在其具有最大影响时的浓度值。

4.11.2.2 若干扰组分浓度大小对测量结果无影响，则可用其浓度不加限定的干扰气进行试验，也可按用户提供或双方协议给定的干扰组分浓度处进行试验。

4.11.3 试验步骤

4.11.3.1 干扰组分的干扰误差

仪器校准后，向仪器通入按上述4.11.2要求制备的干扰气，测定仪器的示值，上述步骤重复三次，计算平均值 ΔA，组分的干扰误差参照式(10)计算。

4.11.3.2 水蒸气的干扰误差

向仪器通入干燥的校准气(含水量按体积比低于0.1%)。记录仪器的示值 A_i；然后让其通过一个水蒸气发生装置(如水鼓泡器)，该装置的温度控制在某一温度点上，使产生的蒸汽浓度满足给定要求，记录稳定后仪器的示值 A_i'。上述步骤重复三次。

试验过程中，应避免水蒸气进入仪器传感器之前发生冷凝现象。

按式(11)计算 ΔA。

$$\Delta A=\frac{\sum_{i=1}^{3}(A'_i-A_i)}{3} \quad \cdots\cdots(11)$$

水蒸气的干扰误差参照式(10)计算。

4.12 大气压力变化对输出信号的影响

将仪器安装在大气压力试验室(箱)内,室内压力在70.0 kPa~106.0 kPa范围内可调。

向仪器连续通入规定浓度的校准气,调节室内压力到70 kPa,测定仪器的示值A_1;调节室内压力到106 kPa,测定仪器的示值A_2,按式(12)计算ΔA。

$$\Delta A = \frac{A_2 - A_1}{36} \qquad \cdots\cdots (12)$$

大气压力变化1 kPa时对输出信号的影响参照式(10)计算。

4.13 仪器工作位置倾斜对输出信号的影响

将仪器放在试验装置上,当仪器处于正常工作位置时,向仪器连续通入规定浓度的校准气,得一读数为A_0。再使仪器分别向前、后、左、右四个方向倾斜按制造厂规定的角度,分别获得读数为:A_1,A_2,A_3,A_4。按式(13)求出其变化量ΔA。

$$\Delta A = A_i - A_0 (i=1,2,3,4) \qquad \cdots\cdots (13)$$

仪器偏离正常工作位置引起的偏差参照式(10)计算。

4.14 电源电压变化的影响

向仪器通入规定浓度的校准气,分别测定仪器在电源电压为额定值(有效值)和相对于该额定值变化±10%时仪器的示值,求出与额定值条件下仪器的示值之差ΔA。

偏差参照式(10)计算。

4.15 电源频率变化的影响

向仪器通入规定浓度的校准气,分别测定仪器在额定频率和相对于该额定频率变化±2%时仪器的示值,求出与额定值条件下仪器的示值之差ΔA。频率用优于0.5级的频率计测定。

偏差参照式(10)计算。

4.16 环境温度变化的影响

将仪器安放在环境试验室(箱)内。

向仪器通入规定浓度的校准气,将环境试验室(箱)依次均匀调节到参比温度和正常工作范围上、下限温度,升降温度速率不大于1 ℃/min。在各温度下保持4 h,分别测定仪器在参比温度和正常工作范围上、下限温度时仪器的示值,求出与参比条件下仪器的示值之差ΔA。

偏差参照式(10)计算。

4.17 电磁兼容

4.17.1 静电放电抗扰度

按GB/T 17626.2—2006规定的接触放电试验程序试验。

4.17.2 射频电磁场辐射抗扰度

按GB/T 17626.3—2006规定的试验程序试验。

4.17.3 电快速瞬变脉冲群抗扰度

按GB/T 17626.4—2008规定的试验程序试验。

4.17.4 浪涌(冲击)抗扰度试验

按GB/T 17626.5—2008规定的试验程序试验。

4.17.5 射频场感应的传导骚扰抗扰度

按GB/T 17626.6—2008规定的试验程序试验。

4.17.6 工频磁场抗扰度试验

按GB/T 17626.8—2006规定的试验程序试验。

4.17.7 电压暂降、短时中断和电压变化的抗扰度试验

按 GB/T 17626.11—2006 规定的试验程序试验。

4.18 输出接口和输出信号

用万用表和示波器检测输出信号。

4.19 仪器的运输、运输贮存

仪器在包装状态下，按 GB/T 11606—2007 中第 8 章、第 15 章、第 16 章、第 17 章的方法进行，恢复后的性能检查项目可按具体类型仪器的标准规定进行。

4.20 仪器的可靠性

试验方法按 JB/T 6214 的规定进行。

ICS 25.040.40
N 10

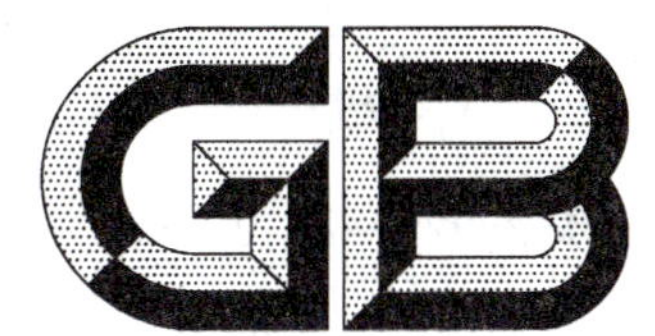

中华人民共和国国家标准

GB/T 25925—2010

工业自动化仪表 公称工作压力值系列

Industrial-process measurement and control instruments—
Values of nominal working pressure

2011-01-14 发布　　2011-05-01 实施

中华人民共和国国家质量监督检验检疫总局
中国国家标准化管理委员会　发布

前　言

本标准由中国机械工业联合会提出。

本标准由全国工业过程测量和控制标准化技术委员会(SAC/TC 124)归口。

本标准负责起草单位:上海工业自动化仪表研究所。

本标准参加起草单位:上海仪器仪表自控系统检验测试所、上海自动化仪表股份有限公司自动化仪表七厂、上海威尔泰工业自动化股份有限公司。

本标准主要起草人:李明华、蔡闻智、范萍、徐臻。

本标准为首次发布。

工业自动化仪表
公称工作压力值系列

1 范围

本标准规定了工业自动化仪表公称工作压力值系列。

本标准适用于工业自动化仪表公称工作压力的分级。

本标准不适用于压力仪表测量范围的划分。

2 术语和定义

下列术语和定义适用于本标准。

2.1

公称(工作)压力值　value of nominal working pressure

仪表工作压力的额定值,即仪表在正常工作时能承受工作介质压力的上限值。

3 工业自动化仪表公称工作压力值

工业自动化仪表公称工作压力值应符合表1的规定。

表1　公称工作压力值　　单位为兆帕

基本系列									延伸系列
0.010	0.016		0.025		0.040	(0.050)	0.060		基本系列项值×10^{-n}
0.10	0.16		0.25		0.40		0.60		
1.0	1.6	(2.0)	2.5		4.0	(5.0)	6.3 (6.4)		
10 (11)	16	(20)	25 (26)	32	40 (42)	(50)	63 (64)	80	基本系列项值×10^{n}
注1:括号内的数值是非推荐值。 注2:n 为自然数。									

ICS 25.040.40
N 10

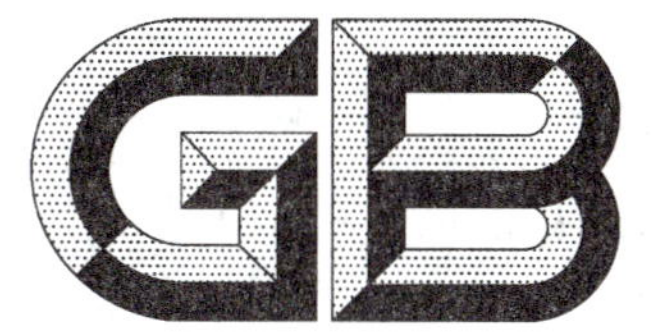

中华人民共和国国家标准

GB/T 25926—2010

工业自动化仪表盘　接线接管图的绘制方法

Industrial-process measurement and control instrument panels—Methods of drawing the wiring and piping diagrams

2011-01-14 发布　　2011-05-01 实施

中华人民共和国国家质量监督检验检疫总局
中国国家标准化管理委员会　发布

前　言

本标准由中国机械工业联合会提出。

本标准由全国工业过程测量和控制标准化技术委员会(SAC/TC 124)归口。

本标准负责起草单位:上海工业自动化仪表研究所。

本标准参加起草单位:上海仪器仪表自控系统检验测试所。

本标准主要起草人:李明华、蔡闻智、肖红练。

本标准为首次发布。

工业自动化仪表盘　接线接管图的绘制方法

1　范围

本标准规定了安装在仪表盘上的工业过程测量和控制仪表、电器元件及仪表附件（简称项目）接线、接管图的表示方法、绘制细则和图示方法。

本标准适用于工业自动化仪表盘接线、接管图的绘制。

控制台（柜）接线、接管图的绘制也可参照采用。

2　规范性引用文件

下列文件中的条款通过本标准的引用而成为本标准的条款。凡是注日期的引用文件，其随后所有的修改单（不包括勘误的内容）或修订版均不适用于本标准，然而，鼓励根据本标准达成协议的各方研究是否可使用这些文件的最新版本。凡是不注日期的引用文件，其最新版本适用于本标准。

GB/T 2625—1981　过程检测和控制流程图用图形符号和文字代号

GB/T 4728（所有部分）　电气简图用图形符号（IEC 60617 database，IDT）

GB 4884　绝缘导线的标记（GB 4884—1985，eqv IEC 60391：1972）

GB/T 25927—2010　工业自动化仪表盘　盘面布置图的绘制方法

3　术语和定义

下列术语和定义适用于本标准。

3.1

项目　item

用于在图上以一个图形符号表示的元件、设备、装置、单元等。

3.2

项目代号　item code

一种特殊的代码，用以标志图、图表中和设备上的项目。

3.3

位置代号　position code

项目在组件、设备、系统中的实际位置的代号。

3.4

端子代号　terminal code

用以同外电路进行电连接的导电体的代号。

3.5

穿管接头代号　conduit joint code

用以同外管路进行管路连接的管接头的代号。

4　表示方法

4.1　接线、接管面的展平

接线、接管面的展平是按照仪表盘的结构特征和采用的接线、接管方式，以仪表盘后视方向，取主要

接线、接管面为基准，向左右，上下展平与布图，如图 1 。

a) 接线、接管面的展平应包括仪表盘背面接线、接管图、仪表盘内接线、接管图；

b) 对于无接线、接管的面，允许在展平时省略；

c) 各个接线、接管面应用文字注明，名称应根据仪表盘正视方向命名。

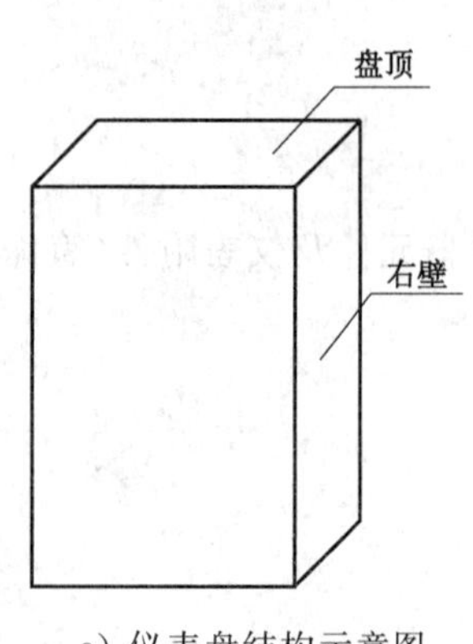

a) 仪表盘结构示意图

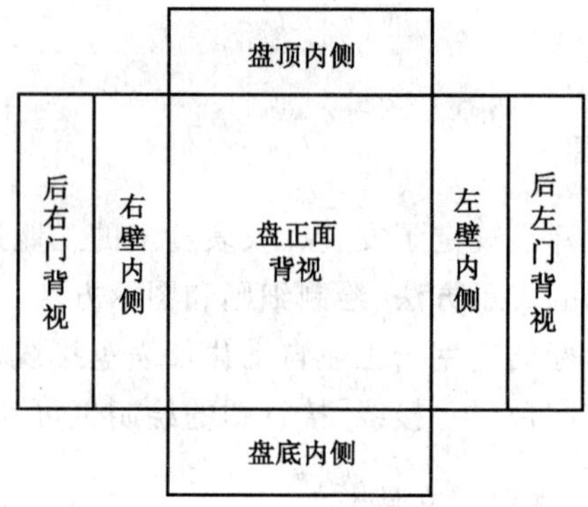

b) 接线、接管面的展平示意图

图 1 接线、接管面展平示意图

4.2 仪表盘背面接线、接管图

仪表盘背面接线、接管图是盘面布置图翻转 180°而成的，其项目的绘制方法应符合 GB/T 25927 的规定。

a) 仪表盘背面接线、接管图上项目的位置应与盘面布置图上项目的位置相对应；

b) 仪表盘背面轮廓框用细实线表示；

c) 仪表盘背面项目用粗实线表示，并填写位置代号与文字代号；

d) 盘面项目用细实线表示，并填写位置代号。

4.3 仪表盘内接线、接管图

仪表盘内接线、接管图是不包括盘背面接线、接管图的展平图。

a) 仪表盘内接线、接管图的轮廓线用细实线表示；

b) 仪表盘内接线、接管图中的项目用粗实线表示，并填写位置代号与文字代号；

c) 在不引起混淆时，允许仅标注位置代号。

4.4 项目表示方法

项目表示方法应符合 GB/T 25927—2010 中 6.4 的规定。

4.5 端子表示方法

端子一般用图形符号与端子代号表示，如图 2a)；

当用省略空端子表示端子所在的项目时，如图 2b)；

当用简化外形表示仪表设备所在的项目时，可不画端子符号及端子代号，仅用线头数量表示，如图 2c)。

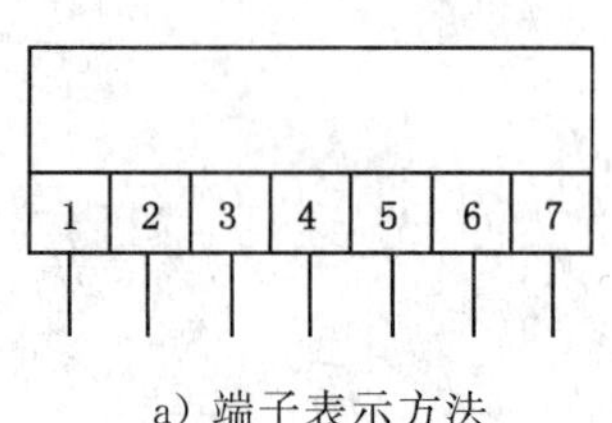

a) 端子表示方法

1 2 5 6 7

b) 省略空端子表示方法

7

c) 简化仪表端子表示方法

图 2 端子表示方法

4.6 导线表示方法

导线采用下列方式之一表示：

a) 连续线：表示端子之间的实际导线，如图 3a)；

b) 中断线：把表示端子之间导线的线条中断，在中断处标明导线的去向，如图 3b)；

c) 粗实线：表示线束、导线组、电缆。在不致引起误解的情况下，也可部分采用粗实线，如图 3c)。

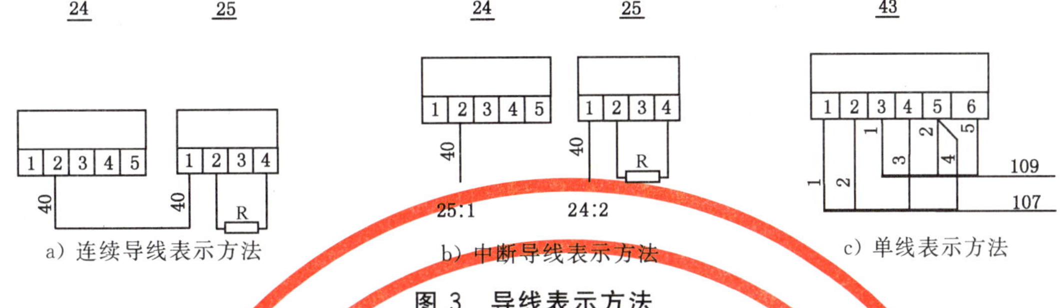

a) 连续导线表示方法　　b) 中断导线表示方法　　c) 单线表示方法

图 3　导线表示方法

4.7 导线标记表示方法

导线标记的表示方法应符合 GB 4884 的规定。导线的主标记反映导线、导线束两端与项目的连接关系，导线的补充标记只是表明导线的电功能，常用主标记表示方法如表 1 所示。

表 1　导线标记表示方法

序号	图示方法	名　称	说　明
1	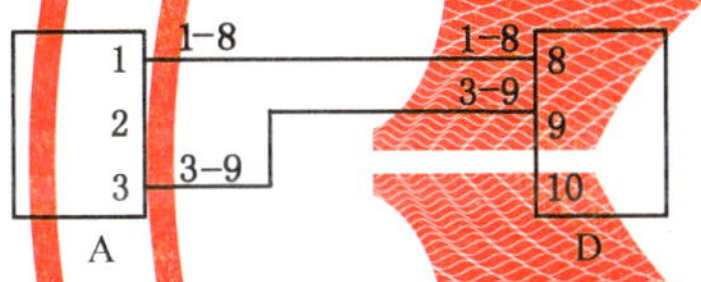 A: 1 2 3；1-8，3-9；1-8，3-9；D: 8 9 10	从属两端标记	不需要接线图的标记表示方法
2	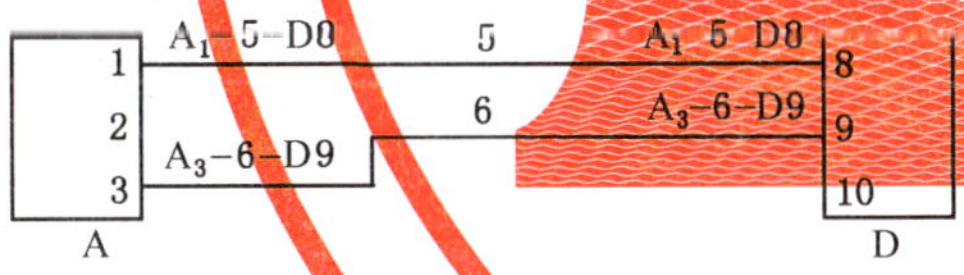 A: 1 2 3；A_1-5-D8，A_3-6-D9；5，6；A_1-5-D8，A_3-6-D9；D: 8 9 10	组合标记	
3	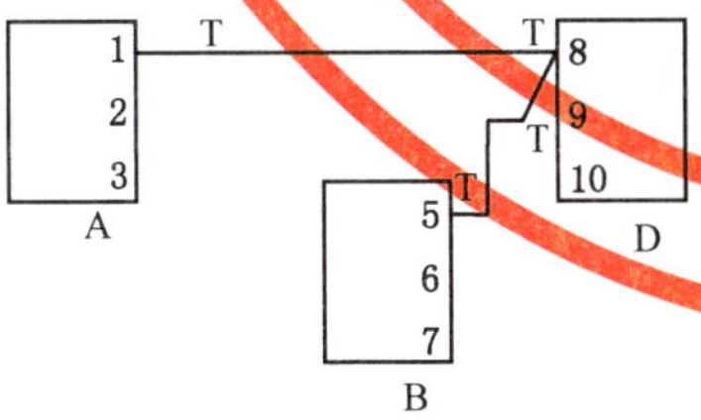 A: 1 2 3；B: 5 6 7；T；T；T；T；D: 8 9 10	独立标记	
4	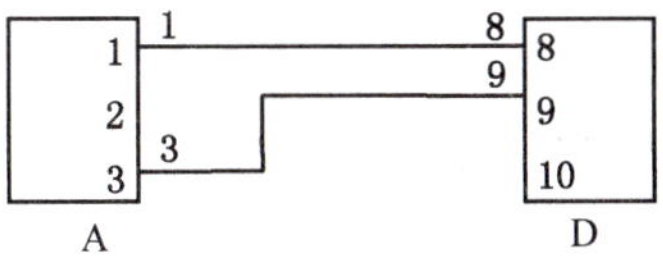 A: 1 2 3；1，3；8，9；D: 8 9 10	从属本端标记	需要接线图的标记表示方法
5	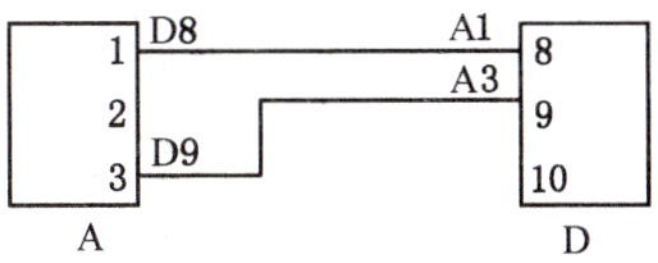 A: 1 2 3；D8，D9；A1，A3；D: 8 9 10	从属远端标记	

5 绘制细则

5.1 单元示意图的基本绘制方法

单元示意图的绘制应符合以下要求：

a) 单元示意图应提供仪表、电器元件、仪表附件内部基本接线特征和各接点的相对位置，如图 4a)；

b) 对需标明接点号的接点，其图形符号中所填的序号应与实物相符，如图 4b)；

c) 有接线点编号的电器元件可不画出内部基本特征，如图 4c)和图 4d)；

d) 简单的电器元件，在不会引起混淆的情况下，可不标注编号，如图 4e)；

e) 在同一张图纸上，接线点与管接头的图形符号应加以区别，如图 4f)。

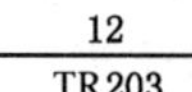

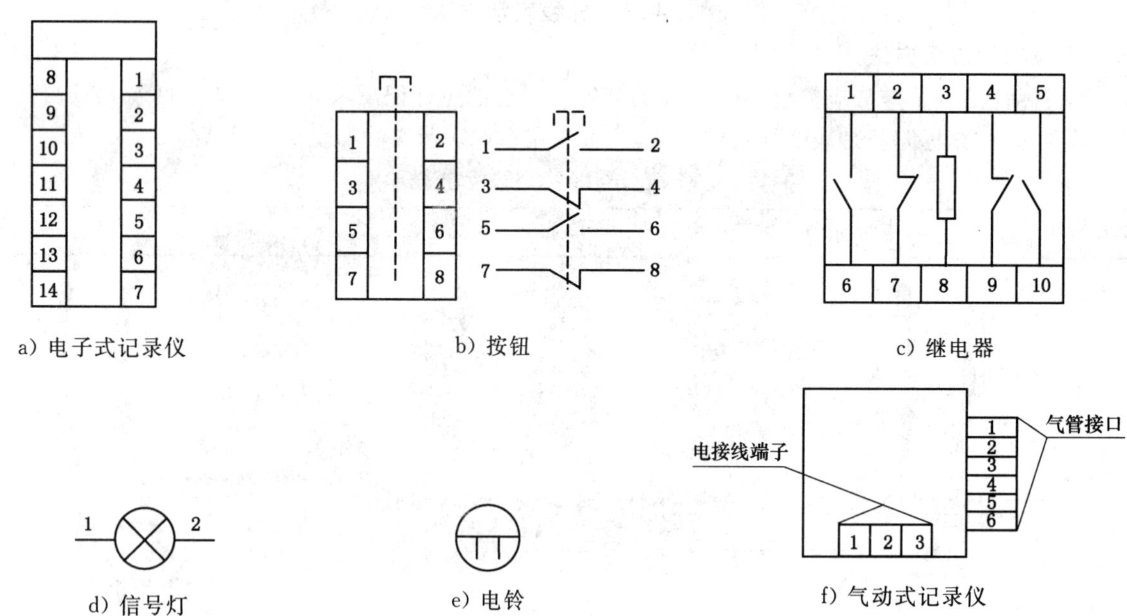

a) 电子式记录仪　b) 按钮　c) 继电器

d) 信号灯　e) 电铃　f) 气动式记录仪

图 4 单元示意图的基本绘制方法

5.2 部件图形

单元示意图内部件的图形(如线圈、触点等)应符合 GB/T 4728 的规定。

5.3 层叠项目绘制原则

垂直于接线面多层叠装的项目，为了便于识图，在示意图中可用翻转、旋转或移开的方法表示出这些元件，并加以说明。

a) 有明确接线点编号并有接点图的元件，按产品接点图绘制；

b) 无明确接线点编号的元件，应以操作件为准，将靠近操作件的接线点绘于上方，远离操作件的接线点绘于下方，并表示出内部基本特征及给出接线点编号；

c) 必要时可把这些项目逆时针旋转 90°；

d) 必要时可延长被遮盖的接点以表明各层关系。

5.4 简化画法

同一图形符号连续重复时，可采用简化画法。

5.5 接线端子图形符号

仪表盘的外部出线及跨盘连接线一般经过接线端子引出，接线端子图形符号见表 2 。

表 2 接线端子图形符号

序号	图形符号	名　称	说　明
1	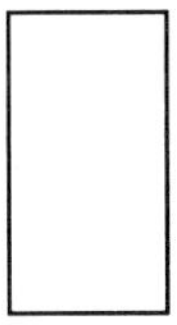	普通接线端子	
2	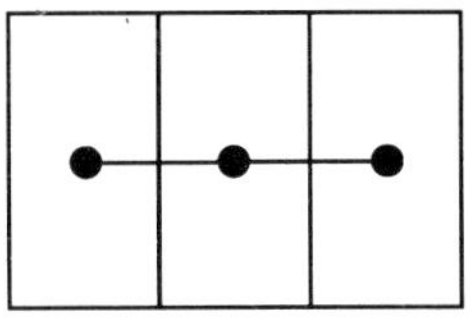	连接接线端子	允许连接处用红笔涂覆
3	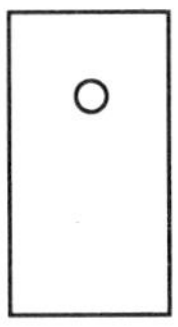	可调电阻接线端子	
4	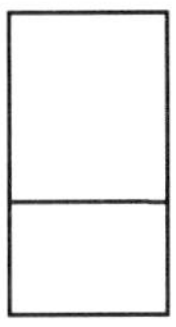	试验接线端子	
5	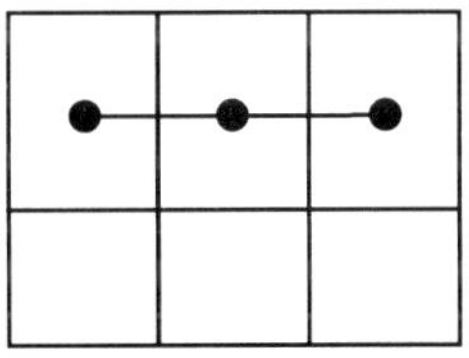	试验连接接线端子	
6	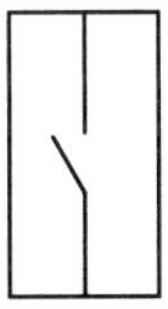	开关接线端子	
7	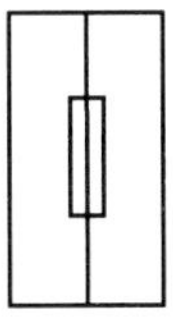	熔断器接线端子	
8	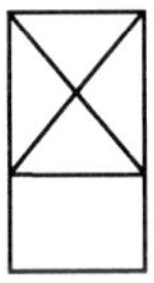 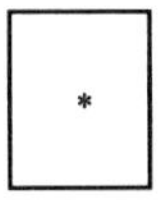 *	铭牌端子	* 处可填写标记内容
9	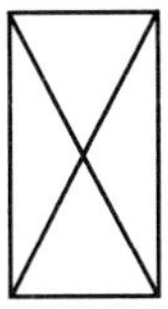	终端端子	作铭牌端子时，可标记内容

5.6 连接线图形符号

连接线图形符号见表3。

表3 连接线图形符号

序号	图形符号	名称	说明	引用标准
1		母线		
2		导线		GB/T 4728.3—2005 S00001
3		分支线		GB/T 4728.3—2005 S00019
4		屏蔽导线		GB/T 4728.3—2005 S00007
5	*	补偿导线	或在*处填写补偿内容	
6		线束		
7	2	绞合导线	示出二根	GB/T 4728.3—2005 S00008
8	3	多根导线	示出三根	GB/T 4728.3—2005 S00002 S00003
9	2×1.0 mm² 1×2.5 mm² 2×1.0 mm²+1×2.5 mm²	导线规格及数量	示出 1.0 mm² 二根 2.5 mm² 一根	

5.7 连接管图形符号

连接管图形符号见表4。

表 4 连接管图形符号

序号	图形符号	名　　称	说　　明
1		管线	
2		分支管	
3		交叉管	
4		管束	
5	3	多根管线	示出三根
6	Cu Cr　2×Cu 1×Cr	管线材料	示出铜(Cu)二根，不锈钢(Cr)一根
7	Φ6　Φ6	管线规格	示出 Φ6 mm

5.8 管路附件图形符号

仪表盘的外部出管及跨盘接管一般经过穿管接头或管路附件引出。管路附件图形符号见表 5。

表 5 管路附件图形符号

序号	图形符号	名　　称	说　　明	引用标准
1		三通接头		
2		二通阀，二通旋塞		GB/T 2625—1981
3		三通阀，三通旋塞		GB/T 2625—1981
4		穿板接头		
5		环形管		

表 5（续）

序号	图形符号	名　称	说　明	引用标准
6		减压阀		
7		过滤器		
8		油雾器		
9		减压过滤器		
10	*	其他附件	在*位置填入其他管路附件图形符号	

6 图示方法

6.1 接线端子图示方法

接线端子图示方法见表 6。

表 6 接线端子图示方法

序号	图示方法	名　称	说　明
06-01-01	b 1 2 49 50 a 1 1 * b 39 40 a a 39 40 b a *** 1 2 49 50 b	端子排布置示意图	1. 面向项目*方向的线为引入线，如 a 线。 2. 面向外部方向的线为引出线，如 b 线。 3. 端子排代号如下： * * * X，端子排代号 P，电源； S，系统 数字，端子排序号
06-01-02	* 1 2	直接法端子布置图	1. 在*位置可标志回路标号(独立标号)； 2. 无回路标号时，允许不加任何标志。

表 6（续）

序号	图示方法	名　　称	说　　明
06-01-03	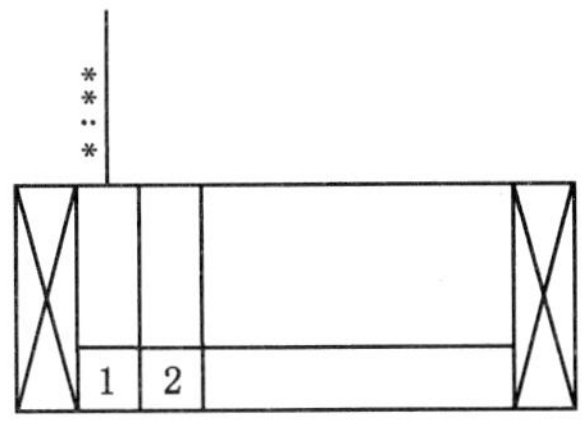 *:** 1 2	接线点呼应法端子布置图	1. 标志代号如下： 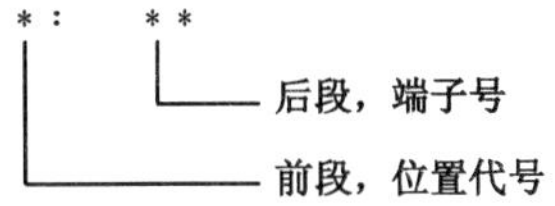 *：　** 后段，端子号 前段，位置代号 2. 位置代号可以是多位。
06-01-04	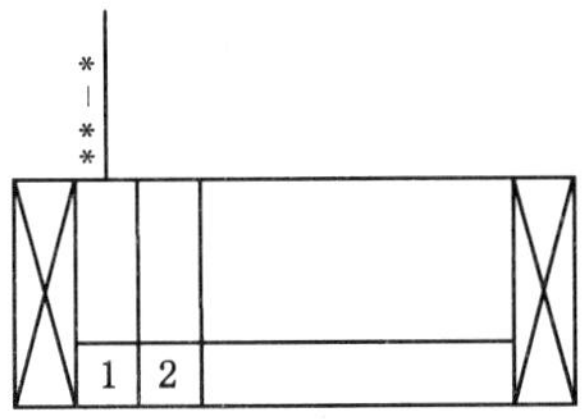 *—** 1 2	回路号呼应法端子布置图	1. 标志代号如下： 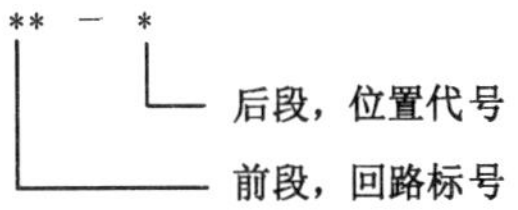 ** — * 后段，位置代号 前段，回路标号 2. 位置代号可以是多位。
06-01-05	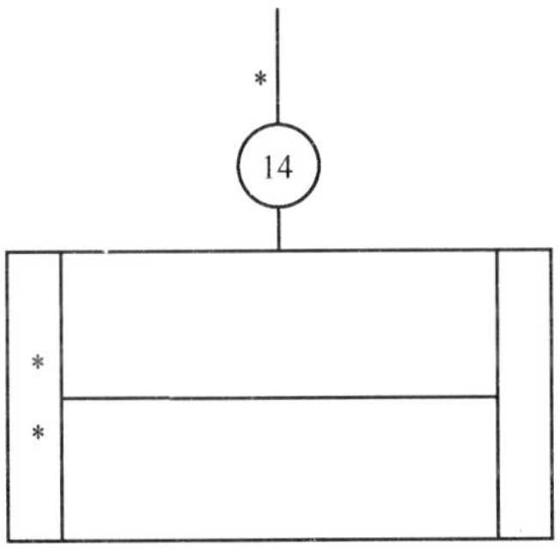 * 14 * *	单元图束线法端子布置图	1. 标志代号如下： 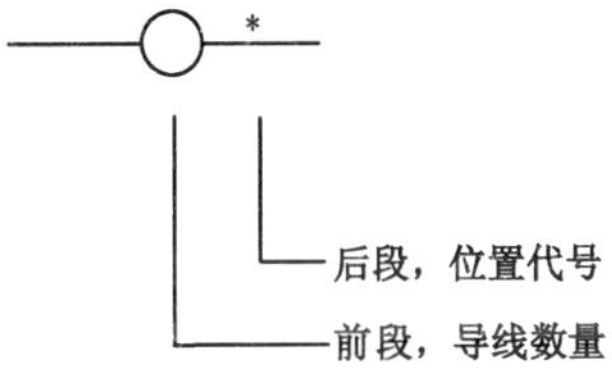 * 后段，位置代号 前段，导线数量 2. 在**位置可标记内容； 3. 用文字说明功能； 用代号说明辅助图号。

6.2 直接法图示方法

直接法(连续线)图示方法见表 7。绘制时各连接线应符合布线的实际情况，并尽可能避免迂回交叉。

表 7　直接法图示方法

序号	图示方法	名　　称	说　　明
06-02-01	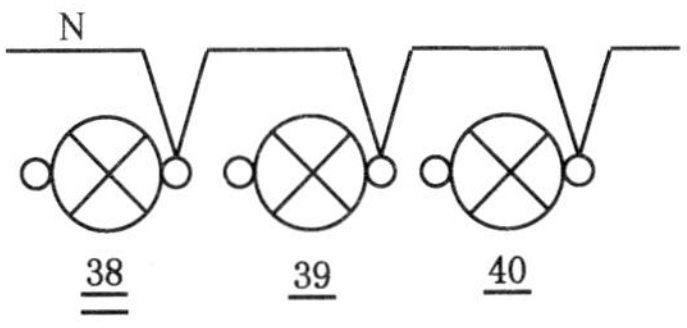 N 38 39 40	直接法接线图示方法	等电位点的连接。 注：对相邻等电位接点的短接线，在不致造成查线困难的情况下，允许不标注回路标号。
06-02-02	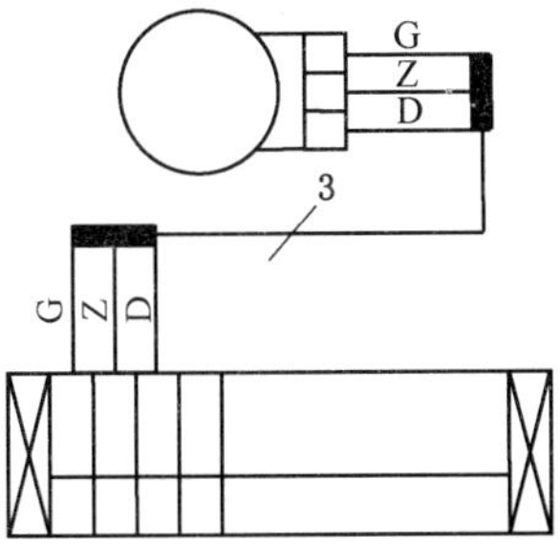 G Z D 3 G Z D	直接法接线图示方法	线束形式的连接。

6.3 呼应法图示方法

呼应法(间断线)图示方法见表 8。绘制时用接线点间导线标志互相呼应表示,导线标志代号一般不超过 8 位,在同一张图纸中,导线标志应采用一种方法。

表 8 呼应法图示方法

序号	图示方法	名 称	说 明
06-03-01	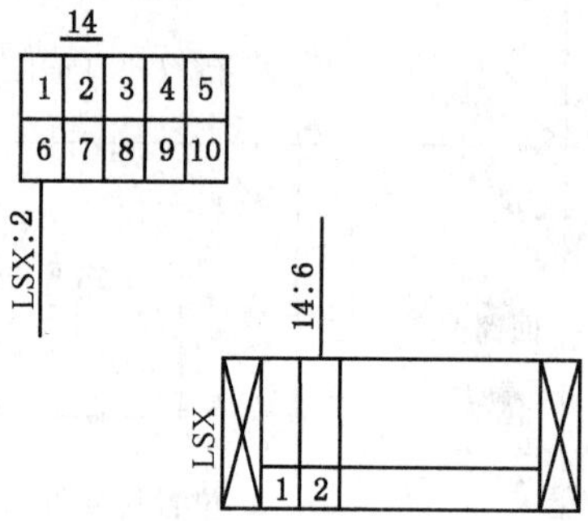 14 1 2 3 4 5 6 7 8 9 10 LSX:2 14:6 LSX 1 2	接线点呼应法接线图示方法	项目与接线端子间的连接方法。 注 1:此处导线标记采用从属远端表示方法,也可采用其他方法; 注 2:当项目接线点无规定的编号,可自行给予编号; 注 3:当采用从属远端表示方法时,项目导线标记为: *** : ** 后段,接线端子号 前段,接线端子排号
06-03-02	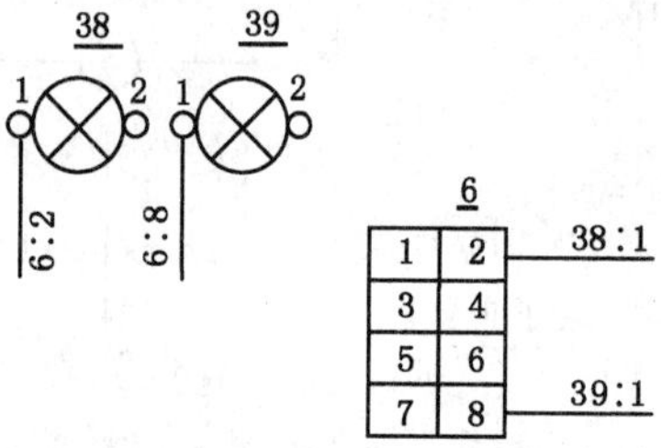 38 39 1 2 1 2 6:2 6:8 6 1 2 38:1 3 4 5 6 7 8 39:1	接线点呼应法接线图示方法	项目间的连接方法。 注:当采用从属远端表示方法时,导线标记为: ** : ** 后段,接线点号 前段,位置代号
06-03-03	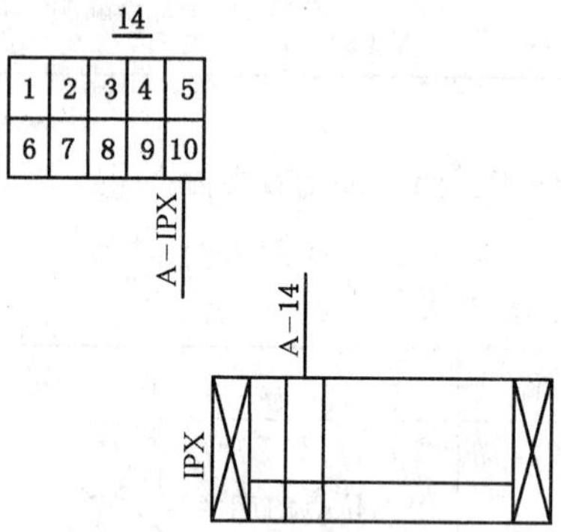 14 1 2 3 4 5 6 7 8 9 10 A-IPX A-14 IPX	回路号呼应法接线图示方法	项目与接线端子间的连接方法。 注 1:此处导线标记相当于采用独立标记表示方法; 注 2:导线标记号应符合回路编号原则; 注 3:项目导线标记为: ** - ** 后段,接线端子排号 前段,回路号标号
06-03-04	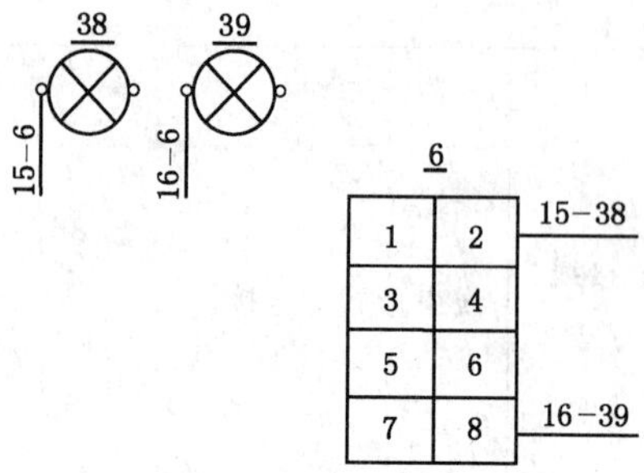 38 39 15-6 16-6 6 1 2 15-38 3 4 5 6 7 8 16-39	回路号呼应法接线图示方法	项目间的连接方法。 注:导线标记方法为: ** - ** 后段,位置代号 前段,回路号标号

6.4 束线法图示方法

束线法(简化法)接线图示方法见表 9。束线法是以单元图为依据,采取 4.5 简化端子符号及端子代号的表示方法,绘制时仅用线头数量及束线间相互呼应来表示。

单元束线法一般与单元接线图配合使用。

表 9 束线法图示方法

序号	图 示 方 法	名 称	说 明
06-04-01	12 13 2SX 3SX 14 A101 15 F101 16 F102 17 F103 标志框名称 7SX 6SX 16 4 7SX F102-Z 给水流量 K0202-15 17 5 6SX F103-Z 减温水流量 K0202-15 N 设备明细表 3#盘 内部接线	单元束线法接线图示方法	1. 6SX 端子排处,F103-Z 标号端子座 7 根线引入项目 17,2 根线引入项目 5(安装在盘面布置图上,本图未包括); 2. 7SX 端子排处,F102-Z 标号端子座 7 根线引入项目 16,2 根线引入项目 4(安装在盘面布置图上,本图未包括); 3. 项目 16 中 7 根线引出进 7SX 端子排处; 4. 项目 17 中 7 根线引出进 6SX 端子排处; 5. 项目 12 中 2 根线引出进 2SX 端子排处(本图未包括); 6. 项目 13 中 2 根线引出进 3SX 端子排处(本图未包括)。 注:在同一仪表盘上,各单元接线图的端子排之间有直接连线时,可绘制在仪表盘端子排组装详图或端子排出线图上。
06-04-02	1 DJK-03 2 DXZ-110 1 2 9 10 11 12 13 B4 B2 K1 K2 O A N 1 2 3 4 K2 K1 A N O B1 B2 K1 K2 1 2 3 4 5 6 7 8 9 220 V ~ 4 B1 B2 1 2 3 4 N A DXZ-110 指示仪单元接线图 K0202-15	单元接线图	1. 当项目引出端子按实物绘制时,如项目 2 及项目 3 表示方法; 2. 当项目引出端子按实际需要绘制时,如项目 1 表示方法; 3. 项目 1 表示 7 根引出线,项目 2 表示 2 根引出线; 4. 单元接线图一般采用直接接线法。

6.5 接管图绘制方法

接管图一般采用直接法绘制，见表10。当接管图较为繁杂时，也可参照6.3及6.4采用呼应法及单元束线法绘制。绘制接管图时，应符合实际情况，并应避免交叉连接。在同一张接管图上原则上采用一种接管图绘制方法。

表10 接管图绘制方法

序号	图示方法	名称	说明
06-05-01	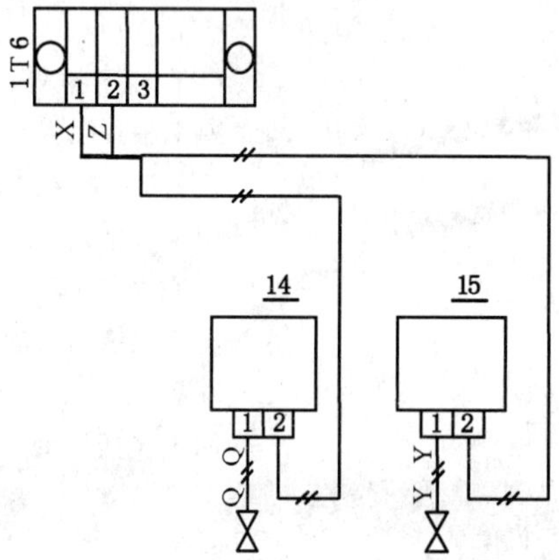 1T6；1 2 3；X Z；14；15；1 2；Q Q；1 2；Y Y	直接法接管图示方法	1. 管线按实际情况绘制； 2. 管线标号按独立标号方法编制； 3. 如表示项目管接头符号时，则绘制在项目框外部； 4. 穿板接头排代号如下： 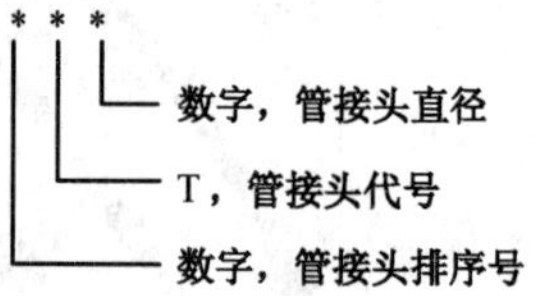 * * * 数字，管接头直径 T，管接头代号 数字，管接头排序号
06-05-02	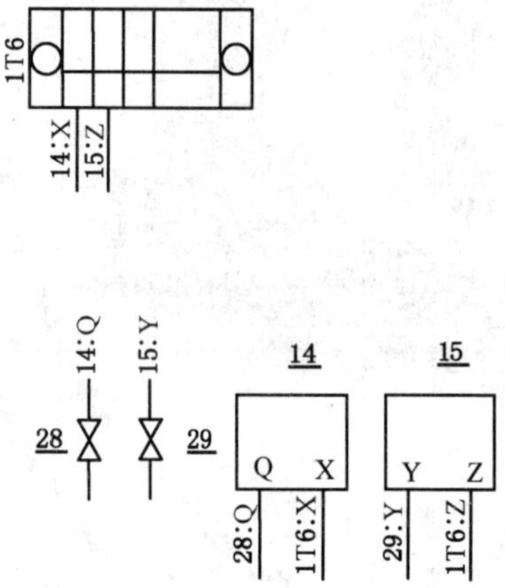 1T6；14:X；15:Z；14:Q；15:Y；28；29；14；15；Q X；Y Z；28:Q；1T6:X；29:Y；1T6:Z	呼应法接管图示方法	1. 采用从属远端标记表示方法； 2. 项目14、15采用简化管接头符号表示方法。
06-05-03	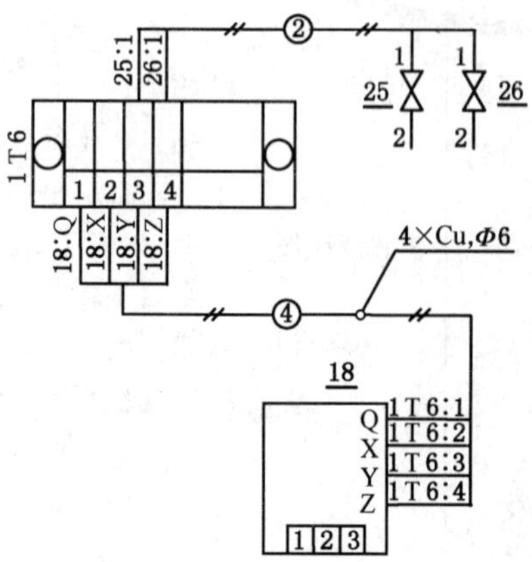 25:1；26:1；②；1；1；25；26；2；2；1T6；1 2 3 4；18:Q；18:X；18:Y；18:Z；4×Cu,Φ6；④；18；Q 1T6:1；X 1T6:2；Y 1T6:3；Z 1T6:4；1 2 3	束线法接管图示方法	1. 项目18中4根管线束引出； 2. 项目18中4根管线束均为紫铜材，Φ6； 3. 1T6为Φ6管接头排。

7 注意事项

绘制接线接管图时应注意以下事项：

a) 盘上照明连接线应绘制在右侧布置图上；

b) 绘制接线图时，同一个连接点上连接导线不应超过两根；

c) 对无外部接线端子而直接用引线引出的项目，应在该项目的近旁绘出接线端子或接线插座；

d) 接线图与接管图应分别绘制；

e) 在一张图纸上，原则采用一种接线、接管图绘制方法，但在采用呼应法及束线法图示中，允许同时采用直接接线、接管法；

f) 在接线、接管图上应列出与此图有关的图纸资料号(参考图号)；

g) 接线、接管图上设备明细表应包括序号、位置代号、文字代号、名称、型号规格、单位、数量、备注等内容(凡在盘面布置图上已列出的项目，本图明细表可不再列出)，接线、接管所需材料亦应在设备明细表中列出。

ICS 25.040.40
N 10

中华人民共和国国家标准

GB/T 25927—2010

工业自动化仪表盘
盘面布置图的绘制方法

Industrial-process measurement and control instrument panels—
Methods of drawing the arrangement plan of panel area

2011-01-14 发布 2011-05-01 实施

中华人民共和国国家质量监督检验检疫总局
中国国家标准化管理委员会 发布

前 言

本标准以 JB/T 1396—1991 为基础，参考并引用了 GB/T 2625《过程检测和控制流程图用图形符号和文字代号》、GB/T 4457《机械制图》、GB/T 4728《电气简图用图形符号》等标准的有关内容制定而成。

本标准由中国机械工业联合会提出。

本标准由全国工业过程测量和控制标准化技术委员会(SAC/TC 124)归口。

本标准负责起草单位：上海工业自动化仪表研究所。

本标准参加起草单位：上海仪器仪表自控系统检验测试所。

本标准主要起草人：李明华、蔡闻智、肖红练。

本标准为首次发布。

工业自动化仪表盘
盘面布置图的绘制方法

1 范围

本标准规定了安装在工业自动化仪表盘上的工业过程测量和控制仪表、电器元件和仪表附件(简称项目)的图形符号和文字代号及其盘面布置图的绘制方法。

本标准适用于工业自动化仪表盘盘面布置图的绘制。控制台(柜)盘面布置图的绘制也可参照使用。

2 规范性引用文件

下列文件中的条款通过本标准的引用而成为本标准的条款。凡是注日期的引用文件,其随后所有的修改单(不包括勘误的内容)或修订版均不适用于本标准,然而,鼓励根据本标准达成协议的各方研究是否可使用这些文件的最新版本。凡是不注日期的引用文件,其最新版本适用于本标准。

GB/T 4457 机械制图(所有部分)

GB/T 4728.2—2005 电气简图用图形符号 第2部分:符号要素、限定符号和其他常用符号(IEC 60617 database,IDT)

GB/T 4728.3—2005 电气简图用图形符号 第3部分:导体和连接件(IEC 60617 database,IDT)

GB/T 4728.4—2005 电气简图用图形符号 第4部分:基本无源元件(IEC 60617 database,IDT)

GB/T 4728.6—2008 电气简图用图形符号 第6部分:电能的发生与转换(IEC 60617 database,IDT)

GB/T 4728.7—2008 电气简图用图形符号 第7部分:开关、控制和保护器件(IEC 60617 database,IDT)

GB/T 4728.8—2008 电气简图用图形符号 第8部分:测量仪表、灯和信号器件(IEC 60617 database,IDT)

GB/T 4728.11—2008 电气简图用图形符号 第11部分:建筑安装平面布置图(IEC 60617 database,IDT)

GB/T 14690—1993 技术制图 比例(eqv ISO 5455:1979)

3 术语和定义

下列术语和定义适用于本标准。

3.1

图形符号 graphic symbol

由几何线条、图形或由它们和字符组成的一种特定标记。

3.2

盘面布置图 arrangement plan of panel area

由图形符号、位置代号及文字代号的组合来表示工业自动化仪表盘或控制台上安装的项目、对象功能以及指明制造、施工、检验和安装等相关技术文件的特定图示。

4 图形符号

4.1 工业过程测量和控制仪表用图形符号

序号	图形符号	名称	说明	引用标准
04-01-01	a) 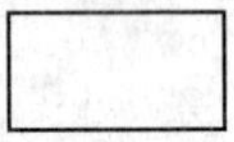 b)  c)	仪表 a) 横装,矩形 b) 竖装,矩形 c) 方形	轮廓内填入适当的符号或代号以表示仪表的功能	GB/T 4728.2—2005, S00060 S00059
04-01-02	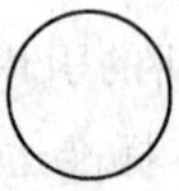	圆形仪表	轮廓内填入适当的符号或代号以表示仪表的功能	GB/T 4728.2—2005, S00061

4.2 电器元件及仪表附件用图形符号

序号	图形符号	名称	说明	引用标准
04-02-01		钮子开关		
04-02-02	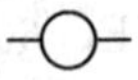 或 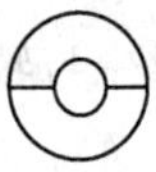	转换开关		
04-02-03		主令开关		
04-02-04	a)  b) 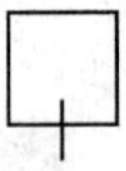	万能转换开关 a) 圆形 b) 方形		
04-02-05		旋转式多点 转换开关		
04-02-06	a)  b)  c)  d) 	按钮 a) 圆形 b) 圆形带指示灯 c) 方形 d) 方形带指示灯		GB/T 4728.11—2008,S00475 S00476

序号	图形符号	名称	说明	引用标准
04-02-07	a) b) c) d)	按钮盒 a) 一般或保护型，示例为二个按钮 b) 示例为二个按钮，其中一个带灯 c) 密闭型 d) 防爆型		
04-02-08	或	限制接近的按钮(带玻璃罩等)		GB/T 4728.11—2008 S00477
04-02-09	a) b)	带锁按钮 a) 圆形 b) 方形		
04-02-10	a) b)	信号灯 a) 圆形 b) 方形		GB/T 4728.8—2008, S00965
04-02-11	a) b)	闪光型信号灯 a) 圆形 b) 方形		GB/T 4728.8—2008, S00966
04-02-12	a) b) 4×2	光字牌 a) 单件 b) 组件(示例为横 4 竖 2)		
04-02-13		音响信号装置 (电喇叭、电铃等)		GB/T 4728.8—2008, S01417
04-02-14		蜂鸣器		GB/T 4728.8—2008, S00973
04-02-15	a) b) 或 2	开关 a)单极开关 b)双极开关		GB/T 4728.11—2008, S00468 S00469

序号	图形符号	名称	说明	引用标准
04-02-16	a) 3 b) 3 c) 5 d) 5	连键开关 a) 自锁，示例为3个 b) 互锁，示例为3个 c) 油浸自锁，示例为5个 d) 油浸互锁，示例为5个		
04-02-17		时钟		GB/T 4728.8—2008，S00959
04-02-18	a) b) 3 c)	a) 插座 b) 多个插座(符号表示三个) c) 带保护极的插座箱		GB/T 4728.3—2005，S00031 GB/T 4728.11—2008，S00458 S00459 S00460
04-02-19		熔断器		GB/T 4728.7—2008，S00362
04-02-20		端子排		
04-02-21		穿板接头排		
04-02-22	或	气动定值器 减压阀		
04-02-23		切换阀		
04-02-24		电阻器		GB/T 4728.4—2005 S00555
04-02-25		电容器		GB/T 4728.4—2005 S00567
04-02-26		电感器		GB/T 4728.4—2005 S00583

序号	图形符号	名称	说明	引用标准
04-02-27		带滑动触点的电位器		GB/T 4728.4—2005 S00561
04-02-28	形式1 形式2	双绕组变压器		GB/T 4728.6—2008， S00841 S00842
04-02-29	形式1 形式2	电压互感器		GB/T 4728.6—2008， S00878 S00879
04-02-30	形式1 形式2	电流互感器		GB/T 4728.6—2008， S00850 S00851
04-02-31	V	电压表		GB/T 4728.8—2008， S00913
04-02-32	A	电流表		
04-02-33	W	功率表		
04-02-34	* *	其他附件	在“*”位置中填入其他附件图形符号	GB/T 4728.8—2008， S00910 S00911

4.3 其他图形符号

本标准未作规定的图形符号可参照 04-02-34 图形符号绘制。

4.4 简略画法

在同一图形符号连续重复时，可采用简略画法(如 04-02-18b)所示)。

5 文字代号

文字代号用于表示仪表位号，由字母代号和数字编号两部分组成。

字母代号由表示被测变量或初始变量的第一位字母和表示功能的后继字母组成，或者由表示电器元件及仪表附件的基本字母代号和辅助字母代号组成。

数字编号由区域编号和回路编号组成。一般情况下，区域编号为一位数字，回路编号为两位数字。必要时，区域编号和回路编号的数字位数可增减。数字编号为阿拉伯数字。

区域编号可表示车间、工段、装置、系统、设备，甚至可兼表示其中二者。

工业自动化仪表盘盘面布置图的过程检测和控制项目用字母代号见表 1。

工业自动化仪表盘盘面布置图的电器元件及仪表附件用基本字母代号见表 2。

工业自动化仪表盘盘面布置图的电器元件及仪表附件用辅助字母代号见表 3。

表 1 过程检测和控制项目用字母代号

字母代号	第一位字母		后继字母[a]
	被测变量或初始变量	修饰词	功能
A	分析[b]		报警[c]
B	喷嘴火焰		供选用[d]
C	电导率		控制(调节)
D	密度或比重	差(d)[e]	
E	电压(电动势)		检测元件
F	流量	比(分数)(f)[e]	
G	尺度(尺寸)		玻璃
H	手动(人工触发)		
I	电流		指示[c]
J	功率	扫描	
K	时间或时间程序		操作器
L	物位		灯
M	水分或湿度		
N	供选用[d]		供选用[d]
O	供选用[d]		节流孔
P	压力或真空		试验点(接头)
Q	数量或件数	积分、累计(q)[e]	
R	放射性		记录或打印[c]
S	速度或频率	安全	开关或连锁[c]
T	温度		传送
U	多变量[f]		多功能[g]

表 1（续）

字母代号	第一位字母		后继字母[a]
	被测变量或初始变量	修饰词	功能
V	黏度		阀、风门、百叶窗
W	重量或力		套管
X	未分类[h]		未分类[h]
Y	供选用[d]		继动器
Z	位置		驱动、执行或未分类的执行器

a 后继字母所表示的意义可以是名词、动词或形容词。例如，“I”可以是指示仪、指示或指示的；“T”可以是变送器、传送或传送的。后继字母应按下列顺序书写：I R C T Q S A。

b 第一位字母“A”包括本表未规定的分析项目，当有必要表明具体分析项目时，仪表圆圈中仍写“A”，在圆圈外上方写出所分析的项目。例如，氢的分析，应在圆圈外上方写出“H_2”，不能用“H_2”代替圆圈中的“A”。

c 当仪表同时具有指示和记录功能时，字母代号只写出 R(记录)，不必再写出 I(指示)。在一个仪表圆圈中，SA 专指连锁加报警；如果是通过开关触发报警，则 S 可省略，仅写 A。

d “供选用”的字母适用于在一个设计中多次使用而本表中未规定的被测变量或功能。当采用“供选用”的字母时，它作为第一位字母和后继字母应有不同的意义。例如，作为第一位字母时，可规定其意义为“弹性模数”；作为后继字母，可为“示波器”。

e 第一位字母的修饰词“d”(差)、“f”(比)、“q”(积分、累计)之一与被测变量(或初始变量)的字母组合起来构成另一种意义的被测变量，因此应视为一个字母，例如，TdI 和 TI 分别为温差指示和温度指示。

f 第一位字母“U”用来代替多个表示被测变量(或初始变量)的字母，即用“U”一个字母表示多变量。

g 后继字母“U”用来代替多个表示功能的字母，即用“U”一个字母表示多个功能。

h “未分类”的字母“X”适用于本表未规定的被测变量或功能。当采用“X”时，不论作为第一位字母或后继字母，它在不同地点均可有不同的意义。例如，XR-2 可以是应力记录仪，XR-3 可以是振动记录仪。应在仪表圆圈之外注明“X”在该处使用的意义。

表 2 电器元件及仪表附件用基本字母代号

字母代号	名称
R	电阻器
L	电感器，电抗器
C	电容器
RP	电位器
T	变压器
TV	电压互感器
TA	电流互感器
PV	电压表
PA	电流表
W	功率表
$\cos\varphi$	功率因数表
φ	相位表
Hz	频率表
S	开关

表 2（续）

字母代号	名　　称
SA	选择开关
SB	按钮
F,FU	熔断器
K	继电器
KM	接触器
U	整流器
HA	电铃,电笛,蜂鸣器
AA	气笛
HL	灯
EL	照明灯
PX	电源接线端子排
SX	系统接线端子排
T	穿板接头排
Y	阀
Z	过滤器

表 3　电器元件及仪表附件用辅助字母代号

字母代号	名　　称
RD	红
YE	黄
GN	绿
BL	蓝
WH	白
BK	黑
T	时间
H	热
MD	中间
M	手动
A	自动
S	信号
ST	起动
STP	停止
RST	复位
ON	闭合
OFF	断开
TS	试验
RES	备用

6 盘面布置图

6.1 比例

盘面布置图一般按 1∶5 比例绘制，当需要选用其他比例时，应符合 GB/T 14690—1993 中 4.1 的规定。

6.2 线条

盘面的轮廓用粗实线绘制，项目的标志框(划定项目标志书写位置的边框)用粗实短线绘制。

6.3 标注

盘面布置图上应标注仪表盘的型号及项目代号。

项目的标志框上可填写名称，也可另列名称表。

6.4 项目表示方法

盘面布置图内的项目应标注位置代号及代表仪表位号的文字代号(见图 1)。

采用 4.1 图形符号的项目，其文字代号应符合表 1 的规定，采用 4.2 图形符号的项目，其文字代号应符合表 2、表 3 的规定。

a) 采用 4.1 图形符号的项目应在图形符号内标注位置代号及文字代号，特别使用的场合，允许将产品型号标注在文字代号下部并加注括号。

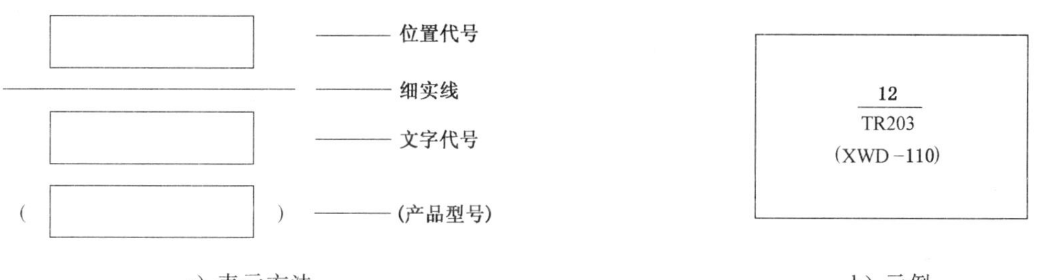

a) 表示方法　　b) 示例

图 1　位置代号及文字代号的表示方法

b) 当书写在图形符号内有困难时，可标注在图形符号近旁(见图 2)；

c) 当采用 4.2 图形符号时，允许只标注出位置代号(见图 3)；

d) 成组的项目可用细实线框出，标注出该项目组的位置代号(见图 4)。

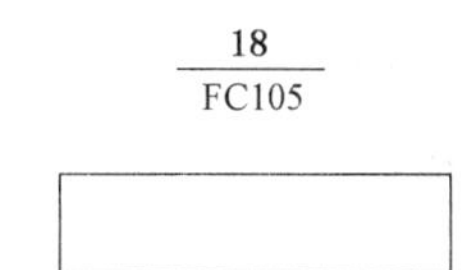

图 2　位置代号及文字代号标注在图形符号外的表示方法

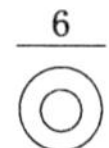

图 3　仅标注位置代号的表示方法

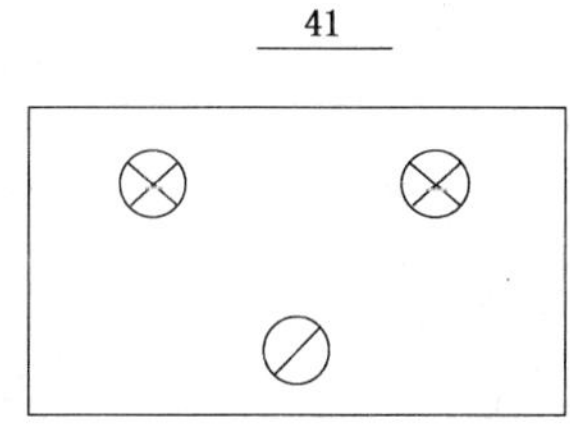

图 4　项目组的表示方法

6.5 尺寸标注

a) 尺寸线一般标注在盘外，如果在盘外表示不清楚时，允许标注在盘内；

b) 仪表盘正面布置图上，项目安装尺寸应按中心线标注；

c) 横向尺寸应从盘中心向两边标注，纵向尺寸应从盘顶向下连续标注。

6.6 注释

当含义不便用图示方法表示时，可采用下列注释方法：

a) 注释放在所说明的对象附近；

b) 在其附近加以标记，而将注释置于图边；

c) 有多个注释时，将这些注释加以标记并按顺序放在图边框附近。

6.7 明细表

盘面布置图上的项目明细表应包括序号、位置代号、文字代号、名称、型号规格、单位、数量、备注等内容。

6.8 相关图号

盘面布置图右方应列出相关图纸的图号。

6.9 技术要求与说明

与盘面布置图有关的技术要求与说明应符合 GB/T 4457 相关部分的规定。

6.10 安装平面图

必要时，应绘制仪表盘、控制台在控制室内组装的平面图，并注明安装角及控制室平面尺寸。

6.11 盘面布置

6.11.1 盘面布局

盘面布置图应做到布局合理，图面清晰，盘面四周要留有一定距离，左右各不小于 80 mm，上部不小于 40 mm。在仪表盘中：

a) 上段一般为指示报警区域，距盘底 1 650 mm 以上；

b) 中段一般为监控、调节、记录区域，距盘底(1 000～1 650)mm；

c) 下段一般为操纵、开关、按钮区域，距盘底(800～1 000)mm。

6.11.2 端子布局

a) 盘内端子布局一般采用横向排列，两排端子间距应不小于 150 mm；

b) 采用汇线槽配线法时，端子排间距应不小于 160 mm；

c) 最低的端子排距盘底应不小于 250 mm；

d) 固定电缆用的电缆挡距盘底应不小于 150 mm。